Rotation

Größe	Gleichung	Einheit
Winkel	$\varphi = \dfrac{s_B}{r}$	$\mathrm{rad} = 1$
Zeit	t	s
Winkelgeschwindigkeit	$\omega = \dfrac{\mathrm{d}\varphi}{\mathrm{d}t}$	$\dfrac{\mathrm{rad}}{\mathrm{s}} = \dfrac{1}{\mathrm{s}}$
Winkelbeschleunigung	$\alpha = \dfrac{\mathrm{d}\omega}{\mathrm{d}t}$	$\dfrac{\mathrm{rad}}{\mathrm{s}^2} = \dfrac{1}{\mathrm{s}^2}$
Winkelgeschwindigkeit bei gleichmäßig beschleunigter Drehbewegung	$\omega = \omega_0 + \alpha t$	$\dfrac{\mathrm{rad}}{\mathrm{s}} = \dfrac{1}{\mathrm{s}}$
Winkel bei gleichmäßig beschleunigter Drehbewegung	$\varphi = \omega_0 t + \dfrac{1}{2}\,\alpha t^2$	$\mathrm{rad} = 1$
Drehmoment	$M = F r \sin\alpha$	N m
Massenträgheitsmoment	$J = \int\limits_{(m)} r^2\,\mathrm{d}m$	kg m^2
Grundgleichung der Dynamik bei Rotation	$M = J\alpha$	N m
Mechanische Arbeit bei konstantem Drehmoment	$W_{\mathrm{rot}} = M\varphi$	J
Potentielle Energie (gespannte Drehfeder)	$W_{\mathrm{pF}} = \dfrac{1}{2}\,k'\varphi^2$	J
Rotationsenergie	$W_{\mathrm{rot}} = \dfrac{1}{2}\,J\omega^2$	J
Leistung	$P_{\mathrm{rot}} = \dfrac{\mathrm{d}W_{\mathrm{rot}}}{\mathrm{d}t} = M\omega$	W
Drehimpuls	$L = J\omega$	$\dfrac{\mathrm{kg\ m}^2}{\mathrm{s}}$
Antrieb	$\Delta L = M\,\Delta t$	N m s

PHYSIK — FUNDAMENT DER TECHNIK

PHYSIK
Fundament der Technik

verfaßt von
Studiendirektor Dipl.-Phys. Wolfgang Körner, Leipzig
(Federführender)
Dipl.-Phys. Ewald Hausmann, Karl-Marx-Stadt
Fachschuldozent Dipl.-Phys. Günther Kießling, Zittau
Fachschuldozent Dipl.-Phys. Dietmar Mende, Riesa
Fachschuldozent Dipl.-Gwl. Hellmut Spretke, Halle/Saale

9., verbesserte Auflage
Mit 412 Bildern
21 Tafeln, 1 Farbtafel,
107 Beispielen,
172 Aufgaben mit Antworten und Ergebnissen
und einer Beilage

 VEB FACHBUCHVERLAG LEIPZIG

Als Lehrbuch für die Ausbildung an Ingenieur- und Fachschulen der DDR anerkannt.

Berlin, Februar 1987

Minister
für Hoch- und Fachschulwesen

Hinweis für diese Auflage:

Für die Benutzer der 2. oder einer folgenden Auflage des Arbeitsbuches „Übungen zur Physik" sind auf S. 432 die Übungsaufgaben verzeichnet, die zusätzlich zu den im Lehrbuch vorhandenen Aufgaben zu bearbeiten sind.

Physik: Fundament d. Technik / verf. von Wolfgang Körner (Federführender) ... — 9., verb. Aufl. — Leipzig: Fachbuchverl., 1987. — 432 S.: mit 412 Bild., 21 Taf., 1 Farbtaf., 107 Beisp., 172 Aufg. mit Antworten u. Ergebnissen u. 1 Beil.
NE: Körner, Wolfgang [Mitarb.]

ISBN 3-343-00240-2

© VEB Fachbuchverlag Leipzig 1987
9. Auflage
Lizenznummer 114-210/17/87
LSV 1103
Verlagslektor: Dipl.-Phys. Klaus Vogelsang
Gestaltung: Egon Hunger
Printed in GDR
Satz: VEB Druckhaus „Maxim Gorki", 7400 Altenburg
Fotomechanischer Nachdruck: INTERDRUCK Graphischer Großbetrieb Leipzig – III/18/97
Redaktionsschluß: 15. 9. 1986
Bestellnummer 5462997
01750

Vorwort

Grundlage einer jeden Ingenieurwissenschaft ist die Physik. Gute und anwendungsbereite physikalische Kenntnisse sind Voraussetzung für eine schöpferische Tätigkeit des Ingenieurs. Die Physik ist deshalb ein wichtiges Lehrgebiet innerhalb des mathematisch-naturwissenschaftlichen Grundstudiums der Ingenieurausbildung.

Den jeweiligen Ausbildungszielen der verschiedenen Fachrichtungen entsprechend unterscheiden sich deren Physiklehrprogramme ihrem Inhalt nach: Sie enthalten neben einem größeren Anteil an allgemein verbindlichem Stoff auch spezielle, fachrichtungsspezifische Stoffgebiete. Im vorliegenden Lehrbuch werden in enger Anlehnung an den Lehrplan vorwiegend die in allen Fachrichtungen gelehrten Grundlagen behandelt.

Der Leser soll aus der Arbeit mit dem Buch neben sicheren Grundkenntnissen in den einzelnen Teilgebieten der Physik vor allem auch das Wissen um die Zusammenhänge zwischen diesen Teilgebieten erwerben. Er soll befähigt werden, physikalische Probleme, die ihm in der Praxis oder in seiner beruflichen Weiterbildung begegnen, einzuordnen und sich, gegebenenfalls mit Hilfe weiterführender Literatur spezielleren Charakters, mit diesen Problemen auseinanderzusetzen. Schließlich soll er einen Einblick in das Wesen naturwissenschaftlicher Forschung gewinnen und auch die Fähigkeit erwerben, einfache physikalische Berechnungen durchzuführen.

Um die Stoffülle meistern zu können, werden nach dem Prinzip des exemplarischen Lehrens Schwerpunkte gebildet. Besonders betont sind die Abschnitte Kinematik, Dynamik, Thermodynamik sowie elektrisches und magnetisches Feld. Dabei wurde eine Darstellung gewählt, die dem Wissenserwerb im Selbststudium besonders entgegenkommt. Die anderen Abschnitte werden in mehr gestraffter Form dargeboten.

Dem in moderner Literatur für Grundlagenfächer sich anbahnenden Verfahren, den Stoff nach neuen, allgemeineren Ordnungsprinzipien zu gliedern und bisher getrennt untersuchte Fakten und Zusammenhänge einem höheren Gesichtspunkt unterzuordnen, wurde durch Betonung von Querverbindungen und Analogiebetrachtungen Rechnung getragen.

Der Energie- sowie der Feldbegriff ziehen sich, nachdem sie in der Dynamik eingeführt wurden, als Leitlinie durch alle Abschnitte des Buches. Während die Einführung in die Physik für den künftigen Ingenieur noch weitgehend nach klassischer Einteilung gegeben wird, werden Schwingungs- und Wellenlehre, ausgehend von mechanischen Schwingungen und Wellen, als zusammenhängender Komplex behandelt. In die Schwingungslehre ist auch die Lehre vom Wechselstrom eingeordnet. Ein abschließender Abschnitt Anwendungen der nichtklassischen Physik bringt die Grundlage für einige technische Anwendungen neuerer physikalischer Erkenntnisse.

Im Hinblick auf die mathematischen Kenntnisse der Studenten an Ingenieurschulen zu Beginn des Studiums wurde in den ersten Abschnitten von der Infinitesimalrechnung nur wenig Gebrauch gemacht. In den folgenden Abschnitten werden in zunehmendem Maße die Differential- und die Integralrechnung angewandt und damit höhere Anforderungen an den Leser gestellt.

Das Buch enthält zahlreiche Beispiele und Aufgaben von geringem bis mittlerem Schwierigkeitsgrad. Diese sollen dem Studenten helfen, den Stoff zu verstehen und zu verarbeiten. Aufgaben zur Vertiefung und Anwendung des Stoffes erscheinen in dem auf das Lehrbuch zugeschnittenen Arbeitsbuch »Übungen zur Physik«, das, aufbauend auf insbesondere bei der Durchführung des Fernstudiums gesammelten Erfahrungen, entwickelt wurde. Dieses Arbeitsbuch enthält neben Hinweisen zur Fehlerrechnung und zur Rechengenauigkeit sowie einer Einführung in das Physik-Praktikum einen umfangreichen Aufgabenteil mit durchgerechneten Beispielen sowie mit Hinweisen zur Lösung bei einem Teil der Aufgaben. Außerdem ist dem Arbeitsbuch eine Zusammenfassung des in diesem Lehrbuch dargebotenen Stoffes in Wissensspeicherform beigegeben.

In der Bildspalte im Schrägdruck erscheinende Bemerkungen sollen besonders das Selbststudium noch erleichtern.

Beispiele und Aufgaben, Gleichungen, Bilder und Tafeln sind abschnittsweise numeriert. Beispielsweise bedeutet (3.10) »Gleichung 10 in Abschnitt 3.«. Bezüge auf Abschnitte erscheinen in runder Klammer und sind durch einen Pfeil gekennzeichnet: (→ 4.1.) heißt »Nachschlagen in Abschnitt 4.1.«. Beispiele sind durch schwarzen, Aufgaben durch roten Punkt hervorgehoben.

Als Beilage ist dem Buch eine Zusammenstellung der wichtigsten Einheiten, Umrechnungsbeziehungen, Gleichungen sowie Tabellenwerte angefügt. Hinweise im Text auf diese Beilage werden in der Form (→ B2.) gegeben, was also bedeutet: »Tafel 2 der Beilage«. Diese Beilage sollte beim Lösen der Aufgaben stets zur Hand genommen werden. Sie ist auch als zulässige Unterlage bei Leistungskontrollen gedacht.

Um das Arbeiten mit dem Buch von der äußeren Form her zu unterstützen, wurde in Text und Bild mit zwei Farben gearbeitet. Die Hervorhebungen im Text durch schwarzen bzw. roten Druck sind wie folgt zu verstehen:

 Wichtige Gleichungen sind schwarz und besonders wichtige rot gerahmt.

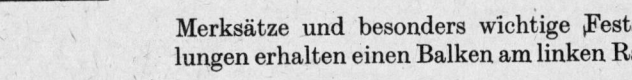 Merksätze und besonders wichtige Feststellungen erhalten einen Balken am linken Rand.

Besonders wichtige Merksätze sind in größerer Type über den gesamten Satzspiegel gesetzt. Größerer Schriftgrad wird auch verwendet für Basisgrößen und Basiseinheiten, für SI-Einheiten im Zusammenhang mit hervorgehobenen Gleichungen, für Naturkonstanten sowie für Analogiebetrachtungen.

Physiker-Daten sind am Ende des Lehrbuches zusammengestellt, soweit sie im Zusammenhang mit der Stoffdarbietung (beginnend mit Abschnitt 2.) genannt sind. Die Namen dieser Wissenschaftler erscheinen in besonderer Schreibweise, wenn sie in einem Abschnitt erstmals auftreten (z. B. EINSTEIN).

Für die Weiterentwicklung des Buches ist es für Autoren und Verlag von besonderem Wert, Erfahrungen aus der Arbeit mit dem Buch zu sammeln. Wir sind daher für kritische Hinweise von Lehrern und von Studenten besonders dankbar.

Für die Neubearbeitung des Buches in der 4. Auflage gaben die Herren Dipl.-Phys. Koksch, Dipl.-Phys. Länger und Dipl.-Phys. Leißner sowie die als Gutachter wirkenden Herren Dipl.-Phys. Korst und Dipl.-Phys. Seifert eine Fülle wertvoller Hinweise. Ihnen allen sowie den Mitgliedern der Arbeitsgruppe Literatur der Zentralen Fachkommission Physik beim Ministerium für Hoch- und Fachschulwesen der DDR sei für ihre Unterstützung herzlich gedankt.

Autoren und Verlag

Inhaltsverzeichnis

1. Einführung

1.1. Zur Entwicklung der Physik

Die Entwicklung der Physik und ihrer Beziehungen zur Welt-anschauung, zum Gesamtsystem der Wissenschaften und zum wissenschaftlich-technischen Fortschritt ist ein wichtiges und interessantes Kapitel der Geschichte. Das Verständnis für den Verlauf dieser Entwicklung und die Kenntnis der Ent-stehungsgeschichte der einzelnen Theorien erleichtern den Zugang zu diesen Theorien. Deshalb ist Studenten und Lehrern zu empfehlen, die Bearbeitung eines jeden Lehrstoffabschnitts mit dem Studium des entsprechenden Teiles der Physik-Geschichte zu verbinden. Es sollten auch immer wieder bereits bekannte Teile des Lehrgebietes in die historischen Betrach-tungen einbezogen werden. Ein solches Vorgehen trägt dazu bei, materialistisches Geschichtsbewußtsein zu formen und das Denken in physikalischen Zusammenhängen zu fördern. Hier soll an einem Teilgebiet, der Atomphysik, gezeigt werden, in welcher Form, mit welchen Methoden und in welch viel-fältigen Wechselbeziehungen mit den anderen Wissenschaften und mit der Praxis sich die Entwicklung der Physik vollzog und vollzieht.

Die Physik entstand wie alle anderen Wissenschaften aus zwei Quellen: dem gesellschaftlichen Bedürfnis nach der Lösung praktischer Aufgaben und dem Streben nach Erkenntnis.

Die zunächst sehr bescheidenen Erkenntnisse über die Natur und den Menschen traten schon in der Frühzeit der Menschheit verbunden mit philosophischen und politischen Ansichten auf. Eine systematische, experimentelle, vorwiegend naturwissen-schaftlich orientierte Forschung gab es selbst in der Blütezeit der griechischen Kultur nur in schwachen Ansätzen. Aber schon relativ früh entstanden aus philosophischen Reflexionen über die Teilbarkeit eines Stoffes und aus der Frage nach der Ursache für die qualitativen Unterschiede der damals be-kannten Stoffe die ersten materialistisch begründeten Ansätze einer Atomphysik. Hierzu gehören bereits die Bemühungen der ionischen Naturphilosophen, alle Stoffe aus einem Urstoff bzw. aus einem materiellen Element aufgebaut zu erklären. Der Begriff »Atom« und die Hypothese, daß jeder Körper aus Atomen aufgebaut sei, daß außer den Atomen und dem leeren Raum nichts existiere, werden auf Demokrit zurückgeführt. Diese Hypothese wurde dahingehend ausgebaut, daß unterschiedliche Eigenschaften des Stoffes durch unterschiedliche geometrische Formen der Atome, aus denen sie aufgebaut sind, erklärt wurden. Das Atom wurde durch ein Denkmodell dargestellt, dem lediglich die Eigenschaften Unteilbarkeit und vielfältige Kombinierbarkeit zugeordnet wurden. Bewußte technische Anwendungen dieser Erkenntnisse waren in der Antike nicht möglich.

Während des Mittelalters entwickelten sich die Naturwissenschaften nur langsam. Sie wurden zum Teil als »Magd der Theologie« betrachtet, d. h., sie sollten Beweise für die Richtigkeit der Glaubenssätze der Kirche liefern. Materialistische Deutungen von Erscheinungen in Natur und Gesellschaft, die immer wieder versucht wurden, widersprachen den Lehren der Kirche und wurden bekämpft. Die Atomhypothese konnte nicht weiterentwickelt werden und auch keine technische Anwendung finden. Der mit Beginn der Neuzeit einsetzende Aufschwung der Produktion führte zu einer Vielzahl von Produktionserfahrungen, die nach und nach verallgemeinert wurden. In dieser Zeit, mit dem Wirken von Kopernikus und Galilei, begann gegen den Widerstand der dogmatischen Theologie die Entwicklung der Physik als selbständige Wissenschaft. Nachdem Newton mit dem Gravitationsgesetz ein universell gültiges Naturgesetz entdeckt und mathematisch formuliert hatte, wurden exakte wissenschaftliche Voraussagen möglich. Dadurch wurde eine stürmische Aufwärtsentwicklung eingeleitet, die zunächst vor allem in der Mechanik zu eindrucksvollen Erfolgen führte. In der gleichen Zeit wurde die Atomhypothese durch Gassendi neu belebt. Er verwendete ein Denkmodell, das von dem in der Antike entwickelten ausging.

Für Physik und Technik spielte die Atomhypothese in jener Zeit noch keine Rolle. Sie wurde in der Nachbarwissenschaft Chemie fruchtbar und führte dort zu Beginn des 19. Jahrhunderts zu den von Dalton formulierten wichtigen Erkenntnissen. Diese wurden rasch in der beginnenden chemischen Technik wirksam. Durch Gassendi und seinen englischen Zeitgenossen Bacon begann allmählich wieder die Verbreitung materialistischer Deutungen von Erkenntnissen über die Natur und den Menschen. Sie und ihre Nachfolger wie Diderot und Holbach vertraten einen mechanischen Materialismus. Dieser stellte trotz seiner Beschränkung einen Fortschritt gegenüber den bis dahin herrschenden Anschauungen der Scholastik und des Idealismus dar. Der mechanische Materialismus erlebte seinen größten Aufschwung, als die klassische Mechanik ihre Vollendung gefunden und sich als außerordentlich leistungsfähig erwiesen hatte. Eine ihrer überzeugendsten Leistungen war die Berechnung des Standortes eines bis dahin noch unbekannten Planeten durch Leverrier und die Entdeckung dieses Planeten, des Neptun, genau an dieser Stelle. Erfolge dieser

Art ließen die Überzeugung entstehen, daß alle Vorgänge in der Physik nach dem Kausalitätsprinzip der Mechanik ablaufen, demzufolge aus bekannten Anfangsbedingungen allein mit Hilfe der bekannten Grundgesetze der Mechanik vorherbestimmbar seien.

Im 19. Jahrhundert kam die Atomhypothese in der Physik zur Geltung. Sie verwendete noch immer das sehr einfache Denkmodell, das bereits beschrieben wurde. Mit Hilfe dieses Modells wurde die kinetische Gastheorie entwickelt. Diese Theorie führt Erscheinungen der Thermodynamik auf mechanische Prozesse zurück. Sie wurde dadurch eine wesentliche Stütze des mechanischen Materialismus.

Der Materialismus bestimmte mehr und mehr die Grundhaltung der Naturwissenschaftler zu ihrer Forschungsarbeit — was einige von ihnen nicht hinderte, bei der philosophischen Deutung ihrer Forschungsergebnisse von der noch immer herrschenden Lehrmeinung, der idealistischen Philosophie, auszugehen. Dieser Gegensatz in der Einstellung der Physiker einerseits zur materialistisch motivierten Forschungsarbeit, andererseits zur philosophischen Verallgemeinerung der physikalischen Erkenntnisse im Sinne des philosophischen Idealismus verschärfte sich noch, als die Grenzen des mechanischen Materialismus deutlich wurden. Große Schwierigkeiten ergaben sich, als Maxwell die Gleichungen des elektromagnetischen Feldes formulierte, die nicht aus den Gesetzen der Mechanik hergeleitet werden können. Der mechanische Materialismus war nicht in der Lage, die neuen Erkenntnisse der Physik widerspruchsfrei in sein System einzuordnen.

Marx und Engels entwickelten in dieser Zeit den dialektischen Materialismus, die Philosophie, die als einzige in der Lage ist, ein wissenschaftlich begründetes Weltbild zu gestalten.

Der rasche Zuwachs an physikalischen Erkenntnissen einerseits und andererseits die Unfähigkeit der nicht-dialektisch-materialistischen Philosophen, diese Erkenntnisse richtig einzuordnen, sowie die Tatsache, daß der dialektische Materialismus unter Physikern noch weitgehend unbekannt war, führten zu einer erkenntnistheoretischen Krise. Im Verlaufe der damit verbundenen Auseinandersetzungen gaben viele Physiker ihre mechanistischen Anschauungen auf und damit gleichzeitig auch ihren Materialismus. Ein großer Teil von ihnen wandte sich dem Idealismus, vor allem dem Agnostizismus, zu und leugnete, daß die Erscheinungen oder Prozesse, deren Eigenschaften durch physikalische Größen widergespiegelt werden, objektiv existieren und erkennbar sind. Der Idealismus war natürlich noch weniger in der Lage, die in dichter Folge bekannt werdenden neuen Entdeckungen in ein philosophisches System sinnvoll einzuordnen. Um die letzte Jahrhundertwende häuften sich neue Erkenntnisse: Michelson widerlegte mit seinen Versuchen die Ätherhypothese, Planck fand das Gesetz der quantenhaften Energieausstrahlung, Becquerel entdeckte die Radioaktivität, die bald darauf von den Curies und von Rutherford erklärt

wurde, und Einstein entwickelte die Photonentheorie des
Lichtes. Diese Fülle experimentell gesicherter neuer Erkenntnisse ließ sich weder mit dem Weltbild des mechanischen
Materialismus noch mit dem des Idealismus vereinbaren. Die
Krise verschärfte sich noch, als die Einsteinsche Gleichung
für die Äquivalenz von Masse und Energie veröffentlicht wurde.
Die in Chemie und Physik erarbeitete mechanistische Definition
des Begriffes »Materie« führte zu völlig unhaltbaren Aussagen
wie der vom »Verschwinden« der Materie.

Lenins Verdienst ist es, durch eine exakte Definition des
Materiebegriffs und durch Weiterentwicklung des von Marx und
Engels geschaffenen dialektischen Materialismus den Ausweg
aus dieser Krise gewiesen zu haben. Er wies nach, daß sich
jedes wissenschaftliche Weltbild gründen muß auf die Anerkennung der Materialität und Einheit der Welt, des uni-
versellen Zusammenhangs und der Bedingtheit aller Strukturen
der Materie, auf die Anerkennung der unendlichen strukturellen
Vielfalt der Materie sowie der unendlichen Erkenntnisfähigkeit
des Menschen.

Zu einer seinerzeit weit verbreiteten idealistischen These sagte
Lenin: »„Die Materie verschwindet“ heißt: Es verschwindet
jene Grenze, bis zu welcher wir die Materie bisher kannten,
unser Wissen dringt tiefer, es verschwinden solche Eigenschaften der Materie, die früher als absolut, unveränderlich, ursprünglich gegolten haben (Undurchdringlichkeit, Trägheit,
Masse usw.).«

Lenin sah auch die weitere Entwicklung der Situation voraus:
»Die moderne Physik liegt in den Geburtswehen. Sie ist dabei,
den dialektischen Materialismus zu gebären.«

Die physikalische Forschung wurde im Gegensatz zur philosophischen Deutung ihrer Ergebnisse durch die »Krise der Physik«
weniger in Mitleidenschaft gezogen. Aus den spektroskopischen
Beobachtungen, den Versuchen mit Kanalstrahlen und mit
radioaktiver Strahlung ließen sich weitere Eigenschaften des
Atoms ermitteln, die durch das Atommodell von Rutherford
dargestellt wurden. Das stellt das Atom nicht mehr als struktur-
lose Kugel dar. Es beschreibt bereits seinen Aufbau aus einem
positiven Kern und negativen Elektronen, die den Kern um-
kreisen. Dieses noch immer sehr einfache Modell gestattete
jedoch noch keine Vorhersagen über die Wechselwirkung von
Atomen, es lieferte sogar falsche Aussagen über die Stabilität
der Atome.

Bohr schuf ein neues Atommodell, das die Quantenhypothese
einbezog und mehrere Beobachtungstatsachen richtig vorher-
zusagen gestattet. Aus der Atomhypothese war damit eine
leistungsfähige Atomtheorie geworden. Das umfangreiche
Ergebnis spektroskopischer Forschung konnte durch die Atomtheorie erklärt und analysiert werden. Gleichzeitig war die
Theorie in der Lage, mit Hilfe des Bohrschen Modells das in
der Chemie entwickelte Periodensystem der Elemente durch
ein physikalisches Ordnungsprinzip zu erklären. Die Atom-

theorie wurde in der Physik sowie in der Chemie fruchtbar und mußte auch von den idealistischen Naturforschern anerkannt werden.

Das anschauliche Denkmodell von Bohr war auch gut dafür geeignet, das derzeitige Wissen über den Aufbau des Atoms zu verbreiten. Deshalb gab es schon in den ersten Jahren unseres Jahrhunderts technische Anwendungen der Erkenntnisse der Atomphysik. Der Einsatz der Röntgen- und Gammastrahlung sowie der Kathodenstrahlröhre sind Beispiele dafür.

Das Bohrsche Atommodell gibt aber nur die Eigenschaften der einfachsten Atome, genauer gesagt, ihrer Elektronenhüllen, richtig wieder. Um die neuen Ergebnisse der verbesserten Experimentiertechnik mit der Theorie in Übereinstimmung bringen zu können, mußte ein neues Modell geschaffen werden.

In den zwanziger Jahren wurden von verschiedenen Ausgangspunkten her zwei verschiedene Modelle der Atomhülle entwickelt, das quantenmechanische von Heisenberg, Born und Jordan sowie das wellenmechanische von Schrödinger und Dirac. Das erstere beschreibt die Atomhülle in Matrizenform als ein System von Energiestufen der Elektronen. Das zweite faßt die Elektronen als elektromagnetische Wellen auf und beschreibt deren Eigenschaften in Form von Differentialgleichungen. Hier prägt sich der Dualismus Welle — Korpuskel deutlich aus. Dieser Dualismus bereitete dem physikalischen Idealismus unüberwindliche Schwierigkeiten. Es hatte sich herausgestellt, daß auf bestimmte Objekte, z. B. Licht, sowohl das Wellen- als auch das Teilchenmodell angewendet werden muß, wenn möglichst viele Seiten der objektiven Realität widergespiegelt werden sollen. Licht ist, wie wir heute wissen, weder ein Teilchen noch eine Welle. Beide Strukturformen der natürlichen Materie, Stoff und Feld, bilden eine dialektische Einheit. Welche Seite dieser Einheit man erkennt, hängt von den gewählten Untersuchungsbedingungen ab. In der physikalischen Theorie zeigt sich die dialektische Einheit darin, daß beide Modelle völlig gleichwertige Aussagen über die Eigenschaften der Atomhülle ergeben.

Die beiden Atommodelle stellen noch in einer anderen Hinsicht eine neue Qualitätsstufe dar: Sie sind rein mathematische Modelle und in keiner Weise mehr anschaulich. Das wird zunächst als Nachteil empfunden, bringt aber auch Vorteile mit sich. Die Gefahr, »... die Objekte in ihrer ganzen Kompliziertheit mit den anschaulichen Vorstellungen zu identifizieren«, vor der Hörz im Zusammenhang mit einfachen Modellen warnt, wird vermieden. Überdies ist der Übergang von anschaulichen zu mathematisch-abstrakten Modellen immer mit einer umfassenderen Widerspiegelung der Wirklichkeit verbunden.

Die philosophische Deutung der Aussagen des quantenmechanischen wie des wellenmechanischen Modells bereitete zunächst die gleichen Schwierigkeiten, wie sie auf der Erkenntnisstufe des Bohrschen Modells aufgetreten waren. Hinzu kam noch die Verwirrung, die durch die idealistische Interpretation der

Heisenbergschen Unschärferelation entstand. Sie führte wieder
zum Agnostizismus, zum Leugnen der Erkennbarkeit der Welt.
Die Krise der Physik, die im Grunde eine Krise der bürgerlichen
Philosophie war, hielt an. Der dialektische Materialismus hatte
sich unter den Naturwissenschaftlern noch immer nicht genügend durchgesetzt.

Die Atomtheorie auf der Erkenntnisstufe des quantenmechanischen bzw. wellenmechanischen Modells fand rasch Anwendungen. In der Chemie, wo die Quantenchemie entwickelt
wurde, sowie in verschiedenen Teilgebieten der Physik brachte
sie bald wesentliche Erkenntnisse. Die technischen Anwendungen lagen zunächst auf den gleichen Gebieten, die oben
bereits erwähnt wurden. Die Verbesserung der mathematischen
Methoden und der Rechenanlagen, mit denen die quanten- bzw.
wellenmechanischen Modelle ausgewertet wurden, vergrößerte
den Anwendungsbereich. Ein Beispiel: Der Laser-Effekt, den
Einstein 1917 aus der Theorie des Atombaus heraus voraussagte
und der 1960 experimentell gefunden wurde, findet ständig
neue Anwendungen in der Technik. Vom Fernsprechverkehr
über die Wiedergabe von Farbfernsehbildern, die Steuerung
von Werkzeugmaschinen und Tunnelbohraggregaten, Schweiß-
arbeiten an Bauelementen der Mikroelektronik bis zur mili-
tärischen Nachrichtentechnik reicht schon heute die technische
Nutzung dieses quantenphysikalischen Effektes. Voraussetzung
dafür ist die von der Theorie gesteuerte Auswahl beziehungsweise Herstellung optimal geeigneter Materialien.

Auch der Einsatz kleiner Teilchenbeschleuniger in der Techno-
logie der Halbleiterbauelemente ist ein überzeugender Beweis
dafür, daß in großem Umfang neue Erkenntnisse der Grund-
lagenwissenschaften in der Technik wirksam werden, in welchem
Umfang also diese Wissenschaft zur Produktivkraft wird.

Darüber hinaus werden Erkenntnisse, Meßmethoden und Meßgeräte der Atomphysik in der Chemie, der Biologie, der Medizin
und der Technik in zunehmendem Maße eingesetzt. Sie leisten
wesentliche Beiträge zur Weiterentwicklung dieser Wissenschaften. 1953 gelang die Aufklärung der Struktur der Desoxy-
ribonukleinsäure (DNS), die der Grundbaustein der Gene
und damit der Träger der Erbinformationen ist. Voraussetzung dafür waren die Erkenntnisse der Quantenmechanik
und Quantenchemie sowie der Einsatz der Röntgenstruktur-
analyse, einer Untersuchungsmethode, die die Beugung oder
Streuung von Röntgenstrahlen in dem zu untersuchenden
Material benutzt.

Die Erkenntnisse, die das wellenmechanische und das quantenmechanische Modell der Atomhülle liefern können, sind auch
heute noch nicht ausgeschöpft. Die beiden Modelle werden noch
für längere Zeit Grundlage der Physik der Atomhülle sein.

Daneben entstand eine Modellvorstellung vom Atomkern.
Schon Rutherford hatte angenommen, daß der Atomkern aus
elektrisch positiven und elektrisch neutralen Teilchen, den
Protonen und Neutronen, besteht. Aussagen über die Struktur

des Kerns waren jedoch zu seiner Zeit noch nicht möglich. Die in den dreißiger Jahren folgenden Entdeckungen der künstlichen Radioaktivität und der Kernspaltung führten dazu, daß man der Struktur des Atomkerns zunehmendes Interesse widmete. Dieses Interesse verstärkte sich mit der Entwicklung der Kernwaffen und der Kernreaktoren. In der letzten Zeit wurden Modelle entwickelt, die einige Aussagen über den strukturellen Aufbau des Atomkerns gestatten, welche sich experimentell bestätigen lassen. Darüber hinaus wurden Versuchsergebnisse erzielt, die eine erste Modellierung der Ladungsverteilung im Proton, also der Struktur eines Elementarteilchens, ermöglichen. Die ständig verbesserten, d. h. den neugewonnenen experimentellen Ergebnissen angepaßten, theoretischen Aussagen der Atom- und Kernphysik ermöglichten vielfältige Anwendungen der Erkenntnisse dieses Wissenschaftsgebietes in anderen Bereichen. Aus der Kernphysik hat sich ein Zweig der Technik entwickelt, die Kerntechnik, die sich neben solche Gebiete wie Elektrotechnik und Elektronik einreiht, welche ebenfalls aus Teilgebieten der Physik entstanden.

Aus der Atomphysik entwickelte sich in der jüngsten Zeit ein weiterer Zweig, der schon weitgehend selbständig geworden ist, die Physik der Elementarteilchen. Wie schon angedeutet wurde, begnügt sich die Physik nicht mehr mit den groben Modellvorstellungen von den Bausteinen des Atoms, mit denen das Bohrsche Atommodell auskam. Die Entdeckung einer großen Zahl von Elementarteilchen, zwischen denen eine Vielzahl von Wechselwirkungen möglich ist, zwingt dazu, nach präziseren Aussagen über ihr Verhalten zu suchen.

Ein Ansatz zu einer umfassenden Theorie der Elementarteilchen liegt mit der Materiegleichung von Heisenberg vor. Diese ist ein äußerst abstraktes Modell, dessen Aussagen noch nicht in allen Konsequenzen übersehbar sind.

Die dialektisch-materialistische Deutung der zu erwartenden Aussagen der neuen Theorien (neben dem Ansatz von Heisenberg gibt es weitere, vor allem in der SU) dürfte in unserer Zeit keine unüberwindlichen Schwierigkeiten mehr bereiten. Vor allem durch den Einfluß sowjetischer Physiker, die in zunehmendem Maße zu den Ergebnissen der modernen Forschung beitragen, wird der dialektische Materialismus unter den Physikern durchgesetzt.

Damit ist der heute erreichte Entwicklungsstand kurz angedeutet. Um abschätzen zu können, welche Auswirkungen zu erwarten sind, muß der derzeitige Forschungsgegenstand der physikalischen Grundlagenforschung betrachtet werden. Es zeigt sich, daß die Atom- und Kernphysik tatsächlich repräsentativ ist für die gesamte Physik. Das zunächst geschlossene, eng abgegrenzte Forschungsgebiet weitet sich ständig aus und spaltet sich dabei auf — ein Differenzierungsprozeß, der für die gesamte Physik wie für andere Wissenschaften typisch ist. Aus der Atomphysik entwickelten sich Gebiete wie Physik der

Elementarteilchen, Kernphysik, Plasmaphysik und Festkörperphysik. Gleichzeitig findet ein Integrationsprozeß statt, durch den Teilgebiete der Physik, aber auch die Physik als Ganzes mit anderen Wissenschaften unter neuen allgemeineren Prinzipien zusammengefaßt werden. Ein Beispiel dafür ist die Verschmelzung von theoretischer Physik und theoretischer Chemie im Bereich der Quantenmechanik.

Diese beiden Prozesse haben Konsequenzen für die Forschungsorganisation. Effektive Forschung auf grundlegenden Gebieten setzt ein so hohes Maß an Spezialisierung und Kooperation, vor allem mit der Technik, voraus, daß sie nur noch in den leistungsfähigsten internationalen Zentren wie dem der Vereinigten Institute für Kernforschung in Dubna bei Moskau betrieben werden kann.

Diese Forschung, die den wissenschaftlichen Vorlauf für die Zukunft schafft, ist allerdings nicht unmittelbar auf die Anforderungen der heutigen industriellen Praxis zugeschnitten. Die Praxis, die technische und gesellschaftliche Entwicklung der nächsten Zukunft, erfordert daneben eine physikalische Forschung, die Grundlagen liefert für die weitere Entwicklung der derzeitigen Produktion. Diese problemorientierte Grundlagenforschung wird in den Großforschungszentren der Industrie sowie in Universitäten und Hochschulen betrieben. Dort zeigt es sich, daß es nicht nur eine Integration der Wissenschaften schlechthin, sondern auch eine Integration der Wissenschaftler verschiedenster Fachgebiete geben muß. Anders kann unsere industrielle Entwicklung nicht mit dem notwendigen Tempo vollzogen werden. Die Integration der Wissenschaftler in ein hocheffektives Forschungskollektiv setzt bei jedem Mitarbeiter die Fähigkeit voraus, gemeinsame Verständigungsgrundlagen zu finden. Der Techniker muß ein hohes Maß an naturwissenschaftlichem Grundwissen besitzen, und der Naturwissenschaftler muß sich genügend weit in die zu lösenden ökonomischen und technischen Probleme einarbeiten können. Darüber hinaus ist eine experimentelle Forschungsarbeit nicht nur in der Atom- und Kernphysik nicht mehr ohne beträchtlichen Aufwand an Meß- und Regelungstechnik möglich. Die Zusammenarbeit zwischen Techniker und Physiker erstreckt sich also auch auf die experimentelle Forschungsarbeit, ein Gebiet, das früher eine Domäne nur des Physikers war. Diese Zusammenarbeit ist auf allen Qualifikationsstufen notwendig. Sie betrifft sowohl die technischen Hilfskräfte als auch die Mitarbeiter, welche theoretische Verallgemeinerungen zu schaffen haben.

Die wichtige Rolle des physikalischen Grundlagenwissens beschränkt sich nicht auf das Gebiet physikalischer und technischer Forschung. Jeder Fachschulingenieur, der in der Produktion für materialgerechte Konstruktion verantwortlich ist oder für die exakte Einhaltung technologischer Parameter, der meßtechnische Aufgaben zu lösen hat oder die Verwendung neuer Werkstoffe bzw. neue Technologien durchsetzen muß, benötigt ein gründliches Wissen über physikalische Effekte,

Gesetze und Methoden. Das zeigt sich schon während der Ingenieurausbildung. Alle Lehrgebiete der technischen Grundlagen- und Spezialausbildung setzen physikalisches Grundwissen voraus, ohne das in diesen Lehrgebieten nicht beziehungsweise nicht rationell gearbeitet werden kann. Nur mit Hilfe der physikalischen Gesetze sind in den technischen Wissenschaften innere Zusammenhänge exakt darstellbar. Zunehmend exakte Darstellung und Berechnung ist aber eine wesentliche Forderung der modernen Technik.

Die Erkenntnisse der Atomphysik beeinflussen über ihre Anwendung in der Produktion und in der Verteidigungstechnik die gesellschaftliche Entwicklung in starkem Maße. Damit ist auch die Verantwortung des Physikers und des Technikers außerordentlich gewachsen. Er wird dieser Verantwortung nur dann gerecht, wenn seine Weltanschauung auf den Fortschritt der Gesellschaft orientiert ist, wenn sie mit der wissenschaftlichen Weltanschauung übereinstimmt, nach deren Grundsätzen unsere Gesellschaftsordnung aufgebaut wird. Die Erkenntnisse der Atom- und Kernphysik sind besonders gut geeignet, die dialektisch-materialistische Weltanschauung zu festigen und zu vertiefen. Sie haben die von Lenin weiterentwickelten Grundgesetze des dialektischen Materialismus auf vielfältige Weise bestätigt.

Die Materialität und Einheit der Welt wird wirkungsvoll durch die dialektische Einheit von Stoff und Feld nachgewiesen; diese können sich ineinander umwandeln.

Die Anwendung der Erkenntnisse der Atomphysik in der Chemie, Biologie und Medizin erbrachte den Beweis, daß physikalische Prozesse bei der Deutung komplizierter Vorgänge in der belebten Natur eine große Rolle spielen. Die strukturelle Unendlichkeit der Materie zeigt sich einerseits in der großen Zahl der bereits bekannten Elementarteilchen und andererseits in der praktisch unendlich großen Zahl von Kombinationsmöglichkeiten der Atome, die man in biologischen Systemen findet. Auf die Unerschöpflichkeit auch der Elementarteilchen selbst hat schon Lenin in bezug auf das Elektron hingewiesen.

Die von der Atomphysik erbrachten Beweise für die Richtigkeit unserer dialektisch-materialistischen Weltanschauung dürfen aber nicht den Eindruck erwecken, als würde die Weltanschauung allein durch die Naturwissenschaften begründet. Wir wissen im Gegenteil, daß die Weltanschauung auch das Wissen um die gesetzmäßige, materiell bedingte und steuerbare Entwicklung der Gesellschaft einschließt.

Die schon von Marx und Engels betonte Einheit von Natur- und Gesellschaftswissenschaft drückt sich in einer engen Wechselwirkung von Physik und Weltanschauung aus. Die dialektisch-materialistische Grundhaltung der Naturwissenschaftler unserer Zeit, selbst wenn sie ihnen in einem Teil der Welt noch nicht bewußt ist, gibt ihrer Arbeit Sinn und Richtung.

Darüber hinaus ist die dialektisch-materialistische Philosophie in der Lage, neue Erkenntnisse aus allen Wissenschaften zu

verallgemeinern und in ein ständig verbessertes Weltbild einzuordnen. Damit entsteht ein System, das durch neu gefundene
Querverbindungen zwischen scheinbar isolierten Gebieten oder
durch den Nachweis noch bestehender Lücken der physikalischen Forschung neue Entwicklungsrichtungen erschließen
kann.

In diesem Prozeß werden aber nicht nur die Naturwissenschaften gefördert. Ihre Ergebnisse dienen nach ihrer philosophischen
Verallgemeinerung dazu, das Weltbild der dialektisch-materialistischen Philosophie zu verfeinern und weitere Teile der objektiven Realität zu erfassen. Hörz sagt dazu im Zusammenhang
mit der Quanten- und Relativitätstheorie: »Beide Theorien
erforderten die Präzisierung philosophischer Kategorien wie
Kausalität, Zufall, Raum Zeit usw. Aufgabe marxistischer
Philosophen muß es in einem solchen Falle sein, die auf exakten
wissenschaftlichen Erkenntnissen basierenden neuen Denk-
weisen zu verallgemeinern und mit durchsetzen zu helfen.«

Es hat sich immer wieder erwiesen, daß der dialektische
Materialismus in der Lage ist, alle neuen Erkenntnisse der
Naturwissenschaften aufzunehmen und widerspruchsfrei zu-
sammenzufassen.

In der engen Wechselwirkung zwischen Physik und Philosophie
entwickeln sich beide Wissenschaften zu einer höheren Erkenntnisstufe hin. Im gleichen Sinne wirken die Wechselbeziehungen zwischen Physik und Technik. In der bewußten
Anwendung der Technik zum Vorteil unserer Gesellschaft
werden letzten Endes alle drei Wissenschaften wirksam.

1.2.   Physikalische Größen und Gleichungen

1.2.1.   Größen, Größenarten und Einheiten

Zur Darstellung von Fakten oder Vorgängen bedient sich die
Physik wie jedes andere Wissenschaftsgebiet neben der Um-
gangssprache auch besonderer Fachausdrücke. Ein solcher
Fachausdruck ist *physikalische Größe*.

Unter physikalischen Größen versteht man meßbare Eigenschaften physikalischer Objekte, Vorgänge oder Zustände, z. B. Länge, Zeit, Masse, Geschwindigkeit, Energie, Temperatur, Feldstärke.

Wenn keine Verwechslungen mög-
lich sind, darf die physikalische
Größe auch abgekürzt als Größe be-
zeichnet werden.

Teilweise werden die *Namen* für physikalische Größen dem
Sprachgebrauch des täglichen Lebens entlehnt und auch im
herkömmlichen Sinne verwendet (Länge, Zeit, Temperatur).
Andere Bezeichnungen werden ebenfalls dem Sprachschatz
entnommen, ihr Begriffsinhalt wird aber verändert, meist ein-
geengt und präzisiert (Arbeit, Leistung). Schließlich finden wir
im physikalischen Sprachgebrauch völlig neue Begriffe, die
außerhalb der Physik nicht angewendet werden (Drehimpuls,
Permeabilität, Induktivität).

TGL 31548 Einheiten physikalischer Größen (März 1979);
TGL 31550/02 Grundbegriffe der Metrologie (September 1977)

Zweckmäßig unterscheiden wir noch zwischen Größe und Größenart. Wir sagen *Größenart*, wenn wir allgemein eine Länge, eine Zeit oder eine Stromstärke betrachten. Als Größe bezeichnen wir eine bestimmte Länge (z. B. Länge einer Stange), eine bestimmte Zeit oder eine bestimmte Stromstärke.

Das *Messen* einer physikalischen Größe geschieht durch Vergleich dieser Größe mit einer speziellen, willkürlich festgelegten Bezugsgröße, der *Einheit* oder *Maßeinheit*. Die Zahl, die das Vielfache der gemessenen Größe, bezogen auf die Einheit, angibt, heißt *Zahlenwert* der Größe. *Wert einer Größe* heißt das Produkt aus Zahlenwert und Einheit dieser Größe:

Wert einer Größe = Zahlenwert · Einheit

Mit dem Symbol X für eine (beliebige) Größe lautet diese Gleichung

$$X = \{X\} \cdot [X] \tag{1.1}$$

Die geschweifte Klammer um das Größensymbol gesetzt, lesen wir »Zahlenwert von X«, die eckige Klammer »Einheit von X«. Beispielsweise ist ein zurückgelegter Weg $s = 15$ km. Darin bedeuten

Die Symbole für physikalische Größen werden durch Schrägschrift, die Symbole für Einheiten durch Steilschrift wiedergegeben.

s	die Größe Weg,
15 km	der Wert der Größe s,
$\{s\} = 15$	der Zahlenwert der Größe s ist 15,
$[s] = $ km	die Einheit der Größe s ist Kilometer.

Für das *Rechnen mit Größen* gilt eine sehr wichtige Regel:

Nur Größen gleicher Größenart dürfen addiert oder subtrahiert werden.

Größen ändern sich nicht, wenn eine andere Einheit gewählt wird. Mit der Einheit ändert sich aber der Zahlenwert:

$X = \{X\} \cdot [X] = \{X^*\} \cdot [X^*]$, beispielsweise
$s \;\; = 15$ km $= 15\,000$ m

Die Größe s in unserem Beispiel bleibt gleich, welche Einheit wir auch wählen mögen.

1.2.2. Vektorgrößen

In Physik und Technik unterscheidet man skalare und vektorielle Größen, auch kurz Skalare und Vektoren genannt. *Skalare Größen* sind durch Angabe von Zahlenwert und Einheit vollständig gekennzeichnet (Beispiele: Temperatur, Masse, Energie). *Vektorielle Größen* sind Größen, zu deren Charakterisierung außer Zahlenwert und Einheit noch eine Richtung angegeben werden muß (Beispiele: Weg, Kraft, Geschwindigkeit).

TGL 34230 Vektoren, Tensoren: Schreibweise; auch TGL 22112 Blatt 1 Elektrotechnik—Elektronik: Größen, Formelzeichen, Einheiten

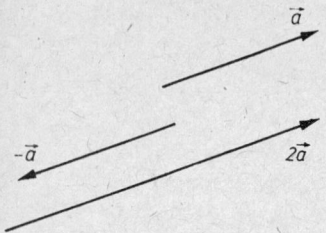

$\vec{a}$

$-\vec{a}$ $2\vec{a}$

Bild 1.1 Zeichnerische Darstellung des Vektors $\boldsymbol{a}$. $-\boldsymbol{a}$ ist ein Vektor von gleichem Betrag und entgegengesetzter Richtung, $2\boldsymbol{a}$ ist ein Vektor zweifacher Länge

Im Bild 1.1 wird eine vektorielle Größe durch eine gerichtete Strecke, einen Pfeil, dargestellt, wobei die Länge des Pfeiles den Betrag, die Richtung des Pfeils die Richtung der vektoriellen Größe angibt.

> Vektorielle Größen sind durch Betrag und Richtung gekennzeichnet.

Die Darstellung einer vektoriellen Größe kann im Text erfolgen:
1. durch Formelzeichen in Fraktur: $\mathfrak{s}$, $\mathfrak{F}$, $\mathfrak{v}$,
2. durch Formelzeichen kursiv mit übergesetztem Pfeil: $\vec{s}$, $\vec{F}$, $\vec{v}$,
3. durch Fettdruck der Formelzeichen: $\boldsymbol{s}$, $\boldsymbol{F}$, $\boldsymbol{v}$.

Wir verwenden aus drucktechnischen Gründen Fettdruck, der sich auch international immer mehr durchsetzt, im laufenden Text. In den Bildern werden die Symbole mit übergesetztem Pfeil verwendet. Dies empfiehlt sich auch bei handschriftlichen Arbeiten.

Der *Betrag* der vektoriellen Größe wird gekennzeichnet:
1. durch Formelzeichen kursiv: s, F, v,
2. durch Setzen von Betragsstrichen: $|\mathfrak{s}|$, $|\vec{s}|$, $|\boldsymbol{s}|$.

Vektorielle Größen werden geometrisch addiert oder subtrahiert.

> **Addition von Vektoren:**
> Aneinanderreihen der Pfeile. Der Summenpfeil ist der Pfeil vom Anfang des ersten bis zur Spitze des letzten Pfeils.

> **Subtraktion von Vektoren:**
> Addition des entgegengesetzt gerichteten Pfeils von gleichem Betrag.

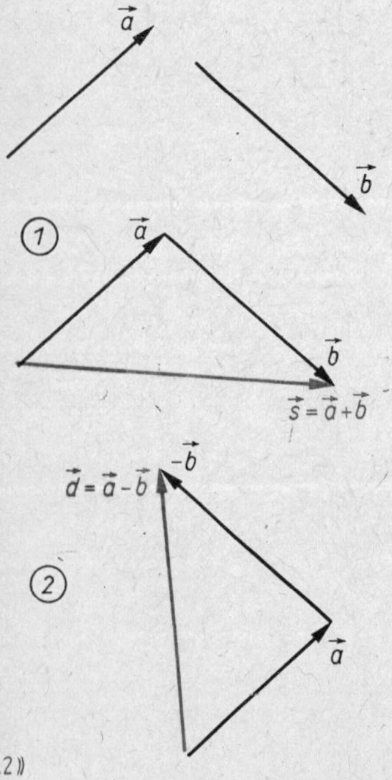

Vektorielle Größen können in Komponenten zerlegt werden.

> **Zerlegung eines Vektors in Komponenten:**
> Zu den vorgegebenen Wirkungslinien der beiden Komponenten ist das Parallelogramm zu zeichnen, in dem der Pfeil des zu zerlegenden Vektors Diagonale ist.

Ein Sonderfall ist die Zerlegung eines Vektors in senkrecht zueinander liegende Komponenten (Bild 1.3.2). Hier gelten:

$$a_x = a \cos \varphi \qquad \text{Beträge der zueinander senkrechten} \qquad (1.2)$$
$$a_y = a \sin \varphi \qquad \text{Komponenten des Vektors } \boldsymbol{a} \qquad (1.2')$$

Aus Bild 1.3.2 folgt der Zusammenhang

$$a = \sqrt{a_x{}^2 + a_y{}^2} \qquad \text{Betrag des Vektors } \boldsymbol{a} \qquad (1.3)$$

Abschließend wollen wir noch verschiedene Arten von Vektoren nennen: *Polare Vektoren* heißen Vektoren, die beispielsweise den Weg, die Kraft oder die Geschwindigkeit darstellen. Daneben gibt es *axiale Vektoren* wie die Winkelgeschwindigkeit ($\rightarrow$ 2.4.2.). Auf weitere Fragen der Vektorrechnung können wir in diesem Lehrbuch nicht eingehen.

$\vec{a}$

$\vec{b}$

① $\vec{a}$

$\vec{b}$

$\vec{s} = \vec{a} + \vec{b}$

$\vec{d} = \vec{a} - \vec{b}$ $-\vec{b}$

② $\vec{a}$

(1.2)

Bild 1.2 1. Addition und 2. Subtraktion zweier Vektoren $\boldsymbol{a}$ und $\boldsymbol{b}$

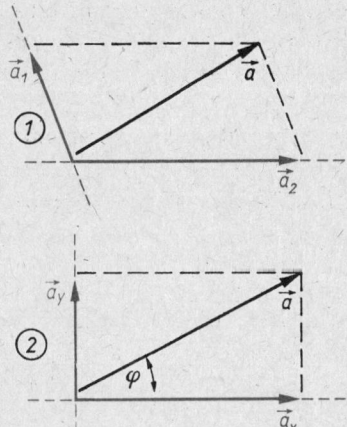

Bild 1.3 Zerlegung des Vektors **a**

1. in die Komponenten a_1 und a_2 und 2. in die zueinander senkrechten Komponenten a_x und a_y. Die Wirkungslinien der Komponenten sind rot gestrichelt

Tafel 1.1 Basisgrößen und Basiseinheiten

Basisgröße	Basiseinheit
Länge	Meter
Zeit	Sekunde
Masse	Kilogramm
Elektrische Stromstärke	Ampere
Temperatur	Kelvin
Stoffmenge	Mol
Lichtstärke	Candela

oder bei Verwendung der Symbole

X	$[X]$
l	m
t	s
m	kg
I	A
T	K
n	mol
I_v	cd

[1]) Statt „kohärente Einheit" ist künftig „SI-Einheit" zu setzen.

1.2.3. Größensysteme und Einheitensysteme

Wir unterscheiden *Basisgrößen* (früher Grundgrößen genannt) und *abgeleitete Größen*. Die ersteren sind vorgegeben, die letzteren als mathematische Verknüpfung von Basisgrößen definiert.

Mit der Verordnung des Ministerrats vom 14. 8. 1958 (Neufassung vom 31. 5. 1967) wurde in der DDR das System der physikalisch-technischen Einheiten eingeführt. Damit erhielten die 1954 von der X. Generalkonferenz für Maß und Gewicht gefaßten Beschlüsse in der DDR Gesetzeskraft. Dieses *Internationale Einheitensystem*, abgekürzt SI (Système International d'Unités) enthält 7 *Basiseinheiten* für die 7 Basisgrößen der Physik.

Basisgrößen heißen die Größen eines Größensystems, die als unabhängig von anderen Größen dieses Systems angesehen werden. Jeder Basisgröße wird eine Basiseinheit zugeordnet (Tafel 1.1). Die Basiseinheiten sind gesetzlich festgelegt. Tafel 1.2 auf S. 28 gibt einige Beispiele für abgeleitete Größen und Einheiten. (Weitere Beispiele → B 2.).

Das formale Potenzprodukt aus den Basisgrößen (L, Z, M, ...) einer Größe heißt *Dimension* der Größe. Beispielsweise kann man schreiben: dim $v = LZ^{-1}$ und lesen: »Die Dimension der Geschwindigkeit ist Länge durch Zeit«. Wir verwenden diesen Begriff im Lehrbuch nicht. Besonders beachten wollen wir aber, daß wir nicht anstelle von »Einheit« »Dimension« sagen.

Auf Grund der Definitionen der abgeleiteten Größen lassen sich von den Basiseinheiten zunächst die *abgeleiteten SI-Einheiten* bilden. Sie heißen kohärente Einheiten, wenn sie aus den Basiseinheiten ohne Zuhilfenahme irgendwelcher von 1 verschiedener Zahlenfaktoren gebildet werden. Im Gegensatz dazu stehen die *SI-fremden Einheiten*, die zwar auch auf Basiseinheiten zurückgeführt werden, bei denen aber in den entsprechenden Beziehungen zu den Basiseinheiten Zahlenfaktoren auftreten, die von 1 verschieden sind. So ist beispielsweise die Geschwindigkeitseinheit 1 m s⁻¹ eine kohärente Einheit[1]), nicht aber die Einheit 1 km h⁻¹. (Es ist 1 km h⁻¹ = $^1/_{3,6}$ m s⁻¹.) Die kohärente Krafteinheit ist 1 N = 1 kg m s⁻²; 1 kp = 9,81 N ist SI-fremde Einheit für die Kraft. Sowohl von den Basiseinheiten als auch von den abgeleiteten Einheiten mit selbständigem Namen lassen sich Vielfache und Teile durch Voranstellen eines *Vorsatzes* (Kilo-, Milli-, ...) vor den Namen der Einheit bilden, damit unübersichtliche, sehr große und sehr kleine Zahlenwerte vermieden werden können. Die für das SI verbindlichen Vorsätze sind in der Beilage zusammengestellt (→ B 3.).

Von einigen Einheiten dürfen Vielfache und Teile nicht mit diesen Vorsätzen gebildet werden. Hierzu gehören: Minute, Stunde, Tag, Hektar, Umdrehung je Minute, physikalische und technische Atmosphäre, Grad Celsius, die Winkeleinheiten Grad, Minute und Sekunde sowie auch die nur in der Seefahrt zulässigen Einheiten Seemeile und Knoten.

Tafel 1.2 Beispiele für abgeleitete Größen und Einheiten

Geschwindigkeit $\quad v = \dfrac{\mathrm{d}s}{\mathrm{d}t}$

$$[v] = \frac{[s]}{[t]} = \frac{\mathrm{m}}{\mathrm{s}}$$

Beschleunigung $\quad a = \dfrac{\mathrm{d}v}{\mathrm{d}t}$

$$[a] = \frac{[v]}{[t]} = \frac{\mathrm{m}}{\mathrm{s}^2}$$

Kraft $\qquad\qquad F = ma$

$$[F] = [m] \cdot [a] = \frac{\mathrm{kg\,m}}{\mathrm{s}^2} = \mathrm{N}$$

1.2.4.   Physikalische Gleichungen und Rechnungen

Beziehungen physikalischer Größen untereinander werden durch *Größengleichungen* dargestellt. So gilt beispielsweise für die Geschwindigkeit bei gleichförmiger Bewegung

$$v = \frac{s}{t}$$

Darin bedeuten v die Geschwindigkeit, s den Weg und t die Zeit. Mit den gegebenen Werten dieser Größen, also mit den jeweiligen Produkten aus Zahlenwert und Einheit, rechnen wir. Dieses Rechnen mit Hilfe von Größengleichungen muß jeder Studierende einer technischen Fachrichtung sehr gründlich erlernen, um zu einem fehlerfreien Ergebnis zu gelangen. Gegenüber Zahlenwertgleichungen haben sich Größengleichungen immer mehr durchgesetzt. Ihre Vorteile sind:

> Größengleichungen geben Naturgesetze am klarsten wieder, weil keine durch die Wahl bestimmter Einheiten bedingten Zahlenfaktoren vom physikalisch Wesentlichen ablenken. Sie sind mathematisch widerspruchsfrei.

> Wie die Größen selbst, ändern sich Größengleichungen nicht, wenn andere Einheiten gewählt werden. Größengleichungen bedürfen keinerlei Vorschrift über die Wahl der Einheiten. Alle Einheiten sind zugelassen. Selbstverständlich muß man die gewählten Einheiten mitschreiben und mit ihnen rechnen.

> Die Einheit der zu berechnenden Größe folgt aus der Rechnung. Damit ergibt sich zugleich eine Kontrolle der zur Lösung eines Problems hergeleiteten Gleichung.

Sind bei Anwendung einer Größengleichung zur Lösung gleichartiger Probleme häufig die gleichen Umrechnungen von Einheiten erforderlich, so wählen wir die *zugeschnittene Größengleichung*. Wollen wir beispielsweise in der erwähnten Gleichung $v = s/t$ die Einheiten Kilometer je Stunde, Meter und Sekunde verwenden, so lautet die zugeschnittene Größengleichung

$$v_{/\mathrm{km\,h^{-1}}} = \frac{3{,}6\,s_{/\mathrm{m}}}{t_{/\mathrm{s}}}$$

Die früher häufig verwendete *Zahlenwertgleichung* entsteht aus der zugeschnittenen Größengleichung, wenn wir ersetzen:

$$v_{/\mathrm{km\,h^{-1}}} \rightarrow v$$

$$s_{/\mathrm{m}} \qquad \rightarrow s$$

$$t_{/\mathrm{s}} \qquad \rightarrow t$$

Die Symbole rechts bedeuten in der Zahlenwertgleichung nur Zahlenwerte, nicht Größen.

Wenn eine Zahlenwertgleichung verständlich sein soll, dann muß jeweils besonders angegeben werden, in welchen Einheiten die einzelnen Größen gemessen werden sollen. Das kann in folgender Form geschehen:

$$v = \frac{3{,}6\,s}{t}$$

v	s	t
km h^{-1}	m	s

Eine Zahlenwertgleichung in Einheiten des SI stimmt ihrer Form nach mit der entsprechenden Größengleichung überein. Zahlenwertgleichungen werden in der physikalischen Literatur nicht und in der technischen Literatur immer weniger verwendet.

Im folgenden *Beispiel* beachten Sie nur die rechnerischen Probleme, noch nicht den physikalischen Sachverhalt. Deshalb geben wir Ihnen zur Aufgabe die Gleichung, nach der zu rechnen ist, mit an.

● **Beispiel 1.1**

Berechnen Sie die Energie W in Joule aus den gegebenen Werten nach der Gleichung $W = {}^1\!/_2\, mv^2$.

Gegeben: $m = 1{,}5$ t; $v = 30$ km h^{-1} *Gesucht:* W in J

Wir lösen die gestellte Aufgabe unter Verwendung der Größengleichung

$$W = \frac{1}{2}\, mv^2; \qquad W = \frac{1{,}5\,\text{t} \cdot 30^2\,\text{km}^2}{2\,\text{h}^2}$$

Nun schreiben wir zunächst alle Zahlenwerte wieder auf den Bruchstrich und rechnen dann die Einheiten in kohärente Einheiten um: 1 t $= 10^3$ kg; 1 km$^2 = 10^6$ m^2; 1 h$^2 = 3{,}6^2 \cdot 10^6$ s^2.

$$W = \frac{1{,}5 \cdot 30^2}{2} \cdot \frac{10^3\,\text{kg} \cdot 10^6\,\text{m}^2}{3{,}6^2 \cdot 10^6\,\text{s}^2}$$

Wir erhalten als Einheit kg m^2 s^{-2} = J (Joule). Nach Kürzen von 10^6 erhalten wir

$$W = \frac{1{,}5 \cdot 30^2 \cdot 10^3\,\text{J}}{2 \cdot 3{,}6^2} = \underline{\underline{52{,}1\,\text{kJ}}}$$

1.3. Hinweis zur Rechengenauigkeit

Beachten Sie den Abschnitt 1.6. »Rechengenauigkeit« in »Übungen zur Physik« sowie den Abschnitt »Darstellung von Zahlen, Rundungsregeln« in 2.2.1. des Lehrbuches »Mathematik für Ingenieur- und Fachschulen« Bd. I.

In der Physik spielt das Problem der Meß- und Rechengenauigkeit eine sehr große Rolle. Die *Fehlertheorie* untersucht die Frage, wie sich Fehler der Meßgrößen auf die Zuverlässigkeit des Meßresultats auswirken. Die Genauigkeit des Ergebnisses ist nur feststellbar, wenn die Fehler der gegebenen oder gemessenen Größen bekannt sind.

In der Physikausbildung wird diese Problematik *im Rahmen des Physik-Praktikums* gelehrt und geübt. Wir klammern sie aus unseren Übungsaufgaben aus, weil diese sonst überlastet würden. Wir führen die Rechnungen in der sogenannten

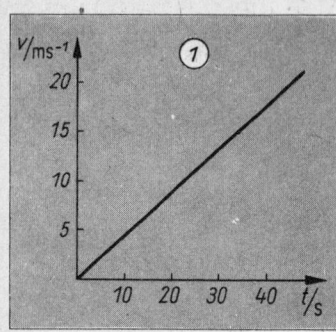

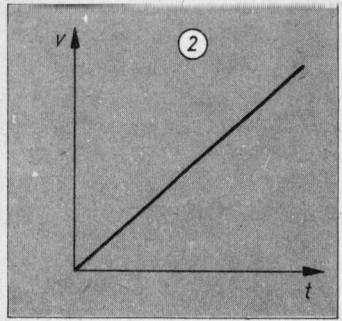

Bild 1.4 Diagramme:

1. quantitative,
2. qualitative Darstellung

Rechenstabgenauigkeit aus. Die mit Hilfe des Rechenstabs ermittelten drei Ziffern reichen für die meisten physikalischen und technischen Aufgaben aus. Für manche Probleme ist eine solche dreiziffrige Genauigkeit sogar zu hoch.

Wir werden Angaben wie 21,7174 kg oder 4 171,372 m, die allein durch rechnerische Inkonsequenzen zustandekommen, aber ohne jeden physikalischen Sinn sind, vermeiden und dafür 21,7 kg oder 4,17 km schreiben. Anfängern fällt es oft schwer einzusehen, daß zu genau ausgeführte Rechnungen nicht nur unnötig, sondern physikalisch sinnlos sind.

Wir wollen nochmals betonen, daß mit unserer Verfahrensweise das Problem der Rechengenauigkeit ausgeklammert wird, weil es in wenigen Sätzen nicht abgehandelt werden kann.

1.4.   Tabellen und grafische Darstellungen

Um in Tabellen nicht die gleichen Einheiten häufig wiederholen zu müssen, schreiben wir in den *Kopf der Tabelle* jeweils die Quotienten von Größe und Einheit. Die Tabelle enthält dann nur noch Zahlenwerte. Beispiel für einen Tabellenkopf:

$$s_{/m} \quad t_{/s} \quad v_{/ms^{-1}} \quad a_{/ms^{-2}} \quad F_{/N} \quad W_{/J}$$

An die Enden der Achsen eines Diagramms schreiben wir ebenfalls die Quotienten von Größe und Einheit (Bild 1.4.1). Längen im Diagramm stellen dann Zahlenwerte der physikalischen Größen dar. Wollen wir in einem Diagramm einen Zusammenhang lediglich *qualitativ* darstellen, so schreiben wir nur die Symbole für die Größen an die Enden der Achsen (Bild 1.4.2).

1.5.   Symbole

Auf Grundlage der TGL 0-1304 (Mai 1968) verwenden wir die in der Beilage (→ B 1.) wiedergegebenen Symbole (Formelzeichen).

2. Kinematik

2.1. Vorbemerkungen

Voraussetzungen: Grundkenntnisse über Bewegung; Weg, Zeit, Geschwindigkeit; geometrische Grundbegriffe; Winkelfunktionen; Umstellen von Gleichungen

Eine der grundlegenden Erscheinungen der materiellen Welt ist die Bewegung. »Alles fließt« war das Ergebnis der Überlegungen des griechischen Naturphilosophen Heraklit; »alles ist in Bewegung« ist eine Grunderkenntnis des dialektischen Materialismus. Doch was ist Bewegung?

Philosophisch gesehen ist der Bewegungsbegriff mit dem Begriff der Veränderung untrennbar verbunden. Jede Veränderung in Natur und Gesellschaft wird als Bewegung bezeichnet. In der Physik, die sich ja nur mit einem Teil der materiellen Erscheinungen befaßt, wird der Bewegungsbegriff sehr viel enger gesehen. Die Physik beschränkt sich auf die Untersuchung, Erklärung und Beschreibung von Ortsveränderungen materieller Gebilde, also stofflicher Körper und nichtstofflicher Felder. Es zeigt sich, daß die physikalischen Bewegungsprobleme trotz der Einengung sehr komplexen Charakter haben. Wie die Bewegung eines Körpers verläuft, hängt ja zum Beispiel von den Kräften ab, die auf ihn einwirken. Es ist deshalb zweckmäßig, bei der Untersuchung von Bewegungen physikalischer Objekte zunächst die Frage nach den Ursachen und den physikalischen Bedingungen der Bewegung auszuklammern. In der Kinematik stellen wir uns nur die Aufgabe, Größen zu definieren, mit denen ein beliebiger Bewegungsablauf mit möglichst einfachen mathematischen Mitteln dargestellt werden kann. Die Kinematik beschreibt den Ablauf von Bewegungsvorgängen in Zeit und Raum, ohne die Ursachen und Wirkungen des Geschehens zu berücksichtigen.

Wir beginnen die Darstellung der Kinematik mit einigen wiederholenden Ausführungen zur Relativität der Bewegung, zu den Arten und Formen der Bewegung und zu den Basisgrößen Länge und Zeit. Bei der Einführung der abgeleiteten Größen Geschwindigkeit und Beschleunigung gehen wir von den Definitionen der Durchschnittsgrößen aus. Darauf aufbauend lernen wir die Begriffe Momentangeschwindigkeit und Momentanbeschleunigung kennen. Diese Größen werden als Differentialquotienten definiert und haben damit grundsätzliche und über den Rahmen der Kinematik hinausgehende

Bedeutung. Unter anderem werden wir hier erkennen, daß ohne Anwendung der Infinitesimalrechnung meist nur Sonderfälle des physikalischen Geschehens mathematisch erfaßt werden können.

Die sich zunächst auf die eindimensionale Bewegung erstreckenden Betrachtungen wollen wir sodann auf räumliche Bewegungen ausdehnen, wobei wir uns mit dem Begriff der vektoriellen Größe eingehender zu befassen haben. Schließlich muß sich der zukünftige Ingenieur auch gründlich mit der Rotation von Körpern vertraut machen. Wir erkennen, daß sich die Größen und Gleichungen zur Beschreibung der Rotationsbewegung durch Analogie aus denen der fortschreitenden Bewegung ergeben.

Abschließend sei bemerkt, daß unsere Darstellung der Kinematik, und darüber hinaus der gesamten Mechanik, die der »klassischen« Physik ist, wie sie von Newton begründet wurde. Die »moderne« Physik geht mit der von Einstein geschaffenen Relativitätstheorie über die klassische Physik hinaus und weist nach, daß die klassische Mechanik als Sonderfall in der relativistischen Mechanik enthalten ist. Es zeigt sich aber, daß sich die meisten der für den Ingenieur wichtigen Fakten und Gesetze der Physik auch ohne die Berücksichtigung relativistischer Effekte darstellen lassen. Über die grundlegenden Gedanken der Relativitätstheorie werden Sie im Abschnitt 12.2.2. unterrichtet.

2.2. Grundlagen der Kinematik

2.2.1. Relativität der Bewegung und Überlagerungssatz

In den Vorbemerkungen stellten wir die Frage nach dem Wesen der physikalischen Bewegung. Um sie genauer zu beantworten, gehen wir von einem einfachen Beispiel aus. In Bild 2.1 ist eine Straße dargestellt, auf der sich drei Fahrzeuge bewegen (B, C, D). Wir stehen als Beobachter auf einer Brücke (Punkt A) und verfügen über ein Meßgerät zur Registrierung der Geschwindigkeit der Fahrzeuge. Wir messen die in der Bildunterschrift angegebenen Geschwindigkeitsbeträge. Um auch die Bewegungsrichtung der Fahrzeuge anzugeben, bezeichnen wir die Geschwindigkeit als positiv, wenn das betreffende Fahrzeug im Bild nach rechts, als negativ, wenn es nach links fährt. Wir erhalten so die in der Übersicht in der 1. Zeile angegebenen Geschwindigkeiten. Sodann versetzen wir uns mit unserem Meßgerät ins Innere von Fahrzeug B und nehmen an, daß wir von dessen Bewegung nichts bemerken (keine Stöße von der Straße). Das Fahrzeug B ist für uns also in Ruhe. Wir messen von hier aus nun die Geschwindigkeiten von A, C und D. Was stellen wir fest? Die Brücke A kommt auf uns zu, bewegt sich also nach rechts, und zwar mit dem Ge-

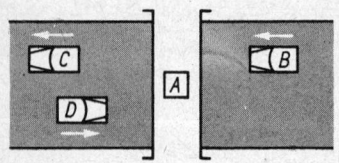

Bezugs-system	v_A	v_B	v_C	v_D
		(in km h^{-1})		
A	0	−80	−60	100
B	80	0	20	180
C				
D				

Bild 2.1 Zur Relativität der Bewegung. Drei Fahrzeuge auf überbrückter Straße. Tachometeranzeige in den Fahrzeugen:
B 80 km h^{-1}, C 60 km h^{-1}, D 100 km h^{-1}

schwindigkeitsbetrag, den wir bei der ersten Messung für B gemessen haben. Auch Fahrzeug C nähert sich uns, fährt also von uns aus gesehen nach rechts, d. h. in positiver Richtung. Als Betrag der Geschwindigkeit messen wir die Differenz zwischen den Geschwindigkeitsbeträgen von B und C der ersten Messung. D schließlich bewegt sich mit hoher Geschwindigkeit auf uns zu. Die Messung ergibt die Summe der Geschwindigkeitsbeträge von B und D der ersten Messung. So erhalten wir die Meßergebnisse in der zweiten Zeile der Übersicht.

Wir erkennen, daß sich die Meßergebnisse in den beiden Zeilen unterscheiden, obwohl sie den gleichen Vorgang wiedergeben. Der Grund liegt in der Wahl der verschiedenen Beobachtungspunkte, wir sagen: in der Wahl verschiedener *Bezugssysteme*. Unser Versuch zeigt:

> Jede Bewegung ist relativ. Sie kann nur in bezug auf ein als ruhend angenommenes Bezugssystem beschrieben werden. Bewegung im physikalischen Sinne ist Lageänderung in einem Bezugssystem im Laufe der Zeit.

● **Aufgabe 2.1**

Vervollständigen Sie die Übersicht, indem Sie als Bezugssystem 1. C, 2. D wählen.

Die Wahl des Bezugssystems ist uns freigestellt. Entscheidend ist allein die Zweckmäßigkeit. Im Alltag und vielfach auch in der Physik und in der Technik nehmen wir als ruhendes Bezugssystem die Erde an, obwohl wir wissen, daß sich auch die Erde bewegt. Sie dreht sich um ihre Achse, kreist um die Sonne und bewegt sich mit dem gesamten Sonnensystem durch das Weltall, wenn wir als Bezugssystem das System der Fixsterne annehmen. Alle diese Bewegungen sind, wie wir sagen, einander *überlagert*. Wie Messungen zeigen, beeinflussen sich die verschiedenen Bewegungen gegenseitig nicht.

Wir wollen dies an unserem Beispiel nach Bild 2.1 klarmachen, indem wir uns auf ein Bezugssystem beziehen, das in der Erdachse ruht. Nehmen wir an, daß die dargestellte Straße von links nach rechts in West-Ost-Richtung verläuft, so haben die Straße, der Beobachter A und die Fahrzeuge infolge der Erdrotation zusätzlich eine nach Osten (im Bild nach rechts) gerichtete Geschwindigkeit, die in unseren Breiten etwa 1000 km h^{-1} beträgt. In diesem Bezugssystem ergeben sich somit folgende Geschwindigkeiten: $v_A = 1000$ km h^{-1}, $v_B = 920$ km h^{-1}, $v_C = 940$ km h^{-1}, $v_D = 1100$ km h^{-1}. Wir merken uns den

> *Überlagerungssatz (Superpositionsprinzip)*:
> Gleichzeitig ablaufende Bewegungen eines Körpers beeinflussen sich gegenseitig nicht. Wenn sie einzeln nacheinander ablaufen, wird der gleiche Bewegungszustand erreicht.

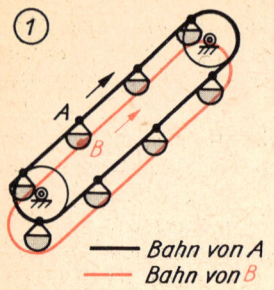

Bahn von A
Bahn von B

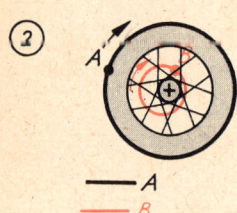

A
B

Bild 2.2 Bewegungsarten

1. *Translation* (fortschreitende Bewegung). Alle Punkte des Körpers beschreiben *kongruente Bahnen* (geradlinige oder gekrümmte). Beispiel: Pendelbecherförderer

2. *Rotation* (Drehbewegung). Alle Punkte des Körpers beschreiben *Kreisbahnen* um die Drehachse. Beispiel: rotierendes Rad

● **Aufgabe 2.2**

Sie bewegen sich in einem Straßenbahnwagen, der eine Geschwindigkeit von 10 m s⁻¹ hat, von der vorderen zur hinteren Plattform. Dabei haben Sie relativ zum Wagen eine Geschwindigkeit von 2 m s⁻¹. Welche Geschwindigkeit haben Sie relativ zu einem Fahrgast, der sich in einem mit 15 m s⁻¹ entgegenkommenden Wagen mit 2 m s⁻¹ von der hinteren zur vorderen Plattform bewegt? (Hinweis: Geschwindigkeiten zunächst relativ zur Straße berechnen). ●

2.2.2.   Arten und Formen der Bewegung

Die bereits erwähnte Vielfalt von Bewegungsvorgängen veranlaßt uns, die Bewegungen sinnvoll zu ordnen. Eine Systematisierung wichtiger Bewegungsformen zeigen Bild 2.2 und Tafel 2.1.
Wir unterscheiden zunächst die in Bild 2.2 erläuterten Bewegungsarten *Translation* und *Rotation*. Jede Lageänderung eines Körpers kann als Überlagerung dieser beiden Bewegungsarten beschrieben werden. Wir dürfen uns diese Bewegungen also auch zeitlich nacheinander ablaufend vorstellen (Bild 2.3). Auf die hier gezeigte Weise läßt sich die Bewegung eines Körpers auf die Bewegung der Gesamtheit der Körperpunkte zurückführen. Die weitere Unterteilung nach Bewegungsformen kann sich somit auf die Bewegung eines Punktes beschränken.
Dabei sei bemerkt, daß es in der Mechanik oft zweckmäßig ist, einen Körper, also ein ausgedehntes Gebilde, als Punkt, d. h. ein Gebilde ohne Ausdehnung, zu betrachten. So werden

Tafel 2.1   Wichtige Formen der Bewegung eines Massenpunktes

	Bewegungsform		Geschwindigkeitsbetrag	richtung
Allgemeiner Fall	**Krummlinige Bewegung**	**ungleichförmig**	ändert sich	ändert sich
Wichtige Sonderfälle	**Geradlinige Bewegung**	**gleichförmig**	konstant	konstant
		gleichmäßig beschleunigt	ändert sich gleichmäßig	konstant
	Kreisbewegung	**gleichförmig**	konstant	ändert sich periodisch
		gleichmäßig beschleunigt	ändert sich gleichmäßig	ändert sich
	Schwingung		ändert sich periodisch	ändert sich periodisch

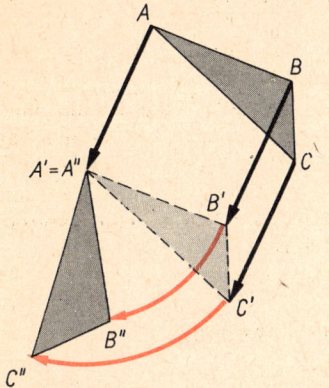

Bild 2.3 Bewegung eines Körpers aus Lage *ABC* in Lage *A''B''C''*, dargestellt als Überlagerung von Translation (schwarze Pfeile) und Rotation (rote Pfeile). Im ersten Schritt bewegt man den Körper so, daß alle Körperpunkte kongruente Bahnen durchlaufen; diese Translation endet, sobald einer der Körperpunkte (im Bild Punkt *A*) seine Endlage erreicht hat. Nun lassen wir den Körper im zweiten Schritt rotieren, und zwar um eine Achse, die wir in geeigneter Weise durch diesen Körperpunkt legen. Die Rotation endet, wenn alle Körperpunkte in ihrer Endlage sind

beispielsweise bei der Bewegung von Fahrzeugen oder Maschinenteilen diese oft als »Massenpunkte« behandelt; dabei wird von der Ausdehnung, nicht aber von der Masse der betreffenden Körper abgesehen.

Als erstes Systematisierungsmerkmal für die Bewegung eines Punktes bietet sich die *Bahn* des Punktes an. Die Bahn ist im allgemeinen Fall eine beliebig gekrümmte Kurve im Raum. In vielen Fällen ist die Bahn festgelegt oder vorgegeben (Straße, Schiene, Führung eines Maschinenteils), gelegentlich wird sie vom bewegten Körper selbst markiert (Spuren im Schnee, Kondensstreifen, Leuchtspurgeschosse). Oft ist die Bahn aber nur unter erheblichem Aufwand an Meßgeräten und Rechenarbeit zu bestimmen (Geschosse, Gestirne, Satelliten). Wichtige Sonderfälle sind die *geradlinige* und die *kreisförmige* Bahn.

Ein weiteres Kennzeichen der Bewegung eines Punktes ist seine *Geschwindigkeit*. Im allgemeinen ändert sich die Geschwindigkeit mit der Zeit. Wir haben es dann mit einer *ungleichförmigen* Bewegung zu tun. Als Sonderfälle sind die Bewegung mit gleichbleibender Geschwindigkeit (*gleichförmige* Bewegung) und die Bewegung mit gleichmäßig zunehmender bzw. abnehmender Geschwindigkeit (z. B. beim Anfahren und Abbremsen eines Fahrzeuges) hervorzuheben. Die beiden zuletzt genannten Bewegungen werden als *gleichmäßig beschleunigte* Bewegung bezeichnet.

2.2.3.   Länge und Zeit

Die Kinematik baut auf den Basisgrößen Länge und Zeit auf. Wir geben nachstehend die Definitionen ihrer Einheiten in vereinfachter Form an, weil das Verstehen der genauen Definitionen Kenntnisse verlangt, die den Rahmen dieses Buches übersteigen.

Länge (Weglänge, Weg) l, s ist Basisgröße.

$[l] = [s] = \mathrm{m}$; Meter ist Basiseinheit.

Das Meter ist die Länge der Strecke, die Licht im Vakuum während der Dauer von 1/299 792 458 Sekunden durchläuft.

Gebräuchliche SI-fremde Einheiten: nm, μm, mm, cm, km

Zeit (Zeitpunkt, Zeitspanne) t ist Basisgröße.

$[t] = \mathrm{s}$; Sekunde ist Basiseinheit.

Die Sekunde ist die Dauer von 9 192 631 770 Perioden des vom Element Cäsium unter genau festgelegten Bedingungen ausgestrahlten Lichts.

Gebräuchliche SI-fremde Einheiten: ns, μs, ms; Minute (min), 1 min = 60 s; Stunde (h), 1 h = 3 600 s; Tag (d), 1 d = 86 400 s

Sie entnehmen der Schreibweise der Größensymbole, daß die Länge eine vektorielle, die Zeit aber eine skalare Größe ist. Bei der Angabe eines Weges interessiert ja nicht nur dessen Betrag, also wie weit sich ein Körper bei der Bewegung von seiner Ausgangsposition entfernt hat, sondern auch die Richtung, in welcher dies geschehen ist. Die vollständige Angabe eines Weges erfordert somit die Darstellung durch einen Pfeil im dreidimensionalen Raum.

Die Frage, was man unter Länge und Zeit „eigentlich" zu verstehen hat, ist eine der schwierigsten Fragen der Physik und kann hier nicht näher beantwortet werden. Man nimmt an, daß ein jeder auf Grund täglicher Erfahrung mit diesen Begriffen genügend vertraut ist. Doch müssen wir in Ergänzung unserer Ausführungen in den Vorbemerkungen darauf hinweisen, daß die moderne Physik gerade die bisherige Auffassung dieser grundlegenden Begriffe in Frage stellt und nachweist, daß Raum und Zeit in einem untrennbaren Zusammenhang stehen.

Beachten Sie 12.2.2.

2.2.4. Durchschnittsgeschwindigkeit und Durchschnittsbeschleunigung

Bearbeiten Sie zunächst die linke, dann die rechte Spalte

Wir stellen in diesem Abschnitt die Definitionen von Geschwindigkeit und Beschleunigung nebeneinander, um die Analogie der Definitionen hervorzuheben. Wir machen uns zunächst mit der in Bild 2.4 skizzierten und in der Bildunterschrift erläuterten Situation vertraut. Mit den hier eingeführten Größen werden als abgeleitete Größen definiert:

Durchschnittsgeschwindigkeit **Durchschnittsbeschleunigung**

$$v_m = \frac{s_2 - s_1}{t_2 - t_1} = \frac{\Delta s}{\Delta t} \quad (2.1)$$

$$a_m = \frac{v_2 - v_1}{t_2 - t_1} = \frac{\Delta v}{\Delta t} \quad (2.2)$$

$$[v] = \frac{m}{s} = m\ s^{-1}$$

$$[a] = \frac{\frac{m}{s}}{s} = \frac{m}{s^2} = m\ s^{-2}$$

Gebräuchliche SI-fremde Einheit: $km\ h^{-1} = {}^1/_{3.6}\ m\ s^{-1}$

Die Durchschnittsgeschwindigkeit ist der Quotient aus zurückgelegtem Weg (Ortsänderung) und der für die Ortsänderung benötigten Zeit. Sie ist eine vektorielle Größe.

Die Durchschnittsbeschleunigung ist der Quotient aus der Geschwindigkeitsänderung und der für die Geschwindigkeitsänderung benötigten Zeit. Sie ist eine vektorielle Größe.

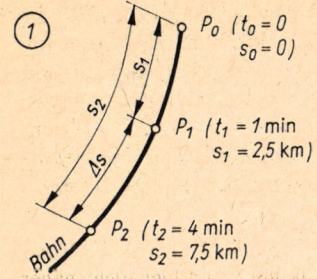

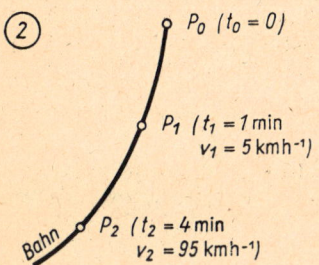

Bild 2.4 1. Zur Definition der Durchschnittsgeschwindigkeit. s_1 und s_2 bedeuten die auf der Bahn zwischen einem festgelegten Ausgangspunkt und den Bahnpunkten P_1 und P_2 gemessenen Weglängen. Δs ist der bei der Bewegung von P_1 nach P_2 zurückgelegte Weg. t_1 und t_2 sind die Zeiten, zu denen die Punkte P_1 und P_2 passiert werden, wobei vorausgesetzt wird, daß die Bewegung zum Zeitpunkt $t_0 = 0$ beginnt. 2. Zur Definition der Durchschnittsbeschleunigung. Es sind die Geschwindigkeiten angegeben, die zu den Zeitpunkten t_1 und t_2 an einem Geschwindigkeitsmesser abgelesen werden

Mit den in Bild 2.4.1 angegebenen Werten erhalten wir die Beträge

$$\Delta s = s_2 - s_1 = 5 \text{ km}$$

$$\Delta t = t_2 - t_1 = 3 \text{ min}$$

$$v_\mathrm{m} = \frac{\Delta s}{\Delta t} = \frac{5 \text{ km}}{3 \text{ min}} = 100 \frac{\text{km}}{\text{h}}$$

Mit den in Bild 2.4.2 angegebenen Werten erhalten wir die Beträge

$$\Delta v = v_2 - v_1 = 90 \text{ km h}^{-1}$$

$$\Delta t = t_2 - t_1 = 3 \text{ min}$$

$$a_\mathrm{m} = \frac{\Delta v}{\Delta t} = \frac{90 \text{ km}}{\text{h} \cdot 3 \text{ min}} = 0{,}14 \frac{\text{m}}{\text{s}^2}$$

Für die oft benötigte Umrechnung der Geschwindigkeitseinheiten m s^{-1} in km h^{-1} und umgekehrt ist zu merken:

$$1 \text{ m s}^{-1} = 3{,}6 \text{ km h}^{-1}; \qquad 1 \text{ km h}^{-1} = {}^1/_{3{,}6} \text{ m s}^{-1}$$

Wie in den Definitionen angegeben, sind Geschwindigkeit und Beschleunigung vektorielle Größen. Dies ergibt sich aus der Erfahrungstatsache, daß Geschwindigkeiten und Beschleunigungen nach den Regeln der Vektorrechnung addiert bzw. subtrahiert werden.

In den folgenden Ausführungen beschränken wir uns zunächst auf geradlinige bzw. auf eindimensionale Bewegungen. Das letztere heißt, daß wir bei einer Bewegung auf gekrümmter Bahn, z. B. einer in Kurven verlaufenden Straße, die Krümmung unberücksichtigt lassen und als wesentlich allein die Unterscheidung der Bewegungsrichtung nach vorwärts und rückwärts ansehen. Man kann dann von der Darstellung der Wege durch Vektorpfeile absehen und die beiden Richtungen dadurch unterscheiden, daß die Größe mit positivem bzw. negativem Vorzeichen versehen wird. Das gleiche gilt für die Geschwindigkeit und die Beschleunigung: Bei eindimensionaler Bewegung genügt es, die beiden Richtungen durch das Vorzeichen der betreffenden Größen zu unterscheiden. Dabei ist zu bemerken: Bei einem Bewegungsvorgang, bei dem die Geschwindigkeit dem Betrag nach zunimmt (Anfahrbewegung), haben Geschwindigkeit und Beschleunigung gleiche Richtung (gleiches Vorzeichen), bei einer Bremsbewegung jedoch ungleiche Richtung. Wir wollen beachten, daß in der Physik — entgegen dem allgemeinen Sprachgebrauch — auch eine verzögerte Bewegung eine beschleunigte Bewegung ist.

● **Aufgabe 2.3**

Eine Lokomotive bremst bis zum Stillstand und fährt dann mit zunehmender Geschwindigkeit wieder zurück. Geben Sie die Richtung der Beschleunigung bei den beiden Teilbewegungen an. Wählen Sie dabei als positive Richtung die Fahrtrichtung der zurückfahrenden Lokomotive. ●

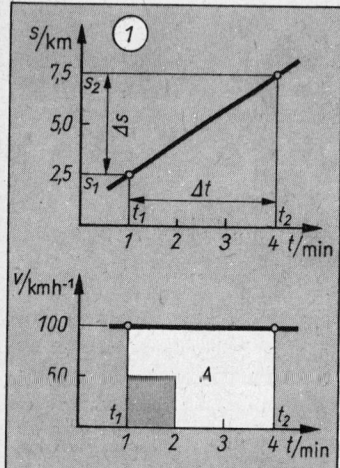

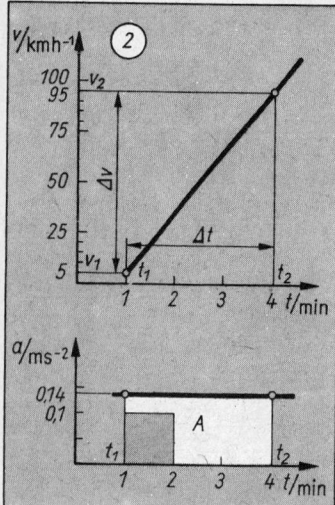

Bild 2.5 Bewegungsdiagramme.

1. Weg-Zeit- und Geschwindigkeits-Zeit-Diagramm des Bewegungsvorganges nach Bild 2.4.1

2. Geschwindigkeits-Zeit- und Beschleunigungs-Zeit-Diagramm des Bewegungsvorganges nach Bild 2.4.2

2.2.5. Bewegungsdiagramme

Besonders leicht zu übersehen sind Bewegungsvorgänge, wenn sie grafisch dargestellt werden. In einem Bewegungsdiagramm wird der Zusammenhang zwischen jeweils zwei kinematischen Größen als Kurve dargestellt. In erster Linie interessiert uns, wie der Weg, die Geschwindigkeit und die Beschleunigung eines Bewegungsvorganges von der Zeit abhängen, also das s,t-, v,t- und a,t-Diagramm. Doch werden gelegentlich auch Diagramme benötigt, in denen die Abhängigkeit der Geschwindigkeit oder der Beschleunigung vom Weg (Ort) dargestellt wird.

In Bild 2.5 sind die Diagramme zu den in 2.2.4. (Bild 2.4) angegebenen Beispielen aufgezeichnet. Die Analogie der Definitionen von Geschwindigkeit und Beschleunigung kommt in den Diagrammen deutlich zum Ausdruck. Wir erkennen aber auch, wie wichtig es ist, in den Diagrammen die den Achsen zugeordneten Größen exakt anzugeben, denn ohne diese könnten die einander jeweils entsprechenden oberen bzw. unteren Diagramme nicht voneinander unterschieden werden.

Wir betrachten zunächst die Diagramme in Bild 2.5.1. Ihnen ist zu entnehmen, daß linearer Verlauf des Weges (geneigte Gerade im s,t-Diagramm) bedeutet, daß die Geschwindigkeit konstant ist (Parallele zur t-Achse im v,t-Diagramm). Entsprechend läßt Bild 2.5.2 erkennen, daß linearem Verlauf der Geschwindigkeit eine konstante Beschleunigung entspricht.

Werden mehrere Bewegungsvorgänge in *einem* Diagramm dargestellt, so lassen sich diese an Hand der Kurven besonders gut vergleichen. Als Beispiel diene Bild 2.6.

An diesem Bild wollen wir auch noch einen weiteren wichtigen Zusammenhang zwischen s,t- und dazugehörigem v,t-Diagramm erläutern. Aus $v = \Delta s / \Delta t$ folgt $\Delta s = v \, \Delta t$. Im v,t-Diagramm sind auf der Abszisse die Δt-Werte, auf der Ordinate die v-Werte abgetragen. Somit wird das Produkt $v \, \Delta t = \Delta s$ durch ein Rechteck mit den Seiten v und Δt dargestellt. Durch Ausmessen des Flächeninhalts dieses Rechtecks kann also der in der Zeit Δt zurückgelegte Weg bestimmt werden.

Aufgabe 2.4

Welche Aussage entnehmen Sie in Bild 2.5.2 1. der Steilheit der Kurve im v,t-Diagrammen und 2. der Fläche unter der Kurve im a,t-Diagramm?

Von Interesse ist schließlich noch der Fall, daß im s,t- bzw. v,t-Diagramm die Kurve von links nach rechts fällt. Da seine Erörterung keine neuen Kenntnisse erfordert, wird er in Aufgabe 2.5 zur eigenen Bearbeitung empfohlen.

● **Aufgabe 2.5**

Was bedeutet eine von links nach rechts fallende Gerade 1. im s,t-Diagramm, 2. im v,t-Diagramm? 3. Wie sieht das zu 1. gehörende v,t-Diagramm aus? 4. Wie sieht das zu 2. gehörende a,t-Diagramm aus? 5. Skizzieren Sie die Diagramme! ●

2.2.6. Momentangeschwindigkeit und Momentanbeschleunigung

Als Differenzenquotienten berechnete Geschwindigkeiten und Beschleunigungen sind Mittelwerte innerhalb einer Zeitspanne Δt. Ihrem Wesen nach sind Geschwindigkeit und Beschleunigung aber *Momentangrößen*. Im allgemeinen ändern sich ja von Zeitpunkt zu Zeitpunkt sowohl die Geschwindigkeit als auch die Beschleunigung eines bewegten Körpers, etwa eines Kraftfahrzeugs im Straßenverkehr. Wenn von Geschwindigkeit und Beschleunigung gesprochen wird, sind also im allgemeinen Momentangrößen gemeint.

Eine exakte Definition der Momentangrößen und die Behandlung kinematischer Probleme ohne Beschränkung auf Sonderfälle wurde erst möglich, nachdem NEWTON und LEIBNIZ die Infinitesimalrechnung geschaffen hatten.

Es kann nicht Aufgabe dieses Buches sein, mit der Infinitesimalrechnung vertraut zu machen. Wir wollen lediglich den Grundgedanken dieses Verfahrens aufzeigen, so daß die im weiteren Text als Differentialquotienten bzw. als Integrale formulierten Definitionen verstanden werden können, auch wenn die Infinitesimalrechnung noch nicht beherrscht wird.

Wir gehen von dem in Bild 2.7 gezeigten Weg-Zeit-Diagramm einer ungleichförmigen Bewegung aus. Der Ort des Körpers wurde im zeitlichen Abstand von jeweils einer Sekunde bestimmt. Wir fragen nach dem Betrag der Geschwindigkeit am Ende der ersten Sekunde, also im Punkt A des Diagramms. Wir wählen zunächst $\Delta t = 1$ s und bilden den Differenzenquotienten

$$\frac{s_B - s_A}{t_B - t_A} = \frac{\Delta s_1}{\Delta t_1} = v_{m1} = \frac{1,5\ \text{m}}{1\ \text{s}} = 1,5\ \text{m s}^{-1}.$$

Wir erhalten so die mittlere Geschwindigkeit in der zweiten Sekunde. Geometrisch gibt das Verhältnis der Maßzahlen der Weg- bzw. Zeitdifferenzen, also $\{\Delta s_1\} : \{\Delta t_1\}$, den *Anstieg* der durch A und B gezogenen Sekante an. Der Anstieg ist gleich dem Tangens des Winkels α_1 zwischen x-Achse und Sekante. Es gilt also $\{\Delta s_1\}/\{\Delta t_1\} = \tan \alpha_1$. Der Tangens des Winkels α_1 gibt uns somit den Zahlenwert der Geschwindigkeit v_{m1}.

Es sei bemerkt, daß der Zahlenwert der Geschwindigkeit nur dann dem Anstieg entnommen werden kann, wenn auf jeder Achse die Einheit der Achsenteilung gleich der Einheit der jeweiligen Größe ist (hier: Länge 1 auf x-Achse $\triangle$ 1 s, Länge 1 auf y-Achse $\triangle$ 1 m). Wird auf einer der

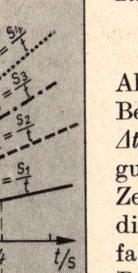

Bild 2.6 s,t-Diagramme und v_m,t-Diagramme für vier Bewegungsvorgänge mit unterschiedlicher Geschwindigkeit. Die s,t-Kurven sind um so steiler, je größer die Geschwindigkeit ist. Im v_m,t-Diagramm stellt die weiße Fläche den in 4 s mit der Geschwindigkeit $v_1 = 2$ m s^{-1} zurückgelegten Weg dar. Die dunkle Fläche entspricht dem Weg 1 m, die weiße Fläche somit dem Weg 8 m. Dieser Wert ist auch dem s,t-Diagramm zu entnehmen

$\{\Delta s_1\}$ *bedeutet: Zahlenwert von* Δs, (→ 1.2.1.)

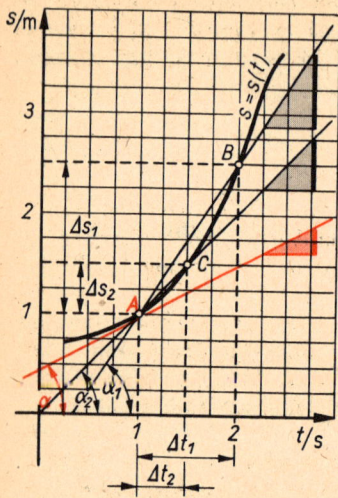

Bild 2.7 Zur Definition der Momentangeschwindigkeit. Aus den rechts mit $\Delta t = 0{,}5$ s gezeichneten Steigungsdreiecken lassen sich die Geschwindigkeiten ablesen. Die stark markierten Katheten entsprechen den Geschwindigkeiten.

Wir lesen ab:

$\tan \alpha_1 = 3 : 2 \qquad v_{m1} = 1{,}5 \text{ m s}^{-1}$
$\tan \alpha_2 = 2 : 2 \qquad v_{m2} = 1{,}0 \text{ m s}^{-1}$
$\tan \alpha = 1 : 2 \qquad v_A = 0{,}5 \text{ m s}^{-1}$

Achsen davon abgewichen, dann wird die Kurve verzerrt (gestreckt oder gestaucht), und der Anstieg ist dann nur *proportional* (aber nicht gleich) dem Zahlenwert der Geschwindigkeit.

Wir verkleinern nun die Zeitspanne Δt auf die Hälfte und erhalten so den Differenzenquotienten

$$\frac{s_C - s_A}{t_C - t_A} = \frac{\Delta s_2}{\Delta t_2} = v_{m2} = \frac{0{,}5 \text{ m}}{0{,}5 \text{ s}} = 1{,}0 \text{ m s}^{-1}.$$

Skizze und Rechnung zeigen, daß $v_{m2} < v_{m1}$ ist. Die Geschwindigkeit v_{m2} ist aber noch nicht die gesuchte Momentangeschwindigkeit, denn bei weiterem schrittweisem Verkleinern von Δt erhalten wir Sekanten, deren Anstieg weiter abnimmt. Doch liegt v_{m2} dem gesuchten Wert näher als v_{m1}, und die weiteren Schritte ergeben immer bessere Näherungswerte. Wenn wir nun Δt immer kleiner werden lassen, d. h., wie man in der Mathematik sagt, »gegen Null gehen lassen«, erkennen wir, daß die Sekante einer Grenzlage zustrebt, in der sie die Kurve nicht mehr schneidet, sondern nur noch im Punkte A berührt. Wir definieren diese Grenzlage als *Tangente* an die Weg-Zeit-Kurve im Punkte A. Der Anstieg dieser Tangente kennzeichnet die gesuchte *Momentangeschwindigkeit* v_A im Zeitpunkt t_A. Diese Momentangeschwindigkeit kann nicht mehr als Differenzenquotient berechnet werden. Die Differenzen sowohl des Weges als auch der Zeit haben ja keine endlichen Werte mehr. Doch können wir den Anstieg und damit die Momentangeschwindigkeit geometrisch bestimmen. Dem rot gezeichneten Steigungsdreieck entnehmen wir das Verhältnis $\Delta s / \Delta t = 0{,}25$ m$/0{,}5$ s. Die Momentangeschwindigkeit im Punkte A hat somit den Betrag $v_A = 0{,}5$ m s^{-1}.

In der Mathematik sagt man: Man erhält die Geschwindigkeit als *Grenzwert* (*limes*) des Differenzenquotienten, wenn man die Zeitspanne Δt gegen Null gehen läßt. Der Grenzwert des Differenzenquotienten $\Delta s / \Delta t$ wird als *Differentialquotient* oder *Ableitung* des Weges nach der Zeit bezeichnet. Er erhält das Symbol ds/dt oder $\dot{s}$. Man schreibt:

$$v = \lim_{\Delta t \to 0} \frac{\Delta s}{\Delta t} = \frac{ds}{dt} = \dot{s}$$

(gesprochen: v = limes von delta s durch delta t für delta t gegen Null = ds nach dt = s Punkt).

In der Physik wird durch das Setzen des Punktes über ein Größensymbol immer die Ableitung dieser Größe nach der Zeit gekennzeichnet.

Analog zu der soeben erläuterten Definition für die Geschwindigkeit wird die Beschleunigung a als Grenzwert des Differenzenquotienten $\Delta v / \Delta t$, d. h. als Differentialquotient $dv/dt = \dot{v}$, definiert. Da die Geschwindigkeit selbst schon ein Differentialquotient ist, muß man, um bei gegebener Weg-Zeit-Funktion die Beschleunigung zu bestimmen, zweimal differenzieren.

Man sagt: Man muß den zweiten Differentialquotienten des Weges nach der Zeit bilden, und symbolisiert den zweiten Differentialquotienten mit d²s/dt² (gesprochen: d zwei s nach dt Quadrat) oder auch $\ddot{s}$ (s zwei Punkt). Somit gilt

$$a = \lim_{\Delta t \to 0} \frac{\Delta v}{\Delta t} = \frac{\mathrm{d}v}{\mathrm{d}t} = \dot{v} = \frac{\mathrm{d}^2 s}{\mathrm{d}t^2} = \ddot{s}$$

Geometrisch wird die Beschleunigung zu einem bestimmten Zeitpunkt der Bewegung durch den Anstieg der Tangente an die Geschwindigkeits-Zeit-Kurve in dem betreffenden Zeitpunkt angegeben.

Ohne auf die Herleitung und den Begriff der Ableitung einer vektoriellen Größe eingehen zu können, sei festgestellt: Differentialquotienten können, auch von Vektorgrößen gebildet werden. Somit erhalten wir als allgemeinste Definitionen:

Geschwindigkeit

$$v = \frac{\mathrm{d}\boldsymbol{s}}{\mathrm{d}t} = \dot{\boldsymbol{s}} \qquad (2.1')$$

Die Geschwindigkeit ist der Differentialquotient des Weges nach der Zeit

Beschleunigung

$$\boldsymbol{a} = \frac{\mathrm{d}\boldsymbol{v}}{\mathrm{d}t} = \dot{\boldsymbol{v}} = \frac{\mathrm{d}^2\boldsymbol{s}}{\mathrm{d}t^2} = \ddot{\boldsymbol{s}} \qquad (2.2')$$

Die Beschleunigung ist der Differentialquotient der Geschwindigkeit nach der Zeit bzw. der zweite Differentialquotient des Weges nach der Zeit

In der Mathematik wird gezeigt, wie ein Differentialquotient rechnerisch bestimmt wird und wie mit den Differentialen ds, dv, dt gerechnet werden kann. Solange man die Differentialrechnung nicht beherrscht, darf man sich unter den Differentialen jeweils sehr kleine Differenzen vorstellen.

Mit der Differentialrechnung ist uns aber nicht nur die Möglichkeit gegeben, für einzelne Zeitpunkte die momentane Geschwindigkeit und Beschleunigung zu berechnen. Vielmehr lassen sich durch „Differenzieren" einer vorgegebenen $s(t)$-Funktion, d. h. also durch Bildung des Differentialquotienten, die zugehörige $v(t)$- und $a(t)$-Funktion auf einfache Weise bestimmen. Liegt die Ausgangsfunktion nur als Diagramm vor, wie dies bei Versuchsergebnissen häufig der Fall ist, so können die gesuchten Funktionen durch grafisches Differenzieren gefunden werden.

In der Praxis tritt häufig auch der Fall auf, daß der zeitliche Verlauf der Beschleunigung oder der Geschwindigkeit gegeben und die $s(t)$-Funktion gesucht ist. Diese Aufgabe läßt sich mit der *Integralrechnung*, der Umkehrung der Differentialrechnung, lösen. Zur Erläuterung gehen wir von der bereits in Bild 2.6 erklärten geometrischen Bestimmung des bei gleichförmiger Bewegung zurückgelegten Weges aus und fragen nun: Wie läßt sich der Weg bestimmen, wenn die Geschwindigkeit, wie zum Beispiel in Bild 2.8.1, zeitlich *nicht* konstant ist? Wir wollen die Antwort vorwegnehmen: Auch bei zeitabhängiger

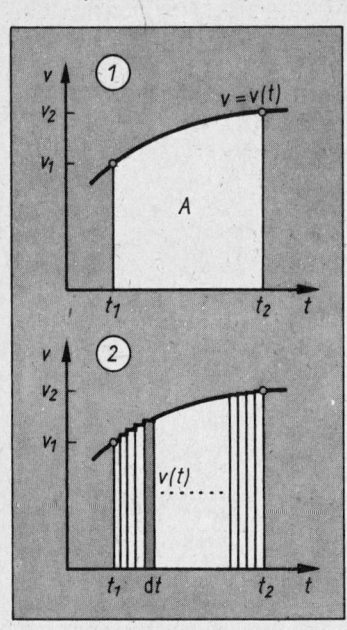

Bild 2.8 Zum Begriff des Integrals.
1. Fläche A unter der $v(t)$-Kurve entspricht dem in der Zeit $t_2 - t_1$ zurückgelegten Weg. 2. Die Fläche A ist der Grenzwert der Summe der Rechteckflächen $v(t)$ dt

Geschwindigkeit entspricht der Inhalt der weißen Fläche dem zurückgelegten Weg. Der Flächeninhalt läßt sich mit einem Planimeter (Flächenmeßgerät) oder näherungsweise durch Auflegen von Millimeterpapier und Auszählen bestimmen. Die Anzahl der Flächeneinheiten ist gleich dem Zahlenwert des in der Zeit $\Delta t = t_2 - t_1$ zurückgelegten Weges. Man schreibt

$$s = \int_{t_1}^{t_2} v(t)\, \mathrm{d}t$$

(gesprochen: s = bestimmtes Integral über v von t mal $\mathrm{d}t$ zwischen den Grenzen $t\,1$ und $t\,2$).

Das Integralzeichen hat die Bedeutung eines Summenzeichens. Die gekennzeichnete Fläche wird nämlich als die Summe der Flächeninhalte von unendlich vielen, unendlich schmalen Rechtecken mit den Seiten $\mathrm{d}t$ und $v(t)$ aufgefaßt (Bild 2.8.2). Wie ein Integral rechnerisch bestimmt wird, muß in der Mathematik behandelt werden. Wir merken uns:

> Die Fläche, die von der $v(t)$-Kurve und den zu zwei Zeitpunkten gehörenden Ordinaten begrenzt wird, wird als »Fläche unter der Kurve« bezeichnet. Sie stellt den zwischen diesen Zeitpunkten zurückgelegten Weg dar.
> Entsprechend stellt die Fläche unter der $a(t)$-Kurve die zwischen zwei Zeitpunkten erfolgte Geschwindigkeitsänderung dar.

Nachstehende Übersicht faßt den Inhalt dieses Abschnittes zusammen:

Differenzieren ⟶

$$\begin{array}{ccccc}
 & \dfrac{\mathrm{d}s}{\mathrm{d}t} & & \dfrac{\mathrm{d}v}{\mathrm{d}t} & \\
s = s(t) & \underset{\displaystyle\int_{t_1}^{t_2} v\,\mathrm{d}t}{\xrightarrow{\hspace{2cm}}} & v = v(t) & \underset{\displaystyle\int_{t_1}^{t_2} a\,\mathrm{d}t}{\xrightarrow{\hspace{2cm}}} & a = a(t)
\end{array}$$

⟵ **Integrieren**

2.3.   Geradlinige Bewegung

2.3.1.   Gleichförmige Bewegung

> Bei geradliniger, gleichförmiger Bewegung werden in gleichen Zeitspannen gleiche Wegstrecken zurückgelegt.

Das heißt, daß das Verhältnis $\Delta s / \Delta t = v$ für die gesamte Dauer der Bewegung konstant ist. Aus (2.1) folgt

$$\boxed{s = vt}$$ **Weg bei gleichförmiger Bewegung** $(v = \text{const})$ (2.1″)

Tafel 2.2   Bewegungsdiagramme der gleichförmigen und gleichmäßig beschleunigten Bewegung

Gleichförmige Bewegung   **Gleichmäßig beschleunigte Bewegung**

Die a,t-Kurven liegen in der t-Achse, weil die Beschleunigung Null ist.

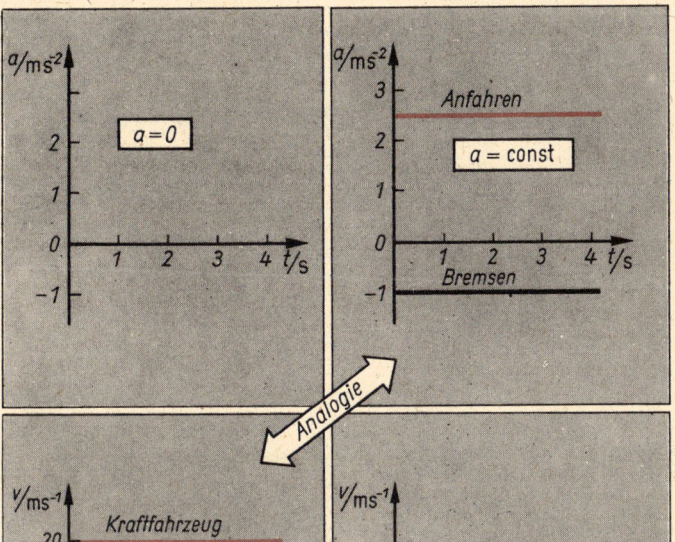

Die a,t-Kurven sind Parallelen zur t-Achse, da die Beschleunigungen bei beiden Vorgängen konstant sind.

Die v,t-Kurven sind Parallelen zur t-Achse, da die Geschwindigkeit bei jedem Vorgang konstant ist. Negative Geschwindigkeit bedeutet entgegengesetzte Bewegungsrichtung.

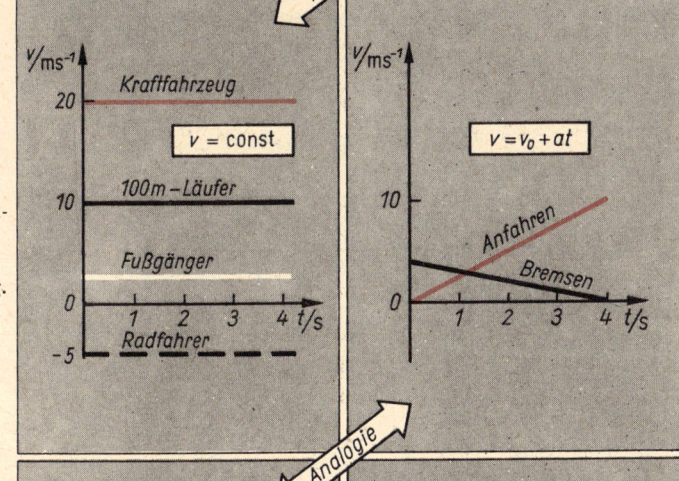

Die v,t-Kurven sind Geraden, die um so steiler verlaufen, je größer der Betrag der Beschleunigung ist. Nach rechts fallende Kurve bedeutet negative Beschleunigung, d. h. Bremsbewegung.

Die s,t-Kurven sind Geraden, die um so steiler verlaufen, je größer der Botrag der Geschwindigkeit ist.

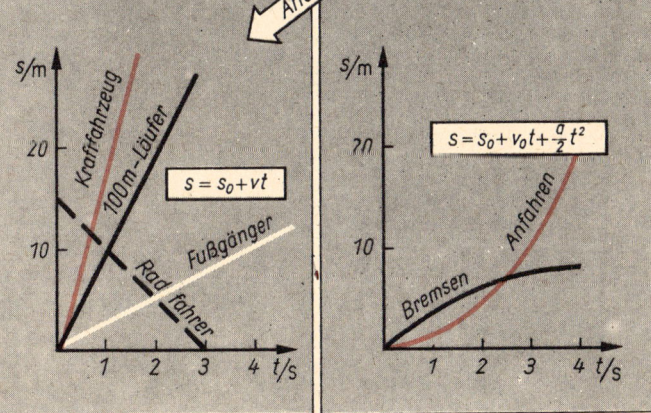

Die s,t-Kurven sind Parabeln. Der in bestimmter Zeit zurückgelegte Weg wird mit wachsender Zeit größer (Anfahren) bzw. kleiner (Bremsen).

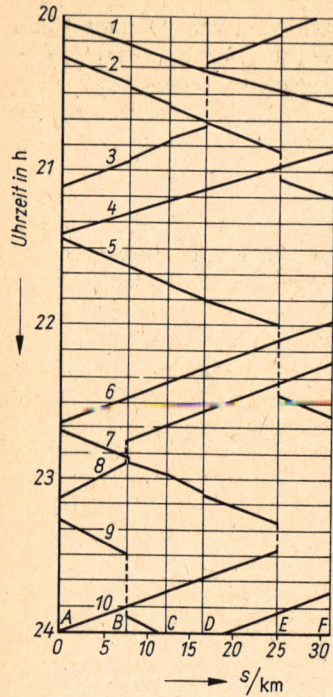

Bild 2.9 Grafischer Fahrplan. Mit
A bis *E* sind Bahnstationen, mit
1 bis 10 Zugnummern bezeichnet

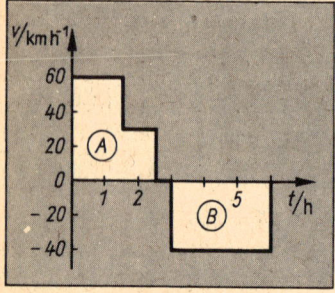

Bild 2.10 *v,t*-Diagramm zur
Aufgabe 2.8

● **Beispiel 2.1**

Bei einer Verkehrskontrolle wird die Zeitspanne gestoppt, die
die Fahrzeuge zum Durchfahren einer Strecke von 10 m benötigen. Bestimmen Sie die Mindestzeit, die für ein Fahrzeug
gemessen werden muß, damit dessen Geschwindigkeit noch
innerhalb des Bereiches bis 50 km h⁻¹ liegt.

Gegeben: $s = 10\,\text{m}$; $v = 50\,\text{km h}^{-1}$ *Gesucht: t*

(2.1'') $t = \dfrac{s}{v}$

$$t = \frac{10\,\text{m h}}{50\,\text{km}} = \frac{10\,\text{m} \cdot 3{,}6\,\text{s}}{50\,\text{m}} = \underline{0{,}72\,\text{s}}$$

Bewegungsdiagramme zur gleichförmigen Bewegung wurden
bereits in 2.2.5. erläutert. Für vier verschiedene Bewegungen
sind sie in Tafel 2.2 zusammengestellt.

● **Aufgabe 2.6**

Was sagt das *s,t*-Diagramm der gleichförmigen Bewegung in
Tafel 2.2 aus? 1. Geben Sie eine ausführliche Darstellung der
Situation. 2. Welche Bedeutung haben die Schnittpunkte der
Kurven?

Eine wichtige Anwendung des *s,t*-Diagramms der gleichförmigen Bewegung zeigt Bild 2.9. Hier wird ein Ausschnitt aus einem grafischen
Fahrplan gezeigt, wie er im Eisenbahnbetriebsdienst verwendet wird.
Von ihm lassen sich die Zugfolge auf der Strecke, die Dauer des Aufent-
halts auf den Stationen, die Geschwindigkeit der Züge sowie die Ankunfts-
und Abfahrtszeiten leicht ablesen. Aus praktischen Gründen ist hier die
Zeit auf der senkrechten Achse von oben nach unten, der Weg auf der
waagerechten Achse von links nach rechts aufgetragen.

● **Aufgabe 2.7**

Bestimmen Sie die Geschwindigkeit von Zug Nr. 6 (in Bild 2.9)
bei der Fahrt von *E* nach *A*.

● **Aufgabe 2.8**

1. Erläutern Sie das in Bild 2.10 gezeigte *v,t*-Diagramm.
2. Vergleichen Sie die Flächen *A* und *B* ihrem Inhalt nach!
Was sagt Ihnen das Ergebnis? 3. Zeichnen Sie das zugehörige
s,t-Diagramm (für $t_0 = 0$ sei $s_0 = 0$).

2.3.2.   Gleichmäßig beschleunigte Bewegung

Bei geradliniger, gleichmäßig beschleunigter Bewegung
nimmt die Geschwindigkeit in gleichen Zeitspannen um den
gleichen Betrag zu oder ab.

Bewegungen mit wirklich konstanter Beschleunigung treten bei physikalischen und technischen Problemen relativ selten auf. Doch ist es oft möglich, Bewegungsvorgänge mit nicht konstanter Beschleunigung unter der Annahme einer mittleren (also konstanten) Beschleunigung mit hinreichender Genauigkeit zu beschreiben. Deshalb ist die Kenntnis dieser Bewegungsform besonders wichtig.

Insbesondere wird auch der freie Fall für kurze Fallwege (einige 100 m) als gleichmäßig beschleunigte Bewegung behandelt, da über solche Entfernungen die Fallbeschleunigung praktisch als konstant angesehen werden kann. (In 3.2.2.4. wird erläutert, daß es sich dabei um eine Näherung handelt.) In unseren Breiten hat die Fallbeschleunigung den Betrag $g = 9,81 \text{ m s}^{-2}$. Bei Überschlagsrechnungen kann mit dem bequemen Näherungswert $g = 10 \text{ m s}^{-2}$ gerechnet werden.

Die Herleitung der Gleichungen für die gleichmäßig beschleunigte Bewegung kann ohne Infinitesimalrechnung erfolgen. Wir gehen aus von der Definition der Durchschnittsbeschleunigung (2.2) $a_m = (v_2 - v_1)/(t_2 - t_1)$. Beginnt die Bewegung aus der Ruhe, so sind $v_1 = 0$ und $t_1 = 0$. Somit ergibt sich für diesen Sonderfall $a_m = v_2/t_2$; meist werden die Indizes weggelassen, so daß wir schreiben: $a = v/t$ bzw.

$$v = at \qquad \text{Endgeschwindigkeit bei gleichmäßig beschleunigter Bewegung aus der Ruhe} \qquad (2.3)$$

Es ist zu beachten, daß mit v hier die zum Zeitpunkt t erreichte Momentangeschwindigkeit (Endgeschwindigkeit) bezeichnet wird.

Um eine Gleichung für den zur Zeit t zurückgelegten Weg zu erhalten, gehen wir von der Gleichung (2.1'') $s = vt$, die für die gleichförmige Bewegung gilt, aus. Sie gilt nur, wenn eine *konstante* Geschwindigkeit v vorliegt. Bei der beschleunigten Bewegung aus der Ruhe ist dies nicht der Fall. Und doch ergibt sich aus der Tatsache, daß wir den Sonderfall der *gleichmäßig* beschleunigten Bewegung betrachten, die Möglichkeit, mit der Gleichung $s = vt$ zu arbeiten. Wir können nämlich in diesem Fall die von der Ruhe ($v = 0$) bis zur Geschwindigkeit v linear wachsende Geschwindigkeit durch die konstante mittlere Geschwindigkeit $v/2$ ersetzen. Zur Veranschaulichung dient Bild 2.11. Wir wissen, daß im v,t-Diagramm die Fläche unter der Kurve den Weg darstellt. Es ist dies hier die gekennzeichnete Dreieckfläche mit den Katheten v und t. Sie hat den gleichen Inhalt wie die Rechteckfläche mit den Seiten $v/2$ und t. Somit gilt

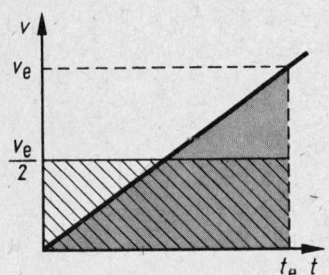

Bild 2.11 Zur Herleitung der Gleichung $s = \frac{1}{2} vt$. Die im Bilde mit v_e (Endgeschwindigkeit) und t_e bezeichneten Größen sind im Text mit v und t angegeben

$$\left. \begin{array}{l} s = \dfrac{1}{2} vt \\[2mm] s = \dfrac{1}{2} at^2 \end{array} \right\} \quad \begin{array}{l} \text{Weg bei gleichmäßig beschleunigter} \\ \text{Bewegung aus der Ruhe} \end{array} \quad \begin{array}{l} (2.4) \\[4mm] (2.5) \end{array}$$

In diesen Gleichungen bedeutet s den nach Ablauf der Zeit t vom Nullpunkt aus zurückgelegten Weg. (2.5) folgt aus (2.4), wenn (2.3) $v = at$ beachtet wird.

● **Beispiel 2.2**

Ein Fahrzeug fährt mit der als konstant angenommenen Beschleunigung von $2{,}5\ \mathrm{m\ s^{-2}}$ an. Berechnen Sie 1. die Geschwindigkeit nach 4,0 s, 2. den Weg, den das Fahrzeug in dieser Zeit zurücklegt.

Gegeben: $a = 2{,}5\ \mathrm{m\ s^{-2}}$; $t = 4{,}0\ \mathrm{s}$ *Gesucht:* 1. v; 2. s

1. (2.3) $\underline{v = at}$; $v = 2{,}5\ \dfrac{\mathrm{m}}{\mathrm{s^2}} \cdot 4\ \mathrm{s} = \underline{\underline{10\ \dfrac{\mathrm{m}}{\mathrm{s}}}}$

2. (2.5) $s = \dfrac{a}{2}\, t^2$; $s = 1{,}25\ \dfrac{\mathrm{m}}{\mathrm{s^2}} \cdot 16\ \mathrm{s^2} = \underline{\underline{20\ \mathrm{m}}}$ ●

Die Bewegungsdiagramme zum Beispiel 2.2 sind in der Tafel 2.2 (rot; Anfahren) angegeben. Zu beachten ist die Form der Kurve im s,t-Diagramm. Es ist dies eine Parabel. Eine solche erhalten wir stets als $s(t)$-Kurve der gleichmäßig beschleunigten Bewegung, da die Gleichung $s = \frac{1}{2}\,at^2$ der Parabelgleichung $y = \mathrm{const}\ x^2$ der analytischen Geometrie entspricht.
Wir verallgemeinern nun den Bewegungsvorgang, indem wir davon ausgehen, daß der betrachtete Körper nicht aus der Ruhe beschleunigt wird, sondern beim Einsetzen der Beschleunigung bereits in Bewegung ist. Dies trifft z. B. stets bei Bremsvorgängen zu. Der Körper hat also zum Zeitpunkt $t_0 = 0$ bereits eine Anfangsgeschwindigkeit, die wir mit v_0 bezeichnen. Wir verfahren dann nach dem Superpositionssatz und behandeln den Vorgang als Überlagerung zweier Teilbewegungen.
Teilbewegung 1 ist die gleichförmige Bewegung mit der Geschwindigkeit v_0; für diese gilt: $v = v_0$ und $s = v_0 t$.
Teilbewegung 2 ist die gleichmäßig beschleunigte Bewegung aus der Ruhe mit der Beschleunigung a. Für diese gilt: $v = at$ und $s = at^2/2$.
Daraus folgt für die überlagerte Bewegung

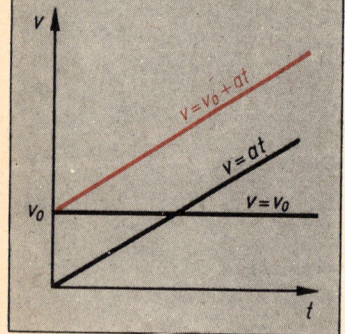
Bild 2.12 Geschwindigkeits-Zeit-Diagramm zur Überlagerung von gleichförmiger Bewegung und gleichmäßig beschleunigter Bewegung aus der Ruhe

$$\boxed{v = v_0 + at} \quad \textbf{Geschwindigkeit}$$
nach Ablauf der Zeit t bei gleichmäßig beschleunigter Bewegung mit Anfangsgeschwindigkeit   (2.6)

$$\boxed{s = v_0 t + \frac{1}{2}\,at^2} \quad \textbf{Weg}$$
(2.7)

In Bild 2.12 ist die Überlagerung grafisch dargestellt.

● **Beispiel 2.3**

Ein Fahrzeug hat bei Beginn des Bremsens die Geschwindigkeit 4,0 m s^{-1}. Die Beschleunigung hat den Betrag 1,0 m s^{-2}. Berechnen Sie 1. die Geschwindigkeit des Fahrzeugs nach 3,0 s, 2. den Weg, den das Fahrzeug in dieser Zeit zurücklegt.

Gegeben: $v_0 = 4,0$ m s^{-1}; $a = -1,0$ m s^{-2} *Gesucht:* 1. v
              $t = 3,0$ s   2. s

1. (2.6) $v = \underline{v_0 + at}$

$$v = 4\,\frac{m}{s} + \left(-1\,\frac{m}{s^2}\right) \cdot 3\,s = 4\,\frac{m}{s} - 3\,\frac{m}{s} = \underline{\underline{1,0\,\frac{m}{s}}}$$

2. (2.7) $s = \underline{v_0 t + \frac{1}{2} a t^2}$

$$s = 4\,\frac{m}{s} \cdot 3\,s + \frac{1}{2}\left(-1\,\frac{m}{s^2}\right) \cdot 9\,s^2 = 12\,m - 4,5\,m = \underline{\underline{7,5\,m}}\ ●$$

Auch die Diagramme zu der im Beispiel 2.3 behandelten verzögerten Bewegung zeigt Tafel 2.2. Es sei auf das v,t-Diagramm hingewiesen. Die Geschwindigkeitskurve geht nicht durch den Achsennullpunkt, da das Fahrzeug zur Zeit $t_0 = 0$ bereits eine Anfangsgeschwindigkeit hat.

● **Aufgabe 2.9**

Erläutern Sie ausführlich die Diagramme der gleichmäßig beschleunigten Bewegung in Tafel 2.2. Nehmen Sie an, daß es sich um die Bewegung zweier Kraftfahrzeuge handelt, die sich auf nebeneinander liegenden Bahnen bewegen. Gehen Sie besonders auf die Schnittpunkte der Anfahr- und Bremskurven ein.

● **Aufgabe 2.10**

Bild 2.13 zeigt die Bewegungsdiagramme für ein Kraftfahrzeug. 1. Erläutern Sie den Bewegungsvorgang. 2. Überprüfen Sie rechnerisch die Richtigkeit des s,t-Diagramms. Entnehmen Sie die dazu notwendigen Werte dem a,t- bzw. dem v,t-Diagramm.

Eine weitere Verallgemeinerung ist die Annahme, daß sich der bewegte Körper zur Zeit $t = 0$ nicht im Punkt $s = 0$ befindet, sondern bereits den Weg s_0 zurückgelegt hat. Dies führt zur Gleichung $s = s_0 + v_0 t + \frac{1}{2} a t^2$.

Wir wollen diesen Fall aber nicht weiter behandeln, sondern unser Bezugssystem immer so legen, daß $s_0 = 0$ ist.

Mit den Gleichungen (2.6) und (2.7) lassen sich alle Aufgaben der gleichmäßig beschleunigten Bewegung lösen. Allerdings genügt dazu nicht bloßes Umstellen der beiden Gleichungen. Denn jede der beiden Gleichungen enthält jeweils nur 4 der 5

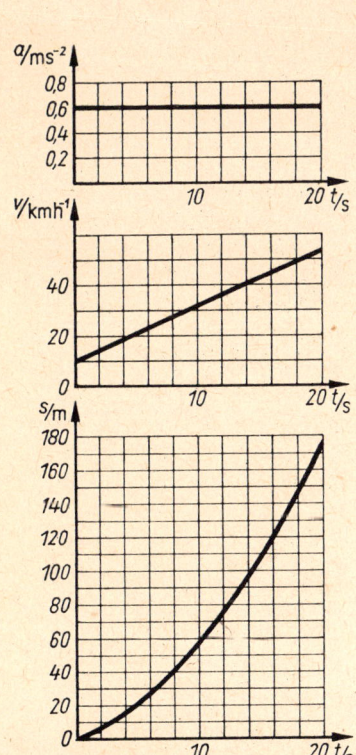

Bild 2.13 Bewegungsdiagramme zur Aufgabe 2.10

vorkommenden Größen; in (2.6) kommt die Größe s, in (2.7) kommt die Größe v *nicht* vor. Wir betrachten deshalb die beiden Gleichungen als Gleichungssystem mit 2 Variablen, dessen Lösungsmenge zu bestimmen ist. Wir verfahren nach der Einsetzungsmethode. Durch Umstellen von (2.6) erhalten wir jeweils eine Gleichung für *die* Größe, die wir in (2.7) eliminieren wollen (t oder v_0 oder a). Diesen Ausdruck setzen wir in (2.7) ein und lösen nach der gesuchten Größe auf. So erhalten wir die nachstehenden Gleichungen:

$$s = \frac{v^2 - v_0{}^2}{2a}$$ (2.8)

$$s = \frac{v + v_0}{2} t$$ (2.9)

Weg bei gleichmäßig beschleunigter Bewegung mit Anfangsgeschwindigkeit

$$s = vt - \frac{1}{2} at^2$$ (2.10)

Herleitung der Gleichung (2.8):

Aus (2.6) $v = v_0 + at$ folgt $t = \dfrac{v - v_0}{a}$.

In (2.7) $s = v_0 t + \frac{1}{2} at^2$ wird t nach (2.6) eingesetzt:

$$s = v_0 \frac{v - v_0}{a} + \frac{1}{2} a \frac{(v - v_0)^2}{a^2} = \frac{vv_0 - v_0{}^2}{a} + \frac{v^2 - 2vv_0 + v_0{}^2}{2a}$$

$$= \frac{2vv_0 - 2v_0{}^2 + v^2 - 2vv_0 + v_0{}^2}{2a} = \frac{v^2 - v_0{}^2}{2a}$$

Wir empfehlen Ihnen, auch (2.9) und (2.10) aus (2.6) und (2.7) herzuleiten.

Mit den nunmehr zur Verfügung stehenden 5 Gleichungen (2.6) bis (2.10) für die gleichmäßig beschleunigte Bewegung mit Anfangsgeschwindigkeit können, wenn drei Größen gegeben sind, jeweils die beiden anderen Größen durch Verwendung von zwei dieser Gleichungen gefunden werden. Es ist allenfalls notwendig, die betreffende Gleichung nach der gesuchten Größe umzustellen. Kriterium für die zu verwendende Gleichung ist die Frage: Welche Größe ist weder gegeben noch gesucht, welche kommt also *nicht* vor? Dazu nachstehende Übersicht:

Nicht vorkommende Größe	s	v	t	a	v_0
Gleichung	(2.6)	(2.7)	(2.8)	(2.9)	(2.10)

● Beispiel 2.4

Ein mit der Geschwindigkeit 54 km h^{-1} fahrender Eisenbahnzug wird bis zum Stillstand abgebremst, wobei seine Geschwindigkeit in jeder Sekunde um 0,65 m s^{-1} abnimmt. Bestimmen Sie 1. seine Beschleunigung, 2. die Dauer des Bremsens, 3. die Länge des Bremsweges.

Gegeben: $v_0 = 54 \text{ km h}^{-1}$; $\quad v = 0$; $\qquad$ *Gesucht:* 1. a; 2. t

$\Delta v = -0,65 \text{ m s}^{-1}$; $\quad \Delta t = 1,0 \text{ s}$ $\qquad\qquad$ 3. s

1. (2.2') $\quad a = \dfrac{\Delta v}{\Delta t}$; $\quad a = \dfrac{-0,65 \text{ m}}{1,0 \text{ s} \cdot \text{s}} = \underline{\underline{-0,65 \dfrac{\text{m}}{\text{s}^2}}}$

2. Wir verwenden den unter 1. erhaltenen Wert für die Beschleunigung. Somit gilt für 2.:

Gegeben: v_0; v; a $\qquad\qquad$ *Gesucht:* t

Nicht vorkommende Größe: s

Aus (2.6) $\quad v = v_0 + at \quad$ folgt $\quad t = \underline{\underline{\dfrac{v - v_0}{a}}}$

$$t = \frac{\left(0 - 54 \dfrac{\text{km}}{\text{h}}\right)\text{s}^2}{-0,65 \text{ m}} = \frac{-54 \cdot 10^3 \text{ m s}^2}{3,6 \cdot 10^3 \text{ s } (-0,65) \text{ m}} = \underline{\underline{23 \text{ s}}}$$

3. *Gegeben:* v_0; v; a $\qquad\qquad$ *Gesucht:* s

Nicht vorkommende Größe: t

(2.8) $\quad s = \underline{\underline{\dfrac{v^2 - v_0^2}{2a}}}$

$$s = \frac{0 - \left(\dfrac{54}{3,6}\right)^2 \dfrac{\text{m}^2}{\text{s}^2}}{2 \cdot (-0,65) \dfrac{\text{m}}{\text{s}^2}} = \frac{-15^2 \text{ m}^2 \text{ s}^2}{\text{s}^2 \cdot (-1,3) \text{ m}} = \underline{\underline{173 \text{ m}}}$$

● **Aufgabe 2.11**

Zeichnen Sie die Bewegungsdiagramme zu Beispiel 2.4.

Wie bereits erwähnt, wird der freie Fall (d. h. die Fallbewegung unter Vernachlässigung störender Einflüsse, insbesondere der Luftreibung) als gleichmäßig beschleunigte Bewegung mit der Fallbeschleunigung g behandelt. Dementsprechend ist der Wurf in senkrechter Richtung nach oben bzw. nach unten eine gleichmäßig beschleunigte Bewegung mit Anfangsgeschwindigkeit. Zu beachten ist, daß beim Wurf nach oben bei positiver Anfangsgeschwindigkeit die Fallbeschleunigung g mit negativem Vorzeichen angesetzt werden muß.

● **Beispiel 2.5**

Ein Geschoß wird mit der Anfangsgeschwindigkeit v_0 nach oben geschossen. Berechnen Sie 1. die maximale Höhe, die es erreicht, 2. die Geschwindigkeit, mit der es auf dem Erdboden wieder auftrifft, 3. das Verhältnis Steigzeit : Fallzeit. 4. Skizzieren Sie das s,t-, das v,t- und das a,t-Diagramm.

Gegeben: $a = -g$; v_0 $\qquad\qquad$ *Gesucht:* 1. s_{max}; 2. v_2

$\qquad\qquad\qquad\qquad\qquad\qquad\qquad$ 3. $t_{St} : t_F$

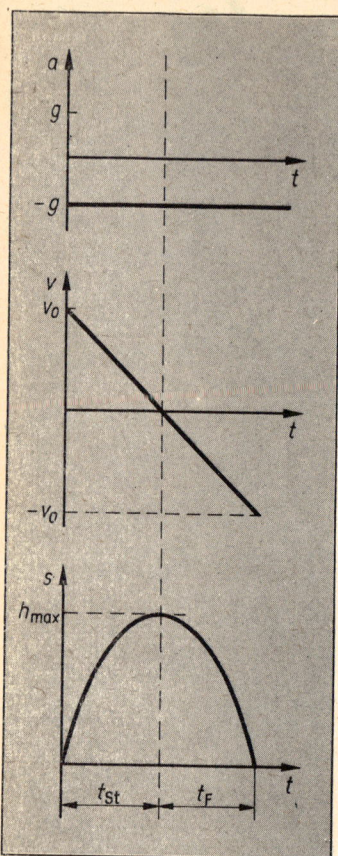

Bild 2.14 Bewegungsdiagramme zum Beispiel 2.5 (Wurf senkrecht nach oben)

Zur Anwendung der Gleichungen (2.6) bis (2.10) benötigen wir drei gegebene Größen. Die dritte gegebene Größe ist jeweils den angegebenen Bedingungen zu entnehmen.

1. Die maximale Höhe, der Umkehrpunkt, ist dadurch gekennzeichnet, daß der Körper die Geschwindigkeit Null hat. Er steigt nicht mehr und fällt noch nicht. Somit ist gegeben: $v = 0$. Nach der Übersicht auf S. 48 verwenden wir (2.8) $s = (v^2 - v_0^2)/(2a)$. Mit $v = 0$ und $a = -g$ folgt

$$s_{max} = \frac{-v_0^2}{-2g} = \underline{\frac{v_0^2}{2g}}$$

2. Beim Wiederauftreffen auf dem Boden gilt für die Ortskoordinate des Körpers $s = 0$ (dritte gegebene Größe). Wieder gilt (2.8) $s = (v^2 - v_0^2)/(2a)$ und somit

$$v = \sqrt{2as + v_0^2}.\ \text{Mit}\ s = 0\ \text{folgt:}\ v_2 = \sqrt{v_0^2} = \pm v_0 = -v_0$$

Dem Betrag nach gilt also Auftreffgeschwindigkeit = Abwurfgeschwindigkeit. Von den beiden Vorzeichen ist hier nur das negative physikalisch sinnvoll, da die Auftreffgeschwindigkeit der (positiven) Startgeschwindigkeit entgegen gerichtet ist.

3. Nach Ablauf der Steigzeit $t_1 = t_{St}$ gilt $v_1 = 0$; nach Ablauf von Steig- und Fallzeit $t_2 = t_{St} + t_F$ gilt nach 2. $v_2 = -v_0$. Aus (2.6) $v = v_0 + at$ folgt $t = (v - v_0)/a$ und somit

$$t_1 = \frac{-v_0}{-g} = \frac{v_0}{g};\qquad t_2 = \frac{-2v_0}{-g} = 2\,\frac{v_0}{g} = 2t_1$$

$$t_F = t_2 - t_{St} = \frac{v_0}{g}.\ \ \text{Somit ist}\ \ t_{St} : t_F = \underline{1 : 1}$$

Wir merken uns: Unter den Bedingungen des freien Falls gilt Steigzeit = Fallzeit.

4. Siehe Bild 2.14.

● Aufgabe 2.12

Ein Stein wird senkrecht nach oben geworfen. Nach 6,4 s schlägt er wieder auf dem Boden auf. Berechnen Sie 1. die Abwurfgeschwindigkeit, 2. die erreichte Höhe.

Die Möglichkeiten, die die Infinitesimalrechnung bietet, erkennen wir an der nachstehend angegebenen Herleitung der Gleichung (2.6) sowie der Gleichung (2.7) aus den Definitionsgleichungen $a = \dfrac{dv}{dt}$ und $v = \dfrac{ds}{dt}$ unter der Berücksichtigung der Bedingungen, daß $a = \text{const}$ und für $t = 0$ die Geschwindigkeit $v = v_0$ und der Weg $s = 0$ ist.

Aus $a = \dfrac{dv}{dt}$ folgt $dv = a\,dt$

Integration: $\int\limits_{v_0}^{v} \mathrm{d}v = a \int\limits_{0}^{t} \mathrm{d}t$; daraus $v - v_0 = at$

$$v = v_0 + at \tag{2.6}$$

Aus $v = \dfrac{\mathrm{d}s}{\mathrm{d}t}$ folgt $\mathrm{d}s = v\,\mathrm{d}t$ und

mit (2.6) $\mathrm{d}s = (v_0 + at)\,\mathrm{d}t$

Integration: $\int\limits_{0}^{s} \mathrm{d}s = v_0 \int\limits_{0}^{t} \mathrm{d}t + a \int\limits_{0}^{t} t\,\mathrm{d}t$

$$s = v_0 t + \dfrac{a}{2}\, t^2 \tag{2.7}$$

Die Gleichungen (2.6) bis (2.10) enthalten auch den Sonderfall der gleichförmigen Bewegung, wenn die Bedingungen $a = 0$ und $v = v_0 = \mathrm{const}$ vorliegen. Damit folgt die Gleichung (2.1'') $s = vt$ für den bei gleichförmiger Bewegung zurückgelegten Weg.

2.3.3.   Allgemeiner Fall der geradlinigen Bewegung

In 2.3.1. und 2.3.2. behandelten wir Sonderfälle der geradlinigen Bewegung. Im allgemeinen hat ein bewegter Körper, etwa ein Kraftfahrzeug im Stadtverkehr, aber weder konstante Geschwindigkeit noch konstante Beschleunigung. Eine solche Bewegung kann daher nicht mit den bisher entwickelten Gleichungen behandelt werden. Der zurückgelegte Weg, die Geschwindigkeit, die Beschleunigung hängen stets in irgendeiner Weise von der Zeit ab. Wir schreiben für den Weg: $s = f(t)$ (gesprochen $s = f$ von t) oder auch $s = s(t)$ (gesprochen $s = s$ von t), für die Geschwindigkeit $v = f(t)$ oder $v = v(t)$ und für die Beschleunigung $a = f(t)$ oder $a = a(t)$. *Welcher funktionale Zusammenhang zwischen Weg und Zeit, Geschwindigkeit und Zeit, Beschleunigung und Zeit bei einem vorgegebenen Bewegungsvorgang besteht, muß experimentell, d. h. durch Messung, ermittelt werden.* Dabei wird zu passend gewählten Zeitpunkten die betreffende Größe bestimmt und tabellarisch festgehalten. Die Bewegung wird um so genauer erfaßt, je kleiner die Zeitspannen zwischen den einzelnen Messungen sind. Am genauesten ist eine laufende Registrierung der Meßwerte, etwa in Form einer Kurve, die während des Bewegungsvorgangs automatisch aufgezeichnet wird. Aus dieser Kurve bzw. aus der Tabelle der Meßwerte muß sodann die zugehörige Funktionsgleichung ermittelt werden. Oft ist es schwierig bzw. nicht möglich, den Bewegungsablauf durch eine Funktionsgleichung (wir sagen: analytisch) darzustellen. In vielen Fällen muß man Näherungsverfahren anwenden. Liegt für *eine* der oben genannten Funktionen eine Funktionsgleichung vor, so können die beiden anderen meist recht einfach durch Differenzieren bzw. Integrieren gefunden werden.

Häufig sind grafische Verfahren anwendbar, wenn analytische versagen.

● **Beispiel 2.6**

In nachstehender Wertetafel sind für drei geradlinige Bewegungen eines Massenpunktes die im zeitlichen Abstand von 1 s gemessenen Entfernungen vom Nullpunkt eingetragen. Zeichnen Sie für jede der Bewegungen das s,t-, v,t- und a,t-Diagramm und erläutern Sie den Bewegungsablauf.

$t_{/s}$	0	1	2	3	4	5	6	7	8	9	10	11	12
$s_{1/m}$	0	1,5	3	4,5	6	7,5	9	10,5	12	13,5	15	16,5	18
$s_{2/m}$	18	12,5	8	4,5	2	0,5	0	0,5	2	4,5	8	12,5	18
$s_{3/m}$	0	1	1,7	2	1,7	1	0	−1	−1,7	−2	−1,7	−1	0

1. In gleichen Zeitspannen ($\Delta t = 1$ s) werden jeweils gleiche Wege zurückgelegt ($\Delta s = 1,5$ m). Es liegt eine gleichförmige Bewegung mit der Geschwindigkeit $v = \Delta s/\Delta t = 1,5$ m/1 s $= 1,5$ m s^{-1} vor (Bild 2.15, weiße Kurven).

2. Die Bewegung beginnt bei $s = 18$ m mit einer zum Nullpunkt gerichteten (also negativen) Geschwindigkeit. Der Massenpunkt bewegt sich bis zum Ende der 6. Sekunde verzögert, da die in jeweils 1 s zurückgelegten Wege von Sekunde zu Sekunde kleiner werden. Nach Erreichen des Nullpunkts kehrt die Bewegungsrichtung um, und der Massenpunkt bewegt sich beschleunigt in positiver Richtung, bis am Ende der 12. Sekunde der Ausgangspunkt wieder erreicht ist.
Um festzustellen, ob die Bewegung gleichmäßig beschleunigt ist, bestimmen wir die mittleren Geschwindigkeiten zwischen je zwei benachbarten Meßpunkten. Wir erhalten:

$v_{0/1} = -5,5$ m s^{-1}; $v_{1/2} = -4,5$ m s^{-1};   …

$v_{10/11} = +4,5$ m s^{-1}; $v_{11/12} = +5,5$ m s^{-1}.

Somit ist $\Delta v = 1$ m s^{-1} = const. In gleichen Zeiten liegen gleiche Geschwindigkeitsänderungen vor, d. h., die Bewegung ist gleichmäßig beschleunigt. Für die Beschleunigung erhalten wir $a = \Delta v/\Delta t = 1$ m s^{-1}/1 s $= 1$ m s^{-2} (Bild 2.15, schwarze Kurven).

3. Bis zum Ende der 3. Sekunde liegt eine ungleichmäßig verzögerte Bewegung von $s = 0$ bis $s = 2$ m vor, dann bis zum Ende der 6. Sekunde eine ungleichmäßig beschleunigte Bewegung in entgegengesetzter Richtung bis zum Ausgangspunkt. Darauf folgt bis zur 12. Sekunde der gleiche Bewegungsvorgang im negativen Bereich: Der Massenpunkt schwingt also um den Nullpunkt (Bild 2.15, rote Kurven). ●

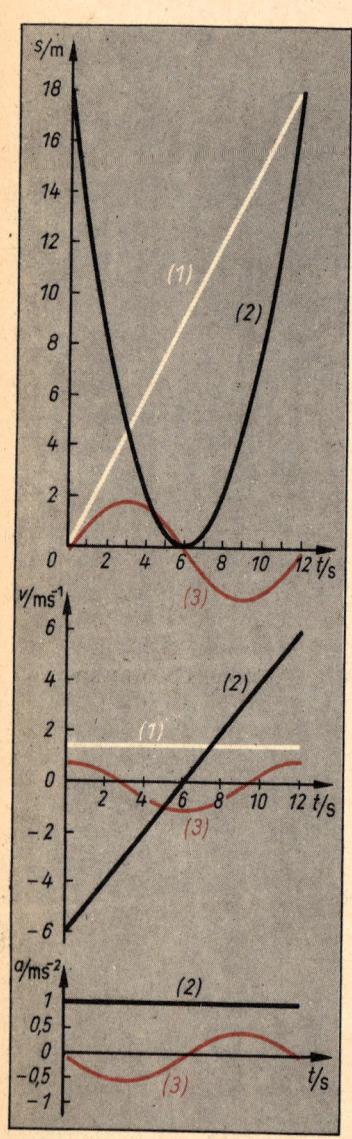

Bild 2.15 Bewegungsdiagramme zum Beispiel 2.6

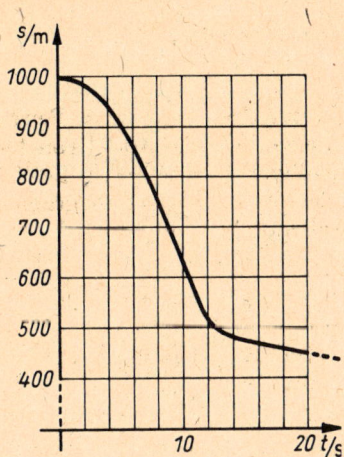

Bild 2.16 *s,t*-Diagramm für Fallschirmabsprung (Aufgabe 2.13)

● **Aufgabe 2.13**

Bei einem Fallschirmabsprung wurde während der ersten 20 Sekunden das in Bild 2.16 angegebene *s,t*-Diagramm aufgenommen. Analysieren Sie den Bewegungsablauf und skizzieren Sie den ungefähren Verlauf der *v(t)*- und *a(t)*-Kurven. ●

2.4.   Kreis- und Drehbewegung

2.4.1.   Winkel, Frequenz und Drehzahl

In der Technik spielt die Drehbewegung (Rotation) eine hervorragende Rolle. Es sei nur an Bewegungsvorgänge in Kraft- und Arbeitsmaschinen oder beim Antrieb von Verkehrsmitteln erinnert, wo Kräfte und Energien mit Hilfe von Rädern und Wellen übertragen werden. Die Physik behandelt diese Bewegungen nach dem Modell des um eine feste Achse rotierenden starren Körpers. Hier genügt also das bei der Translationsbewegung verwendete Modell des bewegten Massenpunktes nicht mehr. Ein Punkt kann nicht rotieren. Doch besteht ein enger Zusammenhang zwischen der Bewegung eines Massenpunktes auf einer Kreisbahn und der Rotation eines ausgedehnten Körpers: Jeder Punkt des Körpers beschreibt ja eine Kreisbahn um die Rotationsachse. Wir können deshalb die für die Behandlung der Rotation zweckmäßigen kinematischen Größen zunächst anhand der Kreisbewegung eines Massenpunktes entwickeln und diese dann auf die Rotation übertragen.

Wie sich zeigt, lassen sich für die Behandlung der Kreisbewegung Größen definieren, die es erlauben, weitgehende Analogien zur geradlinigen Bewegung herzustellen. Dadurch wird die Beschreibung und mathematische Behandlung der Kreis- und Drehbewegung sehr erleichtert.

Wir beginnen mit der Definition der abgeleiteten Größe *ebener Winkel* (Bild 2.17):

> Der ebene Winkel ist der Quotient aus der Länge eines Kreisbogens und dem Radius dieses Bogens.

$$\varphi = \frac{s_\text{B}}{r} \qquad \textbf{Ebener Winkel} \qquad (2.11)$$

$$[\varphi] = \frac{\text{m}}{\text{m}} = 1 = \text{rad (Radiant)}$$

Der Radiant ist eine *ergänzende* SI-Einheit.

Gebräuchliche SI-fremde Einheit: ° (Grad)

Größen, die als Verhältnis zweier gleichartiger Größen definiert sind, werden als Verhältnisgrößen bezeichnet. Eine Verhältnisgröße wird als reine Zahl gemessen; ihre kohärente Einheit ist die Zahl 1. Will man an-

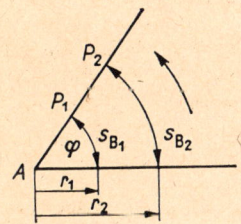

Bild 2.17 Zur Winkeldefinition. Bei Drehung eines Strahls um den Punkt *A* gilt: $s_{\text{B}1}/r_1 = s_{\text{B}2}/r_2 = s_\text{B}/r = \varphi$. In der Skizze ist $s_\text{B} = r$, somit $s_\text{B}/r = \varphi = 1 = 1$ rad

geben, daß eine gegebene oder errechnete Zahl einen Winkel kennzeichnet, wird die Einheit *Radiant* verwendet.

Das durch (2.11) definierte *Bogenmaß* des Winkels tritt in der Physik bevorzugt an die Stelle des Gradmaßes. Die Beziehung für die Umrechnung der Radiantskale in die Gradskale und umgekehrt ergibt sich, wenn wir in die Gleichung $\varphi = s_B/r$ für φ den Vollwinkel 360° und für s_B den Kreisumfang $2\pi r$ einsetzen: $360° = 2\pi r/r = 2\pi = 2\pi$ rad. Daraus folgt:

$$1° = \frac{\pi}{180} \text{ rad} = 1{,}745 \cdot 10^{-2} \text{ rad}; \quad 1 \text{ rad} = \frac{180°}{\pi} = 57{,}3°$$

($\rightarrow$ B 4.1.)

Die Frage: Wie schnell dreht sich ein Körper? wird in der Technik meist durch Angabe der *Drehzahl* (Symbol n) beantwortet. In der Physik verwendet man anstelle der Größe Drehzahl die allgemeinere Größe *Frequenz* (Symbol f), die bei Drehbewegungen als *Umlauffrequenz* bezeichnet wird. Auch der Kehrwert der Frequenz, die *Umlaufzeit* (Zeit für *einen* Umlauf) oder *Periodendauer* (Symbol T) kann zur Kennzeichnung der Drehbewegung dienen. Bezeichnen wir mit z die Anzahl der Umdrehungen in der Zeit Δt, so gelten die Definitionen

$$\boxed{f = n = \frac{z}{\Delta t}}$$ **Frequenz (Umlauffrequenz, Drehzahl)** bei Drehbewegung mit konstanter (2.12) Drehzahl

$$[f] = [n] = \text{s}^{-1} = \text{Hz (Hertz; } \rightarrow \text{Hertz, H.)}$$

In der Technik oft gebrauchte SI-fremde Einheit: min^{-1}

$$\boxed{T = \frac{1}{f}}$$ **Periodendauer (Umlaufzeit)** (2.13)

$$[T] = \text{s}$$

Wenden wir (2.12) $f = n = z/\Delta t$ auf eine Drehbewegung mit nicht konstanter Drehzahl an, erhalten wir die Durchschnittsfrequenz in der betreffenden Zeitspanne. Die Momentanfrequenz in einem bestimmten Zeitpunkt definieren wir differentiell: $f = n = \text{d}z/\text{d}t$.

● **Aufgabe 2.14**

Ein Satellit kreist in 210 km Höhe um die Erde. Für einen Umlauf werden 88 min benötigt. Berechnen Sie 1. die Länge der während eines Tages zurückgelegten Flugbahn, 2. den dabei überstrichenen Winkel (in Radiant und in Grad), 3. die Umlauffrequenz.

2.4.2. Winkelgeschwindigkeit und Winkelbeschleunigung

Wie schnell sich ein Körper um eine Achse dreht, kann nicht allein mit Hilfe der Bahngeschwindigkeit angegeben werden. Es ist dies die Geschwindigkeit eines Körperpunktes. Sie ist bei vorgegebener Umlauffrequenz vom Abstand des betreffenden Punktes von der Drehachse abhängig. Ein Punkt in Achsennähe hat eine kleinere Geschwindigkeit als ein in größerem Abstand von der Achse umlaufender Punkt.

Die Bahngeschwindigkeit allein liefert also keine eindeutige Aussage für die Drehbewegung eines Körpers. Deshalb führt man als weitere Größen zur Kennzeichnung der Drehbewegung die *Winkelgeschwindigkeit* und die *Winkelbeschleunigung* ein. Man geht hier davon aus, daß der Winkel, den ein von der Achse A zu einem beliebigen Körperpunkt gezogener Strahl überstreicht, bei einer vorgegebenen Drehung für alle Körperpunkte gleich ist (Bild 2.17).

Die Definitionen von Winkelgeschwindigkeit und Winkelbeschleunigung sind, wie ein Vergleich mit 2.2.4. und 2.2.6. zeigt, in Analogie zu den entsprechenden Größen der Translation formuliert. Wir stellen beide Definitionen wieder nebeneinander.

Durchschnittswinkelgeschwindigkeit

$$\omega_\mathrm{m} = \frac{\varphi_2 - \varphi_1}{t_2 - t_1} = \frac{\Delta\varphi}{\Delta t} \quad (2.14)$$

$$[\omega] = \mathrm{rad\ s^{-1}} = \mathrm{s^{-1}}$$

Die Durchschnittswinkelgeschwindigkeit ist der Quotient aus dem Drehwinkel und der zum Überstreichen des Winkels benötigten Zeit
(siehe Bild 2.18).

Durchschnittswinkelbeschleunigung

$$\alpha_\mathrm{m} = \frac{\omega_2 - \omega_1}{t_2 - t_1} = \frac{\Delta\omega}{\Delta t} \quad (2.15)$$

$$[\alpha] = \mathrm{rad\ s^{-2}} = \mathrm{s^{-2}}$$

Die Durchschnittswinkelbeschleunigung ist der Quotient aus der Änderung der Winkelgeschwindigkeit und der Zeit, in der diese Änderung erfolgt.

Auch die Momentanwerte ergeben sich analog zu denen der Translation als Grenzwerte der Differenzenquotienten (2.14) bzw. (2.15). Wir erhalten so die Definitionen

Winkelgeschwindigkeit
(Betrag)

$$\omega = \frac{\mathrm{d}\varphi}{\mathrm{d}t} = \dot{\varphi} \quad (2.14')$$

Winkelbeschleunigung
(Betrag)

$$\alpha = \frac{\mathrm{d}\omega}{\mathrm{d}t} = \frac{\mathrm{d}^2\varphi}{\mathrm{d}t^2} = \ddot{\varphi} \quad (2.15')$$

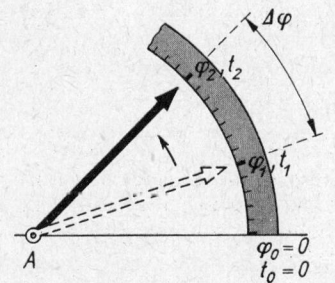

Bild 2.18 Zur Definition der Winkelgeschwindigkeit. Die Definition von $\Delta\varphi$ bei der Rotation entspricht der in Bild 2.4 erläuterten Definition Δs bei der Translation. Statt $\Delta\varphi$ wird oft einfach φ geschrieben

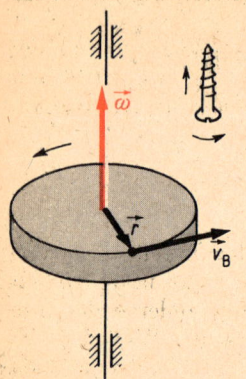

Bild 2.19 Zur vektoriellen Darstellung der Winkelgeschwindigkeit

Die momentane Winkelgeschwindigkeit ist der Differentialquotient des Drehwinkels nach der Zeit.

Die momentane Winkelbeschleunigung ist der Differentialquotient der Winkelgeschwindigkeit nach der Zeit bzw. der zweite Differentialquotient des Drehwinkels nach der Zeit.

Auch Winkelgeschwindigkeit und Winkelbeschleunigung sind als vektorielle Größen definiert. Der Vektorpfeil kennzeichnet hier allerdings nicht unmittelbar eine Bewegungsrichtung, denn diese ändert sich ja für einen kreisenden Punkt von Augenblick zu Augenblick. Bei der Winkelgeschwindigkeit gibt man mit dem Pfeil vielmehr den Drehsinn der Bewegung und den Betrag der Winkelgeschwindigkeit an. In Bild 2.19 liegt z. B. dieser Pfeil in der Drehachse. Er steht also senkrecht auf der Bewegungsebene des kreisenden Punktes. Betrachtet man nun den Pfeil als eine Schraube mit Rechtsgewinde, die fest mit dem kreisenden Körper verbunden ist, so zeigt die Pfeilspitze in die Richtung der Längsbewegung dieser Schraube.

Oft wird eine Beziehung zwischen Umlauffrequenz (Drehzahl) und Winkelgeschwindigkeit benötigt. Diese folgt aus der Tatsache, daß die für einen Umlauf ($\varphi = 2\pi$) benötigte Zeit die Periodendauer T ist. Somit gilt nach (2.14) $\omega = 2\pi/T$ und mit (2.13) $T = 1/f$

$$\omega = 2\pi f \qquad \text{Winkelgeschwindigkeit} \qquad (2.16)$$

Wegen dieses Zusammenhangs wird bei gleichförmiger Drehbewegung der Betrag der Winkelgeschwindigkeit auch als *Kreisfrequenz* bezeichnet.

● **Aufgabe 2.15**

Berechnen Sie die Winkelgeschwindigkeit der Erdrotation. ●

2.4.3. Gleichförmige und gleichmäßig beschleunigte Kreis- und Drehbewegung

Wie bei der geradlinigen Bewegung unterscheiden wir auch bei der Kreis- und Drehbewegung zwischen gleichförmiger und beschleunigter Bewegung. Wir sprechen von *gleichförmiger Drehbewegung*, wenn die Drehzahl konstant ist, von *beschleunigter Drehbewegung*, wenn die Drehzahl zu- oder abnimmt. Bei diesen Definitionen ist zu beachten, daß auch die gleichförmige Bewegung eines Massenpunktes auf einer Kreisbahn eine beschleunigte Bewegung ist; es ändert sich hier zwar nicht der Betrag, aber kontinuierlich die *Richtung* der Geschwindigkeit, und jede zeitliche Änderung der Geschwindigkeit bedeutet, daß die Bewegung beschleunigt ist. Bei der gleichförmigen

Drehbewegung bezieht sich die Gleichförmigkeit also nur auf den *Betrag* der Bahngeschwindigkeit. Es gilt dies nicht nur für die Bewegung auf einer Kreisbahn, sondern für jede krummlinige Bewegung. Wir merken uns:

> Jede krummlinige Bewegung ist eine beschleunigte Bewegung.

In 2.4.1. wiesen wir auf die Analogie der Definitionen von Geschwindigkeit und Beschleunigung einerseits und Winkelgeschwindigkeit und Winkelbeschleunigung andererseits hin. Im ersten Fall war der Weg s, im zweiten der Winkel φ die Ausgangsgröße. Aus dieser Analogie folgt, daß auch die Gleichungen, die zur Beschreibung der Translation bzw. der Rotation dienen, sich völlig entsprechen. Man braucht nur für die bisher verwendeten *Bahngrößen* die diesen entsprechenden *Winkelgrößen* in die jeweilige Gleichung einzusetzen. Die einander entsprechenden Bahngrößen und Winkelgrößen sind in Tafel 2.3 einander gegenübergestellt.

Tafel 2.3   Kinematische Größen

Größen der Translation (Bahngrößen)		Größen der Rotation (Winkelgrößen)	
Weg	s	Winkel	φ
Geschwindigkeit	v	Winkelgeschwindigkeit	ω
Beschleunigung	a	Winkelbeschleunigung	α

Als Beispiele für die Analogie zwischen den Gleichungen der Translation und denen der Rotation seien die Gleichung (2.1'') der gleichförmigen Bewegung und die beiden wichtigsten Gleichungen der gleichmäßig beschleunigten Bewegung mit Anfangsgeschwindigkeit, die Gleichungen (2.6) und (2.7), angeführt. Für die Drehbewegung lauten sie

$$\varphi = \omega t \qquad \text{**Drehwinkel** bei gleichförmiger Bewegung} \qquad (2.17)$$

$$\omega = \omega_0 + \alpha t \qquad \text{**Winkelgeschwindigkeit**} \qquad (2.18)$$

bei gleichmäßig beschleunigter Drehbewegung

$$\varphi = \omega_0 t + \frac{1}{2} \alpha t^2 \qquad \text{**Drehwinkel**} \qquad (2.19)$$

In der Praxis und auch in den nachfolgenden Beispielen wird oft eine Beziehung zwischen dem Drehwinkel und der Anzahl der Umläufe z benötigt. Bei *einem* Umlauf wird der Winkel 2π überstrichen; bei z Umläufen gilt somit

$$\varphi = 2\pi z \qquad \text{Drehwinkel} \tag{2.20}$$

● **Beispiel 2.7**

Der Anker eines Motors erreicht 2,0 s nach dem Einschalten die Drehzahl $1\,800\ \text{min}^{-1}$. Berechnen Sie 1. die Winkelgeschwindigkeit, 2. die Winkelbeschleunigung, 3. die Anzahl der Umdrehungen des Ankers in der angegebenen Zeit.

Gegeben: $\Delta t = 2{,}0\ \text{s}$ *Gesucht:* 1. ω
         $n_0 = 0;\quad n = 1\,800\ \text{min}^{-1}$ 2. α; 3. z

1. (2.16) $\omega = 2\pi f$; mit $f = n$ ist $\underline{\omega = 2\pi n}$.

   $\omega = 2\pi \cdot 1\,800\ \text{min}^{-1} = \underline{\underline{11\,300\ \text{min}^{-1}}}$

2. Aus (2.15) $\alpha = \dfrac{\Delta\omega}{\Delta t}$ folgt

   $\alpha = \dfrac{\omega}{\Delta t} = \dfrac{11\,300}{60\ \text{s} \cdot 2\ \text{s}} = \underline{\underline{94\ \text{rad s}^{-2}}}$

3. Für gleichförmige Drehbewegung gilt (2.12) $n = z/\Delta t$ und damit $z = n\,\Delta t$. Diese Gleichung können wir auch bei der hier vorliegenden gleichmäßig beschleunigten Drehbewegung verwenden, wenn wir für die Frequenz n die mittlere Drehfrequenz $n_\text{m} = n/2$ einsetzen. Wir erhalten

$$z = \frac{n}{2}t; \quad z = \frac{1\,800 \cdot 2\ \text{s}}{2 \cdot \text{min}} = \frac{1\,800 \cdot 2\ \text{s}}{2 \cdot 60\ \text{s}} = \underline{\underline{30}}$$

z läßt sich auch über den Drehwinkel φ berechnen. Wir verwenden die (2.5) entsprechende Gleichung $\varphi = {}^1\!/_2\alpha t^2$ und (2.20) $\varphi = 2\pi z$. Daraus erhalten wir (mit $t = \Delta t$) $z = \dfrac{\alpha t^2}{4\pi}$; mit dem in 2. errechneten Wert $\alpha = \dfrac{30\pi}{\text{s}^2}$ folgt

$$z = \frac{30\pi \cdot 4\ \text{s}^2}{\text{s}^2 \cdot 4\pi} = \underline{\underline{30}}$$

Die Analogie zwischen Translation und Rotation erstreckt sich auch auf die Bewegungsdiagramme. So gelten die in Tafel 2.2 angegebenen Diagramme auch für die Drehbewegung, wenn die Ordinaten der Diagramme mit den entsprechenden Winkelgrößen bezeichnet werden.

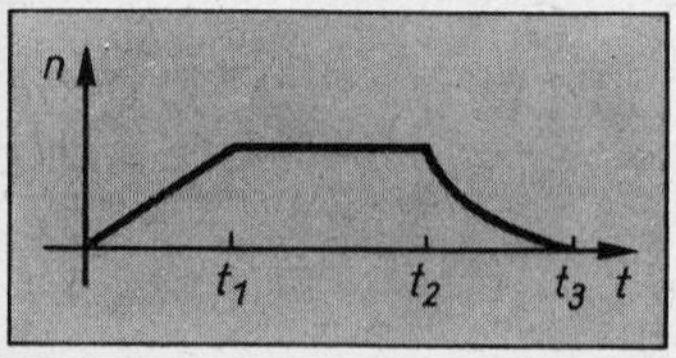

Bild 2.20 n,t-Diagramm der Bewegung eines Motorläufers (Aufgabe 2.16)

● **Aufgabe 2.16**

Beim Betrieb eines Motors wurde das in Bild 2.20 angegebene n,t-Diagramm aufgenommen. Beschreiben Sie den Vorgang und skizzieren Sie das α,t-Diagramm.

Für einen auf einer Kreisbahn umlaufenden Punkt läßt sich
die Bewegung sowohl mit Hilfe der Bahngrößen als auch mit
Hilfe der Winkelgrößen beschreiben. Zwischen Bahn- und
Winkelgrößen gelten die nachstehenden sehr wichtigen Beziehungen:

$s_B = \varphi r$	**Auf Kreisbahn zurückgelegter Weg**	(2.11′)
$v_B = \omega r$	**Bahngeschwindigkeit**	(2.21)
$a_B = \alpha r$	**Bahnbeschleunigung**	(2.22)

Allgemein gilt also

Bahngröße = Winkelgröße mal Radius

Herleitung der Gleichungen (2.11′), (2.21), (2.22):

$$(2.11) \quad \varphi = \frac{s_B}{r} \rightarrow s_B = \varphi r$$

$$\frac{s_B}{t} = \frac{\varphi}{t} r \rightarrow v_B = \omega r$$

$$\frac{v_B}{t} = \frac{\omega}{t} r \rightarrow a_B = \alpha r$$

● **Beispiel 2.8**

Ein Kraftfahrzeug erreicht beim gleichmäßig beschleunigten
Anfahren in 5,0 s die Geschwindigkeit 20 km h⁻¹. Der äußere
Raddurchmesser beträgt 50 cm. Berechnen Sie 1. die Anzahl
der Umdrehungen der Räder in dieser Zeit, 2. ihre Winkelbeschleunigung.

Gegeben: $t = 5{,}0$ s; $v = 20$ km h⁻¹   *Gesucht:* 1. z
         $d = 50$ cm; $v_0 = 0$ 2. α

1. Der Weg, den der Wagen zurücklegt, ist gleich dem, den
   ein Punkt auf dem Radumfang zurücklegt. Aus (2.11′)
   $s_B = \varphi r$ folgt mit (2.20) $\varphi = 2\pi z$ und $r = d/2$

$$s = s_B = \pi z d \tag{1}$$

$$(2.9) \quad s = \frac{v + v_0}{2} t \tag{2}$$

Aus (1) und (2) folgt mit $v_0 = 0$

$$\pi z d = \frac{vt}{2} \quad \text{und} \quad z = \frac{vt}{2\pi d}$$

$$z = \frac{20 \text{ km} \cdot 5{,}0 \text{ s}}{2\pi \cdot \text{h} \cdot 50 \text{ cm}} = \frac{20 \text{ m} \cdot 5 \text{ s}}{3{,}6 \text{ s} \cdot 2\pi \cdot 0{,}5 \text{ m}} = 8{,}8$$

2. Die Geschwindigkeit des Wagens ist gleich der Bahngeschwindigkeit eines Punktes auf dem Radumfang: $v = v_B$.

Aus (2.15) $\alpha = \dfrac{\Delta\omega}{\Delta t}$ folgt $\alpha = \dfrac{\omega - \omega_0}{t} = \dfrac{\omega}{t}$ (1)

Aus (2.21) $v_B = \omega r$ folgt $\omega = \dfrac{v_B}{r} = \dfrac{v}{r} = \dfrac{2v}{d}$ (2)

Aus (1) und (2) folgt $\alpha = \dfrac{2v}{dt}$

$$\alpha = \frac{2 \cdot 20\ \text{km}}{50\ \text{cm} \cdot \text{h} \cdot 5\ \text{s}} = \frac{2 \cdot 20\ \text{m}}{3{,}6\ \text{s} \cdot 0{,}5\ \text{m} \cdot 5\ \text{s}} = 4{,}4\ \frac{1}{\text{s}^2} = 4{,}4\ \frac{\text{rad}}{\text{s}^2} \bullet$$

● **Aufgabe 2.17**

Leiten Sie die für den Kettenantrieb gültige Gleichung des Übersetzungsverhältnisses $\omega_1 : \omega_2 = r_2 : r_1$ her (Skizze!).   ●

2.4.4.   Radialbeschleunigung

Wir wollen uns in diesem Abschnitt mit der Beschleunigung eines Massenpunktes befassen, der sich auf einer Kreisbahn bewegt. Wie wir schon in 2.4.3. feststellten, ist eine Kreisbewegung stets eine beschleunigte Bewegung, da die Geschwindigkeit ständig ihre Richtung ändert. Wir müssen hier also beachten, daß Geschwindigkeit und Beschleunigung vektorielle Größen sind.
In Bild 2.21.1 sind für einen Massepunkt, der sich auf einer Kreisbahn bewegt, die Geschwindigkeitsvektoren v_1 und v_2 in zwei zeitlich dicht aufeinanderfolgenden Bahnpunkten P_1 und P_2 angegeben. Wie finden wir den Beschleunigungsvektor? Für diesen gilt (2.2) $a = \Delta v / \Delta t = (1/\Delta t) \cdot \Delta v$. $1/\Delta t$ ist ein skalarer Faktor; somit hat der Beschleunigungsvektor die Richtung des Vektors $\Delta v = v_2 - v_1$. Die Konstruktion des Vektors Δv zeigt Bild 2.21.2. Durch Multiplikation von Δv mit $1/\Delta t$ erhalten wir schließlich den Beschleunigungsvektor a, der in Bild 2.21.3, nun wieder von Punkt P_1 der Bahn ausgehend, gezeichnet wurde. Wir erkennen:

> Bei krummliniger Bewegung stimmen Richtung der Geschwindigkeit und Richtung der Beschleunigung nicht überein. Die Geschwindigkeit hat die Richtung der jeweiligen Bahntangente. Die Beschleunigung ist stets nach der Innenseite der gekrümmten Bahn gerichtet.

● **Aufgabe 2.18**

Ein Fahrzeug durchfährt eine Kurve 1. mit zunehmender, 2. mit abnehmender, 3. mit konstanter Geschwindigkeit. Fertigen Sie eine Skizze an, und tragen Sie die Geschwindigkeits- und Beschleunigungsvektoren für die drei Fälle ein.   ●

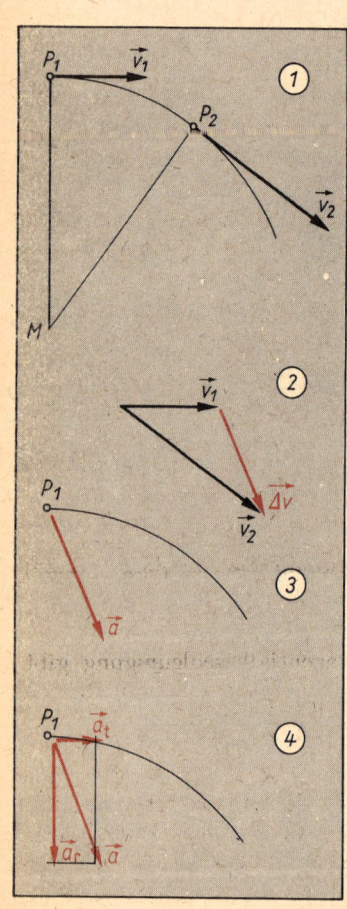

Bild 2.21 Zur Tangential- und Radialbeschleunigung. 1. Die Geschwindigkeiten v_1 und v_2 in P_1 und P_2 unterscheiden sich nach Betrag *und* Richtung. 2. Zur Bildung von Δv werden v_1 und v_2 von *einem* Punkt ausgehend gezeichnet. 3. Division von Δv durch die skalare Größe Δt ergibt a; a hat gleiche Richtung wie Δv. 4. a wird in die Komponenten a_t und a_r zerlegt

Wie sich zeigt, ist es für unsere weiteren Überlegungen zweckmäßig, den Beschleunigungsvektor a in zwei senkrecht aufeinander stehende Vektorkomponenten a_t und a_r zu zerlegen. Dies ist in Bild 2.21.4 gezeigt. Die Komponente a_t liegt in Bahnrichtung, d. h. in Richtung der Bahn*tangente*, und heißt deshalb *Tangentialbeschleunigung*. Die Komponente a_r zeigt zum Mittelpunkt des jeweiligen Krümmungskreises, also in *radialer* Richtung, und wird als *Radial-* oder *Normalbeschleunigung* bezeichnet. Somit gilt

$$a = a_t + a_r \qquad \text{Beschleunigung} \qquad (2.23)$$
$$a = \sqrt{a_t{}^2 + a_r{}^2} \qquad \text{bei Kreisbewegung} \qquad (2.23')$$

Bei der Kreisbewegung ist die Beschleunigung die vektorielle Summe aus Tangential- und Radialbeschleunigung.

Bei einer Kreisbewegung ist die Bahngeschwindigkeit v_B meist relativ leicht zu messen. Wir untersuchen deshalb, wie der Betrag der Gesamtbeschleunigung a bzw. die Beschleunigungskomponenten a_t und a_r von der Bahngeschwindigkeit v_B abhängen. Sehr einfach finden wir den Betrag der Tangentialbeschleunigung. Die Geschwindigkeit in tangentialer Richtung ist ja gleich der Bahngeschwindigkeit: $v_t = v_B$. Somit gilt nach (2.2)

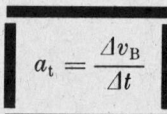

$$a_t = \frac{\Delta v_B}{\Delta t} \qquad \text{Betrag der Tangentialbeschleunigung} \qquad (2.24)$$

Aus (2.24) ist abzulesen: Die Tangentialbeschleunigung gibt an, wie schnell sich die Bahngeschwindigkeit des betrachteten Körpers, etwa eines Fahrzeugs auf der Straße, ändert. Zur Herleitung des Betrages der Radialbeschleunigung a_r nehmen wir an, daß die Bahnbeschleunigung Null ist, d. h., daß der Betrag der Bahngeschwindigkeit konstant ist (Bild 2.22). Es ist also $v_B = |v_{B1}| = |v_{B2}| = \text{const.}$ Für den Fall, daß P_1 und P_2 sehr dicht beieinander liegen, können wir den Längenunterschied zwischen dem Bogen $\overset{\frown}{P_1 P_2}$ und der Sehne $\overline{P_1 P_2}$ vernachlässigen. Aus der Ähnlichkeit des Wegedreiecks $M P_1 P_2$ und des Geschwindigkeitsdreiecks $M' P_1' P_2'$ folgt $\Delta v_r / v_B = \Delta s / r$. Mit $\Delta s = v_B \, \Delta t$ und $\Delta v_r = a_r \, \Delta t$ ergibt sich $a_r \, \Delta t / v_B = v_B \, \Delta t / r$ und daraus, wenn auch noch (2.21) $v_B = r \omega$ beachtet wird,

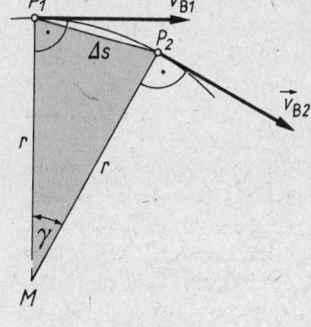

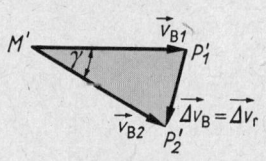

Bild 2.22 Zur Herleitung der Gleichung (2.25).
Wegedreieck $M P_1 P_2$ und Geschwindigkeitsdreieck $M' P_1' P_2'$ sind ähnliche Dreiecke, weil die Winkel γ in beiden Dreiecken gleich sind (Winkel mit senkrecht aufeinander stehenden Schenkeln)

$$a_r = \frac{v_B{}^2}{r} \qquad \text{Betrag der Radialbeschleunigung} \qquad (2.25)$$
$$a_r = \omega^2 r \qquad\qquad (2.25')$$

Im Gegensatz zur Deutung der Tangentialbeschleunigung ist die der Radialbeschleunigung schwieriger. Vereinfacht kann man sagen: Sie gibt an, wie schnell sich die Bewegungsrichtung eines Körpers ändert.

Die Gleichungen (2.25) und (2.25′) scheinen einander zu widersprechen. (2.25) sagt aus, daß die Radialbeschleunigung dem Radius umgekehrt proportional ist $(a_\mathrm{r} \sim 1/r)$; $a_\mathrm{r} = \omega^2 r$ sagt aus, daß die Radialbeschleunigung dem Radius direkt proportional ist $(a_\mathrm{r} \sim r)$. Doch muß beachtet werden, daß die in einer physikalischen Gleichung enthaltenen Proportionalitäten zwischen zwei Größen nur unter der Voraussetzung richtig sind, daß die anderen in der Gleichung vorkommenden Größen konstant gehalten werden.

● **Aufgabe 2.19**

Interpretieren Sie die Gleichungen (2.25) und (2.25′), indem Sie 1. den Bahnradius des umlaufenden Punktes, 2. die Drehzahl und 3. die Bahngeschwindigkeit als konstant annehmen. Geben Sie an, welchen Größen die Radialbeschleunigung in den drei Fällen jeweils proportional ist. ●

● **Beispiel 2.9**

Berechnen Sie überschläglich den Mindestbetrag für den Radius der Kurve, die ein Flugzeug mit einer Geschwindigkeit von 1 000 km h^{-1} durchfliegt, wenn die Radialbeschleunigung die vierfache Fallbeschleunigung nicht überschreiten soll.

Gegeben: $v_\mathrm{B} = 1\,000$ km h^{-1}; $a_\mathrm{r} = 4g$ *Gesucht:* r

Aus (2.25) $a_\mathrm{r} = \dfrac{v_\mathrm{B}{}^2}{r}$ folgt $r = \dfrac{v_\mathrm{B}{}^2}{a_\mathrm{r}} = \dfrac{v_\mathrm{B}{}^2}{4g}$

$$r = \frac{(10^3)^2 \text{ km}^2 \cdot \text{s}^2}{\text{h}^2 \cdot 4 \cdot 10 \text{ m}} = \frac{(10^3)^2 \text{ m}^2 \cdot \text{s}^2}{3{,}6^2 \cdot \text{s}^2 \cdot 40 \text{ m}} = \underline{\underline{1{,}9 \text{ km}}}$$ ●

● **Aufgabe 2.20**

Der zylindrische Rotationskörper einer Zentrifuge hat einen Radius von 2,0 cm und rotiert mit 10 000 Umdrehungen je Minute um seine Achse. Bestimmen Sie 1. die Radialbeschleunigung, 2. die Bahngeschwindigkeit am Umfang des Körpers. ●

2.5.   Bewegungen in der Ebene

Bisher erläuterten wir die für den Ingenieur besonders wichtigen Sonderfälle der Bewegung: die geradlinige Bewegung sowie die Kreis- bzw. Drehbewegung. Wie sind nun Bewegungen zu behandeln, bei denen sich ein Massenpunkt auf einer beliebigen, im allgemeinen also gekrümmten Bahn in einer Ebene (in zwei Dimensionen) oder im Raum (in drei Dimensionen) bewegt?

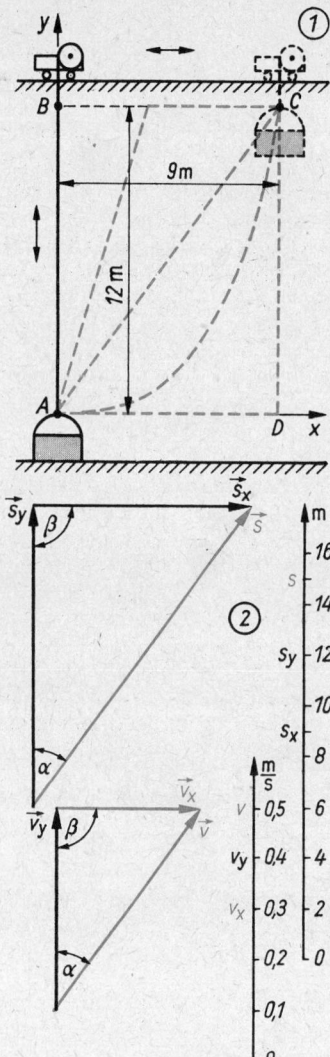

Bild 2.23 1. Bewegungen in einer Ebene lassen sich als Überlagerung von Komponenten in x- und y-Richtung auffassen. Die gestrichelten Linien geben mögliche Bahnen der Bewegung an.
2. Wegedreieck und Geschwindigkeitsdreieck zum Beispiel 2.10

Wir beginnen mit einem Beispiel. In Bild 2.23 wird eine Last mit Hilfe eines Laufkrans von A nach C bewegt. Der Mechanismus des Krans erlaubt zwei getrennte Bewegungen: eine Bewegung in vertikaler und eine Bewegung in horizontaler Richtung. Beide Bewegungen können aber auch gleichzeitig erfolgen. Verwenden wir, wie im Bild angegeben, ein x,y-Koordinatensystem mit dem Nullpunkt in A, so setzt sich jede Bewegung der Last im allgemeinen aus einer Komponente in x-Richtung und einer Komponente in y-Richtung zusammen. Um aus diesen Komponenten die Resultierende zu bilden, genügt es nicht, mit den Beträgen zu rechnen. Hier müssen wir vielmehr den Vektorcharakter der kinematischen Größen beachten und die in 1.2.2. erläuterten Grundregeln für die Zusammensetzung und Zerlegung von Vektoren anwenden. Dabei können wir sowohl zeichnerisch als auch rechnerisch vorgehen, wie nachstehend gezeigt wird.

● **Beispiel 2.10**

Bestimmen Sie 1. die Geschwindigkeit, mit der sich der Kran im Bild 2.23 seitwärts bewegen muß, wenn die Last mit der konstanten Geschwindigkeit 40 cm s⁻¹ angehoben wird und die Bewegung auf der Geraden AC erfolgen soll, 2. den Betrag der resultierenden Geschwindigkeit.

Gegeben: $s_x = 9,0$ m; $v_y = 40$ cm s⁻¹   *Gesucht:* 1. v_x
$\qquad\quad s_y = 12,0$ m $\qquad\qquad\qquad\qquad\qquad\quad$ 2. v

Grafische Lösung:

Wir konstruieren aus den Vektoren s_x und s_y das Wegedreieck ABC mit dem Bahnvektor s. Es gilt $s_x + s_y = s$. Der Geschwindigkeitsvektor v setzt sich aus den Geschwindigkeitskomponenten v_x und v_y zusammen. Für das Geschwindigkeitsdreieck gilt $v_x + v_y = v$. In dieser Gleichung ist nur v_y gegeben. Zur Konstruktion von v_y und v benutzen wir noch die Tatsache, daß die Richtung des Geschwindigkeitsvektors stets mit der Richtung des jeweiligen Wegvektors übereinstimmt. Daraus folgt nämlich, daß das Geschwindigkeitsdreieck dem Wegedreieck ähnlich sein muß. Ähnliche Figuren stimmen in den gleichliegenden Winkeln überein. Wir entnehmen somit dem Wegedreieck die Winkel α und β und konstruieren, nachdem wir einen beliebigen Maßstab für v festgelegt haben, aus v_y, α und β das Geschwindigkeitsdreieck. Diesem entnehmen wir die gesuchten Geschwindigkeitsbeträge v_x und v. Wir erhalten

$$v_x = 0,3 \text{ m s}^{-1}; \qquad v = 0,5 \text{ m s}^{-1}$$

Rechnerische Lösung:

1. Bezeichnen wir mit t die Dauer des Bewegungsvorgangs, so gilt nach (2.1″)

$$v_x = s_x/t, \qquad v_y = s_y/t \qquad \text{und} \qquad t = s_y/v_y.$$

Daraus folgt durch Eliminieren von t

$$v_x = \frac{s_x}{s_y} v_y; \qquad v_x = \frac{9 \text{ m}}{12 \text{ m}} \cdot 0{,}40 \frac{\text{m}}{\text{s}} = \underline{\underline{0{,}3 \text{ m s}^{-1}}}$$

2. Für die resultierende Geschwindigkeit gilt

$$v = \underline{\underline{\sqrt{v_x{}^2 + v_y{}^2}}}$$

$$v = \sqrt{0{,}3^2 \text{ m}^2 \text{s}^{-2} + 0{,}4^2 \text{ m}^2 \text{s}^{-2}} = \sqrt{0{,}25 \text{ m s}^{-1}} = \underline{\underline{0{,}5 \text{ m s}^{-1}}} \ \bullet$$

Im vorliegenden Fall war die Bahn des bewegten Körpers eine Gerade, die Bewegungen waren gleichförmig. Doch sind auch Bewegungen auf beliebigen Bahnen und ungleichförmige Bewegungen nach dem Superpositionsprinzip zu behandeln.

● **Aufgabe 2.21**

Skizzieren Sie die Bahn der Last, die diese in Bild 2.23 durchläuft, wenn sie in vertikaler Richtung gleichförmig, in horizontaler Richtung bis zur Mitte gleichmäßig beschleunigt und danach gleichmäßig verzögert bewegt wird. ●

Als weiteres Beispiel für eine Bewegung in der Ebene sei die *Wurfbewegung* (ohne Luftwiderstand) erläutert. Es liegt hier eine krummlinige Bewegung vor. Diese wird als Überlagerung von zwei Bewegungen aufgefaßt (Bild 2.24), und zwar einer

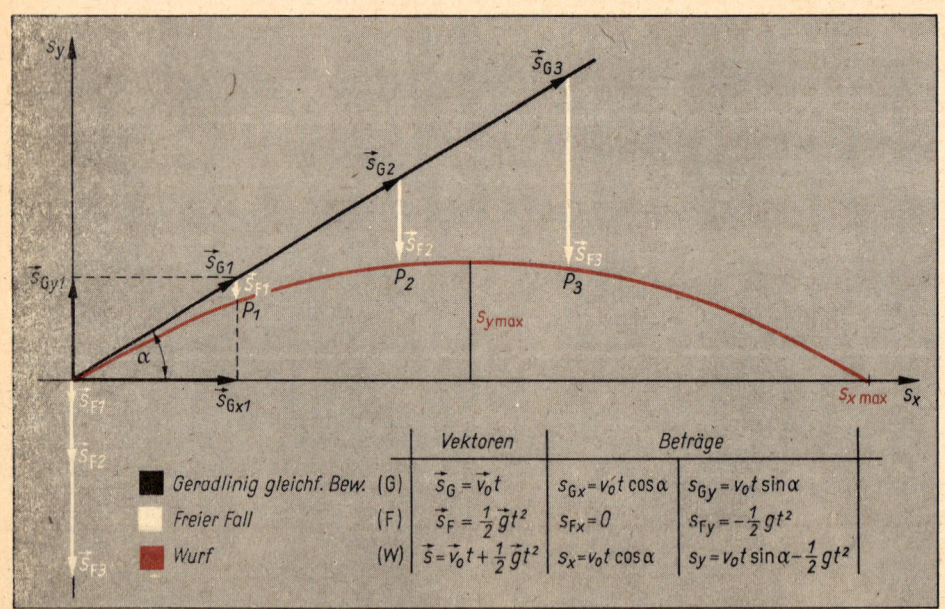

		Vektoren	Beträge	
■ Geradlinig gleichf. Bew.	(G)	$\vec{s}_G = \vec{v}_0 t$	$s_{Gx} = v_0 t \cos\alpha$	$s_{Gy} = v_0 t \sin\alpha$
▫ Freier Fall	(F)	$\vec{s}_F = \frac{1}{2}\vec{g}t^2$	$s_{Fx} = 0$	$s_{Fy} = -\frac{1}{2} g t^2$
■ Wurf	(W)	$\vec{s} = \vec{v}_0 t + \frac{1}{2}\vec{g}t^2$	$s_x = v_0 t \cos\alpha$	$s_y = v_0 t \sin\alpha - \frac{1}{2} g t^2$

Bild 2.24 Ideale Wurfkurve (rot) als Überlagerung von geradliniger, gleichförmiger Bewegung (schwarz) und Fallbewegung (weiß)

geradlinigen, gleichförmigen Bewegung in Richtung der Anfangsgeschwindigkeit v_0 und einer Fallbewegung mit der
Beschleunigung g. Dabei wollen wir g als konstant annehmen.
Der betrachtete Punkt befinde sich zur Zeit $t = 0$ im Ko-
ordinatenursprung. Die Bewegungsrichtung zur Zeit $t = 0$ sei
durch den Wurfwinkel α gegeben. Wir zerlegen die gegebenen
Vektorgrößen in Komponenten in Richtung der Koordinatenachsen und rechnen nur mit den Beträgen der Komponenten.
Dann gilt

$$v_{0x} = v_0 \cos \alpha \qquad\qquad v_{0y} = v_0 \sin \alpha$$

$$a_x = 0 \qquad\qquad\qquad a_y = -g$$

$$v_{Fy} = -gt$$

Für die *Geschwindigkeitskomponenten* in Richtung der Achsen
gilt:

$$v_x = v_0 \cos \alpha \qquad (*) \qquad v_y = v_{0y} + v_{Fy}$$

$$v_y = v_0 \sin \alpha - gt \qquad (**)$$

Für die *Wegkomponenten* gilt:

$$s_x = v_0 t \cos \alpha \qquad (***) \qquad s_y = v_0 t \sin \alpha - \frac{g}{2} t^2 \quad (****)$$

Aus (***) folgt $t = s_x/(v_0 \cos \alpha)$. Setzen wir diesen Ausdruck
in (****) ein, so erhalten wir

$$s_y = v_0 \sin \alpha \frac{s_x}{v_0 \cos \alpha} - \frac{g s_x^2}{2 v_0^2 \cos^2 \alpha}$$

oder

$$s_y = \tan \alpha \, s_x - \frac{g}{2 v_0^2 \cos^2 \alpha} s_x^2 \qquad \begin{array}{l}\text{Bahngleichung der}\\ \text{Wurfbewegung}\end{array} \qquad (2.26)$$

Am Glied mit s_x^2 erkennen wir, daß die Wurfbahn eine Parabel
ist. Von besonderem Interesse sind Wurfweite $s_{x\,max}$ und
Gipfelhöhe $s_{y\,max}$.
Die *Wurfweite* $s_{x\,max}$ ist die x-Koordinate des Auftreffpunkts.
Für diesen gilt $s_y = 0$. Somit erhalten wir aus (2.26)

$$\frac{s_{x\,max}^2 \, g}{2 v_0^2 \cos^2 \alpha} - s_{x\,max} \tan \alpha = 0.$$

Als Lösung folgt

$$s_{x\,max\,1} = 0; \qquad s_{x\,max\,2} = \frac{2 v_0^2 \cos^2 \alpha \tan \alpha}{g}$$

$$s_{x\,max\,2} = \frac{v_0^2}{g} \cdot 2 \sin \alpha \cos \alpha$$

Mit der in der Trigonometrie entwickelten Beziehung

$$2 \sin \alpha \cos \alpha = \sin 2\alpha$$

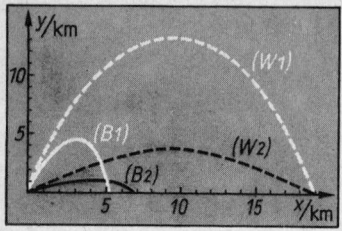

Bild 2.25 Ballistische Kurven und ideale Wurfkurven für gleiche Anfangsbedingungen. (W1) und (W2) sind die idealen Wurfbahnen (steil und flach) für gleiche Wurfweite. (B₁) und (B₂) sind die entsprechenden ballistischen Kurven. Die Anfangsgeschwindigkeit v_0 ist für alle vier Fälle gleich; für die Wurfwinkel gilt: $\alpha_{B1} = \alpha_{W1}$ und $\alpha_{B2} = \alpha_{W2}$. Unter Berücksichtigung des Luftwiderstands gibt der Steilschuß eine geringere Weite als der Flachschuß, weil das Geschoß länger dem Luftwiderstand ausgesetzt ist

erhalten wir

$$s_{x\,max\,2} = \frac{v_0{}^2}{g} \sin 2\alpha \qquad \text{Wurfweite} \qquad (2.27)$$

$s_{x\,max\,1}$ ist die Bestätigung der gegebenen Ausgangsbedingungen.

Aus $s_{x\,max\,2}$ folgt, daß der weiteste Wurf für eine gegebene Anfangsgeschwindigkeit dann vorliegt, wenn $\sin 2\alpha$ ein Maximum hat. Dies ist für $2\alpha = 90°$ der Fall. Damit ist $\alpha = 45°$ der *Wurfwinkel für größte Weite*. Ein größerer oder kleiner Wurfwinkel verkürzt die Wurfweite.

Zur Bestimmung der *Wurfhöhe* $s_{y\,max}$ genügt es, die in y-Richtung vorliegende gleichmäßig beschleunigte geradlinige Bewegung zu betrachten. Im höchsten Punkt geht die Aufwärtsbewegung in eine Abwärtsbewegung über. Die Geschwindigkeit ist also Null.

Gegeben sind somit $v_{0y} = v_0 \sin \alpha$; $a = -g$ und $v_y = 0$. Gesucht ist $s_{y\,max}$.

Mit (2.8) $s_y = \dfrac{v_y{}^2 - v_{0y}^2}{2a}$ erhalten wir

$$s_{y\,max} = \frac{v_0{}^2 \sin^2 \alpha}{2g} \qquad \text{Wurfhöhe} \qquad (2.28)$$

● **Aufgabe 2.22**

Leiten Sie eine Beziehung für die Wurfzeit in Abhängigkeit von Anfangsgeschwindigkeit und Wurfwinkel her.   ●

Es muß noch bemerkt werden, daß die hier angegebenen Gleichungen nur unter Vernachlässigung des Luftwiderstandes gelten. Bei höheren Geschwindigkeiten (Bewegungen von Geschossen) ergeben sich durch Einwirkung des Luftwiderstandes große Abweichungen von der Parabelform der Bahn. Die Bahn ist dann eine »ballistische Kurve« (Bild 2.25), die durch eine kompliziertere Gleichung beschrieben wird.

Die Behandlung einer Bewegung im Raum unterscheidet sich nicht grundsätzlich von der einer ebenen Bewegung. Es wird hier ein x,y,z-Koordinatensystem benutzt und die Bewegung in *drei* Bewegungskomponenten in Richtung der Koordinatenachsen zerlegt.

3. Dynamik

3.1. Vorbemerkungen

Voraussetzungen: Kinematische Größen der Translation und der Rotation; gleichmäßig beschleunigte Bewegung mit Anfangsgeschwindigkeit; Grundkenntnisse über Masse und Kraft; Zusammensetzen und Zerlegen von Kräften in der Ebene

Im Abschnitt Kinematik haben wir Definitionen und Gleichungen kennengelernt, die uns die Beschreibung von Bewegungszuständen und -vorgängen unterschiedlichster Art ermöglichen. Wir erkannten, daß wir den Bewegungsablauf in Vergangenheit und Zukunft angeben können, wenn wir den zeitlichen Verlauf der Beschleunigung kennen. Es erhebt sich nun die Frage, von welchen Größen die Beschleunigung abhängt. Die Beantwortung dieser Frage geht über den Rahmen der Kinematik hinaus, denn sie erfordert die Einführung einer weiteren Basisgröße, der Masse. Trotz der Verwendung der Masse als Basisgröße ist nicht die Masse, sondern die Kraft die wichtigste Größe in diesem Kapitel. Dies kommt auch in der Kapitelüberschrift Dynamik (Lehre von den Kräften) zum Ausdruck. Es sei aber darauf hingewiesen, daß wir in der Dynamik lediglich die Wirkungen, nicht aber die Ursachen der Kräfte untersuchen. Die schwierige und bis heute noch weitgehend ungelöste Frage nach dem Ursprung der Kräfte wird in der Dynamik nicht behandelt. In der Technischen Mechanik wird die Dynamik noch in die Statik und die Kinetik untergliedert. Die Statik untersucht die Bedingungen für Kräftegleichgewichte, die Kinetik befaßt sich mit dem Zusammenhang zwischen Kraft und Bewegung.

Wir stellen die Definition der Masse an den Beginn unserer Ausführungen und definieren sodann die Kraft mit Hilfe der Newtonschen Grundgleichung der Dynamik als abgeleitete Größe. Die Grundgleichung stellt den Zusammenhang zwischen der kinematischen Größe Beschleunigung und den dynamischen Größen Kraft und Masse her. Mit Hilfe dieser Gleichung ist es möglich, aus gegebenen Kräften auf den Bewegungsablauf beziehungsweise umgekehrt vom Bewegungsablauf auf die Kräfte zu schließen. Dies werden wir an einfachen Beispielen zeigen, und zwar zunächst für die Bewegung von Massenpunkten.

Ein weiterer Schwerpunkt ist sodann die Wiederholung bzw. Einführung der Größen Energie und Impuls. Die Kenntnis dieser Größen und der für sie gültigen Erhaltungssätze erleichtert das Verständnis und die rechnerische Behandlung vieler physikalischer und technischer Probleme. Die Energie insbesondere ist die Größenart, die die Verbindung zwischen allen Teilgebieten der Physik herstellt.

Wir beschließen die Ausführungen zur Dynamik mit dem Übergang von der Dynamik der Massenpunkte zur Dynamik des starren Körpers. Wie schon in der Kinematik ermöglicht die Definition geeigneter Größenarten, wie zum Beispiel des Drehmoments und des Massenträgheitsmoments, eine rationelle Behandlung dieses Teilgebietes der Mechanik. Wir erkennen auch hier wieder den großen Nutzen von Analogiebetrachtungen.

3.2.   Dynamik der Massenpunkte

3.2.1.   Masse

Um die Masse zu definieren, gehen wir von Versuchen nach Bild 3.1 aus. Es sind hier zwei Wagen mit veränderlichen Lasten (Klötze einheitlicher Größe aus einheitlichem Material) zunächst durch einen Faden verbunden. Eine Feder, die zwischen den Wagen eingespannt ist, setzt diese beim Durchbrennen des Fadens in Bewegung. Wir messen jeweils die Beträge der Geschwindigkeiten, die die Wagen erreichen, wobei reibungsfreie Bewegung angenommen wird. Es werden 2 Versuchsreihen zu je 3 Versuchen durchgeführt. Auf Wagen *B* befindet sich stets ein Klotz, auf Wagen *A* im jeweils ersten Versuch ebenfalls ein Klotz, im zweiten zwei und im dritten vier Klötze. Die

Bild 3.1 Versuch zur Definition der Masse als Basisgröße. Das Bild zeigt die Ausgangssituation und die Ergebnisse der ersten Versuchsreihe jeweils 1 s nach dem Durchbrennen des Fadens. (Annahme: Masse des Wagens ist zu vernachlässigen)

Versuchsergebnisse:

Ver-such	n_A	n_B	$v_{A/\text{m s}^{-1}}$	$v_{B/\text{m s}^{-1}}$
1.1	1	1	1,7	1,7
1.2	2	1	1,0	2,0
1.3	4	1	0,55	2,2
2.1	1	1	2,0	2,0
2.2	2	1	1,2	2,4
2.3	4	1	0,7	2,7

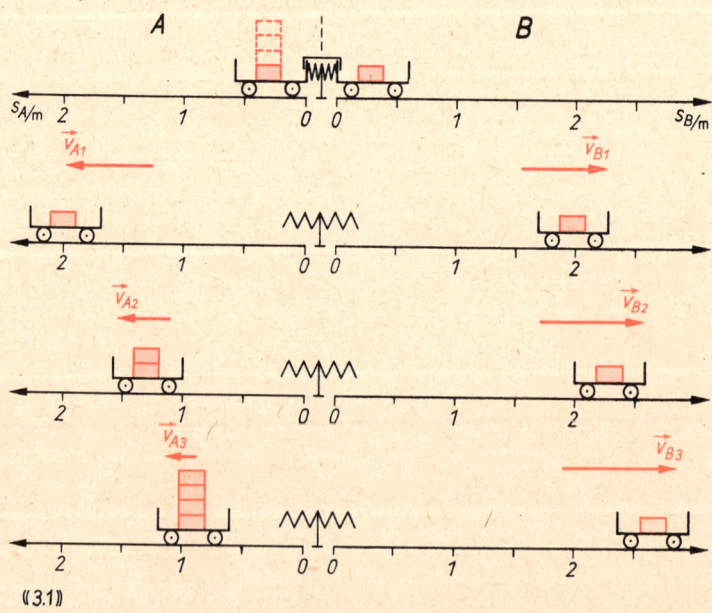

((3.1))

zweite Versuchsreihe unterscheidet sich von der ersten nur dadurch, daß die Feder zu Beginn stärker gespannt wurde. Die Versuchsergebnisse sind der Bildunterschrift zu entnehmen. Wir stellen fest: In den Versuchen 1.1 und 2.1 hat sowohl das Verhältnis der Anzahl der Klötze $n_A : n_B$ als auch das Verhältnis der Geschwindigkeiten $v_A : v_B$ den Wert $1 : 1$ $(v_{A1} = v_{B1} = 1{,}7 \text{ m s}^{-1}; v_{A2} = v_{B2} = 2 \text{ m s}^{-1})$. In den Versuchen 1.2 und 2.2 ist $n_A : n_B = 2 : 1$, $v_A : v_B = 1 : 2$; in 1.3 und 2.3 gilt $n_A : n_B = 4 : 1$, $v_A : v_B = 1 : 4$. Somit gilt: Die Geschwindigkeitsbeträge v_A und v_B stehen zueinander jeweils im umgekehrten Verhältnis wie die Anzahlen der Klötze n_A und n_B

$$\frac{v_A}{v_B} = \frac{n_B}{n_A} \qquad\qquad (*)$$

● Aufgabe 3.1

Berechnen Sie die Geschwindigkeit von Wagen B, wenn Wagen A drei, Wagen B zwei Klötze trägt und die Geschwindigkeit von Wagen A $0{,}8 \text{ m s}^{-1}$ beträgt.

Was sagen uns die Versuchsergebnisse? Offensichtlich besteht eine Art Widerstand gegen das In-Bewegung-Setzen der Klötze. Dieser Widerstand ist um so größer, je größer die Anzahl der Klötze ist. Wir führen diese Erscheinung auf die *Trägheit* oder das Beharrungsvermögen der Klötze zurück und sprechen auch von einem *Trägheitswiderstand*. Ganz allgemein wird erklärt:

> Trägheit ist die Eigenschaft der Körper, sich der Änderung ihres Bewegungszustandes zu widersetzen.

Allerdings ist die Trägheit keine physikalische Größe. Wir geben die Trägheit eines Körpers vielmehr durch die Größe *Masse* (Symbol m) an, die wir in diesem Zusammenhang auch als *träge Masse* bezeichnen. Den beschriebenen Versuch verwenden wir als Meßverfahren für die Masse. Dabei setzen wir voraus, daß die Masse der Klötze ihrer Anzahl proportional ist. Die Masse von *zwei* Klötzen ist also doppelt so groß wie die Masse von *einem* Klotz. Dann erhalten wir aus (*):

$$\frac{v_A}{v_B} = \frac{m_B}{m_A} \qquad \text{Massenvergleich (dynamisch)} \qquad (3.1)$$

Wir haben damit zunächst nur die Möglichkeit, Massen zu *vergleichen*. Doch brauchen wir nur eine der beiden Massen (m_A oder m_B) als Masseneinheit zu erklären, dann können wir eine beliebige Masse m jeweils mit dieser Einheitsmasse, die wir mit m_0 bezeichnen wollen, vergleichen und damit *messen*. Wenn v bzw. v_0 die zu m bzw. zu m_0 gehörenden Geschwindigkeiten sind, gilt $m : m_0 = v_0 : v$ und für die zu messende Masse m

$$m = \frac{v_0}{v} m_0 \qquad \text{Dynamisches Meßverfahren für die Masse} \qquad (3.2)$$

Damit ist die Basisgröße Masse definiert. Als *Masseneinheit* ist die Masse des internationalen Masseprototyps, eines in Paris aufbewahrten Metallzylinders, festgelegt.

Masse *m* ist Basisgröße.

[*m*] = kg; Kilogramm ist Basiseinheit.

Das Kilogramm ist die Masse des internationalen Kilogrammprototyps.

Gebräuchliche SI-fremde Einheiten: mg, g, t (Tonne)

Beachten Sie, daß bei der Definition der Basiseinheit Kilogramm von der Regel abgewichen wurde, daß SI-Einheiten keinen Vorsatz haben. Die Vielfachen und Teile werden hier nicht von der Basiseinheit Kilogramm, sondern von ihrem 1000. Teil, dem Gramm, gebildet.

Zur Bestimmung der Masse eines beliebigen Körpers muß diese direkt oder indirekt mit der Masse des Kilogrammprototyps verglichen werden. Das geschieht jedoch im allgemeinen nicht nach der im Versuch angegebenen Methode, sondern mit Hilfe der *Balkenwaage*. Allerdings beruht hier das Meßverfahren nicht auf der Trägheit der Körper. Hier wird vielmehr die sogenannte *Schwere* der Körper verglichen. Sie ist die zweite mit dem Massebegriff verknüpfte Eigenschaft der Körper. Sie äußert sich in der allgemeinen *Massenanziehung* (*Gravitation*) (→ 3.2.2.4.). In diesem Zusammenhang sprechen wir von der *schweren Masse* der Körper.

> Schwere ist die Eigenschaft der Körper, sich auf Grund ihrer Masse wechselseitig anzuziehen.

Steht die Waage, auf deren Schalen auf der einen Seite der Körper mit der zu messenden Masse, auf der anderen Seite geeichte Vergleichskörper, die *Wägestücke*, aufgelegt sind, im Gleichgewicht, so wird festgestellt, daß die links und rechts aufgelegten Körper gleich stark von der Erde angezogen werden, daß also ihre schweren Massen gleich sind.

Versuche haben ergeben, daß träge Masse und schwere Masse eines Körpers einander streng proportional sind. Wir brauchen beide Begriffe deshalb im allgemeinen nicht zu unterscheiden. Wir fassen vielmehr im Begriff Masse beide Eigenschaften zusammen.

Jeder Körper hat *Masse*
bedeutet:

Jeder Körper ist *träge*, d. h., er ändert seinen Bewegungszustand nur, wenn eine Kraft auf ihn einwirkt.

Jeder Körper ist *schwer*, d. h., zwischen diesem Körper und anderen Körpern wirken anziehende Kräfte.

Es ist zu beachten: Der Begriff Masse wird in der Umgangssprache in unterschiedlichstem Sinne gebraucht. Auch in der physikalischen Literatur wird oft der Körper selbst als eine Masse bezeichnet. In diesem Buch verwenden wir den Begriff Masse nur in der Bedeutung »Eigenschaft der Materie«. Dabei ist der Begriff Materie im allgemeinsten Sinne, wie er von Lenin definiert wurde, zu verstehen und umfaßt nicht nur die stoffliche Form, sondern alle Formen der Materie. Erläuterungen dazu folgen in den entsprechenden Abschnitten.

● **Aufgabe 3.2**

Erläutern Sie die Begriffe Trägheit und Schwere am Beispiel eines aufgehängten Sandsacks.   ●

In den mit der Masse verknüpften Eigenschaften Trägheit und Schwere liegt die große Bedeutung, die der Massebegriff für die Technik hat, begründet. Je größer die Masse eines Gegenstandes ist, um so mehr Kraft muß aufgewendet werden, um seinen Bewegungszustand zu verändern oder um ihn anzuheben. In der Regel ist der Techniker deshalb bestrebt, die Masse eines technischen Gegenstandes möglichst klein zu halten (Leichtbauweise). In den meisten Fällen sind die Abmessungen und damit das Volumen eines Werkstücks, einer Maschine usw. vorgegeben. Es kommt somit darauf an, ein Material zu verwenden, das — vorausgesetzt, daß es den sonstigen technischen Anforderungen genügt — bei gegebenem Volumen eine möglichst geringe Masse hat. Zur einfachen Kennzeichnung dieser Materialeigenschaft wird aus Masse und Volumen als abgeleitete Größe die *Massendichte*, kurz *Dichte* ϱ definiert:

$$\varrho = \frac{m}{V} \qquad \textbf{Dichte} \qquad\qquad (3.3)$$

$$[\varrho] = \frac{\text{kg}}{\text{m}^3}$$

Gebräuchliche SI-fremde Einheiten: $\dfrac{\text{kg}}{\text{dm}^3} = \dfrac{\text{g}}{\text{cm}^3}$

Da in die Dichte das Volumen eingeht, das Volumen aber eine von der Temperatur und vom Druck abhängige Größe ist, ist auch die Dichte temperatur- und druckabhängig.

● **Beispiel 3.1**

Eine Kugel aus Eisen hat 10 cm Durchmesser. Wieviel mal schwerer ist sie als eine Kugel gleichen Durchmessers aus Aluminium?

Gegeben: $d_1 = d_2 = 10$ cm   *Gesucht:* $z = m_1 : m_2$

$\qquad\quad \varrho_1 = 7{,}86 \text{ kg dm}^{-3}$

$\qquad\quad \varrho_2 = 2{,}70 \text{ kg dm}^{-3} \; (\rightarrow \text{B } 7.1.)$

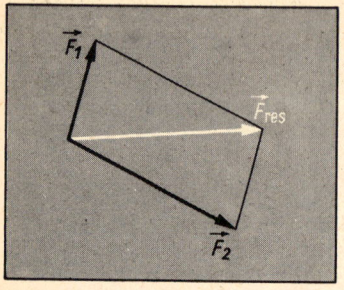

Bild 3.2 Konstruktion der Resultierenden F_{res} aus den gegebenen Kräften F_1 und F_2 nach dem Parallelogrammsatz. Es ist nur *eine* Lösung möglich

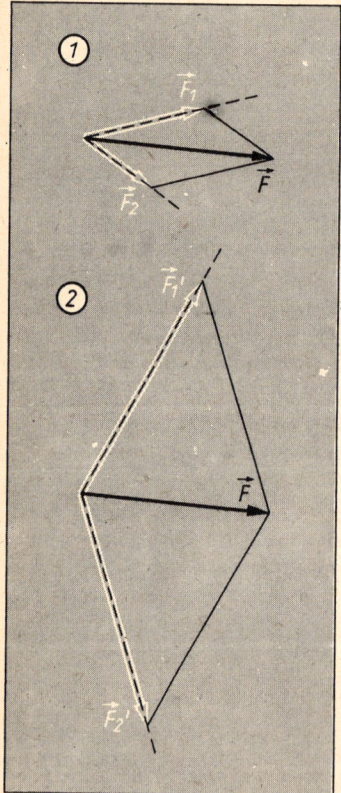

Bild 3.3 Zerlegung einer gegebenen Kraft F in die Komponenten F_1 und F_2 (1.) bzw. F_1' und F_2' (2.). Eine eindeutige Lösung ist nur möglich, wenn die Wirkungslinien der Komponenten gegeben sind

Folgender Lösungsweg wäre möglich: Zuerst m_1, dann m_2 zu berechnen und beide Zahlen ins Verhältnis zu setzen. Doch ist dieses Vorgehen unzweckmäßig. Rechnen wir allgemein, kommen wir schneller zum Ziel. Auch ergeben sich weniger Fehlerquellen.

Aus (3.3) $\varrho = \dfrac{m}{V}$ folgen $m_1 = \varrho_1 V_1$ und $m_2 = \varrho_2 V_2$.

Wegen $d_1 = d_2$ gilt $V_1 = V_2 = V$ und damit

$$z = \frac{m_1}{m_2} = \frac{\varrho_1 V}{\varrho_2 V} = \frac{\varrho_1}{\varrho_2}; \qquad z = \frac{7,86 \text{ kg dm}^3}{2,70 \text{ dm}^3 \text{ kg}} = \underline{\underline{2,9}}$$

Aufgabe 3.3

Berechnen Sie das Verhältnis der Dichten von Platin und Wasserstoffgas unter Normbedingungen. (→ B 7.)

Wägungen, die bei chemischen Vorgängen mit höchster Genauigkeit durchgeführt wurden, führten zu der Auffassung, daß die Masse eine *Erhaltungsgröße* ist, und in der klassischen Mechanik hat sich diese Auffassung auch voll bewährt. Doch zeigte Einstein in seiner speziellen Relativitätstheorie, daß die Masse geschwindigkeitsabhängig ist; mit Zunahme der Geschwindigkeit eines Körpers nimmt dessen Masse zu. Allerdings ist dieser „relativistische Massenzuwachs" erst bei sehr hohen Geschwindigkeiten (100000 km s^{-1} und mehr) nachweisbar. Wir brauchen ihn deshalb in unseren Ausführungen zur Mechanik nicht zu berücksichtigen (→ 12.2.2.).

3.2.2. Kraft

3.2.2.1. Der Kraftbegriff in der Physik

Das Wort Kraft wird in der Alltagssprache in vielfältigem Sinn gebraucht. So sprechen wir z. B. von Entschlußkraft, Lebenskraft, Heizkraft. In der Physik ist der Umfang des Begriffs Kraft sehr eingeschränkt. Man spricht hier von Kraft nur dann, wenn Körper so aufeinander einwirken, daß sie sich, falls sie frei beweglich sind, beschleunigt bewegen. In der Physik stehen also Kraft und Beschleunigung in engstem Zusammenhang. Für Kraft könnte man auch einfach »das Beschleunigende« sagen.

Häufig beobachten wir allerdings, daß ein Körper seinen Bewegungszustand trotz Krafteinwirkung *nicht* ändert, sondern daß er sich verformt. Das ist jedoch nur dann der Fall, wenn der Körper nicht frei beweglich ist. Es wirken dann im verformten Zustand *mehrere* Kräfte auf ihn ein. Außerdem tritt auch bei der Verformung zunächst eine Beschleunigung auf. Es werden ja, bevor der Endzustand der Verformung erreicht ist, zumindest einzelne Teilchen oder Bereiche des Körpers bewegt.

Wegen des Zusammenhangs zwischen Kraft und Beschleunigung wird auch die Kraft als gerichtete Größe definiert. Es wird festgesetzt: Die Richtung der Kraft ist gleich der Richtung der Beschleunigung. Wie die Erfahrung zeigt, lassen sich zwei oder mehr Kräfte nach den Regeln der vektoriellen Addition, also nach dem Parallelogrammsatz, zu einer Resultierenden zusammensetzen (Bild 3.2). Ebenso kann eine Kraft in Komponenten zerlegt werden (Bild 3.3). Es gilt somit auch für Kräfte das Superpositionsprinzip: Gleichzeitig wirkende Kräfte beeinflussen sich gegenseitig nicht. Wir merken uns:

Die Kraft ist eine vektorielle Größe. Eine Kraft bewirkt die Beschleunigung eines frei beweglichen Körpers. Kraftrichtung und Richtung der Beschleunigung stimmen überein. Kräfte überlagern sich ungestört.

Auch für Kräfte gilt, was schon für die kinematischen Größen gesagt wurde: Wenn die Wirkung der Kräfte auf zwei einander entgegengesetzte Richtungen beschränkt ist, können wir von der vektoriellen Schreibweise absehen und die Kräfte in den beiden Richtungen dadurch unterscheiden, daß wir die Beträge mit Vorzeichen (+ oder −) versehen.

Tafel 3.1   Die vier grundlegenden Wechselwirkungen (Kräfte)

Art der Wechselwirkung	Wirkungsbereich	Relative Stärke
Gravitation (Schwerkraft) Nur anziehende Kraft. Zwischen allen Körpern wirksam. Bestimmend für die Vorgänge der Himmelsmechanik. Ursache des Gewichts der Körper.	sehr groß $\left(F \sim \dfrac{1}{r^2}\right)$	1 (sehr gering)
Elektrische Wechselwirkung Anziehende und abstoßende Kräfte zwischen elektrisch geladenen Körpern. Zu beobachten als: elektrostatische Kraft, magnetische Kraft, Molekularkraft (u. a. auch als Federkraft und Reibungskraft). Bestimmende Kraft bei chemischen Vorgängen.	sehr groß $\left(F \sim \dfrac{1}{r^2}\right)$	10^{36}
Kernwechselwirkung (Kernkraft) Anziehende Kraft zwischen Teilchen des Atomkerns (z. B. Protonen und Neutronen). Nur auf Entfernungen von Atomkerndurchmessern wirksam.	klein $\approx 10^{-15}$ m (5...6 Protonendurchmesser) $\left(F \sim \dfrac{1}{r^6}\right)$	10^{38}
Schwache Wechselwirkung Kraft, auf der die Umwandlung bestimmter Elementarteilchen beruht (z. B. Zerfall eines Neutrons in Proton und Elektron). Wirkungsbereich noch kleiner als bei Kernkraft.	sehr klein $< 10^{-15}$ m	10^{23} schwach im Verhältnis zu Kernkräften und elektrischen Kräften

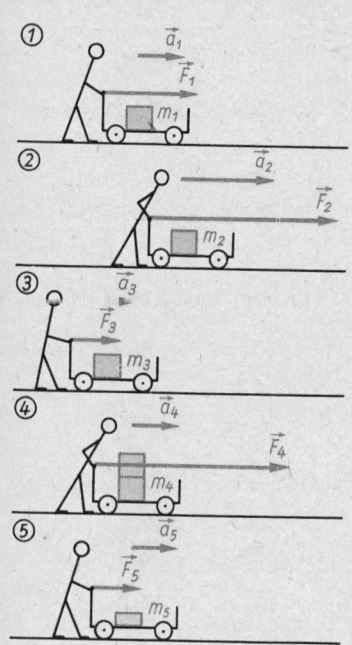

Bild 3.4 Zur Definition der Kraft. Die Versuchsperson hält die geforderten Versuchsbedingungen hinsichtlich Masse und Beschleunigung ein. Die dazu notwendige Kraft wird als proportional zu diesen Größen definiert

Es gilt für $m = $ const:

$$F_1 : F_2 : F_3 = a_1 : a_2 : a_3; \qquad F \sim a$$

für $a = $ const:

$$F_1 : F_4 : F_5 = m_1 : m_4 : m_5; \quad F \sim m$$

Vorgegebene Bedingungen		Definition
m	a	F
1 m_1	a_1	F_1
2 $m_2 = m_1$	$a_2 = {}^2 a_1$	$F_2 = {}^2 F_2$
3 $m_3 = m_1$	$a_3 = \frac{1}{2} a_1$	$F_3 = \frac{1}{2} F_1$
4 $m_4 = {}^2 m_1$	$a_4 = a_1$	$F_1 = {}^2 F_1$
5 $m_5 = \frac{1}{2} m_1$	$a_5 = a_1$	$F_5 = \frac{1}{2} F_1$

Mit der Zurückführung der Kraft auf die Beschleunigung ist allerdings nichts über das eigentliche Wesen der Kraft ausgesagt. Erfahrungsgemäß läßt sich ein Körper auf verschiedene Arten beschleunigen, beispielsweise durch *Muskelkraft*, durch die *Schwerkraft*, durch *elektrische* oder *magnetische* Kraft, durch *Federkraft* oder *Reibungskraft* (negative Beschleunigung!). Untersuchen wir diese Vorgänge näher, so stellen wir fest, daß immer mindestens *zwei* Körper an ihnen beteiligt sind. Wir sagen: Diese beiden Körper stehen miteinander in *Wechselwirkung*. Eingehende Untersuchungen, zum Teil erst der letzten Jahre, führten zu der Erkenntnis, daß sich alle Kraftwirkungen auf *vier* grundsätzlich voneinander zu unterscheidende Kräfte zurückführen lassen. Es sind dies die vier grundlegenden Wechselwirkungen: die Schwerkraft (Gravitation), die elektrische Kraft, die Kernkraft und die als »schwache Wechselwirkung« bezeichnete Kraft.

In Tafel 3.1 sind die wichtigsten Eigenschaften dieser grundlegenden Wechselwirkungen zusammengestellt. Wir können hier auf die verschiedenen Arten der Wechselwirkung nicht näher eingehen. Es ist dies, wie schon in den Vorbemerkungen erwähnt wurde, zum Verständnis der Dynamik auch nicht notwendig. Die Dynamik untersucht nicht die Ursachen, sondern die Wirkungen der Kräfte.

3.2.2.2.   Definition der Kraft

Zur Definition der Kraft als abgeleitete physikalische Größe gehen wir von Bild 3.4 aus. Eine Versuchsperson wirkt hier so auf einen Wagen, dessen Bewegung als reibungsfrei angenommen wird, ein, daß dieser sich mit konstanter Beschleunigung bewegt. Es wird also eine Kraft auf den Wagen ausgeübt. An einem Beschleunigungsmesser kann der Betrag der Beschleunigung abgelesen werden. Die Versuchsperson wendet zunächst soviel Kraft auf, daß die Beschleunigung den Betrag $a_1 = 1$ m s^{-2} hat; beim nächsten Versuch wendet sie mehr Kraft auf, so daß sich am Beschleunigungsmesser der Betrag $a_2 = 2$ m s^{-2} einstellt. Wir setzen nun fest: Wenn bei gleicher Masse die doppelte Beschleunigung erzielt wird, dann ist die aufgewendete Kraft doppelt so groß wie bei einfacher Beschleunigung. Es wird also definiert:

Bei konstanter Masse ist die wirkende Kraft der Beschleunigung proportional.

$$F \sim a \qquad \text{für } m = \text{const}$$

In Versuch 4 verdoppeln wir die Masse des Wagens ($m_4 = 2m_1$) und stellen fest, daß sich nunmehr die im ersten Versuch erzielte Beschleunigung $a_1 = 1$ m s^{-2} nur erreichen läßt, wenn mehr Kraft als im ersten Versuch aufgewendet wird. Auch hier setzen wir fest: Wenn bei doppelter Masse eine vorgegebene

Beschleunigung erreicht wird, dann ist die aufgewendete Kraft doppelt so groß wie bei einfacher Masse. Es wird definiert:

> Bei konstanter Beschleunigung ist die wirkende Kraft der Masse proportional.
>
> $F \sim m$ für $a = \text{const}$

Aus der Zusammenfassung der beiden Proportionalitäten folgt:

$$F = ma$$ **Definition der Kraft** (3.4)

$$[F] = \text{kg m s}^{-2} = \text{N (Newton)}$$

Gebräuchliche SI-fremde Einheiten: mN, kN, MN (p, kp, Mp)

Die Definition der früher vorwiegend benutzten Einheit Kilopond steht in engstem Zusammenhang mit der Fallbeschleunigung ($\rightarrow$ 3.2.2.4.):

$1 \text{ kp} = 9,80665 \text{ N}$ Definition der Krafteinheit Kilopond

Bei Umrechnungen von Newton in Kilopond und umgekehrt kann man, wenn man dadurch die jeweils zulässige Fehlergrenze nicht überschreitet, mit einer der folgenden Näherungen rechnen: $1 \text{ kp} = 9,81 \text{ N}$ oder $1 \text{ kp} = 9,8 \text{ N}$, bei Überschlagsrechnungen auch $1 \text{ kp} = 10 \text{ N}$.

Ausschließlich mit der SI-Einheit der Kraft Newton zu rechnen ist rationell. Entfällt doch bei allen Dynamik-Aufgaben das lästige Umrechnen von Newton in Kilopond oder umgekehrt. Die Verwendung des Kiloponds hatte jedoch den Vorteil, daß die Berechnung der Masse eines Körpers, wenn das Gewicht in Kilopond gegeben ist, sehr einfach war. Der Zahlenwert der in Kilogramm angegebenen Masse eines Körpers stimmt auf allen Punkten der Erdoberfläche bis auf einen Fehler von maximal 0,3% mit dem Zahlenwert des in Kilopond gegebenen Gewichts dieses Körpers überein. So hat ein Körper mit der Masse 10 kg das Gewicht 10 kp. Dies führt jedoch andererseits dazu, daß die Begriffe »Masse« und »Gewicht« oft nicht exakt unterschieden werden. Wir wollen beachten:

Masse	*Kraft*
kennzeichnet *Trägheit* und *Schwere* eines *Körpers*. Die Masse ist eine *Basisgröße*. SI-Einheit der Masse: Kilogramm.	verursacht *Bewegungsänderung* eines frei beweglichen Körpers. Die Kraft ist eine *abgeleitete Größe*: $F = ma$. SI-Einheit der Kraft: Newton.

Die Gleichung (3.4) $F = ma$ wurde erstmalig von NEWTON der Mechanik zugrunde gelegt (1687). Auf ihr baut die gesamte klassische Mechanik auf. Sie heißt deshalb

$$F = ma \qquad \text{Grundgleichung der Dynamik} \qquad (3.4)$$

Grundgleichung der Dynamik (2. Newtonsches Axiom):

Die einen Körper beschleunigende Kraft ist gleich dem Produkt aus der Masse und der Beschleunigung dieses Körpers.

Aus der Grundgleichung folgt als Sonderfall für $F = 0$, daß auch $a = 0$. Dies ist der mathematische Ausdruck für den schon vor Newton von GALILEI ausgesprochenen

Trägheitssatz (1. Newtonsches Axiom):

Jeder Körper verharrt im Zustand der Ruhe oder der geradlinigen gleichförmigen Bewegung, solange keine Kraft auf ihn einwirkt oder die Resultierende der angreifenden Kräfte verschwindet.

● **Aufgabe 3.4**

Erklären Sie nachstehenden Versuch: An einem Faden ist ein schwerer Körper aufgehängt (Bild 3.5). Über einen Faden gleicher Art ziehen Sie an dem Körper in Richtung nach unten 1., indem Sie, mit kleiner Kraft beginnend, diese allmählich steigern, und 2. mit kräftigem Ruck. Im ersten Fall reißt der Faden oberhalb, im zweiten Fall unterhalb des Körpers. ●

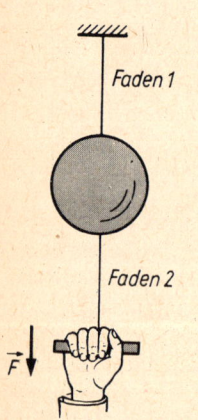

● **Beispiel 3.2**

Ein Flugzeug mit einer Masse von 25 t landet mit der Geschwindigkeit 250 km h^{-1} auf der Landebahn eines Flugzeugträgers. Es wird so gebremst, daß es nach 100 m Rollstrecke zum Stehen kommt. Berechnen Sie die (als konstant angenommene) Bremskraft.

Bild 3.5 Versuch zur Demonstration der Trägheitswirkung (zur Aufgabe 3.4)

Gegeben: $v_0 = 250$ km h^{-1}; $\qquad m = 25$ t $\qquad$ *Gesucht:* F
$\qquad\qquad\quad v = 0$; $\qquad\qquad s = 100$ m

Nach (3.4) ist $\quad F = ma$ $\hfill (1)$

Aus (2.8) $\quad s = \dfrac{v^2 - v_0^2}{2a}$ folgt mit $\quad v = 0 \quad a = -\dfrac{v_0^2}{2s}$ $\hfill (2)$

Aus (1) und (2) folgt

$$F = -\frac{mv_0^2}{2s}; \qquad F = -\frac{25\ \text{t} \cdot 250^2\ \text{km}^2}{2 \cdot 100\ \text{m} \cdot \text{h}^2}$$

$$= -\frac{25 \cdot 10^3\ \text{kg} \cdot 250^2\ \text{m}^2}{2 \cdot 10^2\ \text{m} \cdot 3{,}6^2\ \text{s}^2} = -6{,}0 \cdot 10^5\ \text{N} = -600\ \text{kN}$$

Bemerkung: Das negative Vorzeichen im Ergebnis sagt aus, daß eine Bremskraft vorliegt. ●

● **Aufgabe 3.5**

Ein Wagen mit einer Masse von 5,0 t bewegt sich mit der Geschwindigkeit 15 km h^{-1} auf gerader Bahn. Berechnen Sie die Kraft, die ihn innerhalb von 5,0 s zum Stillstand bringt.   ●

3.2.2.3. Wechselwirkungsprinzip und Kräftegleichgewicht

Newton erkannte, daß es zweckmäßig ist, zur Beschreibung mechanischer Erscheinungen einen weiteren Grundsatz zu formulieren. Es ist dies das

Wechselwirkungsprinzip (3. Newtonsches Axiom):
Kräfte treten immer paarweise als Wechselwirkungskräfte auf. Wechselwirkungskräfte greifen stets an zwei verschiedenen Körpern an; sie sind dem Betrag nach gleich, der Richtung nach entgegengesetzt.

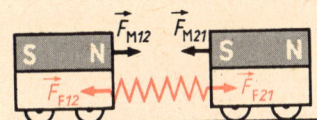

Bezeichnen wir die von einem Körper *1* auf einen Körper *2* ausgeübte Kraft mit F_{12}, die von *2* auf *1* ausgeübte Kraft mit F_{21}, dann gilt:

$$F_{12} = -F_{21}$$ **Wechselwirkungskräfte**   (3.5)

Bild 3.6 Wechselwirkungskräfte und Kräftegleichgewicht. Zwischen den beiden Wagen wirken 1. anziehende magnetische Wechselwirkungskräfte und 2. abstoßende Wechselwirkungskräfte der Feder. An jedem der beiden Wagen herrscht Kräftegleichgewicht zwischen magnetischer Kraft und Federkraft

Wir wollen uns dies an einem Versuch nach Bild 3.6 klarmachen. Wenn wir die Wirkung der Feder zunächst ausschalten, bewegen sich die beiden Wagen beschleunigt aufeinander zu. $F_{M\,12}$ und $F_{M\,21}$ sind *magnetische* Wechselwirkungskräfte, die zur Folge haben, daß sich die beiden Wagen einander nähern. Entfernen wir die Stabmagnete, so bewirkt die Feder, daß sich beide Wagen beschleunigt voneinander entfernen. $F_{F\,12}$ und $F_{F\,21}$ sind *elastische* Wechselwirkungskräfte. Wirken beide Kräfte, also sowohl die magnetische als auch die Federkraft, so stellt sich ein Gleichgewichtszustand ein, in dem die Beträge der vier Kräfte gleich sind. Diese Situation zeigt das Bild.
Betrachten wir in Bild 3.6 nur *einen* der beiden Wagen, so erkennen wir, daß hier zwei gleiche Kräfte in entgegengesetzter Richtung an *einem* Körper angreifen. An jedem Wagen herrscht ein *Kräftegleichgewicht*. Die Kräfte $F_{M\,12}$ und $F_{F\,12}$ sowie $F_{M\,21}$ und $F_{F\,21}$ bezeichnen wir als *Gegenkräfte*. Gegenkräfte können, wie das in Bild 3.7 gezeigt ist, dem Betrag nach auch ungleich sein. Die resultierende Kraft erhalten wir dann durch Bildung der Summe der beiden Kräfte unter Berücksichtigung des Vorzeichens.

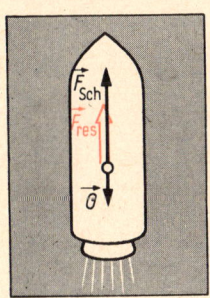

Bild 3.7 Schubkraft F_{Sch} und Gewicht G greifen als Gegenkräfte mit ungleichen Beträgen an einem Körper an. Für den Betrag der Resultierenden gilt:

$F_{res} = F_{Sch} - G$.

| Gegenkräfte greifen paarweise an *einem* Körper an; sind ihre Beträge gleich, liegt ein Kräftegleichgewicht vor.

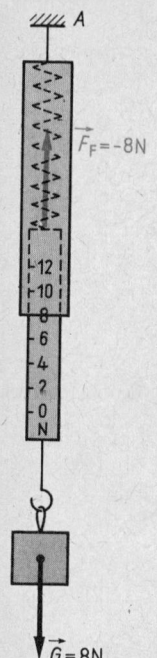

Bild 3.8 Kräftegleichgewicht am Federkraftmesser. $G + F_F = 0$

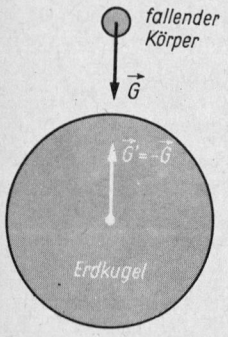

Bild 3.10 Zur Aufgabe 3.6

Nach TGL 29 124 vom April 1976 wird das Produkt aus der Masse eines Körpers und der im Schwerefeld der Erde wirkenden Fallbeschleunigung als Gewichtskraft bezeichnet.

Auf der Bildung eines Kräftegleichgewichts beruht das Meßverfahren für die Kraft mit Hilfe eines Federkraftmessers (Dynamometer; Bild 3.8). Es ist dies wesentlich einfacher als das im vorigen Abschnitt erläuterte dynamische Verfahren, das die Messung *zweier* Größen, der Masse und der Beschleunigung, erfordert und deshalb in der Praxis nicht angewendet wird. Die Eichung der Skale am Federkraftmesser könnte dynamisch nach dem in Bild 3.9 erläuterten Verfahren erfolgen.

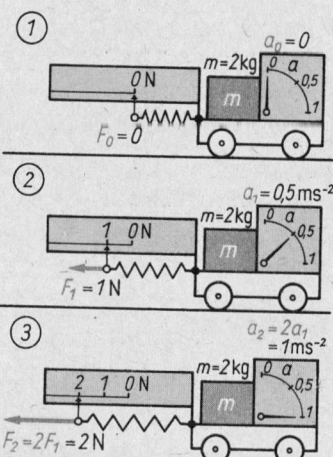

Bild 3.9 Eichung eines Federkraftmessers nach dynamischem Verfahren. Der Wagen hat einschließlich der Ladung, der Feder und der Skale die Gesamtmasse $m = 2$ kg. Er trägt einen Beschleunigungsmesser, an dem die Beschleunigung in Meter/Quadratsekunde unmittelbar abzulesen ist. Bei 1 ist der Wagen in Ruhe, bei 2 (3) wird eine solche Kraft $F_1(F_2)$ ausgeübt, daß sich am Beschleunigungsmesser die Beschleunigung $a_1(a_2)$ einstellt. Daraus ergibt sich die Skalenteilung für die Federkraft

● Aufgabe 3.6

Erläutern Sie das Wechselwirkungsprinzip am Beispiel nach Bild 3.10.

3.2.2.4.   Schwerkraft

In Bild 3.8 wird mit Hilfe des Federkraftmessers das *Gewicht G* des angehängten Körpers bestimmt. Das Gewicht ist somit eine Kraft; zunehmend setzt sich deshalb durch, von *Gewichtskraft G* oder F_G zu sprechen. Das Gewicht ist eine Folge der in 3.2.1. erläuterten Schwere bzw. der in Tafel 3.1 genannten Gravitationswechselwirkung. Ein Körper hat Gewicht heißt: in der Umgebung der Erde wie auch eines anderen Himmelskörpers wird auf den Körper eine Kraft in Richtung auf den Mittelpunkt des Gestirns ausgeübt.

Bei genauerer Betrachtung ist allerdings zu beachten, daß das Gewicht eines Körpers auf der Erde nicht allein durch die Gravitationskraft bedingt ist. Wie noch gezeigt wird (→ 3.2.2.10.), treten als Folge der Erdrotation Kräfte auf, die das Gewicht beeinflussen. Doch sind diese Kräfte klein gegen die Gravitationskraft, so daß wir im allgemeinen — und so verfahren wir auch im weiteren Text — Gewicht und Gravitationskraft ohne größeren Fehler gleichsetzen können.

Das Gewicht ist die Ursache. der Fallbewegung. Auch für diese gilt die Grundgleichung der Dynamik. Wir schreiben sie hier in der Form

$$G = mg$$ **Gewichtskraft eines Körpers** (3.6)
(nach der Grundgleichung der Dynamik)

Genaue Messungen zeigen, daß die Fallbeschleunigung und damit auch das Gewicht vom Meßort abhängen. Dies folgt aus dem *Gravitationsgesetz*, das von Newton auf Grund astronomischer Beobachtungen entdeckt wurde. Es lautet

$$F_{Gr} = \gamma \frac{m_1 m_2}{r^2}$$ **Betrag der Gravitationskraft** (3.7)
(Newtonsches Gravitationsgesetz)

Die Gravitationskraft zwischen zwei Massenpunkten mit den Massen m_1 und m_2 ist dem Produkt dieser Massen proportional und umgekehrt proportional dem Quadrat des Abstandes der beiden Massenpunkte (Bild 3.11).

Der Proportionalitätsfaktor γ ist eine Naturkonstante, die experimentell nach dem in Bild 3.12 erläuterten Verfahren bestimmt wird. Genaue Messungen ergeben:

$$\gamma = 6{,}672 \cdot 10^{-11} \, \text{m}^3 \, \text{kg}^{-1} \, \text{s}^{-2} \, \text{Gravitationskonstante}$$

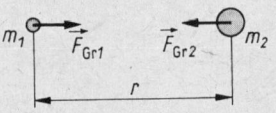

Bild 3.11 Zum Gravitationsgesetz

● **Aufgabe 3.7**

Verschaffen Sie sich eine Vorstellung von der Größenordnung der Gravitationskräfte, indem Sie berechnen: 1. die Kraft zwischen zwei Massenpunkten von je 1 kg Masse, deren Abstand 1 m beträgt, und 2. die Gravitationskraft zwischen Sonne und Erde (→ B 6.).

Aus dem Gravitationsgesetz erhalten wir das Gewicht G eines Körpers, wenn wir für m_1 die Masse m_E der Erde, für m_2 die Masse m des Körpers und für r die Entfernung des Körpers vom Erdmittelpunkt einsetzen:

$$G = \gamma \frac{m_E}{r^2} m$$ Gewicht eines Körpers nach dem (3.8)
Gravitationsgesetz

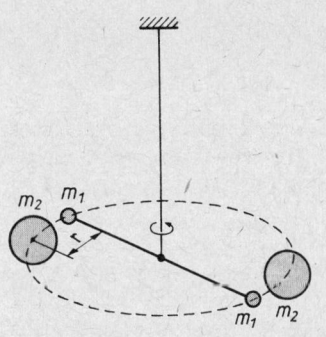

Bild 3.12 Prinzip der Bestimmung der Gravitationskonstanten mit der Drehwaage nach CAVENDISH (1798). Die zwischen den kleinen Kugeln m_1 und den großen Kugeln m_2 wirkende Gravitationskraft F_{Gr} steht im Gleichgewicht mit der bei der Verdrillung des Aufhängefadens auftretenden meßbaren Gegenkraft

Dabei wird die Erde als Massenpunkt, der sich im Erdmittelpunkt befindet, angesehen. Es läßt sich zeigen, daß für die vorliegenden Überlegungen eine solche Annahme unter der Bedingung erlaubt ist, daß $r > r_E$ (Erdradius) ist.
Ein Vergleich von (3.6) $G = mg$ und (3.8) $G = \gamma m_E m / r^2$ ergibt

$$g = \gamma \frac{m_E}{r^2}$$ Fallbeschleunigung im Abstand r (3.9)
vom Erdmittelpunkt (für $r >$ Erdradius)

Da γ und m_E konstant sind, folgt, daß g allein von r abhängt.

> Die Fallbeschleunigung und damit auch das Gewicht eines Körpers nehmen außerhalb des Erdkörpers mit dem Quadrat des Abstandes vom Erdmittelpunkt ab.

Wegen der abgeplatteten Form des Erdkörpers ist der Erdradius am Äquator 21 km größer als von Pol zu Pol gemessen. Dieser Unterschied und die bereits erwähnte Wirkung der Erdrotation sind die Ursachen für die Abhängigkeit der Fallbeschleunigung und damit auch des Gewichts von der geografischen Breite (Übersicht Tafel 3.2). Aus der Übersicht erkennen wir, daß die Abnahme der Fallbeschleunigung mit der Höhe relativ gering ist. In kleineren Bereichen (Höhenunterschiede von einigen 100 m) können wir die Fallbeschleunigung und somit auch das Gewicht eines Körpers als konstant annehmen. Deshalb behandelten wir bereits in der Kinematik den freien Fall (ohne Luftwiderstand) eines Körpers über kleine Fallwege als gleichmäßig beschleunigte Bewegung.

Tafel 3.2   Feldstärke im Schwerefeld der Erde (Fallbeschleunigung)

Ort		g in N kg^{-1} oder m s^{-2}
Normort (ungefähr 45° N)		9,806 65
Mitteleuropa	in Meereshöhe	9,81
Nord- (Süd-)Pol		9,83
Äquator		9,78
Mitteleuropa: 10 km Höhe		9,78
50 km Höhe		9,70
100 km Höhe		9,5
300 km Höhe		8,9
Halbe Mondentfernung ($\approx 1{,}9 \cdot 10^5$ km)		1,0

Zur Veranschaulichung der Abhängigkeit des Gewichts vom Ort der Messung wollen wir uns überlegen, welche Masse und welches Gewicht ein 1-kg-Wägestück im Erdmittelpunkt hat. Wenn wir von der geringfügigen Abweichung der Erde von der Kugelgestalt absehen, wird das Wägestück von allen Seiten mit der gleichen Kraft angezogen, d. h., es hat im Erdmittelpunkt *kein* Gewicht. Seine Masse beträgt aber auch dort 1 kg.

● **Aufgabe 3.8**

Überlegen Sie, wo ein Weltrekordversuch im Speerwerfen ein und desselben Sportlers die größeren Erfolgsaussichten hat — auf einem finnischen oder einem zentralafrikanischen Sportplatz?

In der Technik wird in unseren Breiten stets mit dem Wert

$$g_m = 9{,}81 \text{ m s}^{-2} \qquad \text{mittlere Fallbeschleunigung}$$

gerechnet. Ein für etwa 45° geografische Breite und Meereshöhe gültiger Wert ist als Normwert festgelegt:

$$g_\mathrm{n} = 9{,}806\,65 \text{ m s}^{-2} \qquad \text{Normfallbeschleunigung}$$

Hier erkennt man den Zusammenhang mit der Definition des Kilopond. Setzt man in (3.6) $G = mg$ für g die Normfallbeschleunigung g_n und für m die Masse 1 kg ein, so erhält man $G = 9{,}806\,65$ N $= 1$ kp, also die bereits erwähnte Tatsache, daß ein Körper mit 1 kg Masse das Gewicht 1 kp hat. Wir erkennen aber auch, daß dies streng nur für einen Ort mit Normfallbeschleunigung gilt.

Als weitere Schlußfolgerung ergibt sich aus (3.9) $g = \gamma m_\mathrm{E}/r^2$, daß für einen vorgegebenen Ort wegen $r = $ const die Fallbeschleunigung für alle Körper den gleichen Betrag hat. Daraus folgt:

▌ Alle am gleichen Ort frei fallenden Körper bewegen sich mit gleicher Fallbeschleunigung.

▌ An einem vorgegebenen Ort verhalten sich die Gewichte verschiedener Körper wie ihre Massen.

● **Beispiel 3.3**

Berechnen Sie überschläglich das Verhältnis des Gewichts eines Körpers der Masse m auf der Mondoberfläche zu seinem Gewicht auf der Erdoberfläche.

Gegeben: m *Gesucht:* $G_\mathrm{Mond} : G_\mathrm{Erde}$

$$m_\mathrm{E} = 5{,}98 \cdot 10^{24} \text{ kg}; \qquad m_\mathrm{M} = 7{,}35 \cdot 10^{22} \text{ kg}$$

$$r_\mathrm{E} = 6{,}38 \cdot 10^3 \text{ km}; \qquad r_\mathrm{M} = 1{,}74 \cdot 10^3 \text{ km} \quad (\to \text{B } 6.)$$

Nach (3.8) ist $\;G_\mathrm{Mond} = \dfrac{\gamma m_\mathrm{M} m}{r_\mathrm{M}^2}\;$ und $\;G_\mathrm{Erde} = \dfrac{\gamma m_\mathrm{E} m}{r_\mathrm{E}^2}$

Division beider Gleichungen ergibt:

$$\frac{G_\mathrm{Mond}}{G_\mathrm{Erde}} = \frac{m_\mathrm{M}\, r_\mathrm{E}^2}{r_\mathrm{M}^2\, m_\mathrm{E}}$$

$$\frac{G_\mathrm{Mond}}{G_\mathrm{Erde}} = \frac{7{,}35 \cdot 10^{22} \text{ kg} \cdot 6{,}38^2 \cdot 10^6 \text{ km}^2}{1{,}74^2 \cdot 10^6 \text{ km}^2 \cdot 5{,}98 \cdot 10^{24} \text{ kg}} \approx \underline{\underline{1 : 6}}$$

Die nachstehende Definition für das Gewicht vermeidet den Bezug auf die Ursache der Kraft. Sie lautet:

▌ Das Gewicht eines Körpers ist die Kraft, die dieser Körper im Schwerefeld der Erde auf seine Unterlage ausübt.

In Bild 3.13 sind Richtung und Betrag der Fallbeschleunigung im *Schwerefeld der Erde* dargestellt. Der Feldbegriff spielt in der gesamten Physik (insbesondere in Mechanik und Elektrik) eine hervorragende Rolle, weil er zur Erklärung und Veranschaulichung vieler physikalischer Erscheinungen dient und die Möglichkeit bietet, diese Erscheinungen nach einem einheitlichen mathematischen Modell zu behandeln.

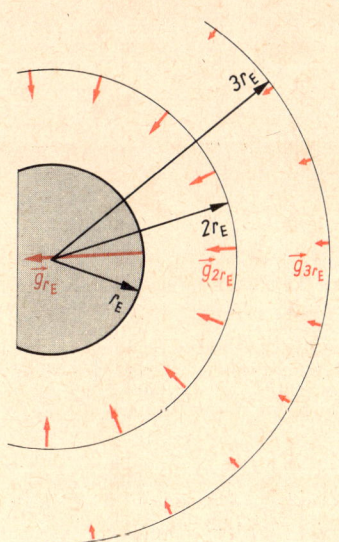

Bild 3.13 Darstellung des Schwerefeldes der Erde durch den Feldstärkevektor $\boldsymbol{g}$ (Vektor der Fallbeschleunigung). Es ist

$$\boldsymbol{g}_{2r_\mathrm{E}} = {}^1/_4\, g_{r_\mathrm{E}}; \; \boldsymbol{g}_{3r_\mathrm{E}} = {}^1/_9\, g_{r_\mathrm{E}}$$

Das Schwerefeld der Erde ist, wie auch das elektrische und
magnetische Feld, ein *Kraftfeld*, d. h., in jedem Raumpunkt
des Feldes wird auf einen dort befindlichen Körper eine Kraft
ausgeübt. Charakteristische Größe eines Kraftfeldes ist die
Feldstärke. Für die Feldstärke im Schwerefeld gilt die Definition:

$$\text{Feldstärke} = \frac{\text{Gewichtskraft eines Körpers}}{\text{Masse dieses Körpers}}$$

Nach (3.6) ist $G/m = g$; das heißt aber: Im Schwerefeld ist die
Feldstärke gleich der Fallbeschleunigung:

$$g = \frac{G}{m} \quad \begin{array}{l}\text{Feldstärke im Schwerefeld;}\\ \text{Fallbeschleunigung}\end{array} \qquad (3.6')$$

$$[g] = \frac{\text{N}}{\text{kg}}$$

Es läßt sich leicht zeigen, daß $1\ \text{N}\ \text{kg}^{-1} = 1\ \text{m}\ \text{s}^{-2}$ ist.

Die Einheit läßt die Zweckmäßigkeit der Einführung der neuen Größe
erkennen: Die Feldstärke an einem bestimmten Ort im Schwerefeld
kennzeichnet die Kraft, die an dieser Stelle auf einen Körper mit der
Masse 1 kg ausgeübt wird.

● Aufgabe 3.9

Bestimmen Sie das Gewicht eines Körpers von 100 kg Masse in
100 km Höhe über der Erdoberfläche (→ Tafel 3.2).

Ein Kraftfeld ist stets ein Vektorfeld. Die Feldstärke in einem
Raumpunkt wird durch einen von diesem Punkt ausgehenden
Vektorpfeil dargestellt. Wenn die Feldstärke an allen Punkten
des Feldes nach Betrag und Richtung gleich ist, liegt ein
homogenes Feld vor. Ist dies nicht der Fall, sprechen wir von
einem *inhomogenen* Feld. Wie Bild 3.13 zeigt, ist das Schwerefeld der Erde ein inhomogenes Feld. In kleineren Bereichen,
so z. B. bei der Betrachtung der in der Kinematik behandelten
Wurfprobleme, kann es jedoch ohne wesentlichen Fehler als
homogen angesehen werden.

● Aufgabe 3.10

In welchem Verhältnis stehen die Gewichte von drei Körpern
gleicher Masse, die sich in den im Bild 3.13 angegebenen Entfernungen vom Erdmittelpunkt befinden?

3.2.2.5.   Federkraft

Eine in der Technik viel genutzte Kraft ist die *Federkraft*.
Sie beruht auf zwischenmolekularen Wechselwirkungen elektromagnetischer Art, die sich sowohl als abstoßende als auch als
anziehende Kräfte zwischen den Molekülen bemerkbar machen.
In einem festen Körper sind die kleinsten Bausteine so angeordnet, daß für jedes Teilchen die Resultierende aus diesen

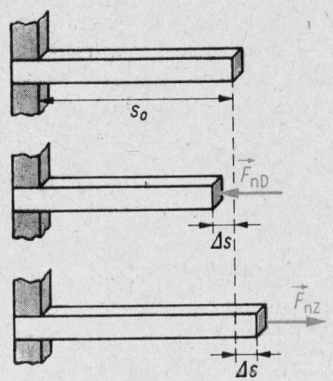

Bild 3.14 Elastische Stauchung und elastische Dehnung eines Stabes durch Normalkräfte (Druck und Zug)

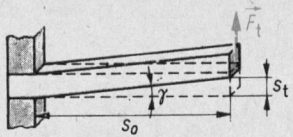

Bild 3.15 Beanspruchung eines Stabes durch tangential zum Stabquerschnitt wirkende Kraft (Schubkraft)

Für kleine Winkel gilt
$$\gamma \approx \tan \gamma \approx \sin \gamma$$

Anstelle N m^{-2} ist die in 4.3.1. eingeführte Einheit Pascal (Pa) zu setzen; entsprechend auf S. 84.

Beachten Sie, daß das Formelzeichen G hier nicht Gewicht bedeutet.

Kräften Null ergibt, solange keine Kraft von außen einwirkt. Werden durch eine äußere Kraft die Teilchen gegeneinander verschoben, wird das Kräftegleichgewicht gestört. Die Störung macht sich nach außen einmal in einer Formänderung, zum anderen durch eine Kraft bemerkbar. Wenn diese Kraft beim Verschwinden der äußeren Einwirkung den ursprünglichen Zustand wieder herstellt, sprechen wir von *elastischer* Kraft. Den Zusammenhang zwischen Kraft und Formänderung untersuchen wir mit Versuchen nach Bild 3.14 und Bild 3.15.

In Bild 3.14 wird ein an einem Ende fest eingespannter Stab mit der Länge s_0 und dem Querschnitt A durch eine kleine Kraft F_n, die in Richtung der Achse des Stabes, also senkrecht (normal) zur Querschnittsfläche A wirkt, gedehnt bzw. gestaucht. Durch Einwirkung dieser Normalkraft verlängert bzw. verkürzt sich der Stab um die Länge Δs.

In Bild 3.15 wirkt die Kraft F_t parallel (tangential) zur Querschnittsfläche, also im rechten Winkel zur Normalkraft. Dadurch wird der Stab auf »Schub« beansprucht, d. h., sein freies Ende wird um die Länge s_t verschoben, so daß die Stabkanten mit ihrer ursprünglichen Richtung den Winkel γ bilden.

Hört die Kraftwirkung auf, so geht in beiden Fällen die Formänderung wieder zurück. Bei größeren Kräften ist dies nicht mehr der Fall; es ist dann die Elastizitätsgrenze überschritten. Wir wollen uns in den folgenden Betrachtungen auf Kräfte beschränken, die keine dauernde Verformung verursachen. Die Versuche ergeben, daß sowohl $F_n \sim \Delta s$ als auch $F_t \sim \gamma$.

Unterhalb der Elastizitätsgrenze ist die Formänderung der einwirkenden Kraft proportional.

Aus den Versuchen geht außerdem hervor, daß der Betrag der bei einer bestimmten Kraft erzielten Formänderung von den geometrischen Abmessungen und dem Material des Stabes abhängt. Um einen von den Abmessungen des Stabes unabhängigen und nur durch das Material bestimmten Wert zu erhalten, werden neue Größen eingeführt:

$$\varepsilon = \frac{\Delta s}{s_0} \text{ Dehnung} \quad (3.10) \qquad \gamma = \tan \gamma = \frac{s_t}{s_0} \text{ Schiebung} \quad (3.11)$$

$$[\varepsilon] = 1 \qquad\qquad\qquad [\gamma] = 1$$

$$\sigma = \frac{F_n}{A} \text{ Normal-} \atop \text{spannung} \quad (3.12) \qquad \tau = \frac{F_t}{A} \text{ Schubspannung} \quad (3.13)$$

$$[\sigma] = \text{N m}^{-2} \qquad\qquad\qquad [\tau] = \text{N m}^{-2}$$

Mit diesen Größen folgt aus den Versuchen

$$\sigma = E\varepsilon \quad (3.14) \qquad \textbf{Hookesches Gesetz} \qquad \tau = G\gamma \quad (3.15)$$

($\rightarrow$ HOOKE).

Die Dehnung ist der Normalspannung, die Schiebung der Schubspannung proportional.

Für die durch (3.14) und (3.15) definierten Proportionalitätsfaktoren E und G gilt:

$$E = \frac{\sigma}{\varepsilon} \quad \text{Elastizitäts-} \atop \text{modul} \quad (3.14') \qquad G = \frac{\tau}{\gamma} \quad \text{Schubmodul} \quad (3.15')$$

$$[E] = \text{N m}^{-2} \qquad\qquad\qquad [G] = \text{N m}^{-2}$$

Es ist zu beachten, daß der Elastizitäts- und der Schubmodul um so *größer* sind, je *weniger* elastisch das betreffende Material ist ($\rightarrow$ B 7.6.).

● **Beispiel 3.4**

Ein Bolzen aus Chromnickelstahl von 100 mm Länge und 10 mm Durchmesser wird so eingespannt, daß er sich um 10 μm verkürzt. Berechnen Sie die Kraft an der Einspannstelle.

Gegeben: $s_0 = 100$ mm; $E = 2{,}0 \cdot 10^{11}$ N m^{-2} *Gesucht:* F_n

$\quad\quad\quad\;\; \Delta s = 10$ μm; $d = 10$ mm

Es gelten:

(3.12) $\sigma = \dfrac{F_\text{n}}{A}$ $\hspace{6cm}$ (1)

(3.14) $\sigma = E\varepsilon$ $\hspace{6.5cm}$ (2)

(3.10) $\varepsilon = \dfrac{\Delta s}{s_0}$ $\hspace{6cm}$ (3)

Für den Querschnitt gilt $A = \dfrac{\pi d^2}{4}$ $\hspace{3.5cm}$ (4)

Aus (1) bis (4) folgt

$$F_\text{n} = \frac{\pi d^2 E\, \Delta s}{4 s_0}; \qquad F_\text{n} = \frac{\pi \cdot 10^2\, \text{mm}^2 \cdot 2 \cdot 10^{11}\, \text{N} \cdot 10\, \mu\text{m}}{4\, \text{m}^2 \cdot 100\, \text{mm}}$$

$$= \frac{\pi \cdot \text{cm}^2 \cdot 2 \cdot 10^{11}\, \text{N} \cdot 10^{-3}\, \text{cm}}{4 \cdot 10^4\, \text{cm}^2 \cdot 10\, \text{cm}} = 1{,}6 \cdot 10^3\, \text{N} = 1{,}6\, \text{kN} \quad ●$$

Werkstoffbezeichnungen wie St 38 werden auch noch beibehalten, wenn das Kilopond nicht mehr gesetzliche Einheit ist. St 38 bedeutet dann «Stahl mit einer Zugfestigkeit von 38 · 9,8 MPa» (Einheit Pascal → 4.3.1.).

Ein technisch besonders wichtiger Materialwert ergibt sich aus der Normalspannung. Jedes Material ist nur bis zu einer bestimmten Normalspannung belastbar. Bei Überschreiten dieser Grenznormalspannung σ_B geht das Material zu Bruch; dieser Materialwert heißt deshalb *Bruchspannung* oder *Zugfestigkeit*. In technischen Tabellen wird er häufig noch in der Einheit kp mm^{-2} angegeben. So hat z. B. Stahl St 38 die Mindestzugfestigkeit 38 kp mm^{-2}.

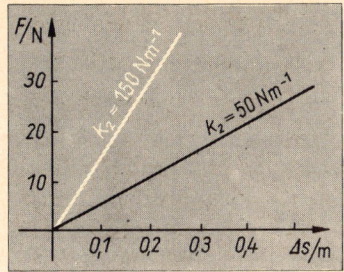

Bild 3.16 F, Δs-Diagramm zum linearen Kraftgesetz für zwei Federn mit unterschiedlichen Federkonstanten. Im Bereich der Elastizitätsgrenze gilt lineares Kraftgesetz. Je steiler die Kurve, um so härter die Feder

In der Technik braucht man oft möglichst große elastische Verformungen (Federwege). Man erreicht dies beispielsweise bei der Schraubenfeder, indem man den Stab möglichst lang macht und ihn so gestaltet, daß er nicht nur auf Zug, sondern außerdem auch auf elastische Verdrillung (Torsion) beansprucht wird. Für Federn faßt man den Einfluß des Materials und der Abmessungen in der *Richtgröße*, die auch als *Federkonstante* bezeichnet wird, zusammen. Sie ergibt sich experimentell aus der Proportionalität $F \sim \Delta s$ durch Einführen eines Proportionalitätsfaktors k. Für die Federkraft F_F, die der verformenden Kraft F entgegengerichtet ist, und die Richtgröße k gelten dann

$$F_F = -k\,\Delta s \qquad \text{Federkraft} \qquad (3.16)$$

$$k = \left| \frac{F}{\Delta s} \right| \qquad \text{Richtgröße, Federkonstante} \qquad (3.16')$$

$$[k] = \mathrm{N\,m^{-1}}$$

Gebräuchliche SI-fremde Einheiten: N cm⁻¹, (p cm⁻¹, kp cm⁻¹).

Aus Gleichung (3.16) geht hervor, daß die Federkraft linear von der Verlängerung abhängt. Man spricht von einem »linearen Kraftgesetz«, eine Bezeichnung, die bei der Behandlung der Schwingungen eine besondere Rolle spielt (Bild 3.16). Das Minuszeichen drückt aus, daß die Verlängerung der Federkraft entgegengerichtet ist.

● **Aufgabe 3.11**

Ein zylindrischer Draht (Durchmesser 2,0 mm, Länge 2,1 m) wird durch eine Kraft von 750 N innerhalb des Proportionalitätsbereichs um 4,2 mm gedehnt. Bestimmen Sie 1. die Richtgröße des Drahtes und 2. den Elastizitätsmodul des Materials ●

3.2.2.6. Reibungskraft

Wir versuchen vergeblich, eine auf dem Fußboden stehende schwere Bücherkiste zu verschieben, und erklären den Mißerfolg mit der großen *Reibung* zwischen Fußboden und Kiste. Offenbar wird unsere Kraft durch eine Gegenkraft, die wir als *Reibungskraft* bezeichnen, aufgehoben. Was ist zu tun? Wir haben mehrere Möglichkeiten: Wir können die Kiste erleichtern, indem wir einen Teil der Bücher herausnehmen; wir können den Fußboden glätten; wir können Rollen unterlegen. Durch jede dieser Maßnahmen wird die Reibungskraft verringert, so daß nun unsere Kraft ausreicht, um die Kiste in Bewegung zu setzen. Doch müssen wir auch Kraft aufwenden, um die Kiste in gleichförmiger Bewegung zu halten, d. h., daß auch hier eine Reibungskraft wirkt.

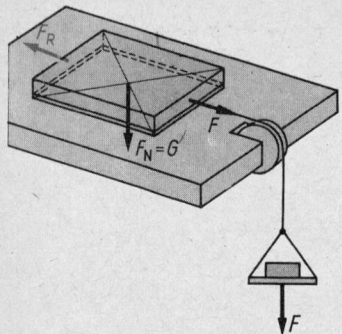

Bild 3.17 Versuchsanordnung zur Untersuchung der Reibungskräfte. Veränderbare Versuchsbedingungen sind: 1. das Gewicht G des beweglichen Körpers und damit die Normalkraft F_N, 2. der Flächeninhalt der Auflagefläche, 3. das Material der aufeinander gleitenden Flächen, 4. die Zugkraft F

Zur Untersuchung der Reibungskräfte führen wir Versuche nach Bild 3.17 durch, die weitgehend der oben geschilderten Situation entsprechen. Die Versuche bestätigen zunächst die schon dort genannten Erfahrungen:

1. Läßt man auf einen Körper, der auf einem anderen Körper gleiten kann und auf den senkrecht zur Berührungsfläche der beiden Körper eine Druckkraft ausgeübt wird, eine Kraft in Richtung der Berührungsebene einwirken, so bewegt er sich erst, wenn diese Kraft einen von den jeweiligen Versuchsbedingungen abhängigen Betrag überschreitet.

2. Die Geschwindigkeit des gleitenden Körpers bleibt nur erhalten, solange eine Kraft in Bewegungsrichtung auf ihn einwirkt.

In beiden Fällen zwingt uns die Grundgleichung der Dynamik zu der Annahme, daß in der Berührungsfläche beider Körper bewegungshemmende Kräfte wirksam sind. Diese kommen unter anderem dadurch zustande, daß die Unebenheiten der beiden einander berührenden Oberflächen sich ineinander »verhaken«. Im erstgenannten Fall bezeichnen wir die Kraft als *Haftreibungskraft*, im zweiten als *Gleitreibungskraft*.

Messungen führen zu folgenden sowohl für die Haftreibung als auch für die Gleitreibung geltenden Ergebnissen:

Der Betrag der Reibungskraft ist unabhängig von der Größe der Auflagefläche

Der Betrag der Reibungskraft ist proportional der zwischen beiden Körpern wirkenden Normalkraft: $F_R \sim F_N$

Der Betrag der Reibungskraft hängt ab von der Art und der Oberflächenbeschaffenheit der aufeinander gleitenden Materialien.

Somit gilt

$$F_R = \mu F_N$$ **Reibungskraft** (3.17)
(COULOMBsches Gesetz)

Für den Proportionalitätsfaktor μ, der die Abhängigkeit der Reibungskraft vom Stoff und der Oberflächenbeschaffenheit der sich berührenden Körper ausdrückt, gilt demnach

$$\mu = \frac{F_R}{F_N} \quad \text{Reibungszahl} \tag{3.17'}$$

$$[\mu] = 1$$

Wir wollen betonen, daß Reibungsvorgänge durch eine Vielzahl von gegenwärtig noch ungenügend erforschten Faktoren beeinflußt werden. Die in diesem Abschnitt angegebenen Glei-

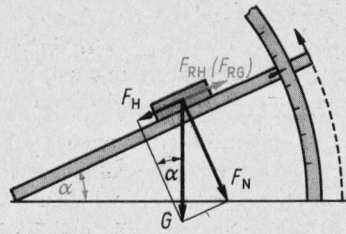

Bild 3.18 Versuchsanordnung zur Bestimmung von Reibungszahlen. Es ist $\mu_0 = \tan \alpha_{max}$ (F_H Hangabtriebskraft; α_{max} Reibungswinkel)

chungen geben deshalb die tatsächlichen Verhältnisse nur genähert wieder.

Gemäß den Ausführungen zu Beginn dieses Abschnitts sind Haftreibung und Gleitreibung zu unterscheiden. Wir wollen zunächst auf die Haftreibung eingehen. Im Versuch nach Bild 3.18 entsteht beim Anheben der geneigten Ebene als Komponente des Gewichts eine Hangabtriebskraft F_H. Trotzdem bewegt sich der Körper zunächst nicht; die entgegengesetzt gerichtete *Haftreibungskraft* F_{RH}, die durch die Einwirkung des Körpers auf die Unterlage hervorgerufen wird, wirkt der Hangabtriebskraft entgegen. Am Körper herrscht, da beide Kräfte beim Anheben in gleicher Weise größer werden, stets Kräftegleichgewicht. Doch kann die Haftreibungskraft nur bis zu einem bestimmten, von den betreffenden Materialien abhängigen Wert $F_{RH\,max}$ zunehmen. Dieser Wert wird beim Neigungswinkel α_{max} erreicht. Beim weiteren Anheben wird die Hangabtriebskraft größer, das Kräftegleichgewicht ist gestört, der Körper beginnt zu gleiten.

Für den Grenzfall gilt

$$F_{RH\,max} = \mu_0 F_N \qquad \text{maximale Haftreibungskraft} \qquad (3.18)$$

μ_0 Haftreibungszahl für maximale Haftreibung

Die Haftreibung spielt im Alltag und in der Technik eine bedeutende Rolle. Beispielsweise ist ohne Haftreibung zwischen Schuhsohle und Fußboden bzw. zwischen Rad und Straße oder Schiene ein Gehen bzw. Fahren nicht möglich. Die Antriebskraft und auch die Bremskraft eines Fahrzeugs können nicht größer sein als die maximale Haftreibungskraft. Nach (3.18) kann eine Vergrößerung der Haftreibungskraft sowohl durch eine Vergrößerung der Haftreibungszahl (z. B. Sandstreuen bei Glatteis) als auch durch eine Vergrößerung der Normalkraft (z. B. große Masse von Lokomotiven) erreicht werden.

Aus dem Bild läßt sich eine wichtige Beziehung zwischen der Haftreibungszahl μ_0 und dem Winkel α_{max}, der auch als *Reibungswinkel* bezeichnet wird, herleiten. Es ist

$$F_{RH\,max} = \mu_0 F_N = G \sin \alpha_{max} \quad \text{und} \quad F_N = G \cos \alpha_{max}.$$

Daraus folgt $\mu_0 G \cos \alpha_{max} = G \sin \alpha_{max}$ und somit

$$\mu_0 = \sin \alpha_{max}/\cos \alpha_{max} = \tan \alpha_{max}.$$

Die Haftreibungszahl ist gleich dem Tangens des Reibungswinkels α_{max}.

$$\mu_0 = \tan \alpha_{max} \qquad \text{Haftreibungszahl} \qquad (3.19)$$

Die *Gleitreibungskraft* läßt sich in Weiterführung des Versuchs nach Bild 3.18 untersuchen. Sobald sich der Körper beim Überschreiten des Reibungswinkels in Bewegung gesetzt hat, beobachtet man eine beschleunigte Abwärtsbewegung auf der geneigten Ebene. Um eine gleichförmige Bewegung zu erhalten, muß der Winkel α verkleinert werden. Bei gleichförmiger Bewegung herrscht wieder Kräftegleichgewicht; es ist dann die Hangabtriebskraft gleich der Gleitreibungskraft. Die Gleitreibungskraft ist also kleiner als die maximale Haftreibungskraft. Für die Gleitreibung gilt

$$F_{RG} = \mu_G F_N \qquad \text{Gleitreibungskraft} \tag{3.20}$$

μ_G Gleitreibungszahl. Stets ist $\mu_G < \mu_0$.

> **Die Gleitreibungszahl ist kleiner als die entsprechende Haftreibungszahl.**

Aus Versuchen geht hervor, daß die Gleitreibungskraft auch von der Gleitgeschwindigkeit abhängt, und zwar nimmt sie im allgemeinen mit wachsender Geschwindigkeit ab. Doch ist der Einfluß der Geschwindigkeit relativ gering und kann in erster Näherung unberücksichtigt bleiben.

● **Beispiel 3.5**

Ein Quader mit dem Gewicht G wird auf einer geneigten Ebene gleichförmig nach oben bewegt. Die Gleitreibungszahl ist μ_G, der Neigungswinkel α. Bestimmen Sie die zur Bewegung des Quaders notwendige Kraft (Bild 3.19).

Gegeben: G; μ_G; α *Gesucht:* F

Für gleichförmige Bewegung ($a = 0$) muß $\boldsymbol{F}_{ges} = 0$ gelten. Nach Skizze ist, wenn wir nur mit den Beträgen rechnen,

$$F = F_H + F_{RG} \tag{1}$$

Nach (3.20) ist $F_{RG} = \mu_G F_N$. $\tag{2}$

Aus der Skizze folgt $F_H = G \sin \alpha$ $\tag{3}$

$$F_N = G \cos \alpha \tag{4}$$

Aus (1) bis (4) erhalten wir

$$F = G \sin \alpha + \mu_G G \cos \alpha = \underline{G(\sin \alpha + \mu_G \cos \alpha)} \qquad ●$$

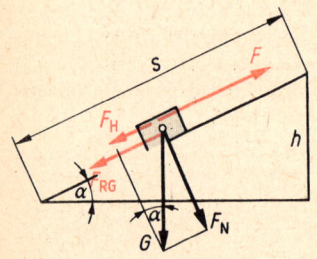

Bild 3.19 Zum Beispiel 3.5:
Kräfte an der geneigten Ebene

● **Aufgabe 3.12**

In Bild 3.20 ist das Ergebnis von Beispiel 3.5 in einem Diagramm für zwei verschiedene Werte von μ_G dargestellt. Erläutern Sie das Diagramm und ziehen Sie Schlußfolgerungen für die Verwendung einer geneigten Ebene zum Heben von Lasten. ●

Eine besondere Überlegung erfordert die Beobachtung, daß auch ein rollender Körper (Rad oder Kugel) nur bei Krafteinwirkung seinen Bewegungszustand beibehält. Doch ist dies nicht auf die Haft- oder Gleitreibung zurückzuführen. Das Vorhandensein einer Haftreibung zwischen rollendem Körper und Unterlage ist sogar Voraussetzung für das Rollen.

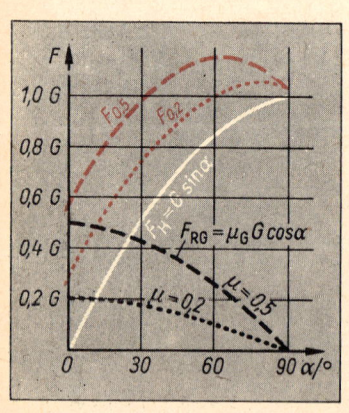

Bild 3.20 Zur Aufgabe 3.12

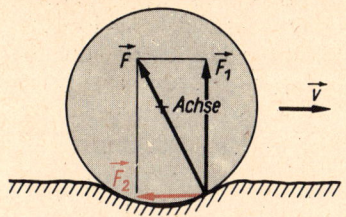

Bild 3.21 Zur Entstehung der bewegungshemmenden Kraft beim Rollen eines Rades. Die Kraftkomponente F_2 ist der Bewegung entgegengerichtet

Wie im Bild 3.21 gezeigt ist, wird die Rollbewegung deshalb gehemmt, weil der rollende Körper die Unterlage *verformt*, so daß er dauernd gegen den sich in Rollrichtung bildenden Wall anlaufen muß. Dadurch entsteht eine Kraftkomponente, die der Bewegung entgegengerichtet ist. Diese Kraft ist um so geringer, je größer der Radius des rollenden Körpers (Rades) ist. Deshalb also verwendet man z. B. bei schwierigen Bodenverhältnissen große Räder (Traktoren).

In der Praxis wird die *Rollreibungskraft* in formaler Analogie zur Gleitreibung durch Einführung einer *Rollreibungszahl* μ_R bestimmt. Diese muß experimentell ermittelt werden. Dann ist

$$F_{RR} = \mu_R F_N \qquad \text{Rollreibungskraft} \qquad (3.21)$$

Die Tatsache, daß $\mu_R \ll \mu_G$ ist, ist der Grund, weshalb man in der Technik so weit wie möglich die gleitende Bewegung vermeidet und die Rollbewegung bevorzugt.

● **Aufgabe 3.13**

Bestimmen Sie die Kraft, die notwendig ist, um einen Eisenbahnwaggon von 20 t Masse auf ebener Strecke in gleichförmiger Bewegung zu halten. Welche Kraft müßte bei gleitender Bewegung aufgebracht werden? ($\rightarrow$ B 7.5.)

Bei der Bewegung von Fahrzeugen werden an verschiedenen Stellen Reibungskräfte wirksam. Man faßt alle bewegungshemmenden Kräfte im *Fahrwiderstand* F_{RF} zusammen und definiert, wiederum in Analogie zur Gleitreibung, eine *Fahrwiderstandszahl* μ_F. Man erhält so für die zur Überwindung des Fahrwiderstandes notwendige Kraft die Beziehung

$$F_{RF} = \mu_F F_N \qquad \text{Fahrwiderstand} \qquad (3.22)$$

● **Aufgabe 3.14**

Welche bewegungshemmenden Kräfte werden durch den Fahrwiderstand eines Fahrrades erfaßt?

3.2.2.7. Zwangskraft

Die Annahme, daß Körper, die unter Krafteinwirkung stehen, frei beweglich sind, trifft in der Technik oft nicht zu. Die Bewegungsmöglichkeit eines Körpers ist vielmehr durch Führungen, Schienen, Aufhängungen usw. eingeschränkt. Dadurch wird der Körper zur Bewegung auf einer bestimmten Bahn oder Fläche gezwungen. Die dabei auftretenden Kräfte werden deshalb als *Zwangskräfte* bezeichnet.

Als Beispiel für das Auftreten einer Zwangskraft sei ein Fadenpendel angeführt (Bild 3.22). Das Gewicht G des Pendelkörpers bezeichnen wir als »eingeprägte« Kraft, die als Wechsel-

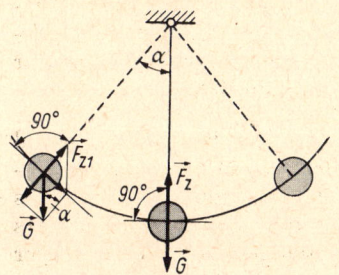

Bild 3.22 Seilkraft als Zwangskraft

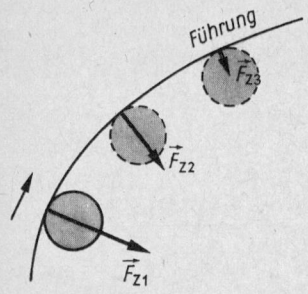

Bild 3.23 Zwangskraft bei rei-
bungsfreier Führung eines Körpers
auf gekrümmter Bahn. Die Zwangskraft bewirkt die Richtungsänderung. Diese, und damit auch die
Zwangskraft, sind bei gegebener
Geschwindigkeit um so größer, je
stärker die Führung gekrümmt ist

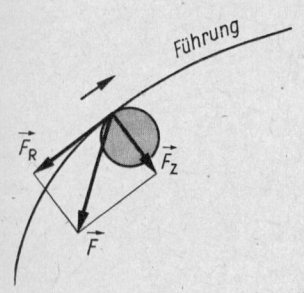

Bild 3.24 Kräfte bei Vorhandensein von Reibung zwischen beweg-
tem Körper und Führung.
Zerlegung der Kraft F in Tangentialkomponente (Reibungskraft
F_R) und Normalkomponente
(Zwangskraft F_Z)

wirkungskraft zum Gewicht wirkende Seilkraft F_S ist die
Zwangskraft F_Z. Wie aus dem Bild hervorgeht, steht die Seilkraft und damit die Zwangskraft stets senkrecht auf der Bahntangente des Pendelkörpers.
Ein weiteres Beispiel zeigt Bild 3.23. Eine Kugel rollt entlang
einer Führungsschiene. Hier wird durch elastische Verformung
der Schiene eine Zwangskraft auf die Kugel ausgeübt. Auch
diese steht senkrecht auf der Bahntangente. Es handelt sich
ja um eine Radialkraft, die die Bewegung auf der gekrümmten
Bahn erst ermöglicht.
Allgemein gilt:

Eine Zwangskraft ist eine (oft elastische) Kraft, die durch
Wechselwirkung eines unter Krafteinwirkung stehenden
Körpers mit einer Führung (Unterlage, Schiene, Seil usw.)
entsteht. Die Zwangskraft steht in jedem Bahnpunkt senkrecht auf der Bahntangente.

In Bild 3.24 wirkt die Kraft, die auf einen auf vorgeschriebener
Bahn bewegten Körper von einer Führung ausgeübt wird, *nicht*
senkrecht zur jeweiligen Bahnrichtung. Sie läßt sich in zwei
Komponenten zerlegen, in die senkrecht zur Bahn gerichtete
Zwangskraft, die die Bewegung in Bahnrichtung *nicht* beeinflußt, und die in Richtung der Bahntangente zeigende *Reibungskraft*, die die Bewegung *verzögert*.

3.2.2.8.   Trägheitskraft

Wir stehen in der fahrenden Straßenbahn. Der Fahrer bremst.
Wir spüren, daß in Fahrtrichtung eine Kraft auf uns wirkt.
Die Bahn fährt wieder an, und wir werden nach hinten gedrückt. Die Bahn durchfährt eine Rechtskurve: Wir erfahren
einen Ruck nach links. Nur bei Geradeausfahrt mit gleichbleibender Geschwindigkeit beobachten wir keine Kraftwirkung. Offensichtlich treten bei der Fahrt innerhalb des
Wagens Kräfte auf, deren Betrag und Richtung vom Bewegungszustand des Fahrzeugs abhängen. Diese Kräfte sollen
nachstehend untersucht werden. In diesem Abschnitt beschränken wir uns auf die bei geradliniger Bewegung auftretenden Kräfte.
Wir gehen von einem Versuch nach Bild 3.25 aus: In einem
Wagen, an dessen Stirnwänden Federkraftmesser angebracht
sind, soll sich eine Kugel frei bewegen können. Der Versuchs-
ablauf geht aus den Teilbildern 1 bis 5 hervor.
Wir haben *zwei Möglichkeiten*, das Verhalten der Kugel zu
beschreiben:

1. Wir beobachten von einem festen *Standpunkt außerhalb* des
   Wagens.
2. Wir beobachten von einem *Standpunkt innerhalb* des
   Wagens.

Wir stellen die beiden Beschreibungen nebeneinander:

1. Außenstehender Beobachter   2. Mitbewegter Beobachter

Bild 3.25 Versuch zur Erläuterung der Trägheitskräfte, die im beschleunigten Bezugssystem auftreten. Links vom außenstehenden, rechts vom mitbewegten Beobachter beschrieben

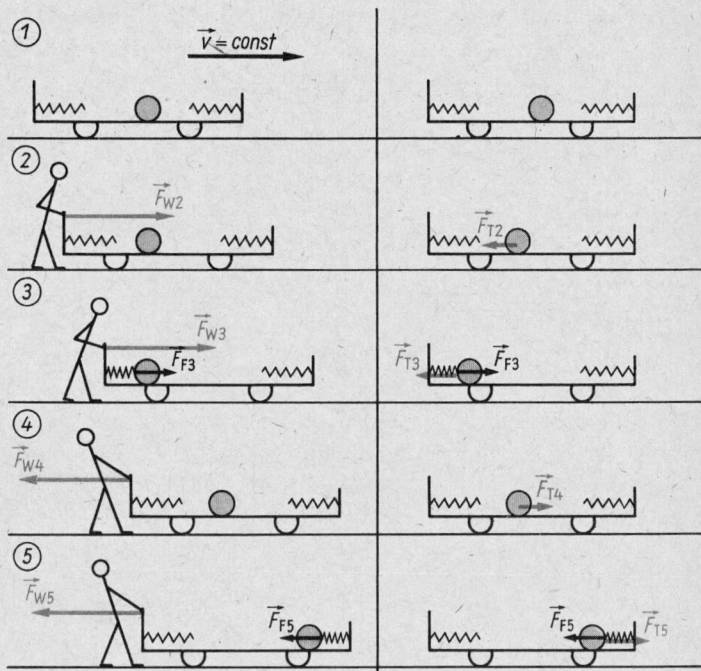

| | Phase 1: | Wagen und Kugel haben die gleiche, konstante Geschwindigkeit. Weder auf den Wagen noch auf die Kugel wirkt eine Kraft. | Die Kugel bewegt sich nicht, also wirkt keine Kraft auf sie ein. |

Phase 1: Wagen und Kugel haben die gleiche, konstante Geschwindigkeit. Weder auf den Wagen noch auf die Kugel wirkt eine Kraft.

Die Kugel bewegt sich nicht, also wirkt keine Kraft auf sie ein.

Phase 2: Infolge der auf den Wagen ausgeübten Schubkraft F_W bewegt sich dieser beschleunigt nach vorn. Es ist

$$a_{W2} = F_{W2}/m_W.$$

Auf die frei bewegliche Kugel kann keine Kraft übertragen werden. Sie behält also ihre Geschwindigkeit bei. Der Wagen bewegt sich aber beschleunigt, er »überholt« somit die Kugel.

Die Kugel setzt sich mit der Beschleunigung a_{K2} in Bewegung (im Bild nach links). Daraus schließen wir, daß eine nach links gerichtete Kraft, die wir mit F_{T2} bezeichnen, auf die Kugel einwirkt.

Phase 3: Der Wagen bewegt sich weiter wie in Phase 2. Die Kugel ist so weit gegenüber dem Wagen zurückgeblieben, daß

Die Kugel wird, wenn sie die Feder erreicht hat, durch das Spannen der Feder abgebremst. Wenn sie zur Ruhe

sie nun von der Feder mitgenommen wird. Die Kugel wird durch die Federkraft F_{F3} so beschleunigt, daß ihre Beschleunigung gleich der nach rechts gerichteten Beschleunigung des Wagens ist:

$$a_{K3} = F_{F3}/m_K = a_{W3}$$

gekommen ist, besteht Kräftegleichgewicht zwischen der nach links wirkenden Kraft F_{T3} und der nach rechts wirkenden Federkraft F_{F3}. An der Skale der Federwaage liest man den Betrag dieser Kraft ab und erhält für den Betrag der nach links gerichteten Beschleunigung der Kugel:

$$a_{K3} = F_{F3}/m_K$$

In Teilbild 4 und 5 wird der Wagen abgebremst.

● **Aufgabe 3.15**

Wie verläuft die Bremsbewegung (Phase *4* und Phase *5*) vom jeweiligen Standpunkt der beiden Beobachter aus?   ●

Was stellen wir nun als Ergebnis unseres Versuches fest? Die Bewegung der Kugel läßt sich nur in der Phase *1*, also wenn sich die beiden Systeme geradlinig mit gleichbleibender Geschwindigkeit gegeneinander bewegen, in gleicher Weise erklären. Es gilt das

Relativitätsprinzip der Mechanik:
Gleichförmig geradlinig gegeneinander bewegte Bezugssysteme sind einander physikalisch gleichwertig. Es gibt keine Möglichkeit, sie durch ein Experiment voneinander zu unterscheiden.

In einem beschleunigten Bezugssystem (Phasen *2* bis *5*) müssen wir, wenn die Grundgleichung der Dynamik gelten soll, eine besondere Kraft einführen, die wir als *Trägheitskraft* F_T bezeichnen.
Wie der Versuch zeigt, erhält ein frei beweglicher Körper durch die Trägheitskraft eine Beschleunigung, die der Beschleunigung des Bezugssystems dem Betrag nach gleich, der Richtung nach entgegengesetzt ist.

In einem beschleunigten Bezugssystem wirkt auf jeden Körper eine Trägheitskraft. Diese ist der Beschleunigung des Bezugssystems entgegengerichtet.

$$\boxed{F_T = -ma}$$ **Trägheitskraft im beschleunigten Bezugssystem**   (3.23)

● **Beispiel 3.6**

Ein Hammer mit der Masse 1,0 kg wird so geschwungen, daß er mit einer Geschwindigkeit von 15 m s^{-1} auf einen Nagelkopf

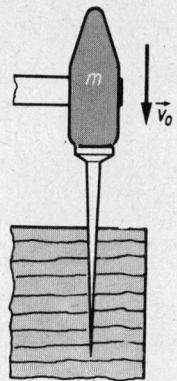

Bild 3.26 Zum Beispiel 3.6

trifft. 2,0 ms nach dem Auftreffen ist er völlig abgebremst. Berechnen Sie die mittlere Kraft, mit der der Nagel in die Unterlage getrieben wird.

Gegeben: $m = 1{,}0$ kg; $v_0 = 15$ m s^{-1} *Gesucht: F*
$t = 2{,}0$ ms; $v = 0$

Die gesuchte Kraft ist die Summe aus der beim Abbremsen des Hammers auftretenden Trägheitskraft und dem Gewicht des Hammers:

$$F = F_\text{T} + G \tag{1}$$

Zur Berechnung der Trägheitskraft wählen wir als Bezugssystem den bewegten Hammer. Die Schlagrichtung sei als positiv angenommen (Bild 3.26).
Dann gilt (2.6) $a = (v - v_0)/t = -v_0/t$. Die Beschleunigung des Bezugssystems ist also negativ. Für die Trägheitskraft erhalten wir nach (3.23) $F_\text{T} = -ma$

$$F_\text{T} = -m\left(-\frac{v_0}{t}\right) = m\,\frac{v_0}{t} \tag{2}$$

Für das Gewicht gilt (3.6) $G = mg$ (3)

Aus (1), (2) und (3) folgt

$$F = m\,\frac{v_0}{t} + mg = \underline{\underline{m\left(\frac{v_0}{t} + g\right)}}$$

$$F = 1\text{ kg}\left(\frac{15\text{ m}}{\text{s} \cdot 2 \cdot 10^{-3}\text{ s}} + 10\,\frac{\text{m}}{\text{s}^2}\right) = \underline{\underline{7{,}5\text{ kN}}}$$

Bemerkung: Die Rechnung zeigt, daß das Gewicht des Hammers (10 N) gegenüber der Trägheitskraft vernachlässigt werden kann.   ●

Wie (3.23) zeigt, ist die Trägheitskraft proportional der Masse des jeweiligen Körpers. Sie wirkt auf jedes Teilchen des betreffenden Körpers ein. Suchen wir nach der Wechselwirkungskraft zur Trägheitskraft, so stellen wir fest, daß es eine solche nicht gibt. Die Trägheitskraft ist keine Kraft, die auf Wechselwirkung beruht. Sie wird deshalb als *Scheinkraft* bezeichnet. Ihr Vorhandensein und ihr Betrag hängen ja ganz von der Wahl des Beobachtungsstandpunktes ab.
In diesem Zusammenhang sei bemerkt, daß die Betrachtung von Bewegungsvorgängen vom Standpunkt des beschleunigten Beobachters aus — und damit die Einführung von Trägheitskräften — nicht notwendig, aber in vielen Fällen sehr zweckmäßig ist. Wie D'ALEMBERT gezeigt hat, lassen sich dadurch dynamische Probleme wie statische behandeln. Man sieht formal davon ab, daß man in zwei verschiedenen Bezugssystemen beobachtet, und betrachtet die Trägheitskraft F_T als

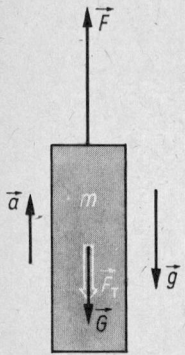

Bild 3.27 Trägheitskraft beim beschleunigten Anheben eines Körpers

Gegenkraft zur beschleunigenden Kraft F_B. Man schreibt

$$F_\mathrm{B} + F_\mathrm{T} = 0 \qquad\qquad\qquad\qquad (3.24)$$
$$\text{Kräfteansatz nach d'Alembert}$$
$$F_\mathrm{B} - ma = 0 \qquad\qquad\qquad\qquad (3.24')$$

wobei in der zweiten Gleichung (3.23) $F_\mathrm{T} = -ma$ berücksichtigt wurde.

Fragt man zum Beispiel, welche Kraft F notwendig ist, um einen Körper der Masse m mit der Beschleunigung a im Schwerefeld anzuheben, so macht man den in der Statik für das Kräftegleichgewicht gültigen Ansatz $\sum F = 0$ und schließt die Trägheitskraft mit ein (Bild 3.27): Die nach oben (in positiver Richtung) wirkende Kraft F steht im Gleichgewicht mit den nach unten (in negativer Richtung) wirkenden Kräften Gewicht $G = -mg$ und Trägheitskraft $F_\mathrm{T} = -ma$. Nach (3.24) erhalten wir

$$F - mg - ma = 0. \quad \text{Daraus folgt}$$

$$F = m(g + a).$$

In der Technischen Mechanik wird dieses Vorgehen als *d'Alembertsches Prinzip* bezeichnet.

Bei der Anwendung des d'Alembertschen Prinzips ist zu beachten, daß bei einer Anfahrbewegung die Trägheitskraft der Bewegungsrichtung entgegengerichtet ist, bei einer Bremsbewegung aber gleiche Richtung wie die Bewegung hat.

● **Aufgabe 3.16**

Wie lautet der d'Alembertsche Ansatz für das Einschlagen des Nagels nach Beispiel 3.6?   ●

● **Aufgabe 3.17**

Bestimmen Sie die Trägheitskraft, die auf einen Kraftfahrer mit 75 kg Masse wirkt, wenn das Fahrzeug mit einer Geschwindigkeit von 60 km h⁻¹ gegen ein Hindernis fährt und nach 2,0 m zum Stehen kommt (Annahme: gleichmäßig verzögerte Bewegung). Erläutern Sie, weshalb empfohlen wird, im Kraftfahrzeug Sicherheitsgurte anzulegen.   ●

3.2.2.9.   Radialkraft

Wie wir in 2.4.4. erkannten, tritt bei jeder Kreisbewegung eine Radialbeschleunigung in Richtung zum Kreismittelpunkt auf. Eine Radialbeschleunigung ist aber nur möglich, wenn eine radial nach innen gerichtete Kraft vorhanden ist. Wir bezeichnen diese Kraft als *Radialkraft* oder *Zentripetalkraft*. Auch für die Radialkraft gilt die Grundgleichung der Dynamik (3.4) $F = ma$. Somit erhalten wir für die Radialkraft auf einen kreisenden Massenpunkt $F_\mathrm{r} = ma_\mathrm{r}$ und, wenn wir noch die in

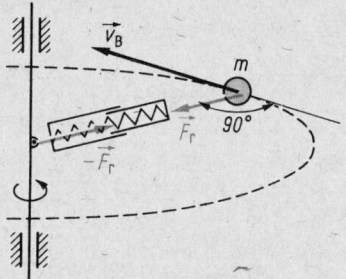

Bild 3.28 Zur Radialkraft bei umlaufendem Massenpunkt

der Kinematik entwickelten Gleichungen (2.25) $a_r = v_B^2/r$ und (2.25') $a_r = \omega^2 r$ beachten,

$$F_r = m \frac{v_B^2}{r}$$ **Betrag der Radialkraft** (3.25)

$$F_r = m\omega^2 r$$ **(Zentripetalkraft)** (3.25')

Als Wechselwirkungskraft zur Radialkraft tritt eine nach außen gerichtete Kraft vom gleichen Betrag auf. Ein Beispiel zeigt der Versuch nach Bild 3.28. Hier ist die an der Kugel angreifende Federkraft F_i die Radialkraft, die an der Achse angreifende Kraft $-F_r$ die Wechselwirkungskraft. Wir halten fest:

Die Radialkraft ist eine Zwangskraft, die stets senkrecht zur Bahn gerichtet ist.

Große Bedeutung hat die Radialkraft für die Fahrsicherheit von Verkehrsmitteln, die eine Kurve durchfahren. Als Beispiel betrachten wir ein Kraftfahrzeug auf ebener Straße. Hier wirkt als Radialkraft die zwischen Rad und Straße vorhandene Haftreibungskraft. Bei gegebenem Gewicht des Fahrzeugs kann die Haftreibungskraft einen durch die jeweilige Haftreibungszahl bestimmten Maximalwert nicht überschreiten. Durch diesen Maximalwert ist die Geschwindigkeit eines Kraftfahrzeugs beim Durchfahren einer Kurve beschränkt. Das sei an einem Beispiel gezeigt.

● **Beispiel 3.7**

Berechnen Sie die Höchstgeschwindigkeit eines Kraftfahrzeugs für das Durchfahren einer Kurve von 100 m Radius. Die Haftreibungszahl beträgt 0,4.

Gegeben: $r = 100$ m; $\mu_0 = 0,4$ *Gesucht:* v_{max}

Es muß gelten: $F_r \leq F_{RH}$.
Aus (3.25) $F_r = mv_B^2/r$, (3.18) $F_{RH\,max} = \mu_0 F_N$ und (3.6) $G = mg$ folgt $mv^2_{max}/r = \mu_0 mg$ und somit

$$v_{max} = \sqrt{\mu_0 g r}$$

Da $\mu_0 = 0,4$ ein gerundeter Wert ist, rechnen wir mit $g \approx 10$ m s^{-2}.

$$v_{max} = \sqrt{0,4 \cdot 10 \text{ m s}^{-2} \cdot 100 \text{ m}} = 20 \text{ m s}^{-1} = 72 \text{ km h}^{-1}$$

Das Ergebnis zeigt, daß die Maximalgeschwindigkeit für eine gegebene Kurve für *jedes* Fahrzeug, unabhängig von dessen Masse, nur von der Haftreibungszahl, d. h. vom jeweiligen Straßenzustand, abhängt. Bei einsetzendem Regen, Schneeglätte usw. ist die Haftreibungszahl und damit die maximal mögliche Geschwindigkeit sehr viel kleiner als im angenommenen Fall! ●

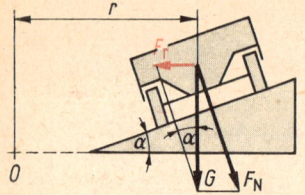

Bild 3.29 Durch Überhöhung von Kurven wird eine Komponente des Fahrzeuggewichts als Radialkraft genutzt. Dies erhöht die Fahrsicherheit und ermöglicht eine höhere Fahrgeschwindigkeit in der Kurve (r Kurvenradius)

Um die Fahrsicherheit und die maximale Geschwindigkeit der Verkehrsmittel zu erhöhen, nutzt man die Schwerkraft zur Erzeugung einer Radialkraft aus, indem man die Kurve überhöht (Bild 3.29). Durch die Schräglage des Fahrzeugs entsteht eine Kraftkomponente des Gewichts in Richtung zum Mittelpunkt der Kreisbahn. Diese Komponente bewirkt als Radialkraft die Richtungsänderung des Fahrzeugs. Zwischen Rad und Straße tritt dann keine Kraft mehr in seitlicher Richtung auf, ein Schleudern oder »Aus-der-Kurve-getragen-Werden« wegen zu geringer Haftreibung ist nicht möglich, wenn das Fahrzeug die Kurve mit der vorgesehenen Geschwindigkeit durchfährt. Die Berechnung des Überhöhungswinkels sei an folgendem Beispiel gezeigt.

● **Beispiel 3.8**

Bestimmen Sie den Überhöhungswinkel für die in Beispiel 3.7 gegebene Kurve und für die dort errechnete Geschwindigkeit.

Gegeben: $r = 100\,\text{m}$; $v = \sqrt{\mu_0 g r}$ *Gesucht:* α

Aus der Skizze entnehmen wir $\tan\alpha = F_r/G$. Mit $F_r = mv^2/r$ und $G = mg$ erhalten wir $\tan\alpha = v^2/(rg)$. Aus der gegebenen Gleichung für v folgt $v^2/(rg) = \mu_0$. Somit gilt $\tan\alpha = \mu_0$ und $\alpha = \arctan\mu_0$.

Mit dem in Beispiel 3.7 gegebenen Wert $\mu_0 = 0,4$ erhalten wir

$\tan\alpha = 0,4$; $\alpha = 22°$.   ●

● **Aufgabe 3.18**

Welche Schlußfolgerung ist aus der in Beispiel 3.8 ermittelten Beziehung $\tan\alpha = \mu_0$ hinsichtlich der Standsicherheit eines in dieser Kurve anhaltenden Fahrzeugs zu ziehen? Was ergibt sich daraus für die Realisierung der errechneten Überhöhung in der Praxis?   ●

3.2.2.10.   Fliehkraft

Wir haben in 3.2.2.9. die bei der Kreisbewegung auftretenden Kräfte vom Standpunkt eines ruhenden Beobachters beschrieben. Gerade bei der Kreisbewegung ist es aber oft zweckmäßig, den *Standpunkt des mitbewegten Beobachters* zu wählen. Befinden wir uns z. B. in einem Verkehrsmittel, das eine Kurve durchfährt, oder auf einem Karussell, fällt es uns schwer, den Standpunkt des ruhenden Beobachters einzunehmen.
In 3.2.2.8. stellten wir fest, daß ein Beobachter im beschleunigten Bezugssystem Trägheitskräfte wahrnimmt, die der Beschleunigung des Bezugssystems entgegengerichtet sind. Die Beschleunigung infolge der Trägheitskraft ist dem Betrag nach gleich der Beschleunigung des Bezugssystems. Übertragen wir dies auf die Kreisbewegung, so müssen wir schlußfolgern, daß

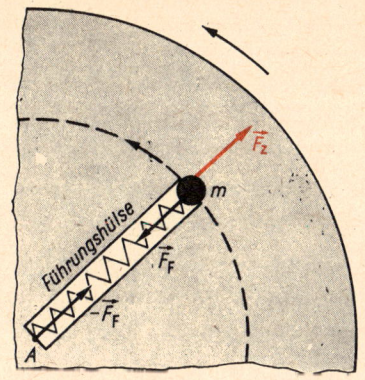

Bild 3.30 Kompensation einer Zentrifugalkraft durch eine Federkraft. Der Körper ruht im rotierenden Bezugssystem

für den mitbewegten Beobachter an jedem Körper eine Kraft angreift, die der von außen beobachteten Radialkraft entgegengerichtet, ihr aber dem Betrag nach gleich ist. Wir bezeichnen diese Kraft als *Fliehkraft* oder *Zentrifugalkraft* F_Z. Für sie gilt

$$F_Z = -F_r \qquad \text{Fliehkraft} \qquad (3.26)$$

> Die Zentrifugalkraft ist eine radial nach außen gerichtete Trägheitskraft, die für einen an der Kreisbewegung teilnehmenden Beobachter auftritt. Sie hat den gleichen Betrag wie die Radialkraft, die ein ruhender Beobachter registriert.

$$F_Z = \frac{m v_B^2}{r} \qquad \text{Betrag der Fliehkraft} \qquad (3.26')$$
$$F_Z = m \omega^2 r \qquad \text{(Zentrifugalkraft)} \qquad (3.26'')$$

Soll ein Massenpunkt, auf den eine Zentrifugalkraft einwirkt, im Bezugssystem ruhen, so muß an ihm eine Gegenkraft zur Zentrifugalkraft angreifen. In Bild 3.30 ist dies eine Federkraft. Die Wechselwirkungskraft zu dieser Federkraft greift im Drehzentrum an.

Wenn wir die Bewegung eines Satelliten um die Erde vom Standpunkt des mitbewegten Beobachters aus beschreiben, greifen am Satelliten zwei Kräfte an, die Zentrifugalkraft und in entgegengesetzter Richtung die Schwerkraft. Der Satellit und alle Körper innerhalb des Satelliten ruhen im Bezugssystem, da beide Kräfte gleichen Betrag haben. Dies äußert sich in der im Raumschiff zu beobachtenden sogenannten »Schwerelosigkeit«. Doch ist die Erdanziehung nach wie vor wirksam. Nur wird sie eben durch die Zentrifugalkraft kompensiert.

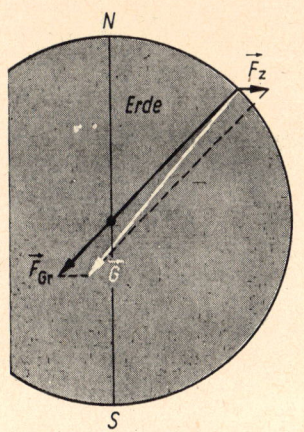

Bild 3.31 Zur Aufgabe 3.19. Überlagerung von Gravitationskraft und Zentrifugalkraft

● **Aufgabe 3.19**

Erläutern Sie anhand von Bild 3.31 die in 3.2.2.4. erwähnte Beeinflussung des Gewichts durch die Erdrotation und deren Abhängigkeit von der geografischen Breite. ●

● **Aufgabe 3.20**

Berechnen Sie die Geschwindigkeit eines in Erdnähe umlaufenden Satelliten aus dem Gleichgewicht der Kräfte. Als Bahnradius werde der Erdradius angenommen. ●

3.2.2.11. Corioliskraft

Lösen wir als mitbewegter Beobachter den in Bild 3.30 kreisenden Körper während der Bewegung von der Feder, wird sich dieser, so vermuten wir, unter dem Einfluß der Zentrifugalkraft

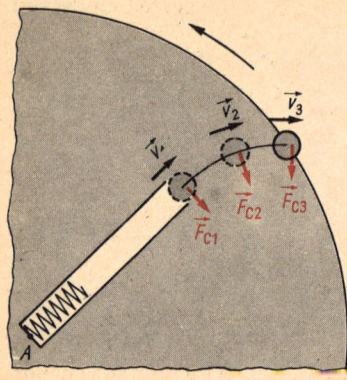

Bild 3.32 Versuch zur Demonstration der Corioliskraft

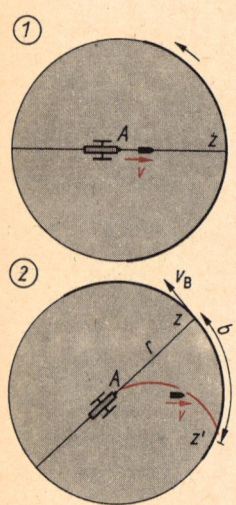

Bild 3.33 Versuch zur Herleitung
des Betrages der Corioliskraft

radial nach außen bewegen. Doch zeigt ein Versuch, daß unsere
Vermutung nicht richtig ist. Der Körper bewegt sich vielmehr
auf einer nach rechts gekrümmten Bahn nach außen (Bild 3.32).
Wir können dies nur so erklären, daß auf einen sich im rotierenden Bezugssystem bewegenden Körper zusätzlich zur Zentrifugalkraft noch eine weitere Kraft wirkt, die ihn nach rechts
beschleunigt. Wir registrieren also noch eine zweite Trägheitskraft. Diese wird nach ihrem Entdecker CORIOLIS als *Corioliskraft* bezeichnet.

Daß diese Kraft wirklich eine Trägheitskraft, also eine Scheinkraft ist, bestätigen wir dadurch, daß wir die Bewegung als
außenstehender Beobachter beschreiben. Für diesen bewegt
sich der Körper, solange ihn die gespannte Feder hält, auf
einer Kreisbahn. Die Federkraft ist die Radialkraft. Nach dem
Lösen von der Feder bewegt sich der Körper kräftefrei tangential zur bisherigen Bahn weiter. Dabei dreht sich die mit dem
rotierenden Bezugssystem verbundene Scheibe unter ihm hinweg,
wobei auf dieser die angegebene Bahn entsteht.

Versetzen wir uns nun wieder in die Rolle des *mitrotierenden* Beobachters. Er kann, solange der Körper in seinem Bezugssystem ruht, keine seitlich wirkende Kraft wahrnehmen. Erst
wenn der Körper sich im Bezugssystem bewegt, tritt die
Corioliskraft auf.

> Die Corioliskraft ist eine Trägheitskraft, die in einem
> rotierenden Bezugssystem auf einen Körper einwirkt, der
> sich in diesem Bezugssystem bewegt.

Eine Gleichung für den Betrag der Corioliskraft soll an Bild 3.33 hergeleitet werden. Hier wird vom Drehzentrum aus ein Schuß in Richtung Z
abgefeuert. Der Treffer erfolgt in Z'. Die Geschwindigkeit des Geschosses
sei v. Dann gilt für die Bogenlänge b, d. h. für den unter Einwirkung der
Corioliskraft zurückgelegten Weg $b = v_B \, \Delta t = r\omega \, \Delta t$, und mit $r = v \, \Delta t$
folgt

$$b = v\omega(\Delta t)^2 \qquad \qquad (*)$$

Unter der Annahme einer konstanten Corioliskraft gilt nach (2.7)
$s = v_0 t + at^2/2$ mit $v_0 = 0$, $s = b$ und $a = a_C$ (Coriolisbeschleunigung)

$$b = \frac{1}{2} \, a_C (\Delta t)^2 \qquad \qquad (**)$$

Gleichsetzen von (*) und (**) ergibt

$$a_C = 2v\omega \qquad \text{Betrag der Coriolisbeschleunigung} \qquad (3.27)$$
$$\text{(für } v \perp \omega)$$

Mit (3.4) $F = ma$ folgt aus (3.27)

$$F_C = 2 \, mv \, \omega \qquad \text{Betrag der Corioliskraft} \qquad (3.28)$$
$$\text{(für } v \perp \omega)$$

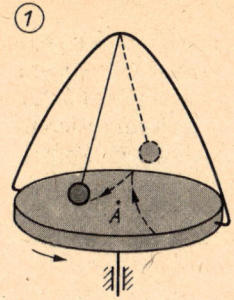

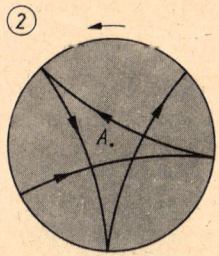

Bild 3.34 Pendelversuch zur
Demonstration der Corioliskraft
(2. Draufsicht)

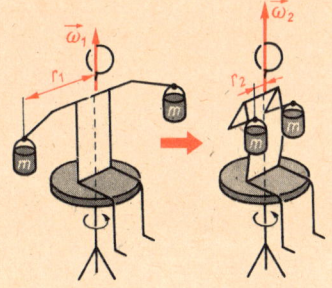

Bild 3.35 Drehschemelversuch.
Die Versuchsperson (V) hält die
Arme ausgestreckt, und der Drehschemel wird in Rotation versetzt.
Dann zieht V die Arme dicht an
den Körper heran. Zur Erhöhung
der Wirkung sind die Hände mit
Hanteln beschwert.
Der Versuch dient 1. zum Nachweis der Corioliskraft und 2. zur
Bestätigung des Drehimpulserhaltungssatzes (3.3.7). Beim Anziehen
der Arme verringert sich der
Radius r und damit das Massenträgheitsmoment J. Da der Drehimpuls $L = J\omega$ erhalten bleibt,
muß sich die Winkelgeschwindigkeit ω erhöhen

Es ist zu beachten, daß in (3.28) die Winkelgeschwindigkeit
von einem ruhenden System aus gemessen wird, die Geschwindigkeit v aber auf das rotierende System bezogen ist.
Wie ein Versuch nach Bild 3.34 bestätigt, hängt die Richtung
der Ablenkung nur vom Drehsinn des Bezugssystems ab,
also nicht von der Bewegungsrichtung des Körpers innerhalb
des Systems. Wir beschreiben den Versuch als außenstehender
Beobachter. In Bild 3.34.1 schwingt ein Pendel über einer mit
konstanter Winkelgeschwindigkeit rotierenden Drehscheibe.
Dabei behält die Ebene, in der das Pendel schwingt, ihre Lage
im Raum bei, da außer der Schwerkraft keine Kraft auf das
Pendel einwirkt. Für einen mitbewegten Beobachter dagegen
steht die Drehscheibe still. Der Pendelkörper beschreibt auf
dieser Ebene die in Bild 3.34.2 angegebene Bahn. Man erkennt,
daß die in Bewegungsrichtung gesehene Ablenkung stets nach
rechts erfolgt, wenn das System entgegen dem Uhrzeigersinn
rotiert. Umkehrung der Drehrichtung hat eine Ablenkung nach
links zur Folge.
Die Corioliskraft läßt sich mit dem in Bild 3.35 gezeigten
Drehschemelversuch sehr eindrucksvoll nachweisen. Die auf
dem Drehschemel sitzende Person spürt beim Anziehen und
Ausstrecken der Arme deutlich die seitlich ablenkende Corioliskraft.

● **Aufgabe 3.21**

Überlegen Sie sich, wie sich die Corioliskraft 1. am Äquator,
2. am Pol, 3. in unseren Breiten bemerkbar macht, wenn ein
Körper in einen tiefen Schacht fällt.   ●

3.2.3.   Arbeit, Energie und Leistung

3.2.3.1.   Mechanische Arbeit

Man kann grundsätzlich jede Bewegungsaufgabe der Mechanik
allein unter Anwendung der Grundgleichung der Dynamik
lösen. Durch Einführung weiterer Größen wie *mechanische
Arbeit, Energie, Impuls* und *Kraftstoß* erreicht man jedoch oft
eine einfachere Lösung der gestellten Probleme. Wir befassen
uns zunächst mit dem Begriff der mechanischen Arbeit.
Das Wort Arbeit hat in der Umgangssprache vielfältige Bedeutung. In der Mechanik wird es nur verwendet, wenn eine
Kraft (oder auch die Resultierende aus mehreren Kräften) so
auf einen Körper einwirkt, daß dieser unter Einwirkung der
Kraft einen Weg zurücklegt. Ein einfaches Beispiel ist in
Bild 3.36 gezeigt. Man setzt fest, daß die Arbeit W proportional
ist sowohl dem Betrag F der wirkenden Kraft als auch dem
Betrag s des Weges, auf dem die Kraft wirkt.

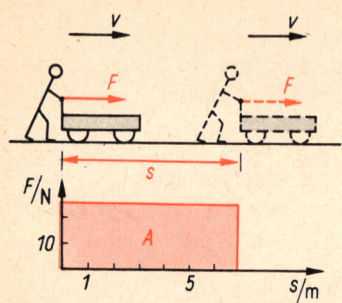

Bild 3.36 Zur Definition der mechanischen Arbeit bei konstanter Kraft. Kraft und Weg in gleicher Richtung. $A \triangleq W = Fs$

Die Kenntnis der Leistungseinheit Watt (W) wird hier vorausgesetzt (→ 3.2.3.7.)

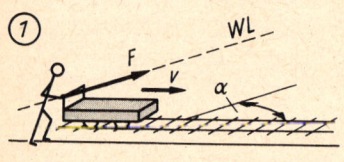

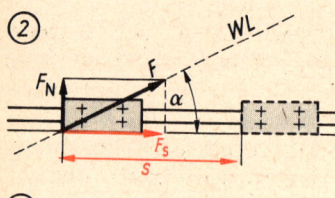

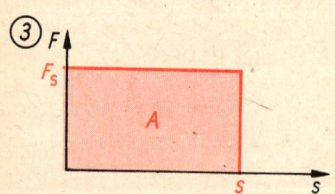

Bild 3.37 Zur Definition der mechanischen Arbeit bei schräg zur Wegrichtung angreifender Kraft (WL Wirkungslinie der Kraft)
1. Darstellung der Situation;
2. Zerlegung der Kraft F in die in Wegrichtung fallende Komponente vom Betrag $F_s = F \cos \alpha$ und die senkrecht zum Weg stehende Komponente vom Betrag $F_N = F \sin \alpha$;
3. Diagramm der verrichteten Arbeit. $A \triangleq W = Fs \cos \alpha$

In Bild 3.36 liegt insofern ein Sonderfall vor, als Kraft und Weg gleiche Richtung haben. Im allgemeinen trifft dies nicht zu. Im Beispiel von Bild 3.37.1 liegt zwischen Kraftrichtung und Richtung des Weges der Winkel α. In Wegrichtung ist somit nur die Kraftkomponente $F_s = F \cos \alpha$ wirksam (Bild 3.37.2), und nur diese geht in die Definition der mechanischen Arbeit ein. Somit gelten folgende Definitionen:

$$W = Fs \cos \alpha \qquad \text{(3.29)}$$
$$W = F_s s \qquad \text{(3.29')}$$

Mechanische Arbeit bei konstanter Kraft

$$[W] = \text{N m} = \text{W s} = \text{J (Joule; → Joule)}$$

Gebräuchliche SI-fremde Einheiten: (kWh, kpm).

Die verrichtete Arbeit läßt sich, wie in den Bildern 3.36 und 3.37 gezeigt wird, anschaulich in einem F,s-Diagramm darstellen. Sie erscheint als Fläche, die sich über s von der Abszissenachse bis zur Kurve erstreckt.
In (3.29) ist eine *konstante* Kraft vorausgesetzt. Für den allgemeineren Fall, daß eine *vom Weg abhängige* Kraft $F = F(s)$ wirkt (Bild 3.38), unterteilen wir den Weg in Wegelemente Δs und bilden zunächst für jedes Wegelement das Arbeitselement $\Delta W = F(s) \cos \alpha \, \Delta s$. Für $\Delta s \to 0$ ergibt sich die gesamte Arbeit als Grenzwert der Summe aller Arbeitselemente:

$$W = \int_{s_1}^{s_2} F(s) \cos \alpha \, \mathrm{d}s \qquad \text{(3.29'')}$$

Mechanische Arbeit

▌ Die mechanische Arbeit ist das Wegintegral der Kraft.

Es ist zu beachten, daß die Arbeit eine skalare Größe ist, obwohl die in das Produkt eingehenden Größen Kraft und Weg Vektorgrößen sind.
Wir kommen noch einmal auf den Winkel zwischen Kraftrichtung und Wegrichtung zurück. Für $\alpha = 90°$ folgt aus $\cos 90° = 0$, daß auch $W = 0$. Eine senkrecht zum Weg wirkende Kraft hatten wir in 3.2.2.7. als Zwangskraft definiert. Somit gilt:

▌ Zwangskräfte verrichten keine Arbeit.

Wir wollen beachten, daß dies auch für die in 3.2.2.9. als Zwangskraft eingeführte Radialkraft gilt.
Wird zwischen Kraft und Weg ein stumpfer Winkel gemessen ($90° < \alpha < 180°$), hat $\cos \alpha$ und damit auch die Arbeit einen

negativen Wert. Was das bedeutet, wollen wir uns an Bild 3.39 klarmachen. Die Situation entspricht der in Bild 3.36, mit dem Unterschied, daß hier die Versuchsperson den Wagen nicht schiebt, sondern bremst, d. h. vom Wagen gezogen wird. Hier wird also nicht *durch* die Kraft Arbeit verrichtet, sondern es muß *gegen* die Kraft Arbeit aufgewendet werden.

● **Aufgabe 3.22**

Ein Körper mit einer Masse von 200 kg wird 1. direkt, 2. mit Hilfe einer geneigten Ebene von 10 m Länge auf einen 2,5 m hohen Sockel gehoben. Wie unterscheiden sich die Arbeitsdiagramme der beiden Vorgänge? (Reibung werde vernachlässigt.)

3.2.3.2.   Arbeit und Energie

Eng verknüpft mit dem Begriff Arbeit ist der *Energie*begriff. Die Definition der physikalischen Größe Energie geht davon aus, daß Energie benötigt wird, wenn Arbeit verrichtet werden soll. Wir sagen:

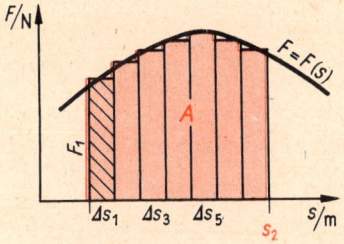

Bild 3.38 Darstellung der mechanischen Arbeit bei wegabhängiger Kraft. Die Fläche A ist der Grenzwert der Summe aus den Rechtecken $F_\nu \cdot \Delta s_\nu$ zwischen s_1 und s_2:

$$W = \int_{s_1}^{s_2} F(s) \cos \alpha \, ds$$

Energie	*Arbeit*
ist *Arbeitsvermögen*.	ist *Energieumsatz*.
Ein Körper oder ein System von Körpern *hat Energie*.	An einem Körper oder an einem System von Körpern wird Arbeit verrichtet, wenn er (es) Energie aufnimmt: $\Delta W > 0$.
	Ein Körper oder ein System von Körpern verrichtet Arbeit, wenn er (es) Energie abgibt: $\Delta W < 0$.
Energie kennzeichnet einen *Zustand*.	Arbeit kennzeichnet einen *Vorgang*.

Wegen des engen Zusammenhangs zwischen Arbeit und Energie werden beide Größen in gleichen Einheiten gemessen:

$$[\text{Energie}] = [\text{Arbeit}] = \text{J} = \text{N m} = \text{W s}$$

Gebräuchliche SI-fremde Energieeinheiten sind: kWh, (kpm, cal, kcal).

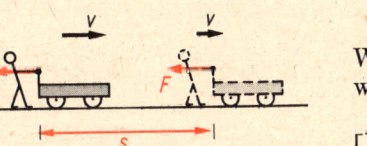

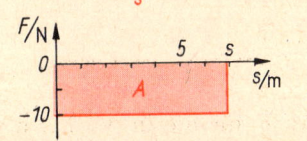

Bild 3.39 Negative Arbeit wird verrichtet, wenn die Kraft dem Weg entgegengerichtet ist

In der Mechanik unterscheiden wir zwei Formen der Energie:

potentielle Energie oder *Lageenergie* und *kinetische Energie* oder *Bewegungsenergie*.

Potentielle Energie ist Arbeitsvermögen, das ein Körper oder ein System auf Grund seiner Lage oder der Anordnung seiner Teile hat.

Beispiele: gehobener Körper, gespannte Feder.

Kinetische Energie ist Arbeitsvermögen, das ein Körper auf Grund seiner Bewegung hat.

Beispiele: bewegtes Fahrzeug, strömende Gase und Flüssigkeiten.

Sowohl potentielle als auch kinetische Energie sind *relative* Größen. Wie in den folgenden Abschnitten gezeigt wird, haben sie nur Sinn, wenn ein Bezugssystem angegeben ist.

3.2.3.3.   Verschiebungsarbeit

An drei einfachen Beispielen werde der Begriff *Verschiebungsarbeit* erläutert. In Bild 3.40.1 wird ein Körper um die Höhe h gehoben. Wir nehmen dabei das Gewicht als konstant an; wie in 3.2.2.4. erläutert, ist das für geringe Höhenunterschiede zulässig. In Bild 3.41 wird die Feder eines Federkraftmessers

Bild 3.40 Zur Hubarbeit. Mit dem im Teilbild 1 durch Anwendung der Kraft $G' = -G$ ohne Beschleunigung auf die Höhe h gehobenen Körper A kann im Teilbild 2 ein gleicher Körper B auf die gleiche Höhe gehoben werden. Die beim Heben zugeführte Energie bleibt als potentielle Energie erhalten

Bild 3.41 Zur Spannarbeit. Um die Feder auf dem Wege s ohne Beschleunigung zu spannen, muß die linear von Null bis $F_{F'max}$ wachsende Kraft $F_{F'} = -F_F$ wirken. Für die Spannarbeit gilt nach Skizze $W_F = \frac{1}{2}F_{Fmax}\,s$. Mit der Federkonstanten $k = F_F/\Delta s$ (3.16') ist $F_{Fmax} = ks$ und somit $W_F = \frac{1}{2}ks^2$. Beim Entspannen der Feder kann Arbeit von gleichem Betrag verrichtet werden. Die beim Spannen zugeführte Energie bleibt als potentielle Energie erhalten

Bild 3.42 Zur Reibungsarbeit. Die Verschiebung erfolgt ohne Beschleunigung mit der Kraft $F_{R'} = -F_R$. Die dabei zugeführte Energie geht als mechanische Energie verloren. Sie wird in Wärmeenergie umgewandelt

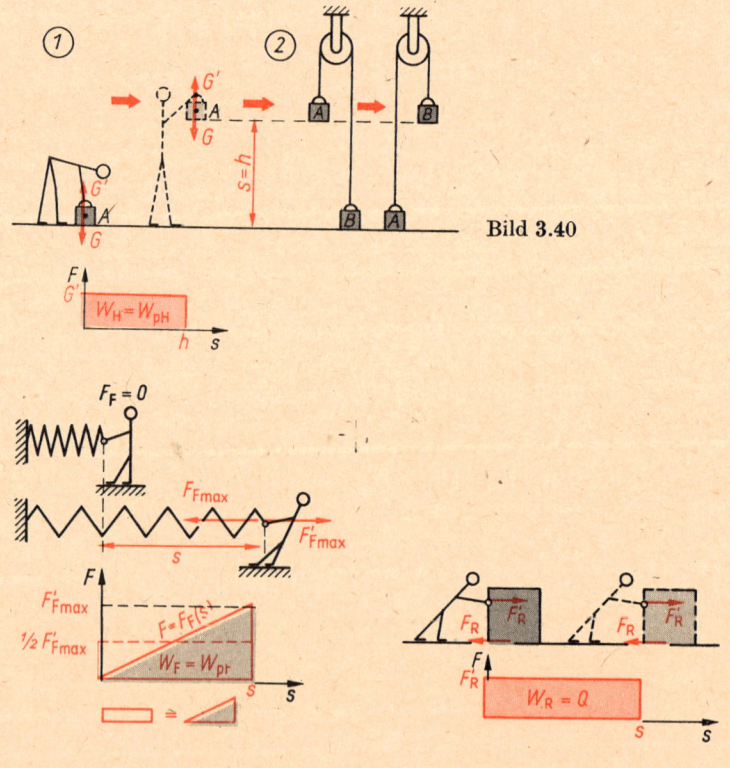

Bild 3.40

Bild 3.41

Bild 3.42

um die Strecke s ausgezogen. In Bild 3.42 wird ein Körper auf waagerechter Unterlage um die Strecke s nach rechts verschoben. In jedem der drei Fälle wirkt eine Kraft, die der geforderten Verschiebung des Körpers entgegengerichtet ist (Schwerkraft F_G, Federkraft F_F, Reibungskraft F_R).

Die Bewegung soll jeweils ohne Beschleunigung erfolgen. Um diese Bedingung zu erfüllen, muß die verschiebende Kraft F' die entgegengerichtete Kraft F gerade aufheben (ausgleichen). Die Beträge der Kräfte sind dann gleich, und weil die Gesamtkraft Null ist, ist die Verschiebungsgeschwindigkeit konstant. Allerdings müssen die Körper, falls sie am Anfang und Ende des Vorgangs in Ruhe sein sollen, zunächst beschleunigt und dann wieder abgebremst werden. Dazu sind Kräfte erforderlich. Doch sind diese vernachlässigbar klein, wenn die Verschiebungsgeschwindigkeit sehr klein ist. Im Grenzfall $(v \to 0)$ ist die Bedingung $a = 0$ also auch hier erfüllt. Es wird festgesetzt:

> Die ohne Beschleunigung eines Körpers verrichtete Arbeit heißt Verschiebungsarbeit.

Betrachten wir nun die energetische Seite der Vorgänge. Kinetische Energie tritt bei unendlich langsamer Verschiebung nicht auf. Der gehobene Körper kann jedoch, wie im Bild 3.40.2 gezeigt wird, Arbeit verrichten, wenn er wieder in seine ursprüngliche Lage zurückkehrt: Es kann dabei ein anderer Körper angehoben werden. Die beim Heben verrichtete Verschiebungsarbeit, die *Hubarbeit*, läßt sich also zurückgewinnen. Das gleiche gilt für das Spannen der Feder: Die *Spannarbeit* tritt beim Entspannen wieder auf. In beiden Fällen wird die Verschiebungsarbeit als *potentielle Energie* gespeichert.

Für die Reibungsarbeit gilt dies nicht. Der Körper hat, nachdem er gegen eine Reibungskraft $F_R = \mu F_N$ bewegt wurde, *nicht* die Fähigkeit, Arbeit zu verrichten. Doch tritt anstelle der verrichteten mechanischen Arbeit *Wärmeenergie* auf, d. h., wie später erläutert wird, Energie in nichtmechanischer Form. Somit gilt:

Die gegen die Schwerkraft und gegen die Federkraft verrichtete Verschiebungsarbeit bleibt als potentielle Energie erhalten.

Die gegen die Reibungskraft verrichtete Verschiebungsarbeit geht als mechanische Energie verloren. Sie wird in Wärmeenergie umgewandelt.

Wir fassen in Gleichungsform zusammen:

$$W_H = Gh = W_{pH} \qquad (3.30)$$

Hubarbeit = Arbeit gegen die Schwerkraft = potentielle Energie des gehobenen Körpers

$$W_F = \frac{F_{F\,max}}{2}\, s = \frac{1}{2}\, ks^2 = W_{pF} \qquad\qquad (3.31)$$

Spannarbeit = Arbeit gegen die Federkraft = potentielle Energie
der gespannten Feder

$$W_R = F_R s = \mu F_N s = Q \qquad\qquad (3.32)$$

Reibungsarbeit = Arbeit gegen die Reibungskraft = Wärmeenergie

● **Aufgabe 3.23**

Zeichnen Sie zu den in den Bildern 3.40, 3.41 und 3.42 dargestellten Vorgängen jeweils das W_p,s-Diagramm.

● **Aufgabe 3.24**

Berechnen Sie die potentielle Energie (in Kilowattstunden), die in einem Wasserbecken gespeichert werden kann, das 120 m lang, 60 m breit und im Mittel 10 m tief ist. Der Wasserspiegel liegt 80 m über der Talsohle.

● **Beispiel 3.9**

Sie schieben einen Wagen von 80 kg Masse mit gleichbleibender Geschwindigkeit bergauf. Die Steigung (das Verhältnis Höhenunterschied : Weglänge) beträgt 1 : 120. Berechnen Sie die Arbeit, die Sie beim Zurücklegen einer Strecke von 600 m verrichten müssen, wenn die Fahrwiderstandszahl 0,025 beträgt.

Gegeben: $m = 80\,\text{kg}$; $\delta = h : s = 1 : 120$ *Gesucht:* W_{ges}
         $s = 600\,\text{m}$; $\mu_F = 0,025$

Die Gesamtarbeit setzt sich aus Hubarbeit und Reibungsarbeit zusammen: $W_{ges} = W_H + W_R$ (1)

Aus (3.30) $W_H = Gh$ und $h = \delta s$ folgt $W_H = \delta Gs$ (2)

Nach Beispiel 3.5 gilt für die Reibungskraft F_R an der geneigten Ebene $F_R = \mu G \cos \alpha$. Aus Bild 3.19 entnehmen wir $\cos \alpha = \sqrt{s^2 - h^2}/s$. Somit gilt $F_{RF} = \mu_F G \sqrt{s^2 - h^2}/s$ und $W_R = \mu_F Gs \sqrt{s^2 - h^2}/s$. Dividieren wir, um den Ausdruck zu vereinfachen, Zähler und Nenner durch h, so folgt

$W_R = \mu_F Gs \sqrt{s^2/h^2 - 1} \cdot h/s$ und mit $h/s = \delta$

$W_R = \mu_F Gs \sqrt{1 - \delta^2}$ (3)

Aus (1), (2) und (3) erhalten wir mit (3.6) $G = mg$

$$W_{\text{ges}} = mgs\delta + mgs\mu_{\text{F}} \sqrt{1 - \delta^2}$$

$$= \underline{mgs\left(\delta + \mu_{\text{F}} \sqrt{1 - \delta^2}\right)}$$

$$W_{\text{ges}} = 80 \, \text{kg} \cdot 9,8 \, \frac{\text{m}}{\text{s}^2} \cdot 600 \, \text{m} \left(\frac{1}{120} + \frac{25}{1000} \cdot \sqrt{1 - \left(\frac{1}{120}\right)^2}\right)$$

Der Wurzelausdruck weicht so wenig von 1 ab, daß diese Abweichung vernachlässigt werden kann. Somit ergibt sich

$$W_{\text{ges}} = \frac{80 \cdot 9,8 \cdot 600 \cdot 4}{120} \, \frac{\text{kg m}^2}{\text{s}^2} = \underline{\underline{15,7 \, \text{kJ}}}$$

3.2.3.4. Gravitationspotential

Wir wollen uns noch etwas eingehender mit der Hubarbeit befassen. Über größere Höhenunterschiede kann nicht mit konstantem Gewicht gerechnet werden. Für das Gewicht eines Körpers, der sich im Schwerefeld der Erde an einem Punkt P_1 mit der Entfernung r_1 vom Erdmittelpunkt befindet, gilt (3.8) $G_1 = \gamma m_{\text{E}} m / r_1{}^2$. Wird der Körper in Richtung von r angehoben, so wird gegen das Gewicht Verschiebungsarbeit aufgewendet.

Nach (3.29′′) $W = \int\limits_{s_1}^{s_2} F(s) \cos \alpha \; \text{d}s$ gilt dann mit $\alpha = 180°$

$$W = -\int\limits_{r_1}^{r_2} \frac{\gamma m_{\text{E}} m}{r^2} \, \text{d}r. \quad \text{Integration ergibt}$$

$$W = \gamma m_{\text{E}} m \left(\frac{1}{r_2} - \frac{1}{r_1}\right) \quad \begin{array}{l} \text{Verschiebungsarbeit} \\ \text{im Schwerefeld der Erde} \end{array} \quad (3.33)$$

Wegen $r_2 > r_1$ ist diese Verschiebungsarbeit gegen das Gewicht negativ, was wegen $\alpha = 180°$ zu erwarten war.

Da es sich beim Anheben um eine reine Verschiebung handelt, tritt kinetische Energie nicht auf. Die Verschiebungsarbeit im Schwerefeld ist somit identisch mit der Änderung der potentiellen Energie. Der in (3.33) enthaltene Ausdruck $\gamma m_{\text{E}} m / r$ stellt also eine potentielle Energie dar. Es erweist sich als zweckmäßig, den Nullpunkt der potentiellen Gravitationsenergie ins Unendliche zu legen. Dann gilt für alle im Endlichen liegenden Punkte des Schwerefeldes $W_{\text{pGr}} < 0$, da die potentielle Energie bei Annäherung an das Gravitationszentrum abnimmt. Somit ist

$$W_{\text{pGr}} = -\frac{\gamma m_{\text{E}} m}{r} \quad \begin{array}{l} \text{Potentielle Energie im} \\ \text{Schwerefeld der Erde} \end{array} \quad (3.34)$$

Wir führen nun eine neue Größe ein:

$$\varphi_{\text{Gr}} = -\frac{\gamma m_{\text{E}}}{r} \quad \text{Gravitationspotential} \quad (3.35)$$

$$[\varphi_{\text{Gr}}] = \text{J kg}^{-1}$$

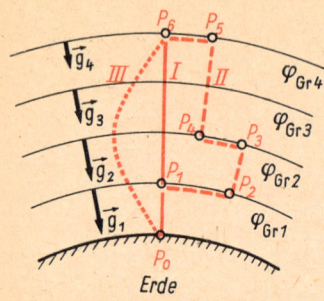

Bild 3.43 Zum Gravitationspotential. φ_{Gr1} bis φ_{Gr4} bezeichnen Äquipotentialflächen im Schwerefeld. Beim Heben eines Körpers von P_0 auf P_6 auf den Wegen I, II, III wird jeweils die gleiche Arbeit verrichtet. Auf den Wegabschnitten P_1P_2, P_3P_4, P_5P_6 gilt $W = 0$

Aus (3.34) und (3.35) folgt

$$W_{pGr} = \varphi_{Gr}m \qquad \text{Potentielle Energie im} \qquad (3.36)$$
$$\text{Schwerefeld}$$

Schreiben wir (3.36) in der Form $\varphi_{Gr} = W_{pGr}/m$, erkennen wir, daß das Gravitationspotential die potentielle Energie eines Körpers mit der Masse 1 kg kennzeichnet und somit eine Größe ist, die sich zur Beschreibung des Gravitationsfeldes eignet.

Wegen m_E = const hängt das Gravitationspotential nur von r ab; alle Punkte mit *gleichem* Potential liegen somit auf einer Kugelfläche mit dem Mittelpunkt im Gravitationszentrum. Diese Flächen werden deshalb als *Äquipotentialflächen* bezeichnet. Die Verschiebung eines Körpers auf einer Äquipotentialfläche erfordert keine Arbeit, da tangential zur Fläche keine Kraft wirkt. Daraus folgt wiederum, daß die für eine Verschiebung im Schwerefeld notwendige Arbeit nicht vom Wege abhängt. Die Arbeit hängt jeweils nur davon ab, auf welchen Äquipotentialflächen Ausgangs- und Endpunkt der Verschiebung liegen (Bild 3.43). Allgemein gilt:

| Die im Schwerefeld bei einer Verschiebung auftretende Arbeit hängt nur von den Koordinaten des Ausgangs- und Endpunktes, nicht aber vom Verlauf des Weges ab.

● **Aufgabe 3.25**

Zeigen Sie unter Verwendung der Gleichung (3.9), daß die Gleichung $W_H = \gamma m_E m(1/r_2 - 1/r_1)$ für kleine Höhenunterschiede in $W_H = mgh$ übergeht.

3.2.3.5.   Beschleunigungsarbeit

Ist in unseren Beispielen zur Verschiebungsarbeit die auf einen Körper wirkende Kraft größer als die Gegenkraft, erhalten wir eine *beschleunigte* Bewegung. Wir können uns dann die einwirkende Kraft als aus zwei Teilkräften zusammengesetzt denken: einer verschiebenden und einer beschleunigenden Kraft. Handelt es sich um einen frei beweglichen Körper, z. B. einen auf waagerechter Unterlage reibungsfrei rollenden Wagen, ist die verschiebende Kraft Null, und die gesamte Kraft wirkt beschleunigend (Bild 3.44). Es wird nun festgesetzt:

| Die zur Beschleunigung eines Körpers verrichtete Arbeit heißt Beschleunigungsarbeit.

Für diese gilt unter der Annahme einer konstanten, beschleunigenden Kraft F_B und Übereinstimmung von Bewegungsrichtung und Kraftrichtung $W_B = F_B s = mas$. Nach Gleichung (2.8) $s = (v^2 - v_0^2)/2a$ gilt für einen aus der Ruhelage ($v_0 = 0$) mit

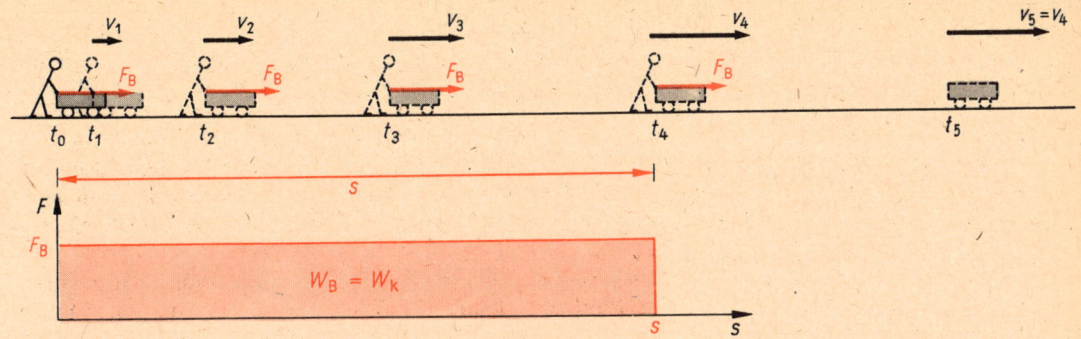

Bild 3.44 Zur Beschleunigungsarbeit. Es wird reibungsfreie Bewegung des Wagens vorausgesetzt. Dann dient die Kraft F nur zur Beschleunigung des Wagens. Mit dem in Bewegung befindlichen Wagen kann Arbeit von gleichem Betrag wie die Beschleunigungsarbeit verrichtet werden. Die beim Beschleunigen zugeführte Energie bleibt als kinetische Energie erhalten

konstanter Kraft beschleunigten Körper $s = v^2/2a$. Somit folgt

$$W_B = ma \frac{v^2}{2a} = \frac{m}{2} v^2$$

Die Beschleunigungsarbeit läßt sich also durch die Masse und die erreichte Geschwindigkeit des unter den vorgegebenen Bedingungen in Bewegung gesetzten Körpers ausdrücken. Mit dem bewegten Körper kann Arbeit verrichtet werden. Der bewegte Körper enthält also Energie, die durch den Ausdruck $^1/_2 mv^2$ quantitativ erfaßt wird. Es läßt sich zeigen, daß dies nicht nur für den hier angenommenen Sonderfall gilt, sondern auch allgemein:

Die Beschleunigungsarbeit ist im bewegten Körper als kinetische Energie gespeichert.

$$W_B = F_B s = \frac{m}{2} v^2 = W_k \qquad (3.37)$$

Beschleunigungsarbeit = Arbeit der Beschleunigungskraft = kinetische Energie

● **Aufgabe 3.26**

Berechnen Sie die kinetischen Energien eines Radfahrers (Gesamtmasse 80 kg), eines Motorradfahrers (Gesamtmasse 160 kg) und eines Kraftfahrzeugs (Gesamtmasse 800 kg) bei einer Geschwindigkeit von 1. 36 km h^{-1} und 2. 72 km h^{-1}. Welche Schlußfolgerungen ziehen Sie aus den Ergebnissen?

● **Beispiel 3.10**

Berechnen Sie die Beschleunigungsarbeit, die verrichtet wird, wenn ein Straßenbahnwagen (Masse 15 t) gleichmäßig beschleunigt anfährt und dabei in 5,0 s 10 m zurücklegt.

Gegeben: $m = 15$ t; $v_0 = 0$ *Gesucht:* W_B
$s = 10$ m; $t = 5{,}0$ s

1. Lösungsweg:

Es gilt (3.37) $W_B = \dfrac{1}{2}\,mv^2$ (1)

Aus (2.9) folgt $v = \dfrac{2s}{t}$ (2)

Mit (1) und (2) ergibt sich

$$W_B = \frac{m \cdot 4\,s^2}{2\,t^2} = 2m\left(\frac{s}{t}\right)^2$$

2. Lösungsweg:

Es gelten (3.37) $W_B = F_B s$ (3)

und (3.4) $F_B = ma$ (4)

Aus (2.7) folgt $a = \dfrac{2s}{t^2}$ (5)

Aus (3), (4) und (5) ergibt sich

$$W_B = 2m\left(\frac{s}{t}\right)^2$$

$$W_B = 2 \cdot 15\,t \cdot \left(\frac{10\,\text{m}}{5\,\text{s}}\right)^2 = 2 \cdot 15 \cdot 4 \cdot 10^3\,\frac{\text{kg m}^2}{\text{s}^2} = 0{,}12\,\text{MJ} \quad \bullet$$

3.2.3.6.   Energieerhaltungssatz

Bei dem in Bild 3.45 gezeigten Versuch sind sowohl potentielle als auch kinetische Energie zu beobachten. Die in der gespannten Feder gespeicherte Energie wird beim Entspannen der Feder in kinetische Energie umgewandelt und liegt am Ende wieder als potentielle Energie vor. Der Vorgang kann dann in gleicher Weise in entgegengesetzter Richtung ablaufen und beliebig oft wiederholt werden. Wir beobachten einen periodischen Wechsel von potentieller und kinetischer Energie. Die Summe der Energien beider Formen ist für jeden Zeitpunkt konstant. Voraussetzung ist allerdings, daß *von* außen keine Einwirkung erfolgt und dies auch *nach* außen nicht möglich ist. Wir sprechen in einem solchen Fall von einem *abgeschlossenen System* und verstehen darunter ein System von Körpern, in dem nur Kräfte *zwischen* den zum System gehörenden Körpern (*innere Kräfte*) wirken. Mit Körpern außerhalb des Systems besteht keine Wechselwirkung und kein Energieaustausch.
Daß die verlustlose Umwandlung von potentieller in kinetische Energie und umgekehrt auch für die Schwerkraft gilt, läßt sich sehr instruktiv am Fadenpendel zeigen (Bild 3.46). Der Körper hat in den Umkehrpunkten nur potentielle, beim Durchgang durch die Nullage nur kinetische Energie. Die Summe beider Energieformen ist auch hier in jeder Phase der Bewegung

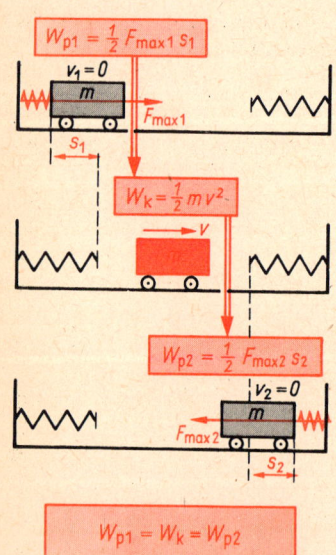

Bild 3.45 Zum Energieerhaltungssatz der Mechanik (Die rot gerasterten Flächen sind hier keine Arbeitsdiagramme.)

konstant. Allerdings kommt jedes Pendel, das sich selbst
überlassen bleibt, nach einiger Zeit zur Ruhe. Wir wissen, daß
dies an der unvermeidlichen Reibung liegt, daß das System
also der Forderung nach Abgeschlossenheit nicht vollkommen
genügt. Bei allen Vorgängen auf der Erde läßt sich ein abgeschlossenes System immer nur angenähert verwirklichen.
Zusammenfassend können wir feststellen:

**In einem abgeschlossenen System, in dem nur die Schwerkraft und (oder)
Federkräfte wirken, ist die Summe von potentieller und kinetischer Energie
konstant.**

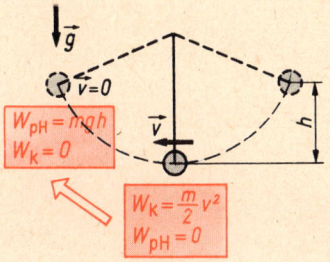

$$W_p + W_k = W_{ges} = \text{const}$$

**Energieerhaltungssatz
der Mechanik**   (3.38)

Bild 3.46 Umwandlung von potentieller in kinetische Energie und
umgekehrt beim Pendel

● **Beispiel 3.11**

Eine Kugel (Masse 50 g) fällt auf den Teller einer Federwaage
(Bild 3.47). Beim Aufschlag, der ohne Abprallen erfolgt, legt
der Teller einen Weg von 5,0 cm zurück. Bestimmen Sie überschläglich die Höhe, aus der die Kugel fiel. Die Federkonstante
beträgt 100 N m^{-1}.

Gegeben: $m = 50$ g; $k = 100$ N m^{-1} *Gesucht: h*

$s = 5,0$ cm; $g = 10$ m s^{-2}

Nach dem Energieerhaltungssatz der Mechanik wird die potentielle Energie der angehobenen Kugel in die potentielle
Energie der gespannten Feder umgewandelt.

$$W_{pH} = W_{pF} \tag{1}$$

Aus (3.30) $W_{pH} = Gh$ folgt $W_{pH} = mg(h + s)$ (2)

Nach (3.31) ist $W_{pF} = \frac{1}{2}ks^2$ (3)

Aus (1), (2) und (3) erhalten wir

$$mg(h + s) = \frac{1}{2}ks^2 \quad \text{und} \quad h = \frac{ks^2}{2mg} - s$$

$$h = \frac{10^2\,\text{N} \cdot 25\,\text{cm}^2\,\text{s}^2}{\text{m} \cdot 2 \cdot 50\,\text{g} \cdot 10\,\text{m}} - 5\,\text{cm} = \frac{10^5\,\text{g} \cdot 10^2\,\text{cm} \cdot 25\,\text{cm}^2\,\text{s}^2}{10^2\,\text{cm} \cdot \text{s}^2 \cdot 10^2\,\text{g} \cdot 10^3\,\text{cm}} - 5\,\text{cm}$$

$$= 25\,\text{cm} - 5\,\text{cm} = \underline{20\,\text{cm}}$$

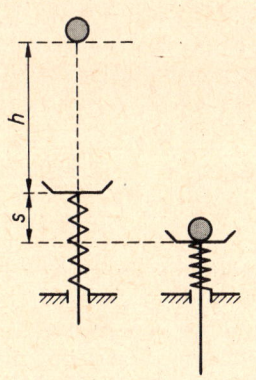

Bild 3.47 Zum Beispiel 3.11

● **Aufgabe 3.27**

Erläutern Sie mit dem Energieerhaltungssatz der Mechanik,
daß sich die Gipfelhöhen zweier Geschosse unterschiedlicher
Masse, die mit gleicher Anfangsgeschwindigkeit vertikal nach
oben geschossen werden, nicht unterscheiden (die Luftreibung
ist zu vernachlässigen).

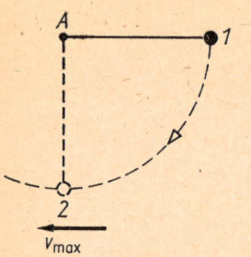

Bild 3.48 Zur Aufgabe 3.28

● **Aufgabe 3.28**

Ein an einer als masselos angenommenen Stange von 50 cm Länge befestigter Körper (Bild 3.48) wird im Schwerefeld der Erde in Lage *1* losgelassen. Berechnen Sie die Geschwindigkeit in Lage *2* für reibungsfreie Bewegung. ●

Der Energieerhaltungssatz der Mechanik kann, sobald die Reibungskraft an den Vorgängen beteiligt ist oder wenn es sich um Vorgänge in anderen Teilgebieten der Physik handelt, nicht verwendet werden. Doch zeigt es sich, daß bei Versuchen, in denen mechanische und nichtmechanische Vorgänge im Zusammenwirken beobachtet werden, Erscheinungen auftreten, die sich mit dem Begriff der Energie in einem weitergefaßten Sinne verstehen lassen. Beispiele sind das Auftreten von Wärme oder von elektrischen und magnetischen Feldern sowie die Umwandlung von Stoffen in chemischen Reaktionen.

Julius Robert Mayer und Hermann von Helmholtz konnten um die Mitte des vergangenen Jahrhunderts den Energiebegriff und den Energieerhaltungssatz aus seiner Beschränkung auf die Mechanik lösen und zeigen, daß die Energie nicht nur bei mechanischen, sondern bei *allen* physikalischen Vorgängen erhalten bleibt. Es gilt:

$$W_{\text{ges}} = \text{const}$$

Allgemeiner Energieerhaltungssatz (Energiesatz)   (3.39)

In einem abgeschlossenen System kann Energie weder gewonnen werden noch verlorengehen. Energie kann lediglich von einer Form in eine andere umgewandelt werden.

Dabei treten Wärmeenergie, elektrische und magnetische Feldenergie sowie Energie der chemischen Bindung als wichtige nichtmechanische Energieformen in Erscheinung.

Einen weiteren Schritt tat Albert Einstein zu Beginn dieses Jahrhunderts. Ihm gelang es, den Energieerhaltungssatz und den Erhaltungssatz der Masse auf geniale Weise zu vereinen. Er erkannte, daß Energie als Masse und Masse als Energie aufgefaßt und gemessen werden können. Diese Erkenntnis spielt in der Atomphysik eine hervorragende Rolle; in der klassischen Mechanik kann sie unberücksichtigt bleiben (→ 12.2.2.).

● **Beispiel 3.12**

Ein Stein mit der Masse 40 kg wird so auf eine Eisbahn geworfen, daß er sich mit einer Anfangsgeschwindigkeit von 20 m s⁻¹ in horizontaler Richtung bewegt. Nach 100 m kommt er infolge der Reibung zum Stillstand. Berechnen Sie die Gleitreibungszahl.

Gegeben: $m = 40 \text{ kg}$; $v_1 = 20 \text{ m s}^{-1}$ *Gesucht:* μ_G
         $s = 100 \text{ m}$; $v_2 = 0$; $g = 9,8 \text{ m s}^{-2}$

Die Energiebilanz ergibt $W_{k1} + W_{p1} = W_{k2} + W_{p2} + W_R$
Da sich die potentielle Energie nicht ändert, gilt $W_{p1} = W_{p2}$.

Wegen $v_2 = 0$ ist $W_{k2} = 0$. Somit erhalten wir $W_{k1} = W_R$ (1)

(3.37) $W_{k1} = \tfrac{1}{2}mv_1^2$ (2)

(3.32) $W_R = \mu_G F_N s = \mu_G mgs$ (3)

Aus (1), (2) und (3) folgt

$$\frac{m}{2} v_1^2 = \mu_G mgs \quad \text{und} \quad \mu_G = \frac{v_1^2}{2gs}$$

$$\mu_G = \frac{20^2 \text{ m}^2 \text{ s}^2}{2 \cdot \text{s}^2 \cdot 9,8 \text{ m} \cdot 100 \text{ m}} = 0,20$$

Bemerkung: Sie erkennen, daß im Ergebnis die Masse nicht vorkommt. Das bedeutet, daß *alle* Körper, unabhängig von ihrer Masse, gleich weit gleiten, vorausgesetzt, daß sie mit gleicher Anfangsgeschwindigkeit geworfen werden und die Reibungszahlen gleich sind.   ●

3.2.3.7.   Leistung und Wirkungsgrad

In der Technik ist nicht allein der mit einem bestimmten Vorgang verbundene Arbeitsaufwand von Bedeutung, sondern vor allem auch die Zeit, in der diese Arbeit jeweils verrichtet wird. Wir fassen Arbeit und Zeit in der Größe *Leistung* zusammen. Es entspricht dem allgemeinen Sprachgebrauch, von hoher Leistung zu sprechen, wenn eine bestimmte Arbeit in kurzer Zeit verrichtet wird. Somit definieren wir:

Die Leistung ist der Quotient aus Arbeit (Energieumsatz) und Zeit.

$P_m = \dfrac{\Delta W}{\Delta t}$ **Durchschnittsleistung**   (3.40)

$P = \dfrac{dW}{dt}$ **Momentanleistung**   (3.40′)

$[P] = \text{J s}^{-1} = \text{W (Watt; } \rightarrow \text{Watt)}$

Gebräuchliche SI-fremde Einheiten: MW, kW, mW

PS = 75 kp m s^{-1} und kcal h^{-1} sind nicht mehr gültig.

● **Aufgabe 3.29**

Sie überwinden beim Treppensteigen einen Höhenunterschied von 10 m 1. in 1,0 min, 2. in 10 s. Berechnen Sie die Arbeit und die Durchschnittsleistung in beiden Fällen. Die Körpermasse sei 75 kg.

Eine besonders für die Anwendung in der Technik wichtige Gleichung für die Momentanleistung erhalten wir aus (3.40′) $P = \mathrm{d}W/\mathrm{d}t$, wenn wir nach (3.29″) für $\mathrm{d}W$ das Produkt $F\,\mathrm{d}s$ einsetzen:

$$P = \frac{F\,\mathrm{d}s}{\mathrm{d}t} = Fv \qquad \textbf{Momentanleistung} \qquad (3.40'')$$

Das Produkt aus der auf einen bewegten Körper einwirkenden resultierenden Kraft und der Momentangeschwindigkeit dieses Körpers ergibt die momentan umgesetzte Leistung.

Durch Integration folgt aus (3.40′)

$$W = \int_{t_1}^{t_2} P\,\mathrm{d}t \qquad \text{Arbeit} \qquad (3.40''')$$

Die Arbeit ist das Zeitintegral der Leistung.

● **Aufgabe 3.30**

Ein Fahrzeug, dessen Motor eine Leistung von maximal 50 kW erzeugt, hat eine Höchstgeschwindigkeit von 120 km h^{-1}. Berechnen Sie die Kraft, die notwendig ist, um das Fahrzeug mit dieser Geschwindigkeit zu bewegen.

Nutzbare Energie aus vorhandenen Energiequellen zu gewinnen, ist mit relativ hohem technischem und ökonomischem Aufwand verbunden. Es kommt deshalb darauf an, Verluste in Form unerwünschter Energieumwandlungen so klein wie möglich zu halten. Anders ausgedrückt heißt das: Das Verhältnis zwischen der von einer Maschine abgegebenen Nutzenergie W_{ab} und der dieser Maschine zugeführten Energie W_{zu} soll möglichst groß sein. Statt der Energien können wir auch die abgegebenen und zugeführten Leistungen vergleichen. Dieser Vergleich führt zu der neuen Größe

$$\eta = \frac{W_{ab}}{W_{zu}} \qquad\qquad\qquad (3.41)$$

$$\textbf{Wirkungsgrad}$$

$$\eta = \frac{P_{ab}}{P_{zu}} \qquad\qquad\qquad (3.41')$$

$$[\eta] = \frac{\mathrm{J}}{\mathrm{J}} = \frac{\mathrm{W}}{\mathrm{W}} = 1$$

Der Wirkungsgrad ist eine Verhältnisgröße. Er wird als Dezimalbruch oder als Prozentzahl angegeben. Wegen der bei allen technischen Vorgängen auftretenden Reibungsvorgänge ist der Wirkungsgrad stets kleiner als eins bzw. als 100%.

Für eine Anlage, die aus mehreren Maschinen bzw. Geräten besteht, die so angeordnet sind, daß die Energie die einzelnen Geräte nacheinander durchströmt, wird der Gesamtwirkungsgrad als Produkt der Wirkungsgrade der einzelnen Geräte berechnet:

$$\eta_{\mathrm{ges}} = \eta_1 \eta_2 \eta_3 \ldots \qquad \text{Gesamtwirkungsgrad} \qquad (3.42)$$
$$\text{bei Reihenschaltung}$$

● **Beispiel 3.13**

Ein Motor mit einer Leistung von 1,0 kW treibt ein Förderband an, das 15 t Baumaterial auf eine Höhe von 6,0 m transportieren soll. Der Wirkungsgrad der Anlage sei 50%. Welche Mindestzeit muß dafür geplant werden?

Gegeben: $P_{\mathrm{zu}} = 1{,}0 \text{ kW};$ $\qquad m = 15 \text{ t}$ $\qquad$ *Gesucht: t*
$\qquad\qquad\;\; h \;\; = 6{,}0 \text{ m};$ $\qquad \eta = 0{,}50$

$$(3.41') \quad \eta = \frac{P_{\mathrm{ab}}}{P_{\mathrm{zu}}} \tag{1}$$

Der Energieumsatz ist konstant, somit gilt nach (3.40)

$$P_{\mathrm{ab}} = \frac{W_{\mathrm{ab}}}{t} \tag{2}$$

Die abgegebene Arbeit ist Hubarbeit. Aus (3.30) $W_{\mathrm{H}} = Gh$ folgt

$$W_{\mathrm{ab}} = mgh \tag{3}$$

Aus (1), (2) und (3) erhalten wir

$$\eta = \frac{mgh}{t P_{\mathrm{zu}}} \quad \text{und somit} \quad t = \frac{mgh}{\eta P_{\mathrm{zu}}}$$

$$t = \frac{15 \text{ t} \cdot 10 \text{ m} \cdot 6 \text{ m}}{5 \cdot 10^{-1} \cdot \text{s}^2 \cdot 1 \text{ kW}}$$

$$= \frac{1{,}5 \cdot 10^4 \cdot 10 \cdot 6}{5 \cdot 10^{-1} \cdot 10^3} \; \frac{\text{kg m}^2 \text{ s}^3}{\text{s}^2 \text{ kg m}^2} = 1\,800 \text{ s} = \underline{\underline{30 \text{ min}}}$$ ●

● **Aufgabe 3.31**

Eine Stahlkugel von 10 g Masse fällt aus 1 m Höhe auf eine Stahlplatte und steigt nach dem Rückprall auf 99 cm Höhe. Berechnen Sie 1. den Wirkungsgrad und 2. die in Wärme umgesetzte Energie.

3.2.4.   Impuls

3.2.4.1.   Impulserhaltungssatz

In der Mechanik gibt es neben der Energie eine weitere Größe von zentraler Bedeutung: den *Impuls*. Zur Erläuterung dieser Größe gehen wir noch einmal auf unseren Ausgangsversuch zur Definition der Masse in 3.2.1. zurück. Dort wirkte beim Entspannen der Feder auf jeden der beiden Wagen eine Kraft von gleichem Betrag, gleichem zeitlichem Verlauf, aber entgegengesetzter Richtung ein (3. Newtonsches Axiom, Gleichheit der Wechselwirkungsgrößen). Die beiden belasteten Wagen, die sich reibungsfrei bewegen, und die Feder bilden ein abgeschlossenes System. Die Federkraft wirkt allein als innere Kraft.

Als Versuchsergebnis erhielten wir bei jedem Versuch entsprechend der Gleichung (3.1) $m_1/m_2 = v_2/v_1$. Daraus ergibt sich, wenn wir berücksichtigen, daß die Geschwindigkeiten entgegengesetzte Richtungen haben,

$$m_1 v_1 = -m_2 v_2 \text{ oder } m_1 v_1 + m_2 v_2 = 0.$$

Das Produkt von Masse und Geschwindigkeit wird nun als neue physikalische Größe eingeführt:

$$\boxed{p = mv} \qquad \textbf{Impuls} \qquad\qquad (3.43)$$

$$[p] = \text{kg m s}^{-1} = \text{N s}$$

> Der Impuls ist das Produkt aus Masse und Geschwindigkeit eines Körpers. Der Impuls ist eine vektorielle Größe. Die Impulsrichtung stimmt mit der Geschwindigkeitsrichtung überein.

● **Aufgabe 3.32**

Bestimmen Sie die Impulse der Wagen *A* und *B* im Versuch 1.3 von Bild 3.1 unter der Annahme, daß jeder Klotz die Masse 1 kg hat. ●

Nach Einführung des Impulses lautet das Ergebnis unserer Versuche: $\boldsymbol{p_1} + \boldsymbol{p_2} = 0$. Diese Gleichung gilt für jeden der durchgeführten Versuche und auch in jedem Zeitpunkt eines einzelnen Versuchs. Auch gilt sie für den Zustand *vor* dem Trennen des Fadens, denn beide Impulse sind, solange sich nichts bewegt, Null. Das bedeutet aber, daß der Gesamtimpuls des Systems stets Null ist. Er ändert sich während des Versuchs nicht.

Wie wir leicht nachweisen können, bleibt der Gesamtimpuls

auch erhalten, wenn er zu Beginn des Versuchs *ungleich* Null ist. Wir brauchen nur dem aus den beiden Wagen bestehenden System schon vor dem Trennen des Fadens eine Geschwindigkeit und damit einen Impuls zu erteilen. Weiterhin läßt sich zeigen, daß die Summe der Impulse auch konstant ist, wenn mehr als zwei Körper miteinander in Wechselwirkung stehen. Solange keine äußeren Kräfte wirken, gilt

$$\boxed{\boldsymbol{p}_{\text{ges}} = \text{const}}$$ **Impulserhaltungssatz der Mechanik (Impulssatz)**   (3.44)

In einem abgeschlossenen System ist der Gesamtimpuls konstant.

● **Beispiel 3.14**

Ein mit 2,0 m s^{-1} Geschwindigkeit reibungsfrei rollender Wagen (Masse mit Ladung 100 kg) wird dadurch zum Stillstand gebracht, daß nacheinander 5 Steine von je 5,0 kg Masse in Fahrtrichtung vom Wagen geworfen werden. Berechnen Sie die als bei jedem Wurf gleich angenommene Abwurfgeschwindigkeit der Steine.

Gegeben: $m_{\text{W}} = 100 \text{ kg};$ $\qquad v_{\text{W}} = 2,0 \text{ m s}^{-1}$ $\qquad$ *Gesucht:* v_{St}

$\qquad\qquad\quad m_{\text{St}} = 5,0 \text{ kg};$ $\qquad z = 5$

Nach dem Impulssatz ist der Impuls des Wagens *vor* dem Abwurf der Steine gleich der Summe aus dem Impuls des Wagens *nach* dem Abwurf (= Null) und dem Impuls der geworfenen Steine.

$$m_{\text{W}} v_{\text{W}} = 0 + z m_{\text{St}} v_{\text{St}}; \quad \text{somit} \quad v_{\text{St}} = \frac{m_{\text{W}} v_{\text{W}}}{z m_{\text{St}}}$$

$$v_{\text{St}} = \frac{100 \text{ kg} \cdot 2,0 \text{ m}}{5 \cdot 5,0 \text{ kg} \cdot \text{s}} = 8,0 \text{ m s}^{-1}$$

Bemerkung: Das Bezugssystem, in dem diese Geschwindigkeit gemessen wird, ist mit dem Erdboden fest verbunden. ●

3.2.4.2.   Kraftstoß

Definitionsgemäß ist der Impuls eines Körpers mit konstanter Masse allein von der Geschwindigkeit dieses Körpers abhängig. Bei Änderung der Geschwindigkeit ändert sich der Impuls. Eine Geschwindigkeitsänderung ist immer die Folge einer Kraftwirkung. Es muß somit ein enger Zusammenhang zwischen Kraft $\boldsymbol{F}$ und Impulsänderung $\Delta \boldsymbol{p}$ bestehen. Es ist

$$\Delta \boldsymbol{p} = \boldsymbol{p}_2 - \boldsymbol{p}_1 = m \boldsymbol{v}_2 - m \boldsymbol{v}_1 = m \, \Delta \boldsymbol{v}$$

Erweitern mit Δt unter Berücksichtigung von $\boldsymbol{a} = \Delta \boldsymbol{v}/\Delta t$ ergibt

$$\Delta \boldsymbol{p} = \frac{m\,\Delta \boldsymbol{v}\,\Delta t}{\Delta t} = m\boldsymbol{a}\,\Delta t = \boldsymbol{F}\,\Delta t$$

Auch hier erhält das rechts stehende Produkt einen eigenen Namen:

| $\boldsymbol{F}\,\Delta t = \Delta \boldsymbol{p}$ | Kraftstoß bei konstanter Kraft | (3.45) |

$$[\boldsymbol{F}\,\Delta t] = [\Delta \boldsymbol{p}] = \text{kg m s}^{-1} = \text{N s}$$

Bei konstanter Kraft ist der Kraftstoß das Produkt aus Kraft und Zeitdauer der Krafteinwirkung. Der Kraftstoß ist gleich der Impulsänderung. Der Kraftstoß ist eine vektorielle Größe. Er hat die Richtung der wirkenden Kraft.

● **Beispiel 3.15**

Eine Pistolenkugel (Masse 5,00 g) verläßt den Lauf mit der Geschwindigkeit 250 m s^{-1}. Berechnen Sie 1. den Impuls des Geschosses beim Verlassen des Laufs, 2. die mittlere Kraft, mit der das Geschoß im Lauf von 10,0 cm Länge beschleunigt wird.

Gegeben: $m = 5{,}00$ g; $\quad v_1 = 0$ $\qquad$ *Gesucht:* 1. p_2
$\qquad\quad s\; = 10{,}0$ cm; $\quad v_2 = 250$ m s^{-1} $\qquad$ 2. F_m

1. (3.43) $p_2 = \underline{mv_2}$; $\quad p_2 = 5\text{ g} \cdot 250\text{ m s}^{-1} = \underline{\underline{1{,}25\text{ N s}}}$

2. *1. Lösungsweg:*
   Aus (3.45) $\Delta p = F\,\Delta t$ folgt (wegen $p_1 = 0$ und $t_1 = 0$)
   $F_m = p_2/t$. Nach (2.9) ist $t = 2\,s/v$ und somit

$$F_m = \underline{\underline{\frac{p_2 v_2}{2s}}}$$

   2. Lösungsweg:
   Aus (3.37) $\quad W_B = F_B s = \dfrac{mv^2}{2}\quad$ folgt $\quad F_m = \dfrac{mv_2{}^2}{2s} = \underline{\underline{\dfrac{p_2 v_2}{2s}}}$

$$F_m = \frac{1{,}25\text{ N s} \cdot 250\text{ m}}{2 \cdot 10\text{ cm s}} = \frac{1{,}25 \cdot 250}{2 \cdot 10^{-1}}\text{ N} = 1{,}56 \cdot 10^3\text{ N}$$

$$= \underline{\underline{1{,}56\,\text{kN}}}$$

Wir hatten bei der vorstehenden Herleitung der Gleichung (3.45) eine *konstante* Kraft angenommen. Unter dieser Bedingung wird der Kraftstoß im F,t-Diagramm durch die Fläche eines Rechtecks dargestellt (Bild 3.49.1). Auch bei zeitab-

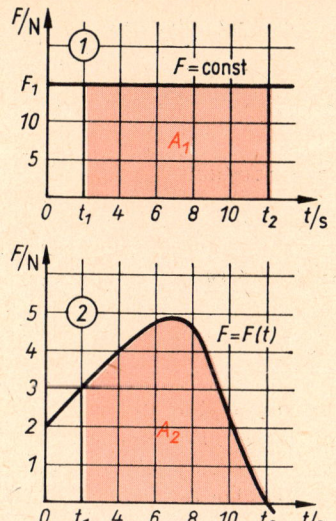

Bild 3.49 Darstellung
des Kraftstoßes bei 1. konstanter
Kraft und 2. zeitabhängiger Kraft.

$A_1 \triangleq \Delta p_1 = F_1(t_2 - t_1)$

$A_2 \triangleq \Delta p_2 = \int\limits_{t_1}^{t_2} F(t)\,dt$

hängiger Kraft (Bild 3.49.2) kann der Kraftstoß, wenn die Kurve des Kraftverlaufs gegeben ist, aus der Fläche unter der Kurve zeichnerisch bestimmt werden. Es liegt hier mathematisch das bereits in 3.2.3.1. Bild 3.38 erläuterte Problem vor.
Ist die Kraft analytisch als $F = F(t)$ gegeben, erhalten wir den Kraftstoß durch Integration. Wir setzen zunächst konstante Masse voraus. Aus $F = ma = m\,dv/dt$ folgt $F\,dt = m\,dv$.

$$\text{Integration:} \quad \int\limits_{t_1}^{t_2} F\,dt = m \int\limits_{v_1}^{v_2} dv$$

$$\int\limits_{t_1}^{t_2} \mathbf{F}\,dt = m(\mathbf{v}_2 - \mathbf{v}_1) = \Delta \mathbf{p} \qquad \text{Kraftstoß} \qquad (3.45')$$

> Bei nichtkonstanter Kraft wird der Kraftstoß als das Zeitintegral der Kraft berechnet. Auch hier gilt: Kraftstoß gleich Impulsänderung.

Die Gleichung (3.45') läßt erkennen, daß wir den Kraftstoß auf einen Körper von konstanter Masse sehr einfach bestimmen können, indem wir die Geschwindigkeit zu Beginn und am Ende der Krafteinwirkung messen und das Produkt aus der Differenz der Geschwindigkeiten und der Masse des Körpers bilden. So läßt sich die in Beispiel 3.6 gestellte Aufgabe, die mittlere Kraft beim Einschlagen eines Nagels zu berechnen, auch lösen, wenn wir fragen, welcher Kraftstoß den Impuls des Hammers zu Null werden läßt. Mit (3.45) $F\,\Delta t = \Delta p$ und $\Delta p = m\,\Delta v$ erhalten wir $F = m\,\Delta v/\Delta t$. Daraus folgt (mit $\Delta v = v_0 - 0$ sowie $\Delta t = t$) $F = mv_0/t$ wie in Beispiel 3.6.

● **Aufgabe 3.33**

Auf einen Körper von 1,0 kg Masse, der sich mit einer Geschwindigkeit von $10\,\text{m s}^{-1}$ bewegt, wirkt in Bewegungsrichtung der in Bild 3.49.1 dargestellte Kraftstoß. Bestimmen Sie die Endgeschwindigkeit des Körpers.

● **Aufgabe 3.34**

Bestimmen Sie aus dem Diagramm in Bild 3.49.2 die mittlere Kraft (Näherungswert), die zwischen den Zeitpunkten t_1 und t_2 auf den Körper einwirkt.

In verschiedenen Fällen der Technik, so z. B. beim Raketenantrieb, ist die Masse des angetriebenen Körpers keine konstante Größe. Dann ist es zweckmäßig, von der Grundgleichung der Dynamik in der schon von Newton angegebenen allgemeineren Form auszugehen:

$$\mathbf{F}_{\mathrm{m}} = \frac{\Delta(m\mathbf{v})}{\Delta t} = \frac{\Delta \mathbf{p}}{\Delta t} \qquad \text{Mittlere Kraft bei veränderlicher Masse} \qquad (3.46)$$

Die mittlere Kraft ist der Quotient aus Impulsänderung und Zeit. In differentieller Schreibweise erhalten wir

$$F = \frac{\mathrm{d}(mv)}{\mathrm{d}t} = \frac{\mathrm{d}p}{\mathrm{d}t} = \dot{p}$$

Momentankraft bei veränderlicher Masse   (3.46′)

> Die Kraft ist der Differentialquotient des Impulses nach der Zeit.

Wird die Gleichung (3.46′) auf Raketen angewendet, die die Startmasse m_0 (Rakete + Treibstoff) und die Leermasse m_L haben und für die die Geschwindigkeit der aus der Düse ausströmenden Gase v_T bekannt ist, dann ergibt sich nach ZIOLKOWSKI für die Endgeschwindigkeit einer reibungsfrei fliegenden Rakete

$$v_E = v_T \ln \frac{m_0}{m_L}$$ Raketengleichung nach Ziolkowski   (3.47)

Es kommt also darauf an, eine möglichst große Ausströmungsgeschwindigkeit und ein günstiges *Massenverhältnis* $m_0 : m_L$ zu haben. Man ist deshalb bestrebt, Treibstoffe mit hoher Dichte zu verwenden.

Auf dem Impulserhaltungssatz beruhen viele physikalischen und technischen Vorgänge. So läßt sich beispielsweise der Antrieb von Verkehrsmitteln mit Hilfe dieses Satzes leicht verstehen. Solange ein Fahrzeug stillsteht, hat es den Impuls Null. Bei rädergetriebenen Fahrzeugen stoßen sich die Räder infolge der Haftreibung an der Berührungsstelle vom Boden ab. Dadurch erhält das Fahrzeug einmal oder dauernd einen Impuls zugeführt. Das System umfaßt Fahrzeug und Erde. Den entgegengesetzt gerichteten Impuls nimmt also die Erde auf. Wegen ihrer sehr großen Masse ist von einer Geschwindigkeitsänderung der Erde allerdings nichts zu bemerken. Anders ist das bei der Bewegung von Schiffen oder Flugzeugen. Dem in Fahrtrichtung erteilten Impuls des Fahrzeugs steht der entgegengesetzt gerichtete Impuls des von der Schraube (dem Propeller) nach rückwärts bewegten Wassers (der Luft) gegenüber.

3.2.4.3.   Stoßvorgänge

Treffen zwei Körper, von denen einer oder beide gegenüber dem Bezugssystem in Bewegung sind, aufeinander, sprechen wir von einem Stoß. An der Berührungsstelle der beiden Körper werden Energie und Impuls von einem Körper auf den anderen übertragen, so daß beide Körper nach dem Stoß Geschwindigkeiten haben, die sich im allgemeinen nach Richtung und Betrag von den Geschwindigkeiten vor dem Stoß unterscheiden. Die Untersuchung der Stoßvorgänge hat das Ziel, aus den *vor* dem Stoß gegebenen Bedingungen den Zustand *nach* dem Stoß zu berechnen. Das ist meist nur mit größerem Aufwand an

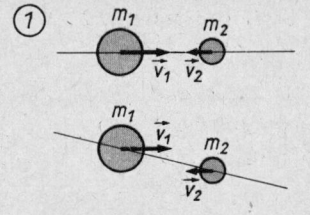

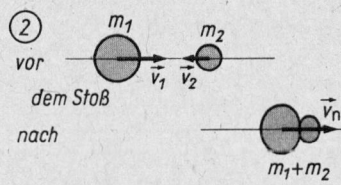

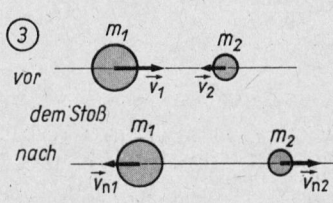

Bild 3.50 Stoßvorgänge.
Die Bilder zeigen Beispiele

1. für den geraden und schiefen Stoß,
2. für den unelastischen Stoß,
3. für den elastischen Stoß

mathematischen Mitteln möglich. Wir beschränken uns deshalb im folgenden auf die einfachsten Stoßvorgänge, den *geraden elastischen* und den *geraden unelastischen* Stoß zwischen zwei homogenen Kugeln. Vom *geraden* Stoß sprechen wir, wenn die Verbindungslinie der beiden Kugelmittelpunkte mit der Richtung der Impulse der Kugeln zusammenfällt. Ist dies nicht der Fall, handelt es sich um einen *schiefen* Stoß (Bild 3.50.1).

Beim *unelastischen* Stoß (Bild 3.50.2) werden die beiden Körper während des Zusammenpralls verformt. Ein Teil der Bewegungsenergie wird dabei durch Verformungsarbeit in Wärme verwandelt. Die Körper bewegen sich nach dem Zusammenprall gemeinsam weiter.

Beim *elastischen* Stoß trennen sich die beiden Körper nach der Berührung wieder und bewegen sich mit unterschiedlichen Geschwindigkeiten weiter (Bild 3.50.3). Die während des Zusammenpralls auftretende Verformung der Körper verschwindet wieder vollständig. Die mechanische Energie bleibt erhalten.

Vollkommen elastischer und vollkommen unelastischer Stoß sind idealisierte Grenzfälle, die in der Praxis nur angenähert verwirklicht werden können.

Wir betrachten zunächst den *unelastischen Stoß* (Bild 3.50.2). Da beim unelastischen Stoß Wärmeenergie auftritt, können wir den Energieerhaltungssatz der Mechanik nicht anwenden. Für die Berechnung der nach dem Stoß erreichten gemeinsamen Geschwindigkeit benötigen wir nur *eine* Gleichung. Es genügt somit der Impulserhaltungssatz. Dieser fordert:

Gesamtimpuls **vor** dem Stoß = Gesamtimpuls **nach** dem Stoß

$$m_1 v_1 + m_2 v_2 = (m_1 + m_2)\, v_n$$

$$v_n = \frac{m_1 v_1 + m_2 v_2}{m_1 + m_2} \quad \begin{array}{l}\text{Geschwindigkeit unmittelbar} \\ \text{nach unelastischem Stoß}\end{array} \qquad (3.48)$$

● **Beispiel 3.16**

Ein Fahrzeug mit der Masse 750 kg fährt auf ein haltendes Fahrzeug von doppelter Masse auf. Aus dem nach dem Stoß von beiden Fahrzeugen gemeinsam zurückgelegten Weg wird die Geschwindigkeit unmittelbar nach dem Stoß zu 20 km h^{-1} berechnet. Geben Sie die Geschwindigkeit des auffahrenden Fahrzeugs an.

Gegeben: $m_1 = 750$ kg; $\quad v_n = 20$ km h^{-1} $\quad$ *Gesucht:* v_1
$\qquad\qquad m_2 = 2m_1;$ $\qquad v_2 = 0$

$(3.48)\quad v_n = \dfrac{m_1 v_1 + m_2 v_2}{m_1 + m_2} \quad$ ergibt mit $\quad m_2 = 2m_1 \quad$ und $\quad v_2 = 0$

$v_n = \dfrac{m_1 v_1}{3 m_1};\quad v_1 = 3 v_n;\quad v_1 = 3 \cdot 20$ km h$^{-1} = 60$ km h^{-1} ●

In der Technik ist der unelastische Stoß unter der Bedingung, daß einer der Körper bei Stoßbeginn ruht, besonders häufig (Verformung beim Schmieden, Einrammen von Pfählen oder Einschlagen von Nägeln). Beim Schmieden soll nach Möglichkeit die gesamte aufgewendete Energie als Formänderungsarbeit genutzt werden. Bei der Verformung wird die Energie in Wärme umgewandelt. Somit ist beim Schmieden die auftretende Wärme erwünscht, beim Einrammen aber nicht. Wir wollen deshalb untersuchen, von welchen Größen der Betrag der beim unelastischen Stoß in Wärme umgesetzten mechanischen Energie abhängt, wenn die Geschwindigkeit $v_2 = 0$ ist.

Vor dem Stoß gilt für die kinetische Energie $W_1 = \frac{1}{2}m_1v_1^2$ und nach dem Stoß $W_n = \frac{1}{2}(m_1 + m_2) v_n^2$. Mit v_n nach (3.48) folgt mit $v_2 = 0$ $W_n = \frac{1}{2}m_1^2 v_1^2/(m_1 + m_2)$.

Das Verhältnis beider Energien ist also $\dfrac{W_n}{W_1} = \dfrac{m_1}{m_2 + m_2}$.

Daraus folgt $W_n = W_1 \dfrac{m_1}{m_1 + m_2}$ für die kinetische Energie nach dem Stoß.

Je kleiner der rechts stehende Bruch ist, um so mehr Energie wird beim Stoß in Wärme umgewandelt. Für den Fall des Schmiedens soll der Bruch also möglichst klein sein. Das erreicht man, wenn man m_2, die Masse des ruhenden Körpers, sehr viel größer macht als m_1, die Masse des stoßenden Körpers. Man verwendet deshalb einen möglichst schweren Amboß. Dann wird praktisch die gesamte kinetische Energie über die Formänderungsarbeit in Wärme umgewandelt.

Beim Einschlagen eines Pfahles oder eines Nagels dagegen muß man umgekehrt verfahren. Damit $m_1/(m_1 + m_2)$ möglichst groß ist, muß die Masse des stoßenden Körpers, also des Hammers, wesentlich größer sein als die des gestoßenen Körpers, des Pfahles bzw. des Nagels.

Es folgt nun die Behandlung des *elastischen Stoßes* (Bild 3.50.3). Hier müssen wir *zwei* Geschwindigkeiten, die Geschwindigkeiten der beiden Körper unmittelbar nach dem Stoß, bestimmen. Dafür benötigen wir zwei Gleichungen. Beim elastischen Stoß gibt es keine bleibende Verformung der Körper. Folglich bleibt die gesamte mechanische Energie erhalten. Wir dürfen also sowohl den Erhaltungssatz des Impulses als auch den der Energie verwenden.

Impulserhaltungssatz: $m_1v_1 + m_2v_2 = m_1v_{n1} + m_2v_{n2}$

Energieerhaltungssatz: $m_1v_1^2 + m_2v_2^2 = m_1v_{n1}^2 + m_2v_{n2}^2$

Umformung der Gleichungen:

$$m_1(v_1 - v_{n1}) = m_2(v_{n2} - v_2) \qquad\qquad (*)$$

Hier wurde die Beziehung $a^2 - b^2 = (a + b)\,(a - b)$ angewendet

$$m_1(v_1^2 - v_{n1}^2) = m_2(v_{n2}^2 - v_2^2) \qquad\qquad (**)$$

Division von (**) durch (*) führt zu

$$v_1 + v_{n1} = v_2 + v_{n2} \qquad\qquad (***)$$

Setzen wir die sich aus (***) ergebenden Werte für v_{n1} bzw. v_{n2} in (*) ein, so erhalten wir für die Geschwindigkeiten der beiden Körper nach dem Stoß

$$v_{n1} = v_1 \frac{m_1 - m_2}{m_1 + m_2} + v_2 \frac{2m_2}{m_1 + m_2}$$

Geschwindigkeiten unmittelbar nach elastischem Stoß (3.49)

$$v_{n2} = v_2 \frac{m_2 - m_1}{m_1 + m_2} + v_1 \frac{2m_1}{m_1 + m_2}$$

Tafel 3.3   Einige Sonderfälle des geraden elastischen Stoßes

	Vor dem Stoß sind beide Körper in Bewegung	Vor dem Stoß ist Körper *2* in Ruhe $(v_2 = 0)$
m_1 und m_2 beliebig	$v_{n1} = v_1 \frac{m_1 - m_2}{m_1 + m_2} + v_2 \frac{2m_2}{m_1 + m_2}$ $v_{n2} = v_2 \frac{m_2 - m_1}{m_1 + m_2} + v_1 \frac{2m_1}{m_1 + m_2}$	$v_{n1} = v_1 \frac{m_1 - m_2}{m_1 + m_2}$ $v_{n2} = v_1 \frac{2m_1}{m_1 + m_2}$
$m_1 = m_2$	$v_{n1} = v_2$ Austausch der $v_{n2} = v_1$ Geschwindigkeiten *Beispiel:* Gerader Stoß von Billardkugeln	$v_{n1} = 0$ Austausch der $v_{n2} = v_1$ Geschwindigkeiten
$m_1 \ll m_2$	$v_{n1} \approx -v_1 + 2v_2$ $v_{n2} \approx v_2$ *Beispiel:* Leichter Ball wird schwerem Lkw nachgeworfen. Keine merkliche Änderung der Lkw-Geschwindigkeit	$v_{n1} = -v_1$ $v_{n2} \ll v_1$ $v_{n2} \approx 0$ *Beispiele:* Schlag mit Hammer auf Amboß. Auf Stahlplatte fallende Stahlkugel

Die Aussagen der Gleichungen (3.49) sind in Tafel 3.3 für einige Sonderfälle erläutert.

● **Beispiel 3.17**

Ein Wasserstoffmolekül (relative Molekülmasse 2) stößt in elastischem, geradem Stoß mit der Geschwindigkeit 200 m s^{-1} auf ein Sauerstoffmolekül (relative Molekülmasse 32), das sich mit der Geschwindigkeit 110 m s^{-1} in entgegengesetzter Richtung bewegt. Berechnen Sie die Geschwindigkeiten der Moleküle nach dem Stoß.

Gegeben: $M_{rH_2} = 2$; $M_{rO_2} = 32$ *Gesucht:* 1. v_{n1}

$v_1 = 200$ m s^{-1}; $v_2 = -110$ m s^{-1} 2. v_{n2}

Wir berechnen zunächst das Massenverhältnis m_1/m_2:

$$\frac{m_1}{m_2} = \frac{m_{H_2}}{m_{O_2}} = \frac{M_{rH_2}}{M_{rO_2}} = \frac{2}{32} = \frac{1}{16}; \quad m_2 = 16m_1$$

Wir verwenden (3.49) und erhalten

$$v_{n1} = 200 \text{ m s}^{-1} \frac{m_1 - 16m_1}{m_1 + 16m_1} - 110 \text{ m s}^{-1} \frac{32m_1}{m_1 + 16m_1}$$

$$= \underline{\underline{-383 \text{ m s}^{-1}}}$$

$$v_{n2} = -110 \text{ m s}^{-1} \frac{16m_1 - m_1}{m_1 + 16m_1} + 200 \text{ m s}^{-1} \frac{2m_1}{m_1 + 16m_1}.$$

$$= \underline{\underline{-73{,}6 \text{ m s}^{-1}}}$$

Wir erkennen: Die Bewegungsrichtung des Wasserstoff moleküls kehrt sich um; seine Geschwindigkeit nimmt zu. Das Sauerstoffmolekül behält seine Bewegungsrichtung bei; es verliert an Geschwindigkeit. ●

● **Beispiel 3.18**

Eine Stahlkugel (Masse 10 g) fällt aus 1,25 m Höhe auf eine Stahlplatte und prallt zurück (Bild 3.51). Bestimmen Sie unter der Annahme eines idealen elastischen Stoßes die beim Aufprall wirkende mittlere Kraft, wenn für die Berührungsdauer zwischen Kugel und Platte mittels elektrischer Kurzzeitmessung 500 µs gemessen wurden.

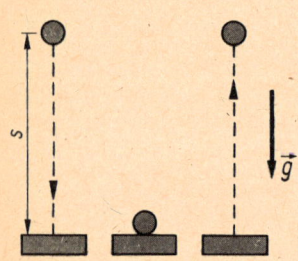

Bild 3.51 Zum Beispiel 3.18

Gegeben: $m = 10$ g; $\qquad \Delta t = 500$ µs $\qquad$ *Gesucht:* F_m
$\qquad\qquad s = 1{,}25 \, m$; $\qquad g = 10$ m s^{-2}

Aus (3.45) $F \, \Delta t = \Delta p = m(v_2 - v_1)$ folgt

$$F_m = \frac{m(v_2 - v_1)}{\Delta t} = \frac{m \, \Delta v}{\Delta t} \qquad\qquad (1)$$

Wie in Tafel 3.3 angegeben, gilt hier $v_2 = v_{n1} = -v_1$.

Daraus folgt $\Delta v = -v_1 - v_1 = -2v_1$ $\qquad\qquad (2)$

Aus (2.8) $s = (v^2 - v_0^2)/2a$ folgt mit $v_0 = 0$

$$v_1 = \sqrt{2gs} \qquad\qquad (3)$$

Aus (1), (2) und (3) erhalten wir

$$F_m = -\frac{2m\sqrt{2gs}}{\Delta t}; \quad F_m = -\frac{2 \cdot 10 \text{ g} \cdot \sqrt{2 \cdot 10 \text{ m s}^{-2} \cdot 1{,}25 \text{ m}}}{5 \cdot 10^{-4} \text{ s}}$$

$$= -\frac{20 \cdot 10^4 \sqrt{25}}{10^3 \cdot 5} \frac{\text{kg m}}{\text{s}^2} = \underline{\underline{-200 \text{ N}}}$$

● **Aufgabe 3.35**

Skizzieren Sie zu Beispiel 3.18 das F,t-Diagramm. Es werde angenommen, daß die Kraft linear von der Zeit abhängt.

3.2.4.4. Massenmittelpunkt eines Systems von Massenpunkten

Der Impulserhaltungssatz kann auch in anderer Form dargestellt werden. Wir beschränken uns zunächst auf den eindimensionalen Fall der Bewegung und gehen wieder vom Versuch nach Bild 3.1 aus. Unter idealen Bedingungen (keine Reibung) bewegen sich die Wagen, nachdem die Einwirkung der Feder beendet ist, mit konstanter Geschwindigkeit. Dann sind die zurückgelegten Wege proportional der Geschwindigkeit, und es gilt für jeden beliebigen Zeitpunkt: $m_1 : m_2 = x_2 : x_1$. Berücksichtigen wir die Richtung der zurückgelegten Wege durch das Vorzeichen, so erhalten wir in jedem Fall $m_1 x_1 = -m_2 x_2$ bzw. $m_1 x_1 + m_2 x_2 = 0$. Offensichtlich ist hier der Nullpunkt ein ausgezeichneter Punkt. Es erweist sich als zweckmäßig, diesen Punkt als den *Massenmittelpunkt* der beiden Massenpunkte m_1 und m_2 zu definieren. Im Massenmittelpunkt kann man sich die Gesamtmasse $(m_1 + m_2)$ des Systems aus den beiden Massenpunkten vereinigt denken. Wie oben gezeigt, gilt:

> Der Massenmittelpunkt eines Systems aus zwei Massenpunkten teilt deren Abstand im umgekehrten Verhältnis der beiden Massen.

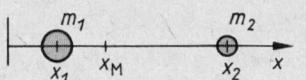

Bild 3.52 Zur Bestimmung des Massenmittelpunktes zweier Massenpunkte

In Bild 3.52 sind die Koordinaten x_1 und x_2 zweier auf der x-Achse liegender Massenpunkte mit den Massen m_1 und m_2 gegeben, und es soll die Koordinate x_M des Massenmittelpunktes bestimmt werden. Dem Merksatz entsprechend entnehmen wir aus der Skizze

$(x_M - x_1) : (x_2 - x_M) = m_2 : m_1$. Daraus folgt

$m_1 x_M - m_1 x_1 = m_2 x_2 - m_2 x_M$ und

$$x_M = \frac{m_1 x_1 + m_2 x_2}{m_1 + m_2}$$

In Erweiterung auf ein System von n Massenpunkten erhalten wir

$$x_M = \frac{m_1 x_1 + m_2 x_2 + \cdots + m_n x_n}{m_1 + m_2 + \cdots + m_n}$$

$$x_M = \frac{\sum\limits_{\nu=1}^{n} m_\nu x_\nu}{\sum\limits_{\nu=1}^{n} m_\nu} \qquad \begin{array}{l}x\text{-Koordinate des Massen-} \\ \text{mittelpunktes von } n \text{ Massenpunkten}\end{array} \qquad (3.50)$$

Wenn die Massenpunkte nicht auf der x-Achse liegen, sondern in beliebiger räumlicher Verteilung gegeben sind, so gilt ent-

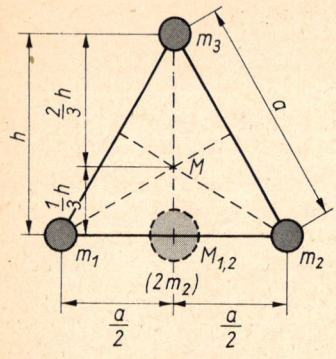

Bild 3.53 Zur Bestimmung des Massenmittelpunktes dreier Massenpunkte m_1, m_2, m_3. M ist der Schnittpunkt der Seitenhalbierenden (gestrichelt)

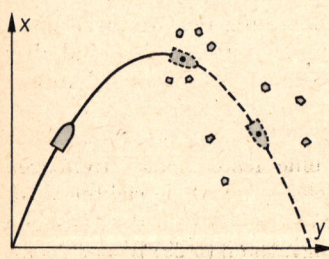

Bild 3.54 Zur Erhaltung des Massenmittelpunktes. Der Massenmittelpunkt der Gesamtheit der Geschoßsplitter bewegt sich auf der Bahn des Massenmittelpunktes des Geschosses

sprechend (3.50)

$$y_M = \frac{\sum\limits_{\nu=1}^{n} m_\nu y_\nu}{\sum\limits_{\nu=1}^{n} m_\nu} \qquad y\text{-Koordinate} \qquad\qquad (3.50')$$

des Massenmittelpunktes

$$z_M = \frac{\sum\limits_{\nu=1}^{n} m_\nu z_\nu}{\sum\limits_{\nu=1}^{n} m_\nu} \qquad z\text{-Koordinate} \qquad\qquad (3.50'')$$

Als Beispiel soll der Massenmittelpunkt eines Systems von drei Massenpunkten gleicher Masse, die an den Ecken eines gleichseitigen Dreiecks mit gegebener Seitenlänge liegen, bestimmt werden. Die einfache zeichnerische Lösung entnehmen Sie Bild 3.53.

● **Aufgabe 3.36**

Bestimmen Sie die Koordinaten des Massenmittelpunktes nach Bild 3.53 durch Anwendung der Gleichungen (3.50) und (3.50'). ●

Teilen wir in (3.50) beide Seiten durch die Zeit t, erhalten wir links $x_M/t = v_M$, die Geschwindigkeit des Massenmittelpunktes, rechts im Zähler mit $m_\nu x_\nu/t = m_\nu v_\nu$, die Summe der Einzelimpulse des Systems. Wir wissen, daß diese Summe für ein abgeschlossenes System konstant ist; daraus folgt, da die im Nenner stehende Gesamtmasse ebenfalls unveränderlich ist, daß auch die Geschwindigkeit des Massenmittelpunktes konstant ist.

> Der Massenmittelpunkt eines abgeschlossenen Systems von Massenpunkten ist in Ruhe oder bewegt sich geradlinig gleichförmig.

Dies ist der *Erhaltungssatz des Massenmittelpunktes*, er ist gleichbedeutend mit dem Impulserhaltungssatz.
Für ein System, das äußeren Kräften unterworfen ist, läßt sich zeigen:

> Bei Einwirken äußerer Kräfte auf ein System von Massenpunkten bewegt sich der Massenmittelpunkt so, als ob in ihm die Gesamtmasse des Systems vereinigt und der resultierenden Gesamtkraft unterworfen wäre.

Als Beispiel sei ein Geschoß angeführt, das sich unter der Annahme der Vernachlässigung des Luftwiderstandes auf einer Parabelbahn bewegt (Bild 3.54). Nach der Detonation bewegen sich die Teilstücke des Geschosses in verschiedenen Richtungen, wobei sich die Bahn eines Teilstückes durch Überlagerung ergibt: Es überlagern sich die Parabelbahn und die Bahn, die das Teilstück bei Detonation des als ruhend angenommenen Geschosses beschreibt. Dabei bewegt sich aber der Massenmittelpunkt der Teilstücke unverändert auf der Bahn des Geschosses weiter.

3.3. Dynamik des starren Körpers

3.3.1. Drehmoment

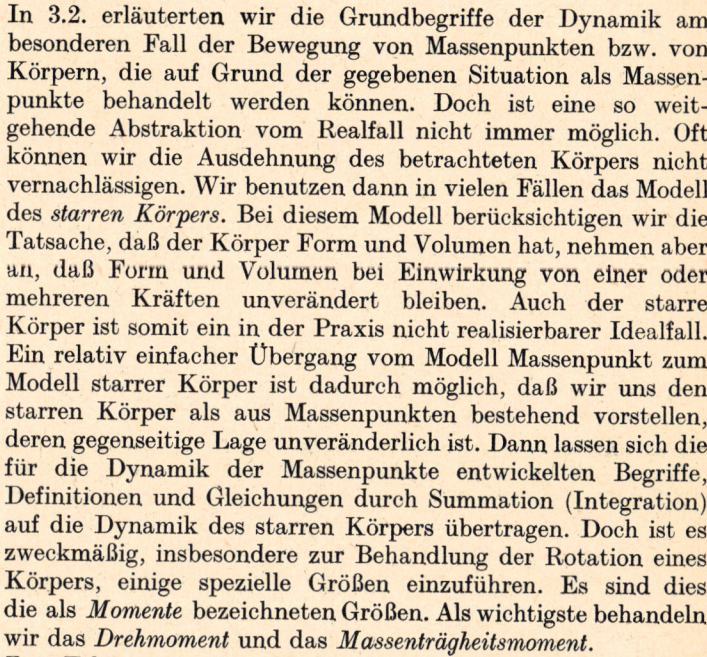

In 3.2. erläuterten wir die Grundbegriffe der Dynamik am besonderen Fall der Bewegung von Massenpunkten bzw. von Körpern, die auf Grund der gegebenen Situation als Massenpunkte behandelt werden können. Doch ist eine so weitgehende Abstraktion vom Realfall nicht immer möglich. Oft können wir die Ausdehnung des betrachteten Körpers nicht vernachlässigen. Wir benutzen dann in vielen Fällen das Modell des *starren Körpers*. Bei diesem Modell berücksichtigen wir die Tatsache, daß der Körper Form und Volumen hat, nehmen aber an, daß Form und Volumen bei Einwirkung von einer oder mehreren Kräften unverändert bleiben. Auch der starre Körper ist somit ein in der Praxis nicht realisierbarer Idealfall. Ein relativ einfacher Übergang vom Modell Massenpunkt zum Modell starrer Körper ist dadurch möglich, daß wir uns den starren Körper als aus Massenpunkten bestehend vorstellen, deren gegenseitige Lage unveränderlich ist. Dann lassen sich die für die Dynamik der Massenpunkte entwickelten Begriffe, Definitionen und Gleichungen durch Summation (Integration) auf die Dynamik des starren Körpers übertragen. Doch ist es zweckmäßig, insbesondere zur Behandlung der Rotation eines Körpers, einige spezielle Größen einzuführen. Es sind dies die als *Momente* bezeichneten Größen. Als wichtigste behandeln wir das *Drehmoment* und das *Massenträgheitsmoment*.

Zur Erläuterung des Drehmoments diene Bild 3.55. Hier greift eine Kraft an einem um eine feste Achse drehbaren starren Körper an. Wir fragen, welche Arbeit verrichtet wird, wenn unter den in der Bildunterschrift erläuterten Bedingungen eine Drehung um den Winkel φ erfolgt. Nach (3.29) $W = Fs\cos\alpha$ und (2.11') $s_B = r\varphi$ erhalten wir $W = F_t s_B = F_t r\varphi$.

Geben wir eine bestimmte zu verrichtende Arbeit vor, so läßt sich diese bei gleichem Drehwinkel auf verschiedene Weise realisieren: entweder mit großem Radius und kleiner Kraft (Bild 3.55.1) oder mit kleinem Radius und großer Kraft (Bild 3.55.2). Wir müssen nur darauf achten, daß das Produkt $F_t r$, also das Produkt aus Kraft und Radius, stets den gleichen Betrag hat. Wegen der besonderen Bedeutung dieses Produkts führen wir es als neue Größe mit der Bezeichnung *Drehmoment M* ein. Vielfach wird anstelle von Drehmoment auch vom *Kraftmoment*, vom *Moment der Kraft* oder vom *Moment* schlechthin gesprochen.

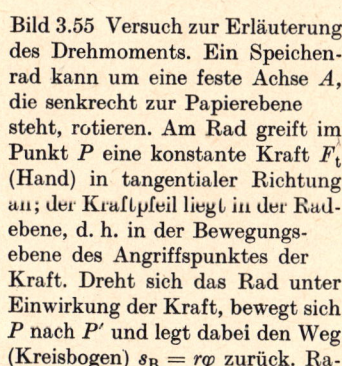

Bild 3.55 Versuch zur Erläuterung des Drehmoments. Ein Speichenrad kann um eine feste Achse A, die senkrecht zur Papierebene steht, rotieren. Am Rad greift im Punkt P eine konstante Kraft F_t (Hand) in tangentialer Richtung an; der Kraftpfeil liegt in der Radebene, d. h. in der Bewegungsebene des Angriffspunktes der Kraft. Dreht sich das Rad unter Einwirkung der Kraft, bewegt sich P nach P' und legt dabei den Weg (Kreisbogen) $s_B = r\varphi$ zurück. Radius und Kraftpfeil stehen während der Bewegung stets senkrecht aufeinander. Es gilt für die Beträge der Größen: 1. $M_1 = r_1 F_{t1}$; $M_2 = r_2 F_{t2}$. In der Skizze ist $M_1 = M_2$

$$\boxed{M = F_t\, r}$$
Betrag des Drehmoments bei tangential angreifender Kraft (3.51)

$$[M] = \mathrm{N\,m}$$

Befristet zugelassene SI-fremde Einheit: kpm

Bild 3.56 Zur Definition des Drehmoments bei nicht tangential angreifender Kraft. Es gibt zwei Möglichkeiten, das Drehmoment zu bestimmen: 1. aus Tangentialkomponente F_t der Kraft F und Radius r; 2. aus Kraft F und Abstand der Wirkungslinie der Kraft von der Drehachse (Kraftarm l). In beiden Fällen erhalten wir $M = Fr \sin \alpha$

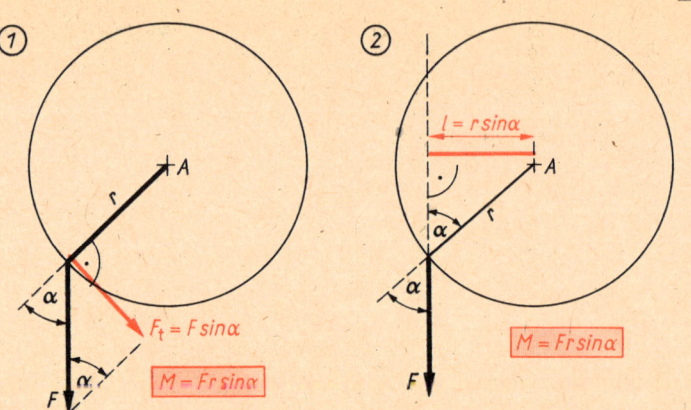

Newtonmeter ist auch Einheit der Arbeit und der Energie; doch bedeutet dies keine begriffliche Übereinstimmung der Größen. Die in der Definition des Drehmoments enthaltene Länge erstreckt sich ja nicht in Richtung der Bewegung, sondern senkrecht zu dieser Richtung. In dieser Richtung kann die Kraft aber keine Arbeit verrichten. Es ist zu beachten, daß das Newtonmeter, wenn es die Einheit des Drehmoments bedeutet, *nicht* durch die Einheit Joule ersetzt werden darf.

Es ist üblich, im Zusammenhang mit der Bildung des Drehmoments vom *Kraftarm* oder *Arm der Kraft* zu sprechen. Darunter ist der Abstand zwischen Wirkungslinie der Kraft und Drehachse zu verstehen. Dabei ist zu beachten, daß der Abstand eines Punktes von einer Geraden als das vom Punkt auf die Gerade gefällte Lot definiert ist. Kraftarm und Kraftrichtung bilden somit stets einen rechten Winkel miteinander. Der Kraftarm ist also eine Länge, d.h. eine geometrische Größe, und nicht etwa ein körperliches Gebilde wie z. B. ein Hebel.

In Bild 3.56 greift die Kraft nicht tangential an. Zwischen Richtung des Radius und Kraftrichtung erstreckt sich der Winkel α. Wie in der Bildunterschrift erläutert, bestehen zwei Möglichkeiten, die zur Bildung des Drehmoments gestellte Forderung nach tangentialer Kraftrichtung zu erfüllen. In beiden Fällen erhalten wir

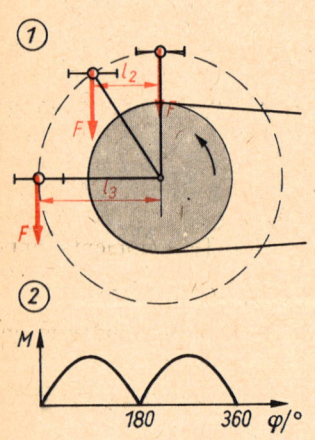

Bild 3.57 Zum Drehmoment an der Tretkurbel eines Fahrrades

1. Bei konstanter Kraft hängt das Drehmoment allein vom Kraftarm l ab. Es gilt somit:

Kurbel-stellung	Kraft-arm l	Dreh-moment M
1	0	0 (Totpunkt)
2	$\frac{1}{2} r$	$\frac{1}{2} F r$
3	r	$F r$ (maximales Moment)

2. M, φ-Diagramm für eine Umdrehung der Tretkurbel (sinusförmiger Verlauf)

$$M = Fr \sin \alpha \qquad \textbf{Betrag des Drehmoments} \qquad (3.51')$$

Der Betrag des Drehmoments in bezug auf eine gegebene Drehachse ist das Produkt aus Kraft und Kraftarm. Der Kraftarm ist der Abstand der Wirkungslinie der Kraft von der Drehachse. Kräfte sind hinsichtlich der Rotation eines Körpers gleichwertig, wenn sie gleiche Drehmomente bewirken.

Als Beispiel für die Abhängigkeit des Drehmoments vom Kraftarm wollen wir die Tretkurbel eines Fahrrades betrachten (Bild 3.57). Wie in Bild 3.57.2 gezeigt, ändert sich der Kraft-

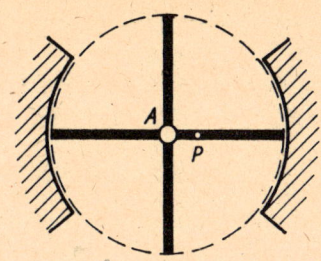

Bild 3.58 Zur Aufgabe 3.37

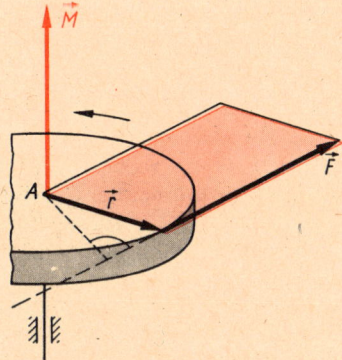

Bild 3.59 Zur Definition des Drehmoments als vektorielle Größe

arm und damit auch das Drehmoment periodisch, und zwar sinusförmig.

● **Aufgabe 3.37**

Erläutern Sie, weshalb es schwierig ist, die in Bild 3.58 skizzierte Drehtür in geringer Entfernung von der Drehachse, etwa im Punkt P, in Bewegung zu setzen.

In (3.51') kommt die *Drehrichtung* nicht zum Ausdruck. Wir wissen nicht, ob der Körper im Uhrzeigersinn oder entgegengesetzt rotiert. Es ist zweckmäßig, diese Unterscheidung durch positives bzw. negatives Vorzeichen zu treffen. Wir wollen für unsere weiteren Überlegungen festsetzen:

positives
 Drehmoment dreht nach   links $\left. \begin{array}{} + \\ - \end{array} \right\}$
negatives   rechts

Eine andere Möglichkeit, im Zusammenhang mit dem Drehmoment auch die Drehrichtung des betrachteten Körpers anzugeben, ist die Vektordarstellung. Wir erinnern an die Definition der Winkelgeschwindigkeit als Vektorgröße in 2.4.2. Beim Drehmoment wird in analoger Weise verfahren. Auch hier wird das Drehmoment durch einen Pfeil dargestellt, der auf der vom Radius r und der Kraft F aufgespannten Ebene senkrecht steht, der also parallel zur Drehachse verläuft (Bild 3.59). Meist wird der Pfeil in die Achse selbst gelegt. Er ist so gerichtet, daß Drehung des Körpers unter Wirkung der Kraft F und (gedachter) Bewegung in Pfeilrichtung eine Rechtsschraube bilden. Der Betrag des Drehmoments entspricht in dieser Darstellung der Fläche des von r und F aufgespannten Parallelogramms.

Der Vorteil der Vektorschreibweise liegt unter anderem in der Möglichkeit, die Drehmomente mehrerer Kräfte, die in unterschiedlichen Richtungen an einem Körper angreifen, vektoriell zusammenzufassen. Es gilt

$$M_{ges} = \sum_{\nu=1}^{n} M_{\nu} \qquad \text{Gesamtdrehmoment} \qquad (3.52)$$

Hat der Körper eine feste Drehachse, wird die Drehbewegung nur durch die Drehmoment*komponenten* in Richtung der Drehachse beeinflußt. Dann genügt es, zur Berechnung des Gesamtmoments die vorzeichenbehafteten Beträge der Komponenten zu addieren.

3.3.2. Gleichgewicht am starren Körper

Nach Einführung der Größe Drehmoment wollen wir, bevor wir die kinetischen Probleme der Rotationsbewegung erörtern, kurz auf die *Statik des starren Körpers* eingehen. Es

Bild 3.60 Eine am starren Körper
angreifende Kraft ist in ihrer
Wirkungslinie (WL) verschiebbar.
Schieben oder Ziehen des Wagens
unterscheiden sich nicht in der
Wirkung

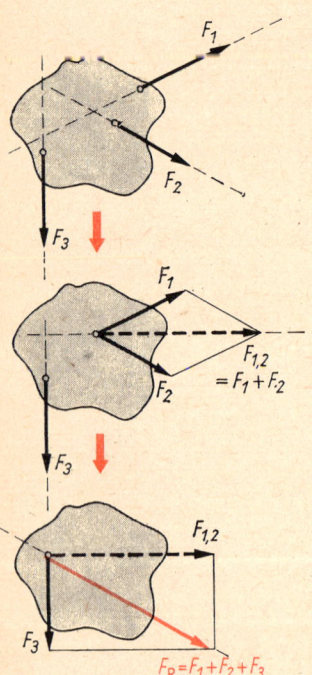

Bild 3.61 Bildung der Resultierenden von mehreren in einer Ebene
angreifenden Kräften

geht hier um die Beantwortung der Frage: Unter welchen
Bedingungen ist ein starrer Körper im *Gleichgewicht*, d. h.,
in welcher Weise müssen äußere Kräfte auf einen starren Körper
einwirken, wenn sich trotz dieser Einwirkung sein Bewegungszustand *nicht* ändern soll?

Es ist uns bekannt, daß Kräfte, die auf einen Massenpunkt
ausgeübt werden, vektoriell zu einer Resultierenden zusammengefaßt werden können (Bild 3.2). Die dem Betrag nach gleiche
Gegenkraft zu dieser Resultierenden stellt das Gleichgewicht
am Massenpunkt her.

Am starren Körper greifen die Kräfte im allgemeinen an verschiedenen Punkten an. Wie in Bild 3.60 gezeigt, lassen sich
die Kräfte am starren Körper aber in ihrer Wirkungslinie
beliebig verschieben. Schneiden sich die Wirkungslinien der am
starren Körper angreifenden Kräfte, dann können die Kräfte
stets nach den für die Zusammensetzung der Kräfte am Massenpunkt geltenden Regeln zusammengefaßt werden (Bild 3.61).
Bei einem ebenen Kräftesystem ist dies immer der Fall — mit
der einen Ausnahme, daß die Wirkungslinien parallel verlaufen.
Auch dann ist jedoch im allgemeinen eine Zusammenfassung
möglich, wie in Bild 3.62 erläutert wird.

● **Aufgabe 3.38**

Bestimmen Sie zeichnerisch die Resultierende für die in Bild
3.62.2 gegebenen Kräfte F_1 und F_2.   ●

Für den Sonderfall, daß zwei dem Betrag nach gleiche Kräfte
entgegengesetzt und parallel angreifen, ist auf keine Weise eine
Zusammenfassung zu einer resultierenden Einzelkraft möglich
(Bild 3.63). Wir bezeichnen eine solche Kräfteanordnung als
ein *Kräftepaar*.

Wie wirkt sich nun ein Kräftepaar auf den Bewegungszustand
des betreffenden Körpers aus? Versuche zeigen:

> Ein starrer Körper führt unter der Einwirkung eines Kräfte-
> paares keine Translationsbewegung, sondern lediglich eine
> gleichmäßig beschleunigte Rotationsbewegung aus.

Es leuchtet ein, daß keine Änderung der Translationsbewegung
auftreten kann, da die beiden Kräfte entgegengesetzt gleich
sind. Eine Drehbewegung hatten wir in 3.3.1. auf das Wirken
eines Drehmoments zurückgeführt. Ein Kräftepaar muß also
als Drehmoment ausgedrückt und gemessen werden können.
Den Zusammenhang stellen wir her, indem wir nach Bild 3.63
die Kräfte in ihren Wirkungslinien so verschieben, daß sie
mit der Verbindungslinie ihrer Angriffspunkte einen rechten
Winkel bilden. Sodann legen wir durch einen der beiden Angriffspunkte eine feste Drehachse senkrecht zur Ebene des
Kräftepaares. Nun wird die Kraft F_1 durch die Drehachse
aufgenommen, und die Kraft F_2 wird mit dem Drehmoment
$M_A = F_2 l$ wirksam. Legt man die Drehachse in den Angriffs-

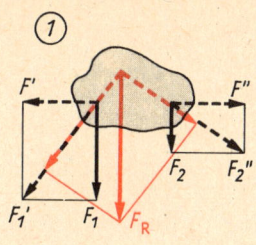

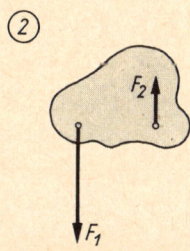

Bild 3.62 Bildung der Resultierenden von Kräften mit parallelen Wirkungslinien. 1. Gleiche Richtung: Durch Einführen der Hilfskräfte F' und F'', deren Summe Null ist, lassen sich F_1' und F_2' konstruieren. Diese werden zur Resultierenden F_R zusammengefaßt. 2. Entgegengesetzte Richtung (Aufgabe 3.38)

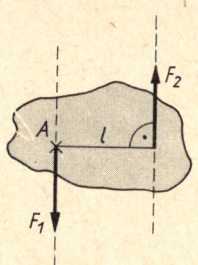

Bild 3.63 Zum Drehmoment des Kräftepaares.
Es ist $M = F_1 l = F_2 l$

punkt von F_2, gilt $M_A = F_1 l$. Wie man sich an Hand des Bildes leicht überzeugen kann, ist in beiden Fällen auch der Drehsinn gleich. Somit gilt

$$M_A = Fl \qquad \text{Drehmoment des Kräftepaares} \qquad (3.53)$$

> Der Betrag des Drehmoments eines Kräftepaares ist gleich dem Produkt aus dem Betrag *einer* Kraft und dem Abstand der Wirkungslinien der beiden Kräfte.

Wie sich durch Versuche zeigen und auch analytisch nachweisen läßt, kommt es hinsichtlich der Wirkung des Kräftepaares auf die Wahl der Drehachse *nicht* an. Stets ist das durch (3.53) bestimmte Drehmoment wirksam. Liegt keine feste Drehachse vor, so rotiert der Körper unter Einwirkung eines Kräftepaares um eine Achse, die durch den Massenmittelpunkt ($\rightarrow$ 3.3.3.) des Körpers geht und senkrecht zur Ebene des Kräftepaares verläuft.
Soll ein starrer Körper, auf den ein Kräftepaar einwirkt, ins Gleichgewicht gebracht werden, so müssen an ihm zusätzliche Kräfte so angreifen, daß diese ein entgegengesetzt gerichtetes, dem Betrag nach gleiches Drehmoment bewirken. Somit gilt:

> Greifen an einem starren Körper die Kräfte in einer Ebene an, so lassen sie sich stets entweder zu einer Gesamtkraft oder zu einem Kräftepaar zusammenfassen.

Wir waren in unseren Erörterungen von einem ebenen Kräftesystem ausgegangen. Bei weiterer Verallgemeinerung greifen die Kräfte in beliebigen Richtungen am Körper an. Hier können die Wirkungslinien der Kräfte im allgemeinen nicht zum Schnitt gebracht werden. Doch ist auch hier eine Zusammenfassung der Kräfte nach der in Bild 3.62 gezeigten Methode des gleichzeitigen Anbringens von einander aufhebenden Hilfskräften möglich. Es läßt sich zeigen, daß sich eine beliebige räumliche Kräfteanordnung am starren Körper zu *einer* resultierenden Gesamtkraft *und einem* Kräftepaar zusammenfassen läßt. Um Gleichgewicht herzustellen, müssen die entsprechende Gegenkraft und das entsprechende Gegendrehmoment auf den Körper einwirken. Allgemein gilt:

> Am starren Körper herrscht Gleichgewicht, wenn sowohl die Summe aller Kräfte als auch die Summe aller Drehmomente um eine beliebige Drehachse verschwindet.

$$\sum F = 0$$
$$\sum M = 0$$

Gleichgewichtsbedingungen am starren Körper $\qquad (3.54)$

Eine wichtige Anwendung findet die Bedingung (3.54) bei der Berechnung des Gleichgewichts an den sogenannten *einfachen Maschinen* (Hebel, lose Rolle, Flaschenzug, Wellrad) sowie bei der Berechnung von *Auflagerkräften*. Wir wollen dies an einigen Beispielen und Aufgaben erläutern. Für die rechnerische Behandlung von Aufgaben zur Statik ist es zweckmäßig, mit einem räumlichen, cartesischen Koordinatensystem zu arbeiten und die Kräfte und Momente in x-, y-, z-Komponenten zu zerlegen. Dann lautet (3.54)

$$\sum F_x = 0; \quad \sum F_y = 0; \quad \sum F_z = 0 \quad \text{Gleichgewichts-}$$
$$\text{bedingungen}$$
$$\sum M_x = 0; \quad \sum M_y = 0; \quad \sum M_z = 0 \quad \text{(Komponenten-} \tag{3.54'}$$
$$\text{darstellung)}$$

● **Beispiel 3.19**

An einem Winkelhebel nach Bild 3.64.1 greift die Kraft $F_1 = 50$ N an. 1. Berechnen Sie die Kraft F_2 für den Fall, daß der Hebel im Gleichgewicht ist. 2. Berechnen Sie Betrag und Richtung der Kraft F_3, die vom Lager auf die Drehachse ausgeübt wird.

Gegeben: $F_1 = 50$ N; $l_2 = 30$ cm   *Gesucht:* 1. F_2
$\qquad\qquad$ $l_1 = 20$ cm; $\alpha_2 = 90°$ $\qquad\qquad\qquad$ 2. F_3; α_4
$\qquad\qquad$ $\alpha_1 = 90°$ $\qquad\quad$ $\alpha_3 = 60°$

Es liegt ein ebenes Kräftesystem vor. Wir legen das Koordinatenkreuz so, daß die Drehachse durch den Ursprung geht und mit der z-Achse zusammenfällt. Dann gilt

1. $\underline{\sum M_x = 0}$; $\underline{\sum M_y = 0}$; $\sum M_z = F_1 l_1 - F_2 l_2 = 0$

$$F_2 = \frac{F_1 l_1}{l_2}; \quad F_2 = \frac{50 \text{ N} \cdot 20 \text{ cm}}{30 \text{ cm}} = \underline{\underline{33 \text{ N}}}$$

2. $\sum F_x = F_{2x} - F_{3x} = 0$; $F_{2x} = F_2 \sin \alpha_3$; $F_{3x} = F_2 \sin \alpha_3$

$\sum F_y = -F_{1y} - F_{2y} + F_{3y} = 0$; $F_{2y} = F_2 \cos \alpha_3$; $F_{1y} = F_1$

$F_{3y} = F_1 + F_2 \cos \alpha_3$

$$F_3 = \underline{\sqrt{F_{3x}^2 + F_{3y}^2}}; \quad \tan \alpha_4 = \frac{F_{3y}}{F_{3x}} \rightarrow \alpha_4 = \underline{\underline{\arctan \frac{F_{3y}}{F_{3x}}}}$$

$$F_{3x} = 33 \text{ N} \sin 60° = 33 \cdot 0,5 \cdot \sqrt{3} \text{ N} = 29 \text{ N}$$

$$F_{3y} = 50 \text{ N} + 33 \text{ N} \cos 60° = 50 \text{ N} + 0,5 \cdot 33 \text{ N} = 67 \text{ N}$$

$$F_3 = \sqrt{29^2 \text{ N}^2 + 67^2 \text{ N}^2} = \underline{\underline{73 \text{ N}}}$$

$$\tan \alpha_4 = \frac{67}{29} = 2{,}31; \quad \alpha_4 = \underline{\underline{67°}}$$

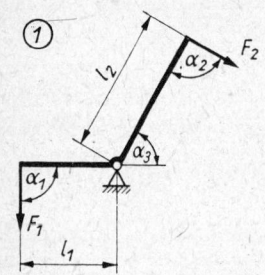

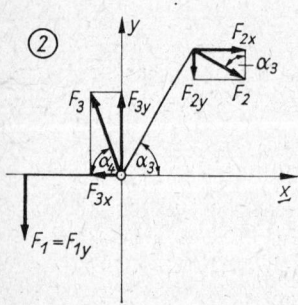

Bild 3.64 Zum Beispiel 3.19 Gleichgewicht am Winkelhebel. 1. Zur Aufgabe, 2. zur Lösung

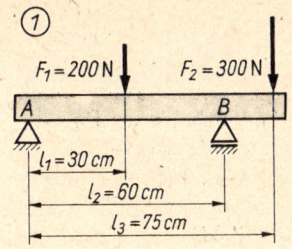

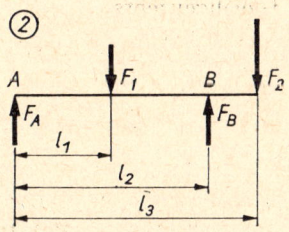

Bild 3.65 Zum Beispiel 3.20
Kräfte am Träger.
1. Zur Aufgabe, 2. zur Lösung

● **Aufgabe 3.39**

Überprüfen Sie das Ergebnis von Beispiel 3.19.2, indem Sie die Aufgabe zeichnerisch lösen!

● **Beispiel 3.20**

Berechnen Sie für den nach Bild 3.65 belasteten Träger die Stützkräfte in den Punkten A und B. Das Gewicht des Trägers bleibe unberücksichtigt. Gegebene Werte entnehmen Sie dem Bild.

Gegeben: $F_1 = 200\,\text{N}$; $l_1 = 30\,\text{cm}$ *Gesucht:* F_A; F_B
$F_2 = 300\,\text{N}$; $l_2 = 60\,\text{cm}$
$l_3 = 75\,\text{cm}$

Zur Bildung der Summe der Momente wählen wir als Bezugspunkt den Punkt A. Dann gilt

$$\sum M_A = -F_1 l_1 + F_B l_2 - F_2 l_3 = 0; \qquad F_B = \frac{F_1 l_1 + F_2 l_3}{l_2}$$

$$\sum F = F_A + F_B - F_1 - F_2 = 0; \quad F_A = \underline{-F_B + F_1 + F_2}$$

$$F_B = \frac{200\,\text{N} \cdot 30\,\text{cm} + 300\,\text{N} \cdot 75\,\text{cm}}{60\,\text{cm}} = \underline{\underline{475\,\text{N}}}$$

$$F_A = -475\,\text{N} + 200\,\text{N} + 300\,\text{N} = \underline{\underline{25\,\text{N}}}$$

● **Aufgabe 3.40**

Überzeugen Sie sich, daß Sie dasselbe Ergebnis erhalten, wenn Sie einen anderen Punkt des Trägers als Bezugspunkt wählen.

● **Aufgabe 3.41**

An einer Scheibe mit dem Durchmesser 400 mm greift tangential eine Kraft von 400 N an. In 100 mm Abstand vom Mittelpunkt der Scheibe steckt ein Bolzen in der Stirnseite der Scheibe. Der Bolzen soll eine Drehbewegung verhindern. Berechnen Sie die Scherkraft, die der Bolzen aushalten muß. (Skizze!)

3.3.3.   Massenmittelpunkt des starren Körpers

Von großem Interesse ist die Untersuchung des Gleichgewichts am starren Körper im Schwerefeld, denn die Schwerkraft läßt sich auf der Erde nicht ausschalten. Wie in 3.2.2.4. erläutert, greift die Schwerkraft an jedem Massenelement des Körpers an. Die Wirkung der Schwerkraft auf einen Körper ist somit die Summe der Schwerkraftwirkungen auf seine Massenelemente. Um das Berechnen dieser Summe zu vereinfachen, führen wir den

Massenmittelpunkt des Körpers ein. Dann können wir die auf den Körper wirkende Schwerkraft als im Massenmittelpunkt angreifend betrachten. Der Massenmittelpunkt eines Körpers wird deshalb auch als dessen *Schwerpunkt* bezeichnet. Für den Schwerpunkt eines Körpers gelten die in 3.2.4.4. angegebenen Sätze über den Massenmittelpunkt von Massenpunkten; insbesondere gelten die Gleichungen (3.50) bis (3.50'') zur Bestimmung der Koordinaten des Massenmittelpunktes. Um diese Gleichungen anwenden zu können, stellen wir uns vor, daß der Körper aus Volumenelementen ΔV mit der Masse Δm aufgebaut ist. Dann erhalten

wir aus (3.50) $x_M = \dfrac{\sum\limits_{\nu=1}^{n} \Delta m_\nu x_\nu}{\sum\limits_{\nu=1}^{n} m_\nu}$ und durch Grenzübergang

$$x_M = \frac{1}{m} \int\limits_{(m)} x \, dm \tag{3.55}$$

$$y_M = \frac{1}{m} \int\limits_{(m)} y \, dm \quad \Big\} \begin{array}{l} \text{Schwerpunktskoordinaten} \\ \text{des starren Körpers} \end{array} \tag{3.55'}$$

$$z_M = \frac{1}{m} \int\limits_{(m)} z \, dm \tag{3.55''}$$

Alle Integrale sind über die gesamte Körpermasse zu erstrecken. Für einen homogenen Körper, d. h. einen Körper, der in allen Körperpunkten die gleiche Dichte hat, lassen sich die Gleichungen (3.55) vereinfachen. Für jedes Massenelement gilt hier $dm = \varrho \, dV$. So erhalten wir

$$x_M = \frac{1}{m} \int x \varrho \, dV = \frac{\varrho}{m} \int x \, dV \quad \text{und mit (3.3)} \quad \varrho = m/V$$

$$x_M = \frac{1}{V} \int\limits_{(V)} x \, dV \tag{3.56}$$

$$y_M = \frac{1}{V} \int\limits_{(V)} y \, dV \quad \begin{array}{l} \textbf{Schwerpunktskoordinaten} \\ \textbf{des homogenen starren} \\ \textbf{Körpers} \end{array} \tag{3.56'}$$

$$z_M = \frac{1}{V} \int\limits_{(V)} z \, dV \tag{3.56''}$$

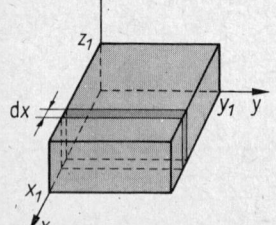

Bild 3.66 Zum Beispiel 3.21: Schwerpunkt eines Quaders

● **Beispiel 3.21**

Bestimmen Sie die x-Koordinate des Schwerpunktes eines homogenen Quaders mit den Seiten x_1, y_1, z_1 (Bild 3.66).

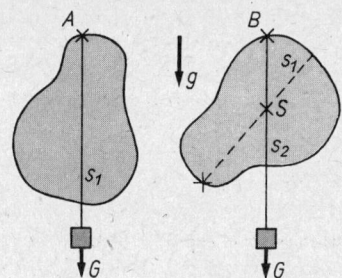

Bild 3.67 Experimentelle Bestimmung des Schwerpunkts eines flachen Körpers. Der Körper wird im Schwerefeld zunächst an einem, dann an einem zweiten beliebigen Punkt des Körperumfangs aufgehängt. Der Schwerpunkt ist der Schnittpunkt der durch diese Punkte gehenden Lote s_1 und s_2 (Schwerlinien)

Gegeben: x_1; y_1; z_1 *Gesucht:* x_M

Wir legen zweckmäßigerweise das Koordinatensystem so, daß die Achsen in den Kanten des Quaders liegen. Als Volumenelement wählen wir eine Scheibe mit dem Volumen $dV = y_1 z_1\, dx$. Dann gilt:

$$x_M = \frac{1}{V} \int_{(V)} x\, dV = \frac{1}{V} \int_0^{x_1} y_1 z_1 x\, dx = \frac{y_1 z_1}{x_1 y_1 z_1} \int_0^{x_1} x\, dx$$

$$x_M = \frac{1}{x_1} \left[\frac{x^2}{2} \right]_0^{x_1} = \frac{x_1}{2}$$

Das Ergebnis in Beispiel 3.21 war zu erwarten, denn es gilt:

> Der Massenmittelpunkt (Schwerpunkt) eines symmetrischen Körpers liegt im Schnittpunkt der Symmetrieachsen des Körpers.

Bei unregelmäßig geformten Körpern ist die Bestimmung des Schwerpunktes durch Rechnung oft schwierig oder nur näherungsweise möglich. Hier kann man nach dem im Bild 3.67 erläuterten Verfahren den Schwerpunkt experimentell bestimmen.

Als Abschluß dieses Abschnitts wollen wir uns noch mit dem Gleichgewicht eines Körpers, der sich in einem Schwerefeld befindet, befassen. Gleichgewicht kann hier nur herrschen, wenn das Gewicht des Körpers durch eine Gegenkraft von gleichem Betrag kompensiert wird. Da das Gewicht des Körpers im Schwerpunkt angreift, muß in der Gleichgewichtslage auch die Wirkungslinie der Gegenkraft durch den Schwerpunkt gehen. Wir unterscheiden den *stabilen*, den *labilen* und den *indifferenten* Gleichgewichtszustand. Die Kriterien für die Unterscheidung der Gleichgewichtszustände sind Bild 3.68 zu entnehmen.

Gleichgewichtszustand ist

① **stabil**

wenn Schwerpunkt bei Verrückung *angehoben* wird

$\Delta h > 0$; $\Delta W_p > 0$

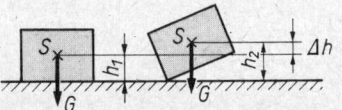

② **labil**

wenn Schwerpunkt bei Verrückung *gesenkt* wird

$\Delta h < 0$; $\Delta W_p < 0$

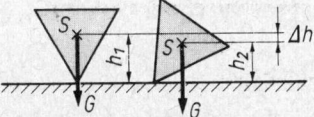

③ **indifferent**

wenn Schwerpunkt bei Verrückung *seine Höhe nicht ändert*

$\Delta h = 0$; $\Delta W_p = 0$

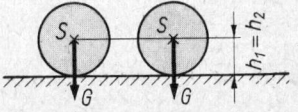

Bild 3.68 Gleichgewichtszustände des starren Körpers

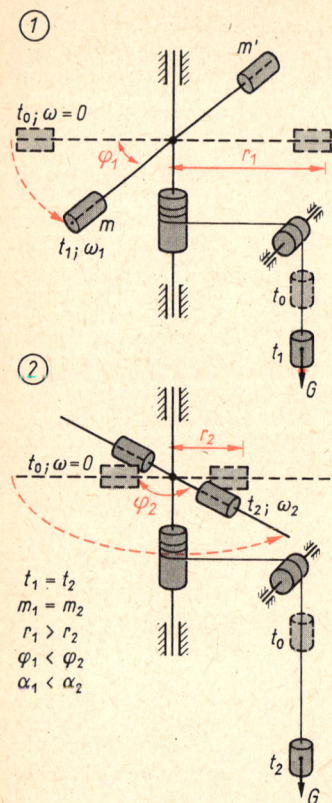

Bild 3.69 Versuch zur Erläuterung des Massenträgheitsmoments. Unter sonst gleichen Bedingungen (gleiche Gesamtmasse der bewegten Teile, gleiches Drehmoment) kommt die Drehbewegung bei 1 langsam, bei 2 schnell in Gang. Bei 1 ist die Winkelbeschleunigung klein, bei 2 groß

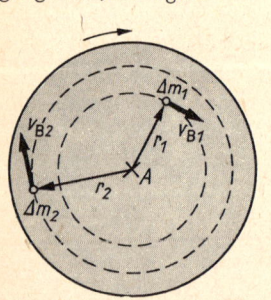

Bild 3.70 Zur Erläuterung des Massenträgheitsmoments eines um eine Achse A rotierenden Körpers

3.3.4.   Massenträgheitsmoment

Nach dem Drehmoment ist das *Massenträgheitsmoment* die zweite zur Beschreibung der Rotation wichtige Größe. An einem Versuch nach Bild 3.69 wollen wir uns klarmachen, weshalb diese Größe eingeführt wird. In diesem Versuch wird eine Stange, auf der zwei gleiche Körper mit der Masse m verschiebbar angebracht sind, durch Einwirkung des Gewichts G in Rotation versetzt. Wir messen die dabei auftretende Winkelbeschleunigung. Wie die Versuche zeigen, hängt die Winkelbeschleunigung nicht, wie man zunächst auf Grund der Gleichung $F = ma$ vermuten könnte, nur von der wirkenden Kraft G (bzw. dem von ihr bewirkten Drehmoment M) und der Masse m_{ges} der Anordnung ab. Diese Größen sind ja in beiden Versuchen gleich. Die Winkelbeschleunigung hängt offensichtlich auch vom Abstand r der Körper von der Drehachse ab. Es spielt somit auch die Massenverteilung im rotierenden Körper eine Rolle. Wir definieren deshalb mit dem Massenträgheitsmoment eine Größe, in die außer der Masse auch die Entfernung des Trägers der Masse von der Rotationsachse eingeht. Durch Einführung des Massenträgheitsmoments ist es möglich, für die Rotation Gleichungen aufzustellen, die denen der Translation analog sind.

Zur Erläuterung des Massenträgheitsmoments gehen wir davon aus, daß ein rotierender Körper als eine Gesamtheit vieler Massenpunkte Δm_ν aufgefaßt werden kann, die sich mit gleicher Winkelgeschwindigkeit ω um eine gemeinsame Achse auf Kreisbahnen mit den Radien r_ν bewegen (Bild 3.70). Gemäß (2.21) $v_B = r\omega$ beträgt die kinetische Energie $\Delta W_{k\nu}$ eines solchen Massenpunktes

$$\Delta W_{k\nu} = \frac{1}{2}\Delta m_\nu r_\nu{}^2 \omega^2 \qquad \begin{array}{l}\text{Kinetische Energie eines auf}\\ \text{einer Kreisbahn umlaufenden} \\ \text{Massenpunktes}\end{array} \qquad (3.57)$$

Nach dieser Gleichung ist die kinetische Energie des umlaufenden Massenpunktes vom Radius der Bahn des umlaufenden Massenpunktes abhängig; und zwar ist die Bewegungsenergie proportional dem Quadrat des Radius.

Für die gesamte kinetische Energie des rotierenden Körpers erhalten wir somit

$$W_{rot} = W_{k\,ges} = \sum_{\nu=1}^{n} \Delta W_{k\nu} = \sum_{\nu=1}^{n}\frac{1}{2}\Delta m_\nu r_\nu{}^2 \omega^2 = \frac{1}{2}\left(\sum_{\nu=1}^{n}\Delta m_\nu r_\nu{}^2\right)\omega^2 \;(*)$$

Vergleichen wir diesen Ausdruck mit (3.37) $W_k = \frac{1}{2}mv^2$, so erkennen wir die Analogie dieser Gleichungen. In (*) tritt an die Stelle der Masse m der Klammerausdruck. Deshalb führen wir diese Summe als neue Größe ein:

$$J = \sum_{\nu=1}^{n}\Delta m_\nu r_\nu{}^2 \qquad \begin{array}{l}\text{Massenträgheitsmoment}\\ \text{bezüglich gegebener Rotationsachse}\end{array}\qquad (3.58)$$

$[J] = \text{kg m}^2$

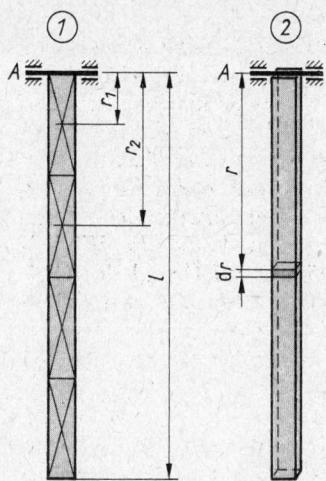

Bild 3.71 Zur Berechnung des Massenträgheitsmoments eines Stabes bezüglich Rotationsachse A (1. zum Beispiel 3.22, 2. zum Beispiel 3.23)

Mit (3.58) kann das Massenträgheitsmoment eines Körpers angenähert berechnet werden, wenn es möglich ist, den Körper in geeigneter Weise in kleine Teile zu zerlegen. Es wird dann jedes Teilstück als Massenpunkt betrachtet und dessen Massenträgheitsmoment bestimmt. Zuletzt wird dann die Summe der Teilmassenträgheitsmomente gebildet.

● **Beispiel 3.22**

Bestimmen Sie durch Näherungsrechnung das Massenträgheitsmoment für einen dünnen Stab von 100 cm Länge und 600 g Masse bezüglich einer Achse durch einen Endpunkt. (Hinweis: Zerlegen Sie den Stab in 4 Teilabschnitte.) (Bild 3.71.1)

Gegeben: $l = 100$ cm; $m = 600$ g   *Gesucht:* J_A
$$d \ll 1 \text{ m (für einen Stab gilt } d \ll l\text{)}$$

Jeder der 4 Teilabschnitte hat die Masse $m/4$. Für die Massenmittelpunkte gilt: $r_1 = l/8$; $r_2 = 3\,l/8$; $r_3 = 5\,l/8$; $r_4 = 7\,l/8$. Dann erhalten wir nach (3.58)

$$J_A = \sum_{v=1}^n \Delta m_v r_v^2 = \frac{m}{4}\left[\left(\frac{1}{8}l\right)^2 + \left(\frac{3}{8}l\right)^2 + \left(\frac{5}{8}l\right)^2 + \left(\frac{7}{8}l\right)^2\right]$$

$$= 0{,}328\ ml^2 = \underline{1970\ \text{kg cm}^2}$$

Bemerkung: Teilt man den Stab in mehr als 4 Abschnitte, wird die Näherungslösung genauer. Die Rechnung erfordert aber wesentlich höheren Aufwand.   ●

Exakt und mit weniger Aufwand lassen sich Massenträgheitsmomente mit Hilfe der Integralrechnung bestimmen. Wir verfeinern die Unterteilung in Massenpunkte immer mehr, lassen die Anzahl der Massenelemente Δm gegen unendlich gehen und schreiben für (3.58):

$$J = \int\limits_{(m)} r^2\,\mathrm{d}m \qquad \textbf{Massenträgheitsmoment bezüglich gegebener Rotationsachse} \qquad (3.58')$$

Das Massenträgheitsmoment eines um eine Achse A rotierenden Körpers ist gleich der Summe der auf diese Achse bezogenen Massenträgheitsmomente seiner Teile. Das Massenträgheitsmoment eines Körpers hängt von der Lage der Drehachse ab.

Nach (3.58') lassen sich Trägheitsmomente rechnerisch bestimmen, wenn sich analytisch angeben läßt, wie die Massenelemente $\mathrm{d}m$ vom jeweiligen Abstand r von der Drehachse abhängen.

● **Beispiel 3.23**

Berechnen Sie das Massenträgheitsmoment des in Beispiel 3.22 angegebenen Stabes mit Hilfe der Integralrechnung (Bild 3.71.2).

Gegeben: $l = 100$ cm; $m = 600$ g   *Gesucht:* J_A

Es gilt $d \ll l$

Nach (3.58′) ist $J = \int\limits_{(m)} r^2 \, dm$. Mit $dm = \varrho \, dV = \varrho A \, dr$ folgt

$$J_A = \int\limits_0^l \varrho A r^2 \, dr = \varrho A \int\limits_0^l r^2 \, dr = \varrho A \frac{l^3}{3} = \frac{1}{3} ml^2$$

$$J_A = \frac{1}{3} \cdot 600 \text{ g} \cdot 100^2 \text{ cm}^2 = \underline{\underline{2\,000 \text{ kg cm}^2}}$$ ●

Für in der Praxis häufig vorkommende Körperformen sind die Trägheitsmomente in Tabellenbüchern angegeben (→ B 5.). Für unregelmäßig geformte Körper muß das Massenträgheitsmoment experimentell bestimmt werden.

Von besonderer Bedeutung sind die Trägheitsmomente bezüglich der Achsen durch den Massenmittelpunkt des Körpers. Unter den beliebig vielen möglichen Achsen durch diesen Punkt sind zwei ausgezeichnet: Die Achse mit dem größten Trägheitsmoment $J_{S\,max}$ und die Achse mit dem kleinsten Trägheitsmoment $J_{S\,min}$. Diese Achsen stehen senkrecht aufeinander und werden als *Hauptträgheitsachsen* bezeichnet. Nur um diese beiden Achsen ist eine stabile Rotation eines frei beweglichen Körpers möglich. Das bedeutet, daß bei der Rotation eines Körpers, dessen feste Achse mit einer dieser beiden Hauptträgheitsachsen zusammenfällt, die Achslager durch Kräfte, die aus der Drehbewegung resultieren, nicht beansprucht werden. Das Trägheitsmoment bezüglich der zu diesen beiden Hauptträgheitsachsen senkrechten Achse liegt im allgemeinen zwischen $J_{S\,max}$ und $J_{S\,min}$. Es hat also keinen ausgezeichneten Wert, und eine stabile Drehung um diese Achse ist nicht möglich. Trotzdem wird auch diese Achse als eine Hauptträgheitsachse angesehen. Bei symmetrischen Körpern sind die Symmetrieachsen die Hauptträgheitsachsen (Bild 3.72).

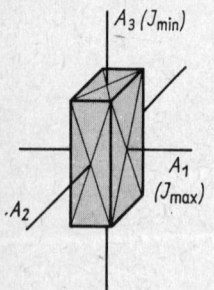

Bild 3.72 Hauptträgheitsachsen eines Quaders

Kennt man das Massenträgheitsmoment J_S bezüglich einer durch den Massenmittelpunkt gehenden Achse, so läßt sich mit Hilfe des *Steinerschen Satzes* (→ STEINER) das Trägheitsmoment J_A bezüglich einer dazu parallelen, im Abstand s verlaufenden Achse bestimmen (Bild 3.73).

$$\boxed{J_A = J_S + ms^2}$$ **Satz von Steiner**   (3.59)

Wir verzichten auf die Herleitung dieses Satzes. Seine Anwendung wird im folgenden Beispiel gezeigt.

● **Beispiel 3.24**

Eine Scheibe aus Aluminiumblech hat den Durchmesser 160 mm und die Höhe 1,0 mm. Berechnen Sie 1. das Trägheitsmoment

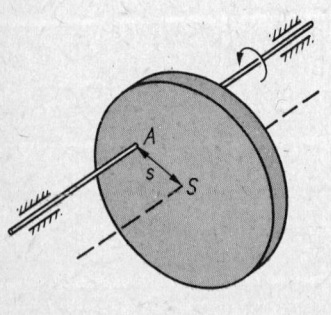

Bild 3.73 Zum Steinerschen Satz

bezüglich einer Achse durch den Schwerpunkt senkrecht zur Scheibenfläche, 2. das Trägheitsmoment bezüglich einer Achse, die parallel zur Schwerpunktachse durch einen Punkt an ihrem Umfang verläuft.

Gegeben: $d = 160$ mm; $\varrho = 2{,}70$ g cm^{-3} *Gesucht:* 1. J_S
        $h = 1{,}0$ mm   2. J_A

zu 2.: $s = d/2$

1. $J_S = \dfrac{m}{2} r^2 \; (\to \text{B 5.});$ $m = \varrho V = \varrho \pi r^2 h$.

Mit $r = \dfrac{d}{2}$ folgt

$$J_S = \frac{\pi d^4 \varrho h}{16 \cdot 2} = \frac{\pi}{32} d^4 \varrho h$$

$$J_S = \frac{\pi \cdot 16^4 \text{ cm}^4 \cdot 2{,}7 \text{ g} \cdot 0{,}1 \text{ cm}}{32 \text{ cm}^3} = \underline{\underline{1{,}74 \text{ kg cm}^2}}$$

2. Nach dem Satz von Steiner (3.59) ist $J_A = J_S + ms^2$.

Mit $J_S = \dfrac{m}{2} r^2$ und $s = \dfrac{d}{2} = r$ folgt $J_A = \dfrac{3}{2} mr^2 = \underline{\underline{3J_S}}$

$$J_A = 3 \cdot 1{,}74 \text{ kg cm}^2 = \underline{\underline{5{,}22 \text{ kg cm}^2}}$$

● **Aufgabe 3.42**

Für eine Schwungscheibe seien der Durchmesser und das Massenträgheitsmoment bezüglich der Rotationsachse gegeben. Berechnen Sie, um welche Strecke die Drehachse parallel verschoben werden muß, damit das Trägheitsmoment verdoppelt wird.   ●

● **Aufgabe 3.43**

Welche Möglichkeiten gibt es, bei unveränderter Lage der Drehachse das Trägheitsmoment der in Aufgabe 3.42 gegebenen Schwungscheibe zu vergrößern?   ●

3.3.5.   Grundgleichung der Dynamik der Rotation

Wir betrachten einen auf einer Kreisbahn mit konstanter Bahngeschwindigkeit bewegten Massenpunkt (Bild 3.74) und fragen, wie eine in Richtung der Bahntangente wirkende Kraft den Bewegungsablauf ändert.
Nach der Grundgleichung der Dynamik gilt für die beschleunigende Kraft $F_B = \Delta m\, a_B$, und mit Gleichung (2.22) $a_B = \alpha r$ folgt $F_B = \Delta m\, \alpha r$. Führen wir anstelle von F_B das Drehmoment dieser Kraft ein, erhalten wir

$$F_B\, r = M = \Delta m\, \alpha r^2 = \alpha\, \Delta m\, r^2$$

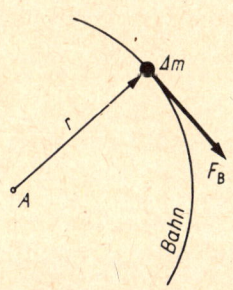

Bild 3.74 Zur Herleitung der Grundgleichung der Dynamik bei Rotation

Wollen wir vom Massenpunkt zu einem rotierenden Körper übergehen, müssen wir über alle Δm summieren und erhalten

$$M = \alpha \sum_{\nu=1}^{n} \Delta m_{\nu} r_{\nu}{}^2 \text{ oder } M = \alpha \int_{(m)} r^2 \, \mathrm{d}m.$$

Der Ausdruck $\int_{(m)} r^2 \, \mathrm{d}m$ ist aber nach (3.58') das Massenträgheitsmoment J des Körpers. Daraus folgt, wenn wir noch berücksichtigen, daß Drehmoment und Winkelbeschleunigung vektorielle Größen sind,

$$M = J\alpha \qquad \text{Grundgleichung der Dynamik bei Rotation} \qquad (3.60)$$

Das auf einen rotierenden Körper wirkende Drehmoment ist gleich dem Produkt aus dem Massenträgheitsmoment bezüglich der Drehachse des Körpers und der Winkelbeschleunigung.

Die beim Vergleich von (3.4) $F = ma$ und (3.60) $M = J\alpha$ erkennbare formale Übereinstimmung der Gleichungen bietet die Möglichkeit, die Größen und Gleichungen der Rotation in Analogie zu den Größen und Gleichungen der Translation zu behandeln. Es gilt

Kraft $F \triangleq$ Drehmoment M

Masse $m \triangleq$ Trägheitsmoment J

Mit diesen und den schon in der Kinematik genutzten Analogien zwischen Größen der Translation und Größen der Rotation ergeben sich die in Tafel 3.4 zusammengestellten Gleichungen. Die Anwendung dieser Gleichungen wird in den nächsten Abschnitten erläutert.

Zur Verwendung von Analogien sei bemerkt, daß ein solches Vorgehen in erster Linie didaktisch begründet ist. Analogiebetrachtungen lassen die Systematik im Aufbau der Physik erkennen. Sie erleichtern das Einprägen des Wissens. Doch muß ausdrücklich betont werden, daß durch Analogieüberlegungen gewonnene Sätze und Gleichungen stets in der Praxis bestätigt und auch theoretisch begründet werden müssen. Erst dann sind die durch dieses Verfahren gewonnenen Erkenntnisse gesichertes Wissen.

● **Beispiel 3.25**

Der Anker eines Elektromotors hat das Massenträgheitsmoment 48,0 kg m². Bei einer Drehzahl von 200 min⁻¹ wird der Strom eingeschaltet, so daß auf den Anker ein Drehmoment von 300 N m wirkt. Mit welcher Drehzahl rotiert der Anker 10,0 s nach dem Einschalten?

Gegeben: $J = 48,0 \text{ kg m}^2$; $\qquad M = 300 \text{ N m}$ $\qquad$ *Gesucht:* n

$\qquad\qquad n_0 = 200 \text{ min}^{-1}$; $\qquad t = 10,0 \text{ s}$

Es liegt eine gleichmäßig beschleunigte Rotation mit gegebener Anfangsdrehzahl vor. Für eine solche Bewegung gelten die für die Kinematik der Translation entwickelten Gleichungen (2.6) bis (2.10), wenn man die entsprechenden Größen der Drehbewegung einsetzt.
Mit (2.16) $\omega = 2\pi n$ erhalten wir aus (2.6)

$$\alpha = \frac{2\pi(n - n_0)}{t} \tag{1}$$

Außerdem gilt (3.60) $M = J\alpha$ $\qquad\qquad$ (2)

Aus (1) und (2) folgt $Mt = 2\pi(n - n_0)J$ und daraus

$$n = n_0 + \frac{Mt}{2\pi J}$$

$$n = 200 \text{ min}^{-1} + \frac{300 \text{ kg m}^2 \cdot 10 \text{ s} \cdot 60 \text{ s}}{\text{s}^2 \cdot 2\pi \cdot 48 \text{ kg m}^2 \text{ min}} = 797 \text{ min}^{-1}$$

Tafel 3.4 **Größen (Beträge) und Gleichungen der Dynamik; Analogie zwischen Translation und Rotation**

Translation			Rotation		
Größe	Gleichung	Einheit	Größe	Gleichung	Einheit
Kraft	F	N	Drehmoment	$M = Fr \sin \alpha$ (3.51')	N m
Masse	m	kg	Massenträgheitsmoment	$J = \int_{(m)} r^2 \, dm$ (3.58')	kg m²
Grundgleichung der Dynamik	$F = ma$ (3.4)	N	Grundgleichung der Dynamik bei Rotation	$M = J\alpha$ (3.60)	N m
Mechanische Arbeit bei konstanter Kraft	$W = Fs \cos \alpha$ (3.29)	J	Mechanische Arbeit bei konstantem Drehmoment	$W_{\text{rot}} = M\varphi$ (3.61)	J
Potentielle Energie (gespannte Feder)	$W_{\text{pF}} = \frac{1}{2} ks^2$ (3.31)	J	Potentielle Energie (gespannte Drehfeder)	$W_{\text{pF}} = \frac{1}{2} k'\varphi^2$ (3.63)	J
Translationsenergie	$W_{\text{k}} = \frac{1}{2} mv^2$ (3.37)	J	Rotationsenergie	$W_{\text{rot}} = \frac{1}{2} J\omega^2$ (3.64)	J
Leistung	$P = \frac{dW}{dt} = Fv$ (3.40')	W	Leistung	$P_{\text{rot}} = \frac{dW_{\text{rot}}}{dt} = M\omega$ (3.65)	W
Impuls	$p = mv$ (3.43)	$\frac{\text{kg m}}{\text{s}}$	Drehimpuls	$L = J\omega$ (3.67)	$\frac{\text{kg m}^2}{\text{s}}$
Kraftstoß	$\Delta p = F \, \Delta t$ (3.45)	N s	Antrieb	$\Delta L = M \, \Delta t$ (3.68)	N m s

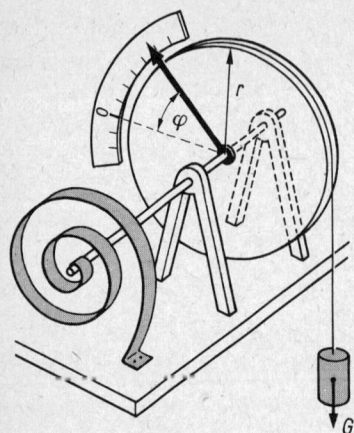

Bild 3.75 Drillachse zur Erzeugung von Drehmomenten. Es ist

$$M = Gr; \quad k' = \left| \frac{M}{\varphi} \right|.$$

3.3.6.   Arbeit, Energie und Leistung bei Rotation

Wirkt ein Drehmoment auf einen frei beweglichen oder um eine Achse drehbaren Körper ein, so wird an diesem Arbeit verrichtet oder, anders ausgedrückt, es wird ihm Energie zugeführt. Dies geschieht zum Beispiel, wenn wir an der Kurbel einer Winde drehen. Dabei üben wir eine Kraft F_t in tangentialer Richtung aus und legen mit der Hand den Weg s_B zurück. Die bei dieser Rotation verrichtete Arbeit erhalten wir nach (3.29) $W = Fs \cos \alpha$ mit $\alpha = 0°$, (2.11) $\varphi = s_B/r$ und (3.59) $M = F_t r$

$$W_{\text{rot}} = F_t\, s_B = F_t\, r s_B / r = M\varphi$$

Bei nichtkonstanter Kraft ist das Drehmoment vom Winkel φ abhängig. Somit gelten die Definitionen

$$W_{\text{rot}} = M\varphi$$

Arbeit bei Rotation

für konstantes Drehmoment   (3.61)

$$W_{\text{rot}} = \int_{\varphi_1}^{\varphi_2} M(\varphi)\, d\varphi$$

für beliebiges Drehmoment   (3.61')

Wie bei der Translation können wir auch bei der Rotation Verschiebungsarbeit (Arbeit ohne Beschleunigung des Körpers) und Beschleunigungsarbeit unterscheiden.

Zur Erzeugung eines Drehmoments mit Hilfe von Federkraft läßt sich eine Drillachse verwenden (Bild 3.75). Für eine solche Drehfeder läßt sich in Analogie zur Richtgröße $k = |F/\Delta s|$ (3.16') eine Winkelrichtgröße k' definieren:

$$k' = \left| \frac{M}{\varphi} \right| \qquad \textbf{Winkelrichtgröße} \qquad (3.62)$$

$$[k'] = \frac{\text{N m}}{\text{rad}} = \text{N m}$$

M ist das Drehmoment, das von der Drillachse ausgeübt wird, wenn diese um den Drehwinkel φ gegenüber der Nullage verdrillt ist. Die beim Spannen einer solchen Drehfeder verrichtete Arbeit wird in der Feder als potentielle Energie gespeichert:

$$W_F = \frac{M_{\text{max}}\,\varphi}{2} = \frac{k'}{2}\,\varphi^2 = W_{\text{pF}} \qquad (3.63)$$

Verdrillungsarbeit = potentielle Energie der Drehfeder

Als bekanntes Beispiel sei an das Federwerk einer Uhr erinnert.

Für die kinetische Energie eines rotierenden Körpers gilt

$$W_B = M\varphi = \frac{J}{2}\,\omega^2 = W_{rot} \qquad\qquad (3.64)$$

Beschleunigungsarbeit bei Rotation $=$ kinetische Energie des rotierenden Körpers $=$ Rotationsenergie

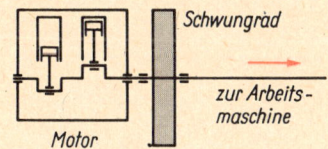

Schwungrad

zur Arbeits-
maschine

Motor

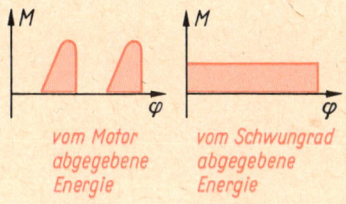

M M

φ φ

vom Motor
abgegebene
Energie

vom Schwungrad
abgegebene
Energie

Bild 3.76 Zur Verwendung eines Schwungrades als Energiespeicher

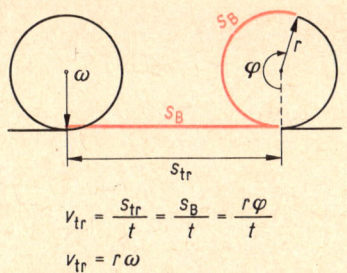

ω s_B φ r

S_B

s_{tr}

$$v_{tr} = \frac{s_{tr}}{t} = \frac{s_B}{t} = \frac{r\varphi}{t}$$

$$v_{tr} = r\,\omega$$

Bild 3.77 Zum Zusammenhang zwischen Translationsgeschwindig- keit und Rotationsgeschwindigkeit beim rollenden Rad

Ein rotierender Körper ist also ein Energiespeicher. Technisch werden solche Energiespeicher, deren Fassungsvermögen aller- dings begrenzt ist, in der Form von *Schwungrädern* vor allem dort genutzt, wo es darauf ankommt, einen von einem Energie- umwandler, z. B. vom Motor eines Kraftfahrzeuges, abge- gebenen pulsierenden Strom von Rotationsenergie zu glätten (Bild 3.76).

Die kinetische Energie eines rollenden Körpers setzt sich aus zwei Anteilen, aus *Translations-* und *Rotationsenergie*, zu- sammen. Beim Rollen eines Rades ist der Rotation des Rades eine Translation der Radachse überlagert, wobei, wie man sich an Bild 3.77 leicht klarmacht, zwischen Translationsgeschwin- digkeit und Winkelgeschwindigkeit folgender Zusammenhang besteht:

$$v_{trans} = v_B = \omega r \qquad \text{Geschwindigkeit beim Rollen} \qquad (2.21')$$

Doch gibt es noch eine zweite Möglichkeit, die kinetische Energie eines rollenden Körpers zu ermitteln. Betrachtet man den Berührungspunkt zwischen Rad und Unterlage als das Rotationszentrum, so liegt allein eine Rotation des Körpers vor, und zwar eine Rotation um die momentane Drehachse A (Bild 3.78). Als Massenträgheitsmoment muß dann das auf diese Achse bezogene Trägheitsmoment eingesetzt werden. Sodann gilt also $W_{rot} = (J_A/2)\,\omega^2$.

Mit Hilfe des Steinerschen Satzes läßt sich leicht zeigen, daß beide Beschreibungen gleichbedeutend sind:

$$W_{rot} = \frac{J_A}{2}\,\omega^2 = \frac{1}{2}\,(J_S + mr^2)\,\omega^2 = \frac{1}{2}\,J_S\,\omega^2 + \frac{1}{2}\,mr^2\omega^2$$

$$= \frac{1}{2}\,J_S\,\omega^2 + \frac{1}{2}\,mv^2 = W_{rot\,S} + W_{trans}$$

● **Beispiel 3.26**

Berechnen Sie die in einem Schwungrad von 800 kg Masse und 100 cm Durchmesser gespeicherte Energie; das Rad rotiert mit der Drehzahl 200 min⁻¹. Es werde angenommen, daß die Masse der Speichen und der Radnabe gegenüber der Masse des Radkranzes vernachlässigt werden kann. Der Radkranz wird als Kreisring mit zu vernachlässigender Dicke angesehen.

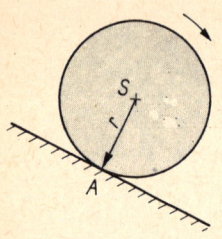

Bild 3.78 Zur Bestimmung der kinetischen Energie eines rollenden Körpers

Gegeben: $m = 800$ kg; $d = 100$ cm   *Gesucht:* W_{rot}

                 $n = 200$ min^{-1}

$$(3.64) \quad W_{\text{rot}} = \frac{J}{2}\,\omega^2 \tag{1}$$

$$J_{\text{Ring}} = mr^2 = \frac{md^2}{4} \tag{2}$$

$$(2.16) \quad \omega = 2\pi n \tag{3}$$

Aus (1), (2) und (3) folgt

$$W_{\text{rot}} = \frac{md^2}{8} \cdot 4\pi^2 n^2 = \underline{\underline{\frac{\pi^2 md^2 n^2}{2}}}$$

$$W_{\text{rot}} = \frac{\pi^2 \cdot 800 \text{ kg} \cdot 100^2 \text{ cm}^2 \cdot 200^2}{2 \quad\quad \text{min}^2} = \frac{\pi^2 \cdot 4 \cdot 10^2 \cdot 4 \cdot 10^4}{6^2 \cdot 10^2} \text{J}$$

$$= 4{,}38 \cdot 10^4 \text{ J} = \underline{\underline{43{,}8 \text{ kJ}}} \qquad \bullet$$

● **Aufgabe 3.44**

Auf einer geneigten Ebene werden zwei zylindrische Körper mit gleichen Abmessungen und aus gleichem Material in gleicher Höhe zu gleicher Zeit losgelassen. Der eine rollt, der andere gleitet reibungsfrei. Welcher erreicht zuerst den Fußpunkt? Begründen Sie den Unterschied.   ●

Bei vielen Maschinen wird die Energie als Rotationsenergie aufgenommen oder abgegeben. Die Gleichung

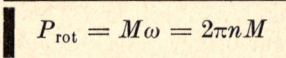

$$P_{\text{rot}} = M\omega = 2\pi n M \qquad \textbf{Momentanleistung} \atop \textbf{bei Rotation} \qquad (3.65)$$

wird deshalb in der Technik oft benötigt. So zum Beispiel bei der Leistungsmessung einer Maschine mit Hilfe der Bremswaage (Bild 3.79). Hier wird mit Hilfe zweier Bremsbacken eine Reibungskraft erzeugt, deren Drehmoment im Gleichgewicht steht mit einem entgegengesetzt drehenden Moment einer Gewichtskraft. Es ist $F_R r = Gl = M$. Aus M folgt mit der leicht zu messenden Drehzahl n

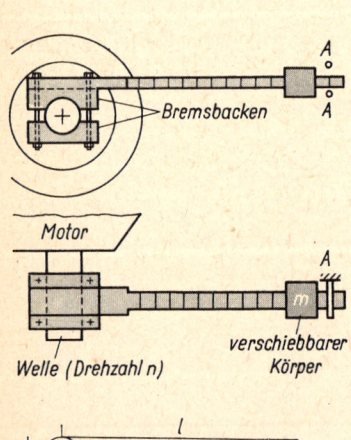

Bild 3.79 Prinzipskizze zur Bremswaage (PRONYscher Zaum) (A Anschlag für Hebel)

$$P_{\text{rot}} = 2\pi n M = 2\pi n G l \qquad \text{Leistungsmessung} \atop \text{mit der Bremswaage} \qquad (3.66)$$

● **Beispiel 3.27**

Berechnen Sie die Motorleistung, die mit einer Bremswaage gemessen wird, wenn der verschiebbare Körper (Masse 1,5 kg) beim Einspielen des Hebels 0,50 m von der Motorachse entfernt ist und als Drehzahl 300 min^{-1} gemessen wird.

Gegeben: $m = 1,5\,\text{kg}$; $n = 300\,\text{min}^{-1}$ *Gesucht:* P_{rot}

$l = 0,50\,\text{m}$

Aus (3.66) $P_{\text{rot}} = 2\pi n G l$ folgt $P_{\text{rot}} = \underline{\underline{2\pi n m g l}}$

$$P_{\text{rot}} = \frac{2\pi \cdot 300 \cdot 1,5\,\text{kg} \cdot 9,8\,\text{m} \cdot 0,5\,\text{m}}{\text{min} \qquad \qquad \text{s}^2}$$

$$= \frac{2\pi \cdot 3 \cdot 1,5 \cdot 9,8 \cdot 5 \cdot 10^1\,\text{kg}\,\text{m}^2}{60\,\text{s} \cdot \text{s}^2} = \underline{\underline{0,23\,\text{kW}}}$$

● **Aufgabe 3.45**

Ein Motor nimmt eine Leistung von 12,5 kW auf. Bei einem Wirkungsgrad von 85% erzeugt er ein Drehmoment von 250 N m. Berechnen Sie die Drehzahl des Motors.

3.3.7.   Drehimpuls

Auch zum Impuls $\boldsymbol{p} = m\boldsymbol{v}$ läßt sich für die Rotation eine analoge Größe definieren, indem man das Produkt aus Trägheitsmoment und Winkelgeschwindigkeit bildet:

| $\boxed{L = J\omega}$ | **Drehimpuls (Drall)** bezüglich Hauptträgheitsachse | (3.67) |

$$[L] = \text{kg}\,\text{m}^2\,\text{s}^{-1} = \text{N m s}$$

Der Drehimpuls ist eine vektorielle Größe. Die Richtung des mit (3.67) definierten Drehimpulses stimmt mit der Richtung der Winkelgeschwindigkeit überein. Ohne näher darauf eingehen zu können, sei bemerkt, daß in (3.67) der Drehimpuls nur für den Sonderfall definiert ist, daß die Rotation um eine der Hauptträgheitsachsen erfolgt. Dies sei im folgenden stets vorausgesetzt. Bei einer allgemeiner gültigen Definition des Drehimpulses brauchen Richtung der Winkelgeschwindigkeit und Richtung des Drehimpulses nicht übereinzustimmen.
So wie die Änderung eines Impulses durch einen Kraftstoß bewirkt wird, erfolgt die Änderung des Drehimpulses durch einen *Drehmomentstoß*, der in der Technik als *Antrieb* oder *Antriebsmoment* bezeichnet wird.

| $\boxed{M\,\Delta t = \Delta \boldsymbol{L} = J\,\Delta \omega}$ | **Antrieb** ($M = \text{const}$; $J = \text{const}$) | (3.68) |

Sind das Drehmoment bzw. auch das Trägheitsmoment zeitabhängig, schreiben wir den Antrieb als Integral:

$$\Delta \boldsymbol{L} = \int\limits_{(J\omega)_1}^{(J\omega)_2} \mathrm{d}(J\omega) = \int\limits_{t_1}^{t_2} \boldsymbol{M}\,\mathrm{d}t \qquad \text{Antrieb} \qquad\qquad (3.68')$$

Daraus erhalten wir

$$M = \frac{\mathrm{d}(J\omega)}{\mathrm{d}t} = \frac{\mathrm{d}\boldsymbol{L}}{\mathrm{d}t} = \dot{\boldsymbol{L}} \qquad \text{Momentanes Drehmoment} \qquad (3.69)$$

Das Drehmoment ist der Differentialquotient des Drehimpulses nach der Zeit.

Auch für den Drehimpuls gilt ein Erhaltungssatz:

$$\boldsymbol{L}_{ges} = \text{const} \qquad \text{Drehimpulserhaltungssatz} \qquad (3.70)$$

In einem abgeschlossenen System ist der Gesamtdrehimpuls konstant.

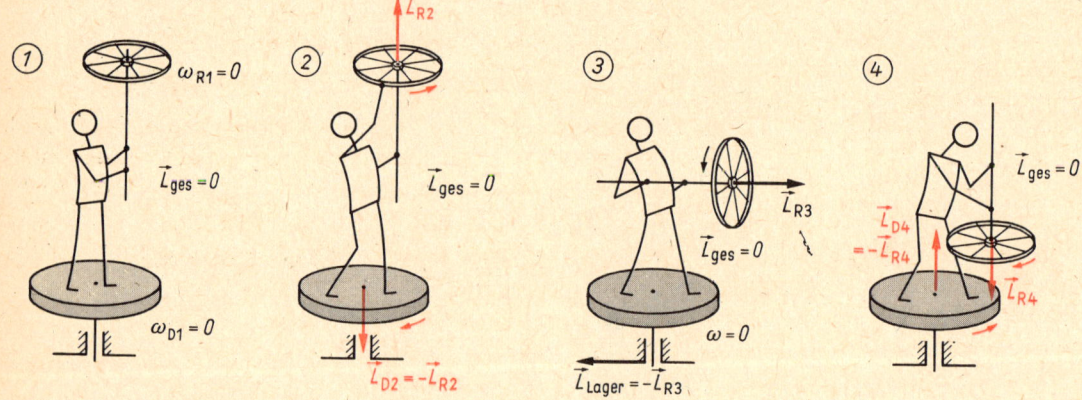

Bild 3.80 Versuch zum Drehimpulserhaltungssatz

1. Drehschemel und Rad in Ruhe
2. Rad wird in Drehung versetzt. Folge: Drehschemel bewegt sich entgegengesetzt
3. Die Achse des noch rotierenden Rades wird um 90° gekippt. Folge: Drehschemel kommt zur Ruhe, weil keine Drehimpulskomponente in Richtung der Drehschemelachse vorhanden ist. Der Gegendrehimpuls zur Bewegung des Rades wird über das Lager des Drehschemels von der Erde aufgenommen, deren Bewegung wegen ihrer großen Masse so klein ist, daß sie nicht beobachtet werden kann
4. Die Achse des immer noch rotierenden Rades wird nochmals um 90° gekippt. Folge: Drehschemel dreht sich wieder; Drehrichtung entgegengesetzt zu 2.

In allen vier Fällen ist der Gesamtdrehimpuls Null

Der Drehimpulserhaltungssatz läßt uns viele Erscheinungen in Physik und Technik verstehen und erklären. So wird er unter anderem bei der Berechnung von *Kupplungsvorgängen* benötigt; aus den Trägheitsmomenten und Winkelgeschwindigkeiten der zu kuppelnden Maschinenteile vor dem Kuppeln läßt sich mit dem Drehimpulserhaltungssatz die Winkelgeschwindigkeit nach dem Kuppeln berechnen. Das ausgedehnte Gebiet der Lehre vom Kreisel wird in erster Linie vom Drehimpulserhaltungssatz beherrscht. Die bekannte Tatsache, daß ein Kreisel seine Drehachse im Raum beibehält, ist eine Folge des Drehimpulserhaltungssatzes, der fordert, daß außer dem Betrag auch die Richtung des Drehimpulses beim Fehlen äußerer Einwirkungen erhalten bleibt.

Eine Reihe sehr instruktiver Versuche zum Drehimpuls lassen sich mit einem Drehschemel vorführen (Bild 3.80). Auch der Versuch nach Bild 3.35 läßt deutlich erkennen, daß auf Grund des Drehimpulserhaltungssatzes eine Änderung des Trägheitsmoments innerhalb eines abgeschlossenen rotierenden Systems mit einer Änderung der Winkelgeschwindigkeit verbunden sein muß.

● Beispiel 3.28

Eine Kupplungsscheibe mit dem Trägheitsmoment J_1 rotiert mit der Winkelgeschwindigkeit ω_1. Es wird eine zweite Scheibe mit dem Trägheitsmoment J_2 angekuppelt, die in Ruhe war. Berechnen Sie allgemein die Winkelgeschwindigkeit, mit der die beiden Scheiben nach dem Ankuppeln rotieren.

Gegeben: J_1; ω_1; J_2; $\omega_2 = 0$ *Gesucht:* ω_n

Der Vorgang verläuft analog zum unelastischen Stoß; beide Körper rotieren nach dem Ankuppeln mit gemeinsamer Winkelgeschwindigkeit ω_n. Es gilt der Drehimpulserhaltungssatz:

$$J_1\omega_1 + J_2\omega_2 = (J_1 + J_2)\,\omega_\mathrm{n}.$$ Wegen $\omega_2 = 0$ folgt

$$\omega_\mathrm{n} = \frac{J_1}{J_1 + J_2}\,\omega_1$$

● Aufgabe 3.46

Berechnen Sie den Drehimpuls der Erde in bezug auf ihre Drehachse. Die Erde soll dabei als homogene Kugel angesehen werden.

3.3.8. Radialkraft und Zentrifugalkraft bei rotierenden Körpern

In 3.2.2.9. bzw. 3.2.2.10. behandelten wir die auf einen kreisenden Massenpunkt ausgeübte Radial- bzw. Zentrifugalkraft. Diese Kräfte müssen auch bei der Rotation eines Körpers beachtet werden. Einen rotierenden Körper können wir ja als ein Gebilde ansehen, das aus unendlich vielen um die Rotationsachse kreisenden Volumenelementen bzw. Massenpunkten zusammengesetzt ist. Meist ist es zweckmäßig, sich in die Situation des mitrotierenden Beobachters zu versetzen, der — wie in 3.2.2.10. erläutert — die Zentrifugalkraft wahrnimmt.

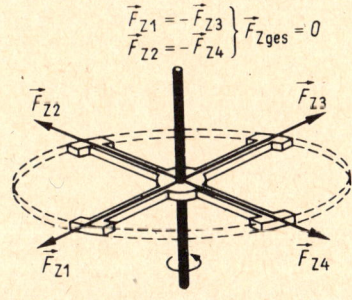

Bild 3.81 Zentrifugalkräfte, die an einem um eine Hauptträgheitsachse rotierenden Körper angreifen, beanspruchen die Achse nicht

Wir betrachten zunächst einen Körper, der um eine Hauptträgheitsachse rotiert. Aus Symmetriegründen verschwindet hier die Gesamtzentrifugalkraft, weil sich die jeweils paarweise entgegengesetzt gerichteten Zentrifugalkräfte, die an den symmetrisch zur Drehachse liegenden Massenpunkten angreifen, gegenseitig aufheben (Bild 3.81). Doch machen sich diese Kräfte innerhalb eines festen Körpers als elastische Kräfte bemerkbar, die das Material auf Zug beanspruchen. Bei hoher Umlauffrequenz besteht die Gefahr, daß die Festigkeitsgrenze überschritten wird und der Körper zerreißt. Deshalb werden beispielsweise bei Schleifscheiben die höchstzulässigen Drehzahlen angegeben.

Rotiert ein Körper um eine Achse, die nicht Hauptträgheitsachse ist, so wird die Achse durch eine resultierende Gesamtzentrifugalkraft beansprucht. Bei Rädern spricht man in einem solchen Fall von einer *Unwucht*, die, um einen ruhigen Lauf des Fahrzeugs oder der Maschine zu gewährleisten, durch *Auswuchten* beseitigt werden muß. Bei der Behandlung solcher Probleme ist zu beachten, daß die resultierende Zentrifugalkraft nur dann im Massenmittelpunkt des rotierenden Körpers angreift, wenn die Rotationsachse parallel zu einer Hauptträgheitsachse verläuft. Im Rahmen dieses Buches können wir hierauf nicht näher eingehen und verweisen auf Lehrbücher der Technischen Mechanik.

Zentrifugalkräfte spielen in der Technik eine große Rolle. Es sei nur an die *Zentrifugen* erinnert, bei denen durch die Zentrifugalkraft unter anderem Gemische von Flüssigkeiten unterschiedlicher Dichte getrennt werden können. So scheidet sich z. B. in der Milchzentrifuge die Sahne infolge ihrer geringeren Dichte in der Nähe der Rotationsachse ab, während die dichtere Magermilch nach außen geschleudert wird. Allgemein bekannt ist auch das ebenfalls auf der Wirkung der Zentrifugalkraft beruhende Vortrocknen der Wäsche durch *Schleudern* in einer rotierenden Trommel.

● **Aufgabe 3.47**

Erläutern Sie die Wirkungsweise des in Bild 3.82 skizzierten Zentrifugalreglers.

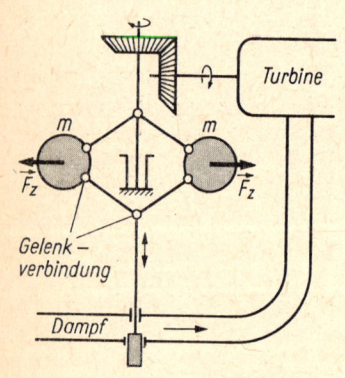

Bild 3.82 Zentrifugalregulator, schematisch (zur Aufgabe 3.47)

4. Mechanik der Flüssig-keiten und Gase

4.1. Vorbemerkungen

Voraussetzungen: Grundvorstellungen über den flüssigen bzw. gasförmigen Körper; Geschwindigkeit; Druck und Kraft; Energie, Energieerhaltung

Nachdem Kinematik und Dynamik sowohl für den Massenpunkt als auch für den starren Körper behandelt sind, sollen im folgenden die wichtigsten Gesetze für das Verhalten der mit geringem Kraftaufwand deformierbaren flüssigen und gasförmigen Körper studiert werden. Dabei betrachten wir zuerst das statische Verhalten von Flüssigkeiten und Gasen. Untersuchungen zum hydro- und aerostatischen Druck sowie zum Gleichgewicht für den schwimmenden Körper sind die Schwerpunkte dieses Abschnittes. Darauf folgt das Studium des Strömungsverhaltens der Flüssigkeiten und Gase. Wir gehen wie in der Dynamik fester Körper zunächst von einem Idealfall aus, von der reibungsfreien Strömung. Erhaltungssätze für Masse und Energie und ihre Anwendung auf einfache technische Vorgänge stehen im Mittelpunkt. Erst dann untersuchen wir die innere Reibung und betrachten in knapper Form das Verhalten realer Strömungen.

4.2. Allgemeine Eigenschaften flüssiger und gasförmiger Körper

Flüssige und gasförmige Körper lassen sich im Gegensatz zu festen Körpern leicht verformen. Während im festen Körper nebeneinander angeordnete Teile auch bei Verformung des Körpers stets benachbart bleiben, können in Flüssigkeiten und Gasen solche benachbarten Teile leicht getrennt und anders angeordnet werden.

Flüssigkeiten lassen sich wie feste Körper kaum zusammendrücken. Beispielsweise ruft eine Druckvergrößerung von 10 MPa bei Wasser eine relative Volumenänderung von nur etwa 0,5% hervor. Wir erklären dieses Verhalten durch die Annahme, daß zwischen den Molekülen anziehende und abstoßende Kräfte wirken, die Molekularkräfte (Bild 4.1). Der Verlauf der Kurve für die resultierende Kraft (weiß) sagt uns: Für $r < r_0$ ist eine sehr große abstoßende Kraft zwischen zwei Molekülen vorhanden. Dies bedeutet: Ein

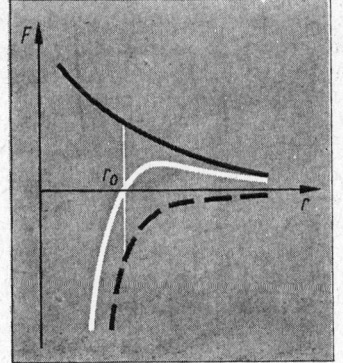

Bild 4.1 Molekulare Anziehungskräfte (positiv) und Abstoßungskräfte (negativ; Kurve gestrichelt). Zwischen den Molekülen wirkt die durch die weiße Kurve dargestellte resultierende Kraft. Nur im Abstand $r = r_0$ ist diese Resultierende Null

flüssiger (wie auch ein fester) Körper läßt sich nur unter Anwendung sehr großer Kräfte ein wenig zusammendrücken. Für $r > r_0$ ist die Resultierende positiv (Anziehungskraft). Dies bedingt den Zusammenhang des Körpers.

Für gasförmige Körper treffen diese Überlegungen nicht zu, weil von Molekül zu Molekül die Abstände ganz wesentlich größer sind als bei Flüssigkeiten. Bei so großen Abständen wirken Molekularkräfte praktisch nicht mehr. Gase lassen sich zusammendrücken.

Die anziehenden zwischenmolekularen Kräfte bedingen den Zusammenhalt eines flüssigen oder eines festen Körpers. Wirken sie innerhalb eines Körpers, so heißen sie *Kohäsionskräfte*. Die an der Grenzfläche zwischen zwei Körpern, d. h. zwischen Molekülen zweier Körper, wirkenden Molekularkräfte bezeichnet man als *Adhäsionskräfte*. Dabei können die beiden Körper auch in verschiedenen Aggregatzuständen sein.

Die vielfältigen Molekularerscheinungen können wir im Rahmen unseres Lehrbuches nicht näher untersuchen. Für die folgenden Betrachtungen ist stets die Wirkung äußerer Kräfte groß gegen die Wirkung der Molekularkräfte.

4.3.   Ruhende Flüssigkeiten und Gase

4.3.1.   Hydro- und aerostatischer Druck

Allgemein ist die Größe Druck definiert als Quotient von Kraft und Fläche:

$$p = \frac{F}{A} \qquad \text{Druck} \tag{4.1}$$

$[p] = \text{N m}^{-2} = \text{Pa} \quad$ (Pascal; $\rightarrow$ PASCAL)

SI-fremd, befristet gültig: at, mbar, Torr, mm WS

Als wir die Wirkung von Kräften auf starre Körper untersuchten, war die eindeutige Festlegung des Angriffspunkts von großer Bedeutung. Weil eine derartige Festlegung beim flüssigen oder gasförmigen Körper nicht möglich ist, bevorzugen wir in der Mechanik der Flüssigkeiten und Gase die der Kraft nach (4.1) proportionale Größenart Druck. Den Druck in ruhenden Flüssigkeiten und Gasen bezeichnen wir als *statischen Druck*. Vernachlässigen wir zunächst die Wirkung der Schwerkraft, so gilt wegen der leichten Verschiebbarkeit der Teilchen:

Im Innern und an den Grenzflächen einer Flüssigkeit (eines Gases) ist der statische Druck überall gleich.

Im Gegensatz zur Kraft ist der Druck eine skalare Größe. Eine Kraft vom Betrage $F = pA$ wirkt stets senkrecht auf die

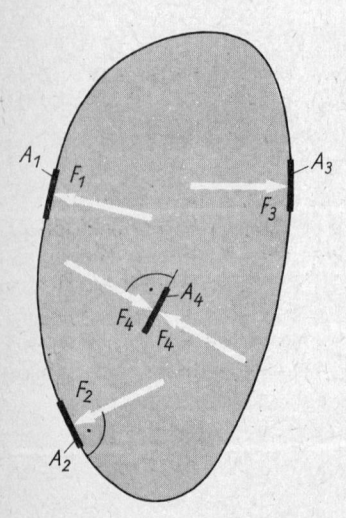

Bild 4.2 Infolge Gas- oder Flüssigkeitsdrucks an einer Grenzfläche fester/gasförmiger (flüssiger) Körper hervorgerufene Kraft vom Betrag $F = pA$ wirkt stets senkrecht zu dieser Grenzfläche. Im Bild sind einige Grenzflächen als Wandelemente bzw. die Fläche A_4 im Innern des Mediums willkürlich herausgegriffen

Grenzfläche A. Die Lage dieser Fläche im Raum allein bestimmt die Richtung der Kraft (Bild 4.2):

> Die durch den statischen Druck hervorgerufene Kraft auf eine Grenzfläche hat die Richtung der Flächennormalen.

Häufig setzt sich der statische Druck aus *Kolbendruck* und *Schweredruck* zusammen. Es gilt dann

$$p_{stat} = p_K + p_S \qquad \text{Statischer Druck} \qquad (4.2)$$

In den folgenden Abschnitten wollen wir die Begriffe Kolbendruck und Schweredruck erläutern.

4.3.2. Kolbendruck

Wirkt nach Bild 4.3 eine Kolbenkraft F_1 auf eine abgeschlossene Flüssigkeitsmenge, so ruft diese Kraft nach (4.1) einen Druck $p = F_1/A_1$ in der Flüssigkeit hervor, der wegen vernachlässigbar kleiner Höhenunterschiede an allen Orten gleich ist. Dieser Druck heißt *Kolbendruck*. Bei der in Bild 4.3 dargestellten *hydraulischen Presse* folgt ebenfalls nach (4.1) für die Kraft am zweiten Kolben $F_2 = pA_2$ und, wenn wir aus beiden Gleichungen den Druck eliminieren:

$$F_1 : F_2 = A_1 : A_2 \qquad \begin{array}{l}\text{Kräfte bei der} \\ \text{hydraulischen Presse}\end{array} \qquad (4.3)$$

> Bei einer hydraulischen Presse verhalten sich die Kolbenkräfte wie die entsprechenden Kolbenflächen.

● Beispiel 4.1

In einer hydraulischen Presse nach Bild 4.3 haben die beiden Kolben die Durchmesser 150 mm und 750 mm. Auf den kleineren Kolben wirkt eine Kraft von 150 N ($\approx$ 15 kp). 1. Welche Kraft muß auf den anderen Kolben wirken, damit dieser nicht hinausgedrückt wird? 2. Geben Sie das Übersetzungsverhältnis i (das Verhältnis der Kolbenkräfte) an. 3. Untersuchen Sie allgemein, wie sich das Übersetzungsverhältnis ändert, wenn man den Durchmesser $d_2 = nd_1$ wählt.

Gegeben: $d_1 = 150$ mm; $d_2 = 750$ mm   *Gesucht:* 1. F_2; 2. i;
$\qquad\qquad\quad F_1 = 150$ N $\qquad\qquad\qquad\qquad\qquad$ 3. $i = i(n)$

1. Aus (4.3) folgt mit $A = \pi d^2/4$

$$F_2 = F_1 \frac{\pi d_2^2 \cdot 4}{4 \cdot \pi d_1^2} = F_1 \frac{d_2^2}{d_1^2} = F_1 \left(\frac{d_2}{d_1}\right)^2$$

$$F_2 = 150\,\text{N} \left(\frac{750\,\text{mm}}{150\,\text{mm}}\right)^2 = \underline{\underline{3{,}75\,\text{kN}}}$$

2. $i = \dfrac{F_1}{F_2} = \left(\dfrac{d_1}{d_2}\right)^2$; $i = \underline{\underline{1 : 25}}$

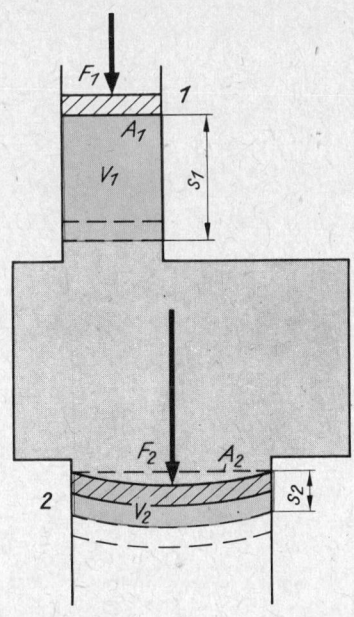

Bild 4.3 Prinzip der hydraulischen Presse. Bei gewölbter Kolbenoberfläche ist die gestrichelt gezeichnete Projektion dieser Fläche in (4.3) einzusetzen. Die Arbeit bei *1* ist gleich der Arbeit bei *2*: $F_1 s_1 = F_2 s_2$. Diese Aussage stimmt mit der Aussage von (4.3) überein, weil $s_1 = V_1/A_1$ und $s_2 = V_2/A_2$ sowie $V_1 = V_2$ sind

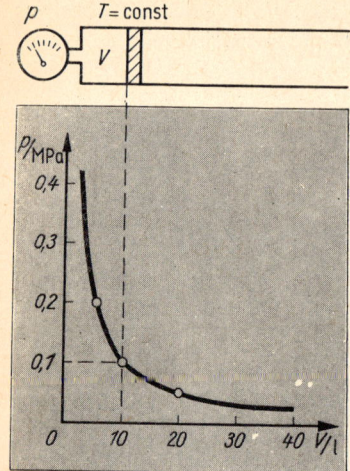

Bild 4.4 Zum Gesetz von Boyle und Mariotte

3. Mit $d_2 = nd_1$ folgt aus dem allgemeinen Ergebnis zu 2.

$$i = \left(\frac{d_1}{nd_1}\right)^2 = 1 : n^2$$

Auch für den Kolbendruck in Gasen gilt (4.1). Gase lassen sich jedoch zusammendrücken. Wie in 5.3.2. näher untersucht wird, gilt für eine abgeschlossene Menge des idealen Gases bei *konstanter Temperatur* (Bild 4.4)

$$pV = \text{const}$$
$$p_1 V_1 = p_2 V_2$$

Gesetz von Boyle und Mariotte   (4.4)

($\rightarrow$ BOYLE, $\rightarrow$ MARIOTTE).

Aufgabe 4.1

Weshalb darf in einer hydraulischen Bremsanlage keine Luft eingeschlossen sein, obgleich es auch mit Druckluft betriebene Bremsanlagen gibt?

Wir haben bei der Betrachtung der hydraulischen Presse die Flüssigkeit als nicht zusammendrückbar, als inkompressibel angesehen. Nun wollen wir kurz auf die Zusammendrückbarkeit näher eingehen. Sie wird gekennzeichnet durch die *relative Volumenänderung* $\Delta V/V$. Diese ist proportional der Druckänderung Δp, und somit gilt mit dem Proportionalitätsfaktor $\varkappa$, der *Kompressibilität*,

$$\frac{\Delta V}{V} = -\varkappa \, \Delta p \qquad \text{Relative Volumenänderung} \qquad (4.5)$$

Die Kompressibilität $\varkappa = -\Delta V/(V \, \Delta p)$ kennzeichnet somit die Zusammendrückbarkeit eines Körpers. Ihre Einheit ist der Kehrwert des Pascal:

$$[\varkappa] = \text{m}^2 \, \text{N}^{-1} = \text{Pa}^{-1}$$

Sie ist bedingt durch Wechselwirkungskräfte zwischen den Molekülen ($\rightarrow$ 3.2.2.1.) und ist sowohl druck- als auch temperaturabhängig. Mit dem Volumen ändert sich wegen konstanter Masse nach (3.3) $\varrho = m/V$ auch die Dichte des Körpers.

4.3.3.   Schweredruck

Während wir in 4.3.2. die Wirkung der Schwerkraft vernachlässigten, wollen wir nun deren Einfluß allein untersuchen. Ein Kolbendruck soll jetzt nicht vorhanden sein. Infolge der Schwerkraft nimmt der statische Druck in Flüssigkeiten und

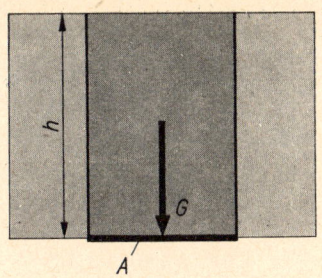

Bild 4.5 Zur Herleitung der Gleichung für den Schweredruck in Flüssigkeiten

Gasen mit zunehmender Tiefe zu. Dabei bedeutet Tiefe die vom Bezugspunkt in Richtung Erdmittelpunkt zu messende Länge.

Nach Bild 4.5 ruht über der Fläche A Flüssigkeit vom Volumen $V = Ah$. Ihr Gewicht ist $G = mg = \varrho Vg = \varrho Ahg$. Dieses Gewicht ist die Kraft F, die auf die Fläche A wirkt. Nach (4.1) ergibt sich für den Druck $p = \varrho Ahg/A = \varrho gh$. Dieser Druck heißt Schweredruck:

$$p_S = \varrho gh \qquad \text{Schweredruck in Flüssigkeiten} \qquad (4.6)$$

Der Schweredruck ist material- und ortsabhängig. Er ist in Flüssigkeiten proportional der Tiefe, jedoch nicht von der Form des Gefäßes abhängig.

Durch den Namen Schweredruck dürfen wir uns nicht verleiten lassen, anzunehmen, daß die hervorgerufenen Kräfte nur nach unten wirken. Auch für den Schweredruck gilt: die Lage der Fläche A im Raum allein bestimmt die Richtung der durch den Druck hervorgerufenen Kraft ($\rightarrow$ 4.3.1.).

● **Aufgabe 4.2**

Die lose Bodenplatte mit der Fläche A_1 wird durch eine Feder gegen das in Bild 4.6 skizzierte Gefäß gedrückt. Mit welcher Kraft wird die Feder belastet, wenn die beiden Durchmesser des Gefäßes 50 mm und 200 mm, die Höhen 150 mm und 30 mm sind? Vergleichen Sie diese Kraft mit dem Gewicht des Wassers im Gefäß.

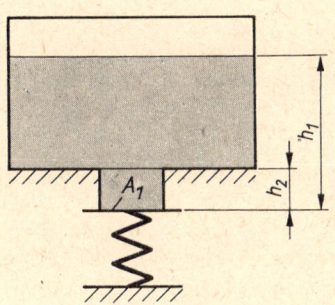

Bild 4.6 Zur Aufgabe 4.2

An der Oberfläche einer Flüssigkeit wirkt sehr häufig der Luftdruck p_L. Dieser ist, wie nach (4.2) der Kolbendruck, zum Schweredruck der Flüssigkeit zu addieren, wenn der gesamte statische Druck interessiert. Bei der hydraulischen Presse ($\rightarrow$ 4.3.2.) ist wegen des geringen Höhenunterschiedes der Schweredruck am Boden so klein, daß wir ihn gegenüber dem sehr viel größeren Kolbendruck vernachlässigen können.

● **Beispiel 4.2**

Berechnen Sie den Schweredruck des Wassers in 10 m Tiefe.

Gegeben: $h = 10$ m; $\qquad \varrho = 1{,}0$ kg dm^{-3} $\qquad$ *Gesucht:* p_S

$$(4.6) \quad p_S = \underline{\varrho gh}; \qquad p_S = \frac{1\,\text{kg} \cdot 9{,}81\,\text{m} \cdot 10\,\text{m}}{\text{dm}^3 \qquad \cdot \text{s}^2}$$

$$p_S = 9{,}81 \cdot 10^4\,\text{Pa} = \underline{98{,}1\,\text{kPa}}\ (= 1\,\text{at})$$

Auf je 10 m Wassertiefe nimmt der Druck um etwa 100 kPa (1 at) zu.

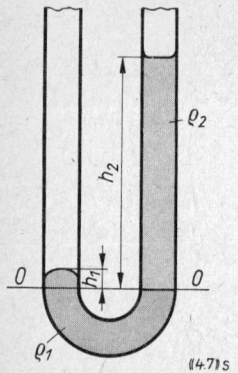

Bild 4.7 Zum Beispiel 4.3

Nur bei kleiner Höhenänderung gilt (4.6) auch für Gase.

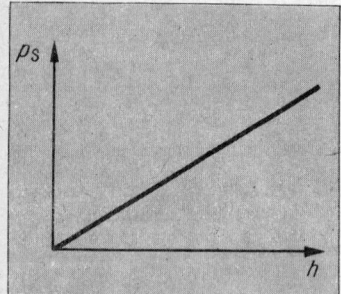

Bild 4.8 Schweredruck in Flüssigkeiten (h zählt nach unten positiv)

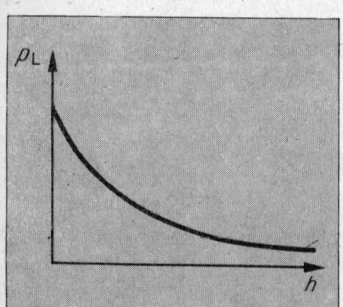

Bild 4.9 Schweredruck in Gasen, beispielsweise Luftdruck (h zählt nach oben positiv)

● **Beispiel 4.3**

Berechnen Sie für zwei Flüssigkeiten unterschiedlicher Dichte in einem U-Rohr das Verhältnis der Höhen über einer durch die Grenzfläche der beiden Flüssigkeiten verlaufenden Bezugslinie 0—0.

Gegeben: ϱ_1; ϱ_2 *Gesucht:* $h_1 : h_2$

Weil sich die Flüssigkeit im U-Rohr im Gleichgewicht befindet, ist der Druck an der Bezugslinie in beiden Schenkeln gleich: $p_{S1} = p_{S2}$. Mit (4.6) folgt $\varrho_1 g h_1 = \varrho_2 g h_2$ und daraus

$$h_1 : h_2 = \underline{\underline{\varrho_2 : \varrho_1}} \qquad\qquad ●$$

Für *Gase* gelten wegen ihrer Kompressibilität entsprechende Überlegungen nur für sehr kleine Höhenunterschiede dh, für die man die Dichte als näherungsweise konstant betrachten darf. Dann gilt (4.6) in der Form $dp = \varrho g \, dh$.

Den Schweredruck der Luft, den *Luftdruck*, wollen wir näher untersuchen. Hier rechnen wir nicht mit der Tiefe h wie bei Flüssigkeiten, sondern wir zählen die Höhe h von der Erdoberfläche nach oben positiv. Mit zunehmender Höhe nimmt der Luftdruck p_L dann ab, d. h., (4.6) lautet

$$dp = -\varrho g \, dh \qquad\qquad (*)$$

In (*) ist die Dichte ϱ vom Druck p abhängig. Aus (4.4)

$$pV = p_0 V_0 \text{ folgt mit } V = m/\varrho \text{ und } V_0 = m/\varrho_0$$

$$\varrho = \varrho_0 \frac{p}{p_0} \qquad\qquad (**)$$

V_0, ϱ_0 und p_0 sind die konstanten Werte für Volumen, Dichte und Druck am Erdboden. Aus (*) und (**) folgt

$$\frac{dp}{p} = -\frac{\varrho_0 g}{p_0} \, dh$$

$$\int_{p_0}^{p} \frac{dp}{p} = -\frac{\varrho_0 g}{p_0} \int_{0}^{h} dh$$

(An der Erdoberfläche sind $h = 0$ und der Druck $p = p_0$.) Die Auswertung des Integrals ergibt

$$\ln \frac{p}{p_0} = -\frac{\varrho_0 g h}{p_0}$$

$$\boxed{p = p_0 \, e^{-\frac{\varrho_0 g h}{p_0}}} \qquad \textbf{Gasdruck im Schwerefeld} \qquad (4.7)$$

Diese Gleichung gibt den Zusammenhang zwischen Druck und Höhe einer Gasmenge *konstanter Temperatur* unter Einfluß der Schwerkraft wieder. Für die Lufthülle der Erde lassen sich einige Größen im Exponenten zusammenfassen:

$$p_L = p_0\, e^{-\frac{h}{8\,km}} \qquad \text{Luftdruck in der Höhe } h \text{ bei } 0\,^\circ C \qquad (4.8)$$

Aufgelöst nach der Höhe, ergibt sich mit dem dekadischen Logarithmus:

$$h = 18{,}4\ km\ \lg \frac{p_0}{p_L} \qquad \begin{array}{l}\text{Höhe über Erdboden bei } 0\,^\circ C \\ \text{in Abhängigkeit vom Luftdruck}\end{array} \qquad (4.9)$$

Der Normalluftdruck an der Erdoberfläche ist
101,3 kPa = 1013 mbar
(= 760 Torr = 1 atm).

Bild 4.8 stellt die Abhängigkeit des Schweredrucks von der Höhe in Wasser und Bild 4.9 vergleichsweise in Luft dar. Vergleicht man die Lufthülle der Erde und die Wasserhülle, die teilweise die Erde bedeckt, so entspricht der Luftdruck am Erdboden dem Schweredruck des Wassers am Meeresboden. Wir leben am Grunde des »Luftozeans«. Dieser »Ozean« hat allerdings keine Oberfläche. Die Dichte der Lufthülle nimmt wegen (4.7) und (**) ab; eine Grenze läßt sich nicht angeben.

● **Beispiel 4.4**

Berechnen Sie den Luftdruck 1. in 20 km und 2. in 8 km Höhe. An der Erdoberfläche sei der Luftdruck 1013 mbar (= 760 Torr), die Temperatur sei überall 0 °C.

Gegeben: $h_1 = 20\ km$; $\qquad h_2 = 8\ km$ $\qquad$ *Gesucht:* 1. p_{L1}
$\qquad\qquad p_{L0} = 1013\ mbar$; $\quad t = 0\,^\circ C = const$ $\qquad$ 2. p_{L2}

Für 1. und für 2. gilt (4.8)

$$p_L = \underline{\underline{p_{L0}\, e^{-\frac{h}{8\,km}}}}$$

1. $p_{L1} = 1013\ mbar \cdot e^{-\frac{20\,km}{8\,km}} = \dfrac{1013\ mbar}{e^{2{,}5}} = \dfrac{1013\ mbar}{12{,}2}$

$\qquad = \underline{\underline{83\ mbar}} = \underline{\underline{8{,}3\ kPa}}$

2. $p_{L2} = \dfrac{1013\ mbar}{e^1} = \dfrac{1013\ mbar}{2{,}72} = \underline{\underline{373\ mbar}} = \underline{\underline{37{,}3\ kPa}}$ ●

● **Aufgabe 4.3**

Berechnen Sie das Verhältnis von Änderung des Luftdrucks Δp zu Höhenänderung Δh in Millibar je Meter für kleine Höhenänderungen in der Nähe der Erdoberfläche. ●

● **Aufgabe 4.4**

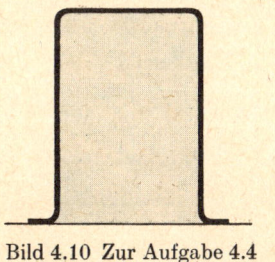

Bild 4.10 Zur Aufgabe 4.4

Erklären Sie, weshalb das Wasser aus dem mit dünnem Karton verschlossenen Glas (Bild 4.10) nicht ausläuft. ●

In einem *Vakuum* dürfte, wörtlich verstanden, kein Stoff vorhanden sein (Vakuum = Leere). Ein solches absolutes Vakuum läßt sich aber auch mit kompliziertesten Hilfsmitteln nicht erreichen. Wir sprechen deshalb von Vakuum, wenn in irgendeinem Bereich, beispielsweise im Innern einer Apparatur, ein Druck besteht, der wesentlich geringer ist als der normale Luftdruck.

Tafel 4.1   Bezeichnungen für verschiedene Arten des Vakuums

Bezeichnung	Gasdruck p/mbar	p/Pa
Grobvakuum	> 1	$> 10^2$
Feinvakuum	$1 \cdots 10^{-3}$	$10^2 \cdots 10^{-1}$
Hochvakuum	$10^{-3} \cdots 10^{-8}$	$10^{-1} \cdots 10^{-6}$
Ultrahochvakuum	$< 10^{-8}$	$< 10^{-6}$

Ein Hochvakuum herzustellen und zu erhalten erfordert sehr hohen technischen Aufwand. Auch im Ultrahochvakuum ist die Anzahl der Moleküle noch sehr groß. So befinden sich bei einem Druck von 10^{-10} mbar noch etwa $3 \cdot 10^6$ Moleküle in 1 cm³ eines Gases.

● **Beispiel 4.5**

Ein zylindrischer Behälter ist luftleer. Der Verschlußdeckel hat eine Oberfläche von 40 dm². Seine Masse ist vernachlässigbar klein. Welche Kraft muß man aufwenden, um den Deckel bei normalem Luftdruck vom Behälter abzuheben?

Gegeben: $A = 40$ dm²; $p_\text{L} = 101{,}3$ kPa   *Gesucht:* F

(4.1) $F = \underline{\underline{p_\text{L} A}}$; $F = 101{,}3$ kPa $\cdot$ 40 dm²

$$F = \frac{1{,}013 \cdot 10^5 \text{ N} \cdot 40 \text{ m}^2}{\text{m}^2 \cdot \quad 10^2} = \underline{\underline{40{,}5 \text{ kN}}} = (4{,}13 \text{ Mp})$$ ●

4.3.4.   Druckmessung

Meßgeräte für den Druck in Flüssigkeiten und Gasen heißen *Manometer*. Speziell für die Messung des Luftdrucks hergestellte Meßgeräte heißen *Barometer*.
Ein einfaches Manometer ist das *offene Flüssigkeitsmanometer* (Bild 4.11). Es sind, wenn A die Querschnittsfläche des Rohres ist, nach (4.1) $F_1 = (p_\text{S} + p_\text{L}) A$ und $F_2 = p_\text{Gas} A$. p_Gas ist der zu messende Gasdruck, p_S der Schweredruck der Meßflüssigkeit oberhalb der Grenzfläche und p_L der Luftdruck, der am offenen Schenkel des U-Rohres wirkt. Aus beiden Gleichungen folgt für den Gleichgewichtsfall $F_1 = F_2$

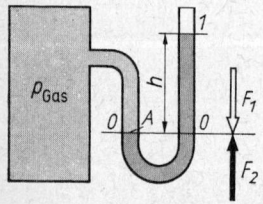

Bild 4.11 Zur Wirkungsweise des offenen Flüssigkeitsmanometers. An der Grenzfläche 0—0 sind die Kräfte F_1 und F_2 im Gleichgewicht. Die Höhe h ist ein Maß für den Überdruck des Gases

$$p_\text{Gas} = p_\text{S} + p_\text{L} \tag{*}$$

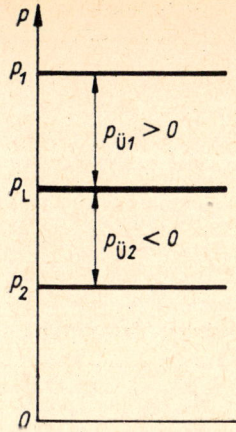

Bild 4.12 Zum Begriff „Überdruck". Der Überdruck wird als Differenz zwischen einem Gasdruck und dem Luftdruck gemessen. Negativer Überdruck wird auch als Unterdruck bezeichnet

Früher wurde der Überdruck meist gekennzeichnet, indem man an dem Kurzzeichen der Einheit Technische Atmosphäre den Buchstaben ü anbrachte, z. B. 3 atü. Das ist gesetzlich nicht mehr zugelassen. Überdruck wird entweder gekennzeichnet durch den Zusatz »Überdruck« oder durch den Index Ü bzw. ü am Symbol für den Druck ($p_{\ddot{\text{U}}}$ oder $p_{\ddot{\text{u}}}$).

Umrechnen von Druckeinheiten → B 4.3.

Die Differenz des so gemessenen Drucks und des Luftdrucks heißt Überdruck (Bild 4.12):

$$p_{\ddot{\text{U}}} = p_{\text{Gas}} - p_{\text{L}} \qquad \text{Überdruck} \qquad (4.10)$$

Bei unserem Meßverfahren folgt dieser Überdruck sehr einfach aus (4.10) und (*). Es ist $p_{\ddot{\text{U}}} = p_{\text{S}}$. Der nach Bild 4.11 gemessene Überdruck ist gleich dem Schweredruck der zum Messen benutzten Flüssigkeit.

Verwenden wir als Flüssigkeit Quecksilber, so lesen wir den Überdruck direkt in der befristet noch gültigen Einheit Torr ab. Eine Höhe von 1 mm Quecksilber entspricht einem Überdruck von 1 Torr. Ist Wasser im U-Rohr, so können wir den Druck in der ebenfalls befristet gültigen Einheit Millimeter Wassersäule (mm WS) ablesen.
Manometer nach Bild 4.11 messen nur kleine Drücke. Da sie meist aus Glas bestehen, sind sie leicht zerbrechlich. In der Technik werden meist Zeigermanometer verwendet. Für größere Drücke ist das *Membranmanometer* gebräuchlich. An der Membran sind die durch den zu messenden Druck gegebene Kraft $F_1 = p_{\ddot{\text{U}}} A$ und die elastische Gegenkraft F_2 der verformten Membran im Gleichgewicht. Zusammenfassend können wir sagen:

Alle mechanischen Druckmeßgeräte vergleichen die durch den zu messenden Druck auf eine Fläche ausgeübte Kraft mit einer Gegenkraft.

Auf weitere, insbesondere nichtmechanische Verfahren der Druckmessung können wir an dieser Stelle nicht eingehen.

● **Beispiel 4.6**

Bei einem Barometerstand von 1000 mbar zeigt ein offenes, mit Wasser gefülltes Manometer einen Unterdruck von 140 mm WS an. Welcher Druck ist im abgeschlossenen Gefäß?

Gegeben: $p_{\text{L}} = 1000\,\text{mbar}$; $p_{\ddot{\text{U}}} = -140\,\text{mm WS}$ *Gesucht:* p_{Gas}

Aus (4.10) folgt $p_{\text{Gas}} = \underline{p_{\ddot{\text{U}}} + p_{\text{L}}}$

$p_{\text{Gas}} = -140\,\text{mm WS} + 1000\,\text{mbar} = (1000 - 1{,}4 \cdot 9{,}81)\,\text{mbar}$

$\approx \underline{\underline{986\,\text{mbar}}}$ ●

● **Aufgabe 4.5**

Ein offenes Quecksilbermanometer zeigt nach Bild 4.11 einen Überdruck als Höhendifferenz von 285 mm an. Der Luftdruck ist 995 mbar. Berechnen Sie 1. den Überdruck und 2. den Gasdruck in Pascal und in Millibar.

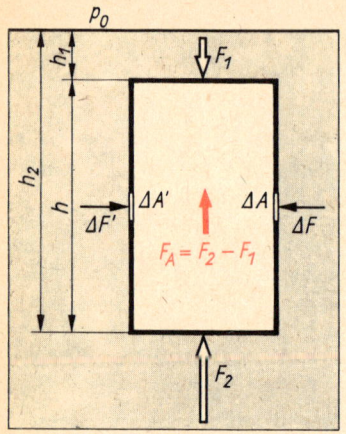

Bild 4.13 Zur Herleitung von Gleichung (4.11). Es ist $V = V_K = V_F$ (Volumen des Körpers = Volumen der verdrängten Flüssigkeit)

4.3.5.   Auftriebskraft

In einer Flüssigkeit oder in einem Gas erfährt ein Körper eine Auftriebskraft, die entgegen dem Körpergewicht gerichtet ist und den Körper scheinbar leichter werden läßt.

Ein zylindrischer Körper in einer Flüssigkeit (Bild 4.13) erfährt von allen Seiten Kräfte, die nach (4.6) $p_S = \varrho g h$ und (4.1) $F = p A$ proportional der Tiefe h sind. Einander jeweils paarweise gegenüber liegende Flächenelemente ΔA und $\Delta A'$ erfahren Kräfte von gleichem Betrag, aber entgegengesetzter Richtung. Alle diese an den Seiten des Körpers angreifenden Kräfte heben sich auf. Der Betrag der entgegengesetzt gerichteten Kräfte F_1 auf die obere und F_2 auf die untere Grenzfläche ist aber verschieden. Wegen $h_2 > h_1$ ist auch $F_2 > F_1$. Die Differenz dieser Kräfte heißt *Auftriebskraft* F_A. Sie ist entgegen der Schwerkraft gerichtet. Wir berechnen ihren Betrag:

$$F_A = F_2 - F_1 = (p_2 - p_1) A = \varrho g (h_2 - h_1) A = \varrho g h A$$

Darin ist h die Körperhöhe und $hA = V$ das Volumen der verdrängten Flüssigkeit. Somit folgt

$$F_A = \varrho_F g V_F \qquad \text{Betrag der Auftriebskraft} \qquad (4.11)$$

Jeder Körper erfährt in einer Flüssigkeit oder in einem Gas eine Auftriebskraft, die entgegen dem Gewicht des Körpers gerichtet und proportional der Dichte sowie dem Volumen der verdrängten Flüssigkeit (des verdrängten Gases) ist.

In (4.11) ist $\varrho_F g V_F = m_F g = G_F$ das Gewicht der verdrängten Flüssigkeit. Somit gilt das nach ARCHIMEDES benannte

Archimedische Prinzip:
Die Auftriebskraft ist gleich dem Gewicht der vom eintauchenden Körper verdrängten Flüssigkeit.

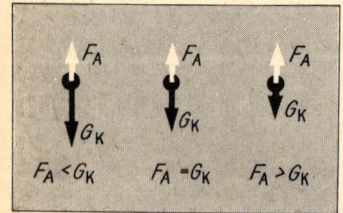

Bild 4.14 Auftriebskraft und Gewicht bei vollständig von Flüssigkeit (Gas) umgebenem Körper

Im Schwerefeld der Erde wirken auf jeden Körper in einer Flüssigkeit (in einem Gas) zwei Kräfte: Gewicht und Auftriebskraft. Wir unterscheiden dabei drei Fälle (Bild 4.14):

$F_A < G_K$: der Körper *sinkt*
$F_A = G_K$: der Körper *schwebt*
$F_A > G_K$: der Körper *steigt*

Körper sind allseitig von Flüssigkeit (Gas) umgeben

● **Aufgabe 4.6**

Diskutieren Sie folgende Fragen: 1. Ist die Auftriebskraft, die auf einen allseitig von Flüssigkeit umgebenen Körper wirkt, von der Tiefe h, in der sich der Körper unter der Flüssigkeitsoberfläche befindet, abhängig? 2. Ist die Auftriebskraft ortsabhängig?

4.3.6.   Schwimmen

Ein schwimmender Körper taucht *nur teilweise* in eine Flüssigkeit ein. Dann gilt ebenfalls $F_\mathrm{A} = G_\mathrm{F}$, und es ist

$$G_\mathrm{K} = F_\mathrm{A} = G_\mathrm{F} \qquad \text{Gleichgewicht beim schwimmenden Körper} \qquad (4.12)$$

Das Gewicht des schwimmenden Körpers ist gleich der Auftriebskraft, d. h. gleich dem Gewicht der vom teilweise eintauchenden Körper verdrängten Flüssigkeit.

Wir haben bisher untersucht, unter welchen Bedingungen ein Körper schwimmt, aber noch nicht, *in welcher Lage* er schwimmt. Zunächst ist uns bekannt ($\rightarrow$ 3.3.3., Bild 3.68), daß sich ein Körper im stabilen Gleichgewicht befindet, wenn sein Schwerpunkt unterhalb des Aufhängepunkts liegt. Dieser Fall ist beim schwimmenden Körper dann gegeben, wenn der Schwerpunkt S_K des Körpers unter dem Schwerpunkt S_F der verdrängten Flüssigkeit liegt (Bild 4.15.1). Da die in S_F angreifende Auftriebskraft nach oben wirkt, das in S_K angreifende Gewicht des Körpers nach unten, entsteht bei einer Störung des Gleichgewichtszustandes (durch Kippen) ein rücktreibendes Drehmoment (Bild 4.15.2), das den Körper in die Gleichgewichtslage zurückführt.
Die Bilder 4.16.1···4 stellen die Kräfte bei homogener Massenverteilung dar und zeigen, daß es auch bei Lage des Körperschwerpunktes über dem Schwerpunkt der verdrängten Flüssigkeit Gleichgewichtszustände gibt.

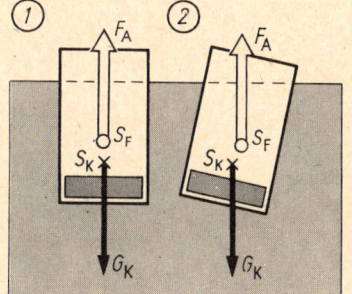

Bild 4.15 Zur Gleichgewichtslage schwimmender Körper. Masse ist inhomogen verteilt, beispielsweise Bleieinlage in Holz

Bild 4.16 Zur Gleichgewichtslage schwimmender Körper bei homogener Massenverteilung: Nach kleiner Lageänderung (2) tritt ein rücktreibendes Drehmoment auf, und der Körper kehrt in die Lage 1 des stabilen Gleichgewichts zurück. Dagegen tritt für 3 (labiles Gleichgewicht) schon bei geringfügigem Anstoß (4) ein Drehmoment auf, das den Körper in die stabile Lage 1 dreht

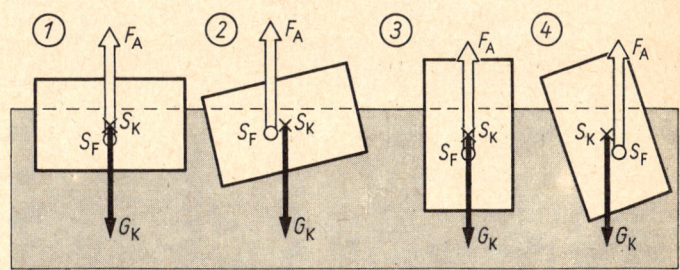

● **Aufgabe 4.7**

Begründen Sie, weshalb ein Quader (Kantenlängen $a \neq b \neq c$) mit homogener Massenverteilung nur *eine* stabile Schwimmlage hat.

● **Beispiel 4.7**

Berechnen Sie die Eintauchtiefe eines Quaders der Höhe 60 cm (Länge und Breite sind größer) aus Holz der Dichte 0,65 g cm^{-3} in Wasser.

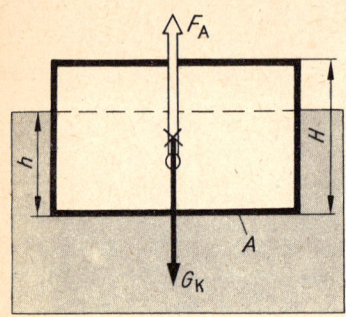

Bild 4.17 Zum Beispiel 4.7

Gegeben: $H = 60$ cm; $\varrho_K = 0,65$ g cm^{-3} *Gesucht: h*

$\varrho_F = 1,0$ g cm^{-3}

Aus (4.12) $G_K = G_F$ folgt mit (3.6) $G = mg$ und (3.3) $\varrho = m/V$

$$\varrho_K V_K g = \varrho_F V_F g$$

Das Volumen der verdrängten Flüssigkeit ist $V_F = Ah$ mit der Eintauchtiefe h, das Volumen des Körpers $V_K = AH$. Somit folgt

$$h = \frac{\varrho_K}{\varrho_F} H; \qquad h = \frac{0,65 \text{ g} \cdot \text{cm}^3 \cdot 60 \text{ cm}}{\text{cm}^3 \cdot 1 \text{ g}} = 39 \text{ cm} \qquad \bullet$$

Die in Beispiel 4.7 hergeleitete Gleichung für die Eintauchtiefe können wir auch schreiben:

$$\varrho_F = \varrho_K \frac{H}{h}$$

und nun bei bekannter Körperhöhe und -dichte aus der gemessenen Eintauchtiefe h die Dichte der Flüssigkeit berechnen. Darauf beruht die Wirkungsweise des Aräometers.

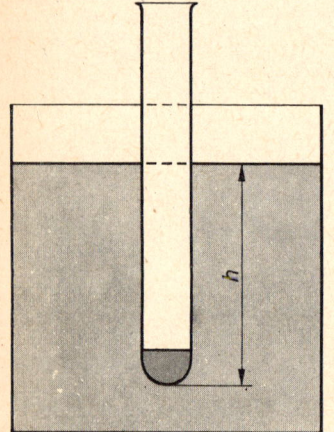

Bild 4.18 Zur Aufgabe 4.8

● **Aufgabe 4.8**

Wie tief taucht ein mit Bleischrot beschwertes Reagenzglas (Gesamtmasse 25 g; äußere Querschnittsfläche 280 mm²) in Wasser von 4 °C ein (Bild 4.18)?   ●

● **Aufgabe 4.9**

Auf einer Briefwaage steht ein mit Wasser gefülltes Becherglas. Sie tauchen einen Finger in das Wasser, ohne das Gefäß zu berühren. Wie reagiert die Waage? (Begründen Sie Ihre Voraussage und führen Sie erst dann den Versuch selbst aus.) ●

4.4.   Strömende Flüssigkeiten und Gase

4.4.1.   Allgemeines über Strömungen

Strömungen von Flüssigkeiten und Gasen unterliegen gleichen Gesetzen, soweit auftretende Dichteänderungen vernachlässigbar klein sind. Dies ist bei den nahezu inkompressiblen Flüssigkeiten stets der Fall, bei Gasen jedoch nur, solange die Strömungsgeschwindigkeit klein ist gegen die Schallgeschwindigkeit, d. h. $v \lessgtr 0,2\,c$.
Jede Änderung einer Bewegung erfolgt unter Einwirkung von Kräften (Grundgleichung der Dynamik; → 3.2.2.2.). Bei Strömungen wirken *äußere Kräfte*, die dem Volumen oder der Masse proportional sind (z. B. die Schwerkraft), *Flächenkräfte*, die durch Druckunterschiede hervorgerufen werden ($F = pA$) und *Reibungskräfte*. Die letzteren wollen wir zunächst ver-

nachlässigen: Wir betrachten *ideale* Flüssigkeiten und Gase. Dann erst wenden wir uns den *zähen* Flüssigkeiten zu, deren Strömungsverhalten vorwiegend durch die innere Reibung bestimmt wird.

Gegenstand unserer Untersuchung sollen nur stationäre Strömungen sein. In einer *stationären Strömung* sind für jeden Ort Strömungsrichtung und -geschwindigkeit zeitlich konstant. Für verschiedene Orte sind diese Größen im allgemeinen unterschiedlich.

Stromlinien (Bild 4.19) veranschaulichen eine Strömung. Sie sind in einer stationären Strömung den *Bahnlinien* gleich, die ein Flüssigkeitsteilchen beschreibt. Wir machen sie sichtbar, indem wir leichte feste Körper einstreuen, die in der Flüssigkeit schweben.

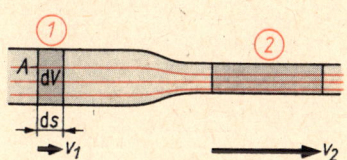

Bild 4.19 Zur Herleitung der Kontinuitätsgleichung (Stromlinien rot)

Aus dem Massenerhaltungssatz ($m = $ const) folgt, daß an zwei Orten *1* und *2* die in gleichen Zeiten dt hindurchfließenden Massen dm (in Bild 4.19 kräftig gerastert), also auch die Quotienten dm/dt, gleich sind. Nun gilt d$m = \varrho\,$dV sowie d$V = A\,$ds (Bild 4.19) und damit unter Beachtung von (2.1′)

$$v = \frac{\mathrm{d}s}{\mathrm{d}t} \quad \text{auch} \quad \frac{\mathrm{d}m}{\mathrm{d}t} = \varrho A\,\frac{\mathrm{d}s}{\mathrm{d}t} = \varrho A v.$$

Aus $\left(\dfrac{\mathrm{d}m}{\mathrm{d}t}\right)_1 = \left(\dfrac{\mathrm{d}m}{\mathrm{d}t}\right)_2$ folgt somit $\varrho_1 A_1 v_1 = \varrho_2 A_2 v_2$ und wegen konstanter Dichte ($\varrho_2 = \varrho_1$)

$$\boxed{\begin{array}{l} A_1 v_1 = A_2 v_2 \\[4pt] A v = \text{const} \end{array}}$$
Kontinuitätsgleichung (4.13)

Das Produkt Av heißt *Stromstärke I* oder *Volumenstrom*. Es ist nach Bild 4.19 $I = Av = A\,\dfrac{\mathrm{d}s}{\mathrm{d}t} = \dfrac{\mathrm{d}V}{\mathrm{d}t} = \dot V$

$$\boxed{I = \frac{\mathrm{d}V}{\mathrm{d}t} = Av}$$
Stromstärke (Volumenstrom) (4.14)

$$[I] = \mathrm{m^3\,s^{-1}}$$

In einer stationären Strömung ist die Stromstärke konstant, und es gilt

$$I = \frac{V}{t} = Av \qquad \text{Stromstärke bei stationärer Strömung} \qquad (4.14')$$

Die Stromstärke ließe sich auch definieren als Quotient von Masse und Zeit: $I = m/t$. Die so definierte wie auch die mit (4.14) definierte Stromstärke sind einander wegen $m = \varrho V$ proportional. In der Technik nennt man V/t oder m/t oft Durchflußmenge, Fördermenge, Massen- oder Volumendurchsatz, gelegentlich auch Förderleistung.

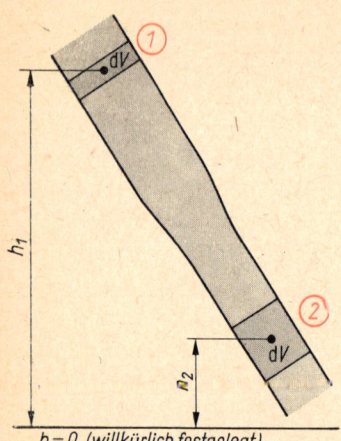

Bild 4.20 Zur Herleitung der Bernoullischen Gleichung. Weg des Volumenelements dV von *1* nach *2* innerhalb einer Flüssigkeits- oder Gasströmung

● **Aufgabe 4.10**

Welche Stromstärke in Liter je Sekunde ist in einem Rohr (Querschnittsfläche 100 cm²) bei einer Strömungsgeschwindigkeit von 85 cm s⁻¹?

4.4.2. Reibungsfreie Strömung

Aus dem Energieerhaltungssatz der Mechanik ($\rightarrow$ 3.2.3.6.) folgt nach Bild 4.20 für das Volumenelement dV mit der Masse dm:

Arbeit = Änderung der mechanischen Energie

$$dW = dW_p + dW_k$$

Darin sind nach (3.29″) $dW = F\,ds = pA\,ds = p\,dV$ und p_1 der Druck bei *1*, p_2 der Druck bei *2*. Mit (3.30) $W_p = mgh$ und (3.37) $W_k = \frac{1}{2}mv^2$ folgt

$$(p_2 - p_1)\,dV = (h_1 - h_2)g\,dm + \frac{1}{2}(v_1{}^2 - v_2{}^2)\,dm$$

und wegen $dm = \varrho\,dV$ nach Division der Gleichung durch dV

$$p_2 - p_1 = \varrho gh_1 - \varrho gh_2 + \frac{1}{2}\varrho v_1{}^2 - \frac{1}{2}\varrho v_2{}^2$$

Bringen wir alle Glieder mit dem Index 1 auf die linke Seite der Gleichung, so erhalten wir als den *Energieerhaltungssatz für reibungsfreie Strömung*:

$$p_1 + \varrho gh_1 + \frac{1}{2}\varrho v_1{}^2 = p_2 + \varrho gh_2 + \frac{1}{2}\varrho v_2{}^2 \qquad (4.15)$$

oder

$$\boxed{p + \varrho gh + \frac{1}{2}\varrho v^2 = \text{const}} \quad \text{\textbf{Bernoullische Gleichung}} \qquad (4.15')$$

($\rightarrow$ BERNOULLI).

Häufig verlaufen Strömungen horizontal. Dann ist $h_2 = h_1$, und aus (4.15′) wird

$$\boxed{p + \frac{1}{2}\varrho v^2 = p_{ges} = \text{const}} \quad \text{\textbf{Bernoullische Gleichung} für horizontale Strömung} \qquad (4.16)$$

In diesen Gleichungen ist $p = p_{stat}$ der *statische Druck*.

$^1/_2\varrho v^2 = p_{dyn}$ heißt *dynamischer Druck* oder *Staudruck*. p_{ges} ist der *Gesamtdruck*. Nun können wir (4.16) auch schreiben:

$$p_{stat} + p_{dyn} = p_{ges} = \text{const} \qquad \text{oder}$$

$$p_{stat1} + p_{dyn1} = p_{stat2} + p_{dyn2} \tag{4.16'}$$

> Bei horizontaler Strömung ist die Summe von statischem und dynamischem Druck gleich dem konstanten Gesamtdruck.

Alle Glieder der Gleichungen (4.15) und (4.16) stellen *Quotienten von Energie und Volumen* dar: $p = pV/V$ mit pV als Energie infolge eines von außen aufgeprägten Druckes, $\varrho gh = mgh/V$ mit der Energie der Lage und $^1/_2\varrho v^2 = ^1/_2 mv^2/V$ mit der kinetischen Energie.

● **Beispiel 4.8**

Berechnen Sie die Ausflußgeschwindigkeit aus einem Gefäß (Bild 4.21). Die Querschnittsfläche des Gefäßes in Füllstandshöhe (500 mm) soll gegenüber der Ausflußöffnung so groß sein, daß die zeitliche Änderung der Füllstandshöhe vernachlässigbar klein ist.

Gegeben: $h_2 = 0$; $h_1 = 500$ mm; $v_1 = 0$ *Gesucht:* v_2
         $p_2 = p_1 = p_L$ (äußerer Luftdruck)

Nach (4.15) ist, wenn wir die gegebenen Werte beachten,

$$\varrho g h_1 = \frac{1}{2} \varrho v_2^2$$

Daraus folgt die gesuchte Ausflußgeschwindigkeit v_2, die wir nun ohne Index schreiben:

$$v = \underline{\sqrt{2gh}}; \quad v = \sqrt{\frac{2 \cdot 9{,}81 \text{ m} \cdot 500 \text{ mm}}{\text{s}^2}} = \underline{\underline{3{,}14 \frac{\text{m}}{\text{s}}}}$$

Bemerkungen: 1. Die Gleichung $v = \sqrt{2gh}$ gilt auch für die Endgeschwindigkeit beim freien Fall ($\to$ 2.3.2.). 2. Bei einer realen Flüssigkeit ist infolge Reibungseinfluß die Ausflußgeschwindigkeit geringer. Dies berücksichtigt man in der Technik durch einen empirischen Faktor $\mu < 1$. Es gilt dann $v = \mu \sqrt{2gh}$.   ●

● **Beispiel 4.9**

Mit welcher Geschwindigkeit strömt Propangas aus einem Gefäß aus, in dem ein Überdruck von 400 kPa ($\approx$ 4 at) besteht?

Gegeben: $p_{Ü1} = 400$ kPa; $p_2 = p_L$ (Luftdruck)   *Gesucht:* v_2
         $v_1 = 0$; $\varrho = 2{,}00$ kg m^{-3} ($\to$ B 7.3)

$$\text{(4.10)} \quad p_1 = p_{Ü1} + p_L \tag{1}$$

Nach (4.16) ist $p_1 + ^1/_2\varrho v_1^2 = p_2 + ^1/_2\varrho v_2^2$. Daraus folgt

$$p_1 + 0 = p_L + \frac{1}{2} \varrho v_2^2 \tag{2}$$

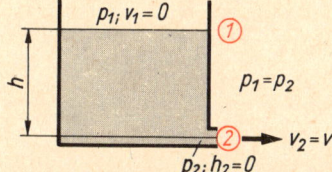

Bild 4.21 Zum Beispiel 4.8. Die Indizes 1 und 2 in der Aufgabe entsprechen den Orten *1* und *2*, rot im Bild

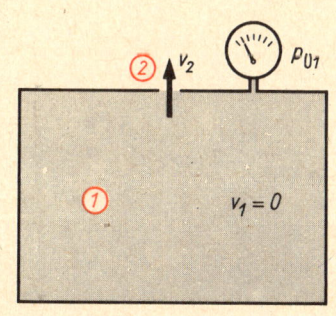

Bild 4.22 Zum Beispiel 4.9

Aus (1) und (2) folgt $p_{\text{Ü}1} = {}^{1}/{2}\varrho v_2{}^2$ und

$$v_2 = \sqrt{\frac{2 p_{\text{Ü}1}}{\varrho}}$$

$$v_2 = \sqrt{\frac{2 \cdot 4 \cdot 10^5 \,\text{Pa} \cdot \text{m}^3}{2\,\text{kg}}} = \sqrt{\frac{4 \cdot 10^5 \,\text{N} \cdot \text{m}^3}{\text{m}^2 \cdot \text{kg}}} = 632\,\frac{\text{m}}{\text{s}}$$

Bemerkung: Praktisch ist wegen der stets vorhandenen Reibungseinflüsse die Ausflußgeschwindigkeit kleiner als der oben errechnete Wert. Wie beim Ausströmen einer Flüssigkeit (Beispiel 4.8) wird auch hier ein empirischer Faktor $\mu < 1$ eingeführt, und es gilt anstelle des allgemeinen Ergebnisses nun mit p_1 als Druck im Gasraum und p_2 als Druck außerhalb, unter Beachtung von (4.10), $v = \mu\sqrt{2(p_1 - p_2)/\varrho}$.   ●

● **Beispiel 4.10**

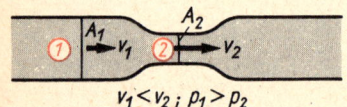

$v_1 < v_2\,;\ p_1 > p_2$

Bild 4.23 Zum Beispiel 4.10

In einer Rohrleitung (Bild 4.23; Querschnittsfläche $8\,\text{cm}^2$) strömt eine Flüssigkeit mit der Geschwindigkeit $5\,\text{m s}^{-1}$. 1. Berechnen Sie die Geschwindigkeit der Strömung beim kleineren Rohrquerschnitt ($4\,\text{cm}^2$). 2. Untersuchen Sie, wie sich dynamischer und statischer Druck ändern, indem Sie allgemein die Änderung dieser Größen angeben.

Gegeben: $A_1 = 8\,\text{cm}^2;$ $v_1 = 5\,\text{m s}^{-1}$ *Gesucht:* 1. v_2
          $A_2 = 4\,\text{cm}^2$ 2. $\Delta p_{\text{dyn}}\,;\ \Delta p_{\text{stat}}$

1. (4.13) $v_2 = v_1 \dfrac{A_1}{A_2};$ $v_2 = v_1 \cdot \dfrac{8\,\text{cm}^2}{4\,\text{cm}^2} = 2v_1 = \underline{\underline{10\,\text{m s}^{-1}}}$

2. Der Staudruck ist $p_{\text{dyn}} = {}^{1}/{2}\varrho v^2$. Wir berechnen zunächst das Verhältnis $p_{\text{dyn}2} : p_{\text{dyn}1} = v_2{}^2 : v_1{}^2$ und übernehmen das allgemeine Ergebnis $v_2 = 2v_1$ aus 1. Dann ist

$$\frac{p_{\text{dyn}2}}{p_{\text{dyn}1}} = \frac{v_2{}^2}{v_1{}^2} = \frac{(2v_1)^2}{v_1{}^2} = 4 \text{ oder } p_{\text{dyn}2} = 4p_{\text{dyn}1}.$$

Der Staudruck wächst auf das Vierfache an. Weiter folgt

$$\Delta p_{\text{dyn}} = p_{\text{dyn}2} - p_{\text{dyn}1} = 4p_{\text{dyn}1} - p_{\text{dyn}1} = \underline{\underline{3p_{\text{dyn}1}}}$$

Um Δp_{stat} zu erhalten, gehen wir von (4.16′) aus:

$$p_{\text{stat}1} + p_{\text{dyn}1} = p_{\text{stat}2} + p_{\text{dyn}2}$$

$$\Delta p_{\text{stat}} = p_{\text{stat}2} - p_{\text{stat}1} = p_{\text{dyn}1} - p_{\text{dyn}2} = -\Delta p_{\text{dyn}}$$

$$\Delta p_{\text{stat}} = \underline{\underline{-3p_{\text{dyn}1}}}$$

                                              ●

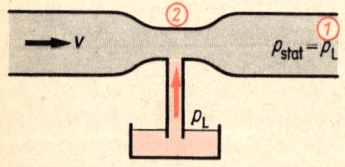

$p_{\text{stat}} = p_{\text{L}}$

p_{L}

Bild 4.24 Zur Aufgabe 4.11

● **Aufgabe 4.11**

Ein Rohr nach Bild 4.24 hat rechts ein offenes Ende. Berechnen Sie den Unterdruck (in Millibar und in Pascal) an der Stelle 2 für Wasserströmung und für Geschwindigkeiten wie bei der Strömung in Beispiel 4.10. *Beachten Sie:* Offenes Rohrende bedeutet, daß dort der statische Druck in der Strömung gleich dem äußeren Luftdruck ist, d. h. 1013 mbar.

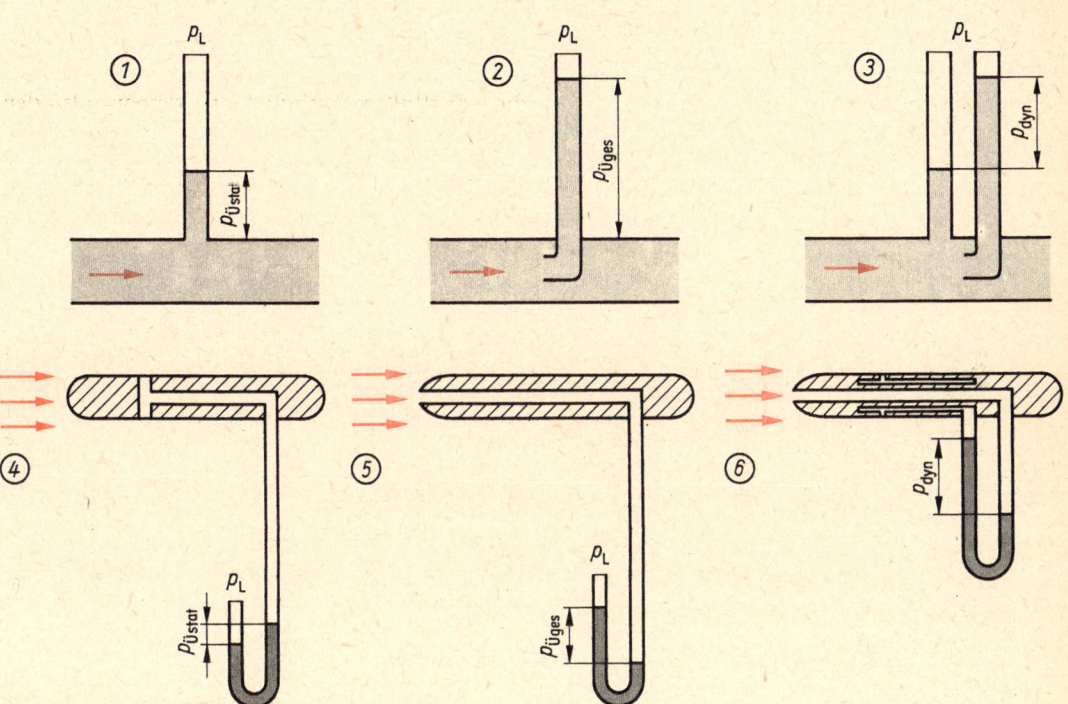

Bild 4.25 Druckmessung: 1···3 in Flüssigkeitsströmungen, 4···6 in Gasströmungen

Nun wollen wir noch untersuchen, wie wir den statischen, den dynamischen und den Gesamtdruck in einer horizontalen Strömung *messen* können. Die Bilder 4.25.1 und 2 zeigen die Messung des Überdrucks in einer Flüssigkeitsströmung. Der absolute Druck ist also jeweils um den Luftdruck größer.

Der statische Druck wirkt an allen Orten in der Strömung an beliebig gelegenen Flächen. Der dynamische Druck dagegen bewirkt nur eine Kraft auf eine Fläche, die senkrecht zur Strömungsrichtung liegt.

Nach Teilbild 1 messen wir somit den *statischen Überdruck* allein, nach Teilbild 2 aber den *Gesamt-Überdruck*. Hier überlagern sich statischer und dynamischer Druck an der Meßstelle. Nach Teilbild 3 wird die Differenz $p_{\ddot{U}\,ges} - p_{\ddot{U}\,stat} = p_{ges} - p_{stat} = p_{dyn}$, der *dynamische Druck*, gemessen. Wegen der Differenzbildung wird der dynamische Druck unabhängig vom wirkenden Luftdruck gemessen.

In Gasströmungen zeigt eine Drucksonde nach Bild 4.25.4 den statischen Überdruck, ein Pɪᴛoᴛ-Rohr (Teilbild 5) den Gesamt-

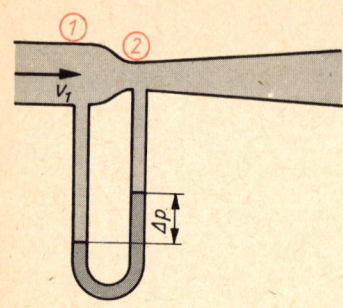

Bild 4.26 Venturidüse für Gasströmung

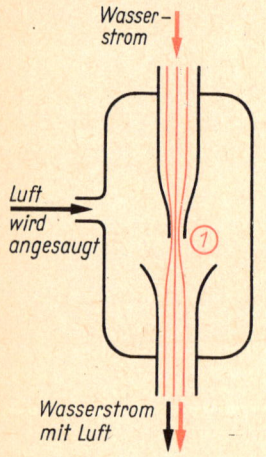

Bild 4.27 Zur Aufgabe 4.13

Überdruck und ein PRANDTLsches Staurohr (Teilbild 6) den Staudruck oder dynamischen Druck als Differenz von Gesamtdruck und statischem Druck an.

Ebenfalls zur Messung von Strömungsgeschwindigkeiten geeignet ist die *Venturidüse* (Bild 4.26) (→ VENTURI). Aus der Bernoullischen Gleichung für horizontale Strömung (4.16)

$$p_1 + \frac{1}{2} \varrho v_1{}^2 = p_2 + \frac{1}{2} \varrho v_2{}^2 \quad \text{folgt}$$

$$\Delta p = p_1 - p_2 = \frac{1}{2} \varrho (v_2{}^2 - v_1{}^2) \tag{*}$$

Nach (4.13) ist $\quad v_2 = \dfrac{A_1}{A_2} v_1$ \hfill (**)

Aus beiden Gleichungen folgt für die Strömungsgeschwindigkeit im Rohr beim Querschnitt *1*

$$v_1 = \sqrt{\frac{2\Delta p}{\varrho \left[\left(\dfrac{A_1}{A_2} \right)^2 - 1 \right]}}$$

● **Aufgabe 4.12**

Inwiefern müßte die Messung der Strömungsgeschwindigkeit für eine Flüssigkeitsströmung anders geschehen, als in Bild 4.26 für den Gasstrom gezeigt? ●

● **Aufgabe 4.13**

Erläutern Sie die Wirkungsweise einer Wasserstrahlpumpe (Bild 4.27). ●

● **Aufgabe 4.14**

Erläutern Sie den aerodynamischen Auftrieb an einer Flugzeugtragfläche (Bild 4.28). ●

4.4.3.   Strömung unter Reibungseinfluß

In einem Rohr strömt eine reale Flüssigkeit. Wir beobachten (Bild 4.29), daß die Geschwindigkeit an verschiedenen Stellen des Querschnitts unterschiedlich ist. An der Rohrwand haften infolge Adhäsion die unmittelbar angrenzenden Flüssigkeitsteilchen ($v = 0$), in der Mitte ist die Strömungsgeschwindigkeit am größten.

Zur quantitativen Erfassung unserer Beobachtung zerlegen wir die Flüssigkeit in dünne zylindrische Schichten der Dicke dx,

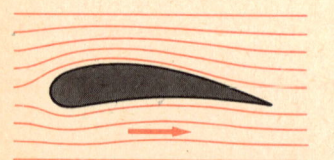

Bild 4.28 Zur Aufgabe 4.14. Pfeil zeigt relative Strömungsrichtung an

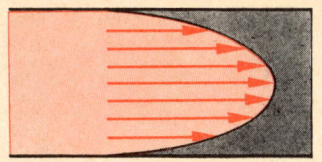

Bild 4.29 Geschwindigkeitsverteilung (rote Pfeile) in einem Rohr bei laminarer Strömung

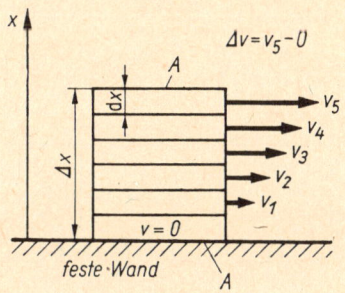

Bild 4.30 Laminare Strömung längs einer festen Wand (Modell). „Schichten" haben infinitesimal kleine Dicke dx. Die Differenz der Geschwindigkeiten zweier Schichten ist dv. Der Quotient dv/dx heißt Geschwindigkeitsgefälle

in denen wir jeweils die Geschwindigkeit konstant annehmen. Bild 4.30 zeigt eine Schnittdarstellung von Rohrwand bis Rohrmitte. Die einzelnen Schichten gleiten nun mit unterschiedlicher Geschwindigkeit aneinander vorbei, sie reiben aneinander. Diese Erscheinung heißt *innere Reibung*.

Für eine Berührungsfläche A zweier solcher Schichten ist die innere Reibung die Kraft F, die die schnellere Schicht verzögert und die langsamere beschleunigt. Für konstantes Geschwindigkeitsgefälle dv/dx ist die Kraft, die an den im Bild unten und oben liegenden Flächen angreift,

$$F = \frac{\eta A \, \Delta v}{\Delta x} \qquad \text{Kraft an den Grenzflächen} \qquad (4.17)$$

Darin sind Δx der Abstand der beiden Schichten und Δv die Differenz der Strömungsgeschwindigkeiten dieser Schichten. Mit (4.17) wird eine Materialkonstante definiert, die *Zähigkeit* oder *dynamische Viskosität* η ($\rightarrow$ B 7.7.). Ihre SI-Einheit folgt aus der nach η aufgelösten Gleichung (4.17):

$$[\eta] = \frac{\text{N m}}{\text{m}^2 \dfrac{\text{m}}{\text{s}}} = \text{Pa s} \qquad \text{(Pascalsekunde)}.$$

Nicht mehr gültig ist die SI-fremde Einheit Zentipoise (cP) $1 \text{ cP} = 1 \text{ mPa s} = 10^{-3} \text{ Pa s}$.

Häufig tritt in Gleichungen der Quotient von dynamischer Viskosität und Dichte des strömenden Mediums auf. Dieser heißt

$$\nu = \frac{\eta}{\varrho} \qquad \text{Kinematische Viskosität} \qquad (4.18)$$

$$[\nu] = \text{m}^2 \text{ s}^{-1}$$

Nicht mehr gültig: Centistokes (cSt); $1 \text{ cSt} = 10^{-6} \text{ m}^2 \text{ s}^{-1}$

Strömungen nach Bild 4.29 heißen *laminare Strömungen*. In einer solchen Strömung tritt keine Vermischung der aneinander gleitenden Schichten und damit keine Wirbelbildung auf.

> Eine Strömung heißt laminar, wenn Teilchen des strömenden Mediums in dünnen Schichten aneinander vorbeigleiten, ohne sich zu vermischen.

Bei laminarer Strömung in einem Rohr entsteht eine *Druckdifferenz*, wie ein Versuch nach Bild 4.31 zeigt. Die gegen die innere Reibung aufzuwendende Arbeit $(p_1 - p_2) V$ ist gleich der entstehenden Wärmemenge Q: es gilt

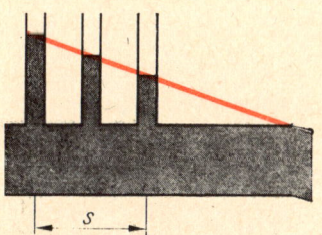

Bild 4.31 Abfall des statischen Drucks bei Strömung in einem Rohr längs des Weges s

$$\Delta p = p_1 - p_2 = \frac{Q}{V} \qquad \begin{array}{l}\text{Druckdifferenz} \\ \text{bei laminarer Strömung}\end{array} \qquad (4.19)$$

Bei kleinem Rohrdurchmesser gilt die Gleichung von HAGEN und POISEUILLE:

$$I = \frac{\pi r^4 \, \Delta p}{8\eta \, \Delta l} \qquad \text{Stromstärke im engen Rohr} \atop \text{bei laminarer Strömung} \qquad (4.20)$$

Darin sind r der innere Radius des Rohres, Δp die Druckdifferenz in der Rohrstrecke und Δl deren Länge.

Auf ein laminar umströmtes Hindernis übt die Flüssigkeit eine Kraft aus, die wir nach der STOKESschen Gleichung berechnen:

$$F = 6\pi\eta v r \qquad \text{Kraft auf laminar umströmte Kugel} \qquad (4.21)$$

Darin sind v die Relativgeschwindigkeit zwischen Kugel und Flüssigkeit und r der Radius der Kugel. Die Kugel erfährt, wenn sie in einer ruhenden Flüssigkeit sinkt, die gleiche Kraft. Beim Sinken stellt sich nach kurzer Beschleunigungsphase Kräftegleichheit ein: Summe von Auftriebskraft und Reibungskraft ist gleich dem Gewicht der Kugel (Bild 4.32).
Gleichung (4.21) gilt für kleine Kugeln. Im HÖPPLER-Viskosimeter zur experimentellen Bestimmung der dynamischen Viskosität fällt eine Kugel in einem Rohr mit nur wenig größerem Durchmesser; der Vorgang ist ähnlich dem zuvor betrachteten, es gilt jedoch eine andere Gleichung für die Reibungskraft.
Bei höherer Geschwindigkeit schlägt laminare Strömung plötzlich in *turbulente Strömung* um. Der *Strömungswiderstand* nimmt dann infolge Wirbelbildung stark zu (Bild 4.33). Die Strömung ist nicht mehr stationär.
Ein umströmter fester Körper bzw. ein in ruhender Flüssigkeit (Gas) bewegter Körper erfährt infolge Wirbelbildung eine Widerstandskraft, den Strömungswiderstand F_W. Dieser ist der Querschnittsfläche A, senkrecht zur Strömung gemessen, und dem dynamischen Druck $\frac{1}{2}\varrho v^2$ proportional. Er ist außerdem von der Form des Körpers abhängig. Dieser Einfluß wird erfaßt durch den Widerstandsbeiwert c_W ($\rightarrow$ B 7.8.).

Bild 4.32 Kräfte auf laminar umströmte, im Schwerefeld sinkende Kugel. F ist die nach Stokes zu berechnende Kraft (4.21)

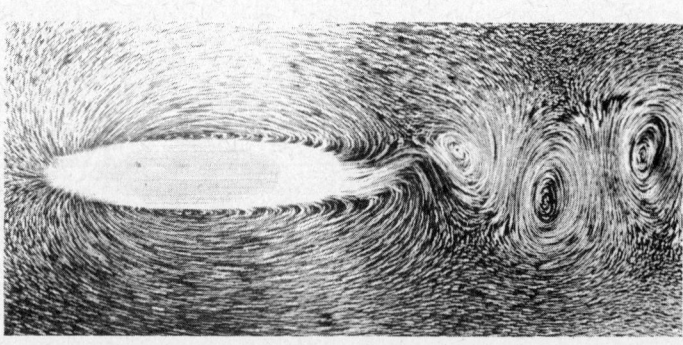

Bild 4.33 Wirbel in Flüssigkeitsströmung (nach Schallreuter, W.: Einführung in die Physik, Bd. I. Leipzig: VEB Fachbuchverlag 1970)

Damit gilt

$$F_{\mathrm{W}} = \frac{1}{2}\,\varrho c_{\mathrm{W}} A v^2$$

Strömungswiderstand für einen umströmten Körper (4.22)

Wegen der Relativität aller Bewegungen kann man Messungen des Strömungswiderstandes in Luft (Luftwiderstand) in einem Windkanal durchführen. Die Luft umströmt dort das ruhende Fahrzeug bzw. Fahrzeugmodell. Für verkleinerte Modelle gelten Ähnlichkeitsgesetze, auf die wir hier nicht weiter eingehen können. Sie haben u. a. zur Folge, daß bei kleinerem Modell größere Strömungsgeschwindigkeit erforderlich ist.

5. Kinetische Theorie der Wärme

5.1. Vorbemerkungen

Auf den ersten Blick scheint es, als ob Mechanik und Wärmelehre zwei Teilgebiete der Physik seien, die wenig miteinander zu tun haben, zumal auch in der Wärmelehre eine besondere Basisgröße, die Temperatur, eingeführt wird. Wir wollen aber in dieser Darstellung der Physik an die Mechanik anknüpfen und Grundzüge der kinetischen Theorie der Wärme an den Anfang der Wärmelehre stellen. Wir gehen davon aus, daß jeder Körper aus Molekülen besteht, die sich in ständiger Bewegung befinden. Diese Vorstellung vermittelt von vornherein einen tieferen Einblick in das Wesen der Wärme. Wir lernen Wärme als Bewegungsenergie der Moleküle kennen. Zum Verständnis dieses Abschnitts benötigen wir Grundbegriffe aus der Dynamik und Grundvorstellungen aus der Atomtheorie. Darüber hinaus müssen wir statistische Betrachtungen anstellen. Eine bedeutende Rolle spielt der Begriff der thermodynamischen Wahrscheinlichkeit.

5.2. Grundbegriffe

5.2.1. Molekularer Aufbau der Körper

5.2.1.1. Atome und Moleküle

Wie aus der Chemie bekannt, bestehen alle Körper aus Atomen und Molekülen. So sind beispielsweise im Wasserstoffmolekül H_2O 2 Atome Wasserstoff und 1 Atom Sauerstoff miteinander verbunden. Im Sauerstoffmolekül O_2 treten 2 Atome Sauerstoff zusammen, während die Metalldämpfe, wie beispielsweise Quecksilber Hg, und die Edelgase He, Ne und Ar aus Einzelatomen bestehen. In der Physik verwenden wir oft den Begriff Molekül als Oberbegriff für Atome und Moleküle, sprechen dann also von einatomigen und mehratomigen Molekülen.
Die kinetische Wärmetheorie stellt fest:

Die Moleküle eines jeden Körpers befinden sich in ständiger Bewegung.

Bild 5.1 Zur Brownschen Bewegung: Die Bahn, die ein einzelnes Teilchen im Laufe der Zeit beschreibt, ist stückweise gerade (»Zickzackbahn«)

Die Moleküle der *Festkörper* sind in einem Raumgitter angeordnet, also an feste Plätze gebunden, schwingen jedoch um ihre Ruhelage. Die Moleküle der *Flüssigkeiten* sind ebenfalls eng benachbart, im Gegensatz zu denen der Festkörper aber in dauernder Bewegung, wie das folgender Versuch zeigt: Bringt man einen Wassertropfen, dem man vorher kleine feste Teilchen, beispielsweise etwas Tusche, zugesetzt hat, unter ein Mikroskop und betrachtet die kleinen Tuscheteilchen bei genügend hoher Vergrößerung, so erkennt man, daß sie in regelloser Bewegung durcheinanderschwirren (Bild 5.1). Die Bewegung kommt durch die unregelmäßigen Stöße zustande, die die Wassermoleküle auf die Teilchen ausüben. Mit diesem Versuch, der 1827 von ROBERT BROWN beschrieben wurde, wird die Bewegung von Molekülen indirekt nachgewiesen.

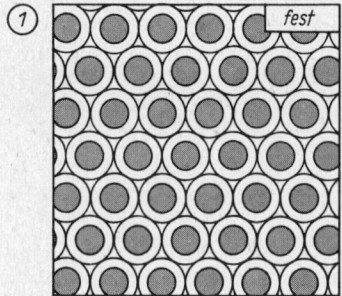 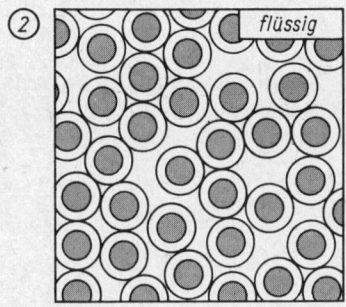 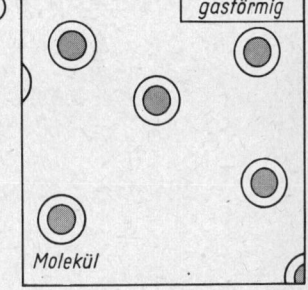

Bild 5.2 Modell des molekularen Aufbaus 1. eines Festkörpers, 2. einer Flüssigkeit, 3. eines Gases

Während die Moleküle der Festkörper und der Flüssigkeiten dicht beieinander liegen, ist das bei *Gasen* nicht der Fall (Bild 5.2). Daraus ergibt sich, daß Festkörper und Flüssigkeiten inkompressibel sind, Gase aber komprimiert werden können.

Eine Gasmenge erfüllt mit ihren Molekülen den ihr zur Verfügung stehenden Raum nicht vollständig. Gase sind daher kompressibel.

Die Gasmoleküle sind im Raum frei beweglich. Dabei stoßen sie gegeneinander. Die Strecke, die die Gasmoleküle im Mittel von einem Zusammenstoß zum andern geradlinig durchlaufen können, heißt *mittlere freie Weglänge*. Der Gasdruck entsteht dadurch, daß die einzelnen Moleküle, deren Anzahl unvorstellbar groß ist, gegen die Gefäßwände stoßen und beim Aufprall auf die Gefäßwände Kraftstöße ausüben.

makroskopisch: mit bloßem Auge wahrnehmbar

Die Masse eines einzelnen Moleküls ist, verglichen mit der Masse eines makroskopischen Körpers, sehr klein (Aufgabe 5.6). Um bessere Vergleichsmöglichkeiten zwischen den Molekülen verschiedener Stoffe zu erhalten, führt man eine Verhältniszahl ein, die *relative Molekülmasse M_r*. Man vergleicht dabei die Masse μ eines bestimmten Moleküls mit $1/12$ der Masse μ_{C12}

eines Atoms des Kohlenstoffisotops ^{12}C. Die relative Molekülmasse eines bestimmten Stoffes ist damit definiert als

$$M_r = \frac{\text{Masse eines Moleküls}}{^1/_{12}\,\text{Masse des Kohlenstoffatoms }^{12}\text{C}}$$

$$M_r = \frac{12\mu}{\mu_{C12}} \qquad \text{Relative Molekülmasse} \qquad (5.1)$$

Die relative Molekülmasse von Stickstoff beträgt z. B. 28,0, die von Sauerstoff 32,0. Luft ist ein Gemisch verschiedener Gase, die unterschiedliche relative Molekülmassen haben. Für Gasgemische wird eine scheinbare relative Molekülmasse als gewogenes Mittel der relativen Molekülmassen der Gemischbestandteile definiert. Dadurch ist es möglich, die Gleichungen der folgenden Abschnitte, die zunächst nur für homogene Gase gelten, auch auf Gasgemische anzuwenden.

● **Beispiel 5.1**

Luft besteht aus 78% N_2, 21% O_2, 1% Ar. Die Prozente beziehen sich auf die Molekülzahlen. Berechnen Sie die mittlere relative Molekülmasse der Luft.

Gegeben: $p_1 = 0,78;$ $M_{r1} = 28$ *Gesucht:* $M_{r\,\text{Luft}}$

$p_2 = 0,21;$ $M_{r2} = 32$

$p_3 = 0,01;$ $M_{r3} = 40$ $(\to$ B 7.11.)

Über das gewogene Mittel informieren Sie sich im Lehrbuch »Mathematik für Ingenieur- und Fachschulen« Bd. II, Abschn. 25.2.3.

Die relative Molekülmasse der Luft ist das gewogene Mittel aus den relativen Molekülmassen der Bestandteile:

$$M_{r\,\text{Luft}} = p_1 M_{r1} + p_2 M_{r2} + p_3 M_{r3}$$

$$M_{r\,\text{Luft}} = 0,78 \cdot 28 + 0,21 \cdot 32 + 0,01 \cdot 40 = 29$$ ●

5.2.1.2.   Stoffmenge

In der Atomphysik wird eine neue Basisgröße, die *Stoffmenge* oder *Teilchenmenge* mit dem Symbol n, eingeführt. Man geht dabei von der Vorstellung aus, daß gleichartige Teilchen (Atome, Moleküle, Ionen usw.) theoretisch abzählbar sind. Die Stoffmenge n ist eine Eigenschaft des Stoffes und der Anzahl N der Teilchen proportional. Daher nimmt auch die Definition der Einheit der Stoffmenge auf die Anzahl der Teilchen Bezug.

Stoffmenge n ist Basisgröße.

$[n] = $ mol; Mol ist Basiseinheit.

Das Mol ist die Stoffmenge eines Systems, das so viel Teilchen enthält, wie Atome in 0,012 Kilogramm des Kohlenstoffisotops ^{12}C enthalten sind.

Praktisch ist das Abzählen jedoch nicht möglich, so daß meßtechnisch die Bestimmung der Stoffmenge über eine Wägung erfolgt.

5.2.1.3. Stoffmengenbezogene und spezifische Größen

Stoffmengenbezogene Größen werden meist kurz als molare Größen bezeichnet. Man versteht unter einer molaren Größe den Quotienten aus der Größe X und der Stoffmenge n. So heißt beispielsweise

$$M = \frac{m}{n}$$ Molare Masse (5.2)

$$[M] = \text{kg mol}^{-1}$$

Diese kohärente Einheit ist jedoch ungebräuchlich, weil unübersichtliche Zahlenwerte entstehen. Man verwendet daher die SI-fremden Einheiten Kilogramm je Kilomol und Gramm je Mol (1 kg kmol^{-1} = 1 g mol^{-1}).

> Der Zahlenwert der molaren Masse (in Gramm je Mol oder Kilogramm je Kilomol) ist die relative Molekülmasse:

$$M_r = M_{/\text{gmol}^{-1}}$$ Relative Molekülmasse (5.3)

● **Aufgabe 5.1**

Berechnen Sie relative Molekülmasse und molare Masse von Kohlendioxid.

Der Quotient aus der Anzahl N der Teilchen und der Stoffmenge n, die *molare Teilchenzahl*

$$N_A = \frac{N}{n}$$ AVOGADRO-Konstante (5.4)

ergibt für alle Stoffe den gleichen Wert, da die Stoffmenge der Anzahl der Teilchen proportional ist ($\rightarrow$ 5.2.1.2.). Es gilt

$$N_A = 6{,}022\,05 \cdot 10^{23}\ \text{mol}^{-1}$$ Avogadro-Konstante

> 1 mol eines jeden Stoffes besteht aus $6{,}022 \cdot 10^{23}$ Molekülen (Atomen, Ionen).

● **Aufgabe 5.2**

Wieviel Atome sind in 0,15 mol Helium enthalten?

● **Beispiel 5.2**

Berechnen Sie, wieviel Atome in 360 g Aluminium enthalten sind.

Gegeben: $m = 360$ g; $M = 27$ g mol^{-1} ($\rightarrow$ B 7.9.) *Gesucht: N*

Aus (5.2) und (5.4) folgt

$$N = \frac{mN_A}{M}; \quad N = \frac{360 \text{ g} \cdot 6{,}022 \cdot 10^{23} \text{ mol}}{\text{mol} \cdot 27 \text{ g}} = \underline{\underline{8{,}0 \cdot 10^{24}}}$$ ●

Eine weitere, für feste, flüssige und gasförmige Körper häufig verwendete molare Größe ist

$$V_m = \frac{V}{n} \qquad \textbf{Molares Volumen} \tag{5.5}$$

Für Gase gilt:

Alle Gase haben unter Normalbedingungen $T_0 = 273{,}15$ K, $p_0 = 101{,}325$ kPa ($= 1{,}000$ atm $= 760$ Torr) nahezu das gleiche molare Volumen 22,4 m^3 kmol^{-1}.

Für das ideale Gas ($\rightarrow$ 5.3.) gilt

$V_{m0} = 22{,}4138$ m^3 kmol^{-1} **Molares Normvolumen**

Dividieren wir die Avogadro-Konstante durch das molare Normvolumen, so erhalten wir die LOSCHMIDT-Konstante:

$$N_L = \frac{N_A}{V_{m0}} \qquad \text{Loschmidt-Konstante} \tag{5.6}$$

● **Aufgabe 5.3**

Berechnen Sie die Loschmidt-Konstante.   ●

$N_L = 2{,}68676 \cdot 10^{25}$ m^{-3} **Loschmidt-Konstante**

Unter Normalbedingungen sind in jedem Kubikmeter eines Gases $2{,}7 \cdot 10^{25}$ Moleküle enthalten.

● **Aufgabe 5.4**

Berechnen Sie das Volumen von 68,8 g Chlor unter Normalbedingungen.   ●

● **Aufgabe 5.5**

Berechnen Sie die Anzahl der Moleküle, die in 1,32 m^3 Kohlenmonoxid unter Normalbedingungen enthalten sind.   ●

Die Masse μ eines einzelnen Moleküls ergibt sich, wenn man die Gesamtmasse m des Körpers durch die Anzahl N seiner Moleküle dividiert: $\mu = m/N$. Mit (5.4) $N = nN_A$ und (5.2) $m/n = M$ folgt

$$\mu = \frac{M}{N_A}$$ **Masse des einzelnen Moleküls** (5.7)

● **Aufgabe 5.6**

Berechnen Sie die Masse eines Heliumatoms.

In der Thermodynamik arbeitet man häufig mit spezifischen Größen, die unabhängig von Stoffmenge und Masse sind.
Als spezifische Größe x definiert man den Quotienten aus der Größe X und der Masse m. Zunächst benötigen wir

$$v = \frac{V}{m}$$ **Spezifisches Volumen** (5.8)

$$[v] = \mathrm{m^3\,kg^{-1}}$$

Aus der Definitionsgleichung für die Dichte (3.3) $\varrho = m/V$ folgt, daß das spezifische Volumen der Kehrwert der Dichte ist:

$$v = \frac{1}{\varrho}$$ **Spezifisches Volumen** (5.8')

● **Beispiel 5.3**

Berechnen Sie die Dichte von Luft unter Normalbedingungen.

Gegeben: $M = 29,0\ \mathrm{kg\,kmol^{-1}}\ (\rightarrow \mathrm{B\ 7.11.})$ *Gesucht:* ϱ_0

Aus (3.3) $\varrho = m/V$, (5.2) $m = nM$ und (5.5) $V = nV_m$ folgt mit dem Index 0 für Normalbedingungen

$$\varrho_0 = \frac{M}{V_{m0}}; \quad \varrho_0 = \frac{29\ \mathrm{kg \cdot kmol}}{\mathrm{kmol \cdot 22,4\ m^3}} = \underline{1,29\ \mathrm{kg\,m^{-3}}}$$

5.2.2.   Wahrscheinlichkeit und Statistik

5.2.2.1.   Statistik

In 5.2.1.2. haben wir festgestellt, daß die Anzahl der Moleküle eines makroskopischen Körpers unvorstellbar groß ist. Es ist unmöglich, das Verhalten eines bestimmten einzelnen Moleküls zu beschreiben. Die *statistische* Mechanik ermöglicht aber die Berechnung von Mittelwerten und mittleren Schwankungen physikalischer Größen.

Am Beispiel einer Gasmenge soll das erläutert werden. Die einzelnen Gasmoleküle bewegen sich ungeordnet im Raum. Sie stoßen gegen die Gefäßwände, und es erfolgen auch Zusammenstöße zwischen den einzelnen Molekülen. Durch die Zusammenstöße ändern sich die Geschwindigkeiten der einzelnen Moleküle ständig, und zwar sowohl ihre Beträge als auch ihre Richtungen. Das einzelne Molekül beschreibt eine Bahn, die zwischen zwei Zusammenstößen geradlinig verläuft, insgesamt also eine Zickzackbahn. Somit ändert sich der *mikroskopische Zustand* der Gasmoleküle, d. h. der Bewegungszustand (Ort und Geschwindigkeit) jedes einzelnen Moleküls, ständig. Wir können aber annehmen, daß unter den vielen Molekülen jeweils zwei zu finden sind, die ihren Bewegungszustand gerade austauschen. Unter dieser Voraussetzung ändert sich der *makroskopische Zustand* (Volumen, Druck, Temperatur) des Gases nicht, da die erwähnten Mittelwerte der Geschwindigkeit und anderer mikroskopischer Größen erhalten bleiben. Allgemein gilt:

mikroskopisch: »mit dem Mikroskop erkennbar« — Gasmoleküle sind jedoch auch unter dem Mikroskop nicht zu beobachten.

> Je größer die Anzahl der Beobachtungsobjekte ist, um so sicherer ist die Aussage des statistischen Mittelwertes, um so zuverlässiger werden die Aussagen der Statistik.

In der Thermodynamik haben wir es immer mit sehr großen Anzahlen von Teilchen zu tun; die Statistik liefert daher sehr zuverlässige Mittelwerte der mikroskopischen Zustandsgrößen, wie etwa der Geschwindigkeit oder der kinetischen Energie der Moleküle.

5.2.2.2.   Thermodynamische Wahrscheinlichkeit

Jeder kennt die Formulierung: »Mit 50% Wahrscheinlichkeit treffe ich jetzt das Richtige«, wenn man sich zwischen zwei Möglichkeiten zu entscheiden hat. Wir können also die Wahrscheinlichkeit in Prozenten oder auch als echten Bruch angeben. Dabei verstehen wir unter der Wahrscheinlichkeit Null die absolute Unmöglichkeit eines Ereignisses, unter der Wahrscheinlichkeit eins die absolute Sicherheit, daß das Ereignis eintritt.

Wir wollen zunächst den Begriff der Wahrscheinlichkeit an einem Beispiel erläutern. Das Gesamtvolumen V (etwa einen Würfel mit der Kantenlänge 10 cm) denken wir uns in 1000 gleiche Teilvolumen ΔV (in Bild 5.3 von je 1 cm³) zerlegt. Im Behälter soll sich ein einzelnes Gasmolekül befinden. Die Wahrscheinlichkeit, das Molekül im Volumen V anzutreffen, ist damit $W_1 = 1$. Für jedes Teilvolumen ΔV, beispielsweise

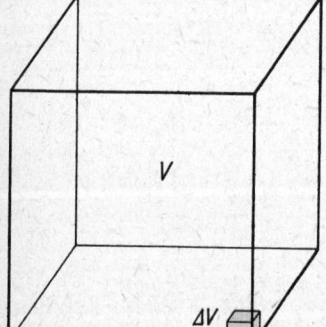

Bild 5.3 Zur Definition der Wahrscheinlichkeit: Die Wahrscheinlichkeit, ein Gasmolekül im Volumen V anzutreffen, ist 1000mal so groß wie die, es im Volumen ΔV zu finden

auch für das rot eingezeichnete, ergibt sich die Aufenthaltswahrscheinlichkeit $W_2 = 1/1\,000 = 0,001$. Wir erhalten diese Wahrscheinlichkeit, wenn wir das Teilvolumen ΔV ins Verhältnis zum Gesamtvolumen V setzen:

$$W = \frac{\Delta V}{V} \qquad\qquad (*)$$

Wir kommen nun zum Begriff der thermodynamischen Wahrscheinlichkeit. Wir hatten bereits in 5.2.2.1. darauf hingewiesen, daß der gleiche makroskopische Zustand durch viele mikroskopische Zustände realisiert werden kann. Betrachten wir wieder Bild 5.3. Ein einzelnes Molekül befindet sich zunächst in dem rot gekennzeichneten Volumen ΔV und führt dann eine regellose Bewegung aus, wie wir sie für Gasmoleküle kennengelernt haben. Gelegentlich kehrt dann das Molekül auch wieder in das Teilvolumen ΔV zurück. Der Makrozustand »innerhalb V« kann realisiert werden durch $z_1 = 1\,000$ verschiedene Mikrozustände; denn das Molekül kann sich in $1\,000$ verschiedenen Teilvolumen aufhalten. Der Zustand »innerhalb des Teilvolumens ΔV« kann hingegen nur durch $z_2 = 1$ Mikrozustand realisiert werden.

Die thermodynamische Wahrscheinlichkeit w gibt die Anzahl der Mikrozustände an, mit denen ein gegebener Makrozustand realisiert werden kann.

$$w = \frac{z_1}{z_2} = \frac{V}{\Delta V} \qquad\qquad (**)$$

Die thermodynamische Wahrscheinlichkeit ist eine *relative Wahrscheinlichkeit*; sie gibt an, um wieviel wahrscheinlicher ein Zustand ist als ein anderer. Es gilt $w = W_1/W_2$. In unserem Beispiel ist die thermodynamische Wahrscheinlichkeit nach (**) $w = 1\,000$; sie ist im allgemeinen eine sehr große Zahl.

Betrachten wir jetzt zwei Teilchen, die sich im Volumen V bewegen. Die Wahrscheinlichkeit, daß *beide* Teilchen in dem rot gekennzeichneten Teilvolumen ΔV vorgefunden werden, ist noch weitaus geringer. Für die relative Wahrscheinlichkeit gilt jetzt $\left(\dfrac{V}{\Delta V}\right)^2$.

Betrachten wir nun N Moleküle in unserem Würfel in Bild 5.3, so scheint es uns ausgeschlossen, alle Moleküle innerhalb des Teilvolumens ΔV zu finden. Falls sie zunächst dort eingeschlossen sind, werden sie sich bald im gesamten Volumen V verteilen. Die thermodynamische Wahrscheinlichkeit dafür ist

$$w = \left(\frac{V}{\Delta V}\right)^N \qquad \text{Thermodynamische Wahrscheinlichkeit} \quad (5.9)$$

● **Aufgabe 5.7**

10^6 Moleküle sind in dem Teilvolumen ΔV (Bild 5.3) eingeschlossen. Um wieviel nimmt die thermodynamische Wahrscheinlichkeit zu, wenn sich das Gas auf das volle Volumen V ausdehnt? ●

Zum Schluß dieses Abschnitts wollen wir feststellen:

Alle Vorgänge in der Natur verlaufen von selbst so, daß die thermodynamische Wahrscheinlichkeit des Zustands zunimmt.

5.2.2.3.   Schwankungen

Ein Beispiel für eine Schwankung ist die Brownsche Molekularbewegung ($\rightarrow$ 5.2.1.1.). Nach den Gesetzen der Wahrscheinlichkeit bewegen sich nämlich gleich viel Wassermoleküle nach rechts und nach links, nach oben und nach unten. Zu jedem Impuls ist somit ein gleich großer Gegenimpuls vorhanden, so daß sich die Wirkung aller Stöße aufhebt, wie das beispielsweise bei einem im Wasser schwimmenden Kahn der Fall ist. Betrachten wir hingegen das Verhalten weniger Moleküle, so stellen wir fest, daß dieses Verhalten Schwankungen unterworfen ist.

> Das Verhalten des einzelnen Teilchens weicht vom wahrscheinlichsten Zustand ab; es unterliegt *Schwankungen*. Das Verhalten einer Vielzahl von Teilchen wird durch statistische Gesetze bestimmt.

5.3.   Das ideale Gas als Modell

5.3.1.   Eigenschaften des idealen Gases

Aus 5.2.1.1. ist bekannt, daß sich ein Gas im Unterschied zu Festkörpern und Flüssigkeiten leicht zusammendrücken läßt; das Gas ist *kompressibel*. Wir wissen, daß eine Gasmenge mit ihren Molekülen den ihr zur Verfügung stehenden Raum nicht völlig erfüllt. Die Gasmoleküle sind im Raum frei beweglich. Der Gasdruck entsteht dadurch, daß die einzelnen Moleküle, deren Anzahl unvorstellbar groß ist, gegen die Gefäßwände stoßen und beim Aufprall auf die Gefäßwände Kraftstöße ausüben.

Wir wollen die realen Verhältnisse in zweierlei Hinsicht vereinfachen: Wir stellen uns die Moleküle als Massenpunkte vor, zwischen denen vollkommen elastische Stöße stattfinden. Die Vernachlässigung des Molekülvolumens ist deshalb berechtigt, weil der Abstand zwischen zwei Molekülen wesentlich größer ist als der Moleküldurchmesser. Damit ist auch das Eigenvolumen aller Moleküle zusammen klein gegenüber dem Raum, den das Gas in seiner Gesamtheit einnimmt. Infolge der hohen Geschwindigkeit der Moleküle sind sie sich nur sehr kurze Zeit nahe. Anziehungskräfte sollen zwischen den Molekülen in dieser Zeit nicht wirksam werden. Es brauchen also nur die rein elastischen Kräfte berücksichtigt zu werden. Damit erhalten wir ein Modell, das mathematisch relativ einfach zu behandeln ist. Die Ergebnisse, die aus dieser Modellvorstellung folgen, gelten für die meisten der technisch wichtigen Gase bei Zimmertemperatur mit hinreichender Genauigkeit. Wir fassen die beiden Eigenschaften des Modells ideales Gas zusammen:

> Die Moleküle des idealen Gases sind Massenpunkte; sie haben kein Eigenvolumen.
> Die Moleküle des idealen Gases üben keine Anziehungskräfte aufeinander aus.

5.3.2. Gasdruck als Summenwirkung

Das im letzten Abschnitt beschriebene Modell des idealen Gases soll nun mathematisch behandelt werden. Zunächst berechnen wir den Druck, den das ideale Gas auf die Gefäßwände ausübt. Dazu schließen wir das Gas (Masse m), bestehend aus N Molekülen, in einen Würfel der Kantenlänge l ein. Jedes einzelne Molekül soll die Masse μ und die Geschwindigkeit v haben. Von der Gesamtzahl der Moleküle sollen sich je $1/6$ nach vorn, hinten, links, rechts, oben und unten, also in Richtung auf jeweils eine Wand bewegen. Daß sich in Wirklichkeit die Moleküle keinesfalls alle parallel zu den Würfelkanten bewegen, spielt für die kommenden Überlegungen keine Rolle. Wir können die Geschwindigkeit jedes Moleküls in drei parallel zu den Würfelkanten gerichtete Komponenten zerlegen (Bild 5.4) und unsere Betrachtungen auf diese Komponenten beziehen.

Wir berechnen zunächst die Anzahl dN der Moleküle, die in der Zeit dt auf eine der 6 Wände des Würfels treffen. Da alle Moleküle die gleiche Geschwindigkeit v haben sollen, erreichen nur die Moleküle die rechte Seitenwand, die sich in dem rot gekennzeichneten Teil des Würfels (Bild 5.5) befinden. Ihre Zahl ist

$$dN = \frac{v\,dt}{l} \cdot \frac{N}{6} \qquad (*)$$

Ein einzelnes Molekül hat den Impuls μv. Wir nehmen an, daß das Molekül vollkommen elastisch an der Wand reflektiert wird wie etwa ein Tennisball. Beträgt also der Impuls vor dem Stoß auf die Wand μv, so ist er nach dem Stoß gleich $-\mu v$, da sich die Richtung der Geschwindigkeit umkehrt. Der Betrag der Impulsänderung ist daher gleich $2\mu v$. Für die dN Moleküle ergibt sich mit (*) die Impulsänderung zu $d(mv) = 2\mu v \cdot vN\,dt/6l$, und zusammengefaßt

$$d(mv) = \frac{1}{3}\,\mu v^2\,\frac{N}{l}\,dt$$

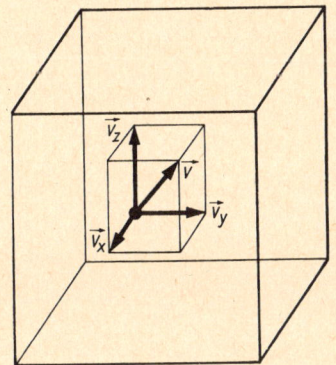

Bild 5.4 Zerlegung der Geschwindigkeit eines Gasmoleküls in Komponenten längs der Würfelkanten

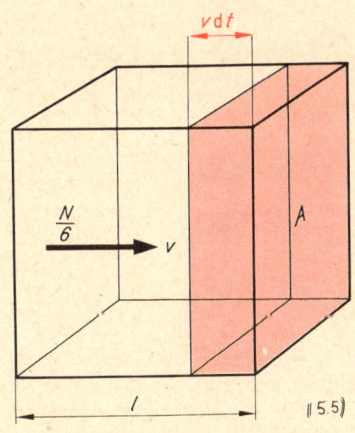

Bild 5.5 Zur Berechnung des Gasdrucks: Von N insgesamt im Würfel vorhandenen Molekülen bewegen sich $N/6$ nach rechts; in der Zeit dt erreichen aber nur $\dfrac{v\,dt}{l}\,\dfrac{N}{6}$ die Fläche A

Aus der Mechanik (3.46') ist bekannt, daß die Kraft F der Differentialquotient des Impulses nach der Zeit ist ($F = \mathrm{d}(mv)/\mathrm{d}t$). Damit erhalten wir für die Kraft $F = {}^1/_3\mu v^2 N/l$. Mit dieser Kraft wirken die Moleküle auf die Wand ein, und mit dieser Kraft wirkt die Wand nach dem Gegenwirkungsprinzip auf die Gasmoleküle zurück.

Bei unserem Ansatz hatten wir angenommen, daß alle Moleküle die Geschwindigkeit v haben. Nach unseren Überlegungen in 5.2.2. wird das sicher nicht der Fall sein; es wird Moleküle mit größeren Geschwindigkeiten geben, aber auch solche mit geringeren Geschwindigkeiten. v^2 ist daher ein Mittelwert, das *mittlere Geschwindigkeitsquadrat*, das wir im folgenden mit $\overline{v^2}$ (gesprochen: vau Quadrat quer) bezeichnen wollen.

Der Druck p ist nach (4.1) der Quotient aus der Kraft F und der Fläche $A = l^2$:

$$p = \frac{F}{l^2} = \frac{1}{3}\,\mu\overline{v^2}\,\frac{N}{l^3}$$

Mit $l^3 = V$ ergibt sich daraus

$$pV = \frac{1}{3}\,\mu\overline{v^2}N \qquad\qquad (**)$$

μN ist die Gesamtmasse m des Gases. Damit folgt aus (**)

$$pV = \frac{1}{3}\,m\overline{v^2} \qquad\qquad (5.10)$$

Wie im nächsten Abschnitt dargestellt wird, bedeutet konstantes mittleres Geschwindigkeitsquadrat der Moleküle konstante Temperatur. Für eine abgeschlossene Gasmenge ist die Masse m ebenfalls konstant. Insgesamt besagt also (5.10), daß bei konstanter Temperatur das Produkt aus Druck und Volumen einer abgeschlossenen Gasmenge konstant ist. Damit ist (4.4), das Gesetz von Boyle und Mariotte, bestätigt.

5.4.   Energie der Moleküle des idealen Gases

5.4.1.   Temperatur

Für unsere weiteren Überlegungen ist wichtig, daß auf der linken Seite von (**) *makroskopische Größen*, auf der rechten Seite aber nicht beobachtbare *mikroskopische Größen* stehen. In (**) wollen wir nun mit der mittleren kinetischen Energie des Gasmoleküls $\overline{W_{\mathrm{kin}}} = \mu\overline{v^2}/2$ weiterrechnen. Wir erhalten damit aus (**)

$$pV = \frac{2}{3}\,\overline{W_{\mathrm{kin}}}N \qquad\qquad (***)$$

Die mikroskopische Größe $^2/_3\overline{W_{kin}}$ auf der rechten Seite dieser Gleichung ist nicht meßbar. Wir ersetzen sie durch eine Größe, die wir so einführen, daß sie der mittleren kinetischen Energie $\overline{W_{kin}}$ proportional und makroskopisch meßbar ist, durch die Temperatur T. Es ist somit $T \sim \overline{W_{kin}}$. Für das ideale Gas gilt

$$\boxed{\overline{W_{kin}} = \frac{3}{2}\,kT} \qquad \text{Mittlere kinetische Energie des Gasmoleküls} \qquad (5.11)$$

Temperatur T ist Basisgröße.
$[T] = K$; Kelvin ist Basiseinheit.

Die Definition des Kelvin ($\to$ KELVIN) wird in 6.7.6. gegeben. Der Proportionalitätsfaktor k in (5.11) heißt

$$k = 1{,}38066 \cdot 10^{-23}\ \text{J K}^{-1} \qquad \text{BOLTZMANN-Konstante}$$

Aus (5.11) folgt:

Als Temperaturnullpunkt ist der Zustand festgelegt, in dem die Moleküle des idealen Gases keine kinetische Energie haben.

Die Basisgröße Temperatur war bereits makroskopisch definiert, ehe die hier aufgezeigten Zusammenhänge bekannt waren. Die Temperaturskale wurde so festgelegt, daß die Temperatur des schmelzenden Eises 273,15 K, die Temperatur des bei normalem Druck siedenden Wassers 373,15 K beträgt.

● **Beispiel 5.4**

Berechnen Sie die mittlere Geschwindigkeit von Sauerstoffmolekülen bei einer Temperatur von 27 °C.

Gegeben: $\quad t = 27\,°C \to T = 300\ \text{K}$ *Gesucht:* v
$\qquad\qquad M = 32\ \text{kg kmol}^{-1}$ $(\to \text{B 7.11.})$

Aus (5.11) folgt mit (3.33) $W_{kin} = mv^2/2$ und $m = \mu$

$$\mu v^2 = 3kT$$

Mit (5.7) $\mu = M/N_A$ ergibt sich

$$v = \sqrt{\frac{3N_A kT}{M}}; \quad v = \sqrt{\frac{3 \cdot 6{,}02 \cdot 10^{26} \cdot 1{,}38\ \text{J} \cdot 300\ \text{K} \cdot \text{kmol}}{\text{kmol} \cdot 10^{23}\ \text{K} \cdot 32\ \text{kg}}}$$

$$= \sqrt{\frac{1{,}806 \cdot 1{,}38 \cdot 3 \cdot 10^5}{3{,}2}\ \frac{\text{kg m}^2}{\text{s}^2\ \text{kg}}} = \sqrt{234\,000}\,\frac{\text{m}}{\text{s}} = 483\ \text{m s}^{-1}\quad ●$$

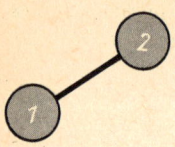

Bild 5.6 Modell des zweiatomigen Gasmoleküls

5.4.2.   Freiheitsgrade und Gleichverteilungssatz

Unter dem Freiheitsgrad versteht man die Anzahl der voneinander unabhängigen Koordinaten, durch die der Bewegungszustand eines Körpers eindeutig festgelegt ist. So hat beispielsweise ein Schienenfahrzeug einen Freiheitsgrad, ein Schiff zwei, ein Flugzeug drei. Zu den drei Freiheitsgraden der Translation kommen im allgemeinen Fall noch drei Freiheitsgrade der Rotation und Freiheitsgrade der Schwingung.

Ein einatomiges Molekül hat 3 Freiheitsgrade. Vom Molekül der zweiatomigen Gase machen wir uns eine Modellvorstellung, um die Zahl der Freiheitsgrade zu finden. Wir nehmen an, daß die beiden Atome des Moleküls starr miteinander verbunden sind (Bild 5.6). Das eine Atom hat zunächst 3 Freiheitsgrade wie der einzelne Massenpunkt. Das zweite Atom kann sich wegen der starren Verbindung mit dem ersten nur noch auf einer Kugelfläche bewegen und hat damit 2 Freiheitsgrade (wie etwa ein Ort auf der Erdoberfläche durch die geografische Länge und Breite festgelegt ist; Bild 5.7). Insgesamt ergeben sich daher für zweiatomige Moleküle 5 Freiheitsgrade.

Der Festkörper kann darüber hinaus noch um eine Achse rotieren (Bild 5.8). Damit ergeben sich für ihn 6 Freiheitsgrade.

Wir kommen nun zu einem der wichtigsten Sätze der kinetischen Theorie der Wärme, dem *Gleichverteilungssatz*, der jedoch hier nicht abgeleitet werden kann:

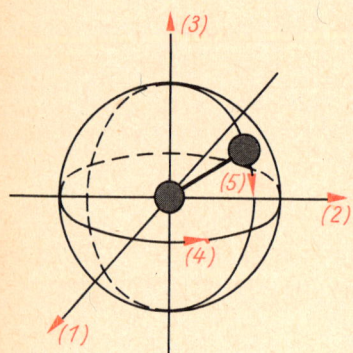

Bild 5.7 Die 5 Freiheitsgrade des zweiatomigen Gasmoleküls

> Auf jeden Freiheitsgrad eines Moleküls entfällt im räumlichen und zeitlichen Mittel die Energie $\overline{W} = kT/2$.

Die Boltzmann-Konstante k ist also nicht schlechthin ein Proportionalitätsfaktor, sondern stellt das Doppelte des Betrages dar, um den die mittlere kinetische Energie eines Moleküls je Freiheitsgrad zunimmt, wenn die Temperatur des Gases um 1 K steigt.

Für 3 Freiheitsgrade gilt für die mittlere kinetische Energie eines Moleküls $\overline{W} = \frac{3}{2} kT$ in Übereinstimmung mit (5.11).

5.4.3.   Zustandsgleichung des idealen Gases

Aus (***) in 5.4.1. und (5.11) folgt

$$pV = kTN \qquad (*)$$

Die Anzahl N der Moleküle ergibt sich als Quotient aus der Gesamtmasse m des Gases und der Masse μ des einzelnen Moleküls: $N = m/\mu$. Berücksichtigen wir noch (5.7) $\mu = M/N_{\mathrm{A}}$, so ist $N = mN_{\mathrm{A}}/M$. Damit ergibt sich aus (*)

$$pV = \frac{m}{M} N_{\mathrm{A}} kT \qquad (**)$$

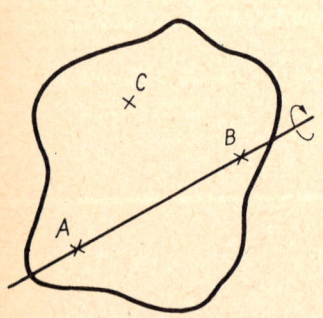

Bild 5.8 Die 6 Freiheitsgrade des starren Körpers: Punkt A hat 3, Punkt B nur noch zwei Freiheitsgrade. Der Körper kann dann noch um die Achse AB rotieren, so daß C an eine Kreisbahn mit einem Freiheitsgrad gebunden ist

Die beiden Konstanten N_A und k auf der rechten Seite können zu einer neuen Konstanten R zusammengefaßt werden:

$$R = N_A k \qquad \text{Gaskonstante} \qquad\qquad (5.12)$$

$$R = 8314{,}4 \ \text{J kmol}^{-1}\,\text{K}^{-1} \qquad \text{Gaskonstante}$$

Aus (**) und (5.12) folgt

$$pV = \frac{m}{M} RT \qquad \text{\textbf{Zustandsgleichung}} \atop \text{\textbf{des idealen Gases}} \qquad\qquad (5.13)$$

Mit (5.8) $v = V/m$ ergibt sich

$$pv = \frac{RT}{M} \qquad\qquad\qquad\qquad (5.13')$$

Führen wir nach (5.2) $m/M = n$ die Stoffmenge ein, so folgt aus (5.13)

$$pV = nRT \qquad \text{Zustandsgleichung des idealen Gases} \qquad (5.13'')$$

Die in der Technik häufig verwendeten speziellen Gaskonstanten R^* entstehen, indem man in (5.13)

$$R^* = \frac{R}{M} \qquad \text{Spezielle Gaskonstante} \qquad\qquad (5.12')$$

einführt. Damit lautet die Zustandsgleichung

$$pV = mR^*T \qquad\qquad\qquad\qquad (5.13''')$$

● **Aufgabe 5.8**

In einem abgeschlossenen Raum befinden sich Moleküle des idealen Gases. Wie ändern sich Druck und Temperatur, wenn die Geschwindigkeit der Gasmoleküle auf das Dreifache ansteigt? ●

● **Aufgabe 5.9**

Berechnen Sie die spezielle Gaskonstante für Luft. ●

● **Beispiel 5.5**

Berechnen Sie die Dichte von Sauerstoff bei einer Temperatur von 27 °C und einem Druck von 100 kPa (= 1,02 at).

Gegeben: $\quad t = 27\,°\text{C} \rightarrow T = 300 \ \text{K}$ $\qquad\qquad$ *Gesucht:* ϱ

$\qquad\qquad M = 32 \ \text{kg kmol}^{-1} \quad (\rightarrow \text{B 7.11.})$

Aus (5.13) und (3.3) $\varrho = m/V$ folgt

$$\varrho = \frac{pM}{RT}; \quad \varrho = \frac{10^5\,\text{Pa} \cdot 32\,\text{kg} \cdot \text{kmol K}}{\text{kmol} \cdot 8314\,\text{J} \cdot 300\,\text{K}}$$

$$= \frac{32}{8{,}314 \cdot 3} \frac{\text{N kg}}{\text{m}^2\,\text{N m}} = \underline{\underline{1{,}28\,\text{kg m}^{-3}}}$$

p, V und T, aber auch v und ϱ sind *Zustandsgrößen*. Man versteht darunter die Größen, die makroskopisch meßbar sind und einen thermischen Gleichgewichtszustand charakterisieren. Wir unterscheiden dabei Intensitätsgrößen und Quantitätsgrößen.

Intensitätsgrößen (auch intensive Größen genannt) bleiben für alle Teile eines Systems erhalten, wenn man sich das System in einzelne Teile zerlegt denkt. Teilt man etwa einen Raum, in dem eine Temperatur von 20 °C herrscht, in zwei Teile, so findet man in jedem Raumteil gleiche Temperatur vor; diese Größe wird *nicht* geteilt. Gleiches gilt beispielsweise für den Druck.

Nach Intensitätsgrößen fragt man: »Wie hoch ist (z. B. der Druck)?« Nach Quantitätsgrößen fragt man: »Wie groß ist (z. B. die Masse)?«

Im Gegensatz zu diesen Größen stehen die *Quantitätsgrößen* (extensiven Größen). Für sie ergibt sich das Ganze als Summe seiner Teile. Beispiele für diese Art Größen sind Volumen und Masse.

● **Aufgabe 5.10**

Geben Sie weitere Beispiele für Intensitäts- und Quantitätsgrößen.

5.4.4.   Innere Energie

Unter der inneren Energie eines Systems verstehen wir die Summe aus der kinetischen Energie der Moleküle bei der Wärmebewegung und der potentiellen Energie der Moleküle, die sich infolge der zwischenmolekularen Anziehungskräfte ergibt. Die Moleküle des idealen Gases hatten wir als Massenpunkte kennengelernt und Wechselwirkungen zwischen den Molekülen ausgeschlossen. Daher ergibt sich für das ideale Gas die *innere Energie U* als Summe der kinetischen Energien der Moleküle: $U = N\overline{W_{\text{kin}}}$. N ist wie in den vorangegangenen Abschnitten die Anzahl der Moleküle. Für das einatomige ideale Gas mit 3 Freiheitsgraden wird mit (5.11) $\overline{W_{\text{kin}}} = {}^3/_2 kT$

$N = N_A\, m/M$ folgt aus (5.2) und (5.4)

die innere Energie $U = {}^3/_2 kT N$. Mit $N = N_A\, m/M$ und (5.12) $N_A\, k = R$ folgt weiter

$$\boxed{U = \frac{3}{2} \frac{m}{M} RT}$$

Innere Energie des einatomigen idealen Gases   (5.14)

Für das zweiatomige ideale Gas (5 Freiheitsgrade) gilt entsprechend

$$U = \frac{5}{2}\,\frac{m}{M}\,RT$$ **Innere Energie**
des zweiatomigen idealen Gases   (5.15)

Bei sinkender Temperatur nehmen die mittlere kinetische Energie der Moleküle und damit auch die innere Energie des Gases ab. Der absolute Nullpunkt der Temperatur ist dadurch definiert, daß die kinetische Energie der Moleküle des idealen Gases gleich Null ist. Damit verschwindet nach (5.14) und (5.15) auch die innere Energie.

Der Begriff der inneren Energie spielt in der Thermodynamik eine sehr wichtige Rolle. Wir werden im nächsten Abschnitt mehrfach darauf zurückgreifen.

6. Thermodynamik

6.1. Vorbemerkungen

Voraussetzungen: kinetische Theorie der Wärme; Temperatur, ideales Gas; Energie, innere Energie, mechanische Arbeit, Energieerhaltungssatz; Druck, Zustandsgleichung des idealen Gases; thermodynamische Wahrscheinlichkeit

Die Thermodynamik behandelt Gesetze der Energieumwandlung und der Energieübertragung. Der Energiebegriff wird im Mittelpunkt unserer Betrachtungen stehen. Zentrale Bedeutung haben die Hauptsätze der Thermodynamik. Während der 1. Hauptsatz eine Erweiterung des Energiesatzes der Mechanik darstellt, indem er die Wärmemenge in die Betrachtungen einbezieht, gibt der 2. Hauptsatz Auskunft über die Richtung, in der die Naturvorgänge ablaufen. Wir werden die Vorstellungen der kinetischen Theorie der Wärme zugrunde legen und die gewonnenen Erkenntnisse anwenden. Bei unseren Überlegungen wird wieder das ideale Gas eine wichtige Rolle spielen, weil für das ideale Gas die Gleichungen besonders übersichtlich werden und die meisten der technisch wichtigen Gase den für das ideale Gas aufgestellten Gesetzen mit hinreichender Genauigkeit folgen. Grundlegende Erkenntnisse über die Wirkungsweise von Wärmekraftmaschinen und Kältemaschinen wird uns der Carnotsche Kreisprozeß vermitteln.

6.2. Temperatur

6.2.1. Temperaturskalen

Wiederholen Sie 5.4.1.

In 5.4.1. hatten wir die Temperatur T als Basisgröße eingeführt, die Definition der Basiseinheit Kelvin aber zurückgestellt (→ 6.7.6.). Vielfache und Teile des Kelvin werden mit Vorsätzen (→ B 3.) gebildet (z. B. 10^{-3} K = 1 mK). Der Nullpunkt dieser *thermodynamischen Temperaturskale* liegt bei der tiefstmöglichen Temperatur, die dadurch gekennzeichnet ist, daß die kinetische Energie der Moleküle des idealen Gases verschwindet.

Die in der Meßtechnik verwendete CELSIUS-Skale (Symbol t) ergibt sich durch Verschiebung des Nullpunktes um 273,15 K; der Schmelzpunkt des Eises liegt bei 0,00 °C. In der Celsiusskale treten damit auch negative Werte auf. Dem absoluten Nullpunkt entspricht in der Celsiusskale die Temperatur

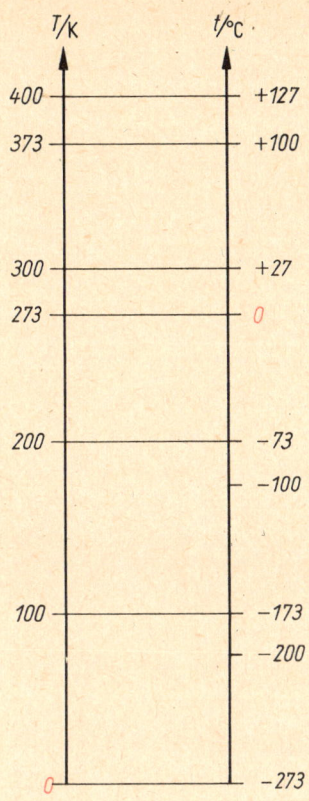

Bild 6.1 Temperaturskalen

$t = -273,15\,°\mathrm{C}$ (Bild 6.1). Es gilt für die Umrechnung die zugeschnittene Größengleichung

$$\boxed{t_{/°\mathrm{C}} = T_{/\mathrm{K}} - 273,15}\qquad \textbf{Celsius-Temperatur}\qquad(6.1)$$

Temperaturdifferenzen werden grundsätzlich in der Einheit Kelvin angegeben. Sie sind in der Celsiusskale und in der Kelvinskale gleich:

$$\Delta t = \Delta T\qquad \text{Temperaturdifferenz}\qquad(6.1')$$
$$[\Delta T] = \mathrm{K}$$

Als Beispiel betrachten wir die Differenz der Temperaturen des Siede- und Erstarrungspunktes des Wassers:

$$\Delta T = 373,15\,\mathrm{K} - 273,15\,\mathrm{K} = 100,00\,\mathrm{K}$$
$$\Delta t\ = 100,00\,°\mathrm{C} - 0,00\,°\mathrm{C} = 100,00\,\mathrm{K}$$

● **Aufgabe 6.1**

Welche physikalische Bedeutung haben die Nullpunkte in der Kelvinskale und der Celsiusskale?

6.2.2. Zustandsänderungen fester und flüssiger Körper

6.2.2.1. Längen- und Volumenänderung fester Körper

Wie aus 5.4.4. bekannt, nimmt mit steigender Temperatur die innere Energie, beim Festkörper insbesondere die Schwingungsenergie der Moleküle, zu. Die Amplituden der Schwingungen werden größer, der Abstand zwischen den Molekülen wächst. Bei Temperaturerhöhung dehnt sich ein Körper nach allen Raumrichtungen aus (Bild 6.2). In vielen Fällen (bei Drähten, Rohren und Stäben) interessiert jedoch nur die Längenänderung.

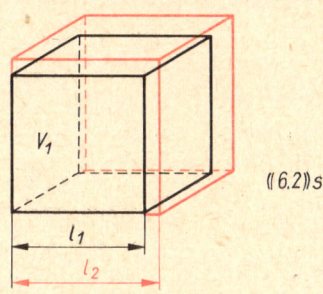

Bild 6.2 Volumenänderung eines Würfels

Die Längenänderung Δl ist der Anfangslänge l_1 des Körpers und der Temperaturänderung Δt proportional; sie hängt darüber hinaus vom Material ab.

Die Materialabhängigkeit wird in einem Proportionalitätsfaktor α, dem *Längenausdehnungskoeffizienten*, erfaßt. Es gilt

$$\boxed{\Delta l = \alpha l_1\,\Delta t}\qquad \textbf{Längenänderung}\qquad(6.2)$$

$$[\alpha] = \mathrm{K}^{-1}$$

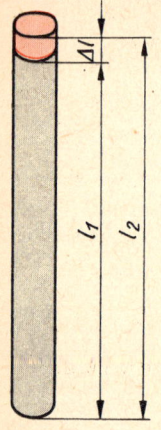

Bild 6.3 Längenänderung fester
Körper

In B 7.9. sind die Längenausdehnungskoeffizienten verschiedener Stoffe zusammengestellt. Da sich die Werte, wenn auch in geringem Maße, mit der Temperatur ändern, werden sie jeweils für einen bestimmten Temperaturbereich angegeben. Die Endlänge, d. h. die Länge des Körpers nach der Temperaturänderung, ist nach Bild 6.3 $l_2 = l_1 + \Delta l$. Mit (6.2) ergibt sich daraus

$$l_2 = l_1(1 + \alpha\,\Delta t) \qquad \text{Endlänge} \qquad\qquad (6.2')$$

● **Beispiel 6.1**

Zwei Stäbe aus Aluminium und Kupfer sind bei 20 °C gleich lang (1 000,00 mm). Um wieviel weichen ihre Längen bei 100 °C voneinander ab?

Gegeben: $l_0 = 1\,000{,}00$ mm   *Gesucht:* Δl

$t_0 = 20\,°C;$ $\alpha_1 = 23 \cdot 10^{-6}\ \text{K}^{-1}$

$t = 100\,°C;$ $\alpha_2 = 15 \cdot 10^{-6}\ \text{K}^{-1}$ (→ B 7.9.)

Bei der Temperatur t haben die beiden Stäbe folgende Längen:

$$l_1 = l_0 + \alpha_1 l_0(t - t_0)$$
$$l_2 = l_0 + \alpha_2 l_0(t - t_0)$$

Die Längendifferenz $\Delta l = l_1 - l_2$ ist dann

$$\Delta l = l_0(\alpha_1 - \alpha_2)\,(t - t_0); \quad \Delta l = \frac{10^3\ \text{mm} \cdot 8 \cdot 80\ \text{K}}{10^6\ \text{K}} = \underline{0{,}64\ \text{mm}}$$

●

● **Aufgabe 6.2**

Geben Sie Beispiele, wo in der Praxis die Temperaturabhängigkeit von Längen berücksichtigt werden muß.

Isotrop sind Körper, in denen physikalische Vorgänge in allen Richtungen in gleicher Weise ablaufen (Gegensatz: anisotrop).

Die Temperaturänderung hat auch eine Volumenänderung zur Folge. Bei *isotropen* Körpern sind die Längenausdehnungskoeffizienten wie auch andere Materialwerte in den drei Raumrichtungen gleich. Für die Volumenänderung gilt deshalb eine entsprechende Gleichung wie für die Längenänderung:

$$\boxed{\Delta V = \gamma V_1\,\Delta t} \qquad \textbf{Volumenänderung} \qquad\qquad (6.3)$$

$$[\gamma] = \text{K}^{-1}$$

γ heißt *Raumausdehnungskoeffizient.*
Für das Endvolumen gilt $V_2 = V_1 + \Delta V$, also

$$V_2 = V_1(1 + \gamma\,\Delta t) \qquad \text{Endvolumen} \qquad\qquad (6.3')$$

Zwischen dem Raumausdehnungskoeffizienten γ und dem Längenausdehnungskoeffizienten α besteht eine einfache Beziehung, die wir nun herleiten wollen. Wir betrachten einen Würfel mit der Kantenlänge l_1, der bei der Temperatur t_1 ein Volumen V_1 hat. Wird die Temperatur dieses Würfels durch Zufuhr von Wärmeenergie von t_1 auf t_2 erhöht, so vergrößern sich die Kantenlänge auf l_2 und das Volumen auf V_2. Es gelten die Beziehungen $V_1 = l_1^3$ und $V_2 = l_2^3$. Zwischen l_1 und l_2 besteht die Gleichung (6.2'): $l_2 = l_1(1 + \alpha \, \Delta t)$. Setzen wir diesen Ausdruck in die Gleichung für V_2 ein, so folgt $V_2 = l_1^3(1 + \alpha \, \Delta t)^3 = V_1(1 + \alpha \, \Delta t)^3$. Für die 3. Potenz des Binoms ergibt sich

In der Rechnung werden die Quadrate und die 3. Potenzen von $\alpha \, \Delta t$ vernachlässigt.

$$1 + 3\alpha \, \Delta t + 3\alpha^2 \, \Delta t^2 + \alpha^3 \, \Delta t^3 \approx 1 + 3\alpha \, \Delta t.$$

Das Endvolumen V_2 wird damit $V_2 = V_1(1 + 3\alpha \, \Delta t)$. Vergleich mit (6.3') ergibt

$$\gamma \approx 3\alpha \qquad \text{Raumausdehnungskoeffizient} \tag{6.4}$$

Hohlkörper erreichen das gleiche Endvolumen wie massive Körper aus dem gleichen Material.

6.2.2.2.   Volumen- und Dichteänderung von Flüssigkeiten

Für die Volumenänderung von Flüssigkeiten bzw. das Endvolumen gelten die Gleichungen (6.3) und (6.3'). Jedoch dehnen sich Flüssigkeiten stärker aus als feste Körper; ihre Ausdehnungskoeffizienten sind etwa 10- bis 100mal so groß wie die der festen Körper.
Eine Temperaturänderung bewirkt auch eine Änderung der Dichte. Da die Masse der Flüssigkeit bei Temperaturerhöhung konstant bleibt, das Volumen sich aber vergrößert, wird die Dichte kleiner.

█ Mit steigender Temperatur nimmt die Dichte ab.

Wegen der Konstanz der Masse gilt $m_2 = m_1$. Dividieren wir beide Seiten dieser Gleichung durch die beiden Seiten von (6.3'), folgt

$$\frac{m_2}{V_2} = \frac{m_1}{V_1(1 + \gamma \, \Delta t)}$$

Der Quotient aus Masse und Volumen ist die Dichte, daher

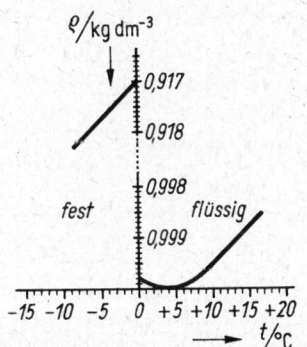

$$\varrho_2 = \frac{\varrho_1}{1 + \gamma \, \Delta t} \qquad \text{Enddichte} \tag{6.5}$$

Bild 6.4 Dichteanomalie des Wassers. Wasser hat bei $+4\,°C$ seine größte Dichte

Wasser hat bei $4\,°C$ seine größte Dichte. Wird Wasser von $4\,°C$ abgekühlt, so dehnt es sich aus (*Anomalie* des Wassers, Bild 6.4). Diese Anomalie hat zur Folge, daß sich in stehenden Gewässern im Winter unten eine Schicht Wasser von 4°C hält. Der See friert von oben her zu.

● **Aufgabe 6.3**

Skizzieren Sie die Skale eines Wasserthermometers im Bereich zwischen 0°C und 15°C. Weshalb ist Wasser zur Füllung von Flüssigkeitsthermometern ungeeignet? ●

6.3.   Mischungsvorgänge und Energieumwandlungen

6.3.1.   Kalorimetrie

Von der intensiven Größe Temperatur ist die extensive Größe *Wärmeenergie* (Wärmemenge) zu unterscheiden. Als Wärmeenergie Q wird die Energie der Molekularbewegung bezeichnet, die von einem Körper höherer Temperatur auf einen Körper tieferer Temperatur übergeht. Kohärente Einheit ist das Joule:

$$[Q] = \text{J}$$

Daneben sind befristet noch die SI-fremden Einheiten Kalorie und Kilokalorie gültig: 1 cal = 4,1868 J.
Die Wärmemenge, die zur Temperaturerhöhung Δt eines Körpers der Masse m erforderlich ist, ist diesen beiden Größen proportional: $Q \sim m\, \Delta t$. Außerdem ist die erforderliche Wärmemenge vom Material des Körpers abhängig. Der Proportionalitätsfaktor c heißt *spezifische Wärmekapazität*:

$$Q = cm\, \Delta t \qquad \text{Wärmemenge (Wärmeenergie)} \qquad (6.6)$$

Aus $c = Q/m\, \Delta t$ folgt

$$[c] = \text{J kg}^{-1}\, \text{K}^{-1}$$

Die Beziehung zwischen Wärmemenge und Temperaturänderung kann auch in der Form

$$Q = C\, \Delta t \qquad \text{Wärmemenge} \qquad (6.6')$$

geschrieben werden. C heißt *Wärmekapazität*, und es gilt die Beziehung $C = cm$, wie man leicht durch Vergleich von (6.6) und (6.6') feststellt. Die Wärmekapazität wird als Rechengröße vor allem bei Körpern gebraucht, die aus unterschiedlichem Material zusammengesetzt sind. Die Wärmekapazität ist dann

$$C = \sum_{\nu=1}^{n} c_\nu m_\nu \qquad \text{Wärmekapazität} \qquad (6.7)$$

$$[C] = \text{J K}^{-1}$$

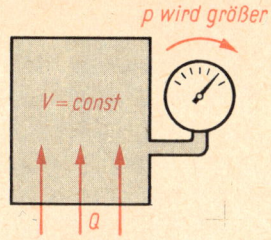

p wird größer

V = const

Q

Bild 6.5 Erwärmung bei konstantem Volumen

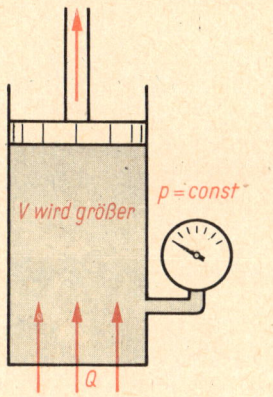

V wird größer

p = const

Q

Bild 6.6 Erwärmung bei konstantem Druck

Beachten Sie: 1 dm³ = 1 l

In der Praxis wird die Wärmekapazität meist experimentell bestimmt.

Bei der *Erwärmung eines Gases* bestimmter Masse um die Temperaturdifferenz Δt hängt die aufzuwendende Wärmeenergie davon ab, ob die Erwärmung bei konstantem Volumen (Bild 6.5) oder bei konstantem Druck (Bild 6.6) erfolgt. Daher ist zu unterscheiden zwischen der

spezifischen Wärmekapazität c_v bei *konstantem Volumen*

und der

spezifischen Wärmekapazität c_p bei *konstantem Druck*.

Es gilt $c_p > c_v$, wie in 6.4.5. noch begründet wird.

Haben zwei Körper verschiedene Temperaturen und stehen sie miteinander in Berührung, so gibt der Körper höherer Temperatur t_1 so lange Wärme an den Körper tieferer Temperatur t_2 ab, bis die Temperaturen beider Körper gleich der Mischungstemperatur t_m sind. Die Wärmeabgabe Q_1 des Körpers höherer Temperatur ist dabei gleich der Wärmeaufnahme Q_2 des Körpers tieferer Temperatur. Aus dem Ansatz

$Q_1 = Q_2$ folgt mit (6.6)

$$c_1 m_1 (t_1 - t_m) = c_2 m_2 (t_m - t_2) \qquad \text{Wärmeaustausch} \qquad (6.8)$$

Löst man diese Gleichung nach der Mischungstemperatur t_m auf, so erhält man

$$t_m = \frac{c_1 m_1 t_1 + c_2 m_2 t_2}{c_1 m_1 + c_2 m_2}$$

Mischungstemperatur bei Wärmeaustausch zwischen zwei Körpern (6.8')

● **Aufgabe 6.4**

Wie muß Gleichung (6.8') erweitert werden, wenn n Körper am Wärmeaustausch beteiligt sind? ●

● **Aufgabe 6.5**

Wie Sie aus B 7.10. entnehmen, hat Wasser von allen Flüssigkeiten (und auch festen Stoffen) die größte spezifische Wärmekapazität. Wie wirkt sich diese Tatsache in der Natur aus? Wo wird sie technisch ausgenutzt? ●

● **Beispiel 6.2**

Wieviel Wasser von 80 °C und wieviel Wasser von 10 °C sind zu mischen, wenn 140 l Wasser von 40 °C benötigt werden?

Gegeben: $t_1 = 80\,°\text{C}$; $V = 140\,\text{l}$ *Gesucht:* V_1

$t_2 = 10\,°\text{C}$; $\varrho = 1\,\text{kg l}^{-1}$ ($\rightarrow$ B 7.2.) V_2

$t_m = 40\,°\text{C}$

Nach (6.8) ist mit (3.3) $m = \varrho V$

$$\varrho c V_1 (t_1 - t_m) = \varrho c V_2 (t_m - t_2) \tag{1}$$

Außerdem gilt $V = V_1 + V_2$ (2)

Aus (2) folgt $V_2 = V - V_1$. In (1) eingesetzt, ergibt sich, nachdem (1) durch ϱc dividiert wurde,

$$V_1 (t_1 - t_m) = (V - V_1)(t_m - t_2) \tag{3}$$

Aus (3) folgt

$$V_1 = \frac{V(t_m - t_2)}{t_1 - t_2}; \quad V_1 = \frac{140\,l \cdot 30\ \mathrm{K}}{70\ \mathrm{K}} = 60\,l$$

$$V_2 = V - V_1 = 80\,l$$

Probe:

$$V_2 = \frac{V(t_1 - t_m)}{t_1 - t_2} = \frac{140\,l \cdot 40\ \mathrm{K}}{70\ \mathrm{K}} = 80\,l \qquad \bullet$$

6.3.2.   Umwandlung einiger Energieformen in Wärmeenergie

In 3.2.3.6. lernten wir den Energiesatz der Mechanik und den allgemeinen Energiesatz kennen. Bei allen Vorgängen mit Reibung wird *mechanische Energie* in *Wärmeenergie* verwandelt.

Ebenso kann *elektrische Energie* in *Wärmeenergie* umgewandelt werden (Heizplatte, Elektroofen, Lötkolben usw.). Auch in anderen Geräten (Elektromotor, Glühlampe) erfolgt eine Umwandlung von elektrischer Energie in Wärmeenergie; jedoch handelt es sich in diesen Fällen um eine unerwünschte Nebenwirkung. Die Wärmeentwicklung tritt hier als Verlust an nutzbarer Energie in Erscheinung.

Zur Zeit ist in unserer Republik noch die Kohle der wichtigste Energieträger. Wie alle Heizstoffe enthält die Kohle *chemische Energie*, die bei der Verbrennung, also durch eine chemische Reaktion, in Wärmeenergie umgewandelt wird. Die frei werdende Wärmeenergie folgt aus der Gleichung

$$Q = Hm \qquad \text{Wärmeenergie bei Verbrennung fester} \tag{6.9}$$
und flüssiger Brennstoffe

$$[H] = \mathrm{J\ kg^{-1}}$$

H ist der *Heizwert* des Brennstoffs. Man unterscheidet in der Technik zwischen dem (unteren) Heizwert H_u und der Verbrennungswärme (dem oberen Heizwert) H_o, je nachdem, ob das durch Oxydation des im Brennstoff enthaltenen Wasserstoffs gebildete Wasser nach der Verbrennung dampfförmig oder flüssig vorliegt. Es gilt $H_u < H_o$.

Für gasförmige Brennstoffe bezieht man den Heizwert auf das Volumen des Brennstoffs unter Normalbedingungen. Dann ist

$$Q = H'V \qquad \text{Wärmeenergie bei Verbrennung} \qquad (6.9')$$
$$\text{gasförmiger Brennstoffe}$$

$[H'] = \text{J m}^{-3}$

● **Aufgabe 6.6**

Berechnen Sie die Nutzleistung eines Benzinmotors, der stündlich 6,3 kg Benzin verbraucht und mit einem Wirkungsgrad von 30% arbeitet. ●

6.3.3. Erster Hauptsatz der Thermodynamik

Um den Energieerhaltungssatz für die in der Thermodynamik auftretenden Probleme mathematisch zu formulieren, soll zunächst untersucht werden, was mit der Wärmeenergie Q geschieht, die einem Körper zugeführt wird.

Die Erfahrung zeigt, daß im allgemeinen zweierlei geschieht: Ein Teil der zugeführten Wärmeenergie wird im Körper gespeichert, er erhöht die kinetische und die potentielle Energie der Moleküle und damit die innere Energie U des Systems. Der Zuwachs der inneren Energie wird mit ΔU bezeichnet; er äußert sich entweder in der Erhöhung der Temperatur oder in einer Änderung des Aggregatzustandes. Ein anderer Teil der zugeführten Wärmeenergie wird in Arbeit umgesetzt. Das kann beispielsweise mechanische Arbeit (Ausdehnungsarbeit) oder elektrische Arbeit (Thermoelement; → 12.5.1.) sein. Diese nach außen abgegebene Arbeit erhält das Symbol W. Damit gilt $Q = \Delta U + W$, oder in differentieller Form

$$\boxed{dQ = dU + dW} \qquad \text{1. Hauptsatz der Thermodynamik} \quad (6.10)$$

1. Hauptsatz der Thermodynamik:

Die einem System zugeführte (entnommene) Wärmeenergie ist gleich der Summe aus der Änderung der inneren Energie des Systems und der vom System abgegebenen (aufgenommenen) Arbeit.

Der 1. Hauptsatz ist eine spezielle Form des allgemeinen Energiesatzes. Er erklärt die Existenz eines Perpetuum mobile 1. Art für unmöglich. Man versteht darunter eine Maschine, die fortlaufend Energie abgibt, ohne Energie aufzunehmen.

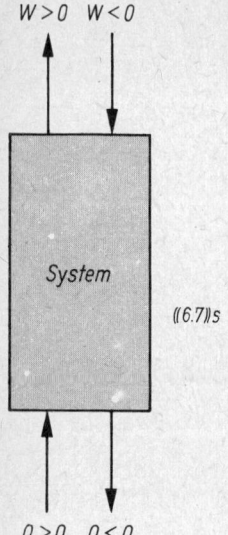

$W > 0 \quad W < 0$

System

$((6.7))s$

$Q > 0 \quad Q < 0$

Bild 6.7 Zur Vorzeichenfestsetzung von Arbeit und Wärmeenergie. Zugeführte Wärme und abgegebene Arbeit sind positiv

Bild 6.8 Zylinder mit beweglichem Kolben. Wenn sich das Gas ausdehnt, wird das Wägestück gehoben; das Gas verrichtet Arbeit

Bild 6.9 Zur Berechnung der Ausdehnungsarbeit

Das Integral (6.11′) hat die gleiche Form wie die Flächenfunktion

$$A = \int_{x_1}^{x_2} y \, dx.$$

Daraus ergibt sich die Möglichkeit der Darstellung als Fläche im p,V-Diagramm.

In bezug auf die *Vorzeichen* in (6.10) sollen folgende Festlegungen getroffen werden (Bild 6.7):

dQ ist *positiv*, wenn die Wärmeenergie *zugeführt* wird.

dU ist *positiv*, wenn die innere Energie *zunimmt*.

dW ist *positiv*, wenn die Arbeit vom System *abgegeben* wird.

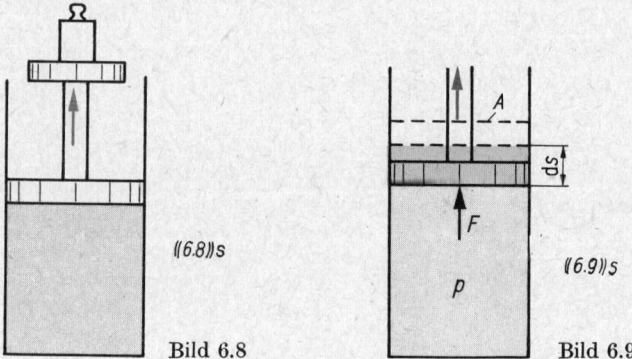

$((6.8))s$

$((6.9))s$

Bild 6.8   Bild 6.9

Für den in der Technik vorwiegend genutzten Fall der Ausdehnung einer Gasmenge läßt sich aus den leicht meßbaren Größen Druck und Volumen die vom Gas verrichtete mechanische Arbeit berechnen. Das Gas befindet sich in einem Zylinder, der durch einen beweglichen Kolben abgeschlossen ist (Bild 6.8). Das Gas, das unter dem Druck p steht, übt auf die Kolbenfläche A nach (4.1) die Kraft $F = pA$ aus. Wenn sich der Kolben unter der Einwirkung der Kraft F um den Weg ds bewegt (Bild 6.9), wird dabei vom Gas die mechanische Arbeit d$W = F \, ds$ verrichtet. Setzen wir (4.1) in diesen Ausdruck ein, so folgt d$W = pA \, ds$. Nach Bild 6.9 ist $A \, ds$ der Volumenzuwachs dV. Für die Ausdehnungsarbeit läßt sich also schreiben:

$$dW = p \, dV \qquad (6.11)$$

Durch Integration folgt

$$W_{12} = \int_{V_1}^{V_2} p \, dV \qquad \textbf{Ausdehnungsarbeit} \qquad (6.11′)$$

Mit (6.11) lautet nun der 1. Hauptsatz (6.10) für die Ausdehnung eines Gases

$$dQ = dU + p \, dV \qquad \textbf{1. Hauptsatz bei Volumenänderung} \qquad (6.12)$$

Das Integral (6.11′) kann in einem p,V-Diagramm dargestellt werden (Bild 6.10). Im Diagramm sind zwei Zustände (p_1; V_1)

und $(p_2; V_2)$ des Gases eingetragen. Da $V_2 > V_1$, handelt es sich um eine Expansion. Die Ausdehnungsarbeit wird vom Gas abgegeben und ist daher positiv. Ihr Betrag wird im p,V-Diagramm als Fläche unter der Kurve dargestellt, die die Zustandsänderung beschreibt (in Bild 6.10 weiß). Es ist leicht einzusehen, daß diese mechanische Arbeit nicht allein von den beiden Zuständen *1* und *2* des Gases, sondern auch vom Verlauf der Zustandsänderung, »vom Weg«, abhängt. Die mechanische Arbeit ist also *keine* Zustandsgröße, sondern eine *Prozeßgröße*.

Erfolgt die Zustandsänderung von *2* nach *1* (Kompression), so muß von außen Arbeit zugeführt werden. Diese Arbeit des idealen Gases ist somit negativ. Wir fassen zusammen:

> Im p,V-Diagramm wird die Arbeit als Fläche unter der Kurve dargestellt.

Zustandsgrößen werden mit einem Index versehen (p_1, T_2), Prozeßgrößen erhalten zwei ·Ziffern als Index (W_{12}, Q_{23}). Diese Indizes werden getrennt gesprochen (eins— zwei; nicht zwolf).

6.4. Zustandsänderungen des idealen Gases

6.4.1. Übersicht über die verschiedenen Zustandsänderungen

Wir betrachten in den folgenden Abschnitten wieder das ideale Gas, weil sich die physikalischen Gesetze für dieses Modell besonders einfach formulieren lassen und auf die meisten der technisch wichtigen Gase anwendbar sind.

Wir gehen von einer *abgeschlossenen Menge* des *idealen Gases* aus, das unter dem Druck p_1 steht und bei der Temperatur T_1 ein Volumen V_1 einnimmt. Wird eine dieser drei Zustandsgrößen geändert, so ändert sich mindestens noch eine zweite. Nach einer solchen Zustandsänderung nehmen die Zustandsgrößen die Werte p_2, T_2 und V_2 an. Setzen wir nun für beide Zustände die Zustandsgleichung (5.13) an:

$$\frac{p_1 V_1}{T_1} = \frac{m}{M} R; \qquad \frac{p_2 V_2}{T_2} = \frac{m}{M} R$$

Da die Größen auf der rechten Seite sich nicht ändern, gilt

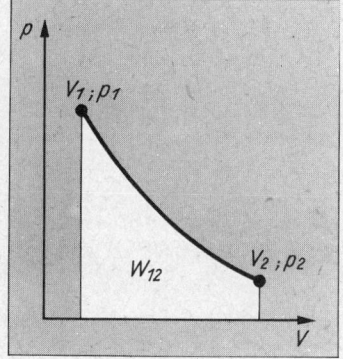

Bild 6.10 Im p,V-Diagramm wird die Ausdehnungsarbeit als Fläche unter der Kurve dargestellt

Während in (5.13) der Zusammenhang der Zustandsgrößen eines Zustands mit der Masse dargestellt wird, gibt (6.13) die Beziehung der Zustandsgrößen zweier Zustände zueinander.

$$\boxed{\frac{p_1 V_1}{T_1} = \frac{p_2 V_2}{T_2}} \qquad \text{Zustandsgleichung des idealen Gases} \qquad (6.13)$$

Diese Zustandsgleichung und der 1. Hauptsatz sollen nun auf die folgenden Zustandsänderungen angewendet werden:

isotherme Zustandsänderung (konstante Temperatur), ⎫ (mit Wär-
isobare Zustandsänderung (konstanter Druck), ⎬ meaus-
isochore Zustandsänderung (konstantes Volumen), ⎭ tausch)

iso-: gleich; isentrop: gleiche Entro-
pie; Entropie → 6.6.2.

isentrope Zustandsänderung (Änderung aller Zustandsgrößen, kein Wärmeaustausch mit der Umgebung),

polytrope Zustandsänderung (Änderung aller Zustandsgrößen, Wärmeaustausch).

6.4.2.   Isotherme Zustandsänderung

Erfolgt eine Zustandsänderung des idealen Gases isotherm (Bild 6.11), bleibt also die Temperatur konstant $(T_2 = T_1)$, so vereinfacht sich (6.13) zu

(6.14) ist das Gesetz von Boyle und
Mariotte → (4.4)

$$p_1 V_1 = p_2 V_2$$ **Zustandsgleichung für isotherme Zustandsänderung**   (6.14)

Aus (5.14) $U = {}^3/_2 (m/M)\, RT$ ist ersichtlich, daß die innere Energie des idealen Gases allein von der Temperatur, nicht aber vom Druck oder vom Volumen abhängt. Daraus folgt, daß bei einer isothermen Zustandsänderung $(T = \text{const})$ auch die innere Energie konstant bleiben muß $(U = \text{const} \to dU = 0)$. Für die isotherme Zustandsänderung des idealen Gases vereinfacht sich damit der 1. Hauptsatz (6.12) zu

$$dQ = p\, dV$$ **1. Hauptsatz für isotherme Zustandsänderung**   (6.15)

Bei isothermer Zustandsänderung des idealen Gases wird die zugeführte Wärmeenergie restlos in mechanische Arbeit umgewandelt.

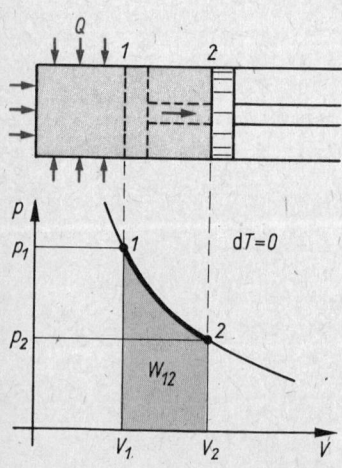

Bild 6.11 Isotherme Zustandsänderung. Die Kurve im p,V-
Diagramm ist eine Hyperbel

Zur Berechnung der Wärmeenergie Q aus (6.15) müssen wir zunächst beachten, daß mit dem Volumenzuwachs eine Druckabnahme verbunden ist. p ist also nicht konstant, sondern hängt von V ab. Aus der Zustandsgleichung (5.13) folgt nämlich $p = mRT/MV$. Damit wird aus (6.15) $dQ = (m/M)\, RT\, dV/V$. Bei der Integration können die Konstanten vor das Integral gezogen werden:

$$Q_{12} = \frac{m}{M} RT \int_{V_1}^{V_2} \frac{dV}{V} = \frac{m}{M} RT\, (\ln V_2 - \ln V_1)$$

$$Q_{12} = \frac{m}{M} RT \ln \frac{V_2}{V_1}$$ **Wärmezufuhr bei isothermer Zustandsänderung**   (6.16)

Anstelle des Volumenverhältnisses V_2/V_1 kann nach (6.14) auch das Druckverhältnis p_1/p_2 treten.
(6.16) gibt an, welche Wärmeenergie aufgewendet werden muß, wenn sich das ideale Gas der Masse m bei konstanter Temperatur T vom Volumen V_1 auf das Volumen V_2 ausdehnen

bzw. sich vom Druck p_1 auf den Druck p_2 entspannen soll. Nach (6.15) und (6.11) ist diese Wärmeenergie gleich der verrichteten Ausdehnungsarbeit W_{12}. Es gilt also auch

$$W_{12} = \frac{m}{M} RT \ln \frac{V_2}{V_1}$$ Ausdehnungsarbeit bei isothermer Zustandsänderung (6.17)

● **Beispiel 6.3**

Berechnen Sie die Arbeit, die verrichtet wird, wenn sich 40,2 l Sauerstoff, die unter einem Druck von 14,0 MPa ($= 143$ at) stehen, isotherm auf einen Druck von 100 kPa ($= 1,02$ at) entspannen.

Gegeben: $p_1 = 14{,}0$ MPa; $\quad V_1 = 40{,}2$ l $\qquad$ *Gesucht:* W_{12}
$\qquad p_2 = 0{,}1$ MPa

Es gelten: (6.17) $W_{12} = \frac{m}{M} RT \ln \frac{V_2}{V_1}$ $\qquad$ (1)

(5.13) $p_1 V_1 = \frac{m}{M} RT$ $\qquad$ (2)

(6.14) $\dfrac{V_2}{V_1} = \dfrac{p_1}{p_2}$ $\qquad$ (3)

(2) und (3) sind in (1) einzusetzen; es ergibt sich

$$W_{12} = p_1 V_1 \ln \frac{p_1}{p_2}; \qquad W_{12} = \frac{14 \cdot 10^6\,\text{Pa} \cdot 40{,}2\,\text{m}^3}{10^3} \ln \frac{14\,\text{MPa}}{0{,}1\,\text{MPa}}$$

$$= \frac{0{,}5628 \cdot \ln 140 \cdot 10^6\,\text{N m}^3}{\text{m}^2} = 0{,}5628 \cdot 4{,}942\,\text{MJ}$$

$$= 2{,}78\,\text{MJ}$$

6.4.3. Isochore Zustandsänderung

Bei isochorer Zustandsänderung ist das Gas in einen starren Behälter eingeschlossen (Bild 6.12). Wegen $V_2 = V_1$ folgt aus (6.13)

$$\frac{p_1}{T_1} = \frac{p_2}{T_2}$$ Zustandsgleichung für isochore Zustandsänderung (6.18)

Der 1. Hauptsatz (6.12) nimmt für die isochore Zustandsänderung ($V = $ const; $\mathrm{d}V = 0$) eine einfache Form an:

$$\mathrm{d}Q = \mathrm{d}U$$ 1. Hauptsatz für isochore Zustandsänderung (6.19)

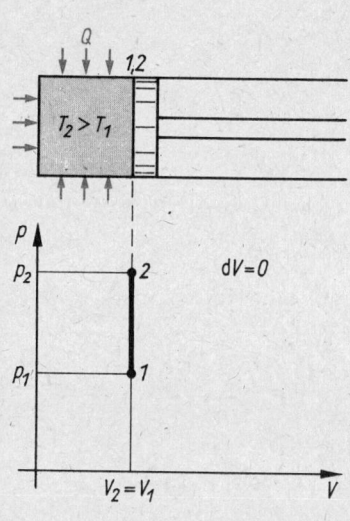

Bild 6.12 Isochore Zustandsänderung. Der Kolben ist unbeweglich. Die Kurve im p,V-Diagramm ist eine Parallele zur p-Achse

Bei isochorer Zustandsänderung des idealen Gases dient die zugeführte Wärmeenergie allein zur Erhöhung der inneren Energie.

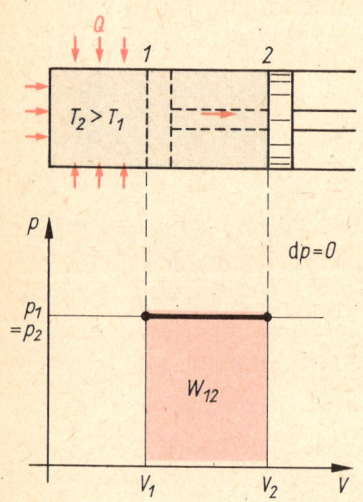

Aus 6.3.1. ist bekannt, daß für die Wärmeenergie bei der Erwärmung von Gasen bei konstantem Volumen die spezifische Wärmekapazität c_v maßgebend ist. Nach (6.6) erhalten wir die aufzuwendende Wärmeenergie

$$\boxed{Q_{12} = c_v m\, \Delta T} \qquad \text{Wärmezufuhr bei isochorer Zustandsänderung} \qquad (6.20)$$

In differentieller Form:

$$dQ = c_v m\, dT \qquad (6.20')$$

Nach (6.19) ist damit auch

$$dU = c_v m\, dT \qquad \text{Änderung der inneren Energie} \qquad (6.21)$$

Bild 6.13 Isobare Zustandsänderung. Die Kurve im p, V-Diagramm ist eine Parallele zur V-Achse

Wie aus Experimenten hervorgeht, kann man die spezifische Wärmekapazität c_v des idealen Gases für nicht zu große Temperaturdifferenzen als Konstante ansehen. Somit folgt durch Integration $U_2 - U_1 = c_v m(T_2 - T_1)$ die Änderung der inneren Energie bei Erwärmung des idealen Gases von der Temperatur T_1 auf die Temperatur T_2. Setzen wir $T_1 = 0\,K$, so wissen wir aus 5.4.4., daß bei dieser Temperatur auch die innere Energie U_1 verschwindet. Daher gilt für die innere Energie des idealen Gases

$$\boxed{U = c_v m T} \qquad \text{Innere Energie des idealen Gases} \qquad (6.21')$$

6.4.4.   Isobare Zustandsänderung

Für die isobare Zustandsänderung wird das Gas in einen Behälter mit beweglichem Kolben eingeschlossen (Bild 6.13). Wegen $p_2 = p_1$ vereinfacht sich die Zustandsgleichung (6.13) zu

$$\boxed{\dfrac{V_1}{T_1} = \dfrac{V_2}{T_2}} \qquad \text{Zustandsgleichung für isobare Zustandsänderung} \qquad (6.22)$$

Bei isobarer Zustandsänderung des idealen Gases wird die zugeführte Wärmeenergie sowohl in innere Energie als auch in mechanische Arbeit umgesetzt. Der 1. Hauptsatz vereinfacht sich nicht.

Die bei konstantem Druck zuzuführende Wärmeenergie ergibt sich nach 6.3.1. zu

$$Q_{12} = c_p m \, \Delta T \qquad \text{Wärmezufuhr bei isobarer Zustandsänderung} \qquad (6.23)$$

oder in differentieller Form

$$dQ = c_p m \, dT \qquad (6.23')$$

Die mechanische Arbeit läßt sich aus (6.11′) berechnen. Da es sich um einen isobaren Vorgang handelt, kann $p = const$ vor das Integral gezogen werden. Aus

$$W_{12} = p \int_{V_1}^{V_2} dV \quad \text{folgt dann}$$

$$W_{12} = p(V_2 - V_1) \qquad \text{Ausdehnungsarbeit bei isobarer Zustandsänderung} \qquad (6.24)$$

6.4.5. Die spezifischen Wärmekapazitäten des idealen Gases

Die Differentiation der linken Seite von (5.13) erfolgt nach der Produktregel.

An dieser Stelle sollen einige Betrachtungen über die spezifischen Wärmekapazitäten des idealen Gases eingeschoben werden. Wir gehen von der Zustandsgleichung (5.13) $pV = (m/M) RT$ aus. Differenzieren wir die beiden Seiten der Gleichung, so erhalten wir $p \, dV + V \, dp = (m/M) R \, dT$. Für die isobare Zustandsänderung ($dp = 0$) vereinfacht sich diese Gleichung: $p \, dV = (m/M) R \, dT$. Setzen wir nun für $p \, dV$ diesen Wert sowie (6.23′) $dQ = c_p m \, dT$ und (6.21) $dU = c_v m \, dT$ in den 1. Hauptsatz (6.12) $dQ = dU + p \, dV$ ein, so ergibt sich $c_p m \, dT = c_v m \, dT + (m/M) R \, dT$. Nach Division durch $m \, dT$ bleibt $c_p = c_v + R/M$ oder

$$c_p - c_v = \frac{R}{M} \qquad \text{Mayersche Gleichung} \qquad (6.25)$$

($\rightarrow$ MAYER).

Führt man die in 5.2.1.3. erwähnte molare Wärmekapazität $C_m = C/n$ ein, so gilt wegen (5.2) $n = m/M$ und (6.7) $C = cm$ $C_m = cM$, und aus (6.25) folgt

$$C_{mp} - C_{mv} = R \qquad (6.25')$$

$$[C_{mp}] = [C_{mv}] = \text{J mol}^{-1} \, \text{K}^{-1}$$

> Die Differenz der beiden molaren Wärmekapazitäten des idealen Gases ist gleich der Gaskonstanten.

Da R positiv ist, kann die Gaskonstante gedeutet werden als die Ausdehnungsarbeit, die 1 mol des idealen Gases bei isobarer Erwärmung um 1 K verrichtet.

Nunmehr kehren wir zur inneren Energie zurück. Diese Zustandsgröße war in 5.4.4. eingeführt worden. Betrachten wir die dort aufgestellten Gleichungen. Für das einatomige ideale Gas hatten wir (5.14) $U = {}^3/_2(m/M)RT$ gefunden. Nach (6.21') gilt $U = c_v mT$. Ein Vergleich von (5.14) und (6.21') ergibt

$$c_v = \frac{3}{2} \frac{R}{M}$$ Spezifische Wärmekapazität bei konstantem Volumen des einatomigen idealen Gases   (6.26)

Nach (6.25) ist $c_p = c_v + R/M$. Mit (6.26) folgt sofort

$$c_p = \frac{5}{2} \frac{R}{M}$$ Spezifische Wärmekapazität bei konstantem Druck des einatomigen idealen Gases   (6.27)

Für das zweiatomige ideale Gas folgt auf ähnlichem Wege aus (5.15) und (6.21')

$$c_v = \frac{5}{2} \frac{R}{M}$$ Spezifische Wärmekapazität bei konstantem Volumen des zweiatomigen idealen Gases   (6.26')

$$c_p = \frac{7}{2} \frac{R}{M}$$ Spezifische Wärmekapazität bei konstantem Druck des zweiatomigen idealen Gases   (6.27')

6.4.6.   Isentrope Zustandsänderung

Soll die Zustandsänderung isentrop verlaufen, muß der Behälter ideal wärmeisoliert sein oder der Vorgang muß sehr rasch verlaufen, damit kein Wärmeaustausch mit der Umgebung stattfinden kann (Bild 6.14). Es gilt $dQ = 0$. Damit vereinfacht sich der 1. Hauptsatz (6.12) zu

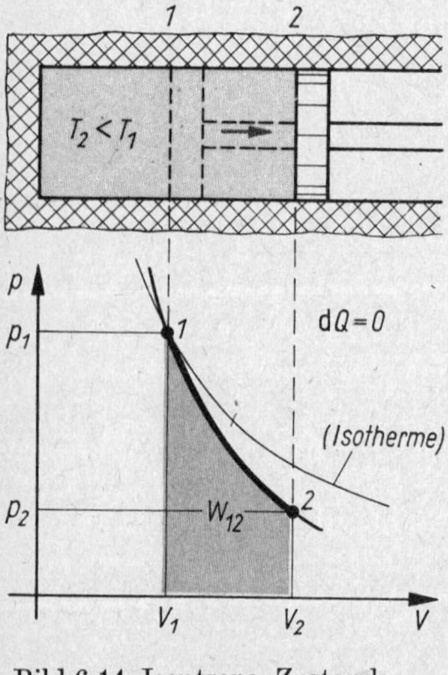

Bild 6.14 Isentrope Zustandsänderung. Der Zylinder ist wärmeisoliert

$$p\, dV = -dU$$ **1. Hauptsatz für isentrope Zustandsänderung**   (6.28)

Bei isentroper Zustandsänderung des idealen Gases wird die mechanische Arbeit auf Kosten der inneren Energie verrichtet.

Wir ersetzen nun in (6.28) nach der Zustandsgleichung (5.13) p durch mRT/VM und nach (6.21) dU durch $c_v m\, dT$ und erhalten $mRT\, dV/MV = -c_v m\, dT$. Wir trennen in dieser

Differentialgleichung zunächst die Veränderlichen, das heißt, wir bringen T und dT auf die eine, V und dV auf die andere Seite der Gleichung. Gleichzeitig ersetzen wir R/M nach (6.25) durch die Differenz der spezifischen Wärmekapazitäten:

$$(c_p - c_v) \frac{dV}{V} = -c_v \frac{dT}{T}. \quad \text{Nach Integration folgt}$$

$$(c_p - c_v) \int\limits_{V_1}^{V_2} \frac{dV}{V} = -c_v \int\limits_{T_1}^{T_2} \frac{dT}{T} \quad \text{oder}$$

$$(c_p - c_v) (\ln V_2 - \ln V_1) = -c_v (\ln T_2 - \ln T_1)$$

Nach den Logarithmengesetzen kann dafür geschrieben werden

$$(c_p - c_v) \ln \frac{V_2}{V_1} = c_v \ln \frac{T_1}{T_2} \quad \text{oder}$$

$$\left(\frac{V_2}{V_1} \right)^{\frac{c_p - c_v}{c_v}} = \frac{T_1}{T_2} \qquad (*)$$

Für das Verhältnis der spezifischen Wärmekapazitäten führen wir das Symbol $\varkappa$ (kappa) ein:

$$\boxed{\varkappa = \frac{c_p}{c_v}} \qquad \textbf{Isentropenexponent} \qquad (6.29)$$

Der Isentropenexponent wird auch als Adiabatenexponent bezeichnet.

Damit ergibt sich aus (*)

$$\boxed{\frac{T_1}{T_2} = \left(\frac{V_2}{V_1} \right)^{\varkappa - 1}} \qquad \begin{array}{l}\textbf{Volumen-Temperatur-}\\ \textbf{Beziehung bei isentroper} \\ \textbf{Zustandsänderung}\end{array} \qquad (6.30)$$

Für das einatomige ideale Gas ergibt sich der Adiabatenexponent $\varkappa$ aus (6.26) und (6.27) zu $\varkappa = 1{,}67$. Setzen wir (6.26') und (6.27') in (6.29) ein, so erhalten wir für das zweiatomige ideale Gas $\varkappa = 1{,}40$.

Nachdem wir mit (6.30) den Zusammenhang zwischen den Temperaturen und den Volumina festgestellt haben, soll nun die Abhängigkeit zwischen Temperaturen und Drücken untersucht werden. Hierzu ersetzen wir das Volumenverhältnis V_2/V_1 nach (6.13) $V_2/V_1 = p_1 T_2 / (p_2 T_1)$ und setzen diesen Wert in (6.30) ein:

$$\frac{T_1}{T_2} = \left(\frac{p_1}{p_2} \right)^{\varkappa - 1} \left(\frac{T_2}{T_1} \right)^{\varkappa - 1}$$

Daraus folgt schließlich

$$\frac{T_1}{T_2} = \left(\frac{p_1}{p_2}\right)^{\frac{\varkappa-1}{\varkappa}}$$ **Druck-Temperatur-Beziehung bei isentroper Zustandsänderung**   (6.31)

Um den Zusammenhang zwischen den Drücken und den Volumina zu erhalten, eliminieren wir aus (6.30) und (6.31) die Temperaturen, und es ergibt sich

$$\left(\frac{p_1}{p_2}\right)^{\frac{\varkappa-1}{\varkappa}} = \left(\frac{V_2}{V_1}\right)^{\varkappa-1}$$ Daraus folgt

$$\frac{p_1}{p_2} = \left(\frac{V_2}{V_1}\right)^{\varkappa}$$ **Druck-Volumen-Beziehung bei isentroper Zustandsänderung**   (6.32)

(6.32) wird als POISSONsche Gleichung bezeichnet und kann auch in der folgenden Form geschrieben werden:

$$pV^{\varkappa} = \text{const}$$ Poissonsche Gleichung   (6.32')

Es soll nun die Arbeit ausgerechnet werden, die bei isentroper Kompression zugeführt werden muß oder die bei isentroper Expansion abgegeben wird. Nach dem 1. Hauptsatz gilt mit $Q = 0$ $W = -\Delta U$. Aus (6.21) folgt $\Delta U = c_v m \, \Delta T$. Damit wird $W_{12} = -c_v m (T_2 - T_1)$ oder $W_{12} = c_v m (T_1 - T_2)$. Daraus ergibt sich, wenn wir durch Erweitern unter Beachtung von (6.25) $c_p - c_v = R/M$ und (6.29) $c_p/c_v = \varkappa$ für c_v erhalten

$$c_v = c_v \frac{R}{M(c_p - c_v)} = \frac{R}{\dfrac{M(c_p - c_v)}{c_v}} = \frac{R}{M(\varkappa - 1)}$$ und dies einsetzen,

$$W_{12} = \frac{mR}{M(\varkappa - 1)}(T_1 - T_2)$$ **Ausdehnungsarbeit bei isentroper Zustandsänderung**   (6.33)

In Bild 6.15 sind nochmals Isentrope und Isotherme im p,V-Diagramm gegenübergestellt.

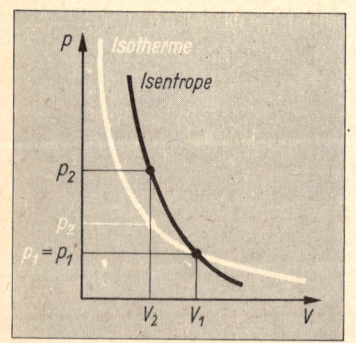

Bild 6.15 Isentrope und Isotherme im p,V-Diagramm. Der Druck nimmt bei isentroper Kompression höhere Werte an als bei isothermer: p_2 (schwarz) $> p_2$ (weiß)

● Aufgabe 6.7

Begründen Sie, weshalb die Isentrope im p,V-Diagramm steiler verläuft als die Isotherme.

● **Beispiel 6.4**

Berechnen Sie die Arbeit, die verrichtet wird, wenn sich der Sauerstoff (Beispiel 6.3) nicht isotherm, sondern isentrop entspannt.

Gegeben: $p_1 = 14{,}0\,\text{MPa}$; $\qquad V_1 = 40{,}2\,\text{l}$ $\qquad$ *Gesucht:* W_{12}

$\qquad\qquad p_2 = 0{,}1\,\text{MPa}$; $\qquad \varkappa = 1{,}4$

Es gelten: (6.33) $\quad W_{12} = \dfrac{mR}{M(\varkappa - 1)}\,(T_1 - T_2)$ $\qquad\qquad$ (1)

$\qquad\qquad$ (5.13) $\quad \dfrac{mR}{M} = \dfrac{p_1 V_1}{T_1}$ $\qquad\qquad\qquad\qquad$ (2)

$\qquad\qquad$ (6.31) $\quad \dfrac{T_2}{T_1} = \left(\dfrac{p_2}{p_1}\right)^{\frac{\varkappa - 1}{\varkappa}}$ $\qquad\qquad\qquad$ (3)

Wir setzen zunächst (2) in (1) ein und erhalten

$$W_{12} = \frac{p_1 V_1}{\varkappa - 1}\left(1 - \frac{T_2}{T_1}\right) \qquad\qquad (4)$$

Mit (3) folgt schließlich

$$W_{12} = \frac{p_1 V_1}{\varkappa - 1}\left[1 - \left(\frac{p_2}{p_1}\right)^{\frac{\varkappa - 1}{\varkappa}}\right]$$

$$W_{12} = \frac{14 \cdot 10^6\,\text{Pa} \cdot 0{,}040\,2\,\text{m}^3}{0{,}4}\left[1 - \left(\frac{0{,}1}{14}\right)^{\frac{0{,}4}{1{,}4}}\right]$$

$$W_{12} = \frac{0{,}562\,8}{0{,}4}\,(1 - 140^{-0{,}286}) \cdot 10^6\,\frac{\text{N m}^3}{\text{m}^2} = 1{,}4\,(1 - 0{,}2433)\,\text{MJ}$$

$$= \underline{\underline{1{,}06\,\text{MJ}}}$$ ●

● **Aufgabe 6.8**

Wie können Sie sich die Unterschiede der Ergebnisse der Beispiele 6.3 und 6.4 anschaulich erklären? ●

6.4.7. Polytrope Zustandsänderung

Während isochore und isobare Zustandsänderung technisch gut verwirklicht werden können, macht das bei der isothermen und der isentropen Zustandsänderung Schwierigkeiten. Es läßt sich weder bei einer Kompression die Temperatur exakt konstant halten, wie es ein isothermer Vorgang erfordert, noch

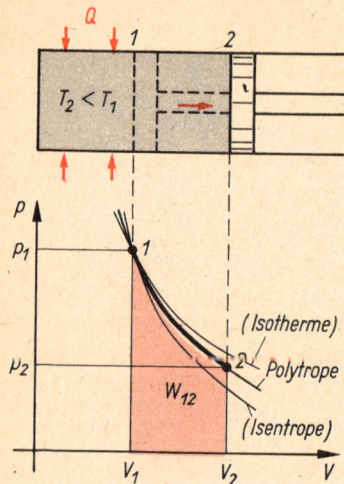

Bild 6.16 Polytrope Zustandsänderung. Die Polytrope verläuft
zwischen Isotherme und Isentrope

läßt sich ein Wärmeaustausch mit der Umgebung vollkommen unterbinden, wie bei der isentropen Zustandsänderung vorausgesetzt wurde. Isotherme und isentrope Zustandsänderung stellen idealisierte Grenzfälle dar. Der technisch realisierbare Vorgang verläuft »zwischen« diesen beiden Grenzfällen und wird *polytrope* Zustandsänderung (im engeren Sinne) genannt. Das läßt sich auch aus dem p,V-Diagramm erkennen: Die Polytrope verläuft zwischen der Isotherme und der Isentrope (Bild 6.16). Für die polytrope Zustandsänderung gilt die Gleichung $pV^k =$ const. Diese Gleichung ist analog der Poissonschen Gleichung (6.32'), nur ist an die Stelle des Adiabatenexponenten $\varkappa$ der *Polytropenexponent* k getreten. Auch die übrigen Polytropengleichungen sind den Adiabatengleichungen (6.30) bis (6.32) analog:

$$\frac{T_1}{T_2} = \left(\frac{V_2}{V_1}\right)^{k-1} \qquad \text{Volumen-Temperatur-Beziehung} \atop \text{bei polytroper Zustandsänderung} \qquad (6.34)$$

$$\frac{T_1}{T_2} = \left(\frac{p_1}{p_2}\right)^{\frac{k-1}{k}} \qquad \text{Druck-Temperatur-Beziehung} \atop \text{bei polytroper Zustandsänderung} \qquad (6.35)$$

$$\frac{p_1}{p_2} = \left(\frac{V_2}{V_1}\right)^{k} \qquad \text{Druck-Volumen-Beziehung} \atop \text{bei polytroper Zustandsänderung} \qquad (6.36)$$

Für die mechanische Arbeit bei polytroper Zustandsänderung folgt entsprechend (6.33)

$$W_{12} = \frac{mR}{M(k-1)}(T_1 - T_2) \qquad \text{Ausdehnungsarbeit} \atop \text{bei polytroper} \atop \text{Zustandsänderung} \qquad (6.37)$$

Für den Polytropenexponenten k gilt $1 < k < \varkappa$. Für die technisch wichtigen zweiatomigen Gase ist, wie bekannt, $\varkappa = 1{,}4$. Für die Polytropenexponenten gilt daher $k \approx 1{,}1 \dots 1{,}3$.
Der Polytropenexponent muß für den einzelnen Vorgang experimentell ermittelt werden.

● **Aufgabe 6.9**

Weisen Sie nach, daß die behandelten Zustandsänderungen des idealen Gases Sonderfälle der polytropen Zustandsänderung (im erweiterten Sinne mit $0 \leq k \leq \infty$) sind und der Gleichung $pV^k =$ const genügen. Dabei gilt für die isotherme Zustandsänderung $k = 1$, für die isochore Zustandsänderung $k \to \infty$, für die isobare Zustandsänderung $k = 0$ und für die isentrope Zustandsänderung $k = \varkappa$.

6.5. Kreisprozesse

6.5.1. Wärmekraftmaschinen

Die Nutzbarmachung von Energie ist in unserer Republik eine wichtige Aufgabe; denn die Energieversorgung ist Grundlage für jede Industrie. Wichtigster Energieträger ist zur Zeit noch die Braunkohle, daneben Erdöl und Erdgas. In Wärmekraftmaschinen wird Wärmeenergie in kinetische Energie umgewandelt, die dann weiter in Elektroenergie umgeformt werden kann. Die bekanntesten Arten der Wärmekraftmaschinen sind die Dampfmaschine und der Verbrennungsmotor, die neben dem Heißluftmotor zu den *Kolbenmaschinen* gehören. Wichtigste Arten der *Turbinen* sind die Dampfturbine und die Gasturbine. Da alle periodisch arbeitenden Wärmekraftmaschinen Kreisprozesse ausführen, ist die Theorie der Kreisprozesse von besonderer Bedeutung. Auch auf die Verbrennungskraftmaschinen lassen sich die Gleichungen anwenden, wenn für jeden Zyklus eine neue Kolbenfüllung verwendet wird.

6.5.2. Kreisprozesse im p, V-Diagramm

Bei einem Kreisprozeß erfolgen mehrere Zustandsänderungen nacheinander so, daß der ursprüngliche Zustand wieder erreicht wird.

In Bild 6.17 ist ein Kreisprozeß schematisch im p, V-Diagramm dargestellt. Auf dem Weg I wird das Gas vom Zustand *1* in den Zustand *2* übergeführt und anschließend auf dem Weg II vom Zustand *2* in den Zustand *1* zurückgeführt, so daß es sich dann wieder im Ausgangszustand befindet und der Kreisprozeß von vorn beginnen kann. Die Zustände *1* und *2* sind durch Zustandsgrößen beschrieben.

Aus 6.3.3. ist uns bekannt, daß die verrichtete Arbeit im p, V-Diagramm als Fläche unter der Kurve dargestellt wird. In Bild 6.17 wird deutlich, daß die Arbeit W_I, die bei der Expansion verrichtet wird, größer ist als W_{II}, die für die anschließende Kompression erforderliche Arbeit. Es ist nach den Festlegungen in 6.3.3.

$$W_I > 0; \qquad W_{II} < 0 \qquad\qquad\qquad (*)$$

$$|W_I| > |W_{II}| \qquad\qquad\qquad\qquad (**)$$

Insgesamt wird bei dem betrachteten Kreisprozeß die Arbeit $W = W_I + W_{II}$ frei; denn wegen (*) und (**) ist $W > 0$. In Übereinstimmung mit den früheren Festlegungen gilt:

Die Arbeit W ist *positiv*, wenn der Kreisprozeß im p, V-Diagramm im Uhrzeigersinn durchlaufen wird, wenn der Prozeß *rechtsläufig* ist. Für *linksläufige* Prozesse ist sie *negativ*.

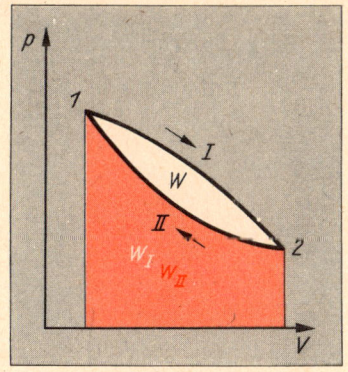

Bild 6.17 Kreisprozeß im p, V-Diagramm. Die bei der Expansion auf dem Weg I abgegebene Arbeit W_I ist größer als die bei der Kompression auf dem Weg II zuzuführende Arbeit W_{II}

6.5.3. Reversible und irreversible Prozesse

Unter einem reversiblen Prozeß versteht man einen Vorgang, der zwischen einem Anfangszustand A und einem Endzustand E abläuft und der in umgekehrter Richtung so ablaufen kann, daß der Anfangszustand vollkommen wieder erreicht wird, ohne daß eine Änderung der Umgebung zurückbleibt. Vorgänge, für die dies nicht zutrifft, heißen irreversibel.

Irreversibel sind alle Vorgänge, die mit Reibung verbunden sind. Wenn beispielsweise die Bewegungsenergie eines Zuges in Wärme umgesetzt wird und sich dabei die Temperatur der Bremsen erhöht, so ist dieser Vorgang nicht umkehrbar. Der Zug kann sich nicht unter Abkühlung der Bremsen wieder in Bewegung setzen.

Demgegenüber wäre die ungedämpfte Schwingung eines Pendels, bei der keine Reibung auftritt, ein *reversibler* Vorgang. Nach der Periodendauer T ist der ursprüngliche Zustand des Systems wieder erreicht, ohne daß irgendwelche Veränderungen in der Umgebung feststellbar sind. Allerdings wissen wir, daß die eben betrachtete Pendelschwingung eine Abstraktion ist. In Wirklichkeit wird die Amplitude immer kleiner; denn die Reibung ist auch hier nicht vollkommen auszuschalten. Die gedämpfte Schwingung ist ein irreversibler Vorgang.

6.5.4. Carnot-Prozeß

Als Beispiel für einen Kreisprozeß beschreiben wir nun den CARNOT-Prozeß, der für alle Kreisprozesse von grundsätzlicher Bedeutung ist. Es handelt sich bei diesem Prozeß um einen idealisierten Vorgang, der praktisch nicht verwirklicht werden kann. Dennoch sind die Folgerungen, die aus den Ergebnissen dieser Betrachtung gezogen werden können, bedeutungsvoll für alle Wärmekraftmaschinen.

Der Carnotsche Kreisprozeß wird mit einer abgeschlossenen Menge des idealen Gases durchgeführt, die *vier Zustandsänderungen* durchläuft (Bild 6.18).

Der Kreisprozeß läuft zwischen den Punkten A, B, C und D ab. Betrachten wir die 4 Zustandsänderungen im einzelnen (Bild 6.19):

1. *Isotherme Expansion:* Das Gas befindet sich zunächst in einem Zylinder, der mit einem Wärmebehälter verbunden ist (Temperatur T_1, Druck p_A, Volumen V_A). Bei der isothermen Expansion (Temperatur T_1) nimmt das Gas nach (6.16) die Wärmeenergie

$$Q_1 = Q_{AB} = \frac{m}{M} R T_1 \ln \frac{V_B}{V_A} \qquad (*)$$

aus dem Wärmebehälter auf, dehnt sich auf das Volumen V_B aus und verrichtet dabei die Arbeit W_1. Der Druck sinkt auf p_B.

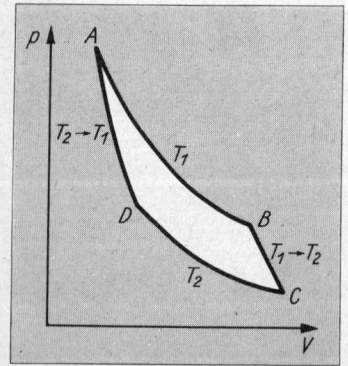

Bild 6.18 Carnot-Prozeß im p,V-Diagramm. AB: Isotherme Expansion, BC: Isentrope Expansion, CD: Isotherme Kompression, DA: Isentrope Kompression

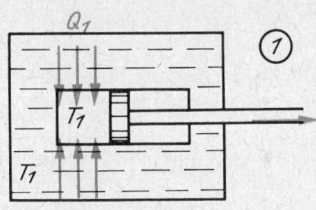

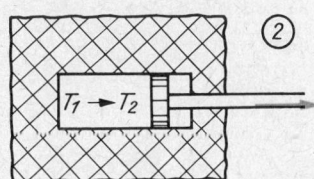

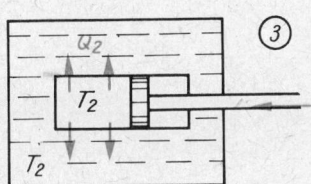

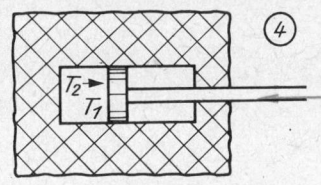

Bild 6.19 Carnot-Prozeß
1. Isotherme Expansion
2. Isentrope Expansion
3. Isotherme Kompression
4. Isentrope Kompression

2. *Isentrope Expansion:* Das Gas wird von dem Wärme-behälter abgetrennt und wärmeisoliert, so daß die weitere Expansion isentrop verläuft und sich dabei die Temperatur von T_1 auf T_2 erniedrigt. Das Volumen steigt auf V_C, der Druck sinkt auf p_C.

3. *Isotherme Kompression:* Das Gas wird in Verbindung mit einem zweiten Wärmebehälter der Temperatur T_2 gebracht und bei dieser Temperatur isotherm komprimiert. Das Gas gibt dabei die Wärmeenergie

$$Q_2 = Q_{CD} = \frac{m}{M} R T_2 \ln \frac{V_D}{V_C} \qquad (**)$$

an den Wärmebehälter ab. Das Volumen sinkt auf V_D, der Druck steigt auf p_D. Da $V_D < V_C$, ist $Q_2 < 0$.

4. *Isentrope Kompression:* Zuletzt wird das Gas wieder vom Wärmebehälter abgetrennt, wärmeisoliert und isentrop weiter komprimiert, so daß das Volumen auf V_A absinkt, der Druck auf p_A und die Temperatur auf T_1 ansteigt. Nach dem Abschluß des Kreisprozesses ist der ursprüngliche Zustand wiederhergestellt.

Im nächsten Abschnitt werden wir berechnen, bis zu welchem Volumen V_D das Gas isotherm zu verdichten ist, damit bei der anschließenden isentropen Kompression das Volumen V_A gerade wieder erreicht wird.

Der Carnot-Prozeß wird *quasistatisch* geführt. Man versteht darunter, daß alle Vorgänge sehr langsam ablaufen. Die Temperaturen der Wärmebehälter unterscheiden sich nur infinitesimal von der Temperatur des Gases. Der Vorgang kann zu jedem Zeitpunkt als im Gleichgewicht befindlich (»quasistatisch«) angesehen werden. Für einen quasistatischen Vorgang gilt die für den statischen Fall hergeleitete Zustandsgleichung (5.13). Durch kleine Änderungen des Druckes oder der Temperatur kann die Richtung des Prozesses umgekehrt werden.

Da im p,V-Diagramm eine endliche Fläche rechtsläufig umschlossen wurde, muß mechanische Arbeit abgegeben worden sein. Daher muß gelten $|Q_2| < |Q_1|$.

Wir fassen zusammen:

Beim Carnot-Prozeß nimmt das ideale Gas bei hoher Temperatur Wärmeenergie auf. Ein Teil dieser Energie wird in mechanische Arbeit verwandelt, ein anderer Teil als Wärmeenergie bei tieferer Temperatur abgegeben (Bild 6.20).

6.5.5. Thermischer Wirkungsgrad des Carnot-Prozesses

Da die innere Energie des idealen Gases allein von der Temperatur abhängt, ist sie zu Beginn und am Ende des Carnot-Prozesses gleich groß ($U = \text{const}$, $\Delta U = 0$). Damit ergibt der 1. Hauptsatz $Q = W$.

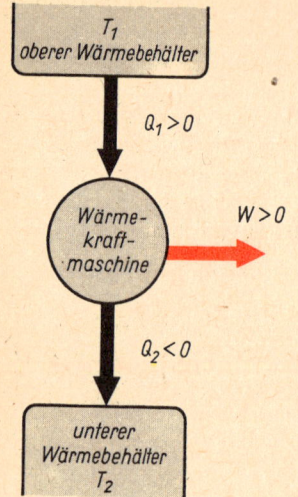

Bild 6.20 Schema der Wärmekraft-
maschine. Die abgegebene mechanische Arbeit wird genutzt

Die insgesamt zugeführte Wärmeenergie Q stellt sich als Summe
der im 1. Takt zugeführten Wärmeenergie Q_1 $(Q_1 > 0)$ und
der im 3. Takt abgeführten Wärmeenergie Q_2 $(Q_2 < 0)$ dar.
Damit ist $Q = Q_1 + Q_2$ und auch

$$W = Q_1 + Q_2 \qquad\qquad (***)$$

Als thermischer Wirkungsgrad η wird der Quotient aus der
Nutzenergie (hier Arbeit W) und der zugeführten Energie
(hier Wärmeenergie Q_1, die dem Gas bei hoher Temperatur
zugeführt wird), definiert:

$$\eta = \frac{W}{Q_1} \quad \text{(Diese Gleichung gilt für alle Wärmekraftmaschinen.)}$$

Setzen wir W nach (***) ein, so folgt

$$\eta = \frac{Q_1 + Q_2}{Q_1} \qquad\qquad (6.38)$$

Dieser Ausdruck läßt sich noch umformen: Für die isentrope
Zustandsänderung gilt nach (6.30) $T_1/T_2 = (V_C/V_B)^{\varkappa-1}$ und
$T_1/T_2 = (V_D/V_A)^{\varkappa-1}$. Durch Gleichsetzen erhalten wir V_C/V_B
$= V_D/V_A$ oder auch

$$\frac{V_B}{V_A} = \frac{V_C}{V_D} \qquad \text{Volumenverhältnis beim Carnot-Prozeß} \qquad (6.39)$$

Damit ist auch die Frage geklärt, bis zu welchem Volumen V_D
das Gas isotherm zu komprimieren ist. V_D ergibt sich aus (6.39).
Mit (6.39) können wir für die Wärmeenergie Q_1 nach (*) und
für Q_2 nach (**) setzen $Q_1 = (m/M)\,RT_1 \ln(V_B/V_A)$ und
$Q_2 = (m/M)\,RT_2 \ln(V_D/V_C) = -(m/M)\,RT_2 \ln(V_B/V_A)$. Diese
Werte für Q_1 und Q_2 werden in (6.38) eingesetzt:

$$\eta = \frac{\dfrac{m}{M}\,RT_1 \ln\left(\dfrac{V_B}{V_A}\right) - \dfrac{m}{M}\,RT_2 \ln\left(\dfrac{V_B}{V_A}\right)}{\dfrac{m}{M}\,RT_1 \ln\left(\dfrac{V_B}{V_A}\right)} \quad \text{und nach Kürzen}$$

$$\boxed{\eta = \frac{T_1 - T_2}{T_1}} \quad \begin{array}{l}\textbf{Thermischer Wirkungsgrad} \\ \textbf{des Carnot-Prozesses}\end{array} \qquad (6.40)$$

Der thermische Wirkungsgrad des Carnot-Prozesses ist nur
von den beiden Temperaturen abhängig, zwischen denen er
abläuft.

Obwohl (6.40) für das ideale Gas abgeleitet wurde, gilt diese
Gleichung unabhängig von der Art des Arbeitsmittels. Hier
wird klar, weshalb in modernen Kraftwerken mit sehr hohen

Dampftemperaturen und niedrigen Abdampftemperaturen gearbeitet wird.

Der Carnot-Prozeß hat den günstigsten Wirkungsgrad, der bei einem Kreisprozeß denkbar ist. Der Carnotsche Wirkungsgrad stellt damit eine obere Grenze für den Wirkungsgrad aller Wärmekraftmaschinen dar. Darin liegt die Bedeutung dieses Prozesses. Wäre es möglich, mit der Temperatur $T_2 = 0$ zu arbeiten, dann wäre der thermische Wirkungsgrad gleich 1; die gesamte Wärmeenergie könnte in mechanische Arbeit umgewandelt werden.

Während mechanische Energie vollständig in Wärmeenergie umgewandelt werden kann, ist die vollständige Umwandlung von Wärmeenergie in mechanische Arbeit mit Hilfe eines Kreisprozesses bzw. mit Hilfe einer periodisch arbeitenden Maschine nicht möglich.

● **Aufgabe 6.10**

Der obere Wärmebehälter einer Carnot-Maschine hat eine Temperatur von 227°C. Die Maschine arbeitet mit einem Wirkungsgrad von 40%. Um wieviel muß die Temperatur des unteren Wärmebehälters gesenkt werden, damit der Wirkungsgrad auf 45% steigt?

6.5.6.   Kältemaschine und Wärmepumpe

Der quasistatisch geführte Carnot-Prozeß ist reversibel. Läuft er in umgekehrter Richtung ab, so muß mechanische Arbeit W aufgewendet werden, um einem Wärmebehälter niedriger Temperatur T_2 die Wärmeenergie Q_2 zu entziehen und einem Wärmebehälter hoher Temperatur T_1 die Wärmeenergie Q_1 zuzuführen. Nach diesem Prinzip der Kältemaschine arbeitet ein Kühlschrank. Das Verhältnis der bei tiefer Temperatur aufgenommenen Wärmeenergie zur aufgewendeten mechanischen Arbeit

$$\varepsilon_K = \left| \frac{Q_2}{W} \right| = \frac{T_2}{T_1 - T_2} \qquad \begin{array}{l}\text{Leistungszahl der} \\ \text{Kältemaschine}\end{array} \qquad (6.41)$$

ist meist größer als eins. Es ist um so größer, je kleiner die Temperaturdifferenz ist. Das Schema einer Kältemaschine zeigt Bild 6.21.

Während es bei der Kältemaschine darauf ankam, dem Wärmebehälter niedriger Temperatur Wärmeenergie zu entziehen, hat die *Wärmepumpe* die Aufgabe, einem Wärmebehälter hoher Temperatur Wärmeenergie zuzuführen, also Wärme von niedriger Temperatur T_2 auf hohe Temperatur T_1 »hochzupumpen«. Man nützt beispielsweise die Wärmeenergie eines Sees (niedrige Temperatur) zur Raumheizung aus. Die Wärmepumpe arbeitet nach dem gleichen Prinzip wie die Kältemaschine. Da es aber bei der Wärmepumpe darauf ankommt,

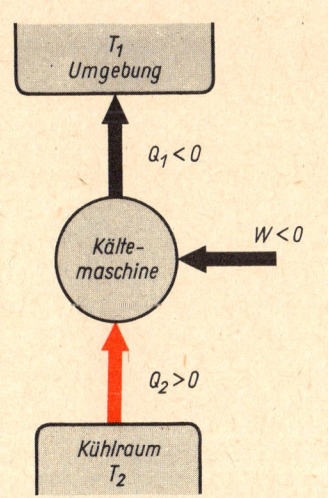

Bild 6.21 Schema der Kältemaschine. Nutzenergie ist die dem Kühlraum entzogene Wärme

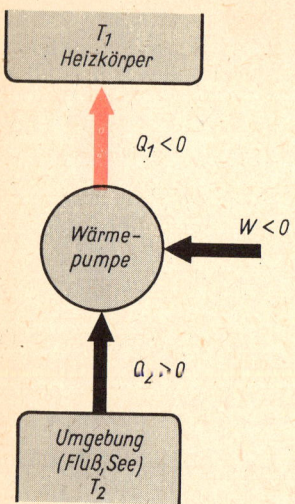

Bild 6.22 Schema der Wärme-pumpe. Nutzenergie ist die dem Heizkörper zugeführte Wärme

Vergleiche Abschnitt 4.4.2.

dem Wärmebehälter hoher Temperatur möglichst viel Wärme-energie Q_1 zuzuführen, interessiert hier das Verhältnis dieser Wärmeenergie Q_1 zur aufgewendeten mechanischen Arbeit W:

$$\varepsilon_{\mathrm{W}} = \frac{Q_1}{W} = \frac{T_1}{T_1 - T_2} \quad \begin{array}{l}\text{Leistungszahl} \\ \text{der Wärmepumpe}\end{array} \qquad (6.42)$$

Diese Leistungszahl ist immer größer als eins. Das Schema der Wärmepumpe zeigt Bild 6.22.

● **Aufgabe 6.11**

Berechnen Sie die Leistungszahl einer Kältemaschine, die nach dem Prinzip der Carnot-Maschine arbeitet, wenn die Außentemperatur 27 °C beträgt und im Kühlraum eine Tem-peratur von 7 °C gehalten werden soll.   ●

● **Aufgabe 6.12**

Weshalb ist die Tatsache, daß die Leistungszahlen der Käl-temaschine und der Wärmepumpe größer als eins sind, keine Verletzung des Energieerhaltungssatzes?   ●

● **Aufgabe 6.13**

Unter welchen Voraussetzungen ist der Einsatz von Wärme-pumpen zur Raumheizung wirtschaftlich?   ●

6.6.   Weitere Betrachtungen zur Energieumwandlung

6.6.1.   Enthalpie

Für viele Fälle ist es zweckmäßig, eine *neue Zustandsgröße*, die *Enthalpie H*, einzuführen. Es gilt die Definitionsgleichung

$$\boxed{H = U + pV} \quad \textbf{Enthalpie} \qquad (6.43)$$

$$[H] = \mathrm{J} = \mathrm{kg\ m^2\ s^{-2}}$$

Bei einem Gas ist die Enthalpie die Summe aus der inneren Energie und der Energie infolge eines von außen aufgepräg-ten Druckes.

Differenzieren wir (6.43), so erhalten wir (auf der rechten Seite nach der Produktregel) $\mathrm{d}H = \mathrm{d}U + p\,\mathrm{d}V + V\,\mathrm{d}p$. Beachten wir den 1. Hauptsatz (6.12) $\mathrm{d}Q = \mathrm{d}U + p\,\mathrm{d}V$, so folgt $\mathrm{d}H = \mathrm{d}Q + V\,\mathrm{d}p$ oder

$$\boxed{\mathrm{d}Q = \mathrm{d}H - V\,\mathrm{d}p} \quad \textbf{1. Hauptsatz} \qquad (6.44)$$

● **Beispiel 6.5**

Berechnen Sie die Enthalpie von 2,53 kg Stickstoff unter Normalbedingungen.

Gegeben: $m = 2{,}53$ kg; $M = 28$ kg kmol^{-1} *Gesucht:* H

$\qquad\qquad T = 273$ K; $c_p = 1{,}04$ kJ kg^{-1} K^{-1}

$\qquad\qquad p = 101{,}3$ kPa; $c_v = 0{,}74$ kJ kg^{-1} K^{-1} ($\rightarrow$ B 7.11.)

Es gelten: (6.43) $H = U + pV$ $\qquad\qquad\qquad\qquad\qquad$ (1)

$\qquad\qquad$ (6.21') $U = c_v m T$ $\qquad\qquad\qquad\qquad\qquad$ (2)

$\qquad\qquad$ (5.13) $pV = \dfrac{m}{M} RT$ $\qquad\qquad\qquad\qquad$ (3)

Wir setzen (2) und (3) in (1) ein:

$$H = \left(c_v + \frac{R}{M} \right) mT \qquad\qquad\qquad\qquad\qquad (4)$$

Beachten wir (6.25) $c_v + R/M = c_p$, so ergibt sich aus (4)

$$H = \underline{c_p m T}; \qquad H = \frac{1{,}04 \text{ kJ} \cdot 2{,}53 \text{ kg} \cdot 273 \text{ K}}{\text{kg K}} = \underline{\underline{718 \text{ kJ}}} \qquad ●$$

Das Ergebnis des Beispiels 6.5 ist bemerkenswert. Es zeigt:

▌ Die Enthalpie ist die Wärmemenge, die bei konstantem Druck zugeführt wird.

● **Aufgabe 6.14**

Leiten Sie die Tatsache, daß die Enthalpie gleich der bei konstantem Druck zugeführten Wärmemenge ist, aus (6.44) ab. ●

Die Größe Enthalpie wird dort verwendet, wo Prozesse bei konstantem Druck ablaufen. Sie kennen beispielsweise aus der Chemie die Bildungs- und Reaktionsenthalpie.

6.6.2.   Entropie

Wir wollen jetzt die Frage untersuchen, in welcher Richtung Naturvorgänge von selbst, d. h. spontan, ablaufen können. Wir wissen, daß sich heißes Wasser mit kaltem zu lauwarmem Wasser mischt; eine Entmischung tritt jedoch von selbst nicht ein. Öffnet man das Ventil einer Druckluftflasche, so strömt die Luft aus der Flasche; sie strömt aber nicht wieder hinein. Auch dieser Vorgang ist irreversibel. Der 1. Hauptsatz sagt nichts über die Richtung aus, in der ein Vorgang ablaufen kann. Wir hatten aber in der kinetischen Wärmetheorie (5.2.2.2.) festgestellt:

▌ In der Natur wird der Zustand größerer thermodynamischer Wahrscheinlichkeit angestrebt.

Wir hatten dort die thermodynamische Wahrscheinlichkeit definiert als

$$w = \left(\frac{V}{\Delta V} \right)^N \tag{5.9}$$

Die Anzahl der Teilchen ist nach (5.4) $N = n N_A$. Mit (5.12) $N_A = R/k$ folgt weiter, wenn wir (5.9) logarithmieren,

$$\ln w = n \frac{R}{k} \ln \frac{V}{\Delta V} \quad \text{und weiter mit (5.2) } n = m/M$$

$$k \ln w = \frac{m}{M} R \ln \frac{V}{\Delta V} \tag{*}$$

Der Ausdruck auf der linken Seite von (*) heißt nach CLAUSIUS *Entropie* und erhält das Symbol S:

$$\boxed{S = k \ln w} \quad \textbf{Entropie} \tag{6.45}$$

$$[S] = \text{J K}^{-1}$$

Die Entropie ist dem Logarithmus der thermodynamischen Wahrscheinlichkeit proportional.

Die Entropie eines Systems von Körpern (Molekülen) ist nach (6.45) um so größer, je größer die thermodynamische Wahrscheinlichkeit des jeweiligen Zustandes ist. Der wahrscheinlichste Zustand ist der der größten Unordnung. Es ist beispielsweise weitaus wahrscheinlicher, daß in einem lufterfüllten Raum die Stickstoff-, Sauerstoff-, Argon- und Kohlendioxidmoleküle regellos im gesamten Raum verteilt sind, als daß sich etwa die verschiedenen Molekülarten jeweils in einer Ecke des Raumes versammeln.

Die Entropie kennzeichnet den Unordnungszustand eines Systems.

In der Praxis spielen Entropiedifferenzen eine Rolle. Dazu wollen wir die Entropien für zwei Zustände angeben: Aus (6.45) und (*) folgen

Hier wird das Logarithmengesetz $\log \frac{a}{b} = \log a - \log b$ *angewendet.*

$$S_2 = \frac{m}{M} R \left(\ln V_2 - \ln \Delta V \right) \quad \text{und} \quad S_1 = \frac{m}{M} R (\ln V_1 - \ln \Delta V).$$

Durch Subtraktion der beiden Gleichungen erhalten wir

$$S_2 - S_1 = \frac{m}{M} R \ln \frac{V_2}{V_1} \tag{**}$$

Betrachten wir nun die rechte Seite dieser Gleichung. Unsere Überlegungen über die Wahrscheinlichkeit hatten sich auf das ideale Gas bei konstanter Temperatur bezogen. Wir fragen daher: Welche Bedeutung hat der Ausdruck auf der rechten Seite von (**) bei einer isothermen Zustandsänderung des idealen Gases? Nach (6.16) $Q_{12} = (m/M)\, RT \ln (V_2/V_1)$ kann für diesen Fall geschrieben werden

$$S_2 - S_1 = \frac{Q_{12}}{T}$$

Der Quotient Q/T wird als *reduzierte Wärmemenge* bezeichnet. Allgemeiner gilt für quasistatische Vorgänge

$$\Delta S = S_2 - S_1 = \int_1^2 \frac{\mathrm{d}Q}{T} \qquad \text{Entropiedifferenz für quasistatische Prozesse} \qquad (6.46)$$

oder

$$\boxed{\mathrm{d}S = \frac{\mathrm{d}Q}{T}} \qquad \text{Entropieänderung} \qquad (6.46')$$

Für reversible isentrope Vorgänge folgt wegen $\mathrm{d}Q = 0$ aus (6.46) $\Delta S = 0$.

Für die Zustandsänderungen des idealen Gases läßt sich die Entropieänderung folgendermaßen berechnen: Nach dem 1. Hauptsatz gilt (6.12) $\mathrm{d}Q = \mathrm{d}U + p\,\mathrm{d}V$. Setzen wir diesen Ausdruck in (6.46) ein, so folgt $\mathrm{d}S = (\mathrm{d}U + p\,\mathrm{d}V)/T$. Mit (6.21) $\mathrm{d}U = c_v m\,\mathrm{d}T$ und (5.13) $pV = mRT/M$ ergibt sich

$$\mathrm{d}S = \frac{c_v m\,\mathrm{d}T}{T} + \frac{mRT\,\mathrm{d}V}{MVT} \quad \text{oder} \quad \mathrm{d}S = c_v m\,\frac{\mathrm{d}T}{T} + m\,\frac{R}{M}\,\frac{\mathrm{d}V}{V}$$

Die Integration liefert

Zur Integration: $\displaystyle\int_{T_1}^{T_2} \frac{\mathrm{d}T}{T} = \ln T\,\Big|_{T_1}^{T_2}$

$$\boxed{\Delta S = c_v m \ln \frac{T_2}{T_1} + \frac{m}{M}\, R \ln \frac{V_2}{V_1}} \qquad \text{Entropieänderung des idealen Gases} \qquad (6.47)$$

$= \ln T_2 - \ln T_1 = \ln \dfrac{T_2}{T_1}$

Analog verläuft die Integration von $\displaystyle\int_{V_1}^{V_2} \frac{\mathrm{d}V}{V}$

Für die isotherme Zustandsänderung vereinfacht sich (6.47) zu

$$\Delta S = \frac{m}{M}\, R \ln \frac{V_2}{V_1} \qquad \text{Entropieänderung des idealen Gases bei isothermer Zustandsänderung} \qquad (6.47')$$

Für die isochore Zustandsänderung folgt aus (6.47)

$$\Delta S = c_v m \ln \frac{T_2}{T_1} \qquad \text{Entropieänderung des idealen Gases bei isochorer Zustandsänderung} \qquad (6.47'')$$

Aus (6.46') folgt nämlich
$dQ = T\,dS$. *Das entspricht im x,y-Koordinatensystem der Flächenfunktion* $dA = y\,dx$

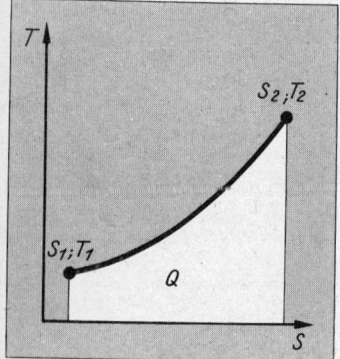

Bild 6.23 T,S-Diagramm.
Die Fläche unter der Kurve stellt die zugeführte Wärmeenergie Q_{12} dar

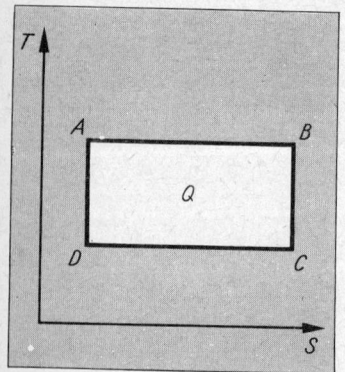

Bild 6.24 Carnot-Prozeß im T,S-Diagramm. AB: Isotherme Expansion, BC: Isentrope Expansion, CD: Isotherme Kompression, DA: Isentrope Kompression

Beachten Sie: $\ln x = 2{,}3 \lg x$

Thermodynamische Prozesse stellt man häufig im T,S-Diagramm dar: Trägt man auf der Abszissenachse die Entropie S, auf der Ordinatenachse die Temperatur T auf, so stellt die Fläche unter der Kurve die Wärmeenergie Q dar (Bild 6.23). Wir wollen nun die Entropieänderung für den Carnot-Prozeß berechnen. Aus (6.38) und (6.40) folgt durch Vergleich

$$\frac{Q_1 + Q_2}{Q_1} = \frac{T_1 - T_2}{T_1}$$

$$1 + \frac{Q_2}{Q_1} = 1 - \frac{T_2}{T_1}$$

$$\frac{Q_2}{Q_1} = -\frac{T_2}{T_1} \quad \text{oder} \quad \frac{Q_1}{T_1} + \frac{Q_2}{T_2} = 0$$

Wir stellen fest, daß für den Carnot-Prozeß (wie für alle reversiblen Kreisprozesse) die Summe der reduzierten Wärmemengen verschwindet. Damit ist auch die Entropieänderung gleich Null, die Entropie also *konstant*.
Der Carnot-Prozeß läßt sich sehr übersichtlich im T,S-Diagramm darstellen. Da in diesem Diagramm die Isothermen Parallelen zur S-Achse, die Isentropen aber Parallelen zur T-Achse sind, wird der Carnot-Prozeß im T,S-Diagramm als Rechteck abgebildet (Bild 6.24). Der Flächeninhalt des Rechtecks stellt die Wärmeenergie dar.

● **Beispiel 6.6**

In einer Flasche mit dem Volumen 20 l befindet sich Luft bei 27°C unter einem Druck von 10 MPa (= 102 at). Berechnen Sie die Entropieänderung, wenn sich die Luft isotherm auf einen Druck von 100 kPa (= 1,02 at) entspannt.

Gegeben: $V_1 = 20\,\text{l}$; $\quad p_1 = 10\,\text{MPa}$; $\qquad$ *Gesucht:* ΔS
$\qquad\qquad T = 300\,\text{K}$; $\quad p_2 = 0{,}1\,\text{MPa}$; $\quad M = 29\,\text{kg kmol}^{-1}$

Es gelten: (6.47') $\quad \Delta S = \dfrac{m}{M} R \ln \dfrac{V_2}{V_1}$ $\hfill$ (1)

$\qquad\qquad$ (6.14) $\quad \dfrac{V_2}{V_1} = \dfrac{p_1}{p_2}$ $\hfill$ (2)

$\qquad\qquad$ (5.13) $\quad \dfrac{mR}{M} = \dfrac{p_1 V_1}{T}$ $\hfill$ (3)

(2) und (3) werden in (1) eingesetzt:

$$\Delta S = \frac{p_1 V_1}{T} \ln \frac{p_1}{p_2}; \quad \Delta S = \frac{10^7\,\text{Pa} \cdot 0{,}02\,\text{m}^3}{300\,\text{K}} \cdot 2{,}3 \lg \frac{10\,\text{MPa}}{0{,}1\,\text{MPa}}$$

$$= \frac{2 \cdot 2{,}3 \cdot 2}{3} \cdot 10^3 \, \frac{\text{N m}^3}{\text{m}^2 \text{K}} = \underline{\underline{3{,}1\,\text{kJ K}^{-1}}}$$

Die innere Energie bleibt bei isother-
mer Zustandsänderung konstant.

Bei Expansion wächst also die Entropie. Der Wert der Druck-luft als Energieträger besteht in ihrer kleinen Entropie, nicht etwa in höherer innerer Energie.

6.6.3.   Zweiter Hauptsatz der Thermodynamik

Wir haben mehrfach betont, daß Prozesse von selbst so ab-laufen, daß ein Zustand größerer Wahrscheinlichkeit erreicht wird. Diese Prozesse sind *irreversibel*. Größere Wahrscheinlich-keit bedeutet nach (6.45) größere Entropie. Für *reversible* Prozesse hatten wir festgestellt, daß die Entropie konstant bleibt.
Damit läßt sich der 2. Hauptsatz der Thermodynamik formu-lieren, der eine Aussage über die Richtung macht, in der Prozesse ablaufen.

2. Hauptsatz der Thermodynamik:
In einem abgeschlossenen System verlaufen alle Vorgänge so, daß die Entropie nicht abnimmt; bei irreversiblen Prozessen wächst sie, bei reversiblen bleibt sie konstant.

$$\Delta S \geqq 0$$ **2. Hauptsatz der Thermodynamik**   (6.48)

Der 2. Hauptsatz erklärt damit manche Prozesse für unmöglich, die nach dem 1. Hauptsatz sehr wohl denkbar wären. So läßt sich beispielsweise aus dem 2. Hauptsatz diese Folgerung ziehen:

> Es gibt keine periodisch arbeitende Maschine, die nichts weiter leistet, als einem Wärmebehälter Wärmeenergie zu entziehen und diese in mechanische Energie umzusetzen.

Eine solche Maschine führt die Bezeichnung *Perpetuum mobile zweiter Art*. Der 2. Hauptsatz erklärt damit das Perpetuum mobile 2. Art ebenso für unmöglich, wie der 1. Hauptsatz das Perpetuum mobile 1. Art ausschließt. Ein Perpetuum mobile 2. Art wäre für uns ebenso wertvoll wie ein Perpetuum mobile 1. Art. Wir könnten damit beispielsweise den in praktisch un-begrenzter Menge zur Verfügung stehenden Wärmevorrat der Ozeane nutzen. Die Wärmeenergie müßte dann von selbst (nicht mit Energieaufwand wie bei der Wärmepumpe) von Körpern niederer Temperatur zu Körpern höherer Temperatur übergehen. Das ist jedoch nicht der Fall. Wir können daher den 2. Hauptsatz auch in die folgende Form bringen:

> Wärmeenergie geht von selbst nur von Stellen höherer Temperatur zu Stellen tieferer Temperatur über.

Man hat früher aus dem 2. Hauptsatz die Folgerung gezogen, daß die Welt infolge des ständigen Wachsens der Entropie einem Zustand zustrebe, in dem alle Temperaturdifferenzen ausgeglichen und in dem keine physikalischen und biologischen Vorgänge mehr möglich sind, die auf Energiedifferenzen beruhen. Dieser Zustand wurde als *Wärmetod der Welt* bezeichnet. Der Trugschluß dieser Vorstellung liegt darin, daß aus Eigenschaften abgeschlossener Systeme auf das Weltall geschlossen und die Wechselwirkung zwischen den Körpern vernachlässigt wurde.

6.6.4.   Exergie und Anergie

Wir haben in den vorangegangenen Abschnitten die Umwandlung der einzelnen Energiearten untersucht. Dabei stellten wir fest, daß diese Umwandlung in manchen Fällen restlos möglich ist, in anderen nicht. So wissen wir, daß mechanische und elektrische Energie restlos in Wärmeenergie verwandelt werden können, daß diese Prozesse aber nicht umkehrbar sind. Offensichtlich ist Wärmeenergie eine minderwertige Form der Energie, mechanische und elektrische Energie sind hochwertig. Man unterscheidet grundsätzlich *zwei Arten der Energie:*

1. vollständig umwandelbare Energie, die *Exergie* W_E,
2. nichtumwandelbare Energie, die *Anergie* W_A.

Im allgemeinen besteht Energie aus beiden Anteilen. Dann ist

$$W = W_E + W_A$$

Energie ist Summe von Exergie und Anergie   (6.49)

Je höher der Anteil der Exergie ist, um so wertvoller ist die Energie. Elektroenergie ist beispielsweise reine Exergie, Wärmeenergie dagegen enthält immer einen Anteil Anergie.

Mit den beiden eben eingeführten Größen lassen sich die Hauptsätze der Thermodynamik recht übersichtlich formulieren:

1. Hauptsatz der Thermodynamik:
Bei allen Vorgängen ist die Summe aus Exergie und Anergie konstant.

2. Hauptsatz der Thermodynamik:
Bei reversiblen Prozessen bleiben Exergie und Anergie konstant; bei irreversiblen Prozessen verwandelt sich Exergie in Anergie. Umwandlung von Anergie in Exergie ist nicht möglich.

Damit wird verständlich, daß der Wirkungsgrad der Wärmekraftmaschinen auch im Idealfall 100% nicht erreichen kann. Man vergleicht hier eine Exergie mit einer Energie. Es wäre aber sinnvoller, den Wirkungsgrad als Quotient aus den Exergien zu bilden. Man erhielte dann für die Wärmekraftmaschinen Wirkungsgrade, die mit den Wirkungsgraden beispielsweise der Elektromotoren vergleichbar würden.

6.7.   Phasenänderungen

6.7.1.   Phasen und Aggregatzustände

Neben den drei Aggregatzuständen fest, flüssig und gasförmig kennt man in neuerer Zeit einen vierten, das Plasma, das ein Gemisch aus freien Elektronen, positiven Ionen und neutralen Teilchen ist. Die Aggregatzustände lassen sich aus den verschiedenen Bindungsenergien der Moleküle bzw. Atome verstehen.

Im festen Körper schwingen die Atome um Gleichgewichtslagen, die durch die Gitterpunkte des Kristalls gegeben sind. In diesen Gleichgewichtslagen sind Anziehungskräfte und Abstoßungskräfte einander gleich. Bei Zufuhr von Wärmeenergie wird die Schwingungsenergie der Moleküle und damit die Amplitude der Schwingungen größer. Die Ausdehnung bei Temperaturerhöhung ist die Folge.

Bei weiterer Energiezufuhr bricht das Kristallgitter zusammen, die Moleküle verlassen ihre im Raumgitter festgelegten Plätze. Der feste Körper schmilzt. Die gegenseitigen Anziehungskräfte verschwinden nicht; sie sind noch so groß, daß im flüssigen Zustand Kohäsion zu beobachten ist. Die Moleküle lassen sich aber leicht gegeneinander verschieben (Bild 5.2).

Wird weiter Energie zugeführt, so verstärkt sich die Bewegung der Moleküle, die Anziehungskräfte werden überwunden, die Flüssigkeit siedet, sie geht in den gasförmigen Zustand über. Die Moleküle bewegen sich frei im Raum.

Anders als der Aggregatzustand ist der Begriff der *Phase* definiert:

> Unter einer Phase versteht man ein homogenes, durch deutliche Trennflächen abgegrenztes Zustandsgebiet innerhalb eines inhomogenen Stoffsystems.

Jeder Aggregatzustand bildet damit eine besondere Phase. So ist beispielsweise die Eisschicht, die einen See überzieht, durch eine scharfe Grenzfläche vom flüssigen Wasser getrennt.

Zu einem Aggregatzustand können jedoch mehrere Phasen gehören. Das ist bei den verschiedenen Modifikationen fester Stoffe, die sich durch ihre Kristallform unterscheiden, der Fall. So sind z. B. die drei verschiedenen Modifikationen des Eisens (α-Eisen, γ-Eisen, δ-Eisen) als drei verschiedene Phasen zu betrachten, die sich ineinander umwandeln lassen. Auch die Phasen unterscheiden sich durch ihren verschiedenen Gehalt an Bindungsenergie.

6.7.2.   Umwandlungspunkt und Umwandlungsenergie

Die in 6.7.1. besprochenen Änderungen des Aggregatzustandes erfolgen bei festen Temperaturen (Umwandlungspunkten):

fest ⇌ flüssig: Schmelzpunkt oder Erstarrungspunkt

flüssig ⇌ gasförmig: Siedepunkt oder Kondensationspunkt

Auch für die Phasenänderungen im festen Zustand (Umkristallisationen) gibt es feste Umwandlungspunkte. So geht beispielsweise α-Eisen bei 910 °C in γ-Eisen, bei 1388 °C in δ-Eisen über.
Nur reine Stoffe haben präzise Umwandlungspunkte. Gemenge wie Porzellan und andere keramische Massen, Gläser oder Fettgemische werden langsam weich, ehe sie zerfließen.
Das Erstarren kann aber auch manchmal trotz ausreichender Abkühlung ausbleiben. Dieser *Erstarrungsverzug*, auch Unterkühlung genannt, tritt beispielsweise ein, wenn eine Flüssigkeit während der Abkühlung vollkommen erschütterungs- und staubfrei aufbewahrt wird. Wasser läßt sich so bis etwa −10 °C unterkühlen. Beim Sieden beobachtet man *Siedeverzug*. Die Dampfbildung im Innern der Flüssigkeit bleibt aus, die Temperatur läßt sich über den Siedepunkt erhöhen, bis die Dampfbildung dann plötzlich und stoßartig einsetzt. Der Siedeverzug kann durch Einlegen von Siedesteinen verhindert werden.
Auffällig ist die starke *Volumenänderung* vieler Stoffe beim Erstarren. Wasser vergrößert beim Gefrieren sein Volumen um 9%. Paraffin und die meisten Metalle haben im festen Zustand das kleinere Volumen.
Die Umwandlungspunkte sind *druckabhängig*. So senkt z. B. ein Überdruck von 100 kPa (≈ 1 at) den Erstarrungspunkt des Wassers um 0,0075 K; derselbe Überdruck erhöht den Siedepunkt des Wassers um 19,6 K.
Ein direkter Übergang fest—gasförmig wird als *Sublimation* bezeichnet.
In Bild 6.25 ist die Temperatur in Abhängigkeit von der zugeführten Wärmeenergie aufgetragen. Die Temperatur steigt zunächst an, bis die Umwandlungstemperatur erreicht ist.

▌ Während der Umwandlung (Schmelzen, Sieden, Umkristallisieren) bleibt die Temperatur konstant.

Es bestehen zwei Phasen gleichzeitig nebeneinander. Erst nach Abschluß der Umwandlung steigt die Temperatur weiter an. Die bei konstanter Temperatur (zwischen den Punkten *1* und *2*) zugeführte Wärmeenergie wird als *Umwandlungsenergie* bezeichnet. Findet die Umwandlung in umgekehrter Richtung statt, so wird die Umwandlungsenergie wieder frei.
Für jede Phasenumwandlung läßt sich eine charakteristische Größe, die *spezifische Umwandlungsenergie*, der Quotient aus

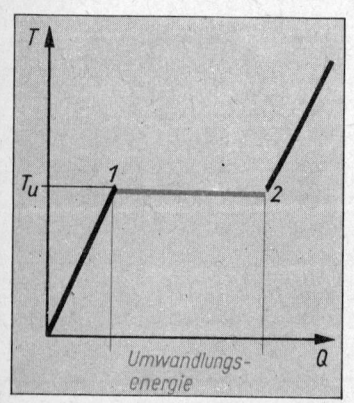

Bild 6.25 Umwandlungspunkt und Umwandlungsenergie. Während der Umwandlung bleibt die Temperatur T_u trotz Wärmezufuhr konstant

der Umwandlungsenergie und der Masse der umgewandelten Substanz, angeben:

$$\text{Spezifische Umwandlungsenergie} = \frac{\text{Umwandlungsenergie}}{\text{Masse}}$$

$$q = \frac{Q_{sm}}{m} \qquad \text{Spezifische Schmelzwärme} \qquad\qquad (6.50)$$

$$r = \frac{Q_{sd}}{m} \qquad \text{Spezifische Verdampfungswärme} \qquad\qquad (6.50')$$

Werte der spezifischen Schmelz- und Verdampfungswärme für die wichtigsten Stoffe → B 7.9., 7.10., 7.11.

● **Beispiel 6.7**

Ein Aluminiumkalorimeter (200 g Masse) enthält 500 g Wasser von 20 °C. In das Kalorimeter werden 100 g zerstoßenes Eis von −5 °C eingebracht. Berechnen Sie die Mischungstemperatur.

Gegeben: $m_A = 200$ g; $t_1 = 20\,°C$; $c_W = 4{,}2$ J/g K   *Gesucht:* t_m

$$m_W = 500\,\text{g}; \; t_2 = -5\,°C; \; c_E = 2{,}1 \;\; \text{J/g K}$$

$$m_E = 100\,\text{g}; \; t_0 = 0\,°C; \quad c_A = 0{,}90 \;\text{J/g K}$$

$$q = 334\,\text{J/g} \qquad (→ \text{B } 7.9.; \, 7.10.)$$

Im folgenden wird die Wärmebilanz aufgestellt. (6) ist das Ergebnis. Es kann als eine Erweiterung von (6.8) angesehen werden.

Das Kalorimeter kühlt sich bis zur Mischungstemperatur ab und gibt dabei die Wärmemenge

$$Q_1 = c_A m_A (t_1 - t_m) \qquad\qquad (1)$$

ab. Die Wasserfüllung gibt die Wärmemenge

$$Q_2 = c_W m_W (t_1 - t_m) \qquad\qquad (2)$$

ab. Das Eis muß zunächst bis zum Schmelzpunkt (t_0) erwärmt werden. Dazu ist die Wärmemenge

$$Q_3 = c_E m_E (t_0 - t_2) \qquad\qquad (3)$$

erforderlich. Anschließend wird das Eis geschmolzen. Dazu ist nach (6.50) die Wärmemenge

$$Q_4 = q m_E \qquad\qquad (4)$$

erforderlich. Das Schmelzwasser muß nun auf die Mischungstemperatur erwärmt werden. Dazu benötigen wir die Wärmemenge

$$Q_5 = c_W m_E (t_m - t_0) \qquad\qquad (5)$$

Die Energiebilanz lautet

$$Q_1 + Q_2 = Q_3 + Q_4 + Q_5 \qquad\qquad (6)$$

Einsetzen von (1), (2), (3), (4) und (5) in (6) ergibt

$$(c_A m_A + c_W m_W)(t_1 - t_m) = m_E[c_E(t_0 - t_2) + q + c_W(t_m - t_0)]$$

Nun lösen wir nach t_m auf:

$$t_m = \frac{(c_A m_A + c_W m_W)t_1 - m_E[c_E(t_0 - t_2) + q - c_W t_0]}{c_A m_A + c_W m_W + c_W m_E} = \underline{\underline{4{,}1\,°C}} \quad \bullet$$

● **Aufgabe 6.15**

In einem Gefäß befindet sich Wasser, in dem 300 g Eis schwimmen. 1. Wie hoch ist die Temperatur in beiden Substanzen? 3. Wieviel Wasser von 85 °C ist zuzugießen, damit alles Eis schmilzt?

6.7.3.   Reale Gase

Die Zustandsgleichung (5.13'') $pV = nRT$ gilt nur für das ideale Gas. Wenn auch für viele *reale Gase* bei Zimmertemperatur diese Zustandsgleichung mit hinreichender Genauigkeit gilt und diese Gase daher wie das ideale Gas behandelt werden können, so ergeben sich doch andererseits für eine Reihe technisch wichtiger Gase (Kohlendioxid, Ammoniak) erhebliche Abweichungen.

Wie aus der kinetischen Theorie der Wärme bekannt, sind die Moleküle des idealen Gases 1. ohne ein Eigenvolumen und 2. ohne gegenseitige Anziehungskräfte. Die Moleküle der realen Gase sind dichter gepackt, als wir das vom idealen Gas annahmen. Deshalb ist das Eigenvolumen der Moleküle gegenüber dem Gesamtvolumen, das vom Gas eingenommen wird, nicht zu vernachlässigen. Um dieses Eigenvolumen nb (n Stoffmenge) muß das Volumen V, das den Gasmolekülen zu ihrer Bewegung zur Verfügung steht, vermindert werden. Anstelle von V ist also $V - nb$ in die Zustandsgleichung einzusetzen.

Welche Wirkung haben nun die Anziehungskräfte? Im Innern des Gases heben sich die Anziehungskräfte auf, weil die Anziehung allseitig erfolgt. Bei den Molekülen an der Oberfläche jedoch werden sie wirksam. Diese Moleküle werden nämlich durch die Kohäsionskräfte nach innen gezogen und bewirken einen *Binnendruck d*, der zum Außendruck addiert werden muß. Ein reales Gas steht also nicht nur unter einem Außendruck p wie das ideale Gas, sondern darüber hinaus unter dem Binnendruck d, der nun berechnet werden soll.

Der Binnendruck ist einerseits der Anzahl der Moleküle proportional, die sich in der Oberfläche befinden. Diese Anzahl wird um so größer sein, je größer die Stoffmenge ist. Andererseits ist der Binnendruck der Anzahl der anziehenden Moleküle proportional, d. h. wiederum der Stoffmenge. Insgesamt läßt sich feststellen, daß der Binnendruck dem Quadrat der Stoffmenge direkt proportional, dem Quadrat des Volumens

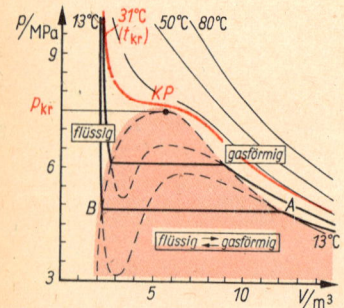

Bild 6.26 Isothermen von Kohlendioxid. Wir betrachten die Isotherme 13 °C. Mit Abnahme des Volumens nimmt der Druck zu. Wenn A erreicht ist, setzt Verflüssigung des Gases ein. Bei weiterer Volumenverminderung steigt der Druck nicht weiter an, sondern bleibt konstant; es kondensiert immer mehr Dampf, bis in B nur noch Flüssigkeit vorliegt. In dem rot gerasterten Gebiet gilt also nicht die kubische Parabel, sondern die zur V-Achse parallele Gerade. Nach B steigt der Druck stark an, da die Flüssigkeit nahezu inkompressibel ist

aber indirekt proportional sein muß. Mit dem Proportionalitätsfaktor a folgt: $d = n^2 a / V^2$.

Bringen wir die beiden Korrekturglieder $n^2 a / V^2$ und nb an der
Zustandsgleichung (5.13'') $pV = nRT$ an, so erhalten wir nach
VAN DER WAALS

$$\left(p + \frac{n^2 a}{V^2} \right)(V - nb) = nRT$$

**Van-der-Waalssche
Zustandsgleichung** (6.51)
für reale Gase

Das ist in bezug auf die Veränderlichen V und p eine Gleichung
3. Grades, die als Kurve eine kubische Parabel darstellt und
jeweils für eine bestimmte Temperatur gilt (Isotherme). In
Bild 6.26 sind experimentell ermittelte Isothermen von Kohlendioxid dargestellt.

6.7.4.   Kritischer Zustand

Allen Isothermen für Temperaturen, die in Bild 6.26 oberhalb
von 31,1 °C liegen, ist gemeinsam, daß sie an keiner Stelle waagerecht verlaufen. Man stellt fest, daß sich das Kohlendioxid bei
Temperaturen von 31,1 °C und höher nicht verflüssigen läßt,
auch wenn man extrem hohe Drücke anwendet. Man bezeichnet
deshalb für Kohlendioxid 31,1 °C als die *kritische Temperatur*.

Oberhalb der kritischen Temperatur läßt sich ein Gas auch
unter höchsten Drücken nicht verflüssigen. Der bei der
kritischen Temperatur zur Verflüssigung erforderliche Druck
heißt *kritischer Druck*.

6.7.5.   Dämpfe

Dampf ist die gasförmige Phase eines Stoffes, die entweder
mit der flüssigen oder mit der festen Phase dieses Stoffes in
Wechselwirkung steht oder die durch kleine Temperatur- oder
Druckänderungen zur Kondensation gebracht werden kann.

Bild 6.27 erläutert den Begriff des Partialdrucks (Teildrucks).
Ist mehr als ein Stoff vorhanden, gilt das Gesetz von DALTON:

Befinden sich in einem abgeschlossenen Raum verschiedene
Gase, so ergibt sich der Gesamtdruck als Summe der Partial-
drücke der einzelnen Gase.

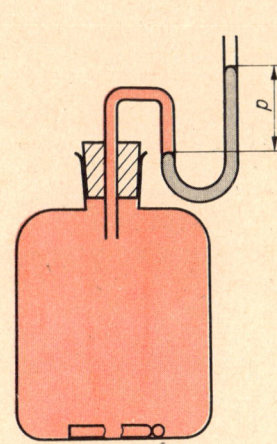

Bild 6.27 Messung des Partialdrucks. An eine Flasche, die mit
Luft gefüllt ist, wird ein Quecksilbermanometer angeschlossen.
Wir zerschlagen (etwa durch
Schütteln) in der Flasche eine
dünnwandige Ampulle mit einer
leicht verdunstenden Flüssigkeit,
z. B. Äther. Wir beobachten, daß
das Manometer einen Überdruck
in der Flasche anzeigt. Dieser
Druck ist der Partialdruck des
Ätherdampfes

Verwenden wir eine größere Ampulle, so beobachten wir, daß
nach einiger Zeit der Druck nicht weiter ansteigt, obwohl noch
flüssiger Äther in der Flasche vorhanden ist. Diese Flüssigkeit
verdunstet nicht weiter, weil der in der Flasche befindliche

Die Erwärmung der Flasche und damit der in ihr befindlichen Luft führt auch zu einer Ausdehnung und damit zu einem Druckanstieg. Dieser läßt sich berechnen und vom beobachteten Druck abziehen, so daß der Partialdruck des Äthers gemessen werden kann.

Ätherdampf *gesättigt* ist. Erwärmen wir jedoch die Flasche, so bemerken wir, daß weitere Flüssigkeit verdunstet und daß das Manometer einen höheren Druck anzeigt. Wir stellen also fest:

❙ Der Dampfdruck hängt von der Temperatur ab. Gesättigter Dampf hat den höchsten bei der jeweiligen Temperatur möglichen Druck.

❙ Gesättigter Dampf läßt sich nicht komprimieren.

Beim Versuch, den Druck zu erhöhen, kondensiert ein Teil des Dampfes.
In 6.7.2. hatten wir bereits darauf hingewiesen, daß der Siedepunkt einer Flüssigkeit druckabhängig ist. Präziser gilt:

❙ Eine Flüssigkeit siedet dann, wenn ihr Dampfdruck gleich dem äußeren Druck ist.

In B 7.12. finden wir eine Übersicht über den Dampfdruck (Sättigungsdruck) des Wassers bei verschiedenen Temperaturen.
Von *Verdunsten* sprechen wir, wenn eine Flüssigkeit unterhalb ihrer Siedetemperatur in die dampfförmige Phase übergeht.
Steht in einem geschlossenen Raum der Dampf in Verbindung mit seiner Flüssigkeit, dann ist er gesättigt; denn die Flüssigkeit verdunstet so lange, bis die Sättigung eintritt. Gesättigter Wasserdampf wird auch als *Sattdampf* bezeichnet. Kühlt man Sattdampf in einem geschlossenen Gefäß ab, so kondensiert ein entsprechender Teil, und es entsteht Sattdampf von tieferer Temperatur. Ein Gemisch von Sattdampf und kleinen Wassertröpfchen wird als *Naßdampf* bezeichnet. Wird gesättigter Dampf von der Flüssigkeit abgetrennt und seine Temperatur erhöht, so entsteht *überhitzter Dampf* oder Heißdampf. Überhitzter Dampf ist ungesättigt. Er läßt sich komprimieren und ist deshalb eigentlich kein Dampf, sondern ein reales Gas, das der van-der-Waalsschen Zustandsgleichung folgt.

6.7.6.   Zustandsdiagramm

Wir wollen jetzt die Abhängigkeit des Aggregatzustandes von äußeren Einflußgrößen wie Druck und Temperatur untersuchen. Als Beispiel behandeln wir das System Wasserdampf—Wasser—Eis, dessen Verhalten in einem Zustandsdiagramm (p,T-Diagramm) dargestellt wird (Bild 6.28).
Schmelzkurve, Dampfdruckkurve und Sublimationskurve laufen im *Tripelpunkt* zusammen. Bei dieser Temperatur sind alle drei Phasen Wasserdampf, flüssiges Wasser und Eis im Gleichgewicht. Sie läßt sich folgendermaßen herstellen: In einem Gefäß befindet sich Wasser. Die Luft wird abgepumpt, so daß sich über dem Wasser nur Wasserdampf befindet. Kühlt man

Bild 6.28 Zustandsdiagramm Wasserdampf — Wasser — Eis. Wir finden den Schmelzpunkt *Sm* bei 273,15 K, 101,3 kPa (= 760 Torr), den Siedepunkt *Sd* bei 373,15 K, 101,3 kPa. Schmelzkurve, Dampfdruckkurve und Sublimationskurve laufen im Tripelpunkt *Tr* (273,16 K, 610,5 Pa = 4,58 Torr) zusammen. Die Dampfdruckkurve kann bis zum kritischen Punkt *KP* (647,4 K, 22,04 MPa = 224,7 at) verlängert werden.

Um das Wesentliche deutlich zu machen, sind die Achsenteilungen stark verzerrt dargestellt

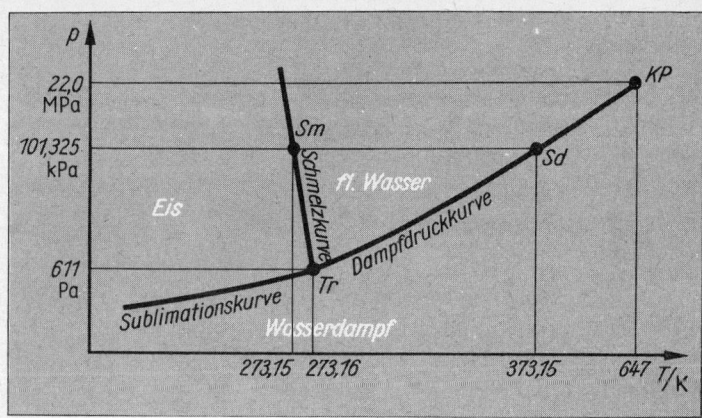

das Ganze so weit ab, daß sich im Gefäß Eis, Wasser und Wasserdampf befinden, beträgt die Temperatur 273,16 K, und es herrscht ein Druck von 610,5 Pa. Die Temperatur des Tripelpunktes bildet die Grundlage für die

Definition der Temperatureinheit (Basiseinheit):

Das Kelvin ist der 273,16te Teil der (thermodynamischen) Temperatur des Tripelpunktes von Wasser.

Die Sublimationskurve trennt das Gebiet der Dampfphase von dem der festen Phase. Unter Sublimation versteht man den direkten Übergang aus der festen Phase in die gasförmige ohne Durchgang durch die flüssige Phase. Sublimation kann beispielsweise bei Schnee beobachtet werden, wenn die Temperatur unter dem Schmelzpunkt liegt.

6.7.7.   Luftfeuchte

Die freien Wasserflächen in der Natur bewirken, daß die atmosphärische Luft mehr oder weniger Wasserdampf enthält. Als *absolute Luftfeuchte* wird die Dichte des Wasserdampfes bezeichnet, die meist in Gramm je Kubikmeter gemessen wird:

$$f = \frac{m_D}{V}$$ **Absolute Luftfeuchte**   (6.52)

Wie in 6.7.5. festgestellt, kann der Partialdruck des Wasserdampfes einen bestimmten Maximalwert nicht übersteigen. Die Dichte des Wasserdampfes, die zu diesem maximalen Partialdruck gehört, wird (nicht korrekt) als *Sättigungsmenge* bezeichnet:

$$f_{\max} = \frac{m_{D\,\max}}{V} \qquad \text{Sättigungsmenge} \tag{6.52'}$$

Im allgemeinen ist die tatsächlich vorhandene absolute Luftfeuchte geringer als die Sättigungsmenge, die nach 6.7.5. temperaturabhängig ist. Der Quotient aus der absoluten Luftfeuchte f und der Sättigungsmenge $f_{\max}$ wird als relative Luftfeuchte φ bezeichnet:

$$\boxed{\varphi = \frac{f}{f_{\max}}} \qquad \textbf{Relative Luftfeuchte} \tag{6.53}$$

Sie wird meist in Prozenten angegeben. Bei konstanter absoluter Luftfeuchte steigt mit sinkender Temperatur die relative Luftfeuchte, da dann die Sättigungsmenge im Nenner kleiner wird. Die Temperatur τ, bei der auf diese Weise eine relative Luftfeuchte von 100% erreicht wird, heißt *Taupunkt*. Bei dieser Temperatur beginnt die Abscheidung des überschüssigen Wasserdampfes als Tau.

● **Beispiel 6.8**

Bei einer Temperatur von 20 °C wird eine absolute Luftfeuchte von 6,4 g m⁻³ gemessen. 1. Berechnen Sie die relative Luftfeuchte bei 20 °C. 2. Berechnen Sie die relative Luftfeuchte bei 10 °C. 3. Bei welcher Temperatur liegt der Taupunkt?

Gegeben: $t_1 = 20\,°C;$ $\quad f_{\max 1} = 17,3 \text{ g m}^{-3}$ $\quad$ *Gesucht:* 1. φ_1

$\qquad\qquad\;\; t_2 = 10\,°C;$ $\quad f_{\max 2} = \;\;9,4 \text{ g m}^{-3}$ $\qquad\qquad$ 2. φ_2

$\qquad\qquad\;\; f = 6,4 \text{ g m}^{-3}$ $\quad (\rightarrow \text{B 7.13.})$ $\qquad\qquad\qquad$ 3. τ

1. Nach (6.53) ist

$$\varphi_1 = \frac{f_1}{f_{\max 1}}; \qquad \varphi_1 = \frac{6,4 \text{ g} \cdot \text{m}^3}{\text{m}^3 \cdot 17,3 \text{ g}} = 0,37 = \underline{\underline{37\%}}$$

2. $\quad \varphi_2 = \dfrac{f}{f_{\max 2}}; \qquad \varphi_2 = \dfrac{6,4 \text{ g} \cdot \text{m}^3}{\text{m}^3 \cdot 9,4 \text{ g}} = 0,68 = \underline{\underline{68\%}}$

3. Für den Taupunkt gilt: $f = f_{\max 3}$. Aus B 7.13. entnehmen wir:

$$\tau = \underline{\underline{4\,°C}}$$

● **Aufgabe 6.16**

6,8 m³ Luft von 30 °C, die mit Wasserdampf gesättigt ist, werden auf 0 °C abgekühlt. Berechnen Sie die Masse des Kondenswassers.

● **Aufgabe 6.17**

Auf welche Weise kann sich die relative Luftfeuchte erhöhen? ●

● **Aufgabe 6.18**

Weshalb ist an einem naßkalten Wintertag die relative Luftfeuchte in einem Zimmer auch nach dem Lüften gering? ●

Zur Messung der relativen Luftfeuchte wird das *Haarhygrometer* verwendet. Ein Haar dehnt sich bei Feuchtigkeitsaufnahme. Genauer arbeitet das Psychrometer (Bild 6.29). Das Gerät besteht aus zwei genau übereinstimmenden Thermometern. Der Quecksilberbehälter des einen Thermometers ist mit einem feuchten Läppchen umhüllt. Das andere Thermometer bleibt trocken und gibt die Temperatur der umgebenden Luft an. Bei der relativen Luftfeuchte 100% zeigen beide Thermometer gleiche Temperatur an. Ist die relative Luftfeuchte geringer, so verdunstet das Wasser am feuchten Thermometer, wenn mit einem Ventilator ein Luftstrom erzeugt wird. Damit wird dem Thermometer die zum Verdunsten notwendige Wärme entzogen, und es zeigt eine niedrigere Temperatur an als das trockene. Aus der Temperaturdifferenz kann die Luftfeuchte berechnet werden.

6.8.   Wärmetransport

6.8.1.   Wärmeleitung

Die Wärmeleitung gehört zu den Transportvorgängen. Aus der kinetischen Theorie der Wärme (→ 5.4.) ist bekannt, daß die Temperatur ein Maß für die mittlere kinetische Energie der Moleküle ist. Wir stellen uns einen Körper vor (etwa einen Stab), dessen Moleküle an dem einen Ende eine hohe kinetische Energie haben, am anderen Ende des Stabes aber eine geringe. Die Moleküle mit der hohen Energie übertragen nun Energie auf ihre Nachbarmoleküle, wobei ihre eigene Energie geringer wird. Dieser Vorgang dauert so lange, bis ein Ausgleich der Energie stattgefunden hat. Diesem mikroskopischen Vorgang entspricht die makroskopische Erscheinung, daß Wärmeenergie von den Stellen höherer Temperatur nach den Stellen tieferer Temperatur übergeht, bis an allen Stellen gleiche Temperatur herrscht.

Als Beispiel soll die Wärmeleitung durch eine ebene Wand untersucht werden. Man stellt fest, daß die durch die Wand durch Wärmeleitung übertragene Wärmeenergie von der Differenz der Temperaturen (ΔT) innen und außen abhängt. Wir wissen, daß sich beispielsweise unser Zimmer um so stärker abkühlt, je tiefer die Außentemperatur liegt. Des weiteren ist die transportierte Wärmeenergie der Wandfläche A proportional. Außerdem sind die Wanddicke l und die Zeit t zu berücksichtigen. Wir fassen zusammen:

Die übertragene Wärmeenergie Q ist direkt proportional der Temperaturdifferenz ΔT, der Wandfläche A, der Zeit t, aber

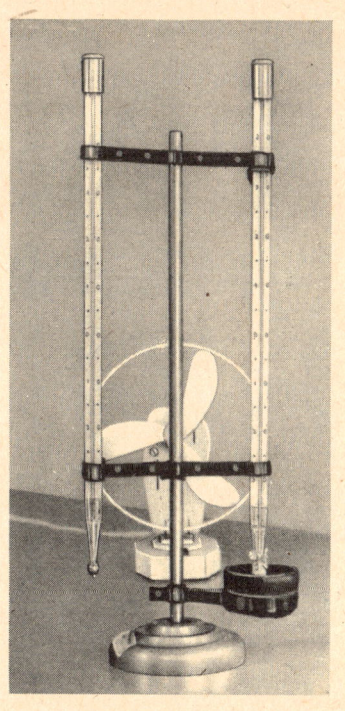

Bild 6.29 Psychrometer

indirekt proportional der Wanddicke l: $Q \sim At\, \Delta T/l$. Die transportierte Wärmeenergie hängt noch vom Material ab. Metalle leiten die Wärme besser als beispielsweise Porzellan (eine heiße Flüssigkeit in einem Aluminiumbecher oder in einer Porzellantasse). Den Einfluß des Materials berücksichtigt der Proportionalitätsfaktor λ, die *Wärmeleitfähigkeit*:

$$Q = \lambda \frac{At\, \Delta T}{l}$$ **Wärmeleitung durch eine ebene Wand**   (6.54)

In B 7.9. ist eine Übersicht über die Wärmeleitfähigkeiten verschiedener Stoffe gegeben.
Das Verhältnis der transportierten Wärmeenergie zur Zeit, mathematisch exakt den Differentialquotienten der Wärmeenergie nach der Zeit, nennt man den *Wärmestrom*:

$$\Phi = \frac{\mathrm{d}Q}{\mathrm{d}t} = \dot{Q}$$ **Wärmestrom**   (6.55)

$$[\Phi] = \mathrm{J\, s^{-1}} = \mathrm{W}$$

Befristet gültige SI-fremde Einheit: $\mathrm{kcal\, h^{-1}}$

Da man den Temperaturunterschied als Ursache des Wärmestroms mit der elektrischen Spannung vergleichen kann, führt man auch in Analogie zum elektrischen Widerstand ($\rightarrow$ 7.2.3.)

$$R = \varrho\, \frac{l}{A} = \frac{1}{\varkappa}\, \frac{l}{A}$$

($\varkappa$ elektrische Leitfähigkeit) einen Wärmeleitwiderstand ein:

$$R_\lambda = \frac{1}{\lambda}\, \frac{l}{A}$$ **Wärmeleitwiderstand**   (6.56)

$$[R_\lambda] = \mathrm{K\, W^{-1}}$$

Damit ergibt sich für den Wärmestrom

$$\Phi = \frac{\Delta T}{R_\lambda}$$ **Wärmestrom**   (6.57)

Diese Gleichung entspricht der Gleichung (7.7).

● **Aufgabe 6.19**
Stellen Sie den in (6.57) enthaltenen Größen die entsprechenden elektrischen Größen gegenüber.

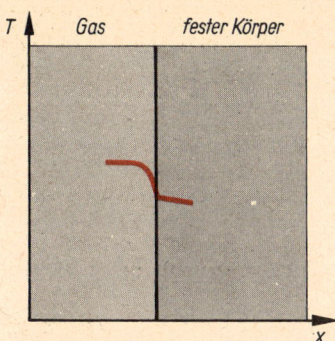

Bild 6.30 Wärmeübergang

6.8.2.   Wärmeübergang

Unter einem Wärmeübergang versteht man die Übertragung von Wärmeenergie durch die Grenzfläche zweier Körper mit verschiedenem Aggregatzustand.

An der Übergangsstelle tritt ein Temperatursprung auf (Bild 6.30).

Die durch Wärmeübergang übertragene Wärmeenergie ist proportional der Berührungsfläche A, der Zeit t und der Temperaturdifferenz ΔT:

$$Q = \alpha A t\, \Delta T \qquad \textbf{Wärmeübergang} \qquad (6.58)$$

Der Proportionalitätsfaktor α, der *Wärmeübergangskoeffizient*, hängt von der Oberflächenbeschaffenheit der Wand und der Strömungsgeschwindigkeit der Flüssigkeiten bzw. der Gase ab. Die Wärmeübergangskoeffizienten von festen Wänden auf Flüssigkeiten sind im allgemeinen größer als die beim Übergang auf Gase.

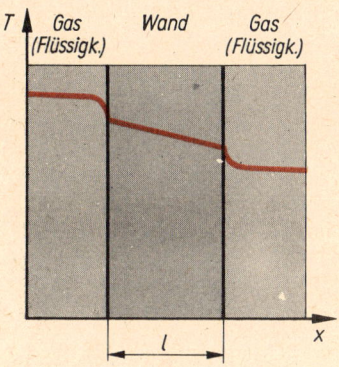

Bild 6.31 Wärmedurchgang

6.8.3.   Wärmedurchgang

Sind Gase oder Flüssigkeiten durch eine feste Wand getrennt, so findet zunächst ein Wärmeübergang vom Gas (von der Flüssigkeit) auf die Wand statt. In der Wand wird die Wärmeenergie durch Wärmeleitung übertragen. Die Wand gibt dann die Wärmeenergie wieder durch Wärmeübergang an das andere Gas (die andere Flüssigkeit) ab. Für die übertragene Wärmeenergie gilt ähnlich (6.58)

$$Q = k A t\, \Delta T \qquad \textbf{Wärmedurchgang} \qquad (6.59)$$

mit k als *Wärmedurchgangskoeffizient*.

Da sich der Wärmedurchgang durch eine ebene Wand im einfachsten Falle aus zwei Wärmeübergängen und einer Wärmeleitung (Bild 6.31) zusammensetzt, erhält man den Wärmedurchgangskoeffizienten k aus

$$\frac{1}{k} = \frac{1}{\alpha_1} + \frac{1}{\alpha_2} + \frac{l}{\lambda} \qquad \begin{array}{l}\textbf{Wärmedurchgangskoeffizient} \\ \textbf{bei Wärmedurchgang} \\ \textbf{durch eine Wand}\end{array} \qquad (6.60)$$

l ist die Dicke der Trennwand.

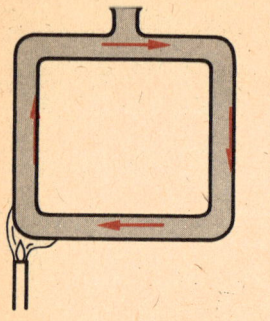

Bild 6.32 Versuch zur Wärmeströmung

● **Aufgabe 6.20**

Ein Wärmetauscher mit einer Oberfläche von 4,2 m², der auf 400 °C gehalten wird, gibt Wärme an strömendes Wasser von 50 °C ab. Berechnen Sie die Wärmemenge, die in 10 min übertragen wird, wenn der Wärmeübergangskoeffizient den Wert 5,23 kW (m² K)⁻¹ hat. ●

6.8.4.   Wärmeströmung

Die Wärmeströmung (Konvektion) kann mit dem in Bild 6.32 dargestellten Versuch gezeigt werden. Die erwärmte Flüssigkeit hat eine geringere Dichte als die kältere und steigt daher in dem linken Rohr auf. Kälteres Wasser strömt von der Seite nach. Die strömende Flüssigkeit führt die Wärmeenergie mit (Konvektion = Mitführung). Konvektion tritt bei Flüssigkeiten und Gasen auf. Technische Anwendungsbeispiele sind die Umlaufkühlung bei Kraftwagen, der Wasserumlauf in einer Zentralheizung und der Zug im Schornstein.

7. Gleichstromkreis

7.1. Vorbemerkungen zur Elektrik

Voraussetzungen: Energie- (und Potential-)Begriff; Arbeit und Leistung; strömende Flüssigkeiten und Gase (Grundbegriffe)

Heute, in der zweiten Hälfte des 20. Jahrhunderts, können wir uns kaum vorstellen, wie unser Dasein ohne Elektrotechnik abliefe. Es gäbe weder elektrische Beleuchtung, Heizungen und Kraftantriebe in Produktionsstätten und Haushalten, noch stünden uns die technischen Einrichtungen schneller Informationsübertragungen wie Fernsprecher, Rundfunk oder Fernsehen zur Verfügung. So vielfältig und unterschiedlich die Vorgänge und die Anwendungsmöglichkeiten der Elektrizität auch erscheinen mögen, sie lassen sich alle durch relativ wenige physikalische Gesetze verstehen. Diese Gesetze werden je nach der Art der Betrachtung in der Elektrodynamik oder der Elektronentheorie untersucht. Die Elektrodynamik ist eine Feldtheorie und beschreibt das Wechselspiel zwischen den elektrischen und magnetischen Feldgrößen. Wir behandeln diese Zusammenhänge im Abschnitt 8. Die Elektronentheorie ist die atomistische Theorie der elektrischen Vorgänge und bildet die Grundlage der Elektronik. Sie wird im Abschnitt 9. behandelt und, soweit zur Erklärung der Vorgänge quantenphysikalische Betrachtung erforderlich ist, im Abschnitt 12. Jetzt wollen wir zunächst die wichtigsten Gesetze des Gleichstromkreises wiederholen und in eine für die Technik anwendungsbereite Form bringen.

Die Schaltzeichen der Elektrotechnik, die durch ESKD-Standards neu festgelegt worden sind, weichen von den hier verwendeten teilweise ab.

7.2. Grundbegriffe und Grundgesetze

7.2.1. Elektrische Stromstärke und Ladung

Ein *einfacher Stromkreis* besteht aus der *Spannungsquelle* (der Quelle für die elektrische Energie), der Übertragungsleitung, kurz *Leitung* genannt, und dem *Verbraucher* (Energieverbraucher) (Bild 7.1). Im gesamten Stromkreis fließt der elektrische Strom: *quasifreie Elektronen* bewegen sich im metallischen Leiter etwa wie Moleküle eines Gasstroms. Diese Modellvorstellung vom Elektronengas gibt viele Eigenschaften des elektrischen Stromes richtig wieder.

Quasifrei bedeutet etwa: Die Elektronen sind nicht wirklich frei, können aber in unserem Modell als frei angesehen werden.

Die *Elektronenstromrichtung* führt vom negativen Pol der Spannungsquelle über den Verbraucher zum positiven Pol. Bevor man jedoch experimentell den Elektronenstrom nachweisen konnte, hat man willkürlich die Stromrichtung festgelegt. Diese *konventionelle Stromrichtung*, auch *technische Stromrichtung* genannt, ist der Elektronenstromrichtung entgegengesetzt:

> Die positive Stromrichtung führt vom positiven Pol der Spannungsquelle über den Verbraucher zum negativen Pol. Sie zeigt in Bewegungsrichtung positiver Ladungen.

Auf der so definierten Stromrichtung sind alle Richtungsregeln der Elektrotechnik aufgebaut. Wir werden diese Definition im folgenden stets verwenden.

Um elektrische Größen messen zu können, reichen die in der Mechanik eingeführten drei Basiseinheiten Meter, Sekunde und Kilogramm nicht aus. Wir benötigen eine vierte Basiseinheit, um alle elektrischen Einheiten dann aus Basiseinheiten ableiten zu können. Als vierte Basiseinheit ist das Ampere festgelegt.

Elektrische Stromstärke I ist Basisgröße.
$[I] = $ A; Ampere ist Basiseinheit.

Die Definition der Basiseinheit Ampere ($\rightarrow$ AMPÈRE) beruht auf der Kraftwirkung, die stromdurchflossene Leiter aufeinander ausüben. Wir werden sie in 8.3.3. erläutern.

Es ist üblich, *zeitabhängige Größen* durch den entsprechenden *Kleinbuchstaben* zu kennzeichnen. So bedeutet beispielsweise $i = i(t)$ zeitlich veränderliche Stromstärke.

Der Quotient aus Stromstärke und Querschnittsfläche heißt Stromdichte j

$$j = \frac{I}{A}$$
Stromdichte bei Gleichstrom
in Leiter mit konstantem Querschnitt   (7.1)

$[j] = $ A m^{-2}

Analog zur Stromstärke $I = \mathrm{d}V/\mathrm{d}t$ (Quotient von transportiertem Volumen und Zeit) einer strömenden Flüssigkeit ($\rightarrow$ 4.4.1.) ist auch die elektrische Stromstärke Quotient von transportierter *Ladung* und Zeit. Es gilt $i = \mathrm{d}Q/\mathrm{d}t$, und wenn wir diese Gleichung umstellen, um die abgeleitete Größe *elektrische Ladung*, kurz Ladung, gelegentlich auch Elektrizitätsmenge genannt, zu definieren:

Die elektrische Ladung ist eine physikalische Größe. Häufig wird »Ladung« auch in der Bedeutung Ladungsträger verwendet. Ladung zu haben ist eine Eigenschaft des Ladungsträgers.

$\mathrm{d}Q = i\,\mathrm{d}t$ oder nach Integration

$$Q = \int_{t_1}^{t_2} i\,\mathrm{d}t \qquad \text{Elektrische Ladung} \qquad (7.2)$$

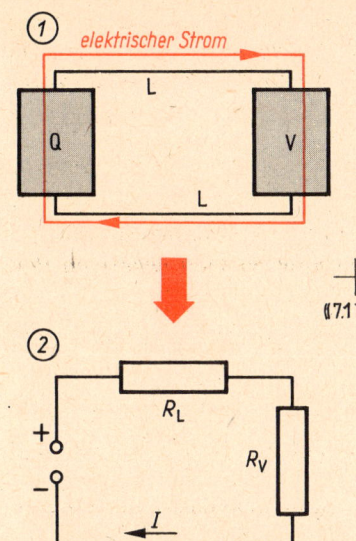

Bild 7.1 Einfacher Stromkreis.
1. schematisch (Q Spannungsquelle, L Übertragungsleitung, V Verbraucher), 2. Schaltbild (Übertragungsleitung mit Widerstand R_L, Verbraucher mit Widerstand R_V). Elektrischer Strom ist ein endloses Band von bewegten Ladungsträgern durch Spannungsquelle, Leitungs- und Verbraucherwiderstand

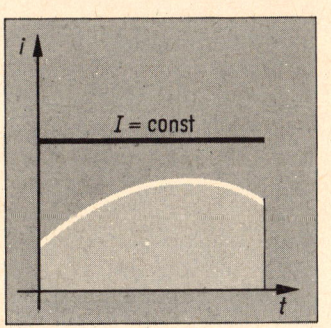

Bild 7.2 Stromstärke i in Abhängigkeit von der Zeit t. Weiße Kurve: $i = i(t)$; allgemeiner Fall (Fläche unter der Kurve ist ein Maß für die transportierte Ladung). Schwarze Kurve: $i = I =$ const; Gleichstrom

Für Gleichstrom (Stromstärke i zeitlich konstant; Bild 7.2) gilt

$$\boxed{Q = It} \quad \text{Ladung bei Gleichstrom} \qquad (7.2')$$

$$[Q] = \text{As} = \text{C} \quad (\text{Coulomb}; \rightarrow \text{COULOMB})$$

Es gibt positive und negative elektrische Ladungen. Die kleinste Ladung, die bisher in der Natur beobachtet werden konnte, ist

$$e = 1{,}602\,19 \cdot 10^{-19}\,\text{C} \quad \text{Elementarladung}$$

Sie tritt beispielsweise als negative Ladung des Elektrons oder als positive Ladung des Protons auf:

$$Q_{\text{Elektron}} = -e; \quad Q_{\text{Proton}} = +e$$

Besonders merken wir uns:

Die elektrische Ladung ist eine Erhaltungsgröße. Sie kann weder verschwinden noch entstehen.

7.2.2.   Elektrische Energie, Spannung und Potential

Betrachten wir im Stromkreis nach Bild 7.1 als Spannungsquelle eine Taschenlampenbatterie und als Verbraucher eine Glühlampe, so wird nicht etwa Energie »erzeugt« oder »verbraucht«, sondern es wird in den Elementen der Taschenlampenbatterie chemische Energie in elektrische und in der Glühlampe elektrische Energie in Wärmeenergie umgewandelt. Diese elektrische Energie ist der transportierten Ladung proportional: $\Delta W \sim Q$. Setzen wir als Proportionalitätsfaktor U ein, so folgt $\Delta W = UQ$. Mit diesem Proportionalitätsfaktor definieren wir eine weitere physikalische Größe:

$$\boxed{U = \frac{\Delta W}{Q}} \quad \text{Elektrische Spannung} \qquad (7.3)$$

$$[U] = \frac{\text{J}}{\text{C}} = \frac{\text{Ws}}{\text{As}} = \text{V} \quad (\text{Volt}; \rightarrow \text{VOLTA})$$

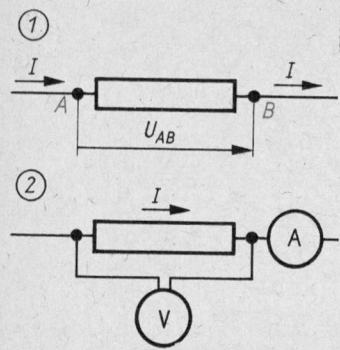

Die elektrische Spannung gibt den auf die Ladung bezogenen Energieumsatz an.

Für den Energieumsatz in einem stromdurchflossenen Widerstand (Verbraucher) geben wir die Spannung stets *zwischen zwei Punkten A und B* des Stromkreises an, wir sprechen vom *Spannungsabfall* längs eines Widerstandes (Bild 7.3.1). Dabei hat sich die elektrische Energie der Ladungsträger verändert. Sie ist kleiner geworden. Die Ladungsträger haben Energie an die Umgebung abgegeben, beispielsweise in Form von Wärmeenergie des sich erwärmenden Widerstandes. (7.3) lautet nun

Bild 7.3 Zur Definition des Spannungsabfalls an einem Widerstand: 1. Stromstärke und Spannungsabfall mit Richtungsangabe. Für die elektrische Energie der Ladungsträger gilt $W_A > W_B$, die Ladungsträger geben Energie ΔW_{AB} ab. 2. Schaltung der Meßgeräte für Stromstärke und Spannungsabfall. Strommesser liegt im Stromkreis, Spannungsmesser wird an zwei Punkten des Stromkreises angeschlossen

$$U_{AB} = \frac{\Delta W_{AB}}{Q} \qquad \text{Spannungsabfall} \qquad (7.3')$$

Der Index AB wird meist nicht geschrieben, wenn Verwechslungsgefahr ausgeschlossen ist. U ohne Index geschrieben bedeutet dann stets Spannungsabfall.

In der Spannungsquelle nehmen die Ladungsträger Energie auf. Die auf die Ladung bezogene Energie heißt dann *Urspannung* oder *Quellenspannung* U_0 (Bild 7.4). Unsere Gleichung (7.3) lautet nun

$$U_0 = \frac{\Delta W_{XY}}{Q} \qquad \text{Urspannung} \qquad (7.3'')$$

Zur Vertiefung des Spannungsbegriffes führen wir eine neue Größenart ein, das *Potential*. Die Ladungsträger, die durch einen Widerstand geflossen sind, haben geringere elektrische Energie als vorher. Sie befinden sich auf einem niedrigeren elektrischen Potential als vorher. Das elektrische Potential kennzeichnet somit den elektrischen Energie*zustand*, der *an einer Stelle* des Stromkreises besteht, und wird wie die Spannung als auf die Ladung bezogene Energie definiert:

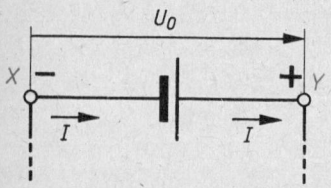

Bild 7.4 Zur Definition der Urspannung einer Spannungsquelle. Für die elektrische Energie der Ladungsträger gilt $W_X < W_Y$, die Ladungsträger nehmen Energie ΔW_{XY} auf

$$\varphi = \frac{W}{Q} \qquad \text{Elektrisches Potential} \qquad (7.4)$$

$$[\varphi] = V$$

Wie für das mechanische Potential ($\rightarrow$ 3.2.3.4.) wird auch ein Nullniveau für das elektrische Potential willkürlich festgelegt. Im allgemeinen wird $\varphi = 0$ gesetzt für den geerdeten Punkt eines Stromkreises. (»Erden« heißt eine gut leitende Verbindung mit dem Erdreich herstellen.)

Die mit (7.3) definierte Spannung ist nun gleich der Differenz der Potentiale der Punkte A und B, zwischen denen die Spannung (Urspannung oder Spannungsabfall) interessiert:

$$U_{AB} = \varphi_A - \varphi_B \qquad \text{Spannung = Potentialdifferenz} \qquad (7.4')$$

Tafel 7.1   Vorzeichendefinitionen für Stromstärke und Spannungen

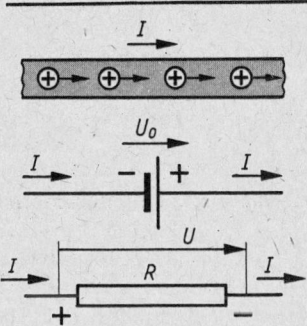

Stromstärke

Die positive Stromrichtung ist die Bewegungsrichtung positiver Ladungen (konventionelle Stromrichtung).

Urspannung

Die positive Urspannungsrichtung weist in Richtung des Potentialanstiegs und kennzeichnet die Antriebsrichtung auf positive Ladungen.

Spannungsabfall

Die positive Richtung des Spannungsabfalls weist in Richtung des Stromes und damit in Richtung des Potentialgefälles.

● **Beispiel 7.1**

An eine Spannungsquelle (9 V) sind drei gleiche Widerstände nach Bild 7.5 angeschlossen. Der Punkt D ist geerdet (beispielsweise mit einem Wasserleitungsrohr leitend verbunden). Geben Sie die Potentiale $\varphi_A \ldots \varphi_D$ sowie die Spannungen U_{AB}, U_{BC}, U_{CD} und U_{AC} an.

Gegeben: $U_{AD} = 9$ V   *Gesucht:* φ_A; φ_B; φ_C; φ_D;
$\qquad\qquad R_1 = R_2 = R_3$ $\qquad\qquad\qquad U_{AB}$; U_{BC}; U_{CD}; U_{AC}

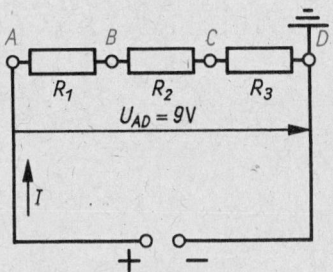

Bild 7.5 Zum Beispiel 7.1

Da drei gleiche Widerstände vorliegen, die hintereinander vom Strom der Stärke I durchflossen werden, muß in jedem Widerstand der gleiche Anteil der Gesamtenergie umgesetzt werden. Deshalb ist $\varphi_A = 9$ V (es hat noch kein Energieumsatz stattgefunden) $\varphi_B = 6$ V; $\varphi_C = 3$ V; $\varphi_D = 0$ (Punkt D ist geerdet). Nach (7.4') folgen

$$U_{AB} = \varphi_A - \varphi_B = 9\ \text{V} - 6\ \text{V} = 3\ \text{V}$$

$$U_{BC} = \varphi_B - \varphi_C = 6\ \text{V} - 3\ \text{V} = 3\ \text{V}$$

$$U_{CD} = \varphi_C - \varphi_D = 3\ \text{V} - 0\quad = 3\ \text{V}$$

$$U_{AC} = \varphi_A - \varphi_C = 9\ \text{V} - 3\ \text{V} = 6\ \text{V}$$

● **Aufgabe 7.1**

Eine Schaltung nach Bild 7.5 soll im Punkt B geerdet sein. Wie lauten jetzt die Potentiale $\varphi_A \ldots \varphi_D$, und wie berechnen Sie die Spannungen U_{BC} und U_{AC}?

7.2.3.   Elektrischer Widerstand und Ohmsches Gesetz

Wir legen an einen Widerstand verschiedene Spannungen U und messen jeweils die Stromstärke I, etwa nach Bild 7.3.2. Tragen wir die Wertepaare in einem I,U-Diagramm auf, so

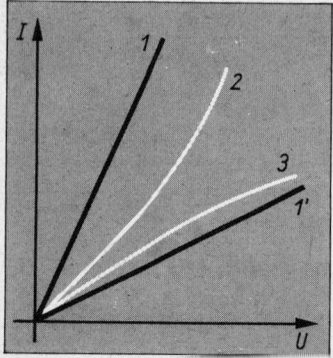

Bild 7.6 Strom-Spannungs-Kenn-
linien für verschiedene Verbraucher. Die beiden geradlinigen Kurven 1 und 1' haben verschiedene
Steigung. Je steiler der Anstieg der
Kurve, um so besser leitet der betreffende Widerstand den elektrischen Strom

erhalten wir die *Strom-Spannungs-Kennlinie* des untersuchten
Widerstandes (Bild 7.6). Wir erhalten als Kennlinien Geraden
(*1*, *1'*; linearer Verlauf) oder gekrümmte Kurven (*2*, *3*; nicht-
linearer Verlauf).
Das Verhältnis $I : U$ ist ein Maß für die Steigung der Kurven *1*
und *1'*. Es kennzeichnet das *Leitvermögen* des Widerstandes
für den elektrischen Strom. Deshalb wird definiert:

$$G = \frac{I}{U}$$ **Elektrischer Leitwert**   (7.5)

$$[G] = \text{AV}^{-1} = \text{S}   \quad (\text{Siemens}; \rightarrow \text{Siemens})$$

Der Leitwert kennzeichnet die Leitungseigenschaft eines Widerstandes. Ein idealer Isolator hat den Leitwert $G = 0$. $G \rightarrow \infty$
kennzeichnet einen idealen elektrischen Leiter.
Meist wird die Leitungseigenschaft nicht durch den Leitwert,
sondern durch seinen Reziprokwert, den elektrischen Widerstand R, erfaßt. Es ist

$R = G^{-1}$ Widerstand = Kehrwert des Leitwertes   (7.6)

Mit (7.5) folgt dann

$$R = \frac{U}{I}$$ **Elektrischer Widerstand**   (7.7)

$$[R] = \text{VA}^{-1} = \Omega   \quad (\text{Ohm}; \rightarrow \text{Ohm})$$

Für einen metallischen Leiter ist, wie Versuche zeigen, bei
konstanter Temperatur die Stromstärke I der Spannung U
proportional, nach (7.7) also der Widerstand konstant. Diese
Tatsache bezeichnet man als das *Ohmsche Gesetz* und einen Verbraucher, für den diese Proportionalität gilt, als *ohmschen
Widerstand*.

*»Widerstand« wird in zweierlei
Bedeutung verwendet: Einmal bezeichnet er die physikalische Größe
$R = U/I$. Weiter werden aber auch
die Schaltelemente selbst Widerstände genannt. Welche der beiden
Bedeutungen gemeint ist, geht jeweils aus dem Zusammenhang
hervor.*

$$R = \frac{U}{I} = \text{const}   \qquad \text{Ohmsches Gesetz}   (7.7')$$

Die I,U-Kennlinie eines ohmschen Widerstandes ist eine
Gerade, die um so steiler verläuft, je kleiner der Widerstand
ist.

Im allgemeinen verläuft die Kennlinie eines Widerstandes aber nicht
gerade (Kennlinien *2* und *3* in Bild 7.6). Die Abweichung vom linearen
Verlauf bedeutet, daß das Verhältnis $U : I$, der Widerstand R, nicht
konstant ist. Der Widerstand von Leitern ist vielmehr vor allem temperaturabhängig. Beispielsweise nimmt der Widerstand von Kohle und
reinen Halbleitern mit zunehmender Temperatur ab, während er bei
Metallen zunimmt ($\rightarrow$ 12.5.1.).

In den Aufgaben, die wir zum Gleichstromkreis rechnen, werden wir diese Abhängigkeit vernachlässigen. Die Ergebnisse unserer Rechnungen sind daher nur in solchen Bereichen sinnvoll, in denen die Abweichung vom linearen Verlauf der Kennlinie vernachlässigbar klein ist.

In der Technik wird Elektroenergie vorwiegend durch Metalldrähte geleitet. Es ist deshalb wichtig, den Widerstand eines Drahtes aus seinen geometrischen Abmessungen berechnen zu können. Er hängt, wie Versuche zeigen, von der Drahtlänge l und der Querschnittsfläche A sowie vom Material des Leiters ab. Die Experimente ergeben: $R \sim l$ und $R \sim 1/A$. Mit dem Proportionalitätsfaktor ϱ erhalten wir den Zusammenhang

$$R = \frac{\varrho l}{A}$$ **Elektrischer Widerstand** (Bemessungsgleichung) $\qquad$ (7.8)

Der Proportionalitätsfaktor ϱ ist der *spezifische Widerstand* des Leitermaterials, eine Materialkonstante ($\to$ B 7.15.). Er wird durch (7.8) definiert.
Der Reziprokwert des spezifischen Widerstandes wird als elektrische Leitfähigkeit $\varkappa$ bezeichnet.

$$\varkappa = \frac{1}{\varrho}$$ $\qquad$ Elektrische Leitfähigkeit $\qquad$ (7.9)

Die Einheiten der Materialkonstanten ϱ und $\varkappa$ sind

$[\varrho] = \Omega\,\text{m}$; $[\varkappa] = \text{S m}^{-1}$. In Tabellen sind noch üblich:

$[\varrho] = \Omega\,\text{mm}^2\,\text{m}^{-1}$; $[\varkappa] = \text{S m mm}^{-2}$

Mit (7.6) $G = 1/R$ folgt aus (7.8) unter Beachtung von (7.9)

$$G = \frac{\varkappa A}{l}$$ **Elektrischer Leitwert** (Bemessungsgleichung) $\qquad$ (7.10)

● **Beispiel 7.2**

Zu einem abgelegenen Arbeitsplatz wird eine 120 m lange Kabelverbindung gelegt. Der Querschnitt des Kupferdrahtes beträgt 2,5 mm². Wie groß ist der Spannungsabfall über der gesamten Leitung, wenn die Stromstärke 15 A beträgt?

Gegeben: $s = 120\,\text{m}$; $A = 2,5\,\text{mm}^2$ $\qquad$ *Gesucht:* U_L
$I = 15\,\text{A}$; $\varrho = 0,0178\,\Omega\,\text{mm}^2\,\text{m}^{-1}$ $\quad$ ($\to$ B 7.15.)

Der ohmsche Widerstand von Hin- und Rückleitung wird nach Bild 7.7 zum Leitungswiderstand R_L zusammengefaßt. Die Drahtlänge dieses Widerstandes ist dann $l = 2s$. Mit (7.8) folgt $R_L = 2\varrho s/A$ und wegen (7.7) $U = R_L I$

$$U = \frac{2\varrho s I}{A}; \quad U = \frac{2 \cdot 0,0178\,\Omega\,\text{mm}^2 \cdot 120\,\text{m} \cdot 15\,\text{A}}{\text{m} \cdot 2,5\,\text{mm}^2} = \underline{\underline{26\,\text{V}}} \quad ●$$

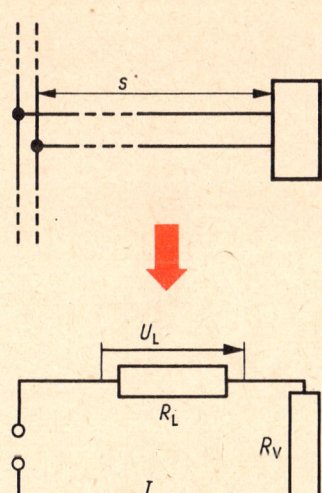

Bild 7.7 Zum Beispiel 7.2

(7.7) $U = RI$ gilt für jeden beliebigen Teil eines Stromkreises.

7.2.4.   Elektrische Leistung und Arbeit

Fließt die Ladung Q in einem Verbraucher vom Punkt A zum Punkt B (Bild 7.3.1), so verliert sie nach (7.3') die elektrische Energie $\Delta W_{AB} = Q U_{AB}$. Allgemein berechnen wir die Leistung nach (3.40) $P = W/t$. Für Gleichstrom folgt somit $P_{AB} = Q U_{AB}/t$ und, wenn wir noch (7.2') beachten, $P_{AB} = It U_{AB}/t = I U_{AB}$. Allgemein schreiben wir

$$\boxed{P = UI} \qquad \text{Elektrische Leistung bei Gleichstrom} \qquad (7.11)$$

$$[P] = \text{VA} = \text{W} \quad \text{(Watt)}$$

Mit (7.7) $R = U/I$ gilt dann auch

$$P = RI^2 = \frac{U^2}{R} \tag{7.11'}$$

Aus (7.11) folgt mit (3.40) $P = W/t$

$$\boxed{W = UIt} \qquad \text{Elektrische Arbeit bei Gleichstrom} \qquad (7.12)$$

$$[W] = \text{Ws} = \text{J}$$

SI-fremde Einheit: Kilowattstunde (kWh);
1 kWh = 3,60 MJ

Die elektrische Arbeit wird häufig in Wärmeenergie umgewandelt. Dann ist $W = Q_{\text{th}}$. Um die elektrische Ladung Q und die Wärmemenge Q zu unterscheiden, verwenden wir in diesem Abschnitt für die Wärmemenge den Index »th« (thermisch).

● **Aufgabe 7.2**

Welche elektrische Arbeit (in Kilowattstunden) wird verrichtet, wenn ein Tauchsieder (220 V/600 W) an 25 Tagen jeweils 30 min benutzt wird?

● **Beispiel 7.3**

Durch den Heizdraht eines Tauchsieders (1 000 W) fließt ein Strom der Stärke 4,54 A. 1. In wieviel Minuten gibt der Heizdraht die Wärmemenge 600 kJ (= 143 kcal) ab? 2. Welcher Spannungsabfall entsteht über dem Heizdraht? 3. Welche Ladung ist in dieser Zeit durch den Drahtquerschnitt geflossen?

Gegeben: $P = 1000$ W; $I = 4{,}54$ A   *Gesucht:* 1. t; 2. U; 3. Q
   zu 1. $Q_{\text{th}} = 600$ kJ

1. Aus (3.40) $P = W/t$ folgt, wenn wir $W = Q_{th}$ beachten,

$$t = \frac{W}{P} = \frac{Q_{th}}{P}$$

$$t = \frac{600\ \text{kJ}}{1000\ \text{W}} = \frac{600 \cdot 10^3\ \text{Ws}}{1000\ \text{W}} = \frac{600\ \text{min}}{60}$$

$$= \underline{\underline{10\ \text{min}}}$$

2. Aus (7.11) $P = UI$ folgt $U = \dfrac{P}{I}$; $\quad U = \dfrac{1000\ \text{W}}{4{,}54\ \text{A}} = \underline{\underline{220\ \text{V}}}$

3. (7.2′) $Q = \underline{\underline{It}}$; $\quad Q = 4{,}54\ \text{A} \cdot 10\ \text{min} = 2720\ \text{As} = \underline{\underline{2{,}72\ \text{kC}}}$ ●

7.2.5. Kirchhoffsche Gesetze

Alle Berechnungen der Stromstärken und Spannungen in Netzwerken, so kompliziert sie auch aufgebaut sein mögen, lassen sich mit Hilfe der beiden KIRCHHOFFschen Gesetze durchführen. Das 1. Kirchhoffsche Gesetz bezieht sich auf die Stromstärken an einem Verzweigungspunkt, den man *Knotenpunkt* nennt:

1. Kirchhoffsches Gesetz (Knotenpunktsatz):
In einem Knotenpunkt ist die Summe der Stromstärken der zufließenden Ströme gleich der Summe der Stromstärken der abfließenden Ströme

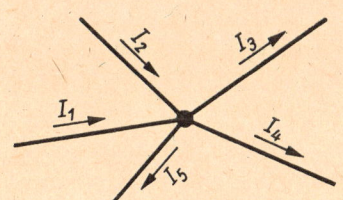

$$\boxed{\sum I_{zu} = \sum I_{ab}}$$

1. Kirchhoffsches Gesetz (Knotenpunktsatz) (7.13)

In Bild 7.8 ist ein Beispiel dargestellt. Dort muß also nach dem Knotenpunktsatz gelten:

$$I_1 + I_2 = I_3 + I_4 + I_5$$

Bild 7.8 Zum Knotenpunktsatz

Der Beweis des Knotenpunktsatzes ist leicht auszuführen. Er ergibt sich aus der Tatsache, daß die elektrische Ladungsmenge Erhaltungsgröße ist. Das 1. Kirchhoffsche Gesetz würde nämlich nur dann nicht erfüllt, wenn im Knotenpunkt Ladungen entweder entstehen oder vernichtet würden.
Beim Anwenden des Knotenpunktsatzes kommt es mitunter vor, daß man die Richtungen unbekannter Ströme nicht kennt. Dann setzt man den betreffenden Pfeil in Richtung zufließender Ströme an. Wenn der Strom in Wirklichkeit vom Knotenpunkt wegfließt, erhält man ein negatives Vorzeichen im Ergebnis.

Das 2. Kirchhoffsche Gesetz liefert eine Aussage über die Spannungen in einer in sich geschlossenen Leiterbahn, die man Masche nennt (Bild 7.9).

2. Kirchhoffsches Gesetz (Maschensatz):

In einer Masche ist die Summe der Urspannungen gleich der Summe der Spannungsabfälle.

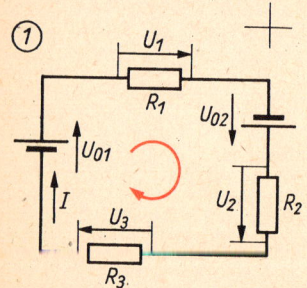

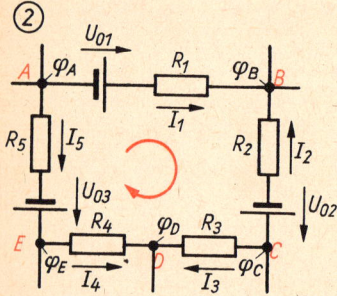

Bild 7.9 Zum Maschensatz (zwei Beispiele). Für 1 gilt nach (7.14): $U_{01} + U_{02} = U_1 + U_2 + U_3$. Der rote Zählpfeil ist willkürlich eingezeichnet. Beim Rechnen bezieht man die Vorzeichen auf diesen Zählpfeil. Negatives Vorzeichen beispielsweise bei einer Stromstärke bedeutet dann: Richtung des Stromes entgegen der Richtung des Zählpfeils

$$\sum_{\mu=1}^{m} U_{0\mu} = \sum_{\nu=1}^{n} U_{\nu}$$

2. Kirchhoffsches Gesetz (Maschensatz)   (7.14)

Zur Erläuterung dieses Satzes beachten wir die Vorzeichenfestlegung (Tafel 7.1) und überlegen: In der Spannungsquelle nehmen die Ladungsträger elektrische Energie auf, das Potential wird somit bei Bewegung der Ladung in der Spannungsquelle in Pfeilrichtung größer. Hingegen wird das Potential kleiner bei Bewegung der Ladungsträger in Pfeilrichtung durch den Widerstand. Beim Umlauf der Ladungsträger in einer Masche nach Bild 7.9.1 wird in den Spannungsquellen gerade soviel Energie in elektrische Energie verwandelt, wie in den Widerständen elektrische Energie in andere Energiearten umgewandelt wird (Energieerhaltungssatz).

Die Vorzeichen sind auf die Zählpfeilrichtung zu beziehen. Im Gegensatz zum einfachen Stromkreis (Bild 7.9.1) fließen die Ströme »vermaschter« Schaltungen innerhalb einer Masche im allgemeinen nicht in einem Drehsinn. Die Masche ist ja Teil einer größeren Schaltung. Der Maschensatz für die in Bild 7.9.2 dargestellte Masche lautet beispielsweise

$$U_{01} + U_{02} - U_{03} = I_1 R_1 - I_2 R_2 + I_3 R_3 - I_4 R_4 - I_5 R_5$$

Wir wollen noch eine Betrachtung über die Zahl der zur Verfügung stehenden Gleichungen anstellen. Jeder Knotenpunkt liefert eine Gleichung über die Stromstärken und jede Masche je eine Gleichung über die Spannungen. Die Spannungsabfälle $I_{\nu} R_{\nu}$ enthalten auch die Stromstärken, die wir als unbekannte Größen ansehen wollen, während Urspannungen und Widerstände vorgegeben sein sollen. Weil die Summe aus Knotenpunktzahl k und Maschenzahl m stets größer als die Zahl der Stromstärken ist, erhält man stets mehr Gleichungen als Variable. Bild 7.10 zeigt zwei einfache Beispiele.

7.2.6.   Urspannung und innerer Widerstand einer Spannungsquelle

In 7.2.2. führten wir den Spannungsbegriff ein und definierten mit (7.3″) die Urspannung. Sie ist im allgemeinen, wie Versuche zeigen (Schaltung etwa nach Bild 7.11), nicht gleich der *Klemmenspannung* U_k, die an den Polen der Spannungsquelle gemessen wird. Zur Erklärung sehen wir uns eine Spannungsquelle näher an, beispielsweise einen Generator. Die Ladungsträger fließen im gesamten Stromkreis, auch durch den Kupferdraht in der Spannungsquelle (durch die Wicklungen des Generators). Nach (7.7) $U = RI$ und (7.8) $R = \varrho l/A$ ist somit, während elektrischer Strom fließt, ein Spannungsabfall schon in der Quelle vorhanden, der *innere Spannungsabfall* U_1.

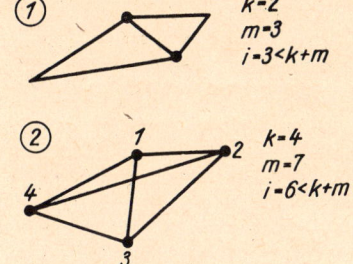

① $k=2$
$m=3$
$i=3<k+m$

② $k=4$
$m=7$
$i=6<k+m$

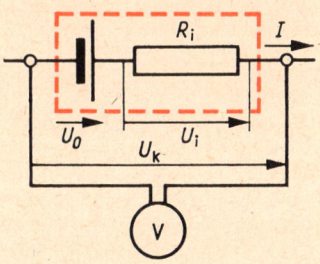

Bild 7.10 Die Summe aus der Anzahl der Knotenpunkte k und der Anzahl der Maschen m ist stets größer als die Zahl der unbekannten Stromstärken i (zwei Beispiele). Im zweiten Beispiel sind die 7 Maschen:

$1-2-3$, $1-3-4$, $1-2-4$,
$2-3-4$, $1-2-3-4$, $1-2-4-3$,
$1-3-2-4$

Für unsere weitere Betrachtung machen wir uns von der Spannungsquelle ein *Ersatzschaltbild*: wir denken uns in der Quelle einen Widerstand, den *inneren Widerstand R_i*, in Reihe geschaltet (Bild 7.11). Der Spannungsabfall an diesem Widerstand ist der innere Spannungsabfall. Nach (7.14) ist $U_0 = U_k + U_i$. Daraus folgt unter Beachtung von (7.7) $U = IR$

$$U_k = U_0 - IR_i \qquad \text{Klemmenspannung} \qquad (7.15)$$

Da die Klemmenspannung am *äußeren Widerstand R_a* abfällt (Bild 7.12), gilt für die Beträge der Spannungen $U_k = U_a = IR_a$ mit dem äußeren Spannungsabfall U_a, und wir erhalten aus (7.15)

$$I = \frac{U_0}{R_a + R_i} \qquad \begin{array}{l}\text{Stromstärke im} \\ \text{einfachen Stromkreis}\end{array} \qquad (7.16)$$

● **Beispiel 7.4**

An eine Spannungsquelle mit der Urspannung 220 V und dem Innenwiderstand 6,1 Ω wird ein Gerät mit dem Widerstand 40 Ω geschaltet. Berechnen Sie 1. Stromstärke, 2. Klemmenspannung und 3. äußere und innere Leistung.

Gegeben: $U_0 = 220\,\text{V}$; $\quad R_i = 6{,}1\,\Omega \qquad$ *Gesucht:* 1. I; 2. U_k
$\qquad\qquad R_a = 40\,\Omega \qquad\qquad\qquad\qquad$ 3. P_a; P_i

1. (7.16) $I = \dfrac{U_0}{R_a + R_i}$; $\quad I = \dfrac{220\,\text{V}}{40\,\Omega + 6{,}1\,\Omega} = \underline{\underline{4{,}78\,\text{A}}}$

2. (7.15) $U_k = U_0 - IR_i$; $\quad U_k = 220\,\text{V} - 4{,}78\,\text{A} \cdot 6{,}1\,\Omega = \underline{\underline{191\,\text{V}}}$

3. (7.11) $P_a = U_a I = U_k I$; $\quad P_a = 191\,\text{V} \cdot 4{,}78\,\text{A} = \underline{\underline{0{,}91\,\text{kW}}}$

   (7.11') $P_i = R_i I^2$; $\quad P_i = 6{,}1\,\Omega \cdot 4{,}78^2\,\text{A}^2 = \underline{\underline{0{,}139\,\text{kW}}}$

Probe: $\qquad P_{ges} = P_a + P_i$

$$U_0 I = \frac{U_0{}^2}{R_a + R_i} = P_a + P_i$$

$$\frac{220^2\,\text{V}^2}{46{,}1\,\Omega} = 1{,}05\,\text{kW}$$

$$1{,}05\,\text{kW} = 1{,}05\,\text{kW}$$

Bild 7.11 Ersatzschaltbild für eine Spannungsquelle (rot gerahmt). Nacheinander fließen die Ladungsträger durch den Energiewandler und durch den inneren Widerstand. Die am Spannungsmesser angezeigte Klemmenspannung U_k ist um so kleiner, je größer die Stromstärke I ist

Wenn der äußere Widerstand verschwindet ($R_a = 0$), wird die höchstmögliche Stromstärke erreicht (*theoretischer Kurz-*

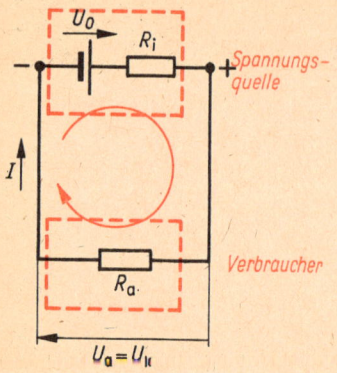

Bild 7.12 Einfacher Stromkreis mit Spannungsquelle (Urspannung U_0 und Innenwiderstand R_i) und Verbraucher (Außenwiderstand R_a). Auf den roten Zählpfeil werden alle Stromstärken und Spannungen bezogen (vgl. Tafel 7.1). Schwarzer und roter Pfeil gleichgerichtet bedeutet: die Größe hat positives Vorzeichen

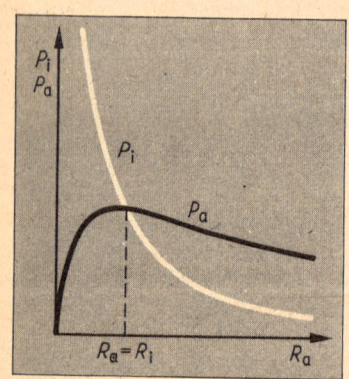

Bild 7.13 Abhängigkeit der äußeren Leistung (im Außenwiderstand R_a umgesetzte Nutzleistung) und der inneren Leistung (im Innenwiderstand der Spannungsquelle umgesetzte, technisch nicht nutzbare Leistung) vom Außenwiderstand (Verbraucher) für eine Spannungsquelle

schluß). Nach (7.16) erhält man die Kurzschlußstromstärke

$$I_K = \frac{U_0}{R_i} \qquad \text{Kurzschlußstromstärke} \qquad (7.16')$$

Als *praktischen Kurzschluß* bezeichnet man den Fall, daß der äußere Widerstand wesentlich kleiner ist als der innere $(R_a \ll R_i)$. Im umgekehrten Fall, wenn der äußere Widerstand viel größer als der innere ist $(R_a \gg R_i)$, spricht man vom *praktischen* beziehungsweise $(R_a \to \infty)$ *theoretischen Leerlauf*. Dann ist die an den Klemmen gemessene Leerlaufspannung U_L gleich der Urspannung

$$U_L = U_0 \qquad \text{Leerlaufspannung} \qquad (7.15')$$

Der Fall $R_a = R_i$ heißt *Anpassung*. Hier wird die größtmögliche Leistung der Quelle nach außen entnommen, wie das Diagramm (Bild 7.13) zeigt.

Die erwähnten Fallunterscheidungen Kurzschluß, Anpassung und Leerlauf spielen in der Elektrotechnik eine große Rolle. In der Energietechnik legt man Generatoren bzw. Akkumulatorenbatterien so aus, daß sie im praktischen Leerlaufbetrieb arbeiten. Die inneren Leistungsverluste wären sonst zu hoch. Hingegen werden Stromversorgungsgeräte der Informationselektronik in der Nähe der Anpassung betrieben, weil die benötigten Leistungen so gering sind, daß die Verluste nicht ins Gewicht fallen. Würde man sie aber auf Leerlaufbetrieb auslegen, wären der apparative Aufwand und damit die Kosten zu hoch.

● **Beispiel 7.5**

Zwei Akkumulatorenbatterien sind, wie im Bild 7.14 dargestellt, zusammengeschaltet. Für die erste sind Urspannung 12,1 V und Innenwiderstand 80 mΩ, für die zweite Urspannung 11,9 V und Innenwiderstand 120 mΩ. Berechnen Sie die Stromstärken aller Ströme für einen Widerstand von 2,00 Ω im äußeren Stromkreis.

Gegeben: $U_{01} = 12{,}1\ \text{V};\quad R_{i1} = 80\ \text{m}\Omega \qquad$ *Gesucht:* $I_1; I_2; I$
$ U_{02} = 11{,}9\ \text{V};\quad R_{i2} = 120\ \text{m}\Omega$
$ R_a = 2{,}00\ \Omega$

Wir setzen an:

Knotenpunktsatz für Punkt A $\qquad I = I_1 + I_2 \qquad (1)$

Maschensatz für Masche I: $\qquad U_{01} = IR_a + I_1 R_{i1} \qquad (2)$

Maschensatz für Masche II: $\qquad U_{02} = IR_a + I_2 R_{i2} \qquad (3)$

und erhalten drei Gleichungen mit den drei gesuchten Stromstärken und weiteren Größen, die aber gegeben sind. Eine vierte Gleichung ergäbe sich als Ansatz für die Masche III: $U_{01} - U_{02} = I_1 R_{i1} - I_2 R_{i2}$. Wir verwenden sie später für die Probe.

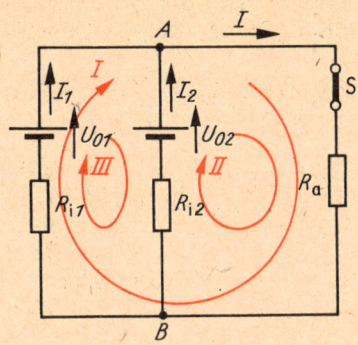

Bild 7.14 Zum Beispiel 7.5
(S Schalter, geschlossen)

Aus (1)···(3) folgt

$$I_1 = \frac{\dfrac{U_{01}}{R_a} + \dfrac{U_{01} - U_{02}}{R_{i2}}}{1 + \dfrac{R_{i1}}{R_a} + \dfrac{R_{i1}}{R_{i2}}} \qquad I_2 = \frac{\dfrac{U_{02}}{R_a} + \dfrac{U_{01} - U_{02}}{R_{i1}}}{1 + \dfrac{R_{i2}}{R_a} + \dfrac{R_{i2}}{R_{i1}}}$$

Für $I = I_1 + I_2$ geben wir das allgemeine Ergebnis nicht an.

$$I_1 = \underline{4{,}52\ \text{A}}; \qquad I_2 = \underline{1{,}35\ \text{A}}; \qquad I = \underline{5{,}87\ \text{A}}$$

Probe: $\quad U_{01} - U_{02} = I_1 R_{i1} - I_2 R_{i2}$
$\qquad\qquad 0{,}2\ \text{V} \quad = 0{,}362\ \text{V} - 0{,}162\ \text{V} = 0{,}2\ \text{V}$

● **Aufgabe 7.3**

Was für Werte sind für die Stromstärke im Beispiel 7.5 zu erwarten, wenn der Stromkreis an der Stelle S (Bild 7.14) unterbrochen wird (d. h. $R_a \to \infty$)?

7.3. Ersatzwiderstände

7.3.1. Reihenschaltung von Widerständen

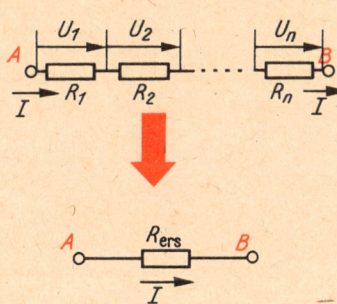

Bild 7.15 Ersatzwiderstand für n hintereinandergeschaltete Widerstände

Zwar lassen sich Gleichstromnetze durch Anwendung der Kirchhoffschen Gesetze mathematisch vollständig beherrschen, für das praktische Rechnen ist es aber zweckmäßig, gewisse Vereinfachungen, sogenannte *Ersatzschaltungen*, zu benutzen, um die Anzahl der Knotenpunkte und Maschen zu verringern. Damit kann in vielen Fällen der Rechenaufwand wesentlich reduziert werden.

Oft faßt man alle äußeren Widerstände zu einem *Ersatzwiderstand* zusammen. Für n nach Bild 7.15 hintereinandergeschaltete Widerstände, eine *Reihenschaltung* von Widerständen, gilt

$$U_{AB} = U_1 + U_2 + \cdots + U_n \quad \text{und wegen (7.7)} \quad U = IR$$

$$IR_{AB} = IR_1 + IR_2 + \cdots + IR_n = I \sum_{\nu=1}^{n} R_\nu$$

Darin ist R_{AB} der Ersatzwiderstand für die in Reihe geschalteten Widerstände $R_1 \ldots R_n$. Wir erkennen:

$$\boxed{R_{\text{ers}} = \sum_{\nu=1}^{n} R_\nu} \qquad \begin{array}{l}\textbf{Ersatzwiderstand für } \boldsymbol{n}\\ \textbf{hintereinandergeschaltete}\\ \textbf{Widerstände}\end{array} \qquad (7.17)$$

7.3.2. Parallelschaltung von Widerständen

Wie in 7.3.1. den Ersatzwiderstand, so erhalten wir den *Ersatzleitwert* für n parallelgeschaltete Widerstände (Bild 7.16).

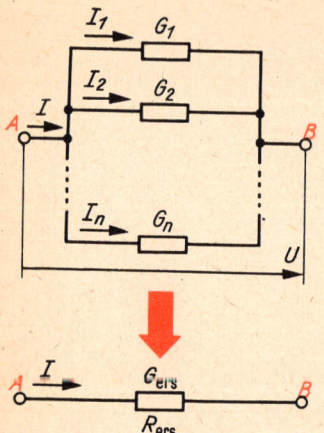

Bild 7.16 Ersatzleitwert für n parallelgeschaltete Widerstände

Unter Beachtung von (7.13) $I = I_1 + I_2 + \cdots + I_n$ ist wegen (7.5) $I = GU$

$$G_{AB}U = G_1 U + G_2 U + \cdots + G_n U = U \sum_{\nu=1}^{n} G_\nu$$

Darin ist G_{AB} der Ersatzleitwert:

$$G_{ers} = \sum_{\nu=1}^{n} G_\nu \qquad \text{Ersatzleitwert für } n \text{ parallelgeschaltete Widerstände} \qquad (7.18)$$

Für den Ersatzwiderstand der Parallelschaltung erhalten wir wegen (7.6) $R = 1/G$

$$\boxed{R_{ers} = \left(\sum_{\nu=1}^{n} \frac{1}{R_\nu} \right)^{-1}} \qquad \text{Ersatzwiderstand für } n \text{ parallelgeschaltete Widerstände} \qquad (7.19)$$

In Tafel 7.2 sind die wichtigsten Beziehungen für Reihen- und Parallelschaltung von Widerständen zusammengefaßt.

Tafel 7.2   **Spannungen und Stromstärken sowie Ersatzwiderstände bzw. -leitwerte bei Reihen- und Parallelschaltung**

	Reihenschaltung	Parallelschaltung
Schaltbild	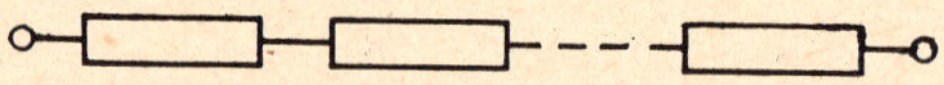	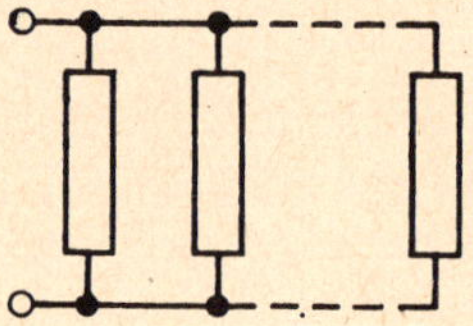
Spannung	2. Kirchhoffsches Gesetz: $U_{AB} = \sum_{\nu=1}^{n} U_\nu$ *Spannungsteilerregel:* $U_\nu : U_\mu = R_\nu : R_\mu$ Teilspannungen sind proportional den entsprechenden Teilwiderständen	$U_1 = U_2 = \cdots = U_n = U_{AB}$ An allen Widerständen gleicher Spannungsabfall
Stromstärke	$I_1 = I_2 = \cdots = I_n = I$ In allen Widerständen gleiche Stromstärke	1. Kirchhoffsches Gesetz: $I = \sum_{\nu=1}^{n} I_\nu$ *Stromteilerregel:* $I_\nu : I_\mu = G_\nu : G_\mu = R_\mu : R_\nu$ Teilstromstärken sind umgekehrt proportional den entsprechenden Widerständen
Widerstand	$R_{ers} = \sum_{\nu=1}^{n} R_\nu;$ $\qquad R_{ers} > R_\nu$	$\frac{1}{R_{ers}} = \sum_{\nu=1}^{n} \frac{1}{R_\nu};$ $\qquad R_{ers} < R_\nu$
Leitwert	$\frac{1}{G_{ers}} = \sum_{\nu=1}^{n} \frac{1}{G_\nu};$ $\qquad G_{ers} < G_\nu$	$G_{ers} = \sum_{\nu=1}^{n} G_\nu;$ $\qquad G_{ers} > G_\nu$

7.3.3. Gemischte Schaltungen

Häufig kommen Schaltungen von Widerständen vor, die weder eine reine Reihenschaltung noch eine reine Parallelschaltung darstellen. Wie eine solche gemischte Schaltung zu berechnen ist, soll an zwei Beispielen gezeigt werden.

● **Beispiel 7.6**

Sieben Widerstände sind nach Bild 7.17 geschaltet. Berechnen Sie den Ersatzwiderstand. (Einzelwerte für die Widerstände finden Sie unter »Gegeben«.)

Gegeben: $R_1 = 10\,\Omega$; $\qquad R_2 = 30\,\Omega$ $\qquad$ *Gesucht:* R_{ers}
$\qquad\quad R_3 = 40\,\Omega$; $\qquad R_4 = 60\,\Omega$
$\qquad\quad R_5 = R_6 = 20\,\Omega$; $R_7 = 50\,\Omega$

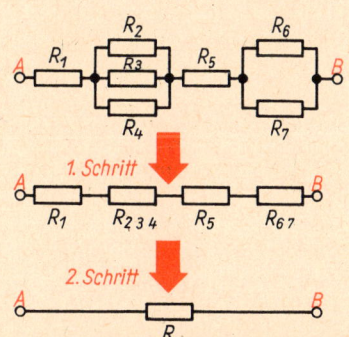

Bild 7.17 Zum Beispiel 7.6

Die Schaltung wird schrittweise vereinfacht. Wir erkennen, daß an den Widerständen *2*, *3* und *4* gleiche Spannung anliegt, desgleichen an den Widerständen *6* und *7*. Diese beiden Parallelschaltungen berechnen wir zuerst:

$$\frac{1}{R_{234}} = \frac{1}{R_2} + \frac{1}{R_3} + \frac{1}{R_4} = \frac{1}{30\,\Omega} + \frac{1}{40\,\Omega} + \frac{1}{60\,\Omega}$$

$$= \frac{4 + 3 + 2}{120\,\Omega} = \frac{3}{40\,\Omega}$$

$$R_{234} = \frac{40}{3}\,\Omega = 13{,}3\,\Omega$$

$$\frac{1}{R_{67}} = \frac{1}{R_6} + \frac{1}{R_7} = \frac{1}{20\,\Omega} + \frac{1}{50\,\Omega} = \frac{5 + 2}{100\,\Omega} = \frac{7}{100\,\Omega}$$

$$R_{67} = \frac{100}{7}\,\Omega = 14{,}3\,\Omega$$

Nun liegt eine Reihenschaltung nach Bild 7.17, 2. Zeile, vor, und der Ersatzwiderstand ist

$$R_{\text{ers}} = R_1 + R_{234} + R_5 + R_{67} = \underline{\underline{57{,}6\,\Omega}} \qquad ●$$

Bemerkung: Wir verzichteten bei dieser Aufgabe auf das allgemeine Ergebnis R_{ers}, das nur gegebene Größen enthält. Hier hätte uns das allgemeine Ergebnis keine Übersicht über Zusammenhänge gegeben. Wir errechneten deshalb die speziellen Zwischenwerte R_{234} und R_{67}.

● **Beispiel 7.7**

Vier Widerstände sind nach Bild 7.18 äußere Widerstände in einem Stromkreis. Die Spannungsquelle hat eine Urspannung von 24,0 V und einen vernachlässigbar kleinen Innenwiderstand. Berechnen Sie 1. den Ersatzwiderstand und die Gesamtstromstärke und 2. die Teilspannungen und die Teilstromstärken für die Widerstände *3* und *4*.

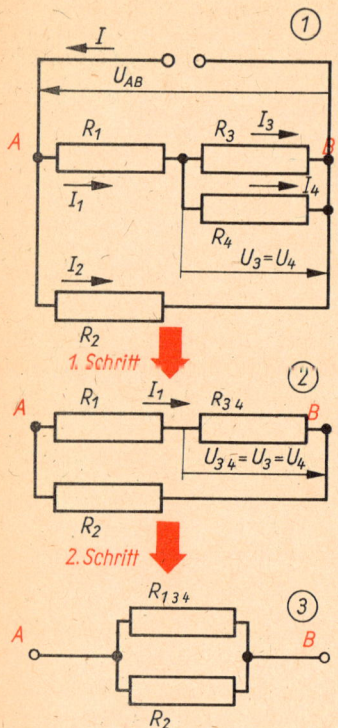

Bild 7.18 Zum Beispiel 7.7

Gegeben: $R_1 = R_2 = 50\,\Omega$; $U_{AB} = 24{,}0\,\text{V}$ *Gesucht:* 1. R_{ers}; I
$R_3 = 100\,\Omega$; $R_4 = 200\,\Omega$ 2. U_3; I_3; U_4; I_4

1. An den Widerständen *3* und *4* (nur an diesen beiden!) liegt gleiche Spannung. Dann liegt Parallelschaltung vor:

$$\frac{1}{R_{34}} = \frac{1}{R_3} + \frac{1}{R_4} = \frac{3}{200\,\Omega}; \qquad R_{34} = \frac{200}{3}\,\Omega$$

Durch die Widerstände R_1 und R_{34} fließt der gleiche Strom (Bild 7.18.2). Dann liegt eine Reihenschaltung vor:

$$R_{134} = R_1 + R_{34} = 50\,\Omega + \frac{200}{3}\,\Omega = \frac{350}{3}\,\Omega$$

(Wir lassen Brüche als Zwischenergebnisse, um damit weiterzurechnen, ohne Rundungsfehler zu machen.)
Nun liegen die Widerstände R_{134} und R_2 parallel (Bild 7.18.3):

$$\frac{1}{R_{ers}} = \frac{1}{R_{134}} + \frac{1}{R_2} = \frac{3}{350\,\Omega} + \frac{1}{50\,\Omega} = \frac{10}{350\,\Omega}; \qquad R_{ers} = \underline{\underline{35\,\Omega}}$$

Die Gesamtstromstärke I ist nach (7.7)

$$I = \frac{U_{AB}}{R_{ers}}; \qquad I = \frac{24\,\text{V}}{35\,\Omega} = \underline{\underline{0{,}686\,\text{A}}}$$

2. Stromstärken und Spannungen haben wir in Bild 7.18.1 eingetragen. Nach Bild 7.18.2 fließt durch die Widerstände R_1 und R_{34} der gleiche Strom I_1. (7.7) gilt für jeden Teil eines Stromkreises; wir wenden die Gleichung zweimal an:

$$I_1 = \frac{U_{34}}{R_{34}} = \frac{U_{AB}}{R_{134}}$$

Daraus folgt für $U_{34} = U_3 = U_4$

$$U_{34} = U_{AB}\frac{R_{34}}{R_{134}} = \frac{24\,\text{V} \cdot 200\,\Omega \cdot 3}{3 \cdot 350\,\Omega}$$

(Wir erkennen den Vorteil des Rechnens mit den als unechte Brüche geschriebenen Zwischenergebnissen.)

$$U_3 = U_4 = \underline{\underline{13{,}7\,\text{V}}}$$

Mit (7.7) folgen auch

$$I_3 = \frac{U_3}{R_3} = \frac{13{,}7\,\text{V}}{100\,\Omega} = 0{,}137\,\text{A} = \underline{\underline{137\,\text{mA}}}$$

$$I_4 = \frac{U_4}{R_4} = \frac{13{,}7\,\text{V}}{200\,\Omega} = 0{,}069\,\text{A} = \underline{\underline{69\,\text{mA}}}$$

Probe: $I = I_2 + I_3 + I_4$ mit $I_2 = \frac{U_{AB}}{R_2}$

$$686\,\text{mA} = \frac{24\,\text{V}}{50\,\Omega} + 137\,\text{mA} + 69\,\text{mA} = 686\,\text{mA}$$

7.3.4. Anwendungen in der Meßtechnik

Wir befassen uns zunächst mit den Meßbereichserweiterungen von Strommessern. Ein Strommesser zeige bei Endausschlag die Stromstärke I_1 an und habe den inneren Widerstand R_1. Durch Parallelschalten eines geeigneten Widerstandes, eines sogenannten *Shunts* (Bild 7.19), können wir den Meßbereich vervielfachen. Wir wollen gleich den allgemeinen Fall ansetzen: Der Meßbereich soll n-fach erweitert werden. Damit das Meßwerk nicht überlastet wird, darf dieses aber nur den Strom I_1 führen. Folglich muß von dem bei Endausschlag zu messenden Gesamtstrom (Stromstärke nI_1) ein Teilstrom der Stärke $nI_1 - I_1 = (n-1)\,I_1$ über den Parallelwiderstand abgezweigt werden. Die Spannungsabfälle U_1 und U_S zwischen den Knotenpunkten sind gleich. Somit gilt mit (7.7) $I_1R_1 = (n-1)\,I_1R_S$. Daraus folgt für den Shunt

$$R_S = \frac{R_1}{n-1} \qquad \text{Widerstand des Shunts für Meßbereichs-} \atop \text{erweiterung beim Strommesser} \qquad (7.20)$$

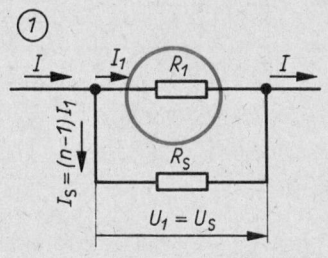

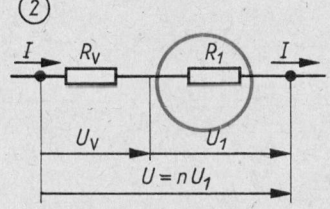

Bild 7.19 Zur Meßbereichserweiterung 1. eines Strommessers und 2. eines Spannungsmessers

Ein Strommesser kann auch als Spannungsmesser verwendet werden, denn über dem Gerät mit dem Innenwiderstand R_1 fällt die Spannung $U_1 = R_1I$ ab, wenn es vom Strom der Stärke I durchflossen wird. Die Skale des Meßgeräts läßt sich wegen der Proportionalität von Stromstärke und Spannung also auch in einer Spannungseinheit eichen. Bei einem als Strommesser gebauten Gerät sind aber R_1 und damit auch U_1 sehr klein gegen die anderen Widerstände beziehungsweise Spannungen des Kreises. Deshalb ist es erforderlich, den Meßbereich zu erweitern. Diesmal müssen wir einen Widerstand R_V in Reihe schalten. Damit wir die Spannung nU_1 bei Endausschlag messen können, muß gelten $nU_1 = U_V + U_1$ (Bild 7.19.2), d. h. $U_V = nU_1 - U_1 = (n-1)\,U_1$. Mit (7.7) $U = RI$ folgt daraus $R_VI = (n-1)\,R_1I$ und für den Vorwiderstand

$$R_V = (n-1)\,R_1 \qquad \begin{array}{l}\text{Vorwiderstand für}\\ \text{Meßbereichserweiterung}\\ \text{beim Spannungsmesser}\end{array} \qquad (7.21)$$

Unbekannte Widerstände lassen sich durch gleichzeitige Messung von Stromstärke und Spannung bestimmen: Nach (7.7) $R = U/I$ wird dann der Widerstand R berechnet. Hierbei muß man beachten, daß immer nur *eine* Größe, Spannung *oder* Stromstärke, richtig angezeigt wird (Bild 7.20). Man bezeichnet diese Schaltungen deshalb als *spannungsrichtig* beziehungsweise als *stromrichtig*.

In der spannungsrichtigen Schaltung zeigt der Strommesser einen um die Stromstärke I_{Sp} (Strom durch den Spannungsmesser) zu großen Wert an. Falls dieser Strom wesentlich kleiner als der durch den gesuchten Widerstand fließende ist ($I_{Sp} \ll I$), ist eine Korrektur nicht erforderlich. Weil $IR = I_{Sp}R_{Sp}$, muß in diesem Falle für den Spannungsmesserwiderstand R_{Sp} gelten: $R_{Sp} \gg R$.

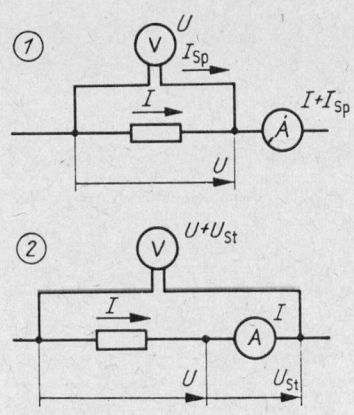

Bild 7.20 Messung von Stromstärke und Spannung an einem Schaltelement: 1. spannungsrichtige und 2. stromrichtige Schaltung

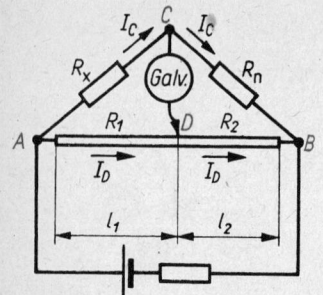

Bild 7.21 Prinzip der Meßbrücke (Wheatstonesche Brückenschaltung zur Widerstandsvergleichsmessung). Wenn die Brücke stromlos ist, ist bei C bzw. bei D der durch die Widerstände zufließende Strom gleich dem durch die Widerstände abfließenden Strom

In der stromrichtigen Schaltung wird die Spannung um den Spannungsabfall über dem Strommesser zu hoch angezeigt. Hier ist eine Korrektur dann nicht erforderlich, wenn der Widerstand des Strommessers R_{St} sehr viel kleiner ist als der zu bestimmende Widerstand ($R_{St} \ll R$).

Meist werden unbekannte Widerstände durch Vergleichsmessung mit Hilfe der WHEATSTONESCHEN Brückenschaltung (Bild 7.21) bestimmt. Dafür werden Normalwiderstände benötigt, die mit hoher Präzision hergestellt werden können. Beim Messen wird der Kontakt D auf dem genau kalibrierten Schleifdraht (Verbindung AB) so eingestellt, daß durch die über ein empfindliches Galvanometer führende Querverbindung der Punkte C und D, die *Brücke*, kein Strom fließt. Dann ist die Spannung $U_{CD} = 0$, und es gelten die folgenden Beziehungen:

Masche I: $0 = I_C R_x - I_D R_1$

Masche II: $0 = I_C R_n - I_D R_2$

$$\frac{R_x}{R_n} = \frac{R_1}{R_2} = \frac{\varrho \dfrac{l_1}{A}}{\varrho \dfrac{l_2}{A}} = \frac{l_1}{l_2}$$

$$R_x = \frac{l_1}{l_2} R_n$$

● **Beispiel 7.8**

An einem Widerstand (1,0 kΩ) sollen Spannung und Stromstärke gleichzeitig gemessen werden. Strommesser beziehungsweise Spannungsmesser haben die Innenwiderstände 30 Ω beziehungsweise 20 kΩ. Welche Abweichungen haben die angezeigten Meßwerte gegenüber den gesuchten, wenn man die Instrumente 1. spannungsrichtig, 2. stromrichtig schaltet?

Gegeben: $R = 1\,000\,\Omega$ *Gesucht:* 1. $\dfrac{\Delta I}{I}$;   2. $\dfrac{\Delta U}{U}$

$R_{St} = 30\,\Omega$; $R_{Sp} = 20\,\text{k}\Omega$

1. Nach Bild 7.20.1 ist

$$\frac{\Delta I}{I} = \frac{I_{Sp}}{I} = \frac{UR}{R_{Sp}U} = \frac{R}{R_{Sp}}; \quad \frac{\Delta I}{I} = \frac{1\,\text{k}\Omega}{20\,\text{k}\Omega} = \frac{1}{20} = \underline{\underline{5\%}}$$

2. Nach Bild 7.20.2 ist

$$\frac{\Delta U}{U} = \frac{U_{St}}{U} = \frac{IR_{St}}{IR} = \frac{R_{St}}{R}; \quad \frac{\Delta U}{U} = \frac{30\,\Omega}{1\,000\,\Omega} = \frac{3}{100} = \underline{\underline{3\%}} \ ●$$

8. Elektrisches und magnetisches Feld

8.1. Vorbemerkungen

Voraussetzungen: Gravitationsgesetz, 2. Newtonsches Axiom, Definition der Arbeit; Ladung, Stromstärke, Spannung, Potential; Ohmsches Gesetz.

Im Abschnitt 3. hatten wir mit der Gravitation eine Kraft kennengelernt, die zwischen allen Körpern wirkt und durch deren Massen verursacht wird. Im Abschnitt 7. wurde eine weitere Größe eingeführt, die ebenfalls eine Kraftwirkung verursacht: die Ladung. Die Tatsache, daß geriebene Bernsteinstücke, also geladene Körper, Kraftwirkungen aufeinander und auf andere geladene Körper ausüben, war schon Thales bekannt. Diese elektrischen Kraftwirkungen, die u. a. die Ursache für die Bewegung von Elektronen im Leiter, für das Funktionieren aller Elektronengeräte, vom Farbfernsehempfänger bis zum Vakuumschmelzofen, sowie für die chemische Bindung sind, sollen hier näher untersucht werden. Es wird sich zeigen, daß viele weitere Erscheinungen auf die gleichen Kräfte zurückzuführen sind. Das trifft zum Beispiel auf den Magnetismus zu. Oersted wies schon 1820 nach, daß elektrische Ströme Magnetfelder erzeugen. Seit Einstein wissen wir, daß die magnetischen Kräfte im Grunde nur eine Sonderform der elektrischen sind. Die historisch gewachsene getrennte Betrachtung beider Erscheinungen soll hier jedoch zunächst beibehalten werden. Wir beginnen mit den Kräften, die auf ruhende Ladungen wirken, und weiten dann die Betrachtungen auf bewegte Ladungen aus.

8.2. Ruhendes elektrisches Feld

8.2.1. Feldbegriff

Zwei Körper geringer Ausdehnung, die Ladung tragen, bezeichnen wir analog zu den Massenpunkten als *Punktladungen*. Sie üben eine Kraft aufeinander aus, die wesentlich stärker ist als die Gravitationskraft. COULOMB bestimmte diese Kraft experimentell. Er benutzte dafür die von ihm erfundene Drehwaage, mit der später CAVENDISH die Gravitationskonstante bestimmte. Aus den Messungen folgte ein Kraftgesetz, das dem

Die Darstellung der Drehwaage finden Sie im Bild 3.12. Zum Verständnis ihrer Wirkungsweise versehen Sie bitte die kugelförmigen Körper mit Ladungen.

Gravitationsgesetz analog ist: $F = \dfrac{QQ'}{r^2} \cdot \text{const}$. Die Konstante wurde später ermittelt. Unserem Einheitensystem entsprechend eingesetzt, ergibt sie

Die Aufspaltung der Konstante in 3 Faktoren wurde später mit der Einführung des jetzigen Einheitensystems notwendig.

$$F = \frac{1}{4\pi\varepsilon_0} \frac{QQ'}{r^2} \qquad \textbf{Coulombsches Gesetz} \qquad (8.1)$$

$$\varepsilon_0 = 8{,}854\,16 \cdot 10^{-12}\ \text{A s V}^{-1}\ \text{m}^{-1} \qquad \text{Elektrische Feldkonstante}$$

Im Unterschied zur Gravitationskraft, die immer eine Anziehungskraft ist, hängt die Richtung der Coulombkraft von den Vorzeichen der beiden Ladungen ab. Sind die *Vorzeichen gleich*, ist die Kraft positiv. Sie ist damit nach unserer Definition (Bild 8.1) nach außen gerichtet. Die Körper *stoßen sich ab*. Sind die *Vorzeichen verschieden*, ist die Kraft negativ, also nach innen gerichtet; die Körper *ziehen sich an*.

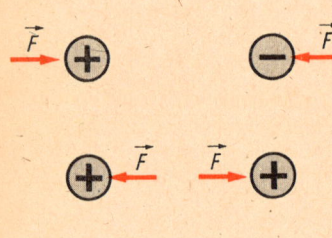

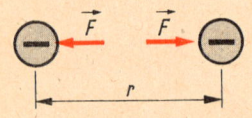

Bild 8.1 Zur Richtung der Coulombkraft

● **Beispiel 8.1**

Berechnen Sie den Betrag der Kraft, mit der ein Proton (Kern des Wasserstoffatoms) ein Elektron bindet. Der Atomradius ist $5{,}3 \cdot 10^{-11}$ m.

Gegeben: $Q = e$; $Q' = -e$ *Gesucht:* F
$r = r_A = 5{,}3 \cdot 10^{-11}$ m

Nach (8.1) ist $F = \dfrac{1}{4\pi\varepsilon_0} \dfrac{e(-e)}{r_A^{\,2}}$

$$F = \frac{-(1{,}60 \cdot 10^{-19}\ \text{As})^2\ \text{Vm}}{4 \cdot 8{,}85 \cdot 10^{-12}\pi\ \text{As}\ (5{,}3 \cdot 10^{-11}\ \text{m})^2}$$

$$F = \frac{-1{,}6^2 \cdot 10^{-38+12+22}\ \text{A}^2\text{s}^2\ \text{V m}}{4 \cdot 8{,}85 \cdot 5{,}3^2 \cdot \pi\ \text{A s m}^2}$$

$$F = -8{,}2 \cdot 10^{-8}\ \text{N}$$

Bemerkung: Das negative Vorzeichen ist der Ausdruck dafür, daß es sich um eine Anziehungskraft handelt. ●

● **Aufgabe 8.1**

Berechnen Sie zum Vergleich mit dem im Beispiel 8.1 gefundenen Wert die Gravitationskraft, die zwischen beiden Teilchen im gegebenen Abstand wirkt. Begründen Sie den Unterschied zwischen Ihrem Ergebnis und der diesbezüglichen Aussage in Tafel 3.1.

Treten mehr als zwei Punktladungen auf, kompliziert sich die Berechnung der zwischen ihnen wirkenden Kräfte. Die resultierende Wirkung aller Ladungen, die sich in verschiedenen

Abständen von einem gegebenen Ort befinden, läßt sich theoretisch nicht exakt, sondern nur in Näherungsrechnungen ermitteln. Um diese Schwierigkeit zu umgehen, bestimmt man die resultierende Wirkung experimentell und beschreibt sie durch eine Größe, die eine Eigenschaft des gegebenen Ortes darstellt. An die Stelle des Kraftgesetzes (8.1) tritt dann

$$F = Q'E \qquad \text{Betrag der Kraft auf Ladungsträger im elektrischen Feld} \qquad (8.2)$$

In (8.2) ist in der Größe E der Einfluß aller Ladungen außer Q' zusammengefaßt. Damit gehen wir von der Fernwirkungstheorie, die die Kraft zwischen Ladungsträgern beschreibt, zur Beschreibung der Wechselwirkung zwischen Ladungen und ortsabhängigen Größen über. In dieser Betrachtungsweise wird der Raum zum Träger elektrischer Eigenschaften.

Ein Raum, in dem auf ruhende elektrische Ladungen eine Kraft wirkt, heißt elektrisches Feld.

Das Operieren mit diesem Feldbegriff vereinfacht sowohl die theoretische als auch die experimentelle Arbeit. Das gleiche ist schon von der Behandlung der Gravitation her bekannt. Dort wurde der Einfluß aller vorhandenen Massen und der ihrer geometrischen Anordnung unter dem Begriff Gravitationsfeldstärke zusammengefaßt ($\rightarrow$ 3.2.2.4.).

8.2.2. Feldgrößen

Das Kraftgesetz (8.2) läßt sich zur Definition der ortsabhängigen Größe E verwenden. Voraussetzung dafür ist, daß die Ladung Q' so klein ist, daß sie die resultierende Wirkung der gegebenen Ladungsverteilung nicht meßbar verändert. Einen Körper mit so kleiner Ladung nennen wir eine Probeladung. (Diese sprachlich nicht ganz einwandfreie Bezeichnung darf uns nicht vergessen lassen, daß freie Ladungen nicht vorkommen. Ladung ist wie Masse eine Eigenschaft von Körpern.) Unter der genannten Voraussetzung erhalten wir aus (8.2) die Definitionsgleichung für die Feldgröße E:

$$E = \frac{F}{Q'} \qquad \text{Elektrische Feldstärke} \qquad (8.2')$$

$$[E] = \text{N C}^{-1} = \text{kg m s}^{-3} \text{ A}^{-1} = \text{V m}^{-1}$$

Die elektrische Feldstärke ist der Quotient aus Kraft und Ladung. Sie ist wie die Kraft eine vektorielle Größe. Die Richtung der Feldstärke ist gleich der Richtung der Kraft auf die positive Probeladung (Bild 8.2).

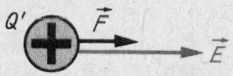

Bild 8.2 Definition der Richtung der elektrischen Feldstärke

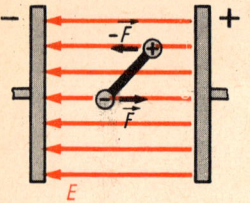

Bild 8.3 Auf einen Dipol wirkt im homogenen elektrischen Feld ein Drehmoment

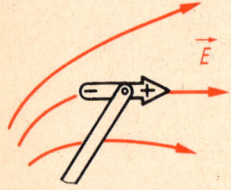

Bild 8.4 Elektrischer Dipol als Richtungssonde im elektrischen Feld

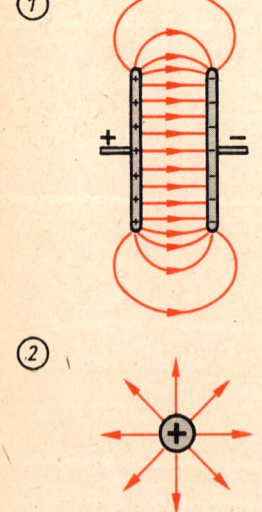

Wie in der Mechanik werden wir bei den folgenden Gleichungen im Interesse der einfachen Darstellung, wo möglich, die Zusammenhänge zwischen den Beträgen angeben.

Die mit (8.2) beschriebene Kraft wirkt nicht nur auf freie, sondern auch auf gebundene Ladungsträger. Ladungsträger in leitenden Körpern sind beweglich. Sie werden durch die Coulombkraft eines äußeren Feldes entsprechend ihrer Polarität und der Feldrichtung nach entgegengesetzten Seiten des Körpers verschoben. Dadurch erscheint der zunächst neutrale Körper geladen. Diesen Vorgang bezeichnen wir als *Influenz*. Körper, an deren Enden sich Ladungen unterschiedlichen Vorzeichens konzentrieren, heißen *Dipole*, unabhängig davon, ob sie durch Influenz oder durch Aufladung außerhalb des Feldes entstanden sind. Auf einen Dipol wirkt im Feld ein Kräftepaar und damit ein Drehmoment (Bild 8.3), bis er parallel zur Feldrichtung liegt. Diese Wirkung läßt sich zur qualitativen Darstellung des Feldes nutzen: Ein drehbar gelagerter Dipol (Bild 8.4) zeigt immer die Richtung der Coulombkraft an. Diese Richtung wird aufgezeichnet, indem der Dipol langsam in der Richtung bewegt wird, die er jeweils anzeigt. Dabei zeichnet er eine *Feldlinie*. Durch jeden Raumpunkt läßt sich eine Feldlinie oder *Kraftlinie* ziehen. Aus Gründen der Übersichtlichkeit wird jedoch immer nur eine Auswahl der Feldlinien gezeichnet. Im Bild 8.5 sind einige typische Feldlinienbilder zusammengestellt. Trotz der anschaulichen Bilder sollte man nie vergessen, daß Feldlinien nur eine Hilfsvorstellung sind und keine reale Existenz haben.

● **Aufgabe 8.2**

Erklären Sie, welche Aussagen dem Feldlinienbild über den Betrag der Kraft bzw. der Feldstärke an verschiedenen Orten entnommen werden können. ●

Wir berechnen die Feldstärke in der Umgebung einer Punktladung Q. Dazu benutzen wir die Gleichungen (8.1) und (8.2), die beide die gleiche Kraft beschreiben und die wir deshalb gleichsetzen:

$$\frac{1}{4\pi\varepsilon_0}\frac{Q'Q}{r^2} = Q'E \qquad \text{Daraus ergibt sich}$$

$$E = \frac{Q}{4\pi\varepsilon_0 r^2}$$ **Betrag der Feldstärke in der Umgebung einer Punktladung** (8.3)

Das Ergebnis zeigt, daß die Feldstärke wie die Kraft im radialsymmetrischen Feld umgekehrt proportional dem Quadrat des Abstandes von der Punktladung zunimmt.

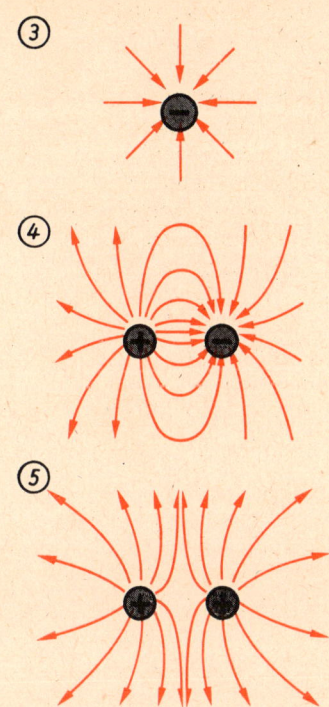

Bild 8.5 Einige typische Feldlinienbilder: 1. Feld zwischen
unterschiedlich geladenen Platten,
2. Feld um positive Punktladung,
3. Feld um negative Punktladung,
4. Feld zwischen zwei Punktladungen verschiedener Polarität,
5. Feld zwischen zwei Punktladungen gleicher Polarität

Die Feldstärke um einen langen dünnen Zylinder, zum Beispiel einen Draht, sei ohne Rechnung angegeben:

$$E = \frac{\varrho}{2\pi\varepsilon_0 r} \qquad \text{Feldstärke in der Umgebung einer zylindrisch angeordneten Ladung} \qquad (8.4)$$

In (8.4) ist $\varrho = Q/l$ die Ladungsdichte.

Wegen der Coulomb-Kraft ist Arbeit erforderlich, um Ladung im elektrischen Feld gegen die Feldkraft zu bewegen. Zur Berechnung dieser Arbeit wird das in der Dynamik eingeführte Arbeitsintegral (3.29'') verwendet. Mit (8.2) wird daraus

$$W = Q' \int\limits_1^2 E_s \, \mathrm{d}s.$$

Der Index s bedeutet auch hier, daß nur die Feldstärke-*komponente*, die in Wegrichtung liegt, mit der Weglänge zu multiplizieren ist, nicht aber die gesamte Kraft bzw. Feldstärke. Das Vorzeichen der Arbeit ergibt sich aus dem Vorzeichen der Ladung, der Richtung der Feldstärke und der Bewegungsrichtung. Auch hier gilt die Vereinbarung, daß dem System zugeführte Arbeit mit negativem Vorzeichen geschrieben wird. Die bei der Verschiebung von außen zugeführte Arbeit ist gleich der Zunahme der potentiellen Energie des geladenen Körpers im elektrischen Feld. Bezieht man diese Energiezunahme auf die Ladung, dann ergibt sich die in (7.3) bzw. (7.4') definierte Spannung bzw. Potentialdifferenz als Integral der Feldstärke entlang einem vorgegebenen Weg:

$$\boxed{\frac{\varDelta W}{Q'} = U_{12} = \varphi_1 - \varphi_2 = \int\limits_1^2 E_s \, \mathrm{d}s} \qquad \text{Potential-differenz} \qquad (8.5)$$

$$[U_{12}] = \mathrm{Vm^{-1}} \, \mathrm{m} = \mathrm{V}$$

Der Begriff des Potentials bzw. der Spannung hat hier den gleichen Inhalt wie im Stromkreis. Auch im stromdurchflossenen Leiter werden Ladungsträger durch die Feldstärke beschleunigt und gewinnen bzw. verlieren dabei potentielle Energie. Das Potential ist ebenso wie die Feldstärke zur Beschreibung des Feldes geeignet. Der durch (8.5) gegebene Zusammenhang wird oft auch in differentieller Form gebraucht:

$$E_s = \frac{-\mathrm{d}\varphi}{\mathrm{d}s} \qquad \text{Zusammenhang zwischen Betrag der Feldstärke und Potential} \qquad (8,5')$$

● **Beispiel 8.2**

Berechnen Sie den Betrag der Arbeit, die nötig ist, um ein Wasserstoffatom zu ionisieren, d. h., um das Elektron von seiner Bahn aus auf einen unendlich großen Abstand vom Kern zu bringen. Die kinetische Energie, die das Elektron infolge seiner

Bewegung auf der Bahn um den Atomkern besitzt, lassen wir dabei unberücksichtigt. Verwenden Sie die Angaben aus Beispiel 8.1.

Gegeben: $Q = e$; $Q' = -e$ *Gesucht:* $|\Delta W|$
$$r_1 = r_A = 5{,}3 \cdot 10^{-11}; \quad r_2 \to \infty$$

$$|\Delta W| = Q' \int\limits_{r_1}^{r_2} E_r \, dr = e \int\limits_{r_A}^{\infty} \frac{e}{4\pi\varepsilon_0 r^2} \, dr = \frac{e^2}{4\pi\varepsilon_0} \int\limits_{r_A}^{\infty} \frac{dr}{r^2}$$

$$|\Delta W| = \frac{e^2}{4\pi\varepsilon_0 r_A}; \quad \underline{|\Delta W| = 4{,}33 \cdot 10^{-18} \, \text{J}}$$ ●

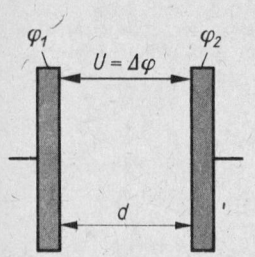

Für den Fall, daß die Feldstärke überall konstant ist, wird aus (8.5') $E_s = -\Delta\varphi/s$. Ein solches Feld nennen wir *homogen*. Es liegt beispielsweise in einem Plattenkondensator vor (Bild 8.6). Dort wird die Potentialdifferenz als Spannung zwischen den beiden Platten gemessen und mit U bezeichnet. Beträgt der Plattenabstand d, wird für diesen Fall aus (8.5')

$$\boxed{E = \frac{U}{d}}$$ **Feldstärke im homogenen Feld des Plattenkondensators**   (8.5'')

Bild 8.6 Potential und Spannung an geladenen Platten

Vergleichen Sie (8.5'') mit (8.3) und (8.4). Diese Gleichungen beschreiben die Feldstärke als Funktion des Ortes. Felder, in denen sich die Feldstärke mit den Ortskoordinaten ändert, nennen wir *inhomogene Felder*.

Wir wollen nochmals hervorheben, daß der Feldstärkebegriff mit der Kraft verknüpft ist, die auf Ladungen wirkt, und der Potentialbegriff mit der potentiellen Energie der Ladungen.

Die im Zusammenhang mit der Feststellung der Richtung der Feldstärke bereits beschriebene Influenz ist eine für das elektrische Feld typische Erscheinung. Um die influenzierende Wirkung des Feldes beschreiben zu können, führen wir eine neue Feldgröße ein. Zu ihrer Erklärung benutzen wir ein Gedankenexperiment: In das Feld zwischen zwei geladenen Platten werden zwei sehr dünne ungeladene Metallfolien eingebracht, die dicht aufeinanderliegen. Die positiven und negativen Ladungsträger, die sich auf beiden Folien befinden, sind zunächst gleichmäßig verteilt, so daß der Körper nach außen elektrisch neutral erscheint. Infolge der Influenz im elektrischen Feld werden die Ladungsträger getrennt und entsprechend ihrer Polarität und der Feldrichtung auf die beiden dünnen Folien verteilt. Die so erzeugte Ladungsverteilung nennen wir eine *elektrische Doppelschicht*. Diese läßt sich trennen, aus dem Feld herausnehmen und zu Feldberechnungen benutzen. Wir sorgen dafür, daß die eingebrachte Doppelfolie das Feld nicht verändert. Das läßt sich erreichen, wenn man sie wie im Bild 8.7.2 senkrecht zu den

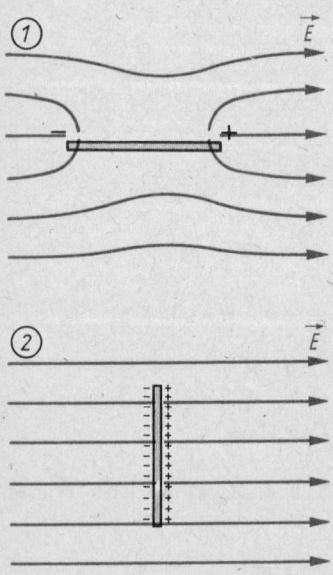

Bild 8.7 Entstehung einer elektrischen Doppelschicht im elektrischen Feld

Feldlinien stellt. In diesem Fall zeigt sich, daß die Ladungsdichte, bezogen auf die Flächen der Folien, ebensogroß ist wie
die auf den Kondensatorplatten. Diese Ladungsdichte wird zu
der neuen Feldgröße elektrische Verschiebung

$$D = \frac{Q}{A}$$ **Betrag der elektrischen Verschiebung**
im homogenen Feld (8.6)

Der Name Verschiebung bezieht sich auf die Ladungsver-
schiebung durch Influenz. Der Nutzen dieser neuen Feldgröße
besteht darin, daß sie im Feld auf beiden Seiten von eventuell
vorhandenen Grenzflächen konstant ist.
Im allgemeinen Fall, wenn die Folienfläche nicht senkrecht
auf den Feldlinien steht, müssen wir, statt wie in (8.6) nur mit
den Beträgen zu rechnen, den Vektorcharakter der Verschiebung ausdrücken und die Richtungsbeziehungen berücksichtigen:

$$\boldsymbol{D} = \frac{\mathrm{d}Q}{\mathrm{d}A}\,\boldsymbol{n}$$ Elektrische Verschiebung (8.6')

Die Richtung des Vektors der elektrischen Verschiebung ist
gleich der Richtung der Normalen $\boldsymbol{n}$ des Flächenelements auf der
Seite der negativen Ladung (Bild 8.8).
Feldstärke und Verschiebung lassen sich über die Flächen-
ladungsdichte experimentell bestimmen. Aus Messungen folgt
eine Beziehung, die wir später herleiten wollen:

$$\boldsymbol{D} = \varepsilon_0 \boldsymbol{E}$$ **Zusammenhang zwischen elektrischer**
Verschiebung und Feldstärke im Vakuum (8.7)

Die Gleichung sagt uns, daß die Richtungen von $\boldsymbol{D}$ und $\boldsymbol{E}$
übereinstimmen.

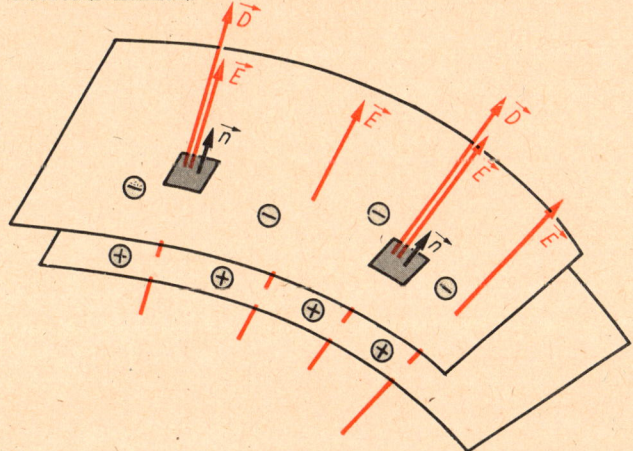

Bild 8.8 Richtung der Feldvektoren

● **Beispiel 8.3**

Berechnen Sie für das kugelsymmetrische Feld einer Punktladung Q Potential und Verschiebung.

Gegeben: Q *Gesucht:* φ, D

Nach (8.3) und (8.5) erhalten wir

$$\Delta\varphi = -\int\limits_{r_1}^{r_2} \frac{Q\,\mathrm{d}r}{4\pi\varepsilon_0 r^2} = \left[\frac{Q}{4\pi\varepsilon_0 r}\right]_{r_1}^{r_2} \text{ und legen fest } \varphi_{(r_1=0)} = 0.$$

So folgt $\varphi = \dfrac{Q}{4\pi\varepsilon_0 r_2}$ (r_2 ist der jeweilige Abstand von der Punktladung)

Mit (8.7) und (8.3) ergibt sich $D = \dfrac{Q}{4\pi r_2^2}$

in Übereinstimmung mit (8.6).   ●

8.2.3.   Anwendungen

8.2.3.1.   Kondensatoren

Die am häufigsten verwendeten Bauelemente, in denen das elektrische Feld eine Rolle spielt, sind Kondensatoren. Den einfachsten Typ des Kondensators, den Plattenkondensator, haben wir schon kennengelernt (Bild 8.6). Er besteht aus zwei Platten, die die Fläche A haben, sich im Abstand d gegenüberstehen und Ladungen unterschiedlichen Vorzeichens tragen. Im Versuch bringt man die Ladung auf die Platten, indem man sie mit jeweils einem Pol einer Spannungsquelle verbindet. Um festzustellen, wie groß die Ladung ist, die auf die Platten transportiert wird, schaltet man ein *Galvanometer* in den Stromkreis. Ein Galvanometer ist ein empfindlicher Strommesser. Zur Messung der an den Platten liegenden Spannung benutzen wir ein *elektrostatisches Voltmeter* (*Elektrometer*). Dies ist ein Spannungsmesser, der im Gegensatz zu den in 7.3.4. besprochenen Geräten bei der Anzeige keinen Strom aufnimmt. Die Bilder 8.9 und 8.10 zeigen die Versuchsanordnung. Wir schalten die Spannung ein. Das Galvanometer G zeigt einen Stromstoß an. Das Elektrometer E mißt die Spannung, die sich beim Aufladen der Platten einstellt. Wird die Spannungsquelle abgeschaltet, bleibt die Spannung und damit auch das elektrische Feld zwischen den Platten bestehen, der Kondensator ist geladen.

Elektronikbastler wissen, daß man auch in abgeschalteten Geräten aus den Kondensatoren heftige elektrische Schläge bekommen kann. Hochspannungskondensatoren in abgeschalteten Stromkreisen können lebensgefährliche Entladungen verursachen.

Schließt man danach die Platten über das Galvanometer kurz, strömt die gespeicherte Ladung ab. Das Galvanometer zeigt

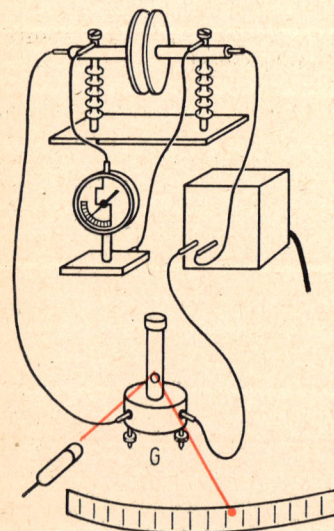

Bild 8.9 Versuchsaufbau zur Ladungsmessung

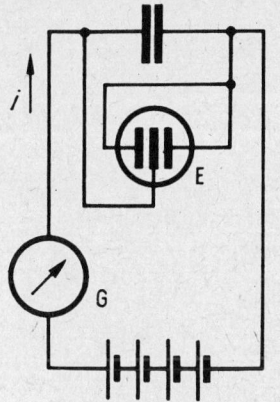

Bild 8.10 Schaltbild zur Ladungs-messung

einen gleich großen, aber entgegengesetzt gerichteten Ausschlag wie beim Aufladen. Wiederholen wir den Versuch mit verschiedenen Spannungen, so zeigt sich, daß die auf den Platten gespeicherte Ladung der jeweils anliegenden Spannung proportional ist:

$$Q = CU$$ **Im Kondensator gespeicherte Ladung** (8.8)

Den Proportionalitätsfaktor C nennen wir die Kapazität des Kondensators. Sie ist durch (8.8) definiert. Ihre Einheit ist

$$[C] = \text{C V}^{-1} = \text{F (Farad; } \rightarrow \text{Faraday)}$$

Die Einheit Farad ist im Vergleich mit den Kapazitäten der in der Technik gebräuchlichen Kondensatoren sehr groß. In der Praxis hat man es meistens mit Kondensatoren der Größenordnung Mikrofarad (μF), Nanofarad (nF) und Pikofarad (pF) zu tun.

Um herauszufinden, in welcher Weise die Kapazität vom Aufbau eines Kondensators abhängt, werden die geometrischen Abmessungen verändert. Für den Plattenkondensator folgt aus Experimenten:

$$C = \varepsilon_0 \frac{A}{d}$$ **Kapazität des leeren Plattenkondensators** (8.9)
(Bemessungsgleichung)

ε_0 ist wieder die in (8.1) eingeführte elektrische Feldkonstante, die nach (8.9) experimentell bestimmbar wird.

Jede Anordnung von elektrisch leitenden Körpern, die durch Vakuum, Luft oder einen anderen Nichtleiter getrennt sind, bildet einen Kondensator und hat demzufolge eine Kapazität. Die Kapazitäten der in der Technik gebräuchlichen Kondensatoren, die sich im Aufbau stark vom Plattenkondensator unterscheiden können (Bild 8.11), werden entweder nach empirischen Formeln berechnet oder experimentell bestimmt. Die Messung erfolgt allerdings nicht nach (8.9), sondern nach einem apparativ einfacheren Verfahren.

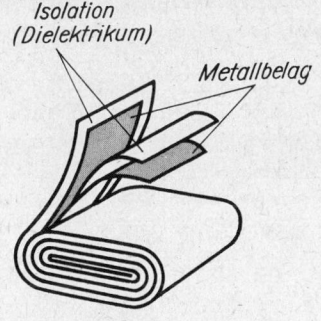

Isolation (Dielektrikum)

Metallbelag

Bild 8.11 Aufbau eines Block-kondensators

● **Beispiel 8.4**

Berechnen Sie die elektrische Verschiebung in einem Kondensator, der aus kreisförmigen Platten mit je 25 cm Durchmesser besteht, die den Abstand 3,0 mm haben. An den Platten liegt eine Spannung von 50 V.

Gegeben: $2r = 25$ cm; $d = 3,0$ mm; $\qquad$ *Gesucht:* D
$\qquad\qquad\quad U = 50$ V

Wir benutzen (8.6) $D = Q/A$,

(8.8) $Q = CU$ und

(8.9) $C = \varepsilon_0 A/d$ und erhalten

$$D = \varepsilon_0 \frac{U}{d}; \quad D = 8{,}854 \cdot 10^{-12} \frac{\text{A s}}{\text{V m}} \cdot \frac{50 \,\text{V} \cdot 10^3}{3 \,\text{m}}$$

$$= \frac{8{,}854 \cdot 5}{3} \, 10^{-12+4} \frac{\text{A s}}{\text{m}^2} = 1{,}47 \cdot 10^{-7} \frac{\text{A s}}{\text{m}^2}$$

Mit $D = \varepsilon_0 \dfrac{U}{d} = \varepsilon_0 E$ ist (8.7) bestätigt.   ●

● **Aufgabe 8.3**

Berechnen Sie die Kapazität eines Plattenkondensators, dessen Platten eine Fläche von $1{,}0 \,\text{m}^2$ und einen Abstand von $10 \,\text{mm}$ haben.

Wir hatten gesehen, daß die im Kondensator gespeicherte Ladung in Form eines Stromstoßes wieder abgegeben wird. Dieser Stromstoß kann Arbeit verrichten. Demzufolge hat der Kondensator nicht nur Ladung, sondern zugleich mit dieser auch Energie gespeichert. Wir wollen den Betrag dieser Energie berechnen: Wenn der Kondensator die momentane Spannung u hat und auf die Platten ein momentaner Strom $i = \mathrm{d}q/\mathrm{d}t$ fließt, so beträgt die momentane Leistung beim Transport der Elektronen auf die negativ geladene Platte, also gegen die Abstoßungskraft von Ladungen gleichen Vorzeichens, $p = u\,\mathrm{d}q/\mathrm{d}t$. Der Zuwachs an potentieller elektrischer Energie ist demnach, wenn wir (8.8) berücksichtigen, $\mathrm{d}W = p\,\mathrm{d}t = u\,\mathrm{d}q = Cu\,\mathrm{d}u$. Wir müssen hier die Momentanwerte benutzen, da der gegebene Zusammenhang immer nur für einen einzigen Zeitpunkt gilt. Die Spannung u wächst mit der aufgebrachten Ladung, und zwar von Null bis zum Maximalwert U. Zur Ermittlung des Gesamtbetrages der gespeicherten Energie haben wir über alle Spannungen zu integrieren: $W = \int\limits_0^U Cu\,\mathrm{d}u$ ergibt $W = \dfrac{C}{2} U^2$. Diese für die Energie des geladenen Kondensators hergeleitete Gleichung gilt allgemein:

$$\boxed{W = \frac{C}{2} U^2} \qquad \text{Energieinhalt einer Leiteranordnung mit Kapazität} \qquad (8.10)$$

● **Aufgabe 8.4**

Berechnen Sie die Energie, die in einem Kondensator mit der Kapazität $50 \,\mu\text{F}$ gespeichert ist, wenn an seinen Klemmen eine Spannung von $220 \,\text{V}$ liegt.

Kondensatoren werden als Energiequellen nur in solchen Geräten verwendet, in denen kurzzeitig starke Ströme benötigt
werden, zum Beispiel in Blitzleuchten, Lasergeräten, Lade-
gleichrichtern u. ä.

● **Aufgabe 8.5**

Begründen Sie, weshalb Kondensatoren sich nicht als Speicher
eignen, mit denen im Leitungsnetz Spitzenbelastungszeiten
ausgeglichen werden können.

● **Beispiel 8.5**

Berechnen Sie die Leistung einer Blitzlampe, die an eine
Spannungsquelle der folgenden Art angeschlossen ist. Eine
Kondensatorbatterie mit einer Kapazität von 50 µF wird
durch einen Akkumulator gespeist, dessen Spannung durch
eine geeignete Schaltung auf 500 V erhöht wird. Die Entladung des Kondensators dauert 1,0 ms. Verluste, die durch
Leitungswiderstände entstehen, werden nicht berücksichtigt.

Gegeben: $U = 500\,\text{V}$; $C = 50\,\mu\text{F}$; $t = 1,0\,\text{ms}$ *Gesucht: P*

Die Leistung ist nach (3.40) und (8.10)

$$P = \frac{W}{t} = \frac{CU^2}{2t}; \quad P = \frac{50\,\mu\text{F} \cdot 500^2\,\text{V}^2}{2 \cdot 1\,\text{ms}}$$

$$= \frac{5 \cdot 25 \cdot 10^{-5+4+3}\,\text{As V}^2}{2\,\text{s V}} = \underline{\underline{6{,}25\,\text{kW}}}$$

Die Stärke des bei der Entladung eines Kondensators fließenden
Stromes fällt wie die Spannung rasch ab. Um die Abhängigkeit
der Spannung von der Zeit analytisch erfassen zu können,
betrachten wir den Entladungsvorgang in der Schaltung nach
Bild 8.12. In dem Zeitpunkt $t_0 = 0$, in dem der Schalter geschlossen wird, ist der Kondensator noch geladen. Zwischen
seinen Platten herrscht die Spannung U_{C0}. Wir rechnen dem
Problem entsprechend wieder mit den Momentanwerten, die
durch Kleinbuchstaben bezeichnet werden. Für diese Momentanwerte gelten die Gesetze des Gleichstromkreises. Die
Kondensatorspannung wirkt als Urspannung. Ihre Richtung ist
in Bild 8.12 festgelegt. Wir benutzen die zum Teil umgestellten
Gleichungen (7.2), (7.7) und (8.8) $i = -\dfrac{dq}{dt}$, $u_C = iR$, $q = Cu_C$.

Wenn q und i eliminiert werden, ergibt sich die Differentialgleichung

$$\frac{du_C}{dt} = \frac{-u_C}{RC}$$

Eine Lösung dieser Gleichung ist folgende e-Funktion, wie
man durch Differenzieren und Einsetzen bestätigen kann:

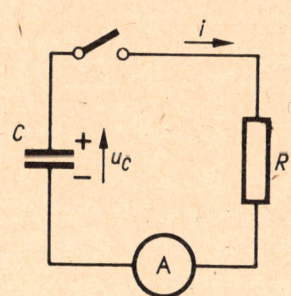

Bild 8.12 Schaltung für die Messung des Entladevorgangs am
Kondensator. Strom der Stärke i
fließt nach Schließen des Schalters

$u_C = U_{C0}\,\text{e}^{-t/RC}$ Entladungsgesetz des Kondensators   (8.11)

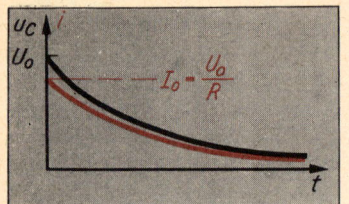

Bild 8.13 Entladungskurven eines Kondensators. Spannung und Stromstärke als Funktionen der Zeit

In der Zeit $\tau = RC$, die *Zeitkonstante* heißt, klingt die Spannung auf den e-ten Teil des Anfangswertes ab. Die Zeit, in der die Spannung auf die Hälfte ihres ursprünglichen Wertes abgenommen hat, wird als *Halbwertzeit* bezeichnet (Bild 8.13).

Mit (7.7) läßt sich das Entladungsgesetz auch für die Stromstärke schreiben:

$$i = \frac{U_{C0}}{R}\, e^{-t/RC} \quad \text{Stromstärke bei Kondensatorentladung} \quad (8.12)$$

● **Beispiel 8.6**

Berechnen Sie die Zeit, nach der bei Entladung eines Kondensators die Spannung von 200 V auf 2 V abgenommen hat. Der Kondensator hat eine Kapazität von 10 µF und ist an einen ohmschen Widerstand von 0,6 MΩ geschaltet.

Gegeben: $U_{C0} = 200\,\text{V}$; $U_t = 2,0\,\text{V}$ *Gesucht: t*
           $C = 10\,\mu\text{F}$; $R = 600\,\text{k}\Omega$

Aus (8.11) folgt

$$t = RC \ln \frac{U_{C0}}{U_t}; \quad t = 6 \cdot 10^{5-5}\,\Omega\text{F} \cdot \ln \frac{200}{2} = \underline{\underline{27,6\,\text{s}}} \quad ●$$

● **Aufgabe 8.6**

Berechnen Sie die Halbwertzeit einer Kondensatorentladung, wenn die Kapazität 1,0 µF und der Widerstand 500 kΩ beträgt.   ●

Kondensatoren, die in Reihen- oder Parallelschaltungen bzw. in Kombinationen aus beiden zusammengefaßt sind, lassen sich durch Ersatzkapazitäten beschreiben. Dieses Vorgehen entspricht der in 7.3. beschriebenen Verfahrensweise.

Für die Ersatzkapazität C_{ers} soll gelten $C_{\text{ers}} = Q_{\text{ers}}/U$.

Wir errechnen zunächst die Ersatzkapazität für drei parallelgeschaltete Kondensatoren (Bild 8.14). Alle Kondensatoren stehen unter der gleichen Spannung, speichern aber je nach ihrer Kapazität verschiedene Ladungen. Die Gesamtladung beträgt

$$Q_{\text{ges}} = Q_1 + Q_2 + Q_3$$
$$= C_1 U + C_2 U + C_3 U = (C_1 + C_2 + C_3)\,U = C_{\text{ers}} U$$

Daraus folgt $C_{\text{ers}} = C_1 + C_2 + C_3$.

Dieses Ergebnis kann leicht auf n parallelgeschaltete Kondensatoren erweitert werden:

$$\boxed{C_{\text{ers}} = \sum_{\nu=1}^{n} C_\nu} \quad \begin{array}{l}\textbf{Ersatzkapazität für } \boldsymbol{n} \textbf{ parallel-}\\ \textbf{geschaltete Kondensatoren}\end{array} \quad (8.13)$$

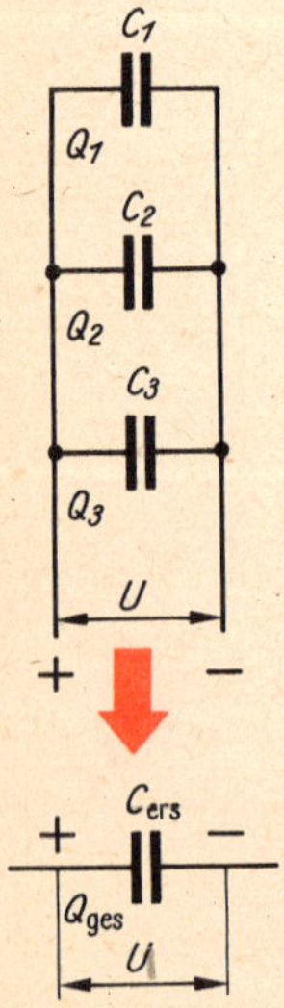

Bild 8.14 Ersatzkapazität für parallelgeschaltete Kondensatoren

Bild 8.15 Ersatzkapazität für in Reihe geschaltete Kondensatoren

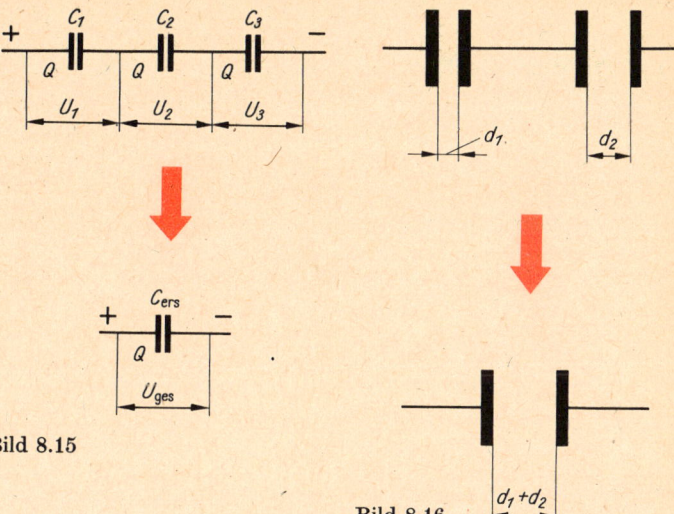

Bild 8.16 Zur Herleitung der Bemessungsgleichung für eine Ersatzkapazität. Zwei hintereinandergeschaltete Plattenkondensatoren gleicher Plattenfläche A mit den Plattenabständen d_1 und d_2 haben nach (8.14) die Ersatzkapazität

$$C_\mathrm{ers} = \frac{1}{\frac{d_1}{\varepsilon_0 A} + \frac{d_2}{\varepsilon_0 A}} = \frac{A\varepsilon_0}{d_1 + d_2}.$$

Das ist auch aus der Anschauung verständlich

Bild 8.15

Bild 8.16

Bei der Hintereinanderschaltung (Bild 8.15) sind die Ladungen aller Kondensatoren einander gleich, denn die Platten, die nicht mit der Spannungsquelle Kontakt haben, werden durch Influenz aufgeladen. Die Spannungen haben entsprechend den Kapazitäten unterschiedliche Werte $U_\nu = Q/C_\nu$.
Wir erhalten also

$$U = U_1 + U_2 + U_3$$

$$U = \frac{Q}{C_1} + \frac{Q}{C_2} + \frac{Q}{C_3} = Q\left(\frac{1}{C_1} + \frac{1}{C_2} + \frac{1}{C_3}\right) = \frac{Q}{C_\mathrm{ers}}$$

Daraus folgt

$$C_\mathrm{ers} = \left(\sum_{\nu=1}^{n} \frac{1}{C_\nu}\right)^{-1}$$

Ersatzkapazität für n hintereinandergeschaltete Kondensatoren (8.14)

(vgl. auch Bild 8.16).

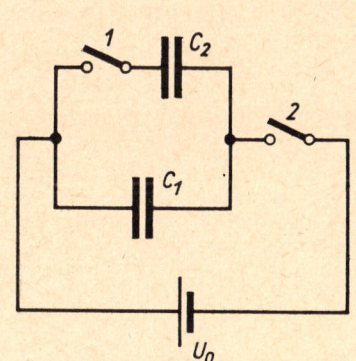

Bild 8.17 Schaltskizze zu Aufgabe 8.7

● **Aufgabe 8.7**

In Bild 8.17 ist eine Schaltung dargestellt, in der 1. Schalter *1* offen und Schalter *2* geschlossen ist. Dabei lädt sich der Kondensator C_1 auf. 2. wird Schalter *2* geöffnet und Schalter *1* geschlossen. Berechnen Sie die Spannung, die Ladung und die Kapazität der Kombination für beide Fälle. ●

8.2.3.2. Millikan-Versuch

Aus der Mechanik wissen wir, daß das Gewicht eines Körpers durch andere Kräfte, zum Beispiel durch den Auftrieb, kompensiert werden kann (→ 4.3.5.). In solch einem Fall schwebt der

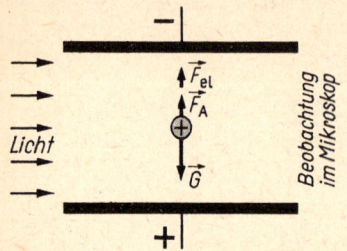

Bild 8.18 Zum Millikan-Versuch. Der Kondensator, in dem die Teilchen in der Schwebe gehalten werden, wird von links her beleuchtet. Durch das rechts angebrachte Mikroskop beobachtet man die Teilchen während des Einstellens der Feldstärke, bei der das Kräftegleichgewicht entsteht

Körper in dem umgebenden Medium. Fügt man zum Auftrieb noch die Coulombkraft hinzu, dann kann man sogar geladene Körper, deren Dichte größer ist als die der Luft, in Luft in der Schwebe halten, wie es Bild 8.18 darstellt. Im Schwebefall herrscht Gleichgewicht aller Kräfte. Die Coulombkraft F_{el} und der Auftrieb F_A sind nach oben, das Gewicht G ist nach unten gerichtet: $F_{el} + F_A = G$. Mit $F_{el} = QU/d$ erhalten wir $Q = d(G - F_A)/U$.

Dieser schon von OTTO VON GUERICKE beschriebene Schwebeversuch bietet demnach die Möglichkeit, die Ladung kleiner Körper zu messen. MILLIKAN verbesserte das Verfahren. Er beobachtete Öltröpfchen im Feld eines Plattenkondensators unter dem Mikroskop und bestimmte die Elementarladung, die Ladung des Elektrons (→ 7.2.1.).

8.2.3.3.   Freie Ladungsträger im elektrischen Feld

Eine große Anzahl der bekannten elektronischen Geräte beruht auf dem Prinzip, daß Ladungsträger durch ein elektrisches Feld beschleunigt werden. Damit wird die Bewegung der Ladungsträger verändert. Beispiele dafür sind Elektronenröhre, Braunsches Rohr für Oszilloskope und Fernsehgeräte, Elektronenmikroskop, Ionentriebwerke für Raumsonden u. a. m. Dies alles sind Geräte, in denen die Ladungsträger frei beweglich sind. Die Bewegung von Ladungsträgern in Leitern verschiedener Art wird im Abschnitt 12.5. behandelt.

Die in den Geräten am häufigsten genutzten Ladungsträger sind die Elektronen. Die Erzeugung *freier Elektronen* wird in 9.3.1. besprochen. Hier setzen wir ihre Existenz in den Geräten voraus. Als erstes untersuchen wir die Längsbeschleunigung (Beschleunigung in Bewegungsrichtung) eines Elektrons zwischen zwei Elektroden.

● **Beispiel 8.7**

Ein Elektron hat auf dem Potential 20 V die Anfangsgeschwindigkeit Null. Berechnen Sie seine Geschwindigkeit auf dem Potential 200 V. Zur Erläuterung diene Bild 8.19.

Gegeben: $\varphi_0 = 20\text{ V}$ $\varphi_1 = 200\text{ V}$ *Gesucht:* v_1

$\qquad\qquad v_0 = 0;\quad e/m_e = 1{,}759 \cdot 10^{11}\text{ C kg}^{-1}$

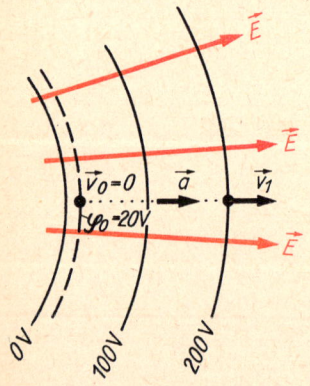

Bild 8.19 Längsbeschleunigung eines Ladungsträgers (zum Beispiel 8.7)

Wir berechnen die gesuchte Geschwindigkeit nicht über die beschleunigende Kraft, sondern über die umgesetzte Energie. Das ist in den meisten Fällen einfacher. Die Energiebilanz lautet:

$\Delta W_{el} = \Delta W_k$. Nach (7.4) und (3.37) wird daraus

$Q(\varphi_1 - \varphi_0) = \dfrac{1}{2}\, mv_1{}^2$ und weiter mit $Q = e$ und $m = m_e$

$$v_1 = \sqrt{2\,\frac{e}{m_e}\,(\varphi_1 - \varphi_0)};\qquad v_1 = 8 \cdot 10^6\text{ m s}^{-1}$$

Beispiele dieser Art, die vor allem in der Atom- und Kern-physik häufig sind, machen die Einführung einer weiteren Energieeinheit sinnvoll, des *Elektronenvolt*:

> Ein Elektronenvolt ist die Energie, die ein Elektron oder ein anderes einfach geladenes Elementarteilchen aufnimmt, wenn es die Potentialdifferenz 1 V durchläuft.

Bezogen auf die kohärente Energieeinheit erhalten wir mit der Elementarladung $1\,\text{eV} = 1{,}602 \cdot 10^{-19}\,\text{C} \cdot 1\,\text{V} = 1{,}602 \cdot 10^{-19}\,\text{Ws}$.

$$1\,\text{eV} = 1{,}602 \cdot 10^{-19}\,\text{J}$$

Aus praktischen Gründen wurde außer der Elementarladung auch das Verhältnis der Ladung des Elektrons zu seiner Masse unter die Naturkonstanten aufgenommen:

$$\frac{e}{m_e} = 1{,}758805 \cdot 10^{11}\,\text{C kg}^{-1} \quad \text{Spezifische Ladung des Elektrons}$$

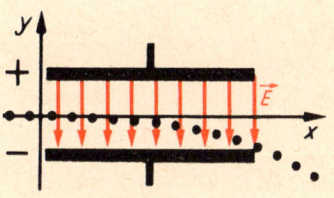

Bild 8.20 Querablenkung eines Protons im elektrischen Feld. Es entsteht eine Bahn wie beim waagerechten Wurf im Schwerefeld

Als nächstes untersuchen wir die Querablenkung eines geladenen Teilchens im elektrischen Feld. Bild 8.20 stellt den Vorgang dar: Ein Proton gelangt mit der Horizontalgeschwindigkeit v_0 in ein senkrecht zu v_0 gerichtetes Feld. Dieses Feld mit der Feldstärke E beschleunigt das Proton in Feldrichtung. Die Analogie zum horizontalen Wurf ist deutlich. Wir erwarten deshalb eine parabelförmige Bahnkurve.

Das Kraftgesetz $F = ma$ ist auf jede Komponente der wirkenden Kraft einzeln anzuwenden. Wir erhalten

$$F_x = 0 \to a_x = 0 \text{ und daraus } v_x = \text{const} = v_0 \text{ sowie } x = v_0 t.$$

Nach (8.2) ist $F_y = eE = m_e a_y$, daraus folgt $a_y = eE/m_e$. Mit (2.6) wird daraus für $v_{0y} = 0 \quad v_y(t) = \dfrac{e}{m_e} Et$. Mit (2.7) und $y_0 = 0$ folgt $y(t) = \dfrac{1}{2} \dfrac{e}{m_e} Et^2$.

Beide Koordinaten werden als Funktionen der Zeit dargestellt. Eliminieren wir die Zeit aus beiden Bahngleichungen, dann ergibt sich wie für den horizontalen Wurf eine Parabelgleichung:

$$y = \frac{eE}{2m_e v_0^2} x^2.$$

In der Braunschen Röhre wird diese Ablenkung zur Steuerung des Elektronenstrahls genutzt.

● Aufgabe 8.8

Berechnen Sie die Geschwindigkeit, mit der sich ein Proton bewegt, das die kinetische Energie 1,2 MeV hat. ●

Es können nicht nur Elektronen beschleunigt werden. Ein modernes Verfahren der Halbleitertechnologie benutzt Ionen, die durch eine exakt bestimmte Feldstärke beschleunigt werden und danach mit einer definierten Geschwindigkeit im Halbleitermaterial bis zu einer vorgegebenen Tiefe eindringen. Dadurch werden Halbleiterbauelemente mit einer bisher nicht gekannten Präzision herstellbar.

Die sowjetische Raumstation Salut besitzt ein Ionentriebwerk, das als Treibstoff die in geringer Menge vorhandenen Gase der Hochatmosphäre benutzt. Die Gasatome (die Moleküle sind in dieser Höhe fast restlos dissoziiert) werden angesaugt, ionisiert und anschließend durch ein elektrisches Feld beschleunigt. Damit erreicht man schon jetzt Ausströmgeschwindigkeiten aus der Düse, die wesentlich höher liegen als bei chemischen Triebwerken. Wir berechnen diese Austrittsgeschwindigkeit unter der Voraussetzung, daß die Gasatome mit der relativen Geschwindigkeit v_1 angesaugt und durch die Spannung U beschleunigt werden. Die für die Beschleunigung eines Atoms aufgewendete elektrische Energie ist gleich der Zunahme seiner kinetischen Energie:

$$eU = \frac{m}{2}(v_2{}^2 - v_1{}^2). \quad \text{Daraus folgt} \quad v_2 = \sqrt{2\frac{eU}{m} + v_1{}^2}.$$

Die bei dieser Antriebsart auftretenden Energieverluste sind vernachlässigbar klein.

8.2.4.   Stoff im elektrischen Feld

Schiebt man in das Feld eines geladenen Plattenkondensators einen Isolator, zum Beispiel eine Paraffinplatte, so sinkt die Spannung (Bild 8.21). Das bedeutet, daß nach (8.8) $Q = CU$ bei konstanter Ladung Q (Ladung kann nicht abfließen) die Kapazität zugenommen haben muß.

Zur quantitativen Erfassung des Sachverhalts wird die *Dielektrizitätszahl* eingeführt. Sie läßt sich experimentell bestimmen als das Verhältnis der Kapazitäten von stoffgefülltem und leerem Kondensator (Indizes: mit bzw. ohne Stoffüllung):

$$\varepsilon_r = \frac{C_m}{C_o} \quad \text{Dielektrizitätszahl} \tag{8.15}$$

Die Kapazität eines stoffgefüllten Kondensators ist damit

$$\boxed{C_m = \varepsilon_r \varepsilon_0 \frac{A}{d}} \quad \text{Kapazität des stoffgefüllten Plattenkondensators} \tag{8.9'}$$

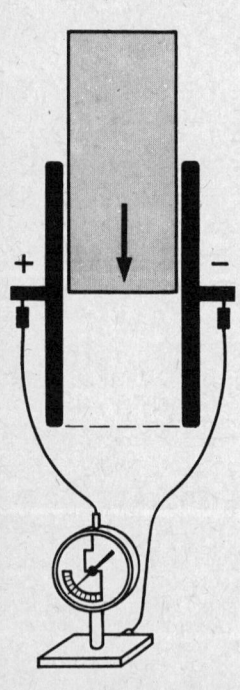

Bild 8.21 Einfluß eines Füllstoffes auf die Kapazität eines Plattenkondensators. Die Kapazitätsänderung wird bei konstanter Ladung aus der Spannungsänderung meßbar

Wie läßt sich die kapazitätsvergrößernde Wirkung des Dielektrikums erklären? Auch im Nichtleiter tritt im elektrischen Feld Influenz auf, die sich aber von der in Metallen wesentlich unterscheidet. In Leitern werden die Ladungsträger, die frei beweglichen Elektronen, durch die elektrostatische Kraft des Feldes nach den Leiteroberflächen hin bewegt. Die Ladungsträger in Isolatoren sind fest an Moleküle bzw. im Kristall gebunden. Durch das äußere elektrische Feld werden die positiven und

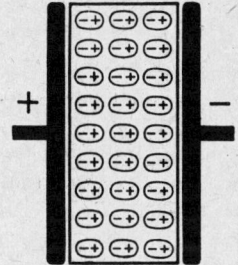

Bild 8.22 Polarisierung im Dielektrikum. Im ursprünglich neutralen Medium entstehen durch Influenz Dipole

negativen Ionen innerhalb der Moleküle so verschoben, daß die ursprünglich neutralen Moleküle zu Dipolen werden. Andere Moleküle, die auch ohne äußeres Feld schon Dipole sind, werden im Feld lediglich ausgerichtet. Sie bleiben dabei am Ort. Bild 8.22 stellt das Ergebnis dieser Polarisierung schematisch dar. Dabei blieb unberücksichtigt, daß die Wärmebewegung der Moleküle ihrer Ausrichtung durch das Feld entgegenwirkt. Die Zeichnung zeigt, daß die unmittelbar an den Platten liegenden Oberflächenladungen des Dielektrikums gegenüber dem leeren Kondensator zusätzliche Ladungen binden. Damit ist die Kapazitätszunahme anschaulich erklärt.

Man unterscheidet im wesentlichen drei verschiedene Stoffarten: *dielektrische, paraelektrische* und *ferroelektrische* Stoffe.

Die dielektrischen Stoffe besitzen unpolare Moleküle, die erst im Felde elektrisch deformiert und zu Dipolen werden. Die Dielektrizitätszahl dieser Stoffe ist meist nur unwesentlich von 1 verschieden.

Beispiel: Luft: $\varepsilon_r = 1{,}00059$.

Die paraelektrischen Stoffe besitzen polare Moleküle, also permanente Dipole, die zunächst regellos liegen. Im Feld werden die Dipole ausgerichtet. Dadurch verstärken sie die Speicherwirkung des Feldes.

Beispiel: Wasser: $\varepsilon_r = 81$.

Die ferroelektrischen Stoffe erreichen auf Grund der permanenten Ausrichtung von Dipolen sehr hohe Dielektrizitätszahlen. Die Dielektrizitätszahl der Ferroelektrika ist stark von äußeren Bedingungen wie Spannung, Temperatur, Druck und Vorgeschichte des Materials abhängig.

Beispiel: Seignettesalz: $\varepsilon_r \approx 10^4$

In der Beilage sind die Dielektrizitätszahlen einiger Stoffe zusammengestellt ($\rightarrow$ 7.16.).
In technischen Kondensatoren nutzt man die kapazitätssteigernde Wirkung der Isolierstoffe. Blockkondensatoren bestehen aus aufgewickelten Aluminiumfolien, die durch paraffiniertes Papier getrennt sind (Bild 8.11). Auch die Elektrolytkondensatoren bestehen aus Aluminiumfolien mit einer sehr dünnen, elektrolytisch erzeugten Oxidschicht auf einer Oberfläche, die als Dielektrikum wirkt.
Im stofferfüllten elektrischen Feld wird aus (8.7)

$$D = \varepsilon_r \varepsilon_0 E$$

Elektrische Verschiebung und Feldstärke im stoffgefüllten Feld (8.7′)
(Beträge)

Das Produkt $\varepsilon_r \varepsilon_0$ wird in der Literatur oft zusammengezogen:

$$\varepsilon = \varepsilon_r \varepsilon_0 \qquad \text{Dielektrizitätskonstante} \qquad (8.16)$$

Elektrostatische Diebstahlssicherungen in Museen stellen ebenfalls eine Nutzanwendung der dielektrischen Wirkung dar: Der zu sichernde Raum wird durch zwei an Hochspannung liegende Elektroden zum Kondensator gemacht. Der Körper eines eindringenden Menschen hat eine größere Dielektrizitätskonstante als die von ihm verdrängte Luft. Demzufolge fällt im Moment des Eindringens die Spannung an den Elektroden ab. Diese Spannungsänderung steuert einen elektronischen Schalter.

8.3.   Ruhendes magnetisches Feld

8.3.1.   Erfahrungstatsachen zum Magnetismus

Wir erinnern uns zunächst an einige Kenntnisse über magnetische Erscheinungen, die wir hier voraussetzen dürfen: Körper aus Eisen, Nickel, Kobalt und einigen Legierungen können in einen Zustand gebracht werden, in dem sie aufeinander Kräfte ausüben. Solche Körper nennen wir permanente oder Dauermagnete. Sie sind Dipole. Magnetische Dipole werden im Gegensatz zu den elektrischen nicht von statischen Ladungen gebildet. Magnetische Ladungen existieren nicht. Die Pole eines Dauermagneten nennen wir Nord- und Südpol. Gleichnamige Pole stoßen einander ab, ungleichnamige ziehen einander an. Die Erde ist ein Dauermagnet, dessen Pole Anziehungspunkte für Dauermagnete, beispielsweise für die Kompaßnadel, sind (Bild 8.23). Nord- und Südpol eines Magneten sind voneinander nicht trennbar. Geteilte Magnete haben wieder Nord- und Südpol (Bild 8.24). Der Raum, in dem auf eine Magnetnadel, die nicht in eine ausgezeichnete Richtung weist, ein Drehmoment ausgeübt wird (Bild 8.25), heißt

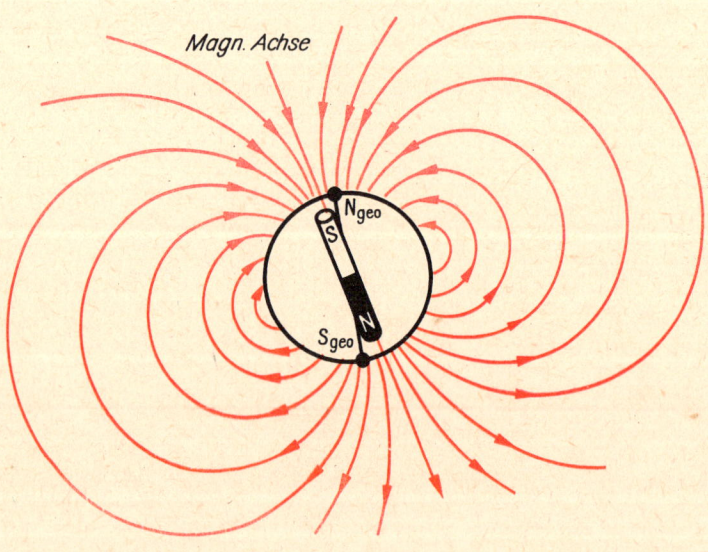

Bild 8.23 Die Erde als Dauermagnet. Der magnetische Nordpol liegt in der Nähe des geografischen Südpols

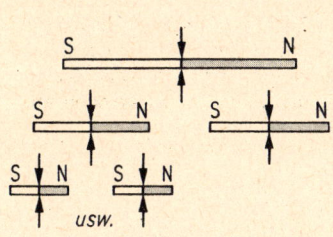

Bild 8.24 Durch Teilung von magnetischen Dipolen entstehen neue vollständige Dipole

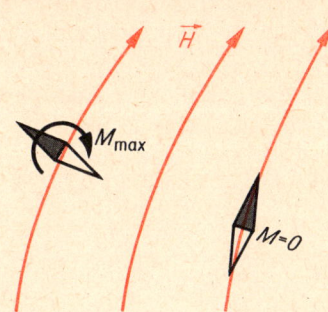

Bild 8.25 Wirkung des Magnetfeldes auf einen magnetischen Dipol

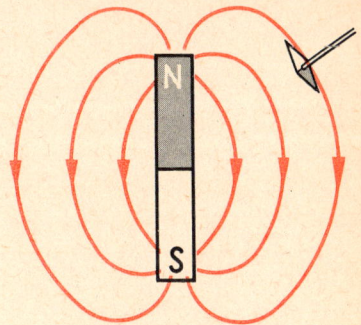

Bild 8.26 Zur Richtung des magnetischen Feldes. Die magnetischen Feldlinien verlaufen vom Nordpol zum Südpol des Magneten

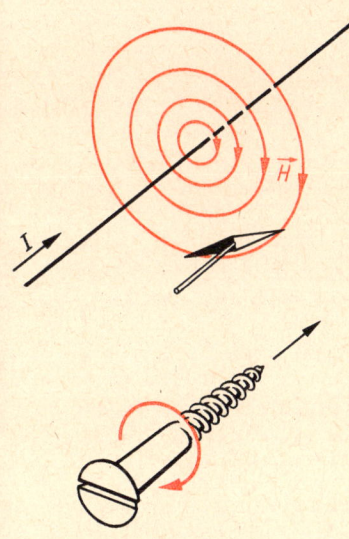

Bild 8.27 Richtungsbeziehung zwischen Strom und Magnetfeld (Rechtsschraubenregel; vgl. Bild 2.19)

magnetisches Feld. Richtung und Intensität des magnetischen Feldes werden analog zum elektrischen Feld durch Feldlinien dargestellt (Bild 8.26). Stromführende Leiter sind von einem Magnetfeld umgeben, wobei Stromrichtung und Feldrichtung durch die Rechtsschraubenregel miteinander verknüpft sind (Bild 8.27).

8.3.2.   Feldgrößen

Das magnetische Feld wird wie das elektrische durch Feldgrößen beschrieben. Wie im elektrostatischen Feld wird eine magnetische Feldstärke eingeführt. Da es keine magnetischen Ladungen gibt, ist eine Definition analog (8.2′) nicht möglich. Die Beschreibung durch das (mechanische) Drehmoment, das im Magnetfeld auf einen definierten Dipol wirkt, können wir erst später bewältigen, da die Erklärung der Dipoleigenschaften ohne das Feld nicht möglich ist. Wir erleichtern uns die Aufgabe, indem wir nicht eine Wirkung des Magnetfeldes, sondern seine Ursache zur Definition benutzen. Die magnetische Feldstärke wird mit Hilfe des Stromes definiert, der sie erzeugt. Zu diesem Zweck lassen wir den Strom durch eine Spule mit N Windungen fließen. Um Randeffekte auszuschließen, soll die Spule unendlich lang sein. Praktisch genügt es jedoch, wenn die Spulenlänge wesentlich größer ist als der Durchmesser ($l \gg d$). Dann ist das Feld im Innern der Spule homogen, und es gilt

$$H = \frac{N}{l} I$$

Betrag der magnetischen Feldstärke im Innern einer langen geraden Spule (8.17)

$$[H] = \text{A m}^{-1}$$

Bild 8.28 Richtung des Magnetfeldes einer Spule. Die Feldstärke zwischen den Windungen ist Null, da die gleich großen Anteile der einzelnen Windungen dort unterschiedliche Richtungen haben und sich deshalb gegenseitig aufheben. Im Innen- und Außenraum der Spule addieren sich die Anteile der einzelnen Windungen so, daß zwischen dem Umlaufsinn des Stromes in der Spule und der Feldrichtung wieder eine Rechtsschraubenbeziehung gilt. Das Symbol $\otimes$ in der Schnittfläche eines Leiters bedeutet, daß dort der Strom in die Zeichenebene hineinfließt, während $\odot$ einen senkrecht aus der Zeichenebene heraustretenden Strom bezeichnet

Bild 8.29 Rechtsschraubenregel für das Magnetfeld einer Spule. Das Spulenende, aus dem die Feldlinien austreten, wird als der magnetische Nordpol bezeichnet. (Feldlinien außerhalb der Spule sind nicht gezeichnet.)

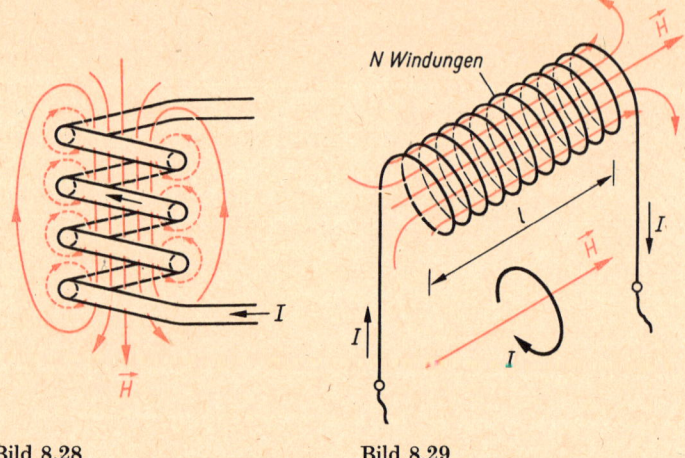

Bild 8.28   Bild 8.29

Die Definition ist eine einfache Meßvorschrift, mit der die magnetische Größe auf eine elektrische zurückgeführt wurde. *H* ist wie *E* eine vektorielle Größe. Ihre Richtung ergibt sich durch Anwendung der in Bild 8.27 für einen einzelnen Leiter gegebenen Richtungsbeziehung auf die Spule (Bild 8.28 und 8.29).
Die Definition der magnetischen Feldstärke gestattet nicht nur, Feldstärken innerhalb einer gegebenen Spule zu berechnen. Sie ermöglicht auch die Messung beliebiger Feldstärken nach einer Kompensationsmethode. Man stellt zunächst mit der Richtungssonde die Richtung der unbekannten Feldstärke fest, bringt eine Spule mit ihrer Längsachse in diese Richtung und justiert Richtung und Stromstärke des Spulenstroms so ein, daß im Innern der Spule kein Magnetfeld mehr nachgewiesen werden kann. Die in der Spule erzeugte Feldstärke ist dann entgegengesetzt gleich der zu messenden.

● **Aufgabe 8.9**

Berechnen Sie die magnetische Feldstärke im Innern einer Spule, die 20 cm lang ist und 750 Windungen mit einem Durchmesser von 15 mm hat. Der Spulenstrom hat eine Stärke von 300 mA.   ●

Die Gleichung für die Feldstärke in einem Punkt, der den Abstand *r* von einem einzelnen Leiter hat, welcher von einem Strom der Stärke *I* durchflossen wird, sei ohne Rechnung gegeben:

$$H(r) = \frac{I}{2\pi r}$$ **Feldstärke um einen langen geraden Leiter**   (8.18)

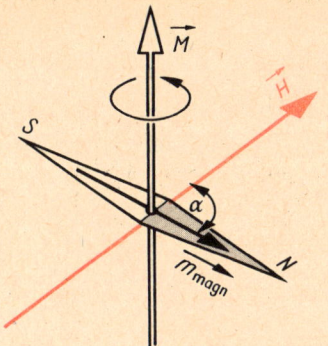

Bild 8.30 Richtung des Drehmoments, das im Magnetfeld auf einen magnetischen Dipol ausgeübt wird

sin (m_{magn}, H) bedeutet: Sinus des Winkels α zwischen den Vektoren m_{magn} und H

Vergleichen Sie mit (8.7).

n ist der Vektor der Flächennormalen. Vergleichen Sie mit dem analogen Bild 8.8.

● **Aufgabe 8.10**

Ein gerader, sehr langer Stab vom Durchmesser 10 mm wird von einem Strom der Stärke 100 A durchflossen. Berechnen Sie die Feldstärke um diesen Leiter in Abhängigkeit vom Abstand von der Symmetrieachse und stellen Sie diese Abhängigkeit in einem Diagramm dar.

Mit Kenntnis der magnetischen Feldstärke sind wir jetzt in der Lage, das magnetische Dipolmoment zu definieren. Das Drehmoment, das im Magnetfeld auf einen Dipol (Magnetnadel, Spule) ausgeübt wird (Bild 8.25), ist abhängig von der Feldstärke, der Achsenrichtung des Dipols in bezug auf das Feld, dem Winkel zwischen Dipollängsachse und Feld sowie von den Eigenschaften des Dipols (Maße, Material, Magnetisierung), die man im *magnetischen Dipolmoment* zusammenfaßt. Das mechanische Drehmoment ist damit $M = m_{magn} H \sin(m_{magn}, H)$. Die Richtungsbeziehungen beschreibt Bild 8.30. Wenn m_{magn} und H einen rechten Winkel bilden, hat das Drehmoment seinen größten Wert. Damit definieren wir

$$m_{magn} = \frac{M_{max}}{H} \qquad \text{Magnetisches Dipolmoment} \qquad (8.19)$$

Die Analogie zwischen elektrischem und magnetischem Feld läßt sich zwanglos erweitern: Entsprechend der dielektrischen Verschiebung gibt es eine magnetische Feldgröße, die die Wechselwirkung zwischen Feld und Stoff beschreiben kann, die Flußdichte oder Induktion. Sie ist mit der Feldstärke verknüpft:

$$B = \mu_0 H$$

Zusammenhang zwischen magnetischer Induktion und magnetischer Feldstärke im Vakuum (8.20)

$$[B] = \text{V s m}^{-2} = \text{T} \quad (\text{Tesla}; \rightarrow \text{TESLA})$$

Gesetzlich nicht mehr zulässig ist die gelegentlich in älterer Literatur noch verwendete Einheit Gauß ($\rightarrow$ GAUSS): 1 G = 10^{-4} T.

Die Konstante μ_0 ist die magnetische Feldkonstante (früher auch als Induktionskonstante bezeichnet)

$$\mu_0 - 4\pi \cdot 10^{-7} \text{ V s A}^{-1} \text{ m}^{-1}$$

Magnetische Feldkonstante

Eine weitere Feldgröße ergibt sich durch Integration der Flußdichte über die gesamte von ihr durchsetzte Fläche. Damit wird die Wirkung des Feldes in ganzen Bereichen beschrieben, während Feldstärke und Flußdichte das Feld punktweise beschreiben.

$$\Phi = \int B_n \, dA = \int B \, dA \cos(B, n) \quad \text{Magnetischer Fluß} \quad (8.21)$$

Im homogenen Feld vereinfacht sich die Berechnung des Flusses zu

$$\Phi = B_{\mathrm{n}} A \qquad \text{Magnetischer Fluß} \atop \text{im homogenen Feld} \qquad (8.21')$$

$[\Phi] = \mathrm{T\,m^2} = \mathrm{V\,s} = \mathrm{Wb}$ (Weber; $\rightarrow$ WEBER, W. E.)

8.3.3. Kraftwirkungen

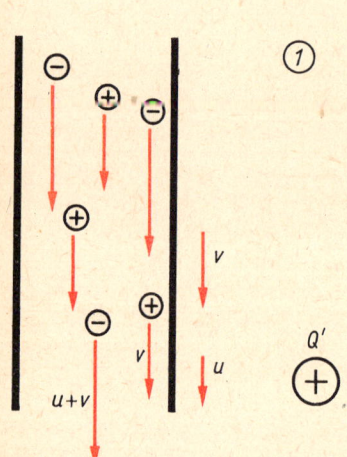

Nachdem wir geklärt haben, wie elektrische und magnetische Feldgrößen miteinander verknüpft sind, wollen wir versuchen, die Frage nach dem inneren Zusammenhang zwischen elektrischen und magnetischen Größen zu beantworten. Die Erfahrungstatsache, daß nur bewegte Ladungen ein Magnetfeld erzeugen, läßt vermuten, daß der Bewegungszustand, genauer gesagt, die Geschwindigkeit, mit der sich die Ladungen bewegen, für die magnetische Kraftwirkung verantwortlich ist. Zur exakten Erklärung benötigen wir ein Ergebnis der speziellen Relativitätstheorie, zu der später ($\rightarrow$ 12.2.2.) noch einige Bemerkungen folgen werden. LORENTZ und EINSTEIN stellten fest, daß außer der Masse auch die Länge eines Körpers von seinem Bewegungszustand abhängt. Die Länge verringert sich bei Bewegung mit der Geschwindigkeit v um den Faktor $(1 - v^2/c^2)^{-1/2}$ (Lorentzkontraktion). Bei einem Elektronenstrahl, der eine zylindrische Ladungsverteilung darstellt, hat die Lorentzkontraktion zur Folge, daß die Ladungsdichte und damit die Feldstärke um den gleichen Faktor wächst. Demzufolge ist die Coulombkraft, die durch bewegte freie Ladungsträger bewirkt wird, um einen geschwindigkeitsabhängigen Betrag größer als die ruhender Ladungen. Für Elektronen, die sich in einem Strahl mit einer Geschwindigkeit von $1,1 \cdot 10^8\ \mathrm{m\,s^{-1}}$ (d. i. reichlich $^1/_3$ der Lichtgeschwindigkeit) bewegen, also eine kinetische Energie von etwa 34 keV haben, ergibt sich eine Zunahme der Coulombkraft um 7,5%. Diese zusätzliche Coulombkraft ist gleich der magnetischen Kraft.

Im stromdurchflossenen Leiter bewegen sich die Elektronen wesentlich langsamer als im genannten Beispiel. Jedoch wirkt sich wegen der sehr großen Zahl der bewegten Ladungsträger die Lorentzkontraktion auch hier aus. Bewegt sich der Leiter gegen eine außerhalb befindliche Ladung, haben die Elektronen, die sich durch sein Gitter bewegen, eine andere Relativgeschwindigkeit als die an das Gitter gebundenen positiven Gitterionen (Bild 8.31.1). Das hat eine unterschiedliche Lorentzkontraktion von positiven und negativen Ladungen zur Folge. Damit wird das bei ruhenden Ladungen vorhandene Ladungsgleichgewicht gestört. Es entsteht ein zusätzliches Feld, das auf die bewegte Ladung Q' mit der Kraft $F = Q'v\mu_0 I/2\pi r$ wirkt. Mit (8.18) und (8.20) wird daraus eine allgemeingültige Form.

$$F = Q'vB \qquad \text{Betrag der Lorentzkraft (für } v \perp B) \qquad (8.22)$$

Stehen Geschwindigkeit und Flußdichte nicht senkrecht aufeinander, ist der Winkel zwischen ihnen zu berücksichtigen:

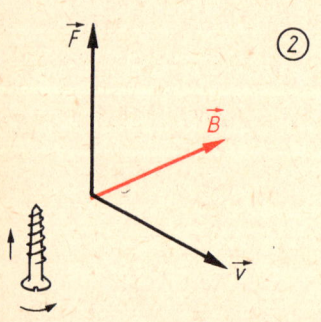

Bild 8.31 Zur Entstehung der Lorentzkraft. Positive und negative Ladungsträger haben im bewegten Leiter verschiedene Geschwindigkeiten (oben). Zur Richtung der Lorentzkraft (unten)

sin ($\boldsymbol{v}$, $\boldsymbol{B}$) ist der Sinus des Winkels, den die Vektoren $\boldsymbol{v}$ und $\boldsymbol{B}$ miteinander einschließen.

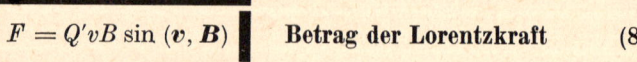

$$F = Q'vB \sin(\boldsymbol{v}, \boldsymbol{B}) \qquad \text{Betrag der Lorentzkraft} \qquad (8.22')$$

Die Richtung der Kraft wird wieder aus der Rechtsschraubenbeziehung ermittelt (Bild 8.31, unterer Teil):
Zusammenfassend können wir feststellen:

> Das Magnetfeld wird durch bewegte Ladungen erzeugt und
> wirkt nur auf bewegte Ladungen.

Später ($\rightarrow$ 8.4.4.1.) wird deutlich, daß dieser Satz auch für
Permanentmagnete gilt.
Die Lorentzkraft dient auch der Definition der Basiseinheit
Ampere (Bild 8.32):

Das Ampere ist die Stärke des Stromes durch zwei geradlinige, parallele, lange Leiter, die einen Abstand von 1 m haben und zwischen denen je 1 m Leiterlänge eine Kraft von $2 \cdot 10^{-7}$ N wirkt.

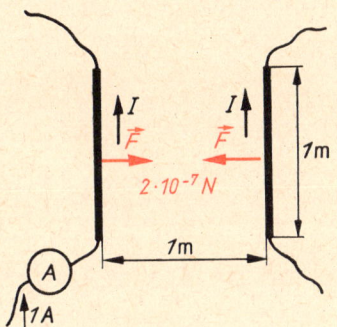

Bild 8.32 Zur Definition der
Basiseinheit Ampere

8.4.   Veränderliches elektromagnetisches Feld

8.4.1.   Induktion

Wir haben bisher zwei Formen der Wechselbeziehung zwischen
elektrischem und magnetischem Feld kennengelernt. Erstens
wissen wir, daß elektrische Ströme mit Magnetfeldern verknüpft sind, und zweitens kennen wir in der Lorentzkraft die
Kraft, mit der das magnetische Feld auf bewegte Ladungen
wirkt. Die Lorentzkraft ist auch Ursache der Induktionsspannung, die in einem bewegten Leiter erzeugt wird. Wir
betrachten die Bilder 8.33 und 8.34. Ein Drahtstück der
Länge l wird mit der Geschwindigkeit v durch das Magnetfeld
der Flußdichte B bewegt. Die Richtungen der Vektoren entsprechen denjenigen des Bildes 8.31. Auf die Ladungen, die sich
in dem als eine Art Führungsrohr fungierenden Leiter befinden, wirkt die Lorentzkraft. Da die Richtung dieser Kraft

Bild 8.33 Verteilung der Ladungsträger im ruhenden Leiter. Das
Magnetfeld beeinflußt die Ladungsverteilung nicht

Bild 8.34 Umverteilung der Ladungen im bewegten Leiter durch
die Lorentzkraft. Die Ladungsträger werden »entmischt« und an
den Leiterenden konzentriert

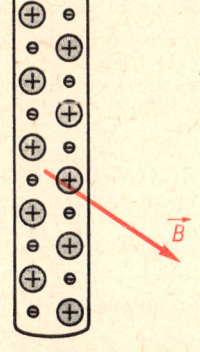

Bild 8.33

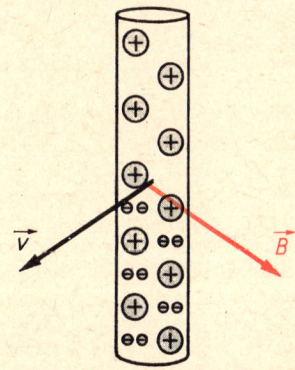

Bild 8.34

mit der Leiterlängsachse zusammenfällt, entsteht an den Enden des Leiters ein Ladungsunterschied und damit eine Potentialdifferenz. Die Lorentzkraft steht mit der elektrischen Kraft im Gleichgewicht, die das neu entstandene elektrische Feld auf Ladungsträger ausübt: $Q'vB \sin(\boldsymbol{v}, \boldsymbol{B}) = Q'E$. Daraus folgt

$$E = vB \sin(\boldsymbol{v}, \boldsymbol{B}) \quad \text{Betrag der Feldstärke infolge Induktion (8.23)}$$

Eine noch allgemeinere Darstellung der Verknüpfung elektrischer und magnetischer Feldgrößen geben die von MAXWELL *1864 gefundenen Differentialgleichungen, die als Maxwellsche Gleichungen in der theoretischen Physik eine große Rolle spielen.*

Die Feldstärke hat die Richtung der Lorentzkraft (Bild 8.35). Die Gleichung ist typisch für die allgemeine Feldtheorie. Sie enthält nur Feldgrößen, aber keine Ladungen, Spannungen oder Stromstärken. Solche Feldgleichungen werden benötigt, damit man die Vorgänge der elektromagnetischen Wellenübertragung verstehen kann. *Wir* benutzen die zuletzt niedergeschriebene Gleichung, um die Induktionsspannung zwischen den Enden des bewegten Drahtstückes (Bild 8.34) zu errechnen. Wenn das Magnetfeld homogen ist, ist die elektrische Feldstärke konstant, und wir können mit $U = El$ die Induktionsspannung U_i angeben:

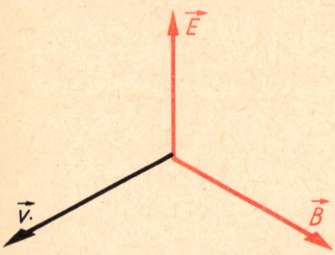

Bild 8.35 Richtung der induzierten Feldstärke

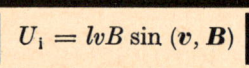

$$\boxed{U_\mathrm{i} = lvB \sin(\boldsymbol{v}, \boldsymbol{B})} \quad \begin{array}{l}\textbf{Induktionsspannung}\\ \textbf{in bewegtem Leiter}\end{array} \quad (8.24)$$

Nun gehen wir noch einen Schritt weiter, indem wir die erzeugte Urspannung U_i mittels zweier Schleifdrähte zu ruhenden Klemmen führen (Bild 8.36). Wir erhalten somit eine Drahtschleife oder Spule mit einer Windung, in der sich der magnetische Fluß Φ ändert. Das Produkt $lvB \sin(\boldsymbol{v}, \boldsymbol{B})$ formen wir um:

$$U_\mathrm{i} = lvB \sin(\boldsymbol{v}, \boldsymbol{B}) = l\frac{\mathrm{d}x}{\mathrm{d}t} B \sin(\boldsymbol{v}, \boldsymbol{B}) = \frac{\mathrm{d}A}{\mathrm{d}t} B_\mathrm{n} = \frac{\mathrm{d}\Phi}{\mathrm{d}t}$$

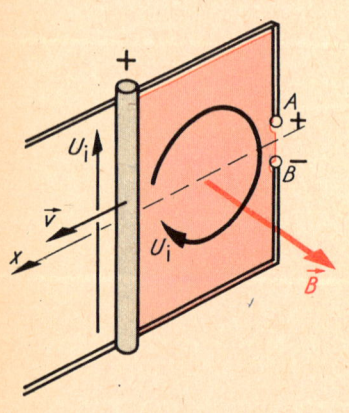

Wir verallgemeinern diese Gleichung für den Fall, daß wir eine Spule mit N Windungen verwenden. Dann wird die Urspannung den N-fachen Wert annehmen, denn die Spule entspricht N hintereinandergeschalteten Spannungsquellen mit der jeweiligen Urspannung U_i. Aus Bild 8.36 entnehmen wir den Richtungszusammenhang zwischen (dem eingezeichneten) Drehsinn der Urspannung und der positiven Flußänderung $\mathrm{d}\Phi$. Wir stellen eine *Linksschraubenzuordnung* fest. Folglich müssen wir ein negatives Vorzeichen anbringen. Damit erhalten wir

Bild 8.36 Zur Herleitung des Induktionsgesetzes. Die im bewegten Drahtstück induzierte Spannung wird über zwei Gleitschienen den Klemmen A und B zugeführt. Damit entsteht eine Drahtwindung, in der sich der Fluß ändert

$$\boxed{U_\mathrm{i} = -N\frac{\mathrm{d}\Phi}{\mathrm{d}t}} \quad \textbf{Induktionsgesetz} \quad (8.25)$$

Das Vorzeichen der induzierten Spannung ergibt sich auch aus der Energiebilanz: Die potentielle Energie der Ladungsträger kann nur auf Kosten der im Feld zu verrichtenden Arbeit

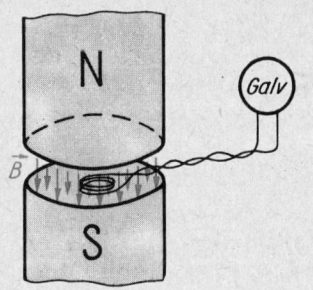

Bild 8.37 Anordnung zur Messung
der Flußdichte (zum Beispiel 8.8)

zunehmen. Diese Erkenntnis wurde schon vor der Entdeckung
des Energiesatzes als *Lenzsche Regel* (→ Lenz) formuliert:

> Induzierte Ströme bzw. Spannungen sind immer so orien-
> tiert, daß sie ihrer Entstehungsursache (der Flußänderung)
> entgegengerichtet sind.

(8.25) gilt allgemeiner, als wir es zunächst nach unserer speziellen Herleitung erwarten könnten. Es kommt überhaupt nicht
darauf an, *wie* die Flußänderung in der Spule erreicht wird.
Im Bild 8.37 ist die Versuchsanordnung dargestellt, mit der
wir dies beweisen. Eine kleine Spule, die wir aus dünnem
Draht zu einigen Windungen zusammenbiegen, halten wir so
in das Magnetfeld, daß der magnetische Fluß die Spulenebene
senkrecht durchsetzt. Ziehen wir jetzt die Spule schnell aus
dem Feld heraus, so stellen wir im angeschlossenen Galvanometer einen Stromstoß fest. Wenn wir die Spule im Felde
kippen, so erhalten wir auch den Stromstoß. Schließlich
»zerdrücken« wir die flexible Spule im Feld, wobei ebenfalls ein
Stromstoß entsteht. Somit ist der Beweis geführt, daß es gleich-
gültig ist, auf welche Art der Fluß, der die Spule durchsetzt,
geändert wird. In jedem Falle wird eine Urspannung induziert,
die in unserem Experiment einen Induktionsstrom bewirkt.
Wir wollen die bisher nur qualitativ erörterten Experimente
nun auch quantitativ untersuchen und rechnen zu diesem
Zweck ein Beispiel.

● **Beispiel 8.8**

Für die Messung der magnetischen Flußdichte wird ein bal-
listisches Galvanometer verwendet (Bild 8.37). Die Skale ist
bereits in Vielfache der Ladungseinheit geteilt. Die Spule
(10 Windungen, Windungsquerschnitt 5,0 cm²) wird zunächst
so ins Feld gehalten, daß die Normale der Windungsfläche
parallel zum Flußdichtevektor steht. Dann wird sie schnell aus
dem Feld gezogen. Der Gerätewiderstand R_g des Galvanometers beträgt 65,6 Ω, der äußere Widerstand R_a der Meßspule
(einschließlich der Zuleitungen) 6,4 Ω. Der Stoßausschlag zeigt
$7,5 \cdot 10^{-8}$ C an. Wie groß ist die Flußdichte des Feldes, das als
homogen angesehen werden darf?

Gegeben: $N = 10$; $R_g = 65,6 \ \Omega$; $Q = 7,5 \cdot 10^{-8}$ C *Gesucht:* B
$A = 5,0 \ \mathrm{cm^2}$, $R_a = 6,4 \ \Omega$

Wir schreiben zunächst das Induktionsgesetz (8.25) in integraler
Form, wobei uns nur die Beträge interessieren:

$$\left| \int_{t_1}^{t_2} U_i \, dt \right| = N \, |\Phi_2 - \Phi_1|$$

In unserem Falle können wir den äußeren Fluß vernachlässigen
und für die induzierte Urspannung nach (7.16) $I = U_0/(R_a + R_i)$

umformen:

$$(R_\mathrm{g} + R_\mathrm{a}) \int\limits_{t_1}^{t_2} I \, \mathrm{d}t = N\Phi$$

Das Zeitintegral über die Stromstärke ist nach (7.2) die Ladung Q, die vom Galvanometer angezeigt wird. Für den homogenen Fluß setzen wir schließlich noch $\Phi = BA$ ein und erhalten das Ergebnis

$$B = \frac{Q(R_\mathrm{g} + R_\mathrm{a})}{AN}; \quad \underline{B = 1{,}08 \text{ mT}}$$

● **Aufgabe 8.11**

Berechnen Sie den Spannungsstoß $\left(\int\limits_{t_1}^{t_2} U_\mathrm{i} \, \mathrm{d}t \right)$, der beim ruckartigen Herausziehen einer Induktionsspule (100 Windungen, 5,0 cm² Querschnitt) aus dem Magnetfeld der Flußdichte 100 mT entsteht. Die magnetischen Feldlinien standen zu Beginn der Messung parallel zur Spulenlängsachse.

8.4.2.   Selbstinduktion

Wird die Stärke eines Stromes, der durch eine Spule fließt, geändert, so ändert sich auch der Fluß durch die Spule, und es tritt an derselben Spule eine induzierte Spannung auf. Dieser Effekt wird *Selbstinduktion* genannt. Er wird qualitativ durch die folgenden zwei Experimente gut sichtbar gemacht.

In einem der beiden Parallelzweige der im Bild 8.38.1 dargestellten Schaltung befindet sich eine Spule mit vielen Windungen auf einem Eisenkern. Nach dem Einschalten leuchtet die Glühlampe *1* dieses Zweiges später auf als die Glühlampe *2*. Die induzierte Gegenspannung verhindert also ein schnelles Anwachsen der Stromstärke.

In einem zweiten Versuch benutzen wir eine Glimmlampe, die parallel an eine Spule geschaltet wird, als Spannungsanzeiger (Bild 8.38.2). Die Glimmlampe zündet erst bei der Mindestspannung von 120 V. Ist der Schalter geschlossen, so fließt nur der Spulenstrom. Die Glimmlampe bleibt dunkel. Es liegen ja nur 6 V an ihren Elektroden. Beim Abschalten flackert die Glimmlampe kurz auf und zeigt somit eine Induktionsspannung an, die größer als 120 V ist.

Quantitativ wird der Selbstinduktionseffekt durch das Induktionsgesetz (8.25) erfaßt; denn die Änderung des Spulenstroms bewirkt eine Änderung des magnetischen Flusses. Für die praktische Anwendung schreibt man das Induktionsgesetz in anderer Form. Die durch Selbstinduktion entstehende Spannung U_i wird der zeitlichen Stromstärkeänderung pro-

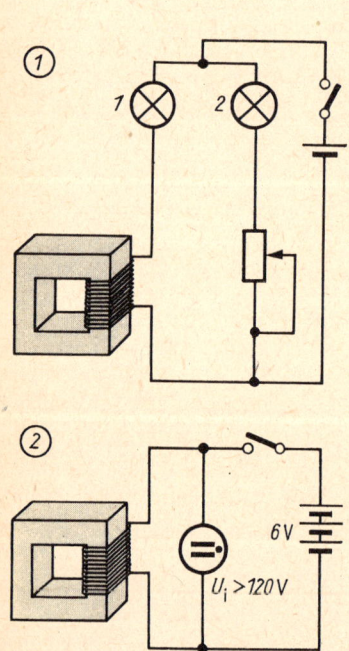

Bild 8.38 Zur Wirkung der Selbstinduktion: 1. beim Einschalten, 2. beim Ausschalten

portional gesetzt:

$$U_i = -L \frac{dI}{dt}$$ **Selbstinduzierte Spannung;** (8.26)
Definition der Induktivität

$$[L] = \text{Vs A}^{-1} = \text{kg m}^2 \text{ s}^{-2} \text{ A}^{-2} = \text{H}$$
$$(\text{Henry}; \rightarrow \text{HENRY})$$

Der Proportionalitätsfaktor L heißt Selbstinduktions-koeffizient oder kurz *Induktivität* der Leiteranordnung.

Nun wollen wir die Induktivität einer leeren langen Spule der Windungszahl N, der Länge l und des Querschnitts A berechnen. Ändert sich die Stromstärke um dI, so ändert sich der Fluß durch die Spule um $d\Phi$. Wir wenden die Gleichungen (8.21') $\Phi = B_n A$, (8.20) $B_n = \mu_0 H$ und (8.17) $H = NI/l$ an:

$$d\Phi = A \, dB = A\mu_0 \, dH = A\mu_0 \frac{N}{l} dI$$

Die selbstinduzierte Spannung erhalten wir aus dem Induktions-gesetz (8.25):

$$U_i = -N \frac{d\Phi}{dt} = -NA\mu_0 \frac{N}{l} \frac{dI}{dt}$$

Durch Koeffizientenvergleich mit (8.26) $U_i = -L \, dI/dt$ ergibt sich

$$L = \mu_0 N^2 \frac{A}{l}$$ **Induktivität einer** (8.27)
langen leeren Spule

Diese Gleichung gilt strenggenommen nur für das Vakuum. Allerdings treten durch Luft und die überwiegende Zahl der anderen Stoffe kaum Abweichungen auf. Wesentliche Zunahme der Induktivität, und zwar um mehrere Größenordnungen, erzeugen die Ferromagnetika, wenn sie sich in der Nähe des Leitersystems befinden. Wir werden diese Erscheinung in 8.4.4. behandeln.

● **Aufgabe 8.12**

Ein Strom der Stärke 4,0 A wird abgeschaltet. Dabei tritt im Stromkreis an einer Spule mit der Induktivität 700 mH für kurze Zeit eine Spannung von 280 V auf. Berechnen Sie die Dauer des Abschaltvorgangs unter der Voraussetzung, daß der Strom linear abfällt. ●

8.4.3. Ein- und Abschaltvorgänge

Die Induktivitäten von Leiteranordnungen spielen in der Elektrotechnik bei allen Stromstärkeänderungen eine Rolle. Stromstärkeänderungen treten beim Wechselstrom in periodi-

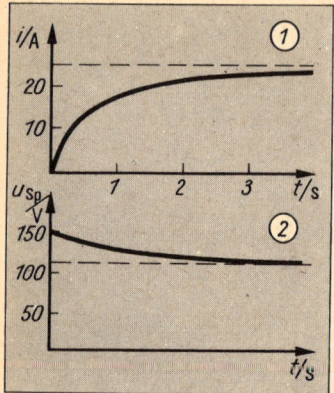

Bild 8.39 1. Strom und 2. Spannung an einer Induktivität beim Einschalten als Funktion der Zeit

scher Folge auf. Beim Gleichstrom muß man beachten, daß er ein- und ausgeschaltet werden muß. Besonders beim Abschalten werden die Beträge der Stromstärkeänderung di/dt sehr hoch, so daß oft gefährlich hohe Spannungen induziert werden. Es entstehen Öffnungsfunken und Lichtbogen, die in der Praxis besondere Sicherheitsvorkehrungen erforderlich machen. Mit dem Einschalten einer Spannung beginnt der Strom nicht sprunghaft in voller Stärke zu fließen, sondern er erreicht erst nach einiger Zeit den Endwert. Verwenden wir zu dem in Bild 8.38.1 dargestellten Versuch eine sehr große Spule mit vielen Windungen und möglichst kleinem Widerstand, läßt sich die Zeit vom Einschalten bis zum Erreichen der vollen Gleichstromstärke auf viele Sekunden, ja einige Minuten ausdehnen.

Im Bild 8.39 sind die Diagramme für i und u_{Sp} dargestellt. Die Stromstärke-Spannungs-Beziehungen an einer Spule zeigen somit gerade das umgekehrte zeitliche Verhalten zur Kondensatoraufladung. Dies hat weitreichende Bedeutung für die ganze Schaltungstechnik, insbesondere für die Wechselstromtechnik ($\rightarrow$ 10.6.).

Wir wollen hier noch eine energetische Betrachtung anschließen. Die momentane elektrische Leistung p_{el}, die in dem Stromkreis umgesetzt wird, errechnen wir zu

$$p_{el} = U_0 i = i^2(R + R_i) + Li\frac{di}{dt}$$

Das erste Glied auf der rechten Seite drückt die in den ohmschen Widerständen des Kreises verbrauchte elektrische Leistung aus. Diese erzeugt Wärme; sie interessiert uns hier nicht. Das zweite Glied stellt die Momentanleistung dar, die gegen die in der Spule induzierten Spannungen aufgewandt werden muß. Diese Leistung dient dem Aufbau des Magnetfeldes. Man nennt die Energie, die in einem Magnetfeld einer Spule (oder anderen Leiteranordnungen) enthalten ist, *magnetische Energie*. Wir formen den zweiten Summanden um:

$$p_{magn} = \frac{dW_{magn}}{dt} = Li\frac{di}{dt} = \frac{L}{2}\frac{d}{dt}(i^2) = \frac{d}{dt}\left(\frac{L}{2}i^2\right)$$

Nennen wir die Stromstärke, die eine Spule durchfließt, wieder I, so erhalten wir $W_{magn} = \frac{1}{2}LI^2$ und für eine beliebige Induktivität

$$\boxed{W_{magn} = \frac{L}{2}I^2}$$
Magnetische Energie einer Leiteranordnung mit Induktivität (8.28)

Die magnetische Energie einer Spule (oder einer anderen Leiteranordnung) ist im Magnetfeld *reversibel* gespeichert. So wird

beispielsweise der Öffnungslichtbogen, der nach dem Ab-
trennen von der Spannungsquelle kurzzeitig entsteht, von der
magnetischen Energie gespeist.

8.4.4.   Stoff im elektromagnetischen Feld

8.4.4.1.   Permeabilität

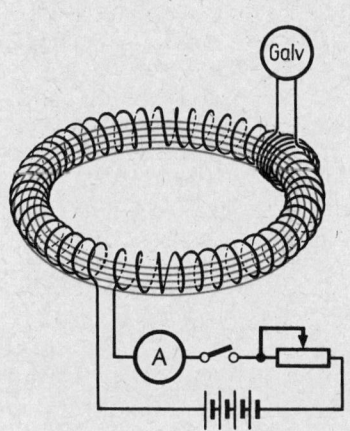

Da das Magnetfeld durch bewegte Ladungen erzeugt wird,
liegt die Vermutung nahe, daß Magnetfelder durch Stoffe,
genauer gesagt, durch die Ladungsverteilung innerhalb der
Stoffe, beeinflußt werden. Zur quantitativen Erfassung des
Stoffeinflusses auf die Feldgrößen eignet sich die Meßanordnung
nach Bild 8.40. Der äußere Raum stromdurchflossener Ringspulen ist völlig feldfrei. Den Innenraum der Ringspule, in
dem also die Feldlinien als geschlossene Kreise laufen, füllen
wir mit verschiedenen Stoffen aus. Wir messen nun bei jeweils
gleichen Stromstärken die beim Abschalten auftretenden
Spannungsstöße in der Induktionsspule, wenn die Ringspule
erstens leer und zweitens mit einem Stoff ausgefüllt ist. Daraus
berechnen wir nach (8.26) die jeweilige Induktivität der Spule.
Die Wirkung verschiedener Stoffe ist recht unterschiedlich.
Der größte Teil zeigt kaum Abweichungen gegenüber der
luftgefüllten Spule, während manche Stoffe, vor allem Eisen,
Nickel und Kobalt, eine um mehrere Größenordnungen verstärkte Induktivität bewirken. Die verstärkende bzw. schwä-
chende Einwirkung, die durch die Anwesenheit eines Stoffes
zustandekommt, erfaßt man durch die *Permeabilitätszahl* μ_r, die
sich wie folgt experimentell bestimmen läßt (Indizes: m̲it bzw.
o̲hne Stoffüllung):

Bild 8.40 Anordnung zur Bestimmung des Einflusses von Stoff-
eigenschaften auf die magnetischen
Feldgrößen

$$\mu_r = \frac{L_m}{L_o} \qquad \text{Permeabilitätszahl} \qquad (8.29)$$

Die Stoffe werden bezüglich ihres magnetischen Verhaltens
in drei Gruppen eingeteilt: *diamagnetische, paramagnetische*
und *ferromagnetische* Stoffe.

> Diamagnetische Stoffe schwächen die Induktionswirkung.
> Sie haben Permeabilitätszahlen $\mu_r < 1$.

Beispiele: Kupfer, Silber, Gold.

> Paramagnetische Stoffe verstärken die Induktionswirkung,
> aber nur unwesentlich. Sie haben Permeabilitätszahlen
> $\mu_r > 1$.

Beispiele: Luft und Aluminium.

> Technisch besonders wichtig sind die ferromagnetischen
> Stoffe. Sie verstärken die Induktionswirkung wesentlich.
> Ihre Permeabilitätszahlen sind $\mu_r \gg 1$.

Beispiele: Eisen, Nickel, Kobalt und einige Legierungen.

Die Erklärung des unterschiedlichen Verhaltens folgt in 8.4.4.2.
Die Definition der magnetischen Feldstärke ist nach (8.17) auf
der Felderzeugung durch den Strom aufgebaut. Es ist zweckmäßig, daran festzuhalten und zu definieren: $H_m = H_0$.
Die magnetische Flußdichte wurde über die Lorentzkraft nach
(8.22) $F = QvB$ definiert. Diese Kraft ist Ursache für alle
Induktionsvorgänge, wie wir in 8.4.1. gesehen haben. Wir
verwenden das Induktionsgesetz in integraler Form $\int U_i \, dt = N\Phi$
und schreiben mit $\Phi = BA$:

$$\mu_r = \frac{L_m}{L_0} = \frac{\int U_{im} \, dt}{\int U_{io} \, dt} = \frac{N\Phi_m}{N\Phi_0} = \frac{AB_m}{AB_0} = \frac{B_m}{B_0} \quad \text{oder vektoriell}$$

$$\boldsymbol{B}_m = \mu_r \boldsymbol{B}_0$$

Schließlich setzen wir noch (8.20) $\boldsymbol{B}_0 = \mu_0 \boldsymbol{H}$ ein und erhalten
unter Weglassung des Index m

$$\boxed{B = \mu_r \mu_0 H} \quad \begin{array}{l} \textbf{Magnetische Induktion} \\ \textbf{im stoffgefüllten Feld} \end{array} \qquad (8.20')$$

Zur Abkürzung wird festgesetzt:

$$\boxed{\mu = \mu_r \mu_0} \quad \textbf{Permeabilität} \qquad (8.30)$$

8.4.4.2.   Hysteresis

Die Permeabilitätszahl der Ferromagnetika ist von der Feldstärke und der magnetischen Vorgeschichte des Stoffes abhängig. Nehmen wir mit der Versuchsanordnung des Bildes 8.40
die Flußdichte B als Funktion der Feldstärke H auf, so erhalten
wir bei ferromagnetischen Stoffen eine Hysteresisschleife von
der Form des Bildes 8.41. Der gestrichelt gezeichnete Kurventeil, die Neukurve, wird gemessen, wenn man vom unmagnetischen Zustand des Stoffes ausgeht. Im Punkt A ist die Sättigung
erreicht. Wird nun die Feldstärke auf Null vermindert, so hat
die Flußdichte noch den Wert B_r, Remanenz genannt. Es muß
die umgekehrt gerichtete *Koerzitivfeldstärke* $-H_c$ aufgebracht
werden, um die Induktion zum Verschwinden zu bringen. Bei
weiterer Verstärkung von H in dieser Richtung wird wieder ein
Sättigungswert $-B_s$ erreicht. Dann wiederholt sich derselbe
Vorgang sinngemäß über den unteren Kurventeil.
Die einzelnen Eisensorten haben unterschiedliche Hysteresis-
kurven. Je nach der technischen Verwendung werden an die
magnetischen Eigenschaften des Eisens andere Anforderungen
gestellt. Der Stahl für Dauermagnete muß möglichst hohe
Remanenz und Koerzitivfeldstärke haben, während bei dem
Material für die Kerne von Elektromagneten diese Werte niedrig

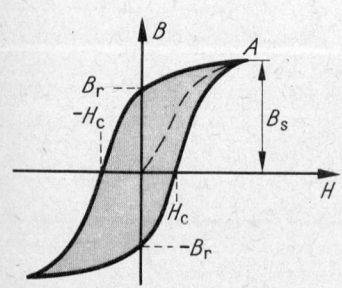

Bild 8.41 Hysteresisschleife (B, H-
Diagramm eines ferromagnetischen
Stoffes)

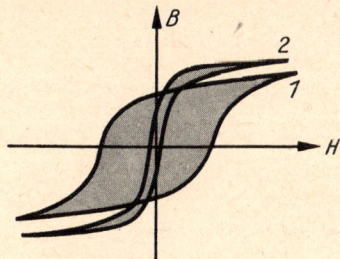

Bild 8.42 Hysteresiskurve für Werkzeugstahl (*1*) und weichen Schmiedestahl (*2*)

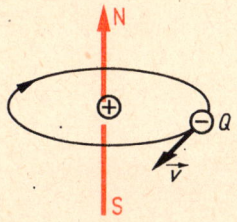

Bild 8.43 Ein Kreisstrom und das von ihm erzeugte magnetische Moment. Solche Kreisströme stellen beispielsweise die Elektronenbahnen im Bohrschen Atommodell dar

bleiben müssen (Bild 8.42). Das ist deshalb so wichtig, weil bei dauernden Ummagnetisierungen z. B. in Transformatoren bei hoher Remanenz zuviel elektrische Energie in Wärme umgewandelt wird (Eisenverluste).

Die Erklärung des Stoffeinflusses auf die magnetischen Größen kann nur atomphysikalisch gegeben werden. Schon 1820 hat Ampère den für seine Zeit kühnen Gedanken geäußert, daß die Atome kreisende Ladungen enthalten und dadurch Magnetfelder erzeugen. Nehmen wir an, es kreist ein negativer Ladungsträger um ein Zentrum (Bild 8.43), dann stellt dieser atomare Kreisstrom einen kleinen Magneten dar wie eine stromdurchflossene Spule. Ampère erklärte den unmagnetischen Zustand durch das Ungeordnetsein der Richtungen der Atome, der magnetischen Dipole. Nach außen heben sich durch diese Regellosigkeit der Richtungen die magnetischen Wirkungen gegenseitig auf. Wirkt nun ein von außen erzeugtes Magnetfeld, so erhält ein mehr oder weniger großer Teil der atomaren Dipole die Vorzugsrichtung des äußeren Feldes. Um die Kühnheit der Ampèreschen Vorstellung voll würdigen zu können, muß man bedenken, daß sie fast 100 Jahre früher geäußert wurde, bevor gesicherte Kenntnisse über die Atome vorlagen. Nach den jetzt gut bekannten Gesetzen der Atomtheorie läßt sich allerdings sofort quantitativ nachweisen, daß der *Ferromagnetismus* durch die atomaren Kreisströme nicht erklärt werden kann.

Den *Paramagnetismus* aber kann man durch die magnetischen Momente der Atome verstehen. Das äußere Feld richtet einen Teil der magnetischen Momente aus und verstärkt somit die Induktionswirkung etwas. Der Grund, daß diese Stoffwirkung relativ geringfügig ist, liegt in der regellosen Wärmebewegung der Atome, gegen die die Richtwirkung nur wenig ankommt.

Der *Diamagnetismus*, der sich in einer schwächenden Wirkung des Magnetfeldes äußert, wird durch einen Induktionseffekt erklärt. Die den Atomkern umkreisenden Elektronen werden beim Auf- oder Abbau des äußeren Magnetfeldes, das heißt beim Ein- oder Abschalten des Spulenstromes (Bild 8.40), je nach ihrer Lage beschleunigt oder verzögert. Das Vorzeichen der Einwirkung richtet sich wie bei jedem Induktionsvorgang nach der Lenzschen Regel. Der geschilderte Induktionseffekt tritt prinzipiell bei allen Atomen auf. Der Diamagnetismus wird jedoch bei Atomen mit permanenten magnetischen Momenten von deren Einwirkung überdeckt.

Der *Ferromagnetismus* ist eine spezifische *Kristalleigenschaft* der betreffenden Stoffe. Wäre ferromagnetische Wirkung beispielsweise des Eisens durch die Atomeigenschaft erklärbar, dann müßten sich auch die Eisenverbindungen oder Eisendampf ferromagnetisch verhalten. Sie tun es aber nicht. Andererseits sind verschiedene Legierungen aus nichtferromagnetischen Bestandteilen ferromagnetisch.

Nach heutiger Kenntnis sind schon im unmagnetischen Zustand Kristallbereiche von 100 ... 10000 Atomdurchmessern magnetisiert. Nicht die Atome, sondern die Elektronen der Atome sind die eigentlichen Träger des Magnetismus. Man kann sich die Elektronen als um eine Achse rotierende Kugeln vorstellen. Sie besitzen einen *Spin*, der ihnen sowohl einen mechanischen Drehimpuls als auch ein magnetisches Moment

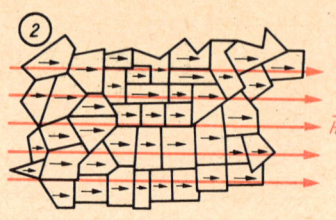

Bild 8.44 Weißsche Bezirke in einem ferromagnetischen Stoff; 1. ungeordnet, 2. durch ein äußeres Magnetfeld ausgerichtet

erteilt. Innerhalb eines sogenannten WEISSschen Bezirkes sind die Elektronenspins nach einer Richtung orientiert. Benachbarte Bezirke haben jedoch unterschiedliche Orientierungsrichtungen (Bild 8.44). Unter Einwirkung eines äußeren Feldes klappen dann die magnetischen Orientierungen dieser Weißschen Bezirke, die noch nicht zufällig »richtig« liegen, in die Feldrichtung um. Alle magnetischen Effekte sind temperaturabhängig.

Aufgabe 8.13

Erklären Sie, wie sich ein permanenter Magnet aus Stahl herstellen läßt und welche Möglichkeit es gibt, einen Hufeisenmagneten zu entmagnetisieren.

8.4.4.3.   Magnetischer Kreis

Die Stoffabhängigkeit der magnetischen Feldgröße haben wir bisher unter der Voraussetzung behandelt, daß geschlossene Ringspulen nach Bild 8.40 mit jeweils homogenen Stoffen ausgefüllt werden. Wie ändern sich aber die Feldgrößen, wenn die Ringspule nicht mit einem einheitlichen Material ausgefüllt ist, wenn sich z. B. ein Luftspalt im Eisenkreis befindet?

Um die aufgeworfene Frage möglichst allgemein beantworten zu können, führen wir zwei Versuche aus. Wir ändern die Wicklung der Ringspule des Bildes 8.40 so, daß sie zwar die gleiche Windungszahl N behält, aber nicht über den ganzen Ring gleichmäßig gewickelt ist (Bild 8.45). Wir messen bei dieser Anordnung den gleichen Spannungsstoß wie bei gleichmäßiger Ringwicklung. Das bedeutet, daß die magnetischen Flüsse der beiden Fälle einander gleich sind. Der magnetische Fluß ist zwar von den Ausmaßen des Eisenringes, aber nicht von der Wicklungslänge abhängig: $\Phi = BA = \mu_r\mu_0 HA = \mu ANI/2\pi r$. Nun verwenden wir einen Eisenring mit einem schmalen Luftspalt und schieben bei konstantem Spulenstrom die Induktionsspule über den Luftspalt hinweg (Bild 8.46). Wir stellen keinen Spannungsstoß fest. Das bedeutet, daß im Luftspalt der magnetische Fluß genau so groß sein muß wie im Eisen. Der magnetische Fluß ist aber bei sonst gleichen Bedingungen diesmal kleiner als im vorigen Versuch, bei dem der Ring keinen Luftspalt besaß. Wir berechnen den veränderten magnetischen Fluß. Dazu dient das hier nicht begründete Durchflutungsgesetz, das im vorliegenden Fall die einfache Form $H_1 l_1 + H_2 l_2 = NI$ hat. Hierbei bedeuten: H_1, H_2 Feldstärke in Eisen bzw. Luft,

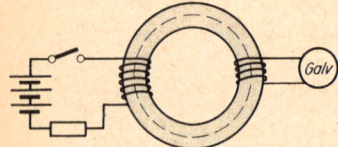

Bild 8.45 Versuchsanordnung für den Nachweis, daß der Spannungsstoß von der Verteilung der Windungen unabhängig ist

Da die Ringspule keine Enden hat, läßt sie sich hinsichtlich der Feldstärke wie eine unendlich lange gerade Spule berechnen.

In der Elektrotechnik, wo das Durchflutungsgesetz oft benötigt wird, verwendet man die allgemeingültigere Integralform des Gesetzes.

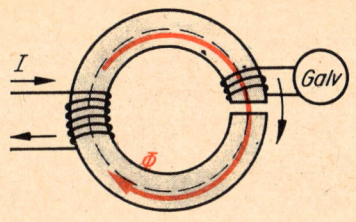

Bild 8.46 Versuchsanordnung für den Nachweis, daß der magnetische Fluß im Luftspalt ebensogroß ist wie im Eisen

l_1, l_2 Weglänge in Eisen bzw. Luft. Die magnetischen Flüsse sind in Eisen und Luft gleich: $\Phi_1 = \mu_1 A_1 H_1 = \Phi_2 = \mu_2 A_2 H_2 = \Phi$. Eliminiert man daraus die Feldstärken, setzt sie in das Durchflutungsgesetz ein und löst dieses nach Φ auf, ergibt sich:

$$\Phi = \frac{NI}{\dfrac{1}{\mu_1}\dfrac{l_1}{A_1} + \dfrac{1}{\mu_2}\dfrac{l_2}{A_2}} \qquad \text{Magnetischer Fluß} \qquad (8.31)$$

Diese Gleichung hat die gleiche Form wie die Gleichung für die Stromstärke im einfachen Stromkreis. Man nennt (8.31) deshalb auch das Ohmsche Gesetz für den magnetischen Kreis. Der Ausdruck $l/\mu A$ heißt magnetischer Widerstand.

$$R_\mathrm{m} = \frac{1}{\mu}\frac{l}{A} \qquad \text{magnetischer Widerstand} \qquad (8.32)$$

$[R_\mathrm{m}] = \mathrm{A\,Wb^{-1}} = \mathrm{kg^{-1}\,m^{-2}\,s^2\,A^2}$

Die Permeabilität μ spielt die Rolle einer »magnetischen Leitfähigkeit«. Eisenarten sind gute magnetische Leiter mit kleinem magnetischem Widerstand. Allen diesen Überlegungen liegt eine Analogievorstellung zugrunde, die wir in der Tafel 8.1 zusammenstellen.

Diese Analogie zwischen elektrischem und magnetischem Kreis ist für das praktische Rechnen sehr nützlich. Tiefere physikalische Zusammenhänge liegen jedoch nicht vor. Es muß auf die wesentlichen Unterschiede geachtet werden. Bei breiteren Luftspalten streuen die Feldlinien auseinander. Man kann dann nicht mehr mit linearen magnetischen Leitern rechnen. Vor allem muß man auch immer darauf achten, daß die Permeabilität von der Durchflutung und der Hysteresis abhängt.

● **Beispiel 8.9**

Eine Ringspule (Radius 8,0 cm, Querschnitt 5,0 cm², Windungszahl 800) ist mit einem Weicheisenkern, der einen Luftspalt der Breite 4,0 mm hat, ausgefüllt (Bild 8.46). Der Eisenkern besteht aus magnetisch weichem Material, dessen Hysteresiskurve im Diagramm B 7.14. dargestellt ist. Wie groß muß die Stromstärke sein, damit im Luftspalt die Flußdichte 1,2 T entsteht?

Gegeben: R — 8 cm; l_2 — 4 mm   *Gesucht: I*
       $A_1 = 5$ cm²; $B_2 = 1,2$ T
       $N = 800$ (Index 1: Eisen; Index 2: Luft)

Da $l_2 < d$, können wir von der Feldaufspreizung im Luftspalt absehen. Es gelten damit die Gleichungen:

$A_1 = A_2;\ \Phi_1 = \Phi_2 = \Phi = BA;\ B_1 = B_2.$

Nun müssen wir zunächst die relative Permeabilität des Eisens μ_{r1} bestimmen, während diejenige der Luft $\mu_{r2} = 1$

gesetzt werden kann. Aus dem Diagramm entnehmen wir für
$B_1 = 1,2\ \text{T}$ $H_1 = 500\ \text{A m}^{-1}$. Folglich ist nach (8.20') die
Permeabilitätszahl $\mu_{r1} = B/\mu_0 H_1 = 1\,900$.
Das Ohmsche Gesetz für den magnetischen Kreis (8.31) an-
gesetzt, liefert mit $l_1 = 2\pi R - l_2$ das Ergebnis:

$$I = \frac{B_2}{\mu_0 N}\left(\frac{2\pi R - l_2}{\mu_{r1}} + l_2\right); \quad \underline{\underline{I = 5,1\ \text{A}}} \qquad \bullet$$

**Tafel 8.1   Analogie zwischen elektrischem Stromkreis und magne-
tischem Kreis**

Elektrischer Stromkreis	Magnetischer Kreis
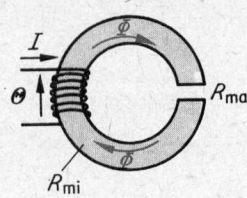	
Die elektrische Urspannung	Die magnetische Urspannung (Durchflutung)
U_0	$\Theta = NI$
verursacht die Stromstärke I_0 Dem Strom wird in einem Draht der Länge l, des Querschnitts A und der elektrischen Leitfähigkeit $\varkappa$	verursacht den magnetischen Fluß Φ. Dem Fluß wird in einem Abschnitt der Länge l, des Querschnitts A und der Permeabilität μ
der Widerstand	der magnetische Widerstand
$R = \dfrac{1}{\varkappa}\,\dfrac{l}{A}$	$R_m = \dfrac{1}{\mu}\,\dfrac{l}{A}$
entgegengesetzt. Für hintereinandergeschaltete Widerstände gilt	entgegengesetzt. Für hintereinanderliegende Feldabschnitte gilt
$R_{\text{ers}} = \sum R_\nu$	$R_{\text{m ers}} = \sum R_{\text{m}\nu}$
Die Stromstärke eines Kreises errechnet sich aus	Der Fluß eines magnetischen Kreises errechnet sich aus
$I = \dfrac{U_0}{R_{\text{ers}}}$	$\Phi = \dfrac{\Theta}{R_{\text{m ers}}}$
Die Größe	Die Größe
$U = IR$	$V = \Phi R_m = Hl$
heißt Spannungsabfall.	heißt magnetischer Spannungsabfall.

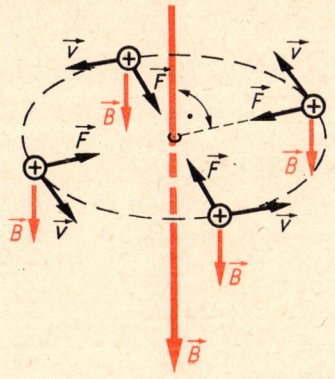

Bild 8.47 Richtungsbeziehungen zwischen Flußdichte, Geschwindigkeit und Zentripetalkraft für freie bewegte Ladungsträger im homogenen Magnetfeld. Wenn zu Beginn der Bewegung Geschwindigkeit und Flußdichte senkrecht aufeinander stehen, bleibt die Kreisbewegung erhalten. Hat dagegen v eine Komponente in B-Richtung, ergibt sich eine Spiralbahn

8.4.5. Anwendungen

8.4.5.1. Freie Ladungsträger im Magnetfeld

Wird ein Strahl positiv geladener Teilchen in ein Magnetfeld geschossen (Bild 8.47), so lenkt die elektrodynamische Querkraft (Lorentzkraft) den Strahl ab. Wir wollen annehmen, daß der Geschwindigkeitsvektor senkrecht auf dem Flußdichtevektor des Magnetfeldes steht, dann ist nach Bild 8.32 die Ablenkkraft senkrecht zu beiden gerichtet. Deshalb tritt keine Beschleunigung oder Verzögerung des Geschwindigkeitsbetrages, sondern nur eine Richtungsänderung wie bei einem kreisenden Satelliten ein. Die Flugbahn des Teilchens ist ein Kreis, dessen Radius wir mit dem Ansatz »Radialkraft gleich Lorentzkraft« errechnen: $mv^2/r = QvB$

$$r = \frac{mv}{QB} \qquad \text{Ablenkradius eines geladenen Teilchens im Magnetfeld} \qquad (8.33)$$

Bei einfach geladenen Ionen oder bei Elektronen ist $Q = e$.
Die magnetische Ablenkung bewegter Ladungsträger wird technisch vielfältig angewendet. Einerseits dienen starke Magnetfelder in großen Beschleunigungsanlagen für die Kernforschung zur Erzwingung einer Kreisbahn der schnellen Teilchen. Zum anderen dient ein magnetisches Ablenksystem in der Fernsehröhre zur Bildaufzeichnung. Sehr wichtig für die Forschung sind ferner Geräte, die der sogenannten e/m-Bestimmung dienen. Diese Geräte, die *Massenspektrometer* heißen sind die »Präzisionswaagen« der Atomphysik. Weil nämlich die Elementarladung e bekannt ist, läßt sich aus der ermittelten spezifischen Ladung e/m die Masse des Teilchens sehr genau bestimmen. Es gibt nach verschiedenen Methoden arbeitende Apparaturen. Wir behandeln hier nur das Prinzipielle aller Verfahren.
Aus *einer* magnetischen Ablenkmessung kann man die spezifische Ladung nach (8.33) $e/m = v/rB$ noch nicht bestimmen, weil im allgemeinen die Geschwindigkeit der Teilchen nicht genau genug bekannt ist. Man verwendet deshalb in einer e/m-Bestimmung eine magnetische und eine elektrische Ablenkung, durch die die Geschwindigkeit ermittelt wird.

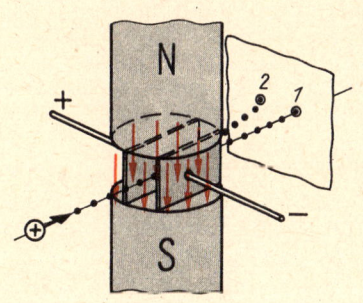

Bild 8.48 Versuchsanordnung zur Messung des Verhältnisses e/m. Elektrische und magnetische Feldstärke stehen senkrecht aufeinander

● **Beispiel 8.10**

Nach dem im Bild 8.48 dargestellten Meßprinzip wird die spezifische Ladung e/m ermittelt. Ein homogenes, vertikal gerichtetes Magnetfeld wird zunächst mit einem homogenen elektrischen Feld, das horizontal angeordnet ist, so abgestimmt, daß ein Protonenstrahl nicht abgelenkt wird. Die Strahlrichtung steht senkrecht auf beiden Feldvektoren. Es werden gemessen: magnetische Flußdichte: 3,90 mT, elektrische Feldstärke: 37,2 V cm⁻¹. Danach wird die Spannung am Ablenkkondensator abgeschaltet. Der Strahl beschreibt nun einen

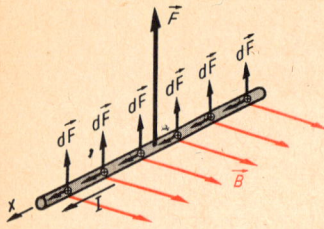

Bild 8.49 Die Lorentzkraft lenkt stromführende Leiter ab, indem sie auf die bewegten Ladungsträger wirkt, die ihrerseits von innen an ihr »Führungsrohr« drücken

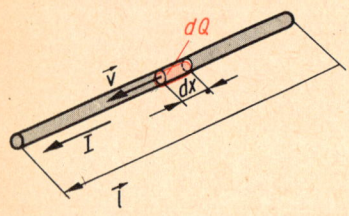

Bild 8.50 Das Produkt $I\,l$ ist gleich dem aus Q und v, wenn die Ladung auf die Strecke l verteilt ist

Kreisbogen mit dem Radius 2560 mm. Berechnen Sie 1. die Geschwindigkeit der Protonen, 2. die spezifische Ladung der Protonen.

Gegeben: $B = 3{,}90\,\text{mT}$; $E = 37{,}2\,\text{V cm}^{-1}$ *Gesucht:* 1. v

$\qquad\qquad r = 2560\,\text{mm}$ $\qquad\qquad\qquad\qquad\qquad$ 2. $\dfrac{e}{m}$

1. Es tritt dann keine Ablenkung auf, wenn elektrische und magnetische Ablenkkraft einander aufheben:

$$|F_{\text{el}}| = |F_{\text{magn}}|$$

$$eE = evB; \qquad\qquad\qquad v = \underline{\underline{\dfrac{E}{B}}}$$

$$v = \dfrac{37{,}2}{3{,}90} \cdot 10^3 \dfrac{\text{V m}^2}{\text{cm Vs}}; \qquad v = 9{,}54 \cdot 10^5 \dfrac{\text{m}}{\text{s}}$$

2. $\dfrac{e}{m}$ errechnen wir nach (8.33)

$$\dfrac{e}{m} = \dfrac{v}{rB} = \dfrac{E}{rB^2}; \qquad\qquad \dfrac{e}{m} = \underline{\underline{9{,}56 \cdot 10^7 \dfrac{\text{C}}{\text{kg}}}}$$

● **Aufgabe 8.14**

Berechnen Sie die Geschwindigkeit der Protonen, die in einem Magnetfeld der Flußdichte 600 mT eine Kreisbahn mit dem Radius 400 mm beschreiben. ●

8.4.5.2.   Prinzip des Gleichstrommotors

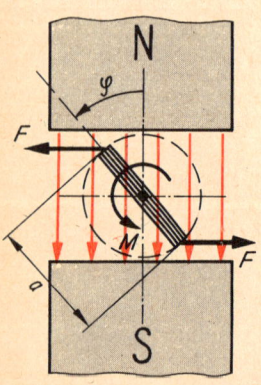

Bild 8.51 Prinzip des Gleichstrommotors. Die Spule hat die Länge l (senkrecht zur Zeichenebene). Wechselstrommotoren sind im Wirkungsprinzip gleich

Gleichung (8.22) beschreibt eine Kraft, die auf eine einzelne bewegte Ladung wirkt. Ein Strom besteht aus einer großen Anzahl bewegter Ladungsträger. Folglich muß auf einen stromführenden Leiter im Magnetfeld eine ablenkende Kraft wirken. Der Leiter ist nur Behälter oder Führungsrohr für die bewegten Ladungen. Die Ladungen $\mathrm{d}Q$ »drücken« von innen gegen das Führungsrohr jeweils mit der Kraft vom Betrag $\mathrm{d}F$. Auf den Leiter als Ganzes wirkt die Summe dieser Einzelkräfte, wie Bild 8.49 zeigt. Der Vorgang läßt sich mathematisch erfassen, wenn wir (8.22) auf einen differentiell kleinen Teil des Leiters beziehen: $\mathrm{d}F = \mathrm{d}Q\,vB$. Wir ersetzen darin v durch $\mathrm{d}x/\mathrm{d}t$ sowie nach (7.2) $\mathrm{d}Q$ durch $I\,\mathrm{d}t$ und erhalten $\mathrm{d}F = I\,\mathrm{d}x\,B$. Somit ist $\mathrm{d}Q\,v = I\,\mathrm{d}x$ und, wenn wir über die ganze Länge l des Leiters (Bild 8.50) summieren, $Qv = Il$. Damit erhalten wir, wenn v und damit l nicht senkrecht auf $\boldsymbol{B}$,

$$F = IlB \sin{(\boldsymbol{l}, \boldsymbol{B})} \quad \begin{array}{l}\text{Betrag der Kraft auf einen strom-}\\ \text{führenden Leiter im Magnetfeld}\end{array} \quad (8.34)$$

Diese Kraft wird zur Erzeugung des elektrischen Antriebs genutzt. Bild 8.51 zeigt das *Grundprinzip des Gleichstrommotors.* Auf eine drehbar gelagerte, stromführende Spule mit N Win-

Es ist sin $(l, B) = 1$, *weil* $l \perp B$.

dungen wird im homogenen Magnetfeld das Drehmoment $M = 2Fa/2$ ausgeübt, das wir mit (8.34) berechnen:

$$M = NFa \cos \varphi = NIlBa \cos \varphi$$

Hierin setzen wir noch $alB = AB = \Phi$ (A Spulenfläche, Φ magnetischer Fluß) und erhalten

Dieses Drehmoment entspricht dem, das auf die Magnetnadel wirkt. Der einzige Unterschied ist durch die Art der Erzeugung des Magnetfeldes gegeben.

$M = NI\Phi \cos \varphi$	Drehmoment auf strom- führende Spule im Magnetfeld	(8.35)

Das Drehmoment nimmt also mit größer werdendem Winkel φ ab und würde für $90° < \varphi < 270°$ negativ werden, wenn nicht mittels eines zweiteiligen Kollektors die Stromrichtung bei $\varphi = 90° + n \cdot 180°$ jeweils umgepolt würde. Somit erhält man ein zwar immer gleichgerichtetes Drehmoment, aber die Beträge ändern sich ständig nach der Funktion $|\cos \varphi|$ (Bild 8.52). Wesentlich ausgeglichenere Drehmomente erhält man, wenn man mehrere um bestimmte Winkel versetzte Spulen verwendet, die im jeweils geeigneten Moment vom Kollektor eingeschaltet werden (rot gezeichnete Kurve im Bild 8.52). Die mechanische Leistung, die von einer Spule abgenommen wird, ist nach (3.65) $P_{\text{mech}} = M\omega$ und (2.17) $\varphi = \omega t$

Bild 8.52 Drehmoment einer Spule im Magnetfeld in Abhängigkeit vom Drehwinkel

$P_{\text{mech}} = NI\Phi\omega \cos \omega t$	Momentane Leistung bei *einer* stromführenden Spule	(8.36)

Bei gut geglättetem Drehmoment ist die mechanische Leistung in der Nähe ihres Maximalwertes ($\cos \varphi = 1$): $P_{\text{max}} = NI\Phi\omega$.

Wie schon betont, wurde hier nur das Prinzip des Motors behandelt. Es ergeben sich besonders wegen der Inhomogenität des Magnetfeldes viele technische Teilprobleme, auf die nicht eingegangen werden kann.

● **Beispiel 8.11**

Mit der im Bild 8.53 dargestellten Anordnung einer Reibungs- bremse wird der Wirkungsgrad eines Gleichstrommotors ge- messen. Die Drehzahl n wird stroboskopisch ermittelt. Es werden die folgenden Werte gemessen: $n = 3000$ min^{-1}; $F_1 = 5$ N; $I = 775$ mA; $d = 46$ mm; $F_2 = 12{,}8$ N; $U = 142$ V. Berechnen Sie den Wirkungsgrad des Motors.

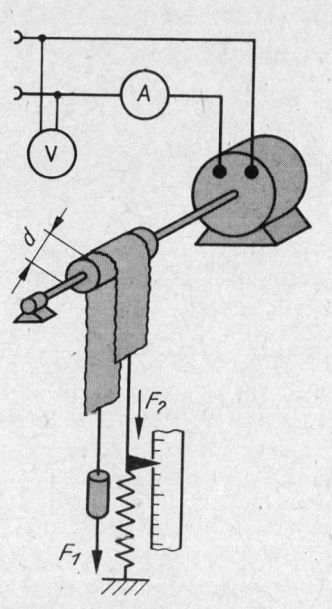

Bild 8.53 Meßanordnung zur Bestimmung des Wirkungsgrades eines Gleichstrommotors (zum Bei- spiel 8.11)

Gegeben: (Werte im Aufgabentext)   *Gesucht:* η

Es gelten

$$(3.41) \quad \eta = \frac{P_{\text{ab}}}{P_{\text{zu}}} = \frac{P_{\text{mech}}}{P_{\text{el}}} \tag{1}$$

$$(3.40) \quad P_{\text{mech}} = \frac{W}{t} \tag{2}$$

$$(3.29') \quad W = Fs = (F_2 - F_1) s \tag{3}$$

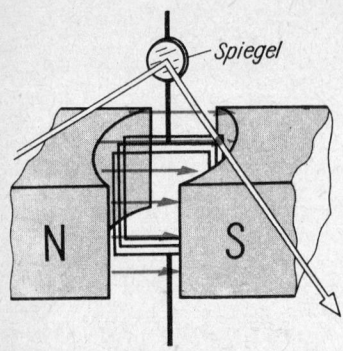

Bild 8.54 Prinzipskizze des
Spiegelgalvanometers

Weiter gilt für den Weg $s = \pi dz$ $\qquad$ (4)

mit (2.12) $z = nt$ $\qquad$ (5)

Aus (2)$\cdots$(5) folgt $P_{\text{mech}} = (F_2 - F_1)\,\pi dn$ $\qquad$ (6)

Mit (7.11) $P_{\text{el}} = UI$ und (1) folgt

$$\eta = \frac{(F_2 - F_1)\,\pi dn}{UI}; \qquad \eta = \underline{\underline{51\%}} \qquad \bullet$$

Wir wollen uns nun mit dem *ballistischen Galvanometer* befassen, das nach dem Prinzip des Gleichstrommotors funktioniert. Bild 8.54 zeigt die Induktionsspule im Felde eines
permanenten Magneten in der stabilen Ruhelage, in der sie im
stromlosen Zustand durch eine elastische Aufhängung meistens
mit Hilfe eines Spanndrahtes gehalten wird. Gleichzeitig dient
der Spanndraht zur Stromzuführung. Wird der Spule ein
Stromstoß $\int i\,dt$ zugeführt, so lenkt das entstehende Drehmoment die Spule aus.

8.4.5.3. Prinzip des Generators

Die Anordnung des Bildes 8.51 kann man auch als Generator
betreiben. Dann führt man der Spule ein mechanisches Drehmoment zu und entnimmt dem System den durch die induzierte
Urspannung bewirkten Strom. Denken wir uns die Klemmen
der mit der Winkelgeschwindigkeit ω rotierenden Spule zunächst offen, so errechnen wir die induzierte Spannung nach dem
Induktionsgesetz (8.25) $u_i = -N\,d\Phi/dt$. Dabei benutzen wir
den konstanten Fluß $AB = \Phi$ des homogenen Feldes. Der
Flußanteil, der die Spule durchsetzt, ändert sich periodisch mit
der Rotation der Spule: $\Phi(t) = AB \cos \alpha = AB \cos (\pi/2 - \varphi)$
$= AB \sin \omega t$.

$$u_i = -N\frac{d\Phi(t)}{dt} = -N\frac{d(AB \sin \omega t)}{dt} = -N\Phi\omega \cos \omega t$$

$$u_i = U_{\text{max}} \cos \omega t \qquad \begin{array}{l}\text{Wechselspannung bei \textit{einer} im} \\ \text{Magnetfeld rotierenden Spule}\end{array} \qquad (8.37)$$

Dies ist das Prinzip der Wechselspannungserzeugung. **Mehr
oder minder gut geglättete Gleichspannungen** erhält man wie
beim Motor durch einen Kollektor und mehrere jeweils zueinander versetzte Spulen.

Wir wollen hier noch eine *energetische Betrachtung* anschließen,
die von großer Bedeutung sowohl in theoretischer als auch in
technischer Hinsicht ist. Wenn der rotierenden Spule kein
Strom und damit keine elektrische Leistung entnommen wird,
ist auch kein antreibendes Drehmoment erforderlich. Bei
Stromentnahme ist nach der eben hergeleiteten Gleichung die
erzeugte elektrische Leistung $P_{\text{el}} = U_i I = -NI\Phi\omega \cos \omega t$.

Diese ist dem Betrage nach genausogroß wie die mechanische Leistung nach (8.36) $P_{\text{mech}} = NI\Phi\omega \cos \omega t$. Das heißt:

> Bei der Umwandlung von elektrischer Energie in mechanische und umgekehrt treten theoretisch keine Verluste auf. Die praktisch auftretenden Verluste wie Reibungswärme, Stromwärme und Feldverluste lassen sich in engen Grenzen halten.

● **Aufgabe 8.15**

Elektrische Energie, die nachts reichlich zur Verfügung steht, wird in Pumpspeicherwerken in Form potentieller mechanischer Energie gespeichert und in Spitzenbelastungszeiten wieder in elektrische Energie zurückverwandelt. Erklären Sie, weshalb man nicht mittels Widerstandsheizung Dampf erzeugt, ihn speichert und in Turbogeneratoren wieder zur Stromerzeugung verwendet.

Tafel 8.2   Elektrisches und magnetisches Feld

Elektrisches Feld			Magnetisches Feld		
Ladung	$Q = It$	$\text{A s} = \text{C}$	Magnetischer Fluß	Φ	$\text{V s} = \text{Wb}$
Elektrische Feldstärke im Plattenkondensator	$E = \dfrac{U}{d}$	$\dfrac{\text{V}}{\text{m}}$	Magnetische Feldstärke in einer langen Spule	$H = \dfrac{NI}{l}$	$\dfrac{\text{A}}{\text{m}}$
Elektrische Verschiebung	$D = \dfrac{Q}{A}$ $D = \varepsilon_0\varepsilon_r E$	$\dfrac{\text{C}}{\text{m}^2}$	Magnetische Flußdichte (Induktion)	$B = \dfrac{\Phi}{A}$ $B = \mu_0\mu_r H$	$\dfrac{\text{Wb}}{\text{m}^2} = \text{T}$
Elektrische Feldkonstante	ε_0	$\dfrac{\text{A s}}{\text{V m}} = \dfrac{\text{F}}{\text{m}}$	Magnetische Feldkonstante	μ_0	$\dfrac{\text{V s}}{\text{A m}} = \dfrac{\text{H}}{\text{m}}$
Dielektrizitätskonstante	$\varepsilon = \varepsilon_0\varepsilon_r$	$\dfrac{\text{A s}}{\text{V m}} = \dfrac{\text{F}}{\text{m}}$	Permeabilität	$\mu = \mu_0\mu_r$	$\dfrac{\text{V s}}{\text{A m}} = \dfrac{\text{H}}{\text{m}}$
Dielektrizitätszahl	$\varepsilon_r = \dfrac{C_{\text{mit}}}{C_{\text{ohne}}}$	1	Permeabilitätszahl	$\mu_r = \dfrac{L_{\text{mit}}}{L_{\text{ohne}}}$	1
Kapazität, allgemein	$C = \dfrac{Q}{U}$	$\dfrac{\text{A s}}{\text{V}} = \text{F}$	Induktivität, allgemein	$L = \dfrac{U_1}{\dfrac{\text{d}I}{\text{d}t}}$	$\dfrac{\text{V s}}{\text{A}} = \text{H}$
Kapazität des leeren Plattenkondensators	$C = \varepsilon_0 \dfrac{A}{d}$		Induktivität der langen geraden Spule ohne Eisenkern	$L = \mu_0 N^2 \dfrac{A}{l}$	
Elektrische Feldenergie	$W = \dfrac{1}{2}CU^2$	$\text{Ws} = \text{J}$	Magnetische Feldenergie	$W = \dfrac{1}{2}LI^2$	$\text{W s} = \text{J}$

9. Leitungsvorgänge im Vakuum, in Gasen und Flüssigkeiten

9.1. Vorbemerkungen

Voraussetzungen: Gleichstromkreis: Stromstärke, Spannung, Potential, Widerstand, elektrische Leitfähigkeit; elektrisches Feld: Feldstärke, Ladung, Kapazität; Ladungsträger: Elektronen, Ionen, Elektronengas; mittlere freie Weglänge; Stoffmenge; Chemie: Elektrolyte, elektrolytische Dissoziation

In diesem Abschnitt geht es um physikalische Grundlagen der Elektronik, eines umfangreichen technischen Anwendungsgebietes, das seit etwa 50 Jahren in ständig steigendem Ausmaß alle Bereiche der Wissenschaft, Industrie und Wirtschaft durchdringt. Allerdings müssen wir uns zunächst auf die Leitungsvorgänge in Gasen und Flüssigkeiten beschränken, da zum Verständnis der Leitungsvorgänge im Festkörper einige Kenntnisse der Quantenphysik vorausgesetzt werden müssen, die wir uns in Abschnitt 12. erarbeiten wollen.

Als Anwendungen sollen hier die physikalischen Grundlagen für einige elektronische Bauelemente, insbesondere die einfachsten Elektronenröhren, besprochen werden. Es kann nicht unsere Aufgabe sein, das gesamte Gebiet der Elektronik zu umreißen. Wir wollen uns nur mit der prinzipiellen Wirkungsweise einiger Bauelemente befassen. Das kann man unter zwei verschiedenen Gesichtspunkten tun. Den Anwender der Elektronik wird das Strom-Spannungs-Verhalten eines Schaltelements mehr interessieren, während Physiker und Technologen der Schaltelementproduktion ihr Hauptaugenmerk auf die atomistischen Gesetzmäßigkeiten im Bauelement richten müssen. Beide Gesichtspunkte sind je nach Aufgabenstellung notwendig.

9.2. Leitungsmechanismen

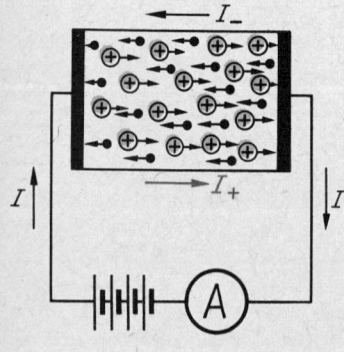

Bild 9.1 Modell der elektrischen Leitung durch positive und negative Ladungsträger

Der elektrische Strom wird durch bewegte Ladungsträger (Elektronen, Ionen) gebildet. Nach Bild 9.1 teilen wir die Gesamtstromstärke I in zwei Anteile auf: I_+ ist die Stärke des Stroms, den die positiven Ladungen bilden; entsprechend bezieht sich das negative Vorzeichen als Index auf die negativen Ladungsträger. Für die Gesamtstromstärke I gilt dann $I = I_+ + I_-$. Wir müssen die beiden Stromstärken addieren; denn der Transport positiver Ladungen nach rechts ist dem Transport negativer nach links gleichwertig. Wir wenden nun $Qv = Il$ ($\rightarrow$ 8.4.5.2.) auf die beiden Stromstärken an, wobei wir unter l die Entfernung zwischen den Elektroden verstehen:

$$I = \frac{Q_+}{l} v_+ + \frac{Q_-}{l} v_- \qquad (*)$$

Hier werden folgende Gleichungen verwendet:

(7.7) $I = \dfrac{U}{R}$;   (7.8) $R = \varrho \dfrac{l}{A}$;

(8.5'') $E = \dfrac{U}{l}$;   (7.9) $\varkappa = \dfrac{1}{\varrho}$

Nun ersetzen wir die Stromstärke nach den bekannten Gleichungen aus dem Gleichstromkreis und dem elektrischen Feld

$$I = \frac{U}{R} = \frac{U}{\varrho \dfrac{l}{A}} = \frac{UA}{l\varrho} = E \frac{A}{\varrho} = EA\varkappa. \text{ Damit folgt aus } (*)$$

$EA\varkappa = \dfrac{Q_+}{l} v_+ + \dfrac{Q_-}{l} v_-$. Division durch EA ergibt

$$\varkappa = \frac{Q_+}{Al} \frac{v_+}{E} + \frac{Q_-}{Al} \frac{v_-}{E} \qquad (**)$$

Der Quotient v/E kennzeichnet die *Beweglichkeit* der betreffenden Ionenart in dem leitenden (und bremsenden) Material.

In (9.1) sind v und E die Beträge; eine Division von Vektoren gibt es nicht.

$$\boxed{u = \frac{v}{E}} \qquad \textbf{Beweglichkeit} \qquad (9.1)$$

$$[u] = \mathrm{m^2\ s^{-1}\ V^{-1}} = \mathrm{kg^{-1}\ s^2\ A}$$

Ferner führen wir noch die räumliche Ladungsdichte ein:

$$\boxed{\eta = \frac{Q}{V}} \qquad \textbf{Räumliche Ladungsdichte} \qquad (9.2)$$

$$[\eta] = \mathrm{C\ m^{-3}} = \mathrm{m^{-3}\ s\ A}$$

Mit $V = Al$, (9.1) und (9.2) folgt aus $(**)$

$$\varkappa = \eta_+ u_+ + \eta_- u_- \qquad \text{Elektrische Leitfähigkeit} \qquad (9.3)$$

Die elektrische Leitfähigkeit hängt von der räumlichen Ladungsdichte und der Beweglichkeit der Ladungsträger ab.

9.3.   Elektronenstrom durch das Vakuum

9.3.1.   Freie Elektronen

Das absolute Vakuum ist ein vollkommener Isolator. Aber freie Elektronen (oder Ionen) können im Vakuum einen Elektrizitätstransport übernehmen. Bild 9.2 zeigt eine Glühlampe mit einer eingeschmolzenen Elektrode. Wenn die Glühlampe eingeschaltet wird, entlädt sich ein mit der Elektrode ver-

Bild 9.2 Versuch zum Nachweis
der Glühemission

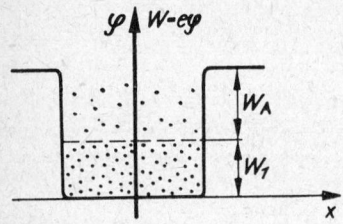

Bild 9.3 Potentialtopf-Modell. Die
Seitenwände des Potentialtopfes
stellen die Oberflächen des Metalls
dar; so ist beispielsweise für ein
ebenes Blech die Länge des »Topf-
bodens« gleich der Blechdicke

bundenes Elektroskop. Das erklären wir uns durch die Glühemission der Elektronen, das heißt durch das Herausdampfen
von Elektronen aus der Metalloberfläche. Diese Erklärung fügt
sich gut in unsere Vorstellungen vom Elektronengas, die wir
bisher entwickelt haben, ein. Bei Zimmertemperatur haben die
beweglichen Elektronen im Metallgitter thermische Energie
von der Größenordnung 10^{-2} eV. Bei Glühtemperaturen erhalten
einige Elektronen eine so große Energie (einige Elektronenvolt),
daß sie die Austrittsarbeit, die zur Befreiung von der elektrostatischen Anziehung an der Oberfläche notwendig ist, verrichten können. Es ist zu erwarten, daß die Austrittsarbeit in
der Größenordnung der Ionisierungsenergie, der Arbeit, die aufgewendet werden muß, um ein Elektron der Hülle abzutrennen,
liegt. Die Austrittsarbeiten lassen sich nach verschiedenen
Methoden messen, wie wir sehen werden. Tatsächlich ergeben
sich Werte von etwa 1 bis 6 eV für die verschiedenen Metalle.
Man trägt die Energien der Leitungselektronen in einem
Diagramm auf (Bild 9.3). Die Seitenwände stellen die Oberflächen des Metalls dar. Bei niedrigen Temperaturen liegen die
Energiepunkte der Elektronen im Potentialtopf wie Kügelchen,
die man in einen Topf schüttet. Alle Energien von Null bis W_1
kommen vor. Bei höheren Temperaturen erhalten einige Elektronen höhere Energien, wobei in der Quantentheorie bewiesen
wird, daß nur sehr wenige Elektronen höhere Energien aufnehmen. Damit Elektronen des Energieniveaus W_1 die Metalloberfläche verlassen können, müssen sie mindestens so viel
thermische Energie aufnehmen, wie die Austrittsarbeit W_A
beträgt. Die entsprechenden Elektronen überwinden gewissermaßen den Seitenwall und »springen aus dem Potentialtopf«.
Die Stromdichte des aus einer Oberfläche emittierten Elek-
tronenstroms ist also im wesentlichen von zwei Faktoren abhängig: von der Temperatur des emittierenden Materials und
von der Austrittsarbeit W_A für die betreffende Oberfläche. Die
Temperatur wählt man so hoch, wie es die wärmetechnischen
Bedingungen zulassen. Die Austrittsarbeit W_A soll möglichst
klein sein. Mit Barium oder Zäsium behandelte Metallober-
flächen zeigen wesentlich geringere Austrittsarbeiten als reine
Metalle.

Aus kalten Elektroden können Elektronen auf zwei Arten
befreit werden, erstens durch den lichtelektrischen Effekt, der
in 12.4.1. behandelt wird, und zweitens durch den *Feldeffekt*.
An Stellen starker Oberflächenkrümmung (Spitzen) entstehen
hohe Feldstärken, da für die Feldstärke zwischen einer Kugel
und einer weit entfernten Platte $E(r) = U/r$ gilt. Je kleiner der
Radius r der Spitze (als kleine Halbkugel angesehen), um so
größer ist bei vorgegebener Spannung U die Feldstärke E.

Im *Feldelektronenmikroskop* wird dieser Effekt ausgenutzt. Die Apparatur
hat im Gegensatz zum Elektronenmikroskop ein sehr einfaches Grundprinzip. Die an der Spitze durch Feldemission befreiten Elektronen
laufen geradlinig radial an die Glaswandung, die als Leuchtschirm aus-
gebildet ist. Befinden sich auf der mikroskopisch feinen Spitze Moleküle

oder Atome eines Stoffes, die man durch Aufdampfen aufbringt, so wirken diese nach einer sehr groben Modellvorstellung wie Hindernisse, die sich außen auf dem Schirm stark vergrößert (10^6fach) abbilden.

9.3.2. Elektronengeräte

Die Eigenschaften freier Elektronen werden in der Technik auf so vielfältige Weise genutzt, daß es in diesem Rahmen nicht möglich ist, alle Anwendungen aufzuzählen. Wir können auch hier wieder nur auf das Prinzipielle eingehen. Freie Elektronen haben *vier wichtige Eigenschaften*, die die verschiedenartigen technischen Anwendungen ermöglichen:

> Freie Elektronen können durch Glühemission relativ leicht erzeugt werden.

> Wegen ihrer kleinen Masse lassen sich freie Elektronen durch elektrische Spannungen sehr rasch auf hohe Geschwindigkeit bringen.

Treten solche energiereichen Elektronen mit Atomen in Wechselwirkung, so kann das verschiedenartige Wirkungen hervorrufen: Lichterzeugung, Entstehung von Röntgenstrahlen, sehr starke Aufheizung des Materials.

> Freie Elektronen lassen sich durch elektrische und magnetische Felder relativ leicht aus ihren Bahnen ablenken.

Man kann deshalb die Elektronen zu Strahlen bündeln. Man kann einen Elektronenstrom durch Potentiale steuern (leistungslose Steuerung). Strahlenablenkungen nutzt man ferner zur Spannungsmessung und zur Bildaufzeichnung.

> Dünne Schichten werden von Elektronen durchdrungen.

Dabei können Absorption und Beugung beobachtet werden. Bild 9.4 stellt das Schema eines vielseitig verwendungsfähigen Elektronenrohrs dar. Eine solche Röhre wird natürlich nicht industriell gefertigt, weil die technische Ausführung stets dem speziellen Zweck angepaßt wird. Sie dient uns nur zur Er-

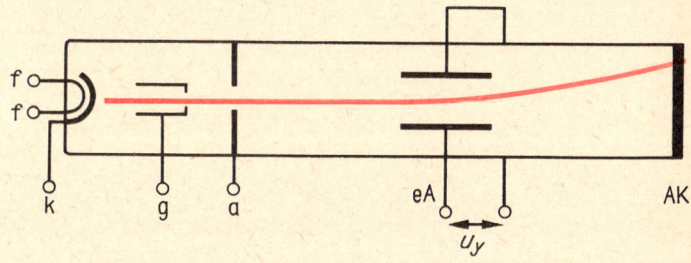

Bild 9.4 Universalröhre, ein Modell zur Erläuterung der verschiedenen Anwendungsmöglichkeiten elektrischer Geräte (k Katode, f Heizung, g Gitter (Wehnelt-Zylinder), a Anode, eA elektrisches Ablenksystem, AK Antikatode)

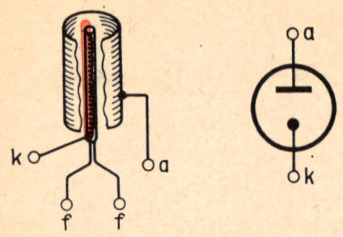

Bild 9.5 Glühdiode, häufigste
Elektrodenanordnung und Schaltsymbol

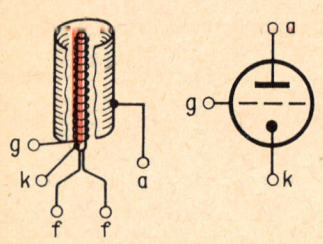

Bild 9.6 Triode, häufigste
Elektrodenanordnung und Schaltsymbol

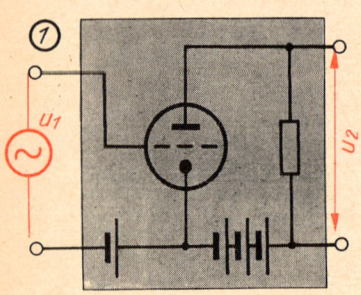

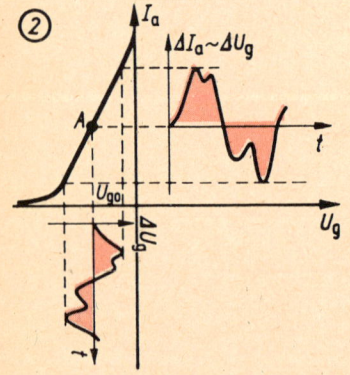

Bild 9.7 1. Verstärkervierpol,
2. Kennlinie des Verstärkervierpols

örterung der verschiedenen Anwendungsmöglichkeiten der
Elektronengeräte. Aus der Glühkatode werden in breitem
Strom die Elektronen emittiert und im Beschleunigungssystem
durch die Anodenspannung U_a beschleunigt. Zwischen Katode
und Anode ist eine weitere Elektrode g (Gitter oder WEHNELT-
Zylinder) angebracht, die zur Intensitätssteuerung dient. Der
nach dem Passieren der Anode ausgeblendete Strahl tritt
dann ins elektrische oder magnetische Ablenksystem ein und
trifft auf das Material der Antikatode. Unsere »Universalröhre«
ist *Diode, Triode, Braunsche Röhre, Fernsehbildröhre, Röntgenröhre, Elektronenmikroskop und Elektronenbohrer* in einem
Gerät, je nachdem wie man sie betreibt.
Die *Glühdiode* (Bild 9.5) hat nur zwei Elektroden, nämlich
Katode und Anode. Weil nur die Glühkatode Elektronen emit-
tieren kann, die kalte Anode jedoch nicht, kann die Diode als
Gleichrichter verwendet werden.
Die *Dreipolröhre* oder *Triode* (Bild 9.6) hat außer Anode und
Katode als dritte Elektrode noch das Gitter, mit dessen Poten-
tial der Elektronenstrom gesteuert werden kann. Die Triode ist
somit ein *leistungslos gesteuertes elektrisches Ventil.* Eine der
wichtigsten Anwendungen der Triode ist ihre Schaltung als
Verstärkerröhre. Im Bild 9.7 ist ein Verstärkervierpol mit der
dazugehörigen Kennlinie dargestellt.

Zum Verständnis der Vorgänge in der Triode muß man das Gleichstromverhalten von dem Wechselstromverhalten trennen. Das Gleichstromverhalten kann man aus den statischen Kennlinienscharen entnehmen.
Es erklärt lediglich die Betriebsbereitschaft der Röhre. Auch die Wahl
des Arbeitspunktes *A* wird durch das Gleichstromverhalten, nämlich
die Wahl der Gittervorspannung U_{go}, bestimmt. Aber zum Verständnis
der Anwendungen, sei es als Verstärkerröhre, rückgekoppelte Oszillator-
röhre oder elektronischer Schalter, muß das Wechselstromverhalten
herangezogen werden. Als Wechselgrößen werden die den statischen
(richtiger: stationären) Verhältnissen aufgeprägten Schwankungen betrachtet.

Mit der *Braunschen Röhre* (Bild 9.8) (→ BRAUN) wollen wir uns
hier ein wenig ausführlicher befassen. Diese Röhre hat außer
dem Beschleunigungssystem ein elektrisches Ablenksystem
und einen Schirm mit einer fluoreszierenden Leuchtschicht,
so daß man von außen einen Leuchtpunkt an der Stelle sieht,
wo der Elektronenstrahl auftrifft. Die Ablenkspannung u_y ist
der Auslenkung y_s des Leuchtpunktes proportional. Folglich
kann man auf dem Schirm Spannungen ablesen. Die große
Bedeutung dieses Spannungsmessers liegt darin, daß die Anzeige praktisch *trägheitsfrei* erfolgt. Deshalb können schnell
sich ändernde Spannungen sofort angezeigt werden. Der
Elektronenstrahloszillograf schreibt die Spannung in Abhängigkeit von der Zeit auf. An ein zweites Plattenpaar wird
eine Kippspannung u_x gelegt, die den Strahl im Rhythmus der
Kippfrequenz von links nach rechts ablenkt. Der Verlauf
schnell sich ändernder Spannungen kann so aufgezeichnet und
auch fotografisch festgehalten werden.

Bild 9.8 Braunsche Röhre für
Elektronenstrahloszillograf
(k Katode, a Anode, g Gitter
(Wehnelt-Zylinder), U_a Anodenspannung, u_x Spannung am vertikalen Plattenpaar (Kippspannung), u_y Spannung am horizontalen Plattenpaar, t Zeit, T Periodendauer)

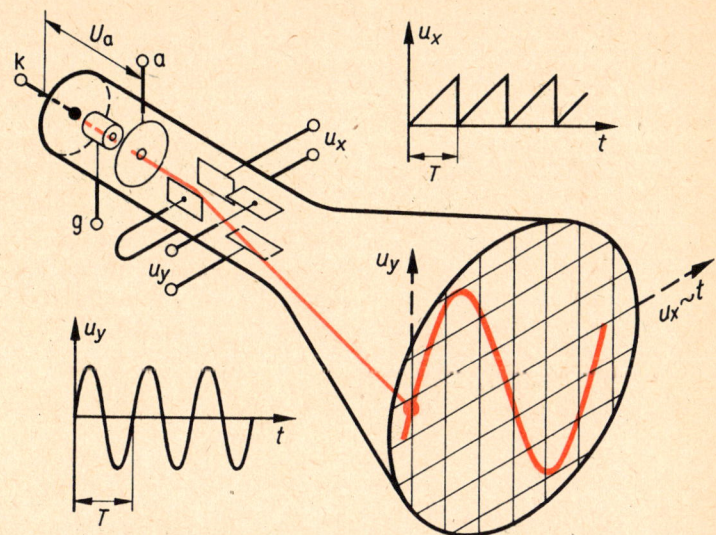

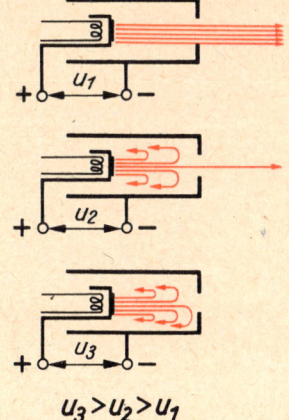

$$U_3 > U_2 > U_1$$

Bild 9.9 Wirkungsweise des
Wehnelt-Zylinders

Die *Fernsehbildröhre* ist eine zeilenschreibende Braunsche
Röhre. Die Bildwechselfrequenz beträgt 25 Hz (halbe Netz-
frequenz). Jedes Bild wird aus 625 Zeilen (Fernsehnorm in der
DDR, den anderen sozialistischen Ländern und der BRD)
geschrieben. Die Stromstärke des schreibenden Strahls wird mit
Hilfe des *Wehnelt-Zylinders* durch das empfangene und verstärkte Signal gesteuert. Bild 9.9 erklärt die Wirkungsweise
des Wehnelt-Zylinders, der wie das Steuergitter der Triode
funktioniert. Er erhält nämlich eine negative Spannung gegen
die Katode. Je größer der Betrag dieser Spannung ist, um so
schwächer wird die Intensität des Strahls, der durch das
Loch des Wehnelt-Zylinders tritt. Die Intensitätsschwankungen
erzeugen auf dem Schirm die Bildpunkte unterschiedlicher
Helligkeit. Aus dem feinkörnigen Mosaik der Punkte entsteht
schließlich der gesamte Bildeindruck.

Die Elektronen nehmen in jedem Fall auf ihrem Weg von der Katode zur
Anode oder Antikatode kinetische Energie auf. Prallen sie auf das
Anoden- oder Antikatodenmaterial auf, so treten je nach Energie und
Atomart Wechselwirkungen auf, die wir hier nicht im einzelnen unter-
suchen können: Befreiung von Sekundärelektronen, Fluoreszenzstrah-
lung, Röntgenstrahlung (→ 12.7.) und Erwärmung. Die Erwärmung der
Anode ist bei Elektronenröhren nicht erwünscht. Man muß eine Kühlung
des Anodenblechs (eventuell mit Wasser) einrichten. Aber man kann die
Wärme auch nutzen. Im *Elektronenstrahlbohrer* wird schwer schmelzbares
Material durch den auftreffenden Strahl verdampft.

● **Aufgabe 9.1**

Berechnen Sie die Wärmeleistung eines 120-kV-Elektronen-
strahls der Stärke 120 µA beim Auftreffen auf Stoff, wenn
angenommen wird, daß 96% der Energie in Wärme umgewandelt werden.

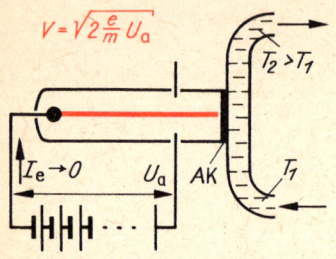

$$V = \sqrt{2 \frac{e}{m} U_a}$$

Bild 9.10 Zur Aufgabe 9.2

● **Aufgabe 9.2**

Ein »Erfinder« schlägt vor, einen »Elektronenstrahlofen« (Bild 9.10) zu bauen. Nach seinen Angaben soll dieser nach folgendem Prinzip arbeiten: »Elektronen werden zwischen Katode und Anode auf sehr hohe Geschwindigkeiten beschleunigt, fliegen zur Antikatode, werden dort abgebremst und heizen deshalb die Antikatode auf. Es wird Wärme gewonnen. Der Strahl wird so geführt, daß keine Elektronen auf die Anode treffen, folglich ist die Anodenspannungsquelle nicht belastet. Es wird Wärme ohne (wesentlichen) Energieaufwand erzeugt.« Wo steckt der Fehler in dieser Überlegung? ●

9.4.   Stromleitung in Gasen

9.4.1.   Unselbständige Gasentladung

Wir haben bisher bei der Behandlung der freien Elektronen im Vakuum stillschweigend von dem Einfluß des Restgases abgesehen. Im Hochvakuum von 100 µPa befinden sich jedoch im Kubikzentimeter noch rund $3 \cdot 10^{10}$ Moleküle! Trotzdem kann man deren Existenz negieren; denn die mittlere freie Weglänge ($\rightarrow$ 5.2.1.1.) bei 100 µPa hat die Größenordnung von 100 m und liegt damit weit über den Gefäßdimensionen der Röhren. Die Elektronen stoßen auf ihren Flugbahnen praktisch nicht mit den Molekülen zusammen. Bei Atmosphärendruck nimmt die mittlere freie Weglänge um viele Größenordnungen kleinere Werte an: rund 0,1 µm. Deshalb erlangen die Zusammenstöße der Elektronen mit den Molekülen oder Ionen unter normalem oder wenig vermindertem Druck größte Bedeutung. Trockene Luft ist ein vorzüglicher Isolator. Luft und andere Gase können aber durch äußere Einflüsse leitend werden. Im Bild 9.11 sind dazu drei Möglichkeiten dargestellt: Aufheizung auf Glühtemperaturen, Röntgenstrahlen oder radioaktive Strahlung ($\rightarrow$ 12.8.) führen zur Entladung des Kondensators. Die Anzeige des Elektroskops geht mehr oder weniger rasch auf Null zurück, wenn die genannten Ursachen wirksam werden. Die Erklärung für diese Erscheinungen wird durch die *Ionisation* der Gasatome gegeben. Aus der äußeren Schale der Atomhülle werden durch die genannten Einwirkungen Elektronen freigesetzt. Somit entstehen positive und negative Ladungsträger, und es ist nach (9.3) $\varkappa = \eta_+ u_+ + \eta_- u_-$ die Leitfähigkeit des Gases vorhanden und berechenbar. Die positiven Ionen und die negativen Elektronen bewegen sich, durch die elektrostatische Anziehung getrieben, beschleunigt auf die negative bzw. positive Platte zu, solange sie nicht mit Molekülen oder Ionen zusammenstoßen. Weil die mittlere freie Weglänge sehr klein ist (0,1 µm), erfolgen die Zusammenstöße so häufig, daß die Ionen und Elektronen keine kinetische Energie aufnehmen können, die wesentlich über ihrer thermischen

Bild 9.11 Unselbständige Erzeugung von Ladungsträgern durch ionisierende Einwirkung von 1. Flammengasen, 2. Röntgenstrahlung, 3. radioaktiver Strahlung

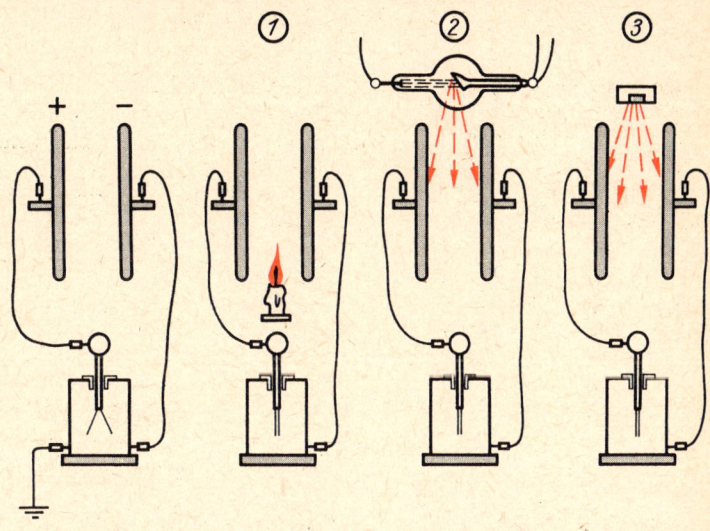

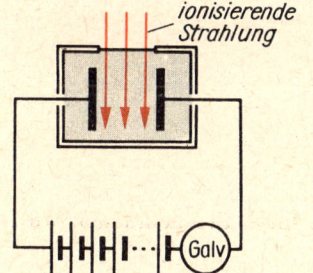

ionisierende Strahlung

Bild 9.12 Meßprinzip einer Ionisationskammer

Energie liegt. Bei jedem Zusammenstoß büßen die Ladungsträger ihre erlangte Geschwindigkeitszunahme wieder ein, so daß sie sich im Zeitmittel mit gleichbleibender Geschwindigkeit, der sogenannten *Driftgeschwindigkeit*, auf die Platte zu bewegen. Dort geben sie ihre Ladung ab. Die Stromstärke I setzt sich im Gasraum aus zwei Anteilen zusammen: Erstens bewegen sich Elektronen in Richtung auf die Anode und setzen von da ihren Weg durch den Draht fort; zweitens laufen positive Ionen zur Katode, übernehmen dort ein Elektron und verbleiben als neutrales Atom im Gasraum. Die von außen erzeugte Ionisation wird zum Teil durch Rekombination wieder aufgehoben. Stoßen nämlich die in gegensätzlichen Richtungen laufenden Elektronen und Ionen zusammen, so neutralisieren sie einander, bevor sie ihre Ladungen an den Elektroden abliefern können. Die unselbständige Gasentladung wird in der *Ionisationskammer* meßtechnisch zur Ermittlung der Intensität ionisierender Strahlung (Röntgenstrahlung und radioaktive Strahlung) angewendet. Wir können hier nur auf eines der vielen Meßprinzipe kurz eingehen. Man mißt die Leitfähigkeit einer Gasstrecke (Bild 9.12), kann daraus die Ladungsdichte nach (9.3)

$$\varkappa = \eta_+ u_+ + \eta_- u_- = \eta(u_+ + u_-)$$ errechnen. Da die Ladungsdichte um so größer ist, je stärker die ionisierende Strahlung ist, kann man also auf deren Stärke schließen.

● **Aufgabe 9.3**

Aus der Mechanik ist bekannt, daß sich ein Körper unter der Einwirkung einer konstanten Kraft gleichmäßig beschleunigt bewegt. Erläutern Sie, weshalb sich die Ionen im elektrischen Feld (z. B. im Innern eines Leiters) nicht beschleunigt, sondern mit konstanter mittlerer Geschwindigkeit bewegen.

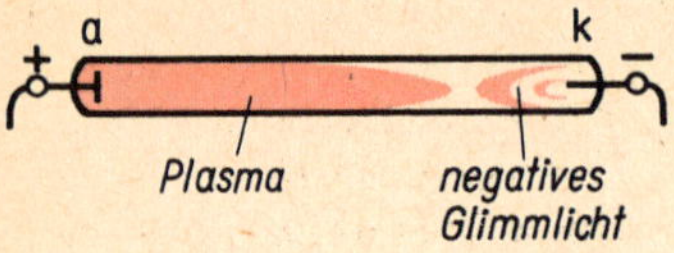

Bild 9.13 Selbständige Stromleitung durch Gase

9.4.2.   Selbständige Gasentladung

Wird die Ionisation nicht durch äußere Einflüsse, sondern durch den Leitungsvorgang selbst übernommen, spricht man von selbständiger Gasentladung. Treffender ist die Bezeichnung selbständige Stromleitung durch Gase. Es treten verschiedenartige Effekte auf, die stark vom Druck abhängen. Im Schauversuch legt man an eine etwa 50 cm lange Röhre, an deren Enden kalte Elektroden eingeschmolzen sind, eine Gleichspannung von etwa 2 kV und pumpt das Gas allmählich ab. Bis ungefähr 7 kPa ($\approx$ 50 Torr) zeigen sich keine sichtbaren Effekte. Dann beobachtet man unruhig zitternde Lichtfäden, und bei noch geringerem Druck leuchtet das Gas in verschiedenen Abstufungen farbig auf (Bild 9.13). Jedes Gas hat eine ihm eigentümliche Leuchtfarbe. Die zu Reklame- oder Beleuchtungszwecken angewandten Röhren arbeiten mit dieser selbständigen Glimmentladung. Die Leuchtstoffröhren nutzen außer den Vorgängen im Gas die fluoreszierende Wirkung im Leuchtstoff aus, der auf die Glaswand aufgebracht wird. Die Lichtstrahlung aus der Gasentladung liegt nämlich oft (zum Beispiel bei Hg-Dampf) zum überwiegenden Teil im ultravioletten Bereich. Der Leuchtstoff wird durch diese UV-Strahlung angeregt und gibt Licht im sichtbaren Bereich ab.

Der gesamte Mechanismus der selbständigen Gasentladung ist ein komplexes Phänomen aus elektrischen, thermischen und optischen Effekten, die in recht verwickelter Weise voneinander abhängen. Wir können hier nur einige Bemerkungen zur elektrischen Anregung geben. Der entscheidende Effekt ist die *Stoßionisation*.

Die Elektronen werden bei entsprechend niedrigem Druck, bei dem die mittlere freie Weglänge ausreichend groß ist, auf eine solche Geschwindigkeit beschleunigt, daß sie Atome beim Auftreffen ionisieren. Das frei gewordene Elektron wird nun auch im elektrischen Feld beschleunigt und vermag selbst eine Stoßionisation auszulösen, so daß die Zahl der Ionen lawinenartig anwächst. Natürlich rekombinieren Elektronen und Ionen auch auf ihren Wegen zur Anode beziehungsweise zur Katode. Im ganzen gesehen stellt sich aber ein dynamisches Gleichgewicht ein, bei dem immer Ladungsträger für den Stromtransport vorhanden sind. Man nennt ein Gas in dem Zustand, bei dem Ladungsträger entgegengesetzten Vorzeichens koexistieren, ein *Plasma*.

Bei weiterer Druckminderung verschwindet das Leuchten des Gases. Die mittlere freie Weglänge ist nun so groß, daß die Zahl der Zusammenstöße von Ladungsträgern und Atomen verschwindend klein wird. Es entstehen schließlich *Elektronenstrahlen*, vorausgesetzt, daß die Katode durch Feld- oder Glüheffekt Elektronen emittiert.

Auch bei normalem Luftdruck treten bei sehr hohen Spannungen selbständige Entladungen auf. Im *Lichtbogen* befindet sich die Luft zwischen den Kohlestiften im Plasma-Zustand. Die auf

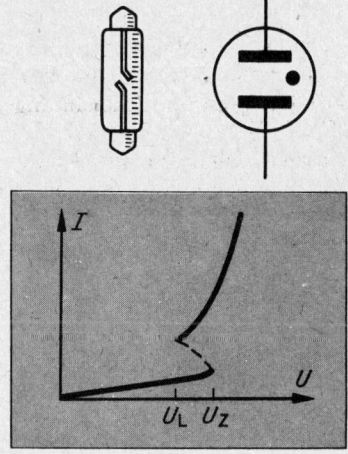

Bild 9.14 Glimmdiode und Schaltsymbol; I, U-Kennlinie (schematisch)

die positive Kohle aufschlagenden Elektronen erhitzen die Anode auf sehr hohe Temperaturen (bis 4 000 K). Im Bogen selbst treten noch höhere Temperaturen auf, die für die Aufrechterhaltung der Ionisation sorgen. Der Lichtbogen wird zur Erzeugung hellen Lichtes (Großfilmvorführgeräte, Scheinwerfer) und sehr hoher Temperaturen (Schweißgeräte) verwendet.

Wir wissen, daß die elektrische Feldstärke dort besonders groß ist, wo der Krümmungsradius des unter Spannung stehenden Leiters sehr klein ist. Das ist besonders an Spitzen der Fall (→ 9.3.1.). Dort können *Sprühentladungen* auftreten, die bei Hochspannungsleitungen (250 kV oder 380 kV) sehr unerwünscht sind, weil sie einen erheblichen Energieverlust mit sich bringen. Solche Sprühentladungen gehen oft den *Funkenentladungen* voraus. Diese sind rasch erlöschende Bogenentladungen. Funkenstrecken kann man zur Messung hoher Spannungen verwenden: Um zum Beispiel 1 mm Elektrodenabstand in Luft bei Atmosphärendruck zu durchschlagen, sind etwa 5 kV notwendig (10 mm $\triangleq$ 30 kV; 50 mm $\triangleq$ 70 kV). Der *Blitz* ist eine Funkenentladung riesigen Ausmaßes.

Schließlich wollen wir noch eine in der Elektronik wichtige Anwendung der Glimmentladung erwähnen. Ionenröhren, die unter vermindertem Druck beispielsweise mit Neon, Argon, Xenon oder Quecksilberdampf gefüllt sind, haben nur zwei Betriebszustände. Entweder ist die Glimmentladung im Gange, oder die Röhre ist gesperrt. Die *Glimmdiode* (Bild 9.14) zündet erst bei einer von der Füllung abhängigen Zündspannung U_Z und erlischt bei der kleineren Löschspannung U_L. Die Glimmdiode wird als Kontrollampe, Spannungsprüfer, Spannungsstabilisator und zur Erzeugung von Kippschwingungen verwendet.

9.5. Stromleitung in Flüssigkeiten

Wie aus der Chemie bekannt, leiten Elektrolyte (Säuren, Basen, Salze) in wässeriger Lösung den elektrischen Strom. Diese Stromleitung ist Ladungstransport durch Ionen. Die positiven Ionen wandern nach der Katode (Kationen). Sie nehmen dort Elektronen auf, werden neutralisiert, und es wird an der Elektrode Stoff abgeschieden (z. B. Kupfer, Silber, Wasserstoff). Die negativen Ionen bewegen sich nach der Anode (Anionen) und geben dort Elektronen ab (Bild 9.15). Es gilt das

1. FARADAYsche Gesetz:
Die Stoffmenge n des an einer Elektrode abgeschiedenen Stoffes ist der transportierten Ladungsmenge Q proportional.

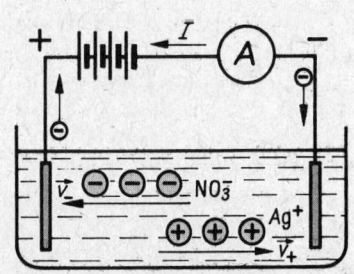

Bild 9.15 Zur Elektrolyse

Das 2. Faradaysche Gesetz macht Aussagen über den Proportionalitätsfaktor:

$$\boxed{Q = zFn}\qquad \textbf{2. Faradaysches Gesetz}\qquad (9.4)$$

z ist die Wertigkeit der Ionen, F die Faraday-Konstante:

$$F = 9,64846 \cdot 10^4 \, \text{C mol}^{-1}\quad \textbf{Faraday-Konstante}$$

Anstelle der Stoffmenge n läßt sich mit (5.2) $n = m/M$ auch die Masse in das 2. Faradaysche Gesetz einführen:

$$Q = zF\,\frac{m}{M}\qquad \textbf{2. Faradaysches Gesetz}\qquad (9.4')$$

Die Faraday-Konstante kann auf andere Konstanten zurückgeführt werden. Die transportierte Ladung Q ist ein ganzzahliges Vielfaches der elektrischen Elementarladung e. Sie hängt von der Anzahl N der Ionen und ihrer Wertigkeit z ab. Es ist also $Q = zNe$. Damit folgt aus (9.4) $zNe = zFn$. Beachten wir noch (5.4) $N = nN_A$, so folgt $nN_A\,e = Fn$ oder

$$F = N_A\,e\qquad \text{Faraday-Konstante}\qquad (9.5)$$

Man wendet die elektrolytische Abscheidung von Metallen zur Oberflächenbehandlung von Metallen und Nichtmetallen als Korrosionsschutz (z. B. Verchromen), aber auch zur Herstellung von Metallen hoher Reinheit (z. B. Elektrolytkupfer, -aluminium, -silber, -nickel, -zinn) an.

● **Beispiel 9.1**

Berechnen Sie die Zeit, in der 12,8 g Kupfer aus Kupfer(II)-sulfat abgeschieden werden, wenn die Stromstärke 15,5 A beträgt.

Gegeben: $I = 15,5$ A; $\quad m = 12,8$ g $\qquad\qquad$ *Gesucht: t*

$\qquad\qquad z = 2;\qquad\quad M = 63,5$ g mol^{-1}

Aus (9.4') folgt mit (7.2') $Q = It$

$$t = \frac{zFm}{IM};\quad t = \frac{2 \cdot 9,65 \cdot 10^4\,\text{C} \cdot 12,8\,\text{g} \cdot \text{mol}}{15,5\,\text{A} \cdot \text{mol} \cdot 63,5\,\text{g}} = \underline{\underline{42\,\text{min}}}\qquad ●$$

● **Aufgabe 9.4**

Worin unterscheiden sich die Leitungsmechanismen in einem Kupferdraht und in einer Kupfersulfatlösung?

10. Schwingungen

10.1.　　Vorbemerkungen

Voraussetzungen: Mechanik: Gleichförmige Kreisbewegung; Geschwindigkeit und Beschleunigung; Grundgleichung der Dynamik; Federkraft, Reibungskraft; Energiearten, Energieerhaltungssatz; Leistung; Grundbegriffe Gleichstromkreis und elektrisches und magnetisches Feld

Überall in unserer Umgebung begegnen uns periodische Hin- und Herbewegungen oder Schwingungen: die Bewegung des Uhrpendels, die schwingende Last am Seil eines Krans, die Bewegung der Messer beim Mähdrescher, das Schwirren der Flügel einer Fliege, das Klirren einer Fensterscheibe ... Neben Schwingungsvorgängen aus der Mechanik kennen wir auch elektromagnetische Schwingungen, die gleichartigen Gesetzen unterliegen. Diese für alle Schwingungsarten geltenden Gesetze aufzuzeigen, soll Ziel dieses Abschnittes sein. Damit wird zugleich eine wichtige Grundlage für das Verständnis der Wellenlehre geschaffen.

Wir gehen von der einfachsten periodischen Bewegung, der gleichförmigen Kreisbewegung, auf die sinusförmige Bewegung über. Dabei betrachten wir als anschauliche Beispiele mechanische Schwingungen. Im ersten Abschnitt untersuchen wir mechanische Schwingungen rein kinematisch, also ohne nach den wirkenden Kräften zu fragen. Im folgenden Abschnitt interessieren wir uns für die Kräfte und für die Energieumwandlungen.

Weiter folgen die gedämpften und die erzwungenen Schwingungen mit dem wichtigen Resonanzfall und einige Beispiele für mechanische Schwingungen. Nach einer sehr kurzen Betrachtung freier elektromagnetischer Schwingungen untersuchen wir ausführlich erzwungene elektromagnetische Schwingungen, die technisch wichtigen Wechselströme.

10.2.　　Kinematik der Sinusschwingung

10.2.1.　　Sinusschwingung und gleichförmige Kreisbewegung

Die eindimensionale *Sinusschwingung* oder *harmonische Schwingung* eines Körpers, der an einer Schraubenfeder hängt, stellt die einfachste Form der Schwingung dar, sofern der Vorgang reibungsfrei verläuft. Wir erhalten das Bild einer solchen

Schwingung, wenn wir die gleichförmige Kreisbewegung eines Körpers nach Bild 10.1 auf eine Ebene projizieren. Versuchen wir, uns den Ablauf der Bewegung des Körperschattens vorzustellen. Bild 10.2.1. zeigt den Vorgang im y, ψ-Diagramm. Dem Bild entnehmen wir den Zusammenhang

$$y = r \sin \psi \tag{*}$$

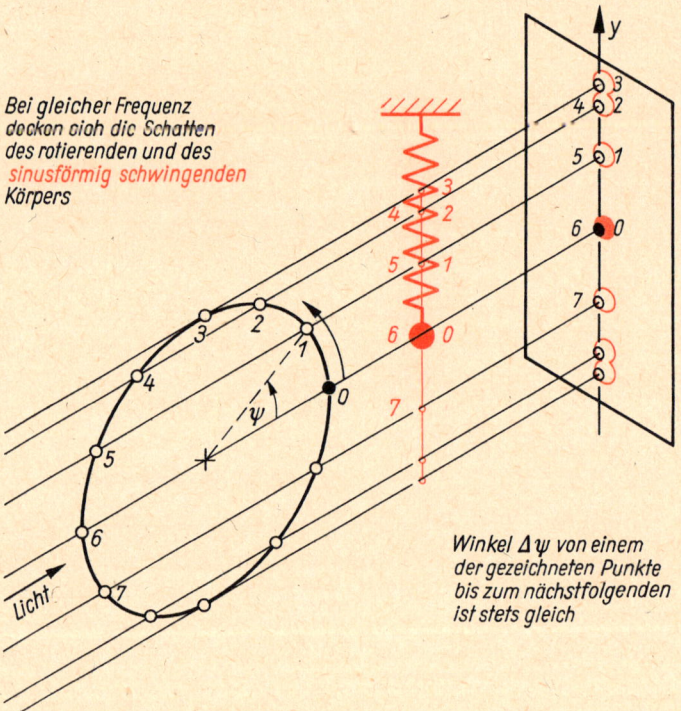

Bei gleicher Frequenz decken sich die Schatten des rotierenden und des *sinusförmig schwingenden* Körpers

Winkel $\Delta \psi$ von einem der gezeichneten Punkte bis zum nächstfolgenden ist stets gleich

Bild 10.1 Projektion einer gleichförmigen Kreisbewegung (schwarz) und der Bewegung eines an einer Schraubenfeder hängenden schwingenden Körpers (rot) auf eine Ebene (weiß). Beide Körper bewegen sich in einer Ebene. Zum Zeitpunkt $t_0 = 0$ geht der bereits vorher angestoßene Körper durch seine Nullage nach oben

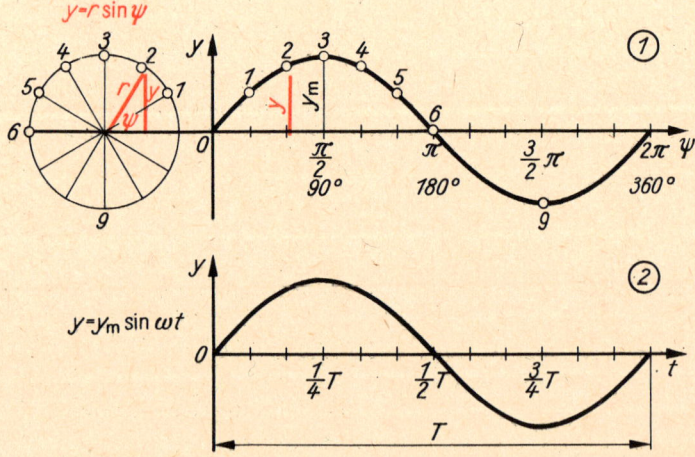

$y = r \sin \psi$

$y = y_m \sin \omega t$

Bild 10.2 Diagramme zur Sinusschwingung: 1. y, ψ-Diagramm, 2. y, t-Diagramm. Einem vollen Umlauf des Körpers auf der Kreisbahn entspricht eine Periode der Schwingung; in den Diagrammen ist eine Periode dargestellt

Entgegen der Verwendung des Symbols φ für den Winkel in der Mechanik heißt in der Schwingungslehre nach TGL 22 112 der Phasenwinkel ψ, der Nullphasenwinkel φ. Es ist φ = ψ(0). Unter Phase verstehen wir den Zustand, den eine Sinusgröße zu einem bestimmten Zeitpunkt einnimmt.

Der Radius r ist gleich dem Maximalwert der Größe y: $r = y_\mathrm{m}$. Für den Winkel gilt bei gleichförmiger Drehbewegung nach (2.17) $\psi = \omega t$.
Mit (2.16) $\omega = 2\pi f$ sowie (2.13) $f = T^{-1}$ folgt

$$\psi = \omega t = \frac{2\pi}{T}\, t \qquad\qquad (\text{**})$$

Der Winkel ist der Zeit proportional; deshalb läßt sich die Bewegung des Körperschattens in gleicher Weise zeitabhängig darstellen. Bild 10.2.2 zeigt das Weg-Zeit-Diagramm der Sinusschwingung. Eine gleichwertige Aussage liefert die aus (*) und (**) folgende Gleichung

$$y = y_\mathrm{m} \sin \omega t \qquad\qquad (\text{***})$$

Für die Beschreibung der betrachteten Schwingung wählten wir willkürlich zum Zeitpunkt $t = 0$ die Größe $y = 0$. Gehen wir von einer durch die schwarze Kurve in Bild 10.3 dargestellten Schwingung aus, in der für $t = 0$ $y > 0$ ist, so erhalten wir aus (***) die allgemeine Gleichung

$$y = y_\mathrm{m} \sin (\omega t + \varphi)$$ **Augenblickswert der Größe y bei Sinusschwingung** (10.1)

Diese Gleichung gilt für alle Vorgänge, für die die zeitabhängige Darstellung einer den Vorgang kennzeichnenden Größe y eine Sinuskurve ergibt. Wir fassen zusammen:

Unter Schwingung versteht man einen Vorgang, bei dem sich eine physikalische Größe zeitlich periodisch ändert. Bei einer Sinusschwingung ändert sich die Größe sinusförmig.

Bei einer mechanischen Schwingung ist y die Ortskoordinate, und ihr Augenblickswert heißt *Elongation*. y_m ist der *Maximalwert*, *Scheitelwert* oder die *Amplitude* der Größe y, im mechanischen Beispiel auch *Schwingweite* genannt. Das Argument des Sinus $\omega t + \varphi$ heißt *Phasenwinkel* ψ, darin ist φ der *Nullphasenwinkel*. $\omega = 2\pi f$ bezeichnet man als *Kreisfrequenz*.

Bei der Drehbewegung ist es üblich, stets den Nullphasenwinkel Null zu setzen. Das bedeutet, mit der Zeitmessung zu beginnen, wenn der Winkel ψ Null ist. Deshalb wurde in 2.4.3. kein »Nullwinkel« eingeführt. Bei der Betrachtung *einer* Schwingung allein ist dies ebenfalls möglich: Wir setzen in (10.1) dann $\varphi = 0$. Beim Vergleich *mehrerer* Schwingungen jedoch benötigen wir den Nullphasenwinkel.

Tafel 10.1 zeigt die analogen Größenarten für die in 2.4 behandelte Kreisbewegung und für die hier eingeführte Sinusschwingung.

Tafel 10.1   Analoge Größen und Gleichungen für Kreisbewegung und für Sinusschwingung

Kreisbewegung			Sinusschwingung		
Größe	Gleichung		Größe	Gleichung	
Radius r	—		Amplitude y_m	—	
Winkel φ	$\varphi = \omega t$	(2.17)	Phasenwinkel ψ	$\psi = \omega t + \varphi$	
Anzahl der Umdrehungen z	—		Anzahl der Perioden z	—	
Frequenz f (Drehzahl n)	$f = \dfrac{z}{\Delta t}$	(2.12)	Frequenz f	$f = \dfrac{z}{t}$	
Winkelgeschwindigkeit ω	$\omega = 2\pi f$	(2.16)	Kreisfrequenz ω	$\omega = 2\pi f$	
Umlaufzeit T	$T = \dfrac{1}{f}$	(2.13)	Periodendauer T	$T = \dfrac{1}{f}$	

Bild 10.3 Weg-Zeit-Diagramme zweier Sinusschwingungen gleicher Frequenz und gleicher Amplitude: $y_1 = y_{\mathrm{m1}} \sin (\omega t + \varphi_1)$ (schwarz) und $y_2 = y_{\mathrm{m2}} \sin (\omega t + \varphi_2)$ (weiß). Mit $\varphi_1 = \pi/6$ und $\varphi_2 = \pi/2$ ist die Phasenverschiebung $\varphi = \varphi_2 - \varphi_1 = \pi/3$

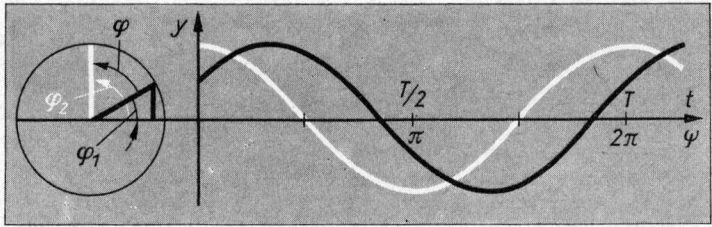

Betrachten wir anhand der Diagramme (Bild 10.3) gleichzeitig zwei Schwingungen gleicher Frequenz mit den Phasenwinkeln $\psi_1 = \omega t + \varphi_1$ und $\psi_2 = \omega t + \varphi_2$, so erlangt die *Phasenverschiebung* $\varphi = \psi_2 - \psi_1 = \varphi_2 - \varphi_1$ besondere Bedeutung.

Für $\varphi_2 = \varphi_1$ ist die Phasenverschiebung $\varphi = 0$. Beispielsweise gehen zwei an je einer Schraubenfeder aufgehängte Körper dann stets gleichzeitig und in gleicher Richtung durch ihre Nullage. Bei einer Phasenverschiebung $\varphi = \varphi_2 - \varphi_1 = \pi$ passieren der eine Körper auf dem Wege von oben nach unten und der andere von unten nach oben gleichzeitig die Nullage.

Analog zur linearen Schwingung betrachten wir kurz die *Drehschwingung*. Hier ändert sich anstelle der Elongation y ein *Dreh*winkel ε, und es gilt

Entgegen der Verwendung der Symbole α oder φ für den Winkel in der Mechanik heißt der Winkel in der Schwingungslehre ε.

$$\varepsilon = \varepsilon_\mathrm{m} \sin (\omega t + \varphi) \quad \begin{array}{l}\text{Augenblickswert des Drehwinkels} \\ \text{bei sinusförmiger Drehschwingung}\end{array} \quad (10.1')$$

10.2.2.   Geschwindigkeit und Beschleunigung eines sinusförmig schwingenden Körpers

Aus der durch (10.1) $y = y_\mathrm{m} \sin (\omega t + \varphi)$ gegebenen Ortsabhängigkeit des schwingenden Körpers erhalten wir durch Differenzieren entsprechend den Definitionen von Geschwindigkeit und Beschleunigung ($\to$ 2.2.6.) $v = \dot{y} = \mathrm{d}y/\mathrm{d}t$ und $a = \dot{v} = \mathrm{d}v/\mathrm{d}t$

$$v = \omega y_m \cos(\omega t + \varphi)$$

Geschwindigkeit bei mechanischer Sinusschwingung (10.2)

$$a = -\omega^2 y_m \sin(\omega t + \varphi)$$

Beschleunigung bei mechanischer Sinusschwingung (10.3)

Durch Vergleich von (10.1) und (10.3) folgt

$$a = -\omega^2 y \qquad (10.3')$$

Bei der Sinusschwingung ist die Beschleunigung der Elongation und dem Quadrat der Frequenz proportional. Sie ist der Elongation entgegengerichtet.

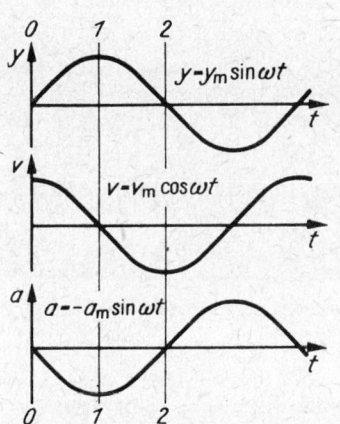

Bild 10.4 Zusammenhang zwischen Elongation, Geschwindigkeit und Beschleunigung bei mechanischer Sinusschwingung (Diagramme)

Bild 10.4 erläutert die Aussage dieser Gleichungen. Vielleicht führen Sie selbst einen Freihandversuch durch! An einer Schraubenfeder denke man sich einen Körper neben dem ersten Diagramm hängend. Seine Ruhelage sei in der Höhe der Zeitachse (Elongation $y = 0$). Wir dehnen die Feder um den Betrag der Amplitude und lassen los. Nunmehr führt der Körper eine Bewegung aus, die durch das erste Diagramm in Bild 10.4 und durch die Gleichung $y = y_m \sin \omega t$ beschrieben wird. Wir beginnen unsere Beobachtung zum Zeitpunkt $t = 0$, wenn der Körper sich am Orte $y = 0$ befindet. Er bewegt sich mit großer Geschwindigkeit nach oben (positive Geschwindigkeit). Zu dem durch die Hilfslinie *1—1* gekennzeichneten Zeitpunkt kehrt der Körper gerade um. Seine Geschwindigkeit ist $v = 0$, sein Ort $y = y_m$. Zu einem weiteren Zeitpunkt *2—2* befindet sich der Körper auf dem Wege von oben nach unten wieder am Ort $y = 0$. Seine Geschwindigkeit ist groß, nach unten gerichtet (negativ). Die Beschleunigung ist, während die Geschwindigkeit wächst, positiv. Sie ist negativ, während die Geschwindigkeit abnimmt (zwischen *0* und *2* im Bild). Der Maximalwert der Beschleunigung tritt jeweils an den Umkehrpunkten der Bewegung auf.

Der Maximalwert der Geschwindigkeit des schwingenden Körpers folgt aus (10.2) für $\cos(\omega t + \varphi) = 1$:

$$v_m = \omega y_m \qquad \text{Maximalwert der Geschwindigkeit} \qquad (10.2')$$

Entsprechend folgt der Maximalwert der Beschleunigung aus (10.3) für $\sin(\omega t + \varphi) = -1$:

$$a_m = \omega^2 y_m \qquad \text{Maximalwert der Beschleunigung} \qquad (10.3'')$$

● **Beispiel 10.1**

Ein Körper kann auf horizontaler Führung reibungsfrei gleiten. Er ist nach Bild 10.5 über eine Schraubenfeder an einer

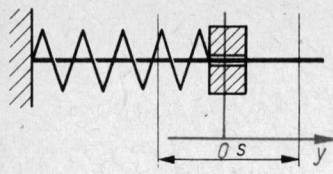

Bild 10.5 Zum Beispiel 10.1

Wand befestigt und führt nach Anstoß sinusförmige Schwingungen aus. In 60 s werden 80 Perioden gezählt. Der Weg von einem Umkehrpunkt zum anderen ist 120 mm. Berechnen Sie 1. Amplitude, 2. Periodendauer, 3. Frequenz, 4. Maximalwert der Geschwindigkeit und 5. Maximalwert der Beschleunigung.

Gegeben: $t = 60$ s; $z = 80$ *Gesucht:* 1. y_m; 2. T; 3. f;
         $s = 120$ mm   4. v_m; 5. a_m

1. Die Amplitude ist laut Definition der halbe gegebene Weg:

$$y_m = \frac{s}{2}; \qquad y_m = \underline{\underline{60 \text{ mm}}}$$

2. $T = \frac{t}{z}; \qquad T = \frac{60 \text{ s}}{80} = \underline{\underline{0,75 \text{ s}}}$

3. (2.13) $f = \frac{1}{T}; \qquad f = \frac{80}{60 \text{ s}} = \frac{4}{3}\frac{1}{\text{s}} = \underline{\underline{1,33 \text{ Hz}}}$

4. Nach (10.2′), (2.16) und mit dem allgemeinen Ergebnis von 1. ist

$$v_m = \omega y_m = \frac{2\pi z s}{t \cdot 2} = \frac{\pi z s}{t}$$

$$v_m = \frac{\pi \cdot 80 \cdot 120 \text{ mm}}{60 \text{ s}} = \frac{\pi \cdot 80 \cdot 120 \text{ m}}{60 \text{ s} \cdot 1000} = \underline{\underline{0,50 \frac{\text{m}}{\text{s}}}}$$

5. Nach (10.3′′), (2.16) und mit dem allgemeinen Ergebnis von 1. ist

$$a_m = \omega^2 y_m = \frac{4\pi^2 z^2 s}{t^2 \cdot 2} = \frac{2\pi^2 z^2 s}{t^2}$$

$$a_m = \frac{2\pi^2 \cdot 80^2 \cdot 120 \text{ mm}}{60^2 \text{ s}^2} = \frac{2\pi^2 \cdot 80^2 \cdot 120 \text{ m}}{60^2 \text{ s}^2 \cdot 1000} = \underline{\underline{4,2 \frac{\text{m}}{\text{s}^2}}} \qquad \bullet$$

● **Beispiel 10.2**

Berechnen Sie die Elongation des nach Beispiel 10.1 (Bild 10.5) schwingenden Körpers 100 ms nachdem sich der Körper durch die Nullage nach rechts bewegte.

Gegeben: $y_m = 60$ mm; $f = \frac{4}{3}$ Hz; $t = 100$ ms   *Gesucht:* y

(10.1) $y = y_m \sin(\omega t + \varphi)$

Für die im Text genannte Anfangsbedingung ist $\varphi = 0$. Die Amplitude y_m errechneten wir in Beispiel 10.1.1. Mit (2.16) $\omega = 2\pi f$ und der Frequenz aus Beispiel 10.1.3 folgt

$$\underline{\underline{y = y_m \sin(2\pi f t)}}$$

$$y = 60 \text{ mm} \cdot \sin\left(\frac{2\pi \cdot 4 \cdot 0,1 \text{ s}}{3 \text{ s}}\right) = 60 \text{ mm} \cdot \sin\left(\frac{0,8\pi}{3}\right)$$

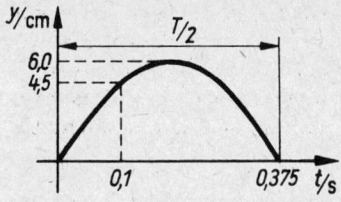

Bild 10.6 Zum Beispiel 10.2

Im Argument des Sinus steht der Winkel im Bogenmaß. Wir rechnen um:

$$\frac{0,8\pi}{3} : 2\pi = \psi : 360°$$

$$\psi = \frac{0,8\pi \cdot 360°}{3 \cdot 2\pi} = 48°. \text{ Damit folgt (Bild 10.6)}$$

$$y = 60 \text{ mm} \cdot 0,743 = \underline{\underline{44,6 \text{ mm}}}$$

10.2.3.　　Aufzeichnung von Schwingungen

Zur Anzeige einer mechanischen Schwingung lassen wir am einfachsten den schwingenden Körper selbst das Weg-Zeit-Diagramm aufzeichnen. In Bild 10.1 könnte der rote Körper Tinte auf Papier spritzen, das parallel zur weiß dargestellten Ebene hinter dem Körper liegt. Ruht das Papier, so entsteht ein senkrechter Strich (die y-Achse). Bewegen wir das Papier mit konstanter Geschwindigkeit nach links, so bildet die Tintenspur eine Sinuskurve.

Sauberer arbeitet ein *Lichtzeiger*. Nach Bild 10.7 gelangt ein Lichtstrahl über zwei Spiegel auf eine Wand. Bei ruhendem Spiegel *1* läßt der rotierende Spiegel *2* den Strahl waagerecht über die Wand laufen. Ist Spiegel *1* an einer schwingenden Blattfeder angebracht (Bild 10.8), so lenkt er den Lichtstrahl zusätzlich in vertikaler Richtung ab, und es wird eine Sinuskurve aufgezeichnet. Bei geeigneter Wahl der Spiegel-Umlauffrequenz ruht diese Sinuskurve an der Wand.

Beim *Katodenstrahloszillografen* (auch Elektronenstrahloszillograf genannt; → 9.3.2.) wird ein Elektronenstrahl elektrisch abgelenkt. Wenn eine Wechselspannung am vertikalen Ablenksystem (Bild 9.8) anliegt, erscheint auf dem Bildschirm ein

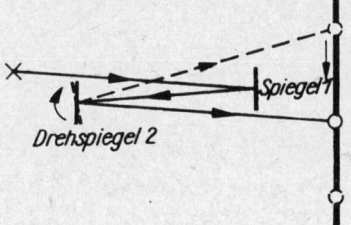

Bild 10.7 Prinzip der Drehspiegelanzeige. Hier ist nur eine Spiegelfläche des Drehspiegels dargestellt (vgl. Bild 10.8)

Bild 10.8 Drehspiegelanzeige von Federschwingungen. Die weiße Kurve ist nur auf einer kreisförmigen Leinwand (Radius Drehspiegel/Leinwand) exakt eine Sinuskurve. Die Lichtpunkte wandern meist so schnell über die Leinwand, daß wir infolge der Trägheit unseres Auges nicht einzelne sich auf der Kurve bewegende Lichtpunkte, sondern die gesamte Kurve wahrnehmen

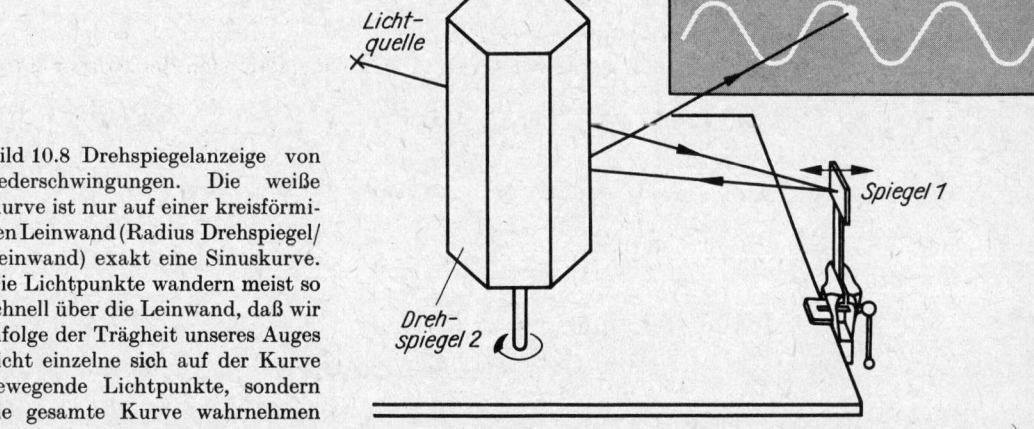

senkrechter Strich. Die zusätzliche Zeitablenkung durch eine geeignete Spannung am horizontalen Ablenksystem führt zur Anzeige der Sinuskurve. Der Katodenstrahloszillograf ist auch zur Anzeige mechanischer Schwingungen geeignet, da man zeitlich veränderliche mechanische Größen in elektrische Größen verwandeln kann, die in gleicher Weise zeitabhängig sind.

Aus den Beispielen erkennen wir das

Prinzip der Aufzeichnung von Schwingungen:

Der Schwingbewegung in vertikaler Richtung wird eine gleichförmige Bewegung in horizontaler Richtung überlagert.

Für die gleichförmige Bewegung in horizontaler Richtung gilt stets $x = \text{const} \cdot t$. Die Zeit ist dem Weg proportional. Deshalb stellen die Bewegung des Papiers oder des Lichtzeigers infolge Spiegeldrehung wie auch die Horizontalbewegung des Elektronenstrahls zeitproportionale Ablenkungen, kurz *Zeitablenkungen* genannt, dar.

● **Aufgabe 10.1**

Zur Anordnung nach Bild 10.8: In welchem Verhältnis muß die Spiegel-Umlauffrequenz zur Frequenz der schwingenden Blattfeder stehen, damit die Sinuskurve an der Wand ruht? ●

10.2.4. Überlagerung von Sinusschwingungen gleicher Richtung

10.2.4.1. Überlagerung von Schwingungen gleicher Frequenz

Sind beispielsweise in einem Raum mehrere Schallwellen gleichzeitig vorhanden oder fließen mehrere Wechselströme in einem Leiter, so ergeben sich Überlagerungserscheinungen, die wir am einfachen mechanischen Beispiel untersuchen wollen.

Nach der Anordnung in Bild 10.8 haben wir mit zwei Blattfedern die beiden Diagramme in Bild 10.10.1 und 2 aufgezeichnet. Beide Federn mit ihren Spiegeln schwingen mit gleicher Frequenz, aber phasenverschoben. Ihre Amplituden verhalten sich wie 2 : 1. Nun lassen wir den Lichtstrahl nacheinander über die Spiegel an den Enden der beiden Blattfedern (Bild 10.9) und erst dann über den Drehspiegel laufen. Aufgezeichnet wird ein Diagramm nach Bild 10.10.3. Als Überlagerung ist eine Sinusschwingung gleicher Frequenz entstanden. Nur Amplitude und Nullphasenwinkel sind verändert.

In Bild 10.10 erkennen wir längs der senkrechten Hilfslinien,

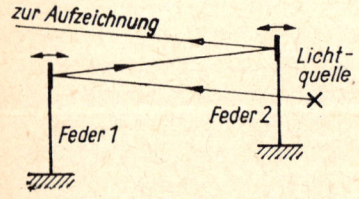

Bild 10.9 Experiment zur Überlagerung von Sinusschwingungen. Die Spiegel *1* und *2* sind starr mit den jeweils freien Enden einer Blattfeder verbunden. Die Aufzeichnung der Überlagerungserscheinung erfolgt über einen (hier nicht gezeichneten) Drehspiegel nach Bild 10.8

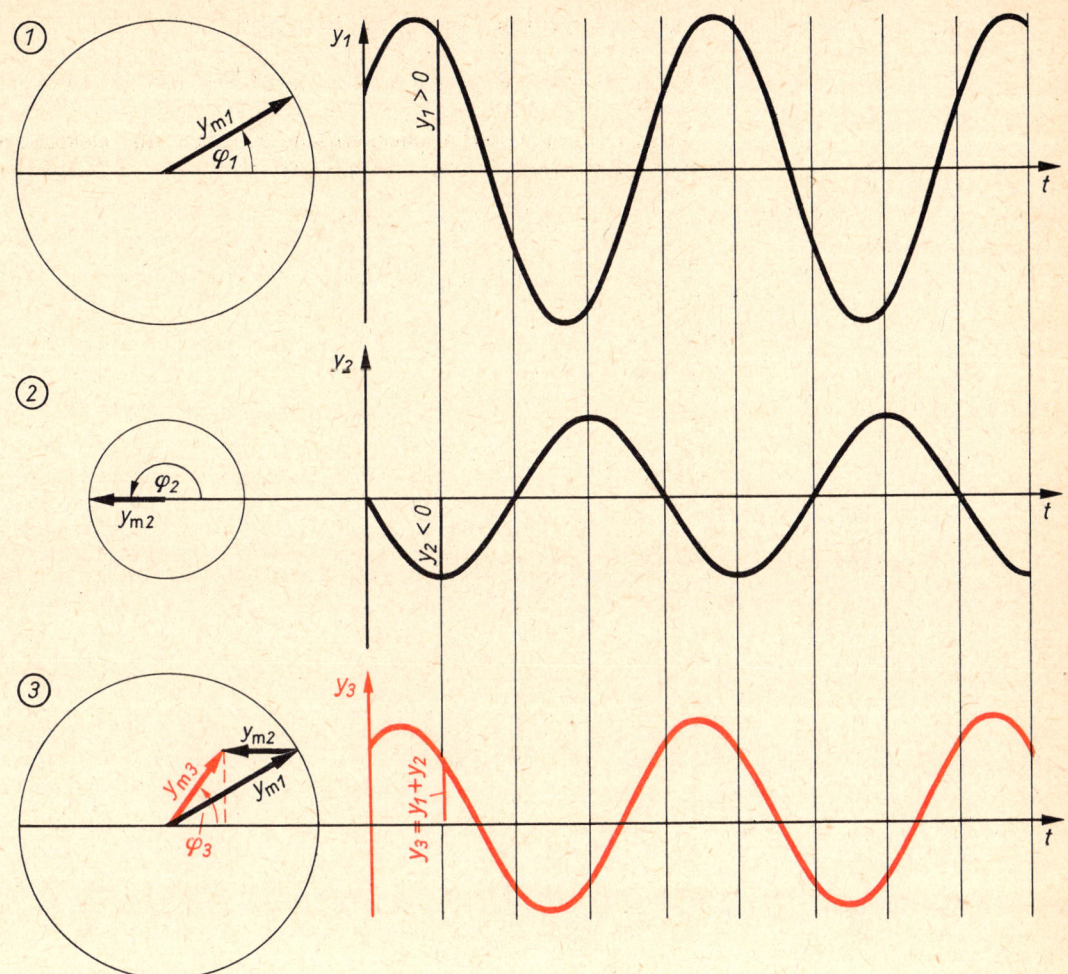

Bild 10.10 Zur Überlagerung zweier Sinusschwingungen gleicher Frequenz.

Links: Zeigerdiagramme, rechts: y,t-Diagramme

die gleiche Zeitpunkte in den drei Diagrammen verbinden, daß die Elongation y_3 algebraische Summe der Elongationen y_1 und y_2 ist. Für einen Zeitpunkt ist dies eingezeichnet. Prüfen Sie dies für einige andere Zeitpunkte selbst nach! — Wir können somit das Diagramm für die Überlagerungserscheinung Punkt für Punkt aus den beiden Diagrammen für die einander überlagernden Schwingungen grafisch ermitteln. Es gilt auch hier das bereits in 2.2.1. behandelte Überlagerungsprinzip für voneinander unabhängige Bewegungen: Sie überlagern sich ungestört.

Weiter merken wir uns als Ergebnis unseres Versuches nach Bild 10.9 bzw. unserer grafischen Lösung nach Bild 10.10:

Bei Überlagerung mehrerer Sinusschwingungen gleicher Frequenz entsteht eine resultierende Sinusschwingung derselben Frequenz.

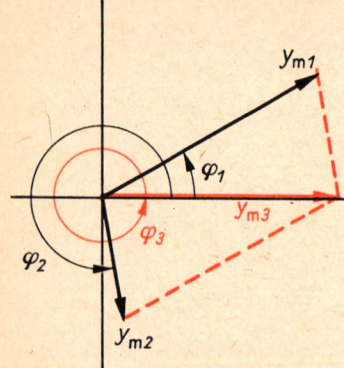

Bild 10.11 Zum Beispiel 10.3.1

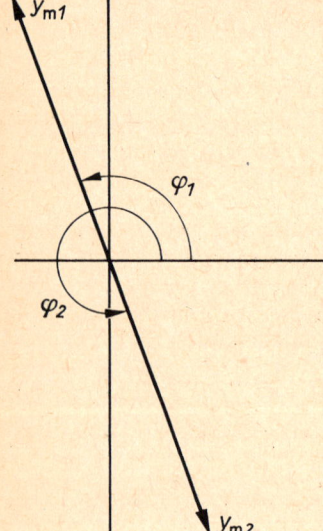

Bild 10.12 Zum Beispiel 10.3.2

In der Darstellung mit Gleichungen ergäbe sich $y_3 = y_1 + y_2$ $= y_{m1} \sin{(\omega t + \varphi_1)} + y_{m2} \sin{(\omega t + \varphi_2)} = y_{m3} \sin{(\omega t + \varphi_3)}$. Wir wollen uns mit dem grafisch geführten Beweis begnügen und auf die analytische Herleitung verzichten.

Die mühevolle Arbeit des Addierens der Elongationen für viele Zeitpunkte können wir uns ersparen, wenn wir von den y,t-Diagrammen auf die Darstellung der umlaufenden Radien, die wir nun als *rotierende Zeiger* bezeichnen und darstellen, übergehen. Bild 10.10 zeigt, daß wir die Sinuskurve für die resultierende Schwingung auch erhalten, indem wir die Zeiger y_{m1} und y_{m2} geometrisch (also wie Vektoren) addieren. Wir erhalten so leicht y_{m3} und φ_3 und können mit diesen grafisch ermittelten Werten die Gleichung für die Überlagerungserscheinung $y_3 = y_{m3} \sin{(\omega t + \varphi_3)}$ angeben. Beachten wir noch: Zu einem beliebigen Zeitpunkt haben sich *alle* rotierenden Zeiger um den gleichen Winkel gedreht. Ihre Lage zueinander blieb unverändert und damit auch ihre geometrische Summe.

● **Beispiel 10.3**

Ermitteln Sie grafisch die resultierende Amplitude 1. für zwei im Bild 10.11 durch rotierende Zeiger dargestellte sinusförmige Schwingungen gleicher Frequenz (für die Amplituden gilt $y_{m2} = {}^1\!/_2\, y_{m1}$, für die Nullphasenwinkel $\varphi_1 = 30°$, $\varphi_2 = 280°$), 2. für zwei im Bild 10.12 dargestellte sinusförmige Schwingungen gleicher Frequenz mit $y_{m2} = y_{m1}$ und $\varphi_1 = 110°$, $\varphi_2 = 290°$.

Gegeben: zu 1. $y_{m2} = {}^1\!/_2\, y_{m1}$ *Gesucht:* 1. y_{m3}

$\varphi_1 = 30°$; $\varphi_2 = 280°$ 2. y_{m3}

zu 2. $y_{m2} = y_{m1}$; $\varphi_1 = 110°$; $\varphi_2 = 290°$

Die grafische Lösung und das Ergebnis zu 1. sind im Bild 10.11 rot eingezeichnet. Wir lesen ab: $y_{m3} = 0{,}91\, y_{m1}$; $\varphi_3 = 358°$ (aus einer Zeichnung mit geeignetem Maßstab).
In 2. (Bild 10.12) sind die beiden rotierenden Zeiger gleich lang und haben entgegengesetzte Richtung. Ihre Summe ist Null. Dies bedeutet: Beide Schwingungen heben sich auf.   ●

10.2.4.2.   Überlagerung von Schwingungen ungleicher Frequenz

Werden Schwingungen ungleicher Frequenz überlagert, so versagt die im vorangegangenen Abschnitt angewandte Methode, rotierende Zeiger geometrisch zu addieren. Die den Schwingungen zugeordneten Zeiger rotieren mit ungleicher Winkelgeschwindigkeit, den ungleichen Frequenzen der Schwingungen entsprechend. Die Überlagerung solcher Schwingungen wollen wir an einem Beispiel durch grafische Lösung zeigen (Bild 10.13).

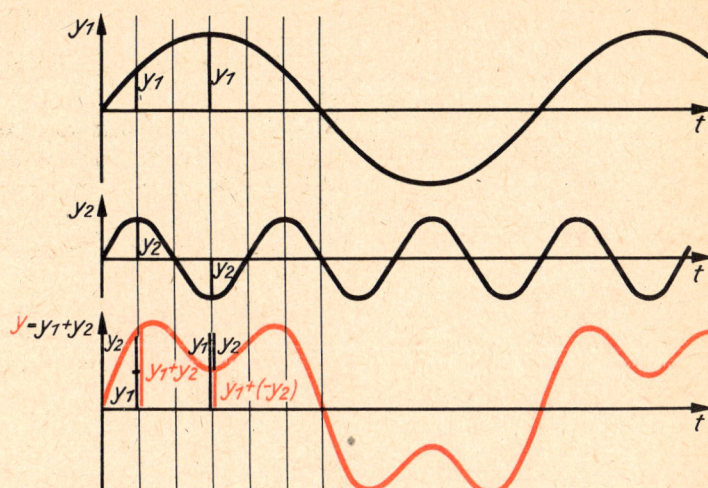

Bild 10.13 Überlagerung zweier Sinusschwingungen ungleicher Frequenz $(f_2 = 3f_1)$ zu einer nicht-sinusförmigen Schwingung

Wir merken uns:

> Bei Überlagerung von Sinusschwingungen ungleicher Frequenz entsteht eine nichtsinusförmige Schwingung.

Beliebige periodische Vorgänge (Bild 10.14) lassen sich umgekehrt näherungsweise aus reinen Sinusschwingungen zusammensetzen. Dazu sind oftmals sehr viele solcher Schwingungen erforderlich. Es lassen sich jedoch auf diese Weise selbst komplizierte Schwingungserscheinungen mit den Gesetzen beherrschen, die für eine Sinusschwingung gelten.

Überlagern sich zwei Sinusschwingungen nahezu gleicher Frequenz, entsteht eine resultierende Schwingung mit besonderen Eigenschaften, die *Schwebung*. Wir bilden für zwei Schwingungen gleicher Amplitude

$$y_{res} = y_1 + y_2 = y_m \sin \omega_1 t + y_m \sin \omega_2 t$$

$$= 2y_m \cos \left(\frac{\omega_1 - \omega_2}{2} t \right) \sin \left(\frac{\omega_1 + \omega_2}{2} t \right)$$

$$y_{res} = Y \sin \overline{\omega} t$$

Darin sind $\overline{\omega}$ der Mittelwert der Kreisfrequenz ω_1 und ω_2 und Y die zeitlich veränderliche Amplitude der resultierenden Schwingung. Nur für $\omega_1 \approx \omega_2$ ist $(\omega_1 - \omega_2) \ll (\omega_1 + \omega_2)$ und damit das typische Bild der Schwebung zu erwarten, wie es Bild 10.15 zeigt. Die Amplitude Y nimmt

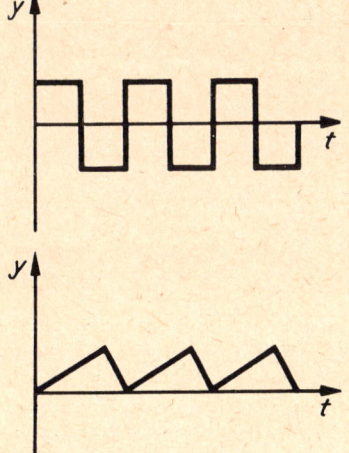

Bild 10.14 Weitere Beispiele für nichtsinusförmige Schwingungen

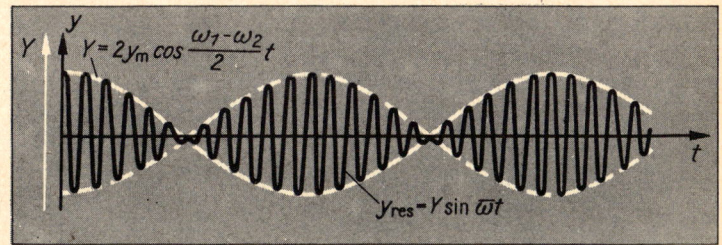

Bild 10.15 y,t-Diagramm für eine Schwebung

für $\cos\left(\dfrac{\omega_1 - \omega_2}{2}\,t\right) = 1$ den größten Wert $Y = 2y_\mathrm{m}$ an.

Für $\cos\left(\dfrac{\omega_1 - \omega_2}{2}\right) t = 0$ ist $Y = 0$.

Zwei Stimmgabeln, wenig gegeneinander verstimmt $(f_1 \approx f_2)$, werden gleichzeitig angeschlagen. Wir hören einen periodisch lauter und leiser werdenden Ton der Frequenz $(f_1 + f_2)/2$. Die Frequenz für das An- und Abschwellen ist $(f_1 - f_2)$, denn während einer Periode von $Y = 2y_\mathrm{m} \cos(\omega_1 - \omega_2)t/2$ (weiße Kurve) ist zweimal die Amplitude $Y = 0$.

10.3.   Dynamik der Sinusschwingung

10.3.1.   Eigenschwingungen

10.3.1.1.   Kraftgesetz

Eigenschwingung oder *freie Schwingung* heißt die Schwingung, die ein schwingungsfähiges System nach einmaligem Anstoß ausführt. In 10.2.2. leiteten wir die Gleichung für die Beschleunigung eines sinusförmig schwingenden Körpers her. Wir bleiben beim mechanischen Beispiel und interessieren uns für die Kraft, die auf den schwingenden Körper wirkt. Wir ermitteln sie nach der Grundgleichung der Dynamik (3.4) $F = ma$ mit der Beschleunigung nach (10.3) $a = -\omega^2 y_\mathrm{m} \sin(\omega t + \varphi)$:

$$F = -m\omega^2\, y_\mathrm{m} \sin(\omega t + \varphi)$$ **Kraft bei mechanischer Sinusschwingung**   (10.4)

oder wegen (10.1) $y = y_\mathrm{m} \sin(\omega t + \varphi)$

$$F = -m\omega^2 y \qquad\qquad (10.4')$$

Die Kraft auf den Körper ist wie die Elongation zeitabhängig. Sie ist stets der Elongation proportional und ihr entgegengerichtet, sie wirkt als rücktreibende Kraft.

Für einen bestimmten sinusförmig schwingenden Körper sind in (10.4) sowohl Masse m als auch Kreisfrequenz ω konstant. Wir fassen deshalb das Produkt $m\omega^2$ zu einer neuen Konstanten k zusammen und nennen diese

$$k = m\omega^2$$ **Richtgröße**   (10.5)

Damit ergibt sich aus (10.4')

$$F = -ky$$ **Zusammenhang zwischen Kraft und Elongation bei mechanischer Sinusschwingung**   (10.6)

Gleichung (10.6) gibt uns die Bedingung an, unter der allein eine Sinusschwingung erfolgen kann:

Lineares Kraftgesetz ($F \sim y$) ist notwendige und hinreichende Bedingung für eine sinusförmige Bewegung.

Für die Kraft, die am Körper an einer Schraubenfeder (Bild 10.1) angreift, gilt im statischen Fall Gleichung (3.16) $F_F = -k\, \Delta s$, eine Gleichung wie (10.6), wenn wir $y = \Delta s$ setzen. Die für die Dynamik der Sinusschwingung mit (10.5) eingeführte allgemeine Konstante, die Richtgröße k, ist also bei einem Feder-Masse-Schwinger gleich der Federkonstanten k nach (3.16′). Da eine Kraft nach (10.6) Bedingung für eine Sinusschwingung ist, folgt, daß ein Feder-Masse-Schwinger sinusförmige Schwingungen ausführen kann, solange (3.16) gilt, d. h. im Proportionalitätsbereich der Feder.

Zum Beweis setzen wir, ohne uns eine bestimmte Bewegung vorzustellen, die Grundgleichung der Dynamik (3.4) $F = ma$ an mit der Kraft (10.6) $F = -ky$ und mit (2.2′) $a = \ddot{y}$. Wir erhalten eine Differentialgleichung

$$-ky = m\ddot{y} \quad \text{oder mit} \quad \frac{k}{m} = \omega^2 \quad \text{nach (10.5)}$$

$$\ddot{y} + \omega^2 y = 0 \qquad \text{Schwingungsgleichung} \tag{*}$$

Über die Lösung der Differentialgleichung informieren Sie sich im Lehrbuch »Mathematik für Ingenieur- und Fachschulen« Bd. II, Abschn. 24.

Diese Differentialgleichung wird erfüllt durch die Gleichung

$$y = y_m \sin(\omega t + \varphi) \tag{10.1}$$

mit den Integrationskonstanten y_m und φ, wie man sich durch zweimaliges Differenzieren von (10.1) und Einsetzen in (*) leicht überzeugt.

Mit dem durch (10.5) eingeführten Proportionalitätsfaktor, der Richtgröße $k = m\omega^2$, erhalten wir eine für jede mechanische Sinusschwingung gültige Aussage über Periodendauer und Frequenz. Es gilt

$$\omega = 2\pi f = \sqrt{\frac{k}{m}}\,; \quad \text{daraus folgt}$$

$$\boxed{f = \frac{1}{2\pi}\sqrt{\frac{k}{m}}} \quad \text{**Eigenfrequenz der mechanischen Sinusschwingung**} \tag{10.7}$$

Nach (2.13) folgt aus (10.7) für die *Periodendauer* bei mechanischer Sinusschwingung $T = 2\pi\sqrt{m/k}$. Wir erkennen:

Frequenz und Periodendauer sind bei mechanischer Sinusschwingung unabhängig von der Amplitude.

Bei Drehschwingungen gilt analog zu (10.5) $F = -ky$ für das rücktreibende Drehmoment, wenn wir Tafel 3.4 (S. 139) verwenden, $M = -k'\varepsilon$. Darin ist

$$k' = \left| \frac{M}{\varepsilon} \right| \qquad \text{Winkelrichtgröße} \qquad (10.8)$$

$[k'] = \text{N m rad}^{-1}$

Setzen wir die zu k und m analogen Größen k' und J_A (Massenträgheitsmoment) in (10.7) ein, so folgt

$$\boxed{f = \frac{1}{2\pi} \sqrt{\frac{k'}{J_A}}} \qquad \textbf{Frequenz bei Drehschwingungen} \qquad (10.9)$$

10.3.1.2.   Schwingungsenergie

Wir kennen zwei Arten mechanischer Energie: potentielle und kinetische Energie. Für die potentielle Energie der gespannten Feder gilt (3.31) $W_p = \frac{1}{2}ks^2$. Die kinetische Energie ist nach (3.37) $W_k = \frac{1}{2}mv^2$. Beim sinusförmig bewegten Körper ist der Weg s, um den die Feder gedehnt wird, die Elongation y. Damit sind die Energien

$$W_p = \frac{1}{2} ky^2 = \frac{1}{2} ky_m^2 \sin^2(\omega t + \varphi) \qquad (10.10)$$

$$W_k = \frac{1}{2} mv^2 = \frac{1}{2} m\omega^2 y_m^2 \cos^2(\omega t + \varphi) \qquad (10.10')$$

Bild 10.16 zeigt das Diagramm für die zeitabhängige potentielle sowie kinetische Energie. Die Summe beider Energiearten ist im Zeitablauf konstant in Übereinstimmung mit dem Energiesatz der Mechanik ($\rightarrow$ 3.2.3.6.). Wir überprüfen dies durch Rechnung:

$$W_{ges} = W_p + W_k = \frac{1}{2} ky_m^2 \sin^2(\omega t + \varphi) + \frac{1}{2} m\omega^2 y_m^2 \cos^2(\omega t + \varphi)$$

Mit (10.5) $k = m\omega^2$ wird daraus

$$W_{ges} = \frac{1}{2} ky_m^2 [\sin^2(\omega t + \varphi) + \cos^2(\omega t + \varphi)] = \frac{1}{2} ky_m^2$$

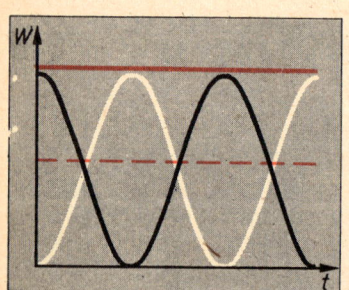

Bild 10.16 Energie-Zeit-Diagramm einer Sinusschwingung (rot: zeitlich konstante Gesamtenergie; schwarz: kinetische Energie; weiß: potentielle Energie; rot gestrichelt: zeitlicher Mittelwert sowohl der kinetischen als auch der potentiellen Energie)

$$\boxed{W = \frac{1}{2} ky_m^2 = const} \qquad \begin{array}{l} \textbf{Energie der} \\ \textbf{mechanischen} \\ \textbf{Sinusschwingung} \end{array} \qquad (10.11)$$

> Bei reibungsfreier mechanischer Sinusschwingung ist die Summe von potentieller und kinetischer Energie konstant. Sie ist der Richtgröße $k = m\omega^2$ und dem Quadrat der Amplitude y_m proportional.

Beim Feder-Masse-Schwinger ist die Feder ein Speicher für potentielle Energie, der Körper infolge seiner Masse ein Speicher für kinetische Energie.

● **Beispiel 10.4**

Berechnen Sie die Schwingungsenergie des Körpers aus Beispiel 10.1, wenn die Masse des Körpers 150 g ist.

Gegeben: $f = {}^4/_3\,\text{Hz}$; $y_m = 60\,\text{mm}$; $m = 150\,\text{g}$ *Gesucht:* W

Aus (10.11) folgt mit (10.5) $k = m\omega^2$ und (2.16) $\omega = 2\pi f$

$$W = \underline{\underline{2\pi^2 m f^2 y_m{}^2}}; \quad W = \frac{2\pi^2 \cdot 150\,\text{g} \cdot 4^2 \cdot 60^2\,\text{mm}^2}{3^2\,\text{s}^2}$$

$$= \frac{2\pi^2 \cdot 1{,}5 \cdot 1{,}6 \cdot 3{,}6}{9} \cdot 10^{-3-6+2+1+3}\,\frac{\text{kg m}^2}{\text{s}^2} = \underline{\underline{18{,}9\,\text{mJ}}}$$ ●

● **Aufgabe 10.2**

Was sagt Gleichung (10.11) über die Frequenzabhängigkeit der Energie aus? ●

Alle Überlegungen auch dieses Abschnittes gelten nicht nur für den als Beispiel gewählten Federschwinger, sondern für jede sinusförmige Bewegung.
Verallgemeinert dürfen wir feststellen:

> Wesentliches Merkmal eines zu Eigenschwingungen fähigen Systems ist die periodische Umwandlung einer Energieart in eine andere. Dabei bleibt die von außen dem System zugeführte Gesamtenergie erhalten, sofern der Vorgang reibungsfrei verläuft. Die Energie pendelt zwischen zwei Energiespeichern hin und her.

Zusammenfassend kommen wir auf den Merksatz in 10.2.1. zurück und erweitern ihn. Die z. B. im System Feder—Masse nach (10.11) enthaltene Schwingungsenergie muß dem zunächst ruhenden Körper zugeführt werden: Der Körper wird angestoßen, eine äußere, nicht zum System Feder—Masse gehörende Kraft greift kurzzeitig am Körper an, entfernt ihn aus seiner stabilen Gleichgewichtslage und stört damit den Gleichgewichtszustand. Entsprechend kann auch ein Gleichgewichtszustand in der uns umgebenden Luft gestört werden: Druck und Dichte ändern sich dann sinusförmig (Schall). Oder in einem Stromkreis wird das Gleichgewicht elektrischer Ladungen gestört, es entstehen elektrischen Schwingungen.

Allgemein formulieren wir:

Unter Schwingung versteht man einen physikalischen Vorgang, bei dem sich eine physikalische Größe zeitlich periodisch ändert. Eine Schwingung wird durch die Störung eines stabilen Gleichgewichtszustandes ausgelöst, hervorgerufen durch Energiezufuhr von außen.

Gleichungen, in denen Quadrate oder Produkte von sinusförmig sich ändernden Größen vorkommen, lassen sich noch einfacher schreiben, wenn wir Effektivwerte einführen. Der *Effektivwert* einer Wechselgröße y ist allgemein definiert als

$$y_{\text{eff}} = \sqrt{\frac{1}{T} \int_t^{t+T} y^2(t)\, \mathrm{d}t}$$

Für $y = y_{\text{m}} \sin \omega t$ ist

$$y_{\text{eff}} = \sqrt{\frac{1}{T}\, y_{\text{m}}^2 \int_t^{t+T} \sin^2 \omega t\, \mathrm{d}t} = \sqrt{\frac{1}{T}\, y_{\text{m}}^2 \frac{T}{2}} = \frac{y_{\text{m}}}{\sqrt{2}}$$

Somit gilt

$$\boxed{y_{\text{eff}} = \frac{y_{\text{m}}}{\sqrt{2}}} \quad \text{**Effektivwert einer sinusförmigen Größe**} \qquad (10.12)$$

(10.11) lautet bei Verwendung des Effektivwertes von y

$$W = k y_{\text{eff}}^2 = \text{const} \qquad (10.11')$$

Effektivwerte werden bevorzugt in der Elektrotechnik (beispielsweise beim Wechselstrom) und in der Akustik (Schallfeldgrößen) verwendet.

10.3.1.3. Gedämpfte Schwingungen

Bisher betrachteten wir Schwingungen reibungsfrei. Die durch einmaligen Anstoß zugeführte Energie einer Schwingung wird aber nach und nach in Wärmeenergie verwandelt. Bei einer gedämpften Schwingung ist somit auch die Energie zeitabhängig, sie nimmt ab. Wegen (10.11) $W \sim y_{\text{m}}^2$ nimmt dann auch die Amplitude mit der Zeit ab. Die Schwingung verläuft gedämpft, sie klingt ab bis zur Elongation $y = 0$.
Um eine Gleichung für den Augenblickswert bei der gedämpften Schwingung zu erhalten, verfahren wir wie in 10.3.1.1., müssen

aber zusätzlich den *Reibungseinfluß* beachten. Wir nehmen für die Reibungskraft an, daß eine Gleichung $F_R = -rv$ gilt, d. h., daß die Reibungskraft proportional der Geschwindigkeit und ihr entgegengerichtet ist. Diese Annahme wird gerechtfertigt durch das Ergebnis, das mit der Praxis hinreichend übereinstimmt. Dann gilt für die mechanische gedämpfte Schwingung $F + F_R = ma$, folglich $-ky - r\dot{y} = m\ddot{y}$. Setzen wir noch $k/m = \omega_0^2$ (ω_0 Kreisfrequenz der ungedämpften Eigenschwingung) und $r/2m = \delta$ (δ Abklingkonstante), so folgt

Über die Lösung der Differentialgleichung informieren Sie sich im Lehrbuch »Mathematik für Ingenieur- und Fachschulen« Bd. II, Abschn. 24.

$$\ddot{y} + 2\delta\dot{y} + \omega_0^2 = 0.$$

Diese Differentialgleichung wird erfüllt durch die Gleichung

$$y = y_0\, e^{-\delta t} \sin(\omega t + \varphi) \qquad \begin{array}{l}\textbf{Augenblickswert der}\\ \textbf{Größe } y \textbf{ bei gedämpfter}\\ \textbf{Sinusschwingung}\end{array} \qquad (10.13)$$

Darin sind $y_0\, e^{-\delta t} = y_n$ die *mit der Zeit abklingende Amplitude* (Bild 10.17), y_0 deren Anfangswert und φ der Nullphasenwinkel.

Wie Versuche zeigen, ist die Kreisfrequenz ω der gedämpften Schwingung kleiner als die Kreisfrequenz ω_0 der entsprechenden ungedämpften Schwingung. Es gilt

$$\omega = \sqrt{\omega_0^2 - \delta^2} \qquad \begin{array}{l}\text{Kreisfrequenz der gedämpften}\\ \text{Sinusschwingung}\end{array} \qquad (10.14)$$

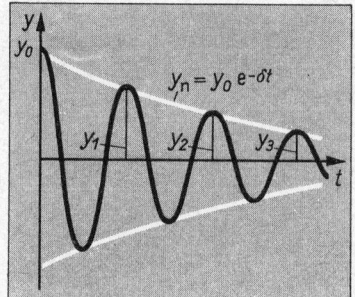

Bild 10.17 Gedämpfte Schwingung. Für die Amplitude gilt nicht mehr $y_m = $ const, sondern $y_n = y_n(t) = y_0 e^{-\delta t}$ (weiße Kurve)

Nur bei kleiner Dämpfung ($\delta \ll \omega_0$) ist $\omega \approx \omega_0$.

Soll ein Schwingvorgang ungedämpft verlaufen, so muß die durch Reibung verlorengegangene mechanische Energie ständig ersetzt werden. Man führt jeweils zum richtigen Zeitpunkt so viel mechanische Energie zu, wie durch Reibungsarbeit verlorengeht. Das geschieht überall dort, wo ungedämpfte Schwingungen beobachtet werden. Bei einer Taschenuhr beispielsweise wird die potentielle Energie einer gespannten Feder genutzt. In jeder Periode erfährt die Unruh einen kleinen Anstoß, gerade groß genug, um die Reibungsverluste zu kompensieren.

10.3.2. Erzwungene Schwingungen und Resonanz

Bisher untersuchten wir ausschließlich *Eigenschwingungen*. Nach einmaliger Energiezufuhr beobachteten wir Schwingungen mit einer charakteristischen Frequenz, der *Eigenfrequenz*, die wir nun f_0 nennen wollen. Wirkt auf ein schwingungsfähiges System mit der Eigenfrequenz f_0 eine sinusförmige Kraft $F = F_m \sin \omega t$ von außen mit der Kreisfrequenz $\omega = 2\pi f$ (*f Erregerfrequenz*), so führt das System *erzwungene Schwingungen* aus.

Ein Freihandversuch nach Bild 10.18 soll uns das Wesentliche klären helfen. Bild 10.19 zeigt in Diagrammen die Ergebnisse unseres Experiments. Wir bewegen die Hand periodisch hin und her. Nach Bild 10.18.1 folgt bei geringer Erregerfrequenz $f \ll f_0$ (langsame Bewegung) der Pendelkörper ohne Phasenverschiebung mit einer Amplitude, die der des Erregers (Hand) etwa gleich ist. Erreger und Resonator, auch Mitschwinger genannt (Pendelkörper), haben gleiche Frequenz. Diese ist kleiner als die Eigenfrequenz f_0 des Fadenpendels. Während wir die Erregerfrequenz vergrößern, wächst in gleichem Maße die Resonatorfrequenz und ein wenig auch die Amplitude des Resonators. Für $f \rightarrow f_0$ wächst die Amplitude sehr an (Bild 10.18.2). Im Resonanzfall ist sie am größten. Hier sind Erregerfrequenz und Resonatorfrequenz nahezu gleich ($f \approx f_0$).

Dem Pendelkörper wird bei einer Phasenverschiebung $\pi/2$ maximal Energie zugeführt. Vergrößern wir die Erregerfrequenz noch mehr, so nimmt die Resonatoramplitude wieder ab (Bild 10.18.3). Die Phasenverschiebung geht gegen π.

Für einen ungedämpften Resonator würde im Resonanzfall die Amplitude unendlich groß (punktierte Kurve in Bild 10.19.1);

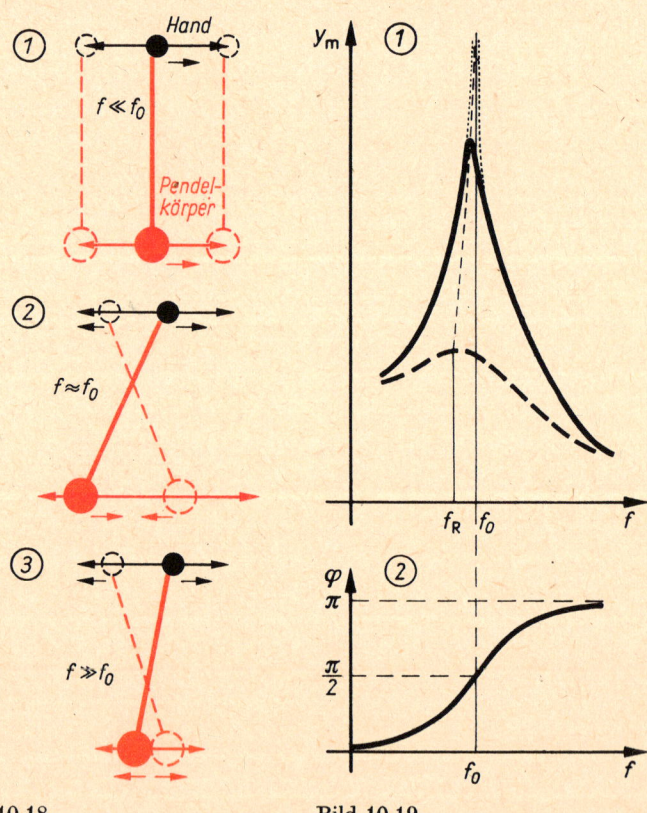

Bild 10.18 Freihandversuch zur Resonanz. Die kleinen Pfeile zeigen die momentane Bewegung der Hand (schwarz) bzw. des Pendelkörpers (rot) an

Bild 10.19 Diagramme zur Resonanz: 1. Amplitude und 2. Phasenverschiebung in Abhängigkeit von der Erregerfrequenz f

Bild 10.18   Bild 10.19

die Resonanzfrequenz f_R ist beim ungedämpften System gleich der Eigenfrequenz f_0 des Resonators.

Alle schwingungsfähigen Systeme schwingen aber gedämpft. Je stärker die Dämpfung, um so geringer ist, gleiche Erregeramplitude vorausgesetzt, die Amplitude des Resonators im Resonanzfall (gestrichelte Kurve in Bild 10.19.1). Je stärker die Dämpfung, um so mehr weicht auch die Resonanzfrequenz f_R von der Eigenfrequenz f_0 des Resonators ab, sie ist stets kleiner.

Derartige Systeme von Erreger und Oszillator gibt es in Natur und Technik sehr häufig. Zum Beispiel stößt der Schritt eines Menschen beim Überschreiten einer Brücke diese periodisch an (probieren Sie dies, indem Sie ein geeignetes Brett als Brücke benutzen). Durch jeden Kolben eines Motors wirkt bei jeder Kolbenumkehr ein Stoß auf Fahrzeug oder Fundament. Beim Fahrzeug »hören« wir Resonanzstellen: Teile des Fahrzeugs schwingen bei verschiedenen Motordrehzahlen in Resonanz mit. Wir hören ein Geräusch, das den mit großer Amplitude als Schall abgestrahlten Resonatorfrequenzen entspricht.

Große Amplituden bedeuten starke Materialbeanspruchung. Sie müssen deshalb vermieden werden. Zwei Möglichkeiten gibt es: Bei *großer Dämpfung* des Mitschwingers ist die Vergrößerung der Amplitude im Resonanzfall nur gering (gestrichelte Kurve im Diagramm). Sie ist aber noch bemerkbar. Deshalb darf nur für kurze Zeit, beispielsweise während des Anfahrens, diese Frequenz beibehalten werden. Besser ist es, wenn die Betriebsdrehzahl unterhalb der kritischen Drehzahl liegt, wenn also *der Erreger die Resonanzfrequenz f_0 gar nicht erreichen kann*. Dann gibt es keinen Resonanzfall.

● **Aufgabe 10.3**

Weshalb muß die Wäsche möglichst gleichmäßig verteilt in die Trockenschleuder eingelegt werden?

● **Beispiel 10.5**

Ein Motor läuft mit der Drehzahl 1500 min^{-1}. Geben Sie die Frequenz der Stöße an, die durch Unwucht (unsymmetrische Anordnung der Masse um die Rotationsachse) entstehen.

Gegeben: $n = 1500 \text{ min}^{-1}$ \qquad *Gesucht:* f

Die Frequenz der Stöße ist gleich der Drehzahl:

$$f = \frac{1500}{\text{min}} = \frac{1500}{60 \text{ s}} = \underline{\underline{25 \text{ Hz}}}$$

● **Aufgabe 10.4**

Die Eigenfrequenz des Systems Fundament/Motor mit dem Motor von Beispiel 10.5 sei 15 Hz. Was ist beim An- und Auslaufen zu beachten?

10.4.   Beispiele für mechanische Schwingungen

10.4.1.   Feder-Masse-Schwinger

Ein starrer Körper ist elastisch an einen festen Punkt gebunden, etwa wie Bild 10.1 (rot) oder Bild 10.5 zeigen. Dabei soll die Masse der Feder klein sein gegenüber der Masse des Körpers. Dann gelten alle in 10.2 und 10.3 hergeleiteten Gleichungen. Wir wollen sie anwenden:

● **Beispiel 10.6**

Eine Schraubenfeder wird durch das Gewicht eines angehängten Körpers (Masse 50 g) um 43 mm gedehnt. Für den Schwingvorgang (Amplitude 60 mm) wird ein anderer Körper (Masse 100 g) angehängt. Berechnen Sie 1. die Federkonstante, 2. die Frequenz und 3. die Gesamtenergie der Schwingung.

Gegeben: $m_1 = 50$ g; $\Delta s = 43$ mm   *Gesucht:* 1. k; 2. f
$m_2 = 100$ g; $y_m = 60$ mm   3. W

1. Es liegen zwei unterschiedliche Belastungsfälle vor, der statische und der dynamische. Die Federkonstante erhalten wir aus der statischen Belastung nach (3.16′)

$$k = \left| \frac{F}{\Delta s} \right| = \frac{m_1 g}{\Delta s}$$

$$k = \frac{50 \text{ g} \cdot 9{,}81 \text{ m}}{43 \text{ mm} \cdot \text{s}^2} = \frac{50 \text{ kg} \cdot 9{,}81 \text{ m} \cdot 1000}{1000} \frac{}{\text{s}^2 \cdot 43 \text{ m}} = \underline{\underline{11{,}4 \frac{\text{N}}{\text{m}}}}$$

2. Im dynamischen Fall hängt ein anderer Körper an der Feder. Es gilt (10.7) mit der Masse m_2:

$$f = \frac{1}{2\pi} \sqrt{\frac{k}{m_2}}; \quad f = \frac{1}{2\pi} \sqrt{\frac{11{,}4 \text{ kg m}}{\text{s}^2 \text{ m} \cdot 0{,}1 \text{ kg}}} = \underline{\underline{1{,}7 \text{ Hz}}}$$

3. (10.11) $W = \dfrac{1}{2} k y_m^2$

$$W = \frac{11{,}4 \text{ N} \cdot 60^2 \text{ mm}^2}{2 \text{ m}} = \frac{1{,}14 \cdot 3{,}6 \cdot 10^4}{2} \frac{\text{N m}^2}{\text{m} \cdot 10^6} = \underline{\underline{21 \text{ mJ}}} \; ●$$

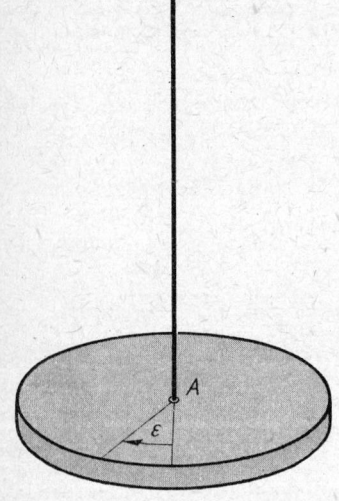

Bild 10.20 Torsionsschwinger. Hier wirkt wie beim Feder-Masse-Schwinger eine elastische Kraft als rücktreibende Kraft

10.4.2.   Torsionsschwinger

Ein Torsionsschwinger nach Bild 10.20 führt Drehschwingungen aus. Durch Torsion des Drahtes entsteht das rücktreibende Drehmoment, und es gelten (10.1′) $\varepsilon = \varepsilon_m \sin(\omega t + \varphi)$,

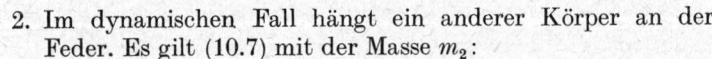

(10.8) $k' = \left| \dfrac{M}{\varepsilon} \right|$ und (10.9) $f = \dfrac{1}{2\pi} \sqrt{\dfrac{k'}{J_A}}.$

● **Aufgabe 10.5**

Geben Sie durch Einsetzen analoger Größen (Tafel 3.4) in (10.11) $W = \frac{1}{2}ky_m^2$ die Gleichung für die Energie des Torsionsschwingers an und prüfen Sie die Gleichung durch die Einheitenprobe.

● **Aufgabe 10.6**

Ein Torsionsschwinger nach Bild 10.20 hat ein Massenträgheitsmoment bezüglich der Symmetrieachse von $1\,850\ \mathrm{kg\,cm^2}$. Die Winkelrichtgröße ist $5{,}6\ \mathrm{N\,m\,rad^{-1}}$. Der Körper wird um 90° gedreht und freigegeben. Berechnen Sie 1. die Frequenz der Sinusschwingung und 2. die Schwingungsenergie.

10.4.3.   Physisches Pendel

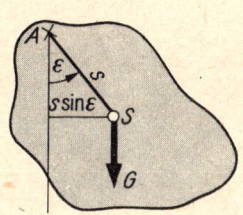

Auch ein drehbar gelagerter starrer Körper kann im Schwerefeld Drehschwingungen ausführen, sofern die Drehachse nicht durch den Schwerpunkt ($\rightarrow$ 3.3.3.) geht. Bild 10.21 zeigt einen derart gelagerten Körper, ein *physisches Pendel*. Wie beim Torsionsschwinger wollen wir auch hier das rücktreibende Moment M betrachten, das in diesem Fall durch die *Schwerkraft* entsteht. Sofern dieses rücktreibende Moment linear vom Winkel ε abhängt, liegt eine Sinusschwingung vor. Im Bild 10.21 finden wir einen Körper beliebiger Gestalt mit Aufhängepunkt A und Schwerpunkt S. Dann gilt $M = Gs\sin\varepsilon$. Für *kleine Winkel* ist $\sin\varepsilon \approx \varepsilon$ und damit $M = mgs\varepsilon = k'\varepsilon$. Das letzte Gleichheitszeichen gilt wegen (10.8). Wir erkennen: $k' = mgs$ gilt für kleine Winkel (für $\varepsilon = 4{,}5°$ ist der relative Fehler 0,001). Mit (10.9) folgt

Bild 10.21 Physisches Pendel. Hier bewirkt die Schwerkraft das rücktreibende Drehmoment

$$\boxed{f = \frac{1}{2\pi}\sqrt{\frac{mgs}{J_A}}}$$

Frequenz des physischen Pendels für kleine Drehwinkel (10.15)

Darin sind J_A das Massenträgheitsmoment des Körpers um die Achse durch Punkt A, der auch außerhalb des Körpers liegen kann, und s der Abstand des Schwerpunktes von dieser Achse.

Ein *Sonderfall* liegt vor, wenn die Drehachse außerhalb des Körpers liegt und der Schwerpunktabstand wesentlich größer ist als Länge, Breite oder Höhe des Körpers. Ist weiter die Masse des Fadens (der Stange) vernachlässigbar klein gegenüber der Körpermasse, so sprechen wir von einem *Fadenpendel* (Bild 10.22; $s = l \gg d$ und $m_{\mathrm{Faden}} \ll m_{\mathrm{Körper}}$). Aus (10.15) folgt dann mit $s = l$ und $J_A = mr^2 = ml^2$

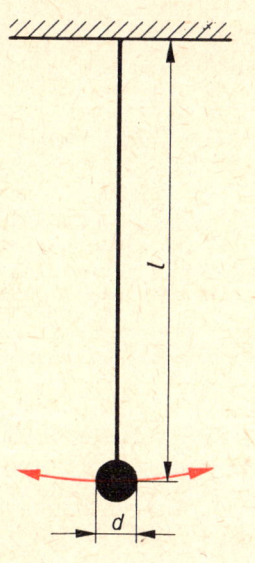

Bild 10.22 Fadenpendel

$$f = \frac{1}{2\pi}\sqrt{\frac{g}{l}}$$

Frequenz des Fadenpendels für kleine Amplitude (10.15')

Die Frequenz des Fadenpendels ist unabhängig von der Masse des Pendelkörpers.

(10.15′) gilt strenggenommen nur für das nicht realisierbare mathematische Pendel (mit $m_{\text{Faden}} = 0$ und $d_{\text{Körper}} = 0$).

● Aufgabe 10.7

Zwei Fadenpendel von 0,5 m Länge haben eine Amplitude von 30 bzw. 5 cm. Die Periodendauer dieser beiden Pendel ist laut Experiment nicht gleich. Liegt ein Meßfehler vor? ●

● Aufgabe 10.8

Zwei Körper gleicher Gestalt sind in gleicher Weise aufgehängt. Sie bestehen aus verschiedenem Material. Die Dichte des einen ist doppelt so groß wie die des anderen. Wie verhalten sich die Frequenzen der beiden physischen Pendel? ●

10.5.   Elektrische Eigenschwingungen

Wie bei einer mechanischen Eigenschwingung periodisch potentielle Energie in kinetische und umgekehrt verwandelt wird, so gibt es ein System von elektrischen Schaltelementen, das die periodische Umwandlung elektrischer in magnetische Feldenergie zuläßt. Diese Schaltelemente sind ein *Kondensator* mit der *Kapazität C* und eine *Spule* mit der *Induktivität L*, die Speicher elektrischer und magnetischer Feldenergie. Den aus diesen beiden Schaltelementen gebildeten Stromkreis nennen wir *Schwingkreis* (Bild 10.23). Nach einmaliger Energiezufuhr

Bild 10.23 Im elektrischen Schwingkreis erfolgt periodische Umwandlung von elektrischer in magnetische Feldenergie und umgekehrt. Experimentell läßt sich zeigen: Während der Kondensator voll geladen ist, d. h. $q = Q_m$, somit auch $u = U_m$ und $E(t) = E_m$, ist die Stromstärke im Schwingkreis und damit auch in der Spule $i = 0$, somit auch $H(t) = 0$. Andererseits ist die Stromstärke $i = I_m$ und somit auch $H(t) = H_m$, während am Kondensator $q = 0$, somit auch $u = 0$ und $E(t) = 0$ sind. Vergleichen Sie diese beiden Fälle mit den im Bild angegebenen analogen Fällen für den Feder-Masse-Schwinger!

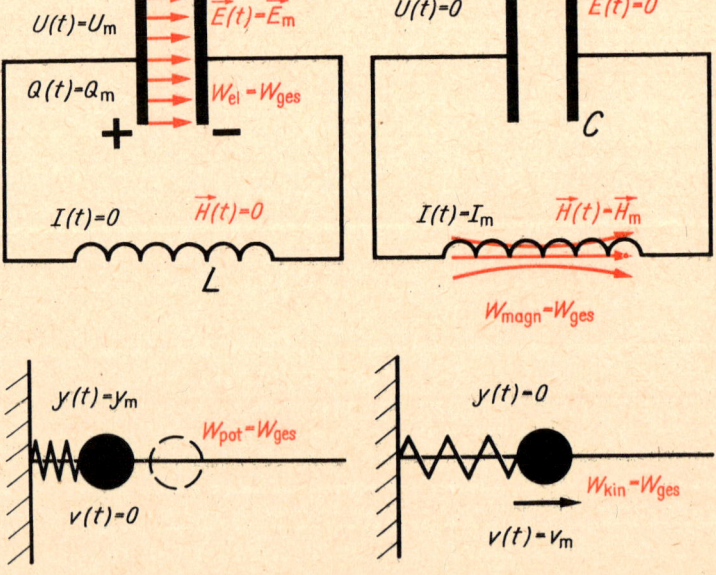

(der Kondensator wird an eine Spannungsquelle angeschlossen, auf die Spannung U_m aufgeladen und dann von der Spannungsquelle wieder getrennt) ändern sich sowohl die Spannung $U(t) = u$ wie auch die Stromstärke $I(t) = i$ periodisch. Die Schwingung verläuft ungedämpft, wenn der Schwingkreis keinen ohmschen Widerstand enthält.

Nach (8.26) gilt für die Spannung an einer Spule, die im Schwingkreis gleich der Spannung am Kondensator ist, $u = -L\,\mathrm{d}i/\mathrm{d}t$. Nach (7.2) gilt $i = \mathrm{d}q/\mathrm{d}t$, und mit (8.8) $q = Cu$ folgt $-q/C = L\ddot{q}$.

Sehen wir, wie Tafel 10.2 zeigt, q und y, L und m sowie $1/C$ und k als *einander entsprechende elektrische und mechanische Größen* an, so ist diese Gleichung analog dem Ansatz der Differentialgleichung im mechanischen Fall ($\rightarrow$ 10.3.1.1.). Wie in (10.5) $k/m = \omega^2$, so setzen wir hier $1/LC = \omega^2$. Dann erhalten wir

$$\ddot{q} + \omega^2 q = 0 \qquad\qquad (*)$$

Diese Gleichung entspricht der für die mechanische Schwingung erhaltenen Gleichung (*) $\ddot{y} + \omega^2 y = 0$. Die Lösung lautet dementsprechend

$$q = Q_\mathrm{m} \sin(\omega t + \varphi) \qquad \begin{matrix}\text{Ladung des Kondensators} \\ \text{im Schwingkreis}\end{matrix} \qquad (10.16)$$

Wegen (8.8) $q = Cu$ bzw. $Q_\mathrm{m} = CU_\mathrm{m}$ folgt daraus

$$u = U_\mathrm{m} \sin(\omega t + \varphi) \qquad \begin{matrix}\text{Spannung am Kondensator} \\ \text{im Schwingkreis}\end{matrix} \qquad (10.17)$$

Entsprechend (10.17) für die Spannung u erhalten wir eine Gleichung für die Stromstärke i, wenn wir (10.16) differenzieren:

$$\frac{\mathrm{d}q}{\mathrm{d}t} = i = \omega Q_\mathrm{m} \cos(\omega t + \varphi)$$

Wegen (8.8) und (**) (S. 321) $\omega C U_\mathrm{m} = I_\mathrm{m}$ ist

$$i = I_\mathrm{m} \cos(\omega t + \varphi) \qquad \text{Stromstärke im Schwingkreis} \qquad (10.18)$$

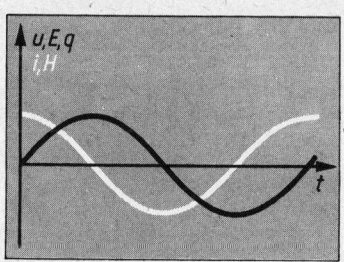

Bild 10.24 Spannung, elektrische Feldstärke und Ladung sowie Stromstärke und magnetische Feldstärke im elektrischen Schwingkreis. Die Ladung ist nach (8.8) und die elektrische Feldstärke nach (8.5'') der Spannung u am Kondensator, die magnetische Feldstärke nach (8.17) der Stromstärke i in der Spule proportional

Die Gleichungen (10.16)$\cdots$(10.18) zeigen uns: Spannung am Kondensator und Ladung des Kondensators haben ihr Maximum, während die Stromstärke $i = 0$ ist. Während die Stromstärke ihr Maximum hat, sind Ladung und Spannung am Kondensator Null. Bild 10.24 zeigt diesen Zusammenhang für den Zeitraum einer Periode der Schwingung.

Für die mechanische Schwingung erhielten wir aus $\omega^2 = k/m$ die Frequenz der Eigenschwingung (10.7). Analog ergibt sich hier aus $\omega^2 = 1/LC$

$$f = \frac{1}{2\pi\sqrt{LC}}$$ Eigenfrequenz des   (10.19)
elektrischen Schwingkreises

Diese Gleichung heißt *Thomsonsche Schwingungsgleichung* ($\rightarrow$ THOMSON).

● **Beispiel 10.7**

Welche Eigenfrequenzen haben die Schwingkreise mit den Kapazitäten 1. 100 µF, 2. 100 pF sowie den Induktivitäten 1. 1,00 H, 2. 10,0 mH?

Gegeben: zu 1. $C = 100$ µF; $L = 1,00$ H   *Gesucht:* 1. f_1
zu 2. $C = 100$ pF; $L = 10,0$ mH   2. f_2

(10.19) $f = \dfrac{1}{2\pi\sqrt{LC}}$

1. $f_1 = \dfrac{1}{2\pi\sqrt{100\,\mu\text{F}\cdot 1\,\text{H}}} = \dfrac{1}{2\pi\sqrt{\dfrac{100\,\text{A s}\cdot\text{V s}}{10^6\,\text{V}\cdot\text{A}}}} = 15,9\,\text{Hz}$

2. $f_2 = \dfrac{1}{2\pi\sqrt{100\,\text{pF}\cdot 10\,\text{mH}}} = \dfrac{1}{2\pi\sqrt{\dfrac{100\cdot 10\,\text{A s V s}}{10^{12}\,10^3\,\text{V A}}}}$

$= \dfrac{10^6\,\text{z}}{2\pi}\,\text{Hz} = 159\,\text{kHz}$

Tafel 10.2   Analoge Größen bei mechanischen und bei elektrischen Schwingungen

Mechanische Größe		Elektrische Größe	
Elongation	$y = y(t)$	Ladung des Kondensators	$q = q(t)$
Geschwindigkeit	$v = \dfrac{dy}{dt}$	Stromstärke	$i = \dfrac{dq}{dt}$
Masse	m	Induktivität	L
Richtgröße	k	Kehrwert der Kapazität	C^{-1}
Betrag der rücktreibenden Kraft	$F = ky$	Spannung am Kondensator	$u = \dfrac{q}{C}$
Kinetische Energie	$W_k = \dfrac{m}{2}v^2$	Magnetische Energie	$W_m = \dfrac{L}{2}i^2$
Potentielle Energie	$W_p = \dfrac{k}{2}y^2$	Elektrische Energie	$W_{el} = \dfrac{q^2}{2C}$

Tafel 10.3   Analoge Gleichungen bei mechanischen und bei elektrischen Schwingungen

Mechanische Schwingung		Elektrische Schwingung
$f = \dfrac{1}{2\pi} \sqrt{\dfrac{k}{m}}$	Frequenz der Eigenschwingung	$f = \dfrac{1}{2\pi} \sqrt{\dfrac{1}{LC}}$
$T = 2\pi \sqrt{\dfrac{m}{k}}$	Periodendauer der Eigenschwingung	$T = 2\pi \sqrt{LC}$
$y = y_m \sin(\omega t + \varphi)$	Elongation bzw. elektrische Ladung bei ungedämpfter Schwingung	$q = Q_m \sin(\omega t + \varphi)$
$y = y_0\, e^{-\delta t} \sin(\omega t + \varphi)$	Elongation bzw. elektrische Ladung bei gedämpfter Schwingung	$q = Q_0\, e^{-\delta t} \sin(\omega t + \varphi)$
$\delta = \dfrac{r}{2m}$	Abklingkonstante	$\delta = \dfrac{R}{2L}$

10.6.   Wechselstrom

10.6.1.   Sinusförmiger Wechselstrom in Analogie zur mechanischen Sinusschwingung

Eine noch häufigere Anwendung als die mechanischen Schwingungen finden die elektrischen Schwingungen. Die Versorgung mit Elektroenergie wird vorwiegend mit Wechselstrom betrieben. Ein Generator induziert nach 8.4.5.3. eine sinusförmige Spannung, eine Wechselspannung:

$$u = U_m \sin(\omega t + \varphi_u) \qquad \text{Wechselspannung} \qquad (10.20)$$

Diese Gleichung unterscheidet sich von der dort angegebenen lediglich durch die Wahl des Nullpunktes auf der Zeitachse, d. h. durch den Nullphasenwinkel φ_u.

Die im Generator induzierte Spannung stellt die Erregerspannung dar, die im gesamten angeschlossenen Leitersystem (Netz) erzwungene elektrische Schwingungen hervorruft. Diese erzwungenen elektrischen Schwingungen heißen Wechselströme.

Ihre Frequenz ist im gesamten Netz gleich der Frequenz der Erregerspannung, die periodische Änderung der Spannung erfolgt im gesamten Netz *synchron*. Sind die Wechselstromwiderstände (→ 10.6.2.) vernachlässigbar klein gegenüber dem ohmschen Widerstand, so sind die elektrischen Größen im gesamten Netz phasengleich. In der mechanischen Analogie entspräche dem eine (nicht realisierbare) erzwungene Schwingung eines zu Eigenschwingungen fähigen Systems mit vernachlässigbar kleiner Masse, sehr harter Feder und großer Dämpfung.

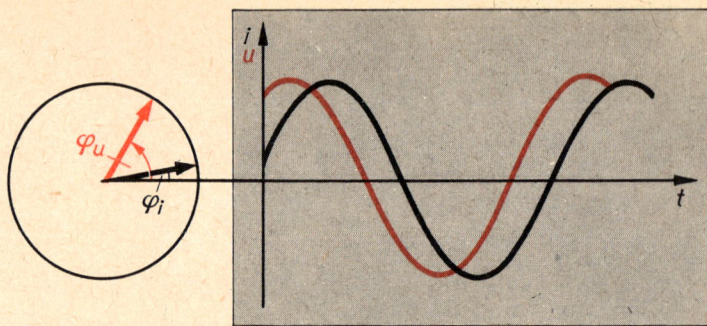

Bild 10.25 Phasenverschiebung.
Die Stromstärke eilt der Spannung
nach

Technischer Wechselstrom hat die Frequenz 50 Hz und damit
die Kreisfrequenz 100π ^{1}/s. In einem Stromkreis fließt infolge
einer Spannung nach (10.20) ein Wechselstrom:

$$i = I_\mathrm{m} \sin(\omega t + \varphi_i) \qquad \textbf{Wechselstromstärke} \qquad (10.21)$$

Wie in 7.2.1. eingeführt, kennzeichnen die Kleinbuchstaben
u und i die zeitlich veränderlichen *Augenblickswerte* von
Spannung und Stromstärke.
Die *Nullphasenwinkel* für die Spannung φ_u und für die Stromstärke φ_i sind meist nicht gleich. Es besteht dann eine *Phasen-*
verschiebung $\varphi = \varphi_i - \varphi_u$ zwischen Stromstärke und Spannung.

$$\varphi = \varphi_i - \varphi_u \qquad \textbf{Phasenverschiebung} \qquad (10.22)$$

Ist $\varphi < 0$, so *eilt die Stromstärke der Spannung nach*. Ist umgekehrt $\varphi > 0$, so *eilt die Stromstärke der Spannung voraus*
(Bild 10.25).

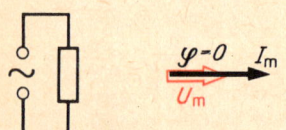

● **Aufgabe 10.9**

Woran erkennt man in Bild 10.25, welche Größe der anderen
vorauseilt?   ●

10.6.2.   Wechselstromwiderstand

10.6.2.1.   Wirkwiderstand

Bei einem reinen Leitungswiderstand, dem ohmschen Widerstand oder *Wirkwiderstand*, folgt wegen (7.7) $R = U/I$, einer
für jeden Zeitpunkt gültigen Gleichung, für die Augenblickswerte i und u mit $\varphi_u = 0$ unter Beachtung von (10.20)

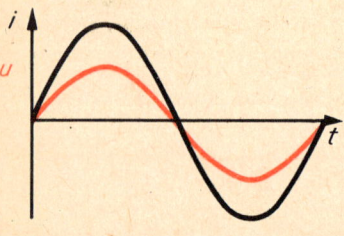

Bild 10.26 Wirkwiderstand im
Wechselstromkreis

$$i = \frac{u}{R} = \frac{U_\mathrm{m}}{R} \sin \omega t = I_\mathrm{m} \sin \omega t$$

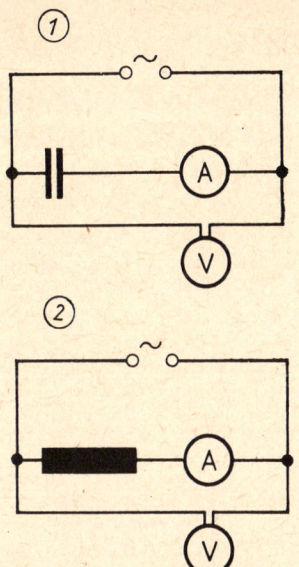

Bild 10.27 Versuch zur Bestimmung des Blindwiderstandes 1. für einen Kondensator und 2. für eine Spule (Schaltbilder). Für den Kondensator ist bei Gleichspannung die Stromstärke Null. Bei Wechselspannung stellen wir fest: $I \sim C$ und $I \sim f$. Entsprechend (7.7) $R = U/I$ ist auch ein Blindwiderstand der Stromstärke umgekehrt proportional, es gilt $X = U/I$. Folglich ist $X_C \sim 1/C$ und $X_C \sim 1/f$. Für die Spule ergibt sich: $I \sim 1/L$ und $I \sim 1/f$, somit $X_L \sim L$ und $X_L \sim f$

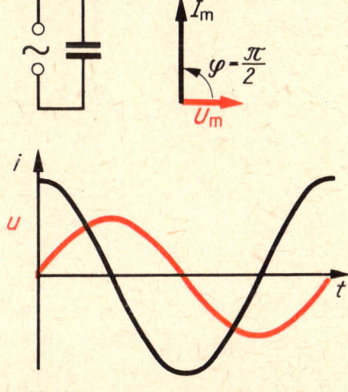

Bild 10.28 Kapazitiver Widerstand im Wechselstromkreis

Vergleich mit (10.21) ergibt $\varphi_i = 0$. Daraus folgt für die Phasenverschiebung $\varphi = \varphi_i - \varphi_u = 0$ (Bild 10.26).

> Im Wirkwiderstand sind Stromstärke und Spannung in gleicher Phase.

10.6.2.2. Blindwiderstände

Kondensator und Spule im Wechselstromkreis stellen Widerstände dar, die *Blindwiderstände* heißen. Sie erhalten das Symbol X oder, wenn wir unterscheiden, die Symbole X_C und X_L.

Wir untersuchen dies zunächst am Kondensator im Wechselstromkreis (Bild 10.27.1). Im Gleichstromkreis stellt der Kondensator einen unendlich großen Widerstand dar. Liegt an den Platten eines Kondensators aber eine Wechselspannung u, so wird er periodisch umgeladen. Im Wechselstromkreis mit Kondensator fließt ein Wechselstrom. Der Kondensator stellt einen Widerstand dar, den *kapazitiven Widerstand*. Stromstärke und Spannung sind jedoch nicht wie bei einem Wirkwiderstand phasengleich.

Allgemein gelten (8.8) $Q = CU$ und nach (7.2) $I = dQ/dt$. Daraus folgt für die Augenblickswerte mit (10.20) und mit $\varphi_u = 0$

$$i = \frac{dq}{dt} = C \frac{du}{dt} = \omega C U_m \cos \omega t = \omega C U_m \sin \left(\omega t + \frac{\pi}{2} \right) \qquad (*)$$

Vergleich mit (10.20) $u = U_m \sin \omega t$ zeigt (Bild 10.28):

> Im kapazitiven Widerstand eilt die Stromstärke der Spannung um $\varphi = \pi/2$ voraus.

Vergleich von (*) mit (10.21) $i = I_m \sin (\omega t + \varphi_i)$ liefert die Gleichung für den Maximalwert des *Blindstromes* bei rein kapazitiver Belastung:

$$I_m = \omega C U_m \qquad (**)$$

(**) vergleichen wir mit $I = U/R$ und erkennen, daß $1/\omega C$ die Bedeutung eines Widerstandes hat:

$$\boxed{X_C = \frac{1}{\omega C}} \qquad \textbf{Kapazitiver Widerstand} \qquad (10.23)$$

$$[X_C] = \frac{\text{s}}{\text{F}} = \frac{\text{V}}{\text{A}} = \Omega$$

> Der kapazitive Widerstand ist umgekehrt proportional der Kapazität des Kondensators und der Frequenz des Wechselstromes.

● **Beispiel 10.8**

Berechnen Sie den Blindwiderstand eines Kondensators der Kapazität 10 µF für die Frequenzen 50 Hz und 100 kHz.

Gegeben: $C = 10\ \mu F$ *Gesucht:* $X_{C1};\ X_{C2}$
          $f_1 = 50\ Hz;\quad f_2 = 100\ kHz$

Nach (10.23) und (2.16) $\omega = 2\pi f$ ist $X_C = \dfrac{1}{\omega C} = \dfrac{1}{2\pi f C}$

$$X_{C1} = \frac{1}{2\pi \cdot 50\ Hz \cdot 10\mu F} = \frac{10^{-2+5}}{\pi}\ \frac{s\,V}{A\,s} = \underline{\underline{318\ \Omega}}$$

$$X_{C2} = \frac{1}{2\pi \cdot 100\ kHz \cdot 10\ \mu F} = \frac{10^{-5+5}}{2\pi}\ \frac{s\,V}{A\,s} = \underline{\underline{0{,}159\ \Omega}}$$ ●

● **Aufgabe 10.10**

Begründen Sie anschaulich, daß der kapazitive Widerstand umgekehrt proportional der Kapazität und der Frequenz sein muß. ●

Eine von Wechselstrom durchflossene *Spule* mit der *Induktivität L* wirkt ebenfalls als Blindwiderstand und wird als *induktiver Widerstand* bezeichnet. Dabei wollen wir als Modell zunächst eine Spule betrachten, deren ohmscher Widerstand Null ist. Nach (7.14) ist die Summe der Urspannungen gleich der Summe der Spannungsabfälle im äußeren Stromkreis. Urspannungen sind in unserem Fall die angelegte Wechselspannung u nach (10.20) und die durch Selbstinduktion nach (8.26) vorhandene Spannung $u_i = -L\,di/dt$. Im äußeren Stromkreis ist der Wirkwiderstand Null, somit kein Spannungsabfall vorhanden. Es gilt $u + u_i = 0$, und mit $\varphi_u = 0$ folgt

$$U_m \sin \omega t - L\,\frac{di}{dt} = 0$$

$$di = \frac{U_m}{L} \sin \omega t\,dt \qquad \text{und nach Integration}$$

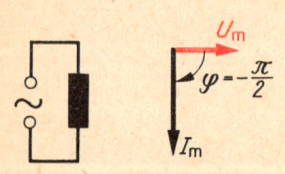

$$i = -\frac{U_m}{\omega L} \cos \omega t = \frac{U_m}{\omega L} \sin\left(\omega t - \frac{\pi}{2}\right) \qquad\qquad (***)$$

Vergleich mit (10.21) zeigt (Bild 10.29):

  Im induktiven Widerstand eilt die Stromstärke der Spannung nach. Es ist $\varphi = -\pi/2$.

Der Vergleich zeigt weiter: Der Maximalwert des Blindstromes ist

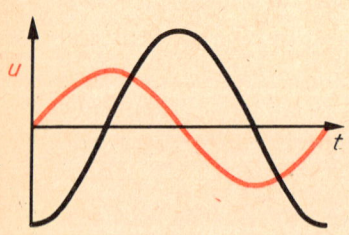

Bild 10.29 Induktiver Widerstand im Wechselstromkreis

$$I_m = \frac{U_m}{\omega L} \qquad\qquad\qquad\qquad (****)$$

Vergleichen wir nun wieder (****) mit $I = U/R$, so erkennen wir:

$$\boxed{X_L = \omega L} \qquad \textbf{Induktiver Widerstand} \qquad (10.24)$$

$$[X_L] = \frac{\text{H}}{\text{s}} = \frac{\text{V}}{\text{A}} = \Omega$$

Der induktive Widerstand ist der Induktivität der Spule und der Frequenz des Wechselstromes proportional.

● **Beispiel 10.9**

Berechnen Sie den Blindwiderstand einer Spule der Induktivität 500 mH für die Frequenzen 50 Hz und 100 kHz.

Gegeben: $L = 500\,\text{mH}$ \hfill *Gesucht:* $X_{L1}; X_{L2}$
$f_1 = 50\,\text{Hz}; \quad f_2 = 100\,\text{kHz}$

Nach (10.24) und (2.16) $\omega = 2\pi f$ ist

$$X_L = \omega L = \underline{\underline{2\pi f L}}$$

$$X_{L1} = 2\pi \cdot 50\,\text{Hz} \cdot 500\,\text{mH} = 5\pi \cdot 10^{2-1}\,\frac{\text{V s}}{\text{s A}} = \underline{\underline{157\,\Omega}}$$

$$X_{L2} = 2\pi \cdot 100\,\text{kHz} \cdot 500\,\text{mH} = 2\pi \cdot 5 \cdot 10^{5-1}\,\frac{\text{V s}}{\text{s A}} = \underline{\underline{314\,\text{k}\Omega}} \ ●$$

● **Aufgabe 10.11**

Bei Gleichstrom ist der Widerstand eines Kondensators unendlich groß, der Widerstand der Spule hat den kleinstmöglichen Wert. Erklären Sie dies mit Hilfe der Gleichungen von Abschnitt 10.6.2.2. ●

10.6.2.3. Reihenschaltung von Wirk- und Blindwiderständen

Weil es keine Spule und keinen Kondensator ohne ohmschen Widerstand gibt, müssen wir das Verhalten von Stromkreisen untersuchen, in denen gleichzeitig ohmsche, kapazitive und induktive Widerstände vorkommen. Wir berechnen den Gesamtwiderstand einer Reihenschaltung dieser Widerstände, den wir *Scheinwiderstand Z* nennen. Entsprechend (7.7) $R = U/I$ wird definiert $Z = U_\text{m}/I_\text{m}$, und bei Verwendung von Effektivwerten nach (10.12) $y_\text{eff} = y_\text{m}/\sqrt{2}$ wird daraus $Z = U_\text{eff}\sqrt{2}/(I_\text{eff}\sqrt{2})$ oder

$$\boxed{Z = \frac{U_\text{eff}}{I_\text{eff}} = \frac{U}{I}} \qquad \begin{array}{l}\textbf{Scheinwiderstand}\\ \textbf{im Wechselstromkreis}\end{array} \qquad (10.25)$$

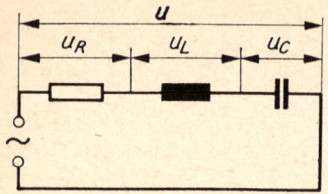

Bild 10.30 Reihenschaltung von Wirk- und Blindwiderständen. Experimentell läßt sich zeigen: Der Scheinwiderstand (Gesamtwiderstand bei Wechselstrom) ist abhängig von den Einzelwiderständen. Er ist vor allem frequenzabhängig; sein kleinster Wert ist gleich dem Wirkwiderstand. Aus $I = U/R$ ergibt sich die maximal mögliche Stromstärke. Die Teilspannungen U_C und U_L können sehr viel größer sein als die angelegte Spannung

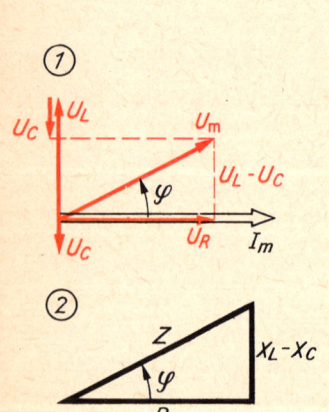

Bild 10.31 1. Zeigerdiagramm zur Reihenschaltung und 2. Zusammenhang zwischen Scheinwiderstand, Wirkwiderstand und Blindwiderständen bei Reihenschaltung. Weil alle Maximalwerte nach (10.12) den Effektivwerten proportional sind, darf man in Rechnungen anstelle der Scheitelwerte die entsprechenden Effektivwerte setzen

Nach (10.12) werden eingeführt:

$$U = \frac{U_m}{\sqrt{2}} \qquad \text{Effektive Spannung} \qquad (10.12')$$

$$I = \frac{I_m}{\sqrt{2}} \qquad \text{Effektive Stromstärke} \qquad (10.12'')$$

Nach Bild 10.30 fließt durch alle Widerstände der gleiche Strom der Stärke i. Die Gesamtspannung als Summe der drei gegeneinander *phasenverschobenen* Teilspannungen u_R, u_L und u_C entnehmen wir dem Zeigerdiagramm (Bild 10.31.1 für $\varphi_i = 0$). Die Teilspannung u_L am induktiven Blindwiderstand ist um $\pi/2$, die Teilspannung u_C am kapazitiven Blindwiderstand um $-\pi/2$ gegenüber der Stromstärke i phasenverschoben. Der Scheitelwert U_m der an die Reihenschaltung angelegten Spannung u ergibt sich als geometrische Summe der Scheitelwerte U_R, U_L und U_C. Es ist $U_m = \sqrt{U_R{}^2 + (U_L - U_C)^2}$. Mit (10.25) für die Maximalwerte $Z = U_m/I_m$ folgt mit $U_R = RI_m$, $U_L = X_L I_m$ und $U_C = X_C I_m$ nach Division durch die Stromstärke I_m des Stromes, der durch alle Schaltelemente fließt,

$$\boxed{Z = \sqrt{R^2 + (X_L - X_C)^2}} \qquad \begin{array}{l}\text{Scheinwiderstand} \\ \text{bei Reihenschaltung}\end{array} \qquad (10.26)$$

Dividieren wir alle Zeiger U_m, U_R, U_L und U_C durch die Stromstärke I_m, so erhalten wir ein dem Dreieck der Zeiger *ähnliches* Dreieck für die Widerstände (Bild 10.31.2). Aus diesem Dreieck entnehmen wir auch den Tangens der Phasenverschiebung φ zwischen Spannung und Stromstärke:

$$\boxed{\tan \varphi = \frac{X_L - X_C}{R}} \qquad \begin{array}{l}\text{Zusammenhang zwischen} \\ \text{Phasenverschiebung} \\ \text{und Blindwiderständen} \\ \text{bei Reihenschaltung}\end{array} \qquad (10.27)$$

Induktivität L und Kapazität C eines Stromkreises kann man so wählen, daß $X_L = X_C$ wird. Aus $\omega L = 1/\omega C$ folgt dann die Gleichung, die wir bereits für die Eigenfrequenz eines Schwingkreises kennenlernten:

$$f_0 = \frac{1}{2\pi \sqrt{LC}} \qquad (10.19)$$

Eine von außen eingegebene Spannung verursacht im Schwingkreis erzwungene Schwingungen, und bei der Frequenz $f = f_0$ dieser Spannung kommt es wie bei mechanischen Schwingungen zur Resonanz, hier *Reihen-* oder *Spannungsresonanz* genannt. Unter der *Resonanzbedingung* $\omega L = 1/\omega C$ (d. h. $X_L = X_C$) wird der Scheinwiderstand $Z = R$ (vgl. Bild 10.31.2); er ist kleiner als außerhalb der Resonanz. Damit hat im Resonanzfall die

Stromstärke ihr Maximum. Die Teilspannungen an Spule und Kondensator sind sehr viel größer als die angelegte Spannung.

● **Beispiel 10.10**

Welche Kapazität ist mit einer Spule von 2,5 H in Reihe zu schalten, damit bei Wechselstrom von 50 Hz Spannungsresonanz auftritt?

Gegeben: $L = 2,5$ H; $f = 50$ Hz $\qquad$ *Gesucht:* C für Resonanz

Aus (10.19) folgt mit $\omega = 2\pi f = 100\,\pi$ s^{-1}

$$C = \frac{1}{\omega^2 L}; \qquad C = \frac{1\,\text{s}^2}{10^4\,\pi^2 \cdot 2,5\,\text{H}} = \frac{100}{2,5\,\pi^2} \cdot 10^{-6}\,\frac{\text{s}^2\,\text{A}}{\text{V s}} = \underline{\underline{4\,\mu\text{F}}} \bullet$$

● **Beispiel 10.11**

Berechnen Sie für eine Reihenschaltung von Spule und Kondensator aus Beispiel 10.10 bei einem Wirkwiderstand von 1. $0,50\,\Omega$ und 2. $100\,\Omega$ die Stromstärken und die Teilspannungen für eine angelegte Spannung von 10 V.

Gegeben: $U = 10$ V; $\qquad f = 50$ Hz $\quad$ *Gesucht:* I, U_R, U_C, U_L
$\qquad\qquad R_1 = 0,50\,\Omega$; $\quad R_2 = 100\,\Omega \qquad$ jeweils für 1. R_1, 2. R_2
$\qquad\qquad L = 2,5$ H; $\qquad C = \quad 4\,\mu$F

Nach (10.25) ist $I = U/Z$. Wegen $X_L = X_C$ im Resonanzfall ist der Scheinwiderstand Z nach (10.26) gleich dem Wirkwiderstand R, folglich

$$I = \frac{U}{R}; \quad 1.\ I = \frac{10\,\text{V}}{0,5\,\Omega} = \underline{\underline{20\,\text{A}}}; \quad 2.\ I = \frac{10\,\text{V}}{100\,\Omega} = \underline{\underline{0,1\,\text{A}}}$$

Für den Spannungsabfall am Wirkwiderstand gilt unabhängig vom Widerstand R, d. h. für 1. und 2.

$$U_R = RI = \underline{\underline{10\,\text{V}}}$$

Für den Spannungsabfall an einem Blindwiderstand gilt $U = XI$, somit für den Spannungsabfall am Kondensator mit (10.23) $U_C = \dfrac{I}{\omega C}$, an der Spule mit (10.24) $U_L = \omega I L$

$$1.\ U_C = \frac{20\,\text{A}}{2\pi \cdot 50\,\text{Hz} \cdot 4\,\mu\text{F}} = \frac{50}{\pi} \cdot 10^3\,\frac{\text{A s V}}{\text{A s}} = \underline{\underline{15,9\,\text{kV}}}$$

$$U_L = 2\pi \cdot 50\,\text{Hz} \cdot 20\,\text{A} \cdot 2,5\,\text{H} = 5\pi \cdot 10^3\,\frac{\text{A V s}}{\text{s A}} = \underline{\underline{15,7\,\text{kV}}}$$

$$2.\ U_C = \frac{0,1\,\text{A}}{2\pi \cdot 50\,\text{Hz} \cdot 4\,\mu\text{F}} = \frac{10^3}{4\pi} \cdot \frac{\text{A s V}}{\text{A s}} = \underline{\underline{79,6\,\text{V}}}$$

$$U_L = 2\pi \cdot 50\,\text{Hz} \cdot 0,1\,\text{A} \cdot 2,5\,\text{H} = 25\pi\,\frac{\text{A V s}}{\text{s A}} = \underline{\underline{78,5\,\text{V}}}$$

Bemerkung: Im Resonanzfall sind die Spannungsabfälle am kapazitiven und am induktiven Widerstand gleich. (Sie sind exakt gleich, wenn wir nicht mit dem gerundeten Ergebnis 4 μF von Beispiel 10.10, sondern mit $100/(2,5\,\pi^2)$ μF rechnen.) Je kleiner der Wirkwiderstand, um so größer ist im Resonanzfall der Spannungsabfall an den Blindwiderständen. Für $R \to 0$ gehen die Stromstärke und damit auch die Teilspannungen an Spule und Kondensator gegen unendlich. ●

Solche Resonanzerscheinungen können wie im mechanischen Analogon gefährliche Auswirkungen haben, wie beispielsweise Funkenüberschlag bei Isolationen, die nur für die Spannung U ausgelegt sind.

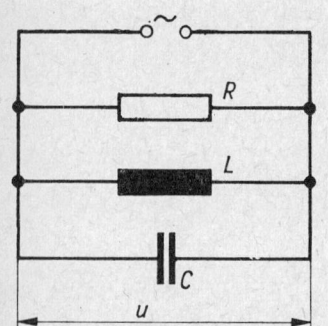

Bild 10.32 Parallelschaltung von Wirk- und Blindwiderständen

10.6.2.4.   Parallelschaltung von Wirk- und Blindwiderständen

Nach Bild 10.32 liegt an den Enden aller Widerstände gleiche Spannung u. Den Scheitelwert der Gesamtstromstärke I_m erhalten wir durch geometrische Addition der gegeneinander phasenverschobenen Zeiger I_R, I_L und I_C (Bild 10.33.1):
$I_m = \sqrt{I_R^2 + (I_C - I_L)^2}$. Nach (10.25) ist dann

$$Z = \frac{U_m}{\sqrt{I_R^2 + (I_C - I_L)^2}} = \frac{1}{\sqrt{\left(\dfrac{I_R}{U_m}\right)^2 + \left(\dfrac{I_C}{U_m} - \dfrac{I_L}{U_m}\right)^2}}$$

Verwenden wir die entsprechend dem Leitwert $G = 1/R$ definierten Blindleitwerte $B = 1/X$ ($B_C = 1/X_C$; $B_L = 1/X_L$) und beachten (7.5) $G = I/U$, so erhalten wir

$$Z = \frac{1}{\sqrt{G^2 + (B_C - B_L)^2}} \qquad \begin{array}{l}\text{Scheinwiderstand}\\ \text{bei Parallelschaltung}\end{array} \qquad (10.28)$$

Während wir in (10.26) für die Reihenschaltung alle Widerstände einsetzten, finden wir in (10.28) unter der Wurzel alle Leitwerte. Führen wir noch den Scheinleitwert $Y = 1/Z$ ein, so folgt

$$\boxed{Y = \sqrt{G^2 + (B_C - B_L)^2}} \qquad \begin{array}{l}\text{Scheinleitwert}\\ \text{bei Parallelschaltung}\end{array} \qquad (10.28')$$

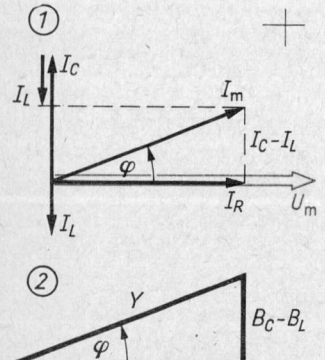

Bild 10.33 1. Zeigerdiagramm zur Parallelschaltung. 2. Zusammenhang zwischen Scheinleitwert, Wirkleitwert und Blindleitwerten bei Parallelschaltung

Wie in 10.6.2.3. erhalten wir ein dem Zeigerdiagramm ähnliches Dreieck nunmehr für die Leitwerte (Bild 10.33.2). Aus diesem Bild entnehmen wir auch

$$\boxed{\tan\varphi = \frac{B_C - B_L}{G}} \qquad \begin{array}{l}\text{Zusammenhang zwischen}\\ \text{Phasenverschiebung}\\ \text{und Blindleitwerten}\\ \text{bei Parallelschaltung}\end{array} \qquad (10.29)$$

Wie bei der Reihenschaltung gibt es auch bei der Parallel-schaltung Resonanz, wenn die Resonanzbedingung (10.19) erfüllt ist: *Stromresonanz*. Dabei kann die Stromstärke des zufließenden Stromes i sehr gering sein, die Stromstärken der Teilströme i_C im Kondensator und i_L in der Spule aber sind sehr viel größer.

Bedeutsam ist das Verhalten von Reihen- oder Parallelschaltungen, wenn Spannungen unterschiedlicher Frequenz angelegt werden. Beispiels-weise liegt bei Reihenschaltung im Resonanzfall der kleinstmögliche Scheinwiderstand vor. Somit wirkt diese Schaltung als Kurzschluß für die Resonanzfrequenz. Dagegen hat die Parallelschaltung von Spule und Kondensator für eine bestimmte Frequenz einen sehr viel größeren Widerstand als für alle anderen Frequenzen. Solche Anordnungen dienen als *Filter*: Sie schließen die jeweilige Resonanzfrequenz kurz oder bilden für diese Frequenz einen sehr großen Widerstand.

10.6.3. Leistung im Wechselstromkreis

Aus dem Produkt der Momentanwerte von Spannung u und Stromstärke i ergibt sich die *Momentanleistung* p, die sich periodisch ändert. Wir setzen den Nullphasenwinkel der Spannung $\varphi_u = 0$. Dann ist $\varphi_i = \varphi$ die Phasenverschiebung, und mit (7.11), (10.20) und (10.21) folgt

$$p = ui = U_\mathrm{m} \sin \omega t \cdot I_\mathrm{m} \sin (\omega t + \varphi) \qquad (*)$$

Daraus wird bei Verwendung von Effektivwerten nach (10.12′)

$$U = U_\mathrm{m}/\sqrt{2} \text{ und } (10.12'') \; I = I_\mathrm{m}/\sqrt{2}$$

$p = 2UI \sin \omega t \cdot \sin (\omega t + \varphi)$ und mit dem Additionstheorem $\sin (\alpha + \beta) = \sin \alpha \cos \beta + \cos \alpha \sin \beta$ sowie $\cos \alpha = \sin 2\alpha/(2 \sin \alpha)$, wenn wir setzen $\alpha = \omega t; \beta = \varphi$

$$p = 2UI \cos \varphi \sin^2 \omega t + UI \sin \varphi \sin 2\omega t \qquad (**)$$

Im folgenden interessieren wir uns für den *zeitlichen Mittelwert P* der Leistung. Wir integrieren die Leistung p nach (**) über eine Periode (Periodendauer T):

Über die Lösung der Integrale informieren Sie sich im Lehrbuch »Mathematik für Ingenieur- und Fachschulen« Bd. II, Abschn. 17. und 18.

$$P = UI \cos \varphi \cdot \frac{2}{T} \int_0^T \sin^2 \omega t \, \mathrm{d}t + UI \sin \varphi \cdot \frac{1}{T} \int_0^T \sin 2\omega t \, \mathrm{d}t$$

Die Auswertung der Integrale ergibt für das erste Integral $T/2$ und für das zweite Null. Damit wird $P = UI \cos \varphi$. Dieser zeitliche Mittelwert der Leistung heißt

$$\boxed{P = UI \cos \varphi}$$ Wirkleistung im Wechselstromkreis (10.30)

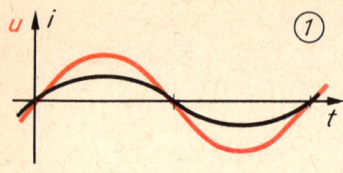

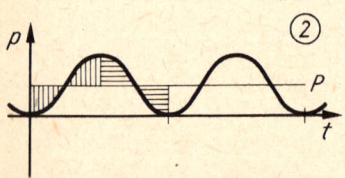

Bild 10.34 1. Spannung und Stromstärke bei reinem Wirkwiderstand sind phasengleich. 2. Wirkleistung bei Wirkwiderstand. Die Leistung p ist in jedem Augenblick Produkt zweier Größen u und i gleichen Vorzeichens, also positiv. Die Schraffur deutet die Mittelwertbildung an

Der Cosinus des Winkels φ, der Phasenverschiebung, heißt Leistungsfaktor. Er läßt sich mit Hilfe der Zeigerdiagramme oder der Dreiecke für die Blindwiderstände (Blindleitwerte) sowie der Winkelfunktionen im rechtwinkligen Dreieck berechnen.

▌ $\cos \varphi$ heißt Leistungsfaktor.

Für vorgegebene Spannung U und Stromstärke I ist bei *reinem Wirkwiderstand* wegen $\varphi = 0$ (entsprechend $\cos \varphi = 1$) die Wirkleistung am größten (Bild 10.34):

$$P = UI \qquad \text{Wirkleistung bei reinem Wirkwiderstand} \qquad (10.30')$$

Die Wirkleistung wird um so kleiner, je größer die Phasenverschiebung ist. Sie geht gegen Null, wenn der Wirkwiderstand R gegenüber dem Scheinwiderstand X vernachlässigbar klein wird.
Nach Bild 10.31.2 ist $\cos \varphi = R/Z$. Mit (10.25) wird $\cos \varphi = RI/U$. Setzen wir dies in (10.30) ein, so erhalten wir

$$P = UIRI/U = I^2 R.$$

$$P = I^2 R \qquad \text{Wirkleistung} \qquad (10.30'')$$

Wir erkennen:

In einem Stromkreis mit Wirk- und Blindwiderstand wird die Wirkleistung ausschließlich durch den Wirkwiderstand bestimmt. Die Wirkleistung erfaßt den Teil der elektrischen Arbeit, der in Wärmeenergie oder mechanische Arbeit umgewandelt werden kann.

Der Faktor $UI \sin \varphi$ im zweiten Glied von (**), das keinen Beitrag zur Wirkleistung liefert, heißt

▌ $P_q = UI \sin \varphi$ ▐   **Blindleistung im Wechselstromkreis**   (10.31)

Diese Blindleistung wird kurzzeitig zum Aufbau des elektrischen oder des magnetischen Feldes benötigt und anschließend beim Abbau des Feldes wieder abgegeben. Deshalb ist ihr zeitlicher Mittelwert Null. Am Beispiel der Spule, die wir als Reihenschaltung ihres ohmschen Widerstandes R und ihres induktiven Widerstandes X_L auffassen, wollen wir dies erklären. Es soll gelten: $R \ll X_L$. Dann wird im ersten Viertel der Periode ein Magnetfeld aufgebaut, im nächsten Viertel wieder abgebaut. Dabei wird die Energie des Magnetfeldes durch induzierten Strom an die Wechselspannungsquelle zurückgegeben. Im dritten Viertel wird ein entgegengesetzt gerichtetes Feld auf-

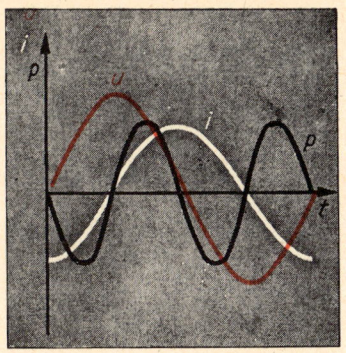

Bild 10.35 Blindleistung bei rein induktivem Widerstand. Der zeitliche Mittelwert dieser Blindleistung ist Null

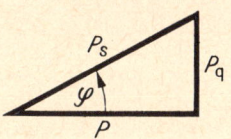

Bild 10.36 Zusammenhang zwischen Scheinleistung, Wirkleistung und Blindleistung

gebaut, das dann ebenfalls wieder abgebaut wird. Die dabei insgesamt erforderliche Leistung, d. h. der zeitliche Mittelwert der Leistung, ist Null (Bild 10.35). Damit wird auch die Bezeichnung »Blindwiderstand« anschaulich: Ein Blindwiderstand nimmt keine Leistung auf.

Die *Einheit der Blindleistung* ist das Watt. In der Elektrotechnik ist das Var (var) = voltampère réactif gebräuchlich. Es ist 1 var = 1 W.

Wirk- und Blindleistung dürfen wie die entsprechenden Spannungen wegen der Phasenbeziehungen nur geometrisch addiert werden. Nach Bild 10.36 folgt die *Scheinleistung*

$$P_s = \sqrt{P^2 + P_q^2} \qquad \text{Zusammenhang zwischen Scheinleistung, Wirkleistung und Blindleistung} \qquad (10.32)$$

Mit (10.30) und (10.31) erhalten wir daraus wegen $\cos^2 \varphi + \sin^2 \varphi = 1$

$$\boxed{P_s = UI} \qquad \text{Scheinleistung im Wechselstromkreis} \qquad (10.33)$$

Mit (10.25) $Z = U/I$ folgt aus (10.33)

$$P_s = \frac{U^2}{Z} = I^2 Z \qquad (10.33')$$

Einheit der Scheinleistung ist das Watt. In der Elektrotechnik ist gebräuchlich das Voltampere (VA). Es ist 1 VA = 1 W. Weiter folgen aus Bild 10.36

$$\tan \varphi = \frac{P_q}{P}; \quad \cos \varphi = \frac{P}{P_s}; \quad \sin \varphi = \frac{P_q}{P_s} \cdot \qquad (10.34, 35, 36)$$

● **Beispiel 10.12**

Eine Spule hat einen ohmschen Widerstand von 14 Ω und bei 24 V Wechselspannung (50 Hz) 300 mA Stromstärke. Die Spule wird als Reihenschaltung von ohmschem Widerstand und Induktivität aufgefaßt. Berechnen Sie 1. den Scheinwiderstand, 2. die Wirkleistung und 3. die Blindleistung.

Gegeben: $R = 14\,\Omega$; $\quad U = 24\,\text{V}$ $\qquad$ *Gesucht:* 1. Z; 2. P
$\qquad\qquad f = 50\,\text{Hz}$; $\quad I = 300\,\text{mA}$ $\qquad\qquad\quad$ 3. P_q

1. (10.25) $Z = \dfrac{U}{I}$; $\qquad Z = \dfrac{24\,\text{V}}{0{,}3\,\text{A}} = 80\,\Omega$

2. (10.30) $P = UI \cos \varphi$. Aus Bild 10.31.2 folgt $\cos \varphi = R/Z$ und mit $Z = U/I$ wird $\cos \varphi = RI/U$. Somit

$$P = I^2 R; \qquad P = 0{,}3^2\,\text{A}^2 \cdot 14\,\Omega = 1{,}26\,\text{W}$$

3. (10.31) $P_q = UI \sin \varphi = UI \sqrt{1 - \cos^2 \varphi} = UI \sqrt{1 - \left(\frac{RI}{U}\right)^2}$

$$\underline{P_q = I \sqrt{U^2 - (RI)^2}}$$

$$P_q = 0{,}3 \text{ A} \cdot \sqrt{24^2 \text{ V}^2 - (14 \, \Omega \cdot 0{,}3 \text{ A})^2} = 7{,}08 \text{ W} = \underline{\underline{7{,}08 \text{ var}}}$$

Zur Probe setzen wir nach (10.32) an:

$$P_s{}^2 = P^2 + P_q{}^2$$

$$(UI)^2 = P^2 + P_q{}^2$$

$$(24 \text{ V} \cdot 0{,}3 \text{ A})^2 = 1{,}26^2 \text{ W}^2 + 7{,}08^2 \text{ W}^2$$

$$51{,}9 \text{ W}^2 = 1{,}58 \text{ W}^2 + 50{,}3 \text{ W}^2$$

$$51{,}9 \quad \approx 51{,}88$$

Beim technischen Wechselstrom sollen Leistungsfaktor $\cos \varphi$ groß und Blindleistung $P_q = UI \sin \varphi$ klein sein. Blindleistung belastet die Leitungen und führt zu Leitungsverlusten. Deshalb wird bei induktiver Netzbelastung (beispielsweise durch einen Motor) ein Kondensator parallel geschaltet, der die Blindleistung des induktiven Widerstandes kompensiert.

Tafel 10.4   Übersicht über die für Wechselstrom verwendeten Symbole

Augenblickswerte (Momentanwerte): $u; i; p$
Effektivwerte: $U; I; P$
Scheitelwerte (Maximalwerte): $U_m; I_m; P_m$

Wirkwiderstand:	R	Wirkleitwert:	G
Blindwiderstände:	$X_L; X_C$	Blindleitwerte:	$B_L; B_C$
Scheinwiderstand:	Z	Scheinleitwert:	Y

Wirkleistung:	P;	$[P] = \text{W}$
Blindleistung:	P_q;	$[P_q] = \text{var } (= \text{W})$
Scheinleistung:	P_s	$[P_s] = \text{VA } (= \text{W})$

● Beispiel 10.13

Ein Wechselstrommotor nimmt bei 220 V (50 Hz) eine Leistung von 1,8 kW auf. Der Leistungsfaktor ist 0,80. Berechnen Sie die Kapazität des parallel zu schaltenden Kondensators so, daß der Leistungsfaktor 1 wird.

Gegeben: $U = 220 \text{ V}$; $f = 50 \text{ Hz}$　　*Gesucht:* C (für $\cos \varphi' = 1$)
　　　　　$P = 1{,}8 \text{ kW}$; $\cos \varphi = 0{,}80$

Nur wenn die induktive Blindleistung des Motors durch die kapazitive des Kondensators kompensiert wird, ist die Phasenverschiebung Null (d. h. $\cos \varphi' = 1$). Aus dieser Überlegung folgt der Ansatz

$$P_{qL} = P_{qC} \tag{1}$$

Für den Motor ist nach (10.31) $P_{qL} = UI \sin \varphi$ (2)

Für die Berechnung von $P_{qC} = UI_C$ setzen wir für I_C wie in 10.6.2.2., Gleichung (**)

$$P_{qC} = U\omega CU = \omega CU^2 \tag{3}$$

Aus (1), (2) und (3) folgt

$$C = \frac{I \sin \varphi}{\omega U} \tag{4}$$

Darin sind I und $\sin \varphi$ nicht gegeben. Die Stromstärke folgt aus (10.30) $P = UI \cos \varphi$

$$I = \frac{P}{U \cos \varphi} \tag{5}$$

und es gilt wegen $\sin^2 \varphi + \cos^2 \varphi = 1$

$$\sin \varphi = \sqrt{1 - \cos^2 \varphi} \tag{6}$$

(5) und (6) in (4) eingesetzt, ergibt, wenn wir noch (2.16) $\omega = 2\pi f$ verwenden, das allgemeine Ergebnis

$$C = \frac{P\sqrt{1 - \cos^2 \varphi}}{2\pi f U^2 \cos \varphi}; \qquad C = \frac{1,8\,\text{kW} \cdot \sqrt{1 - 0,64}\,\text{s}}{100\,\pi \cdot 220^2\,\text{V}^2 \cdot 0,8}$$

$$= \frac{1,8 \cdot 6}{\pi \cdot 4,84 \cdot 8} \cdot 10^{3+1-2-4-1} \frac{\text{V A s}}{\text{V}^2} = \frac{1800 \cdot 6}{\pi \cdot 4,84 \cdot 8}\,\mu\text{F} = \underline{\underline{89\,\mu\text{F}}} \bullet$$

10.6.4. Drehstrom

Ein System von drei Wechselströmen mit den Spannungen u_R, u_S und u_T, die gegeneinander um je 120° phasenverschoben sind, heißt *Dreiphasenstrom* oder *Drehstrom*. Mit den Maximalwerten der drei Spannungen U_{mR}, U_{mS}, U_{mT} sowie $\varphi_{uR} = 0$, $\varphi_{uS} = -120°$ und $\varphi_{uT} = +120°$ folgen entsprechend (10.20)

$$\boxed{\begin{aligned} u_R &= U_{mR} \sin \omega t \\ u_S &= U_{mS} \sin (\omega t - 120°) \\ u_T &= U_{mT} \sin (\omega t + 120°) \end{aligned}} \qquad \begin{aligned}\textbf{Spannungen} \\ \textbf{bei Drehstrom}\end{aligned} \tag{10.37}$$

Wie Bild 10.37 zeigt, ist zu jedem Zeitpunkt

$$u_R + u_S + u_T = 0 \tag{10.38}$$

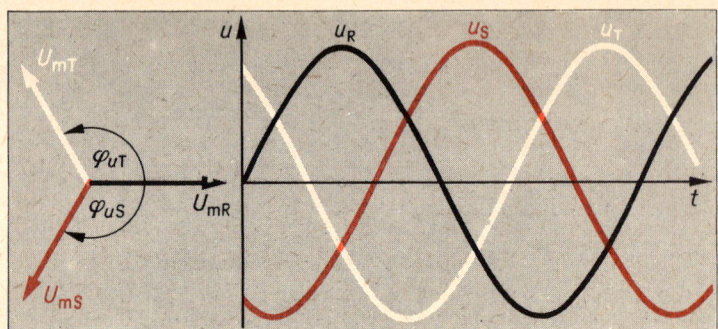

Bild 10.37 Spannung-Zeit-
Diagramm bei Drehstrom

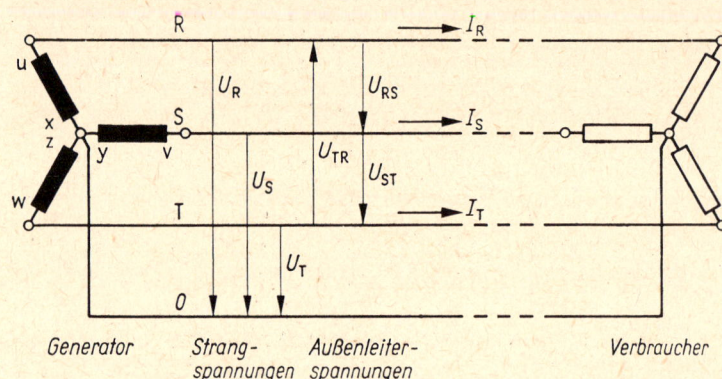

Bild 10.38 Sternschaltung

und ebenso gilt für die *Effektivwerte*

$$U_R + U_S + U_T = 0 \qquad\qquad\qquad (10.38')$$

Wird in drei Wicklungen (Strängen) eines Generators je eine der
Spannungen U_R, U_S, U_T induziert, wendet man die *Stern-* oder
die *Dreieckschaltung* an. Die Spannungen U_R, U_S, U_T heißen
dann *Strangspannungen*, die entsprechenden Stromstärken
Strangstromstärken.
Bei *Sternschaltung* werden die drei Wicklungen des Generators
nach Bild 10.38 geschaltet. Drei entsprechend geschaltete
Verbraucher können dann mit vier Leitungen an den Generator
angeschlossen werden. Bei symmetrischer Belastung ist der
Nulleiter stromlos.
Für die Effektivwerte der Spannungen gelten folgende Gleichungen:

$$U_R = U_S = U_T = U_{\text{Strang}}$$

**Strangspannungen
bei Sternschaltung** (10.39)

$$U_{RS} = U_{ST} = U_{TR} = U$$

**Außenleiter-
spannungen** (10.40)
bei Sternschaltung

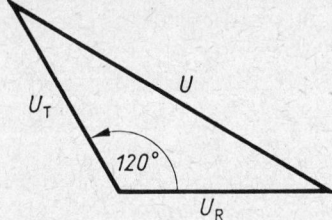

Bild 10.39 Zur Herleitung von (10.41). Es sind die Beträge der Effektivwerte der Spannungen dargestellt

Nach Bild 10.39 gilt, wenn wir den Cosinussatz anwenden, $U^2 = U_R{}^2 + U_T{}^2 - 2U_R U_T \cos 120°$. Wir beachten, daß die Spannungen $U_R = U_T = U_{\text{Strang}}$, und erhalten

$$U^2 = 2U^2_{\text{Strang}}(1 - \cos 120°) = 2U^2_{\text{Strang}} \left(1 + \frac{1}{2}\right) = 3U^2_{\text{Strang}}.$$

Damit folgt

$$\boxed{U = \sqrt{3}\; U_{\text{Strang}}}$$ **Zusammenhang zwischen Außenleiterspannung und Strangspannung bei Sternschaltung** (10.41)

Für $U_{\text{Strang}} = 220\,\text{V}$ ergibt sich für die Spannung zwischen zwei Außenleitern $U = 380\,\text{V}$.
Die Stromstärken sind

$$I_{ux} = I_{vy} = I_{wz} = I_{\text{Strang}}$$ **Strangstromstärken bei Sternschaltung** (10.42)

$$I_R = I_S = I_T = I$$ **Außenleiterstromstärken bei Sternschaltung** (10.43)

In Bild 10.38 erkennen wir:

$$\boxed{I = I_{\text{Strang}}}$$ **Außenleiterstromstärke ist gleich Strangstromstärke bei Sternschaltung** (10.44)

(10.44) gilt auch für unsymmetrische Belastung.
Bei *Dreieckschaltung* werden die drei Wicklungen des Generators nach Bild 10.40 geschaltet. Hier gilt für die Spannungen:

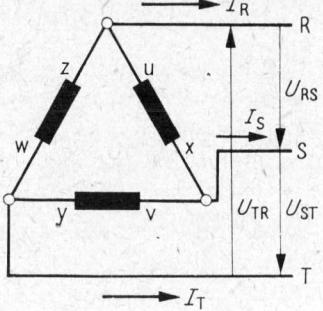

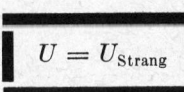

Bild 10.40 Dreieckschaltung

$$U_{ux} = U_{vy} = U_{wz} = U_{\text{Strang}}$$ **Strangspannungen bei Dreieckschaltung** (10.45)

$$U_{RS} = U_{ST} = U_{TR} = U$$ **Außenleiterspannungen bei Dreieckschaltung** (10.46)

Aus Bild 10.40 lesen wir ab:

$$\boxed{U = U_{\text{Strang}}}$$ **Außenleiterspannung ist gleich Strangspannung bei Dreieckschaltung** (10.47)

Die Stromstärken sind

$$I_{ux} = I_{vy} = I_{wz} = I_{\text{Strang}}$$ **Strangstromstärken bei Dreieckschaltung** (10.48)

$$I_R = I_S = I_T = I$$ **Außenleiterstromstärken bei Dreieckschaltung** (10.49)

Analog zur Herleitung von (10.41) erhalten wir:

$$I = \sqrt{3}\, I_{\text{Strang}}$$ **Zusammenhang zwischen Außenleiterstromstärke und Strangstromstärke bei Dreieckschaltung**   (10.50)

Sowohl für Stern- als auch für Dreieckschaltung ist die *Gesamtleistung* gleich der Summe der Strangleistungen. Entsprechend (10.30) gilt bei symmetrischer Belastung für die *Wirkleistung bei Drehstrom*

$$P = 3U_{\text{Strang}}I_{\text{Strang}} \cos \varphi$$

Mit (10.41) und (10.44) folgt

$$P = \sqrt{3}\, UI \cos \varphi$$ **Wirkleistung bei Drehstrom**   (10.51)

Darin sind U und I Außenleiterspannung und -stromstärke und $\cos \varphi$ der mit (10.30) eingeführte Leistungsfaktor.

● **Beispiel 10.14**

Ein 25-kW-Motor für Drehstrom, dessen Leistungsfaktor 0,9 ist, wird mit 380 V betrieben. Berechnen Sie die Außenleiterstromstärke bei Dreieckschaltung.

Gegeben: $P = 25$ kW; $\cos \varphi = 0,9$ *Gesucht:* I
$U = 380$ V

Aus (10.51) folgt

$$I = \frac{P}{\sqrt{3}\, U \cos \varphi}; \qquad I = \frac{2{,}5 \cdot 10^3}{\sqrt{3} \cdot 3{,}8 \cdot 9}\frac{\text{V\,A}}{\text{V}} = \underline{\underline{42\ \text{A}}}$$

11. Wellen

*Voraussetzungen: Schwingungs-
lehre einschließlich der dort
genannten Voraussetzungen aus
Mechanik und Elektrik*

Breiten sich Schwingungen räumlich aus, so sprechen wir von
einer Welle. Erdbebenwellen, Seilwellen, Oberflächenwellen des
Wassers wie auch Schallwellen gehören zu den mechanischen
Wellen. Noch umfangreicher ist das Gebiet der elektromagnetischen Wellen wie beispielsweise Rundfunkwellen, ultrarotes,
sichtbares und ultraviolettes Licht, Röntgen- und Gammastrahlen.
Stets wird bei der Ausbreitung von Wellen Energie übertragen.
Alle Wellen unterliegen hinsichtlich ihrer Ausbreitung gleichartigen Gesetzen, die wir im folgenden studieren wollen. Wir
behandeln wie in der Schwingungslehre zunächst die Wellenlehre in allgemeiner Form. Dann fassen wir die wichtigsten
Anwendungen, Schallwellen und elektromagnetische Wellen, in
knapper Form zusammen und gehen auf physiologische Wirkungen von Schall- und Lichtwellen ein.

11.2. Grundbegriffe

11.2.1. Wesen der Wellen

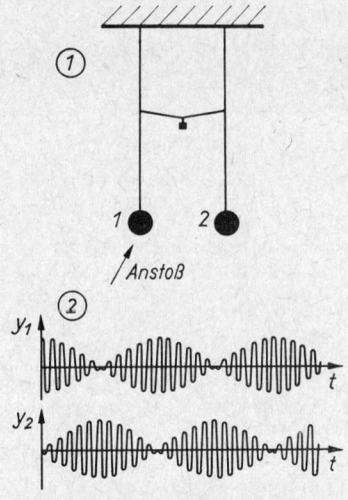

Wir untersuchen die Übertragung einer sinusförmigen Schwingung von einem Fadenpendel (*1*) auf ein anderes (*2*), das an
Pendel *1* elastisch gekoppelt ist (z. B. durch eine Feder oder
durch einen belasteten Faden). Nachdem Pendel *1* angestoßen
wurde, beginnt bald auch Pendel *2* zu schwingen (Bild 11.1).
Nach und nach geht die Schwingungsenergie vollständig vom
ersten auf das zweite Pendel über, das erste Pendel ruht dann.
Bild 11.2 zeigt eine ganze Reihe gekoppelter Pendel. An einem
vertikal gespannten Draht sind horizontal Stäbe mit Kugeln an
den Enden angeordnet (Torsionsschwinger; im Bild sehen wir
jeweils ein Stabende mit einer Kugel). Die Kopplung zwischen
den schwingenden Stäben besorgt der gespannte Draht. Hier
wird die Energie nacheinander auf alle folgenden Pendel übertragen. Ein Seil (Bild 11.3) können wir als dichte Folge gekoppelter schwingungsfähiger Körper auffassen. Hier er-

Bild 11.1 Schwingungen zweier
gekoppelter Pendel. 1. Versuchsanordnung, 2. y,t-Diagramme

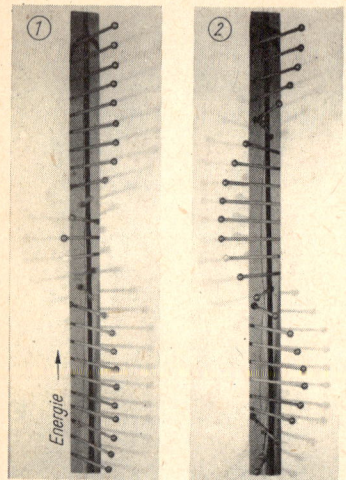

Bild 11.2 Mechanische Wellen:
1. Stoßwelle, 2. periodische Welle
(Sinuswelle)

kennen wir bereits eine typische Wellenerscheinung, die *Seilwelle*.

Am Ende des Seils erfolgt Reflexion. Bei zwei gekoppelten Pendeln geschieht dies ebenfalls. Deshalb wird die Energie auch wieder von Pendel *2* auf Pendel *1* übertragen (Bild 11.1.2). Diese Reflexion soll uns jedoch erst später interessieren.

Zunächst fassen wir die aus den angeführten Beispielen gewonnenen Erkenntnisse zusammen:

> Eine mechanische Welle überträgt Energie. Der Schwingungszustand wandert. Die einzelnen Teilchen, die an der Wellenbewegung teilnehmen, schwingen um eine Nullage. Sie bewegen sich nicht wie die Energie vom Ursprung fort.

Das Anstoßen von Pendel *1* (Bild 11.1.1) bezeichnen wir als *örtliche Störung*. Solche örtlichen Störungen beobachten wir auch, wenn ein Stein ins Wasser fällt, wenn ein Knall verursacht wird, wenn ein elektrischer Funke überspringt. Stets ist eine solche Störung eines zuvor vorhandenen Gleichgewichtszustandes Ausgangspunkt einer Welle, und wir können ganz allgemein sagen:

Als Welle bezeichnen wir die Ausbreitung der Störung eines Gleichgewichtszustandes. Entsprechend der Energiezufuhr am Ursprung ändert sich der Energiezustand im Raum. Die für die Welle charakteristische Größe ist orts- und zeitabhängig.

Wenn ein Teilchen periodisch angestoßen wird, führen alle Teilchen periodische Bewegungen aus. Ist die Erregung sinusförmig, so schwingen alle Teilchen sinusförmig, eine Sinuswelle entsteht (Bild 11.2.2). Das geschieht in jedem Stoff, sofern nur das angestoßene Teilchen durch elastische Kräfte in die alte Lage zurückgeführt wird. Mechanische Wellen können sich folglich in elastischen festen Körpern, in Flüssigkeiten und Gasen, nicht aber in plastischen (unelastischen) Körpern ausbreiten.

Wir suchen nun nach der Gleichung für eine Welle. Dabei betrachten wir den einfachsten Fall: eine Welle breitet sich längs einer Geraden aus wie beispielsweise eine Seilwelle. Jeder Punkt des Seils führt eine sinusförmige Bewegung senkrecht zur Längsrichtung des Seils aus. Für jeden Punkt gilt folglich (10.1) $y = y_m \sin(\omega t + \varphi)$ mit φ_1 für Punkt *1*, φ_2 für Punkt *2* usw. Für Punkt *0* (Bild 11.4) setzen wir $\varphi = 0$. Punkt *1* hat von *0* den kleinen Abstand x_1. Die Zeit, in der die Welle von *0* nach *1* gelangt, bezeichnen wir mit t_1. Dann ist wegen $\psi = \omega t$ der Phasenunterschied $\varphi_1 = -\omega t_1$. Die Schwingung von Punkt *1* fängt um die Zeit t_1 später an und eilt ständig um diese Zeit gegenüber der Schwingung von Punkt *0* nach.

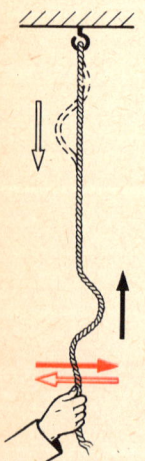

Bild 11.3 Seilwelle

$$y_1 = y_m \sin(\omega t + \varphi_1) = y_m \sin\omega(t - t_1)$$

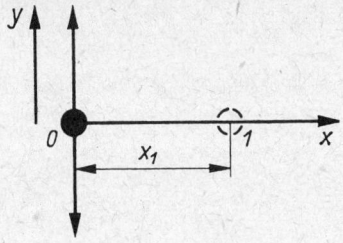

Bild 11.4 Zur Herleitung der Gleichung (11.1)

Die Zeit t_1 erhalten wir mit Hilfe der *Ausbreitungsgeschwindigkeit c* der Welle. Es ist $x_1 = ct_1$. Dann wird

$$y_1 = y_m \sin \omega \left(t - \frac{x_1}{c} \right)$$

Diese Gleichung gilt natürlich mit y_2 und x_2 auch für einen Punkt *2* und entsprechend auch für alle anderen Punkte auf der x-Achse. Deshalb dürfen wir verallgemeinern:

$$y = y(t,x) = y_m \sin \omega \left(t - \frac{x}{c} \right)$$

Augenblickswert bei linearer Sinuswelle (11.1)

(11.1) gibt den Augenblickswert der Größe y für jeden Zeitpunkt t und für jeden Ort x an. Bei einer mechanischen Welle ist y die Elongation der Teilchen. An *einem bestimmten Ort* ändert sich die betrachtete Größe sinusförmig. Deshalb heißt eine solche Welle Sinuswelle.

Um eine Welle im Diagramm darzustellen, müssen wir für jeden Punkt *0, 1, 2, ...* ein y,t-Diagramm und für jeden Zeitpunkt $t_0, t_1, t_2, ...$ ein y,x-Diagramm zeichnen. Dies soll für eine Teilchenwelle nach Bild 11.5 geschehen, und zwar für die Teilchen *0* und *1* sowie für die Zeiten $t_0 = 0$, $t_1 = T/4$ und $t_2 = 2T/4 = T/2$. Bild 11.5.1 zeigt die y,t-Diagramme für die Teilchen *0* und *1*. Die Teilbilder 2, 3 und 4 stellen die y,x-Diagramme zu den Zeiten t_0, t_1 und t_2 für das Teilchen *0* dar. Es sind »Momentaufnahmen« unserer Welle. Bildteil 5 faßt die Momentaufnahmen $t_0 ... t_3$ zusammen. Wir erkennen den mit der Ausbreitungsgeschwindigkeit c nach rechts wandernden Schwingungszustand. Den Zusammenhang der einzelnen Diagramme untereinander sowie mit der Wellengleichung sollten Sie sich sehr sorgfältig klarmachen.

In Bild 11.5.1 ist die uns von der Sinusschwingung her geläufige *Periodendauer T* eingetragen. Sie stellt eine den Schwingungsvorgang des einzelnen Teilchens und damit auch die Welle kennzeichnende *Zeit* dar. In Bild 11.5.2 wurde eine für die Welle typische *Länge*, die *Wellenlänge λ*, eingezeichnet.

> Als Wellenlänge λ bezeichnet man den Abstand zwischen benachbarten Punkten gleicher Phase, beispielsweise von einem Wellenberg bis zum nächsten.

Aus den Größen T und λ können wir leicht eine Gleichung für die Ausbreitungsgeschwindigkeit c der Welle herleiten. Während der Wellenberg *2* im letzten Bildteil an den Ort *2'* gelangt, vollführt jedes Teilchen eine volle Periode der Schwingung. Das geschieht in der Zeit T, der Periodendauer. Der Wellenberg legt somit in dieser Zeit die Strecke λ zurück. Da (2.1'') $s = vt$ für den Weg bei gleichförmiger Bewegung gilt, ist $\lambda = cT$, und

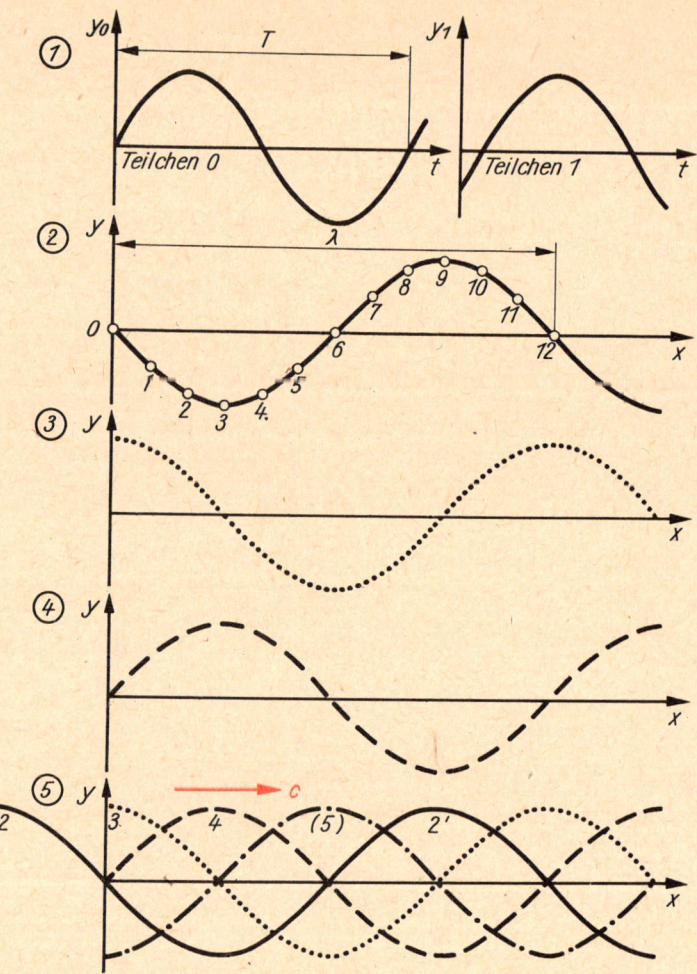

Bild 11.5 Elongation-Zeit-Diagramme (1) und Elongation-Orts-Diagramme (2···5) einer Sinuswelle (x-Richtung ist Ausbreitungsrichtung)

mit (2.13) $T = 1/f$ folgt $\lambda = c/f$ oder

$$c = \lambda f$$ **Ausbreitungsgeschwindigkeit einer Welle** (11.2)

Wenn wir diese Gleichung und (2.16) $\omega = 2\pi f$ verwenden, erhalten wir (11.1) in der folgenden Schreibweise:

$$y = y_m \sin 2\pi \left(ft - \frac{x}{\lambda} \right) \tag{11.1'}$$

● **Beispiel 11.1**

Eine Schallwelle breitet sich in der Luft mit der Geschwindigkeit $c_S = 340\ \mathrm{m\ s^{-1}}$ aus. Die Ausbreitungsgeschwindigkeit einer Rundfunkwelle ist $c_R = 3 \cdot 10^8\ \mathrm{m\ s^{-1}}$. Berechnen Sie die Wellenlänge 1. einer Schallwelle der Frequenz 150 kHz (Ultraschall), 2. einer Rundfunkwelle gleicher Frequenz (Langwellenbereich).

Gegeben: $f = 150$ kHz $\qquad\qquad$ *Gesucht:* 1. λ_S

$\qquad\qquad c_S = 340$ m s^{-1}; $\quad c_R = 3 \cdot 10^8$ m s^{-1} $\qquad\qquad$ 2. λ_R

Für beide Wellen ist nach (11.2) $\underline{\lambda = \dfrac{c}{f}}$

1. $\lambda_S = \dfrac{340 \text{ m}}{\text{s} \cdot 150 \text{ kHz}} = \dfrac{3{,}4 \cdot 10^{-3}}{1{,}5} \dfrac{\text{m s}}{\text{s}} = \underline{\underline{2{,}3 \text{ mm}}}$

2. $\lambda_R = \dfrac{3 \cdot 10^8 \text{ m}}{\text{s} \cdot 150 \text{ kHz}} = \dfrac{3 \cdot 10^{8-5}}{1{,}5} \dfrac{\text{m s}}{\text{s}} = \underline{\underline{2 \text{ km}}}$

● **Beispiel 11.2**

Ein Seil wird an einem Ende periodisch erregt (Frequenz 1,0 Hz; Amplitude 0,25 m). Wir beobachten eine Wellenlänge von 1,5 m. Berechnen Sie die Elongation für ein kleines Seilstück, das 2,5 m vom Erreger entfernt ist, 3,0 s nach einem (beliebigen) Durchgang des erregten Seilendes durch die Nullage nach oben.

Gegeben: $f = 1{,}0$ Hz; $\quad x = 2{,}5$ m $\qquad\qquad$ *Gesucht:* y

$\qquad\qquad y_m = 0{,}25$ m; $\quad t = 3{,}0$ s; $\quad \lambda = 1{,}5$ m

Die Anfangsbedingung im letzten Teil der Aufgabe ist so gegeben, daß wir unmittelbar (11.1') verwenden können.

$$\underline{\underline{y = y_m \sin 2\pi \left(ft - \frac{x}{\lambda} \right)}}$$

$$y = 0{,}25 \text{ m} \cdot \sin 2\pi \left(\frac{1 \cdot 3 \text{ s}}{\text{s}} - \frac{2{,}5 \text{ m}}{1{,}5 \text{ m}} \right) = 0{,}25 \text{ m} \cdot \sin \left(2\pi \cdot \frac{4}{3} \right)$$

Das Argument des Sinus $2\pi \cdot {}^4/_3 = 2\pi (1 + {}^1/_3)$ sagt uns, daß eine Periode ($\triangleq 1 \cdot 2\pi$) und von der zweiten Periode $^1/_3$ abgelaufen sind. Wir rechnen $^1/_3 : 1 = \psi : 360°$ und erhalten daraus $\psi = 120°$. Somit folgt

$$y = 0{,}25 \text{ m} \cdot \sin 120° = \underline{\underline{0{,}22 \text{ m}}}$$

● **Aufgabe 11.1**

Skizzieren Sie das y,t-Diagramm für das erregte Seilende und das dem angegebenen Zeitpunkt entsprechende y,x-Diagramm des in Beispiel 11.2 behandelten Schwingungsvorgangs.

11.2.2. Wellenarten

Wir wollen Wellenarten nach verschiedenen Gesichtspunkten unterscheiden. Je nach *Art der Erregung* erhalten wir eine Stoßwelle oder eine Sinuswelle. Bei einer *Stoßwelle* breitet sich eine einmalige Störung aus (Bilder 11.2.1 und 11.3). Sinusförmige Erregung hat eine *Sinuswelle* zur Folge (Bild 11.2.2).

Nach der *Bewegungsrichtung* der Teilchen unterscheiden wir Transversalwellen und Longitudinalwellen. Bei *Transversalwellen* (Querwellen) schwingen die Teilchen *senkrecht* zur Ausbreitungsrichtung der Welle (Bilder 11.2 und 11.3), bei *Longitudinalwellen* (Längswellen) dagegen schwingen die Teilchen *in* der Ausbreitungsrichtung (Bild 11.6). Ein bekanntes Beispiel für Längswellen sind Schallwellen in Luft.

Weiter unterscheiden wir linienhafte, flächenhafte und räumliche Ausbreitung von Wellen. Wellen, die sich *längs einer Geraden* ausbreiten, haben wir bereits kennengelernt. *In der Fläche* breiten sich die Oberflächenwellen des Wassers aus. Wir nutzen diese Wellen wegen ihrer Anschaulichkeit gern zur Erläuterung von Vorgängen der allgemeinen Wellenlehre. Wegen der komplizierten Struktur ihres mathematischen Modells wollen wir solche Oberflächenwellen jedoch nicht ausführlicher behandeln. *Räumliche Ausbreitung* von Wellen finden wir am häufigsten. Eine punktförmige Licht- oder Schallquelle, ein Rundfunksender (außer Richtfunk), sie geben ihre Energie nach allen Richtungen in den Raum ab. Im einfachsten Fall der sich nach allen Richtungen gleichmäßig ausbreitenden *Kugelwelle* (Bild 11.7) nimmt die Energiedichte

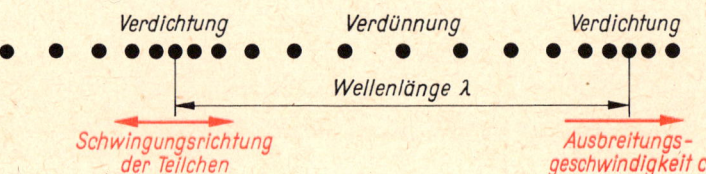

Bild 11.6 Mechanische Longitudinalwelle, schematisch

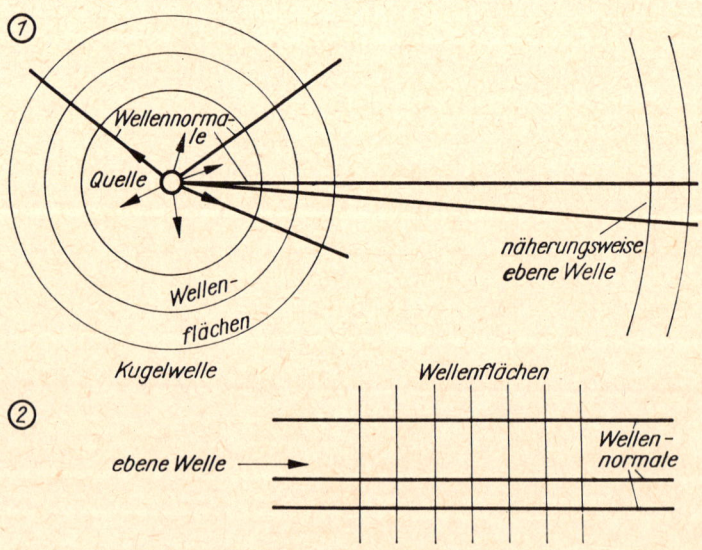

Bild 11.7 Kugelwelle und ebene Welle (Schnittdarstellungen)

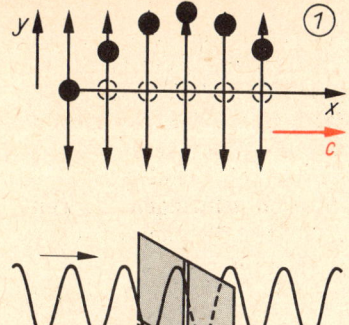

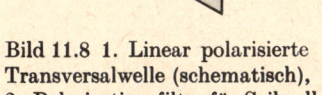

Bild 11.8 1. Linear polarisierte Transversalwelle (schematisch), 2. Polarisationsfilter für Seilwelle

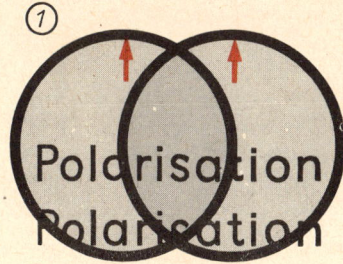

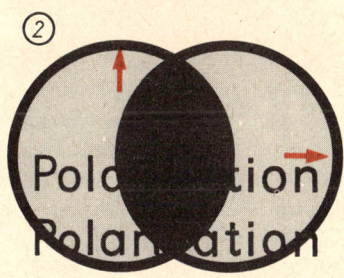

Bild 11.9 Zwei Polarisationsfilter für Lichtwellen überdecken sich teilweise. Das linke Filter polarisiert das Licht in Richtung des roten Pfeils. Das rechte Filter läßt dann 1. das polarisierte Licht wenig geschwächt hindurch, während es 2., um 90° gedreht, das Licht nicht hindurchtreten läßt. Zwei »gekreuzte« Filter lassen kein Licht hindurch. Der rote Pfeil kennzeichnet jeweils die Polarisationsebene

am Empfangsort mit zunehmender Entfernung von der Quelle ab. Das ist bei ungestörter linienhafter Wellenausbreitung nicht der Fall.

In Bild 11.7 haben wir zwei weitere wichtige Begriffe eingeführt: Wellenfläche und Wellennormale. Flächen mit Punkten gleicher Phase der schwingenden Teilchen heißen *Wellenflächen* oder *Wellenfronten*, eine dazu senkrechte Gerade heißt *Wellennormale*. Bei der Kugelwelle sind die Wellenflächen Kugelflächen, die Wellennormalen Radien. Bilden die Wellenflächen parallele Ebenen, so liegt eine *ebene Welle* vor (linienhafte Ausbreitung). Ein kleiner durch Wellennormalen begrenzter Ausschnitt aus einer Kugelwelle stellt in sehr großer Entfernung vom Ursprung näherungsweise eine ebene Welle dar (Sonnenlicht auf der Erde).

Häufig bezeichnet man einen durch Wellennormalen begrenzten, sehr schmalen Ausschnitt aus einer Welle als *Strahl*. Vorgänge der Wellenausbreitung werden oftmals durch solche Strahlen veranschaulicht (Strahlenoptik). Wir wollen aber stets beachten, daß man einen Strahl (geometrischer Begriff, Ausdehnung nur in einer Raumrichtung, d. h. Durchmesser = 0) nicht realisieren kann.

11.3. Besonderheiten der Wellenausbreitung

11.3.1. Polarisation von Transversalwellen

Bei Transversalwellen schwingen die einzelnen Teilchen meist längs paralleler Geraden, die senkrecht zur Ausbreitungsrichtung stehen (Bild 11.8.1). Die Welle heißt dann *linear polarisiert*. Bewegen sich die Teilchen dagegen auf Ellipsen- oder Kreisbahnen, also in Ebenen, die senkrecht zur Ausbreitungsrichtung stehen, so spricht man von *elliptisch* bzw. *zirkular polarisierter Welle*. Auf die letzteren werden wir jedoch nicht näher eingehen können.

Ein *Polarisationsfilter* (Bild 11.8.2) läßt eine linear polarisierte Welle nur dann ungeschwächt hindurch, wenn die *Polarisationsebene* (Ebene, in der alle Teilchen schwingen) mit der im Filter möglichen Schwingungsrichtung, im mechanischen Beispiel mit dem Schlitz, zusammenfällt. Andernfalls wird nur die Komponente, die in der möglichen Schwingungsrichtung liegt, hindurchgelassen. Ist die Komponente der Schwingung in der möglichen Schwingungsrichtung Null, so wird die Welle nicht hindurchgelassen (unterer Teil von Bild 11.8.2).

Nur Transversalwellen zeigen Polarisationserscheinungen. Longitudinalwellen sind nicht polarisierbar.

Eine mechanische Längswelle benötigt keine Schlitzblende. Es genügt eine Lochblende, um sie ungehindert passieren zu lassen. Die Teilchen können nur in einer Richtung, der Ausbreitungsrichtung, schwingen.

Die Wirkung *optischer Polarisationsfilter* zeigt Bild 11.9.

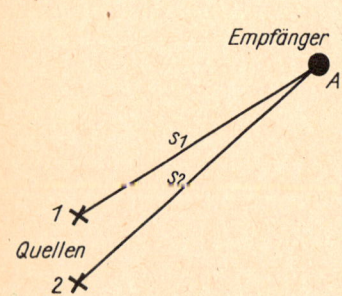

Bild 11.10 Zur Überlagerung
zweier Wellen

● **Aufgabe 11.2**

Inwiefern beweist der Aufbau von Fernsehantennen horizontal
bzw. vertikal, daß Rundfunkwellen polarisierbar sind?

11.3.2.   Überlagerung von Wellen

In 10.2.4. untersuchten wir die Überlagerung von Schwingungen. Treffen zwei Sinuswellen an einem Ort A zusammen, so
überlagern sich dort zwei Schwingungen nach (11.1) (Bild 11.10):

$$y_1(t) = y_{m1} \sin \omega \left(t - \frac{s_1}{c} \right); \qquad y_2(t) = y_{m2} \sin \omega \left(t - \frac{s_2}{c} \right).$$

Die beiden gleichphasig erzeugten Wellen gleicher Frequenz
und gleicher Polarisationsrichtung sind am Ort A gegeneinander
um den Phasenwinkel φ verschoben. Nach 10.2.1. ist

$$\varphi = \psi_2 - \psi_1 = \omega \left[\left(t - \frac{s_1}{c} \right) - \left(t - \frac{s_2}{c} \right) \right] = \frac{\omega}{c} (s_2 - s_1)$$

$$= \frac{2\pi}{\lambda} (s_2 - s_1)$$

Der *Gangunterschied* $\Delta s = s_2 - s_1$ ist damit ein Maß für die
Phasenverschiebung der beiden Wellen am Empfangsort:
$\varphi \sim \Delta s$.
Wir untersuchen nun die bei Überlagerung von Wellen auf-
tretenden *Interferenzerscheinungen* am Beispiel der Oberflächenwellen des Wassers, die von zwei gleichphasig periodisch
in die Wasseroberfläche eintauchenden Stäben erzeugt werden.
Nach Bild 11.11.1 ist dann die Wasseroberfläche teils bewegt,
teils in Ruhe. An Orten der Ruhe ist im gesamten Zeitablauf
Ruhe, an Orten der Bewegung zeigt sich die typische Wellen-
bewegung.
Zur Erklärung dienen die Diagramme. Von beiden Quellen gehen
Kreiswellen aus. An den Orten längs der Geraden x_A (z. B. A)
wirken beide Wellen zusammen nach Bild 11.11.3. Die gestrichelte Kurve gibt die Elongation an, die durch beide Quellen
bewirkt wird. Die beiden Wellen überlagern einander ungestört,
die zum gleichen Zeitpunkt gehörenden y-Werte werden addiert.
Längs der Geraden x_B schwächen sich die beiden Wellen gegenseitig, wie Bild 11.11.4 zeigt. Die resultierende Elongation ist
klein (gestrichelt). Im Falle gleicher Amplituden beider Wellen
heben sich deren Wirkungen in jedem Punkte längs x_B (z. B.
in B) jederzeit auf. Es gilt $y = 0$, es herrscht ständig Ruhe
(Bild 11.11.5).
Bedingung für Auslöschen ist nach Bild 11.11.5 nicht nur
gleiche Amplitude der beiden Wellen, sondern vor allem ein
Phasenunterschied φ von π, 3π, 5π, ... Verstärkung nach
Bild 11.11.3 erfolgt, wenn der Phasenunterschied 0, 2π, 4π, ...

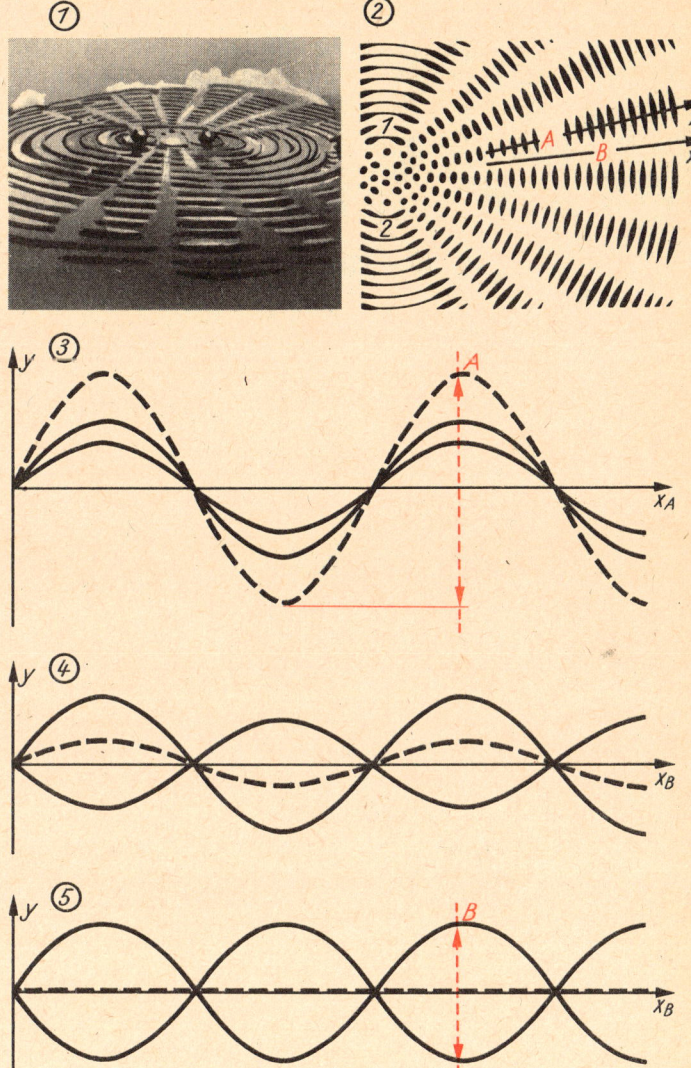

Bild 11.11 Interferenz

1. Interferenz bei Wasserwellen
2. Schematische Darstellung zu 1
3. Maximale Verstärkung an allen Orten längs der Geraden x_A bei Gangunterschied $n\lambda$
4. Maximale Abschwächung an allen Orten längs einer Geraden x_B bei Gangunterschied $(2n+1)\,\lambda/2$ und verschiedener Amplitude beider Wellen. (In den Teilbildern 1 und 2 haben beide Wellen gleiche Amplitude)
5. Auslöschung an allen Orten längs der Geraden x_B nur bei gleicher Amplitude beider Wellen

beträgt. Mit dem Gangunterschied $\Delta s = \dfrac{\varphi\lambda}{2\pi}$ gilt dann

$$\Delta s = n\lambda$$

Bedingung für maximale Verstärkung   (11.3)

$$\Delta s = (2n+1)\frac{\lambda}{2}$$

Bedingung für maximale Abschwächung   (11.3′)

$n = 0, 1, 2, \ldots$

Interferenzerscheinungen sind ein typisches Kennzeichen für die Wellennatur eines Vorgangs.

Zwischen den Wellennormalen x_A mit maximaler Verstärkung und x_B mit maximaler Abschwächung gibt es entsprechende Zwischenwerte. Für quantitative Betrachtungen beschränken wir uns stets auf die in den Bildern 11.11.3 und 4 dargestellten Fälle, auf die sich die Gleichungen und der Merksatz beziehen. Die Geraden x_A und x_B sind Asymptoten, die den Hyperbelstücken in größerer Entfernung von der Quelle nahekommen. In der näheren Umgebung der Quellen beobachten wir anstelle der Geraden Hyperbeln als geometrische Örter für gleiches Δs (im Bild kaum erkennbar).

11.3.3.   Prinzipien von Huygens und von Fermat

Bisher untersuchten wir die Ausbreitung von Wellen in *einem* Medium. Befinden sich auf dem Wege einer Welle Hindernisse, wie eine reflektierende Wand, ein Spalt oder eine Blende, oder soll die Welle von einem Medium in ein anderes übergehen, so brauchen wir weitere Hilfsmittel zur Erklärung und zum Verständnis der Wellenausbreitung.

Ein Experiment mit Wasserwellen soll uns das *Huygenssche Prinzip* erläutern. Bild 11.12 zeigt, wie eine ebene Welle einen Spalt passiert. Ist der Spalt sehr klein gegenüber der Wellenlänge (Teilbild 1), so erkennen wir hinter dem Spalt eine Kreiswelle. Der Spalt erscheint hier als Zentrum, von dem eine neue Welle ausgeht. Nach HUYGENS gilt allgemein:

Huygenssches Prinzip:
Jeder Punkt des von einer Wellenfront erfaßten Mediums ist Ausgangspunkt einer neuen Kugelwelle, einer »Elementarwelle«.

In Bild 11.12.2 ist die Spaltbreite sehr viel größer als die Wellenlänge. Nach dem Passieren des Spaltes überlagern sich viele Elementarwellen und bilden eine neue Wellenfront, die parallel zu den Wellenfronten vor dem Spalt ist. Der Spalt

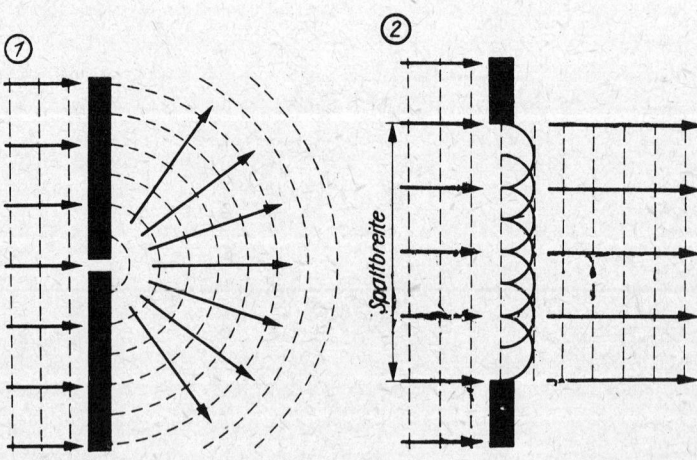

Bild 11.12 Zum Huygensschen Prinzip

wirkt als Blende; die Welle wird hinter dem Hindernis durch parallele Strahlen begrenzt.

Von gleicher Bedeutung für die Erfassung von Vorgängen der Wellenausbreitung ist das Prinzip von FERMAT. Hier benötigen wir die Vorstellung »Welle« gar nicht mehr. Wir betrachten lediglich den Weg eines Strahls. Dafür gilt

Fermatsches Prinzip:

Unter allen bei der Energieübertragung durch eine Welle möglichen Wegen beschreibt ein Strahl stets den Weg, der die geringste Zeit erfordert.

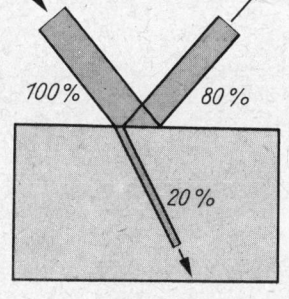

Bild 11.13 Reflexion und Brechung. In der schematischen Darstellung ist die Breite des Strahls ein Maß für die Intensität

11.3.4. Reflexion, Brechung und Beugung

11.3.4.1. Reflexion

Trifft eine Welle unter einem Winkel $\alpha \neq 0°$ auf die Grenzfläche zwischen zwei Medien mit verschiedenen Ausbreitungsgeschwindigkeiten ($c_1 \neq c_2$), so wird ein Teil der Wellenenergie reflektiert, der andere Teil dringt in das zweite Medium ein. Dabei erfährt die Wellennormale eine Richtungsänderung, die Welle wird *gebrochen* (Bild 11.13).

Wir untersuchen zuerst die Reflexion. Der in Bild 11.14 angenommene Weg von A nach B ist

$$s = s_1 + s_2 = \sqrt{a^2 + x^2} + \sqrt{b^2 + (l - x)^2} \qquad (*)$$

Für den mit der konstanten Ausbreitungsgeschwindigkeit c der Welle zurückgelegten Weg gilt (2.1'')

$$s = ct \qquad (**)$$

Nach Fermat soll die benötigte Zeit t ein Minimum sein. Wir variieren den Abschnitt x (Bild 11.14), d. h., wir setzen (*) in (**) ein, lösen nach t auf und erhalten

$$t = \frac{1}{c} \left(\sqrt{a^2 + x^2} + \sqrt{b^2 + (l - x)^2} \right)$$

In dieser Gleichung ist t von der Variablen x abhängig. Nun bilden wir die 1. Ableitung der Zeit $t(x)$ nach x:

$$\frac{dt}{dx} = \frac{1}{c} \left(\frac{x}{\sqrt{a^2 + x^2}} - \frac{l - x}{\sqrt{b^2 + (l - x)^2}} \right) \qquad (***)$$

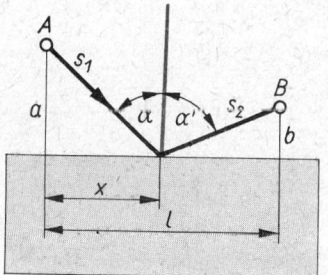

Bild 11.14 Zur Herleitung des Reflexionsgesetzes (Der hier angenommene Fall $\alpha \neq \alpha'$ wird durch die Rechnung nicht bestätigt)

und setzen, da die Zeit ein Minimum sein soll, $\dfrac{dt}{dx} = 0$. Mit

$x/\sqrt{a^2 + x^2} = \sin \alpha$ und $(l - x)/\sqrt{b^2 + (l - x)^2} = \sin \alpha'$ folgt $\sin \alpha = \sin \alpha'$ und damit

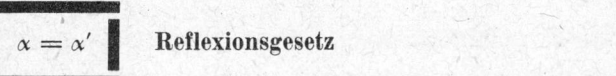

$$\boxed{\alpha = \alpha'} \qquad \text{Reflexionsgesetz} \qquad (11.4)$$

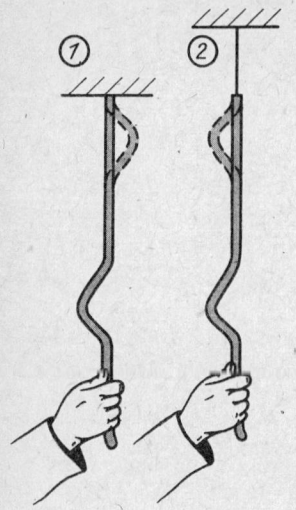

Bild 11.15 Reflexion einer Seilwelle 1. am dichteren, 2. am dünneren Medium

Der Einfallswinkel ist gleich dem Ausfallswinkel. Einfallender und ausfallender Strahl liegen in einer Ebene, die senkrecht auf der reflektierenden Ebene steht.

Neben dieser Art Reflexion, die *reguläre Reflexion* heißt, kennen wir als Sonderfall der regulären Reflexion die *diffuse Reflexion*. Sie tritt auf, wenn eine unebene Fläche aus vielen kleinen, ebenen Teilflächen aufgebaut ist von einer Seitenlänge, die etwa gleich der Wellenlänge der auftreffenden Welle ist. Dann wirkt jede Teilfläche als kleiner Spiegel. Dort erfolgt jeweils Reflexion nach dem Reflexionsgesetz. Eine auf die gesamte Fläche einfallende ebene Welle jedoch wird in alle Richtungen zerstreut. So wird beispielsweise an einer gut verputzten Wand das Licht diffus reflektiert, Schallwellen dagegen regulär. Besteht eine reflektierende Wand aus Flächen von 1 m Breite, die gegeneinander geneigt sind, so wird auch der Schall diffus reflektiert.

Betrachten wir noch eine weitere Besonderheit am Beispiel reflektierter Seilwellen. Nach Bild 11.15.1 ist ein Seil einseitig an einer Wand befestigt. Eine zur Wand hinlaufende Welle wird mit einem *Phasensprung* π, einer sprunghaften Umkehr des Augenblickswertes, reflektiert, wie das Experiment zeigt. Befestigen wir das dicke Seil über ein Stückchen sehr dünnes Seil an der Wand, so wird an dieser ersten Grenze zwischen zwei Medien (dickes/dünnes Seil) bereits die Energie der Welle reflektiert. Dies geschieht jedoch ohne Phasensprung (Bild 11.15.2).

11.3.4.2. Brechung

Wenden wir uns nun dem gebrochenen Anteil der Welle zu (Bild 11.13). Wären die Ausbreitungsgeschwindigkeiten c_1 und c_2 gleich, so wäre die gerade Verbindung AB auch die zeitlich kürzeste. Es soll jedoch $c_1 \neq c_2$ sein. Wir fertigen eine Skizze analog der zur Reflexion an und gehen auch rechnerisch analog vor. Aus Bild 11.16 folgt

$$t = \frac{\sqrt{a^2 + x^2}}{c_1} + \frac{\sqrt{b^2 + (l - x)^2}}{c_2}$$

$$\frac{dt}{dx} = \frac{1}{c_1} \frac{x}{\sqrt{a^2 + x^2}} - \frac{1}{c_2} \frac{l - x}{\sqrt{b^2 + (l - x)^2}} = 0$$

$$\frac{\sin \alpha_1}{c_1} = \frac{\sin \alpha_2}{c_2}$$

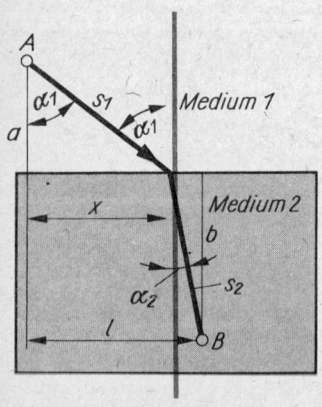

Bild 11.16 Zur Herleitung des Brechungsgesetzes. Die Ebene, die Medium *1* von Medium *2* trennt, heißt brechende Ebene. Es ist $c_2 < c_1$

$$\sin \alpha_1 : \sin \alpha_2 = c_1 : c_2 \qquad \text{Brechungsgesetz} \qquad (11.5)$$

> Die Sinuswerte des Einfalls- und des Brechungswinkels verhalten sich wie die Ausbreitungsgeschwindigkeiten der Welle in den beiden Medien. Einfallender und gebrochener Strahl liegen in einer Ebene, die senkrecht auf der brechenden Ebene steht.

Das Medium mit größerer Ausbreitungsgeschwindigkeit für eine bestimmte Welle heißt *dünneres Medium*. Wasser ist für Lichtwellen ein dichteres, für Schallwellen ein dünneres Medium als Luft. Verwenden wir diese Bezeichnungen, so folgt:

> Beim Übergang vom dünneren ins dichtere Medium wird ein Strahl zum Lot hin gebrochen.

● **Beispiel 11.3**

Eine Lichtwelle trifft unter einem Winkel von 50° auf eine Flintglasfläche. Berechnen Sie den Brechungswinkel für den gebrochenen Anteil der Welle.

Gegeben: $\alpha_1 = 50°$; $c_1 = 3{,}00 \cdot 10^8 \, \mathrm{m \, s^{-1}}$ *Gesucht:* α_2
$c_2 = 1{,}86 \cdot 10^8 \, \mathrm{m \, s^{-1}}$ ($\rightarrow$ B 7.20.)

(11.5) $\sin \alpha_2 = \dfrac{c_2}{c_1} \sin \alpha_1 = \dfrac{1{,}86}{3} \sin 50° = 0{,}475$; $\underline{\alpha_2 = \underline{28{,}4°}}$

Bemerkung: Speziell in der Optik rechnet man mit der in 11.6.1. einzuführenden Brechzahl.   ●

Wie oben ausgeführt, ist die Ausbreitungsgeschwindigkeit einer Welle stoffabhängig. Da die Frequenz jedoch unabhängig vom Stoff ist, in dem sich die Welle ausbreitet, ist nach (11.2) $c = \lambda f$ die Wellenlänge λ nicht konstant, sondern wie die Ausbreitungsgeschwindigkeit c stoffabhängig.

> Ausbreitungsgeschwindigkeit c und Wellenlänge λ sind materialabhängig. Die Frequenz einer Welle ist unabhängig vom Material, in dem sich die Welle ausbreitet.

Geht eine Welle vom dichteren ins dünnere Medium über, so wird der Strahl vom Lot weg gebrochen. Der Brechungswinkel α_2 ist also größer als der Einfallswinkel α_1, wenn $c_2 > c_1$ ist. Dies ist beispielsweise der Fall, wenn ein Lichtstrahl von Wasser in Luft übergeht. Vergrößern wir nun nach Bild 11.17 den Einfallswinkel α_1, so finden wir einen gebrochenen Strahl im Medium *2* nur bei einem Winkel α_1, der kleiner ist als der Winkel α_T. Für Winkel $\alpha_1 > \alpha_T$ wird die Energie der auf die Grenzfläche zwischen den Medien treffenden Welle vollständig reflektiert, es tritt *Totalreflexion* ein. Den Einfallswinkel α_T nennen wir *Grenzwinkel der Totalreflexion*. Er ist definiert durch (11.5) mit $\sin \alpha_2 = \sin 90° = 1$

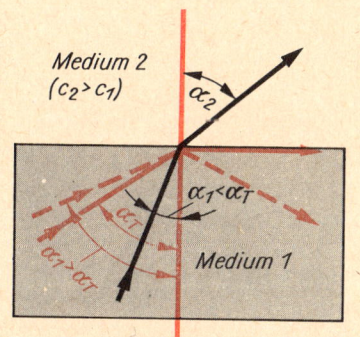

Bild 11.17 Totalreflexion (rot gestrichelt)

$\sin \alpha_T = \dfrac{c_1}{c_2}$ Grenzwinkel der Totalreflexion   (11.6)

Auch die Brechung ist ein typisches Kennzeichen für die Wellennatur eines Vorganges.

● **Aufgabe 11.3**

Unter welcher Voraussetzung gibt es Totalreflexion von Schallwellen? ●

11.3.4.3. Beugung

Während eine Welle durch einen breiten Spalt hindurchgelangt, ohne in ihrer Ausbreitungsrichtung beeinflußt zu werden (Bild 11.12.2), kommt sie durch Hindernisse von der Größenordnung der Wellenlänge nicht geradlinig hindurch. Hier gilt also nicht mehr der Satz vom geradlinigen Verlauf eines Wellenstrahls. Wir vergleichen Bild 11.18 mit Bild 11.12. In Bild 11.12.2 überlagerten sich die einzelnen Elementarwellen und bildeten neue kräftige Wellenfronten. Am Rande auftretende gebeugte Wellen sind dort, verglichen mit der Intensität der hindurchtretenden Welle, so schwach, daß wir sie nicht registrieren können. Deshalb haben wir sie auch im Bild nicht gezeichnet. Ist aber wie in Bild 11.18 die Spaltbreite von der Größenordnung der Wellenlänge, so ist die Intensität der im Bild angedeuteten Randerscheinungen nicht mehr klein gegenüber der Intensität des durchgelassenen Teils der Welle, die *gebeugte* Welle ist gut zu beobachten. Wir finden auch dort Wellenenergie, wo wir eigentlich »Schatten« erwarten.

Beugungserscheinungen werden beobachtet, wenn eine Welle auf eine Öffnung oder auf ein Hindernis trifft mit Abmessungen, die nicht wesentlich größer sind als die Wellenlänge.

Bild 11.19 erläutert dies für Licht- und Schallwellen am »Hindernis« Baumstamm, der einige Dezimeter Durchmesser haben soll. Das ist gerade die Wellenlänge von Schallwellen etwa der menschlichen Sprache. Wir hören den Menschen auch sprechen, wenn wir ihn nicht sehen können.

Beugungserscheinungen sind ein typisches Merkmal für die Wellennatur eines Vorgangs.

11.3.5. Absorption

In 11.3.4. untersuchten wir Reflexion und Brechung ohne Beachtung der Energie. Nun wollen wir die *Energiebilanz* ziehen. Nur ein Teil der Energie der Welle wird auf dem Weg durch ein Medium ungehindert hindurchgelassen (*transmittiert*), ein anderer Teil wird *absorbiert*, d. h. in eine andere Energieart,

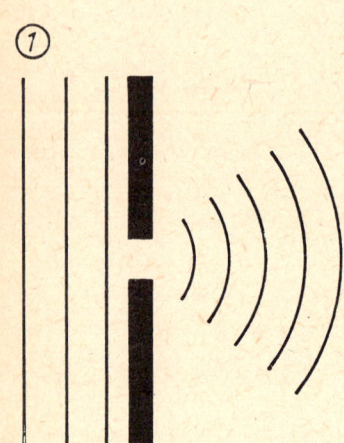

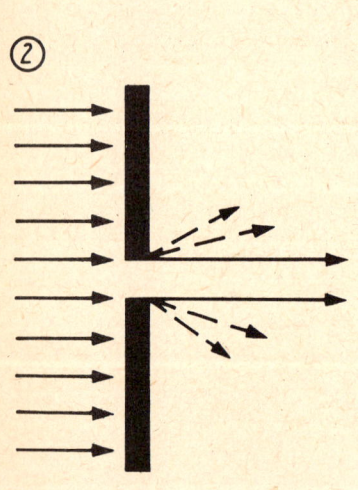

Bild 11.18 Beugung, 1. mit Wellenfronten, 2. mit Strahlen dargestellt

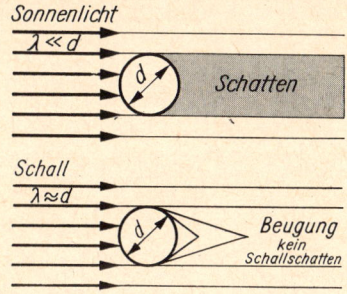

Bild 11.19 Beugung von Schallwellen an einem Baumstamm.
Lichtwellen lassen hier keine Beugung erkennen

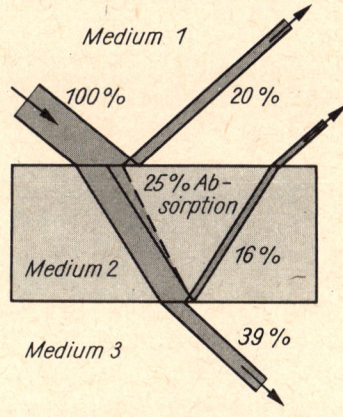

Bild 11.20 Energiebilanz für eine
Welle bei Beachtung von Reflexion,
Brechung und Absorption (beispielsweise: Lichtstrahl geht durch
eine Glasplatte)

meist in Wärmeenergie, umgewandelt. Schematisch ist eine
solche Energiebilanz in Bild 11.20 dargestellt.

Meist spricht man, wenn man Absorptionserscheinungen unter-
sucht, nicht von Wellen, sondern von *Strahlung*. Die Energie der
Welle heißt dann Strahlungsenergie W, und wie allgemein der
Quotient von Energie und Zeit Leistung heißt, ist

$$\Phi = \frac{dW}{dt} \qquad \text{Strahlungsleistung} \qquad (11.7)$$

Wir bezeichnen mit

Φ_0 die Strahlungsleistung der auftreffenden Strahlung,

Φ_r die Strahlungsleistung der reflektierten Strahlung,

Φ_a die Strahlungsleistung der absorbierten Strahlung,

Φ_{tr} die Strahlungsleistung der transmittierten Strahlung

und definieren folgende Verhältniszahlen:

$$\varrho = \frac{\Phi_r}{\Phi_0} \qquad \text{Reflexionsgrad} \qquad (11.8)$$

$$\alpha = \frac{\Phi_a}{\Phi_0} \qquad \text{Absorptionsgrad} \qquad (11.9)$$

$$\tau = \frac{\Phi_{tr}}{\Phi_0} \qquad \text{Transmissionsgrad} \qquad (11.10)$$

Nach dem Energiesatz muß $\Phi_r + \Phi_a + \Phi_{tr} = \Phi_0$ sein. Daher
gilt $\varrho + \alpha + \tau = 1$.

> Die Summe von Reflexionsgrad, Absorptionsgrad und
> Transmissionsgrad ist eins.

α, ϱ und τ hängen von der Temperatur des durchstrahlten
Körpers, aber auch von seiner Dicke sowie von der Wellenlänge
der Strahlung ab.

● **Aufgabe 11.4**

Berechnen Sie Reflexions-, Absorptions- und Transmissionsgrad
für die Strahlung nach Bild 11.20 mit Hilfe der Gleichungen
(11.8)···(11.10) und überprüfen Sie Ihre Ergebnisse. ●

11.3.6.   Stehende Wellen

Wird eine linienhafte Welle, beispielsweise eine Seilwelle,
reflektiert, so laufen längs einer Geraden zwei gleiche Wellen
einander entgegen und überlagern sich. Die nach rechts laufende Welle beschreibt (11.1). Für die entgegengesetzt laufende
Welle (negative Richtung) ersetzen wir in (11.1) x durch $-x$.

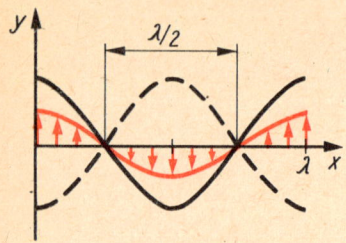

Bild 11.21 y,x-Diagramm einer stehenden Welle (z. B. stehende Seilwelle)

Dann erhalten wir die resultierende Welle

$$y = y_1 + y_2 = y_\mathrm{m} \sin \omega \left(t - \frac{x}{c}\right) + y_\mathrm{m} \sin \omega \left(t + \frac{x}{c}\right)$$

und nach Anwendung eines Additionstheorems

$$y = 2y_\mathrm{m} \cos \frac{\omega x}{c} \sin \omega t = Y(x) \sin \omega t$$

Darin ist $Y(x)$ die ortsabhängige Amplitude. Wir erhalten eine *stehende Welle*. Alle Teilchen führen eine Sinusschwingung aus, lediglich die Amplituden der Teilchen an verschiedenen Orten x unterscheiden sich.

Für $\omega x/c = n\pi$ mit $n = 0, 1, 2, \ldots$ ist $Y = 2y_\mathrm{m} \cos (\omega x/c) = \pm 2y_\mathrm{m}$ ein Maximum (Bild 11.21). Wegen $\omega = 2\pi f$ und $c = \lambda f$ lautet die Bedingung für Maximum auch $x = n\lambda/2$ mit $n = 0, 1, 2, \ldots$. An diesen Orten x liegt ein *Schwingungsbauch*. Für $\omega x/c = (2n + 1)\pi/2$ ist dagegen die Amplitude Null. Teilchen an den Orten $x = (2n + 1)\,\lambda/4$ mit $n = 0, 1, 2, \ldots$ schwingen zu allen Zeiten gar nicht. Es liegt ein *Schwingungsknoten* vor.

Der Abstand von einem Schwingungsbauch (-knoten) zum nächstfolgenden ist $\lambda/2$. In Bild 11.21 ist rot eingezeichnet eine Momentaufnahme der stehenden Welle. Die Pfeile deuten die Teilchenbewegungen an. Wir erkennen bei jedem Knoten ($x = \lambda/4, 3\lambda/4, \ldots$) eine Umkehr der Schwingungsrichtung entsprechend einem *Phasensprung* π. Alle möglichen Momentaufnahmen liegen zwischen der schwarzen Vollinie und der gestrichelten Linie.

11.4.   Wellenfeld

11.4.1.   Kinematische Größen des Wellenfeldes

Wellenfeld heißt der Raum, in dem sich eine Welle ausbreitet An jedem Punkt dieses Raumes ändert sich periodisch eine physikalische Größe, z. B. die Elongation y. Weiter ändern sich periodisch die Geschwindigkeit und die Beschleunigung bei mechanischer Welle.

Wir betrachten diese Größen für einen bestimmten Ort im Wellenfeld und wählen bei einer ebenen Welle den Ort $x = 0$. Dann erhalten wir aus (11.1)

$$y = y(t) = y_\mathrm{m} \sin \omega t$$

Das ist die Gleichung (10.1) für die in 10.2.1. behandelte Weg-Zeit-Abhängigkeit bei Sinusschwingung. An verschiedenen Orten im Wellenfeld schwingen die Teilchen gleichartig, aber phasenverschoben.

Für Geschwindigkeit und Beschleunigung gelten für $x = 0$ die in 10.2.2. hergeleiteten Gleichungen. Wir fassen sie in Tafel 11.1 nochmals zusammen.

Tafel 11.1   **Kinematische Größen des Wellenfeldes für den Ort $x = 0$ mit $\varphi = 0$ für mechanische Wellen**

Größe	Zeitabhängiger Wert der Größe	Maximalwert der Größe
Elongation y	$y = y_m \sin \omega t$ (10.1)	y_m
Geschwindigkeit v	$v = \omega y_m \cos \omega t$ (10.2)	$v_m = \omega y_m$ (10.2′)
Beschleunigung a	$a = -\omega^2 y_m \sin \omega t$ (10.3)	$a_m = \omega^2 y_m$ (10.3″)

Bereits in 10.3.1.2. benutzten wir die mit (10.12) eingeführten *Effektivwerte*. Im Schallfeld sind dies

$$y_{\text{eff}} = \frac{y_m}{\sqrt{2}}; \quad v_{\text{eff}} = \frac{v_m}{\sqrt{2}}; \quad a_{\text{eff}} = \frac{a_m}{\sqrt{2}}$$

11.4.2.   Energetische Größen des Wellenfeldes

Bei der Beschreibung der Eigenschaften eines Wellenfeldes verzichtet man häufig auf Einzelheiten der Ausbreitung von Wellen und gibt nur energetische Größen an. Die Quelle einer Welle gibt

Strahlungsenergie W

ab. Gelegentlich finden wir dafür auch das Symbol Q oder Q_e und die Bezeichnung *Strahlungsmenge*. (Index e bedeutet energetische Größe und wird verwendet, wenn man die hier behandelten Größen neben lichttechnischen Größen [→ 11.6.4.] gebraucht.) Die Einheit der Strahlungsenergie ist

$$[W] = \text{J}$$

Wie in allen Teilgebieten der Physik führt man die Größe Leistung ein, die jetzt *Strahlungsleistung* oder *Strahlungsfluß* heißt.

Wir dürfen für die differentiellen Größen wie dW, dt, dΩ ... jeweils die kleinen Größen ΔW, Δt, ΔΩ ... setzen, wenn wir mit Mittelwerten über die entsprechende Größe rechnen wollen.

$$\boxed{\Phi = \frac{dW}{dt}} \qquad \text{Strahlungsleistung} \tag{11.7}$$

$$[\Phi] = \text{W}$$

Der Strahlungsfluß kennzeichnet die *Leistung der Quelle* und wird auch durch das Symbol P oder Φ_e beschrieben.

Der Quotient von Strahlungsleistung und Raumwinkel heißt *Strahlstärke $I(I_e)$*.

$$\boxed{I = \frac{d\Phi}{d\Omega}} \qquad \text{Strahlstärke} \tag{11.11}$$

$$[I] = \text{W sr}^{-1}$$

Entsprechend der Definition des Winkels durch (2.11) $\varphi = s_B/r$ ist auch der Raumwinkel definiert (Bild 11.22):

$$\boxed{\Omega = \frac{A}{r^2}} \qquad \textbf{Raumwinkel} \qquad\qquad (11.12)$$

Für die Maßbezeichnung Steradiant gilt sinngemäß das auf S. 53 zum Radiant Gesagte.

$$[\Omega] = \frac{\mathrm{m}^2}{\mathrm{m}^2} = 1\ \mathrm{sr} \quad (\text{Steradiant})$$

Unter einem Strahl verstehen wir, wenn wir die Begriffe Strahlstärke und weiter unten Strahldichte einführen, nicht mehr nur den auf S. 341 (Mitte) verlangten »sehr schmalen«, sondern auch einen beliebig großen Ausschnitt aus einer Welle.

● **Aufgabe 11.5**

Ein Rundfunksender strahlt Energie in den umgebenden Raum, ein Richtfunksender dagegen bevorzugt in *eine* Richtung ab. Wie unterscheiden sich die Strahlstärken der beiden Sender, wenn gleiche Strahlungsleistung vorausgesetzt wird? ●

Der Quotient von Strahlstärke und der zur Strahlrichtung senkrechten Projektion der Senderfläche heißt Strahldichte $L(L_e)$.

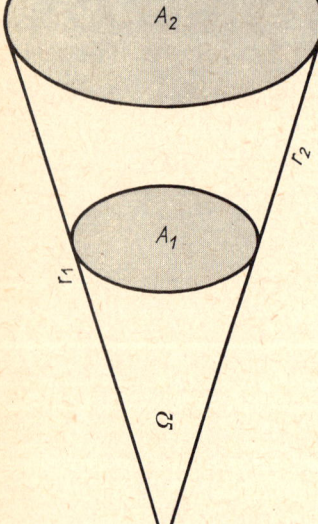

$$\boxed{L = \frac{\mathrm{d}I}{\mathrm{d}A_Q}} \qquad \textbf{Strahldichte} \qquad\qquad (11.13)$$

$$[L] = \mathrm{W\ m^{-2}\ sr^{-1}}$$

Alle bisher definierten Größen gelten für die Quelle der Welle, für den Sender. Nun wollen wir Größen festlegen für die Energie am *Orte eines Empfängers im Wellenfeld,* die Energiedichte und die Bestrahlungsstärke. Die *Energiedichte* ist der Quotient von Energie und Volumen.

Bild 11.22 Zur Definition des Raumwinkels Ω. A ist die Teilfläche, die ein Kegel, dessen Spitze im Mittelpunkt einer Kugel mit dem Radius r liegt, aus der Oberfläche dieser Kugel ausschneidet. Es ist $A_1/r_1{}^2 = A_2/r_2{}^2 = \cdots$ $= A/r^2 = \Omega$.
Wie dem Vollkreis der Winkel $\varphi = 2\pi = 2\pi$ rad, so ist der Vollkugel der Raumwinkel $\Omega = 4\pi = 4\pi$ sr zugeordnet, der Halbkugel $\Omega = 2\pi = 2\pi$ sr

$$\boxed{w = \frac{\mathrm{d}W}{\mathrm{d}V}} \qquad \textbf{Energiedichte} \qquad\qquad (11.14)$$

$$[w] = \mathrm{J\ m^{-3}} = \mathrm{N\ m^{-2}}$$

Beachten Sie: Energiedichte und Druck haben zwar gleiche Einheiten, sind aber verschiedene physikalische Größen! Die *Bestrahlungs*stärke $E(E_e)$ kennzeichnet den vom Empfänger empfangenen Strahlungsfluß. Sie ist der Quotient von Strah-

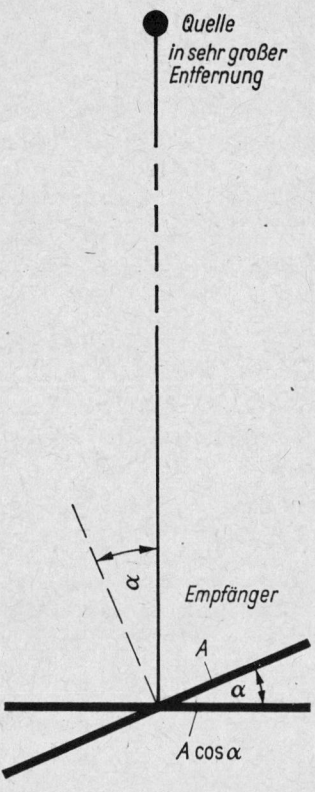

Quelle
in sehr großer
Entfernung

α

Empfänger

A

α

A cos α

Bild 11.23 Zur Erläuterung der »scheinbaren Empfängerfläche« in Gleichung (11.16). Die wahre Empfängerfläche A erscheint von der weit entfernten Quelle aus gesehen kleiner. Es ist $A_E = A \cos \varphi$

lungsfluß und scheinbarer Empfängerfläche.

$$E = \frac{\mathrm{d}\Phi}{\mathrm{d}A_E} \qquad \text{Bestrahlungsstärke} \qquad (11.15)$$

$$[E] = \mathrm{W \ m^{-2}}$$

Die scheinbare Empfängerfläche A_E ist, wie aus Bild 11.23 folgt, die Projektion der wahren Empfängerfläche auf eine Ebene, die senkrecht auf der Verbindungslinie Quelle/Empfänger steht. Mit dem Winkel α zwischen Strahlrichtung und Richtung der auf der wahren Empfängerfläche errichteten Normalen gilt:

$$A_E = A \cos \alpha \qquad \text{Scheinbare Empfängerfläche} \qquad (11.16)$$

Die beiden Größen Energiedichte w und Bestrahlungsstärke E kennzeichnen die Energie am Empfangsort. Die eine Größe muß durch die andere ausgedrückt werden können, denn es würde ja eine dieser Größen allein ausreichen, die Energie am Empfangsort anzugeben. Wir suchen die Gleichung, die diesen Zusammenhang darstellt. Nach Bild 11.28 geht eine Welle mit der Geschwindigkeit c durch ein Volumen $V = As = Act$. Die Bestrahlungsstärke für die Fläche A ist nach (11.15) und (11.7)

$$E = \frac{\Phi}{A} = \frac{W}{At} \qquad (*)$$

Nach (11.14) führt die Welle der Fläche A Energie zu, und zwar in der Zeit t

$$W = wV = wAct \qquad (**)$$

Setzen wir W nach (**) in (*) ein, so folgt

$$E = wc \qquad \begin{array}{l}\text{Zusammenhang zwischen} \\ \text{Bestrahlungsstärke und} \\ \text{Energiedichte}\end{array} \qquad (11.17)$$

Nun wollen wir die Energiedichte einer mechanischen Welle, beispielsweise einer Schallwelle, für die (11.1) gilt, berechnen. Um $w = \mathrm{d}W/\mathrm{d}V$ zu erhalten, müssen wir die Gesamtenergie, die in einem Volumenelement $\mathrm{d}V$ steckt, errechnen. Sie setzt sich zusammen aus kinetischer und potentieller Energie. Für die kinetische Energiedichte gilt $w_k(t) = {}^1\!/_2 \varrho v^2$. Darin ist $\varrho = \mathrm{d}m/\mathrm{d}V$ die Dichte. Mit (10.2) $v(t) = \omega y_m \cos \omega t$ erhalten wir $w_k(t) = {}^1\!/_2 \varrho \omega^2 y_m^2 \cos^2 \omega t$. Der zeitliche Mittelwert folgt durch

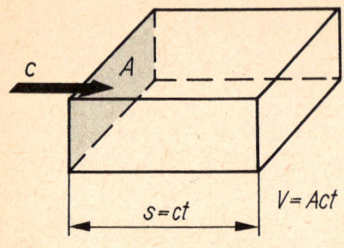

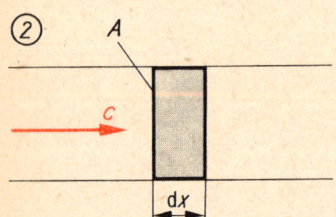

Bild 11.24 1. Zur Herleitung von Gleichung (11.17), 2. zur Herleitung von Gleichung (11.19)

Integration:

$$w_k = \frac{1}{T} \int_0^T w_k(t)\, dt = \frac{1}{4} \varrho \omega^2 y_m^2$$

Aus 10.3.1.2 und Bild 10.16 wissen wir, daß die zeitlichen Mittelwerte von kinetischer und potentieller Energie bei Sinusschwingung gleich sind. Deshalb ist auch $w_p = {}^1\!/_4 \varrho \omega^2 y_m^2$ und wegen $w = w_k + w_p$

$$w = \frac{1}{2} \varrho \omega^2 y_m^2 \qquad \text{Energiedichte bei mechanischer Welle} \qquad (11.18)$$

Die Energiedichte einer mechanischen Welle ist proportional der Dichte des Mediums, in dem sich die Welle ausbreitet, und den Quadraten von Frequenz und Amplitude.

Im mechanischen Wellenfeld interessiert außer den bisher betrachteten Größen noch die *periodische Druckänderung* bei Längswellen. Sinusförmige Teilchenbewegung muß notwendig sinusförmige Druckänderung zur Folge haben.
Eine ebene Wellenfront trifft nach Bild 11.24.2 auf ein schwingungsfähiges Teilchen. Das Teilchen hat die Querschnittsfläche A und die Länge $dx = c\, dt$. Bis zu dieser Länge nimmt das gesamte Teilchen infolge des durch die Wellenfront verursachten Kraftstoßes $F\, dt$ die Geschwindigkeit v an. Es erhält den Impuls $v\, dm$. Nach 3.2.4.3. ist $v\, dm = F\, dt$. Darin setzen wir $dm = \varrho\, dV = \varrho A\, dx = \varrho A c\, dt$ und $F = pA$. Es folgt $\varrho A c\, dt\, v = pA\, dt$ und daraus $p = \varrho c v$. Mit (10.2) für die Teilchengeschwindigkeit v folgt für den Ort $x = 0$ im Wellenfeld mit $\varphi = 0$

$$p = \varrho c \omega y_m \cos \omega t \qquad \text{Druck bei mechanischer Longitudinalwelle} \qquad (11.19)$$

$$p_m = \varrho c \omega y_m \qquad \text{Maximalwert des Druckes} \qquad (11.19')$$

Bislang gingen wir stets von der Wellengleichung (11.1) für die ebene Welle aus. Wir wollen untersuchen, inwieweit eine entsprechende Gleichung auch für eine *Kugelwelle* ($\rightarrow$ 11.2.2.) gilt. Die vom Sender abgegebene Strahlungsenergie W verteilt sich dabei mit zunehmendem Abstand r auf immer größer werdende Kugelschalen der Oberfläche $4\pi r^2$. Die Energiedichte muß folglich mit dem Quadrat der Entfernung abnehmen (Bild 11.25):

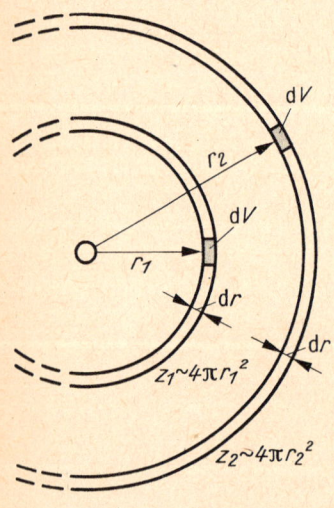

Bild 11.25 Zum Abstandsgesetz (Schnittdarstellung); z Anzahl der Volumenelemente dV in einer Kugelschale

$$w_1 : w_2 = r_2^2 : r_1^2 \qquad \text{Abstandsgesetz bei Kugelwelle} \qquad (11.20)$$

Wegen (11.18) folgt daraus

$$y_{m1} : y_{m2} = r_2 : r_1 \quad \text{Amplitudenverhältnis bei Kugelwelle} \quad (11.20')$$

Im Wellenfeld einer Kugelwelle nimmt die Amplitude mit der Entfernung von der Quelle ab, die Energiedichte jedoch mit dem Quadrat dieser Entfernung.

Auch für eine Kugelwelle gilt eine Wellengleichung, die ähnlich der für die ebene Welle ist. Wegen (11.20') müssen für y_m ein Ausdruck $y_0 r_0/r$ und für die Ortskoordinate x der Radius r erscheinen. Darin sind die Konstante r_0 ein bestimmter Abstand vom Sender (z. B. $r_0 = 1$ m) und y_0 die Amplitude im Abstand r_0. Da alle Punkte im Abstand r von der Quelle gleichphasig schwingen, brauchen wir x-, y- und z-Richtung nicht zu unterscheiden.

$$y(t, r) = y_0 \frac{r_0}{r} \sin \omega \left(t - \frac{r}{c} \right) \quad \text{Augenblickswert bei kugelförmiger Sinuswelle} \quad (11.21)$$

● **Aufgabe 11.6**

Wie unterscheidet sich die von einer Welle übertragene Energie an einem 10 m von der Quelle entfernten Ort bei linienhafter und bei räumlicher Ausbreitung (Kugelwelle)? Die als einmalige Störung an der Quelle zugeführte Energie sei für beide Wellen gleich, und die Sinusschwingungen sollen ungedämpft verlaufen.

11.5. Schallwellen

11.5.1. Begriffe

Schallwellen sind mechanische *Längswellen*. Sie breiten sich nur in gasförmigen, flüssigen und elastischen festen Körpern aus, nicht im Vakuum. Der Ausgangspunkt einer Schallwelle heißt *Schallquelle*. Der Raum, in dem sich eine Schallwelle ausbreitet, ist das *Schallfeld*. Mikrofon und das Ohr von Mensch und Tier sind *Schallempfänger*. Das *Hörvermögen des Menschen* ist in zweierlei Hinsicht begrenzt, einerseits durch Frequenzen und andererseits durch die am Ort des Ohres vorhandene Energiedichte. Es gibt eine untere und eine obere Hörgrenze, *Hörschwelle* und *Schmerzgrenze* genannt. Unterhalb der Hörschwelle nehmen wir eine Schallwelle wegen zu geringer Energiedichte nicht wahr. An der Schmerzgrenze ist die Energiedichte so groß, daß wir Schmerz empfinden und keine Unterschiede in Frequenz und Energiedichte wahrnehmen.
Durch die Frequenz einer Schallwelle ist die vom Menschen empfundene *Tonhöhe* bestimmt. Frequenzen unterhalb 16 Hz empfinden wir nicht als Ton, solche von 16 Hz bis etwa 150 Hz als tiefe Töne. Die der menschlichen Sprache zugeordneten Frequenzen sind einige hundert Hertz. Ab etwa 800 Hz registrieren wir Pfeiftöne, und ab etwa 16 kHz hören wir eine vor-

handene Schallwelle beliebiger Energiedicht gar nicht mehr. Deshalb unterteilt man den Bereich der Schallwellen:

Infraschall	**Hörschall**	**Ultraschall**
bis 16 Hz	16 Hz ··· 16 kHz	16 kHz bis einige Megahertz

Die genannten Grenzen sind individuell etwas unterschiedlich, besonders die obere Frequenzgrenze. Einige Tiere, wie Hunde und Fledermäuse, können Ultraschallfrequenzen hören; bei ihnen ist folglich der »Hörschall«-Bereich anders begrenzt.

Wir unterscheiden:

Ton — Schallwellen sind rein sinusförmig; am Ort des Empfängers gilt (10.1).

Klang — setzt sich nach bestimmten Gesetzen aus mehreren Tönen zusammen. Die Schwingung ist nicht mehr sinusförmig (Überlagerung).

Geräusch, auch *Rauschen* genannt — Gemisch sehr vieler Töne, kein gesetzmäßiger Zusammenhang zwischen den Frequenzen der einzelnen Töne.

Lärm — Schall beliebiger Frequenzen, der als störend empfunden wird.

Knall — Kurzzeitiger Schallstoß (Stoßwelle).

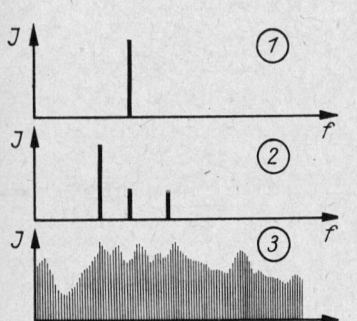

Bild 11.26 Spektrum 1. eines Tones, 2. eines Klanges und 3. eines Geräusches (Ein Spektrum gibt die Amplituden und damit die Schallstärken in Abhängigkeit von der Frequenz wider)

11.5.2. Physikalische Größen des Schallfeldes

Die Ausbreitungsgeschwindigkeit von Schallwellen heißt *Schallgeschwindigkeit*. Allgemein gilt *für mechanische Longitudinalwellen:*

$$c = \sqrt{\frac{X}{\varrho}} \qquad \text{Schallgeschwindigkeit} \qquad (11.22)$$

Darin ist ϱ die Dichte des Stoffes, in dem sich die Schallwelle ausbreitet. X kennzeichnet die elastischen Eigenschaften des Stoffes. Die Einheit von X ist Quotient der Einheiten von Kraft und Fläche.
Die Schallgeschwindigkeit ist temperaturabhängig, weil die Dichte temperaturabhängig ist ($\rightarrow$ 6.2.).
Beispielsweise ist

$$c = \sqrt{\frac{\varkappa p}{\varrho}} = \sqrt{\frac{\varkappa R T}{M}} \qquad \begin{array}{l}\text{Schallgeschwindigkeit} \\ \text{in Gasen}\end{array} \qquad (11.23)$$

$$\boxed{c_{\mathrm{L/m\,s^{-1}}} = 331{,}6 + 0{,}6 t_{/°\mathrm{C}}} \qquad \begin{array}{l}\textbf{Schallgeschwindigkeit} \\ \textbf{in Luft}\end{array} \qquad (11.23')$$

Darin sind $\varkappa$ Adiabatenexponent ($\rightarrow$ 6.4.6.; für zweiatomige

Gase $\varkappa = 1{,}4$), p Gasdruck, R Gaskonstante, M molare Masse, t Celsiustemperatur, T Temperatur.

$$c = \sqrt{\frac{K}{\varrho}} \qquad \text{Schallgeschwindigkeit in Flüssigkeiten} \tag{11.24}$$

mit dem Kompressionsmodul K ($\rightarrow$ B 7.6.).

$$c = \sqrt{\frac{E}{\varrho}} \qquad \text{Schallgeschwindigkeit in langen dünnen Stäben } (d \ll l) \tag{11.25}$$

mit dem Elastizitätsmodul E ($\rightarrow$ B 7.6.).

Die Gleichungen (11.23)$\cdots$(11.25) zeigen, daß man die Größen $\varkappa$, K und E auf experimentellem Weg erhalten kann, wenn man bei bekannter Dichte ϱ des Mediums die Schallgeschwindigkeit c mißt (Werkstoffprüfung).

Weitere Größen des Schallfeldes erklärt Tafel 11.2.

Tafel 11.2   Schallfeldgrößen und entsprechende Wellenfeldgrößen

Bezeichnung für die Größe		
im allgemeinen mechanischen Wellenfeld	im **Schallfeld**	Gleichung (mit $\varphi = 0$)
Elongation	**Schallausschlag**	$y = y_\mathrm{m} \sin \omega t$ (10.1)
Geschwindigkeit des Teilchens	**Schallschnelle**	$v = \omega y_\mathrm{m} \cos \omega t$ (10.2)
Druck	**Schalldruck**	$p = \varrho c \omega y_\mathrm{m} \cos \omega t$ (11.19)
Bestrahlungsstärke	**Schallstärke,** Schallintensität oder Schalleistungsdichte	$J = \dfrac{\Phi}{A}$ (11.15′) $J = wc$ (11.17′)

Der Schalldruck p stellt einen periodisch wechselnden Überdruck dar und wird deshalb oft mit dem Symbol Δp bezeichnet. Bei Schallwellen in Luft ist er dem Luftdruck überlagert. Die meisten Mikrofone und unser Ohr registrieren den Schalldruck. Die Maximalwerte der Schallschnelle bzw. des Schalldrucks heißen *Amplitude der Schallschnelle* $v_\mathrm{m} = \omega y_\mathrm{m}$ und *Schalldruckamplitude* $p_\mathrm{m} = \varrho c \omega y_\mathrm{m}$. Der Maximalwert der Beschleunigung ist die *Beschleunigungsamplitude* $a_\mathrm{m} = \omega^2 y_\mathrm{m}$.

Für die Schallstärke gilt wegen (11.17′) $J = wc$ mit (11.18) $w = {}^1\!/_2 \varrho \omega^2 y_\mathrm{m}{}^2$

$$J = \frac{1}{2} \varrho c \omega^2 y_\mathrm{m}{}^2 \tag{11.26}$$

Unter Beachtung von (10.2′) und (11.19′) folgt

$$J = \frac{1}{2} \varrho c v_\mathrm{m}{}^2 = \frac{p_\mathrm{m}{}^2}{2 \varrho c} = \frac{1}{2}\, p_\mathrm{m} v_\mathrm{m} \tag{11.26′}$$

und mit den Effektivwerten der Größen nach (10.12)

$$J = \varrho c v_{eff}^2 = \frac{p_{eff}^2}{\varrho c} = p_{eff} v_{eff} \qquad \textbf{Schallstärke} \qquad (11.26'')$$

● Beispiel 11.4

Berechnen Sie für einen 1000-Hz-Ton in Luft (20 °C; 101,3 kPa) bei einem effektiven Schalldruck von 1 Pa = 10 μbar 1. den Effektivwert der Schallschnelle und 2. die Schallstärke.

Gegeben: $f = 1000$ Hz; $\quad p_{eff} = 1$ Pa $\qquad$ *Gesucht:* 1. v_{eff}
$t = 20$ °C; $\qquad p_L = 101,3$ kPa $\qquad\qquad$ 2. J
$\varrho = 1,205$ kg m^{-3} $\quad (\to$ B 7.4.)

1. Vergleich von (10.2) und (11.19) ($\to$ Tafel 11.2) liefert den einfachen Zusammenhang $p = \varrho c v$, der sowohl für die zeitabhängigen Werte p und v als auch für deren Effektivwerte gilt. Somit folgt

$$v_{eff} = \frac{p_{eff}}{\varrho c}$$

Die Schallgeschwindigkeit berechnen wir nach (11.23′):

$$c_{/m\,s^{-1}} = 331,6 + 0,6 \cdot 20 = 343,6 \approx 344 \text{ (Rechenstab-genauigkeit)}$$

Dann ist

$$v_{eff} = \frac{1\,\text{Pa} \cdot \text{m}^3 \cdot \text{s}}{1,205\,\text{kg} \cdot 344\,\text{m}} = \frac{1}{1,205 \cdot 344}\,\frac{\text{kg m}^3\,\text{s}}{\text{m s}^2\,\text{kg m}} = 2,41\,\frac{\text{mm}}{\text{s}}$$

2. Nach (11.26″) ist

$$J = \frac{p_{eff}^2}{\varrho c}$$

$$J = \frac{1\,\text{Pa}^2 \cdot \text{m}^3 \cdot \text{s}}{1,205\,\text{kg} \cdot 344\,\text{m}} = \frac{1}{1,205 \cdot 344}\,\frac{\text{kg}^2\,\text{m}^3\,\text{s}}{\text{m}^2\,\text{s}^4\,\text{kg m}}$$

$$= 2,41 \cdot 10^{-3}\,\frac{\text{W}}{\text{m}^2} = 2,41\,\frac{\text{mW}}{\text{m}^2}$$

Bemerkung: Beide Ergebnisse sind unabhängig von der Frequenz f. Dies bedeutet: Bei vorgegebenem Schalldruck sind Schallschnelle und Schallstärke frequenzunabhängig. ●

● Aufgabe 11.7

Berechnen Sie für den 1000-Hz-Ton mit den Bedingungen von Beispiel 11.4 den maximalen Schallausschlag, d. h. die Amplitude der Schwingung des Luftteilchens.

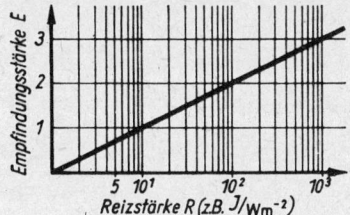

Bild 11.27 Zum Weber-Fechner-schen Gesetz: Erst 10fache Reiz-stärke R ruft Verdoppelung der Empfindungsstärke E hervor. Die Änderung der Empfindungsstärke ΔE ist gleich der logarithmischen Änderung der Reizstärke:
$\Delta E = \lg R_2 - \lg R_1 = \lg (R_2/R_1)$.
Beispiele:
$2 - 1 = \lg (100/10) = 1;$
$3 - 1 = \lg (1\,000/10) = 2$

11.5.3. Schallpegel

Zum Vergleich zweier Schallstärken gibt man den Logarithmus des Verhältnisses dieser Größen an:

$$x_{/\mathrm{dB}} = 10 \lg \frac{J_2}{J_1} \qquad \begin{array}{l}\text{Logarithmiertes Verhältnis}\\\text{zweier Schallstärken}\end{array} \qquad (11.27)$$

Den mit 10 multiplizierten Wert des dekadischen Logarithmus dieses Verhältnisses gibt man in der Einheit Dezibel (dB) an. Beachten Sie: 1 dB = 1. Trotz des Multiplizierens erhalten wir nun anstelle großer Verhältniszahlen kleine Zahlenwerte.
Trotz des Multiplizierens erhalten wir nun anstelle großer Verhältniszahlen kleine Zahlenwerte.
Mit der Angabe des logarithmischen Verhältnisses trägt man der Erfahrung Rechnung, daß die Empfindungsstärke des Menschen für Lautheit (auch für Helligkeit) nicht der Reiz-stärke proportional ist. Verdoppeln wir z. B. die Schallstärke, die Reizstärke eines Tones, so empfinden wir diesen Ton nicht als doppelt so laut, sondern nur wenig lauter. Bild 11.27 zeigt den Zusammenhang. Es gilt das Weber-Fechnersche Gesetz (→ FECHNER; → WEBER, E. H.):

> Die Stärke der Empfindung eines Reizes wächst wie der Logarithmus der physikalisch gemessenen Stärke dieses Reizes.

Schallpegelmaße erhalten wir, wenn wir auf die Hörschwelle beziehen. Mit der Schallstärke an der Hörschwelle bei 1 kHz $J_0 = 10^{-12}$ W m^{-2} folgt

$$L_{/\mathrm{dB}} = 10 \lg \frac{J}{J_0} \qquad \text{Schallintensitätspegel} \qquad (11.28)$$

Nach (11.26'') ist $J \sim p_{\mathrm{eff}}^2$. Deshalb gilt auch

$$L_{/\mathrm{dB}} = 20 \lg \frac{p_{\mathrm{eff}}}{p_{0\mathrm{eff}}} \qquad \text{Schalldruckpegel} \qquad (11.28')$$

mit $p_{0\mathrm{eff}} = 2{,}0 \cdot 10^{-4}$ µbar $= 2{,}0 \cdot 10^{-5}$ Pa als dem Effektiv-wert des Schalldrucks an der Hörschwelle.
Schallintensitätspegel und Schalldruckpegel sind, gleichzeitig und am gleichen Ort gemessen, gleich und werden auch kurz *Schallpegel* genannt.
Bei n Schallquellen gleicher Leistung und damit gleichen Schall-pegels L am Empfangsort gilt für den resultierenden Schall-pegel L_{ges}

$$L_{\mathrm{ges}} = L + 10 \lg n \qquad \text{Schallpegel bei } n \text{ Schallquellen} \qquad (11.29)$$

Weiter ist definiert mit der Leistung an der Hörschwelle
$P_0 = 10^{-12}$ W

$$L_{P/dB} = 10 \lg \frac{P}{P_0} \qquad \text{Schalleistungspegel} \qquad (11.28'')$$

Dieser Schalleistungspegel ist im allgemeinen nicht gleich dem Schalldruckpegel, da der Schalldruck an einem Empfänger außer von der Schalleistung der Quelle auch von anderen Faktoren wie beispielsweise Richtungsabhängigkeit der Schallabstrahlung und Reflexionsvermögen der Wände eines Raumes abhängig ist.

11.5.4. Lautstärke und frequenzbewerteter Schallpegel

Schallpegelmaße sind durch Verwendung des Logarithmus des Verhältnisses der Größen dem Hörempfinden des Menschen angepaßt. Das Hörvermögen des Menschen ist aber auch noch frequenzabhängig, wie Bild 11.28 zeigt. Darin erkennen wir links und rechts die Frequenzgrenzen (etwa 16 Hz und 16 kHz), unten und oben Hörschwelle sowie Schmerzgrenze (bei 1000 Hz 10^{-12} W m^{-2} bzw. 1 W m^{-2}).

Für andere Frequenzen nimmt die Empfindlichkeit des menschlichen Ohres ab. Deshalb führte man den *Lautstärkepegel* L_N oder die *Lautstärke* ein. Der Lautstärkepegel wird nicht durch unmittelbare Bewertung der Schallempfindung bestimmt, sondern indem man einen durch seinen Schallpegel gemessenen Normschall (Schall der Frequenz 1000 Hz) mit dem zu bewertenden Schall nach dem Gehör gleich laut macht, den Schallpegel dieses Normschalls bestimmt und als Lautstärkepegel des verglichenen Schalls bezeichnet. Die so erhaltene Lautstärke erhält die spezielle Einheit Phon (phon). Bei Schall von 1000 Hz sind Schallpegel in Dezibel und Lautstärkepegel in Phon gleich.

Messen des Lautstärkepegels bedeutet, subjektive Vergleichsmessungen durchzuführen. Solche Messungen sind sehr aufwendig und werden deshalb nur für Forschungszwecke ausgeführt. Für Messungen in Betrieben benutzt man ausschließlich objektiv anzeigende Meßgeräte wie beispielsweise *Impulsschallpegelmesser*. Solche Geräte unterdrücken bei der Messung Frequenzen, die kleiner und viel größer als 1000 Hz sind, in dem Maße, daß dem menschlichen Hörvermögen Rechnung getragen wird. Verwirklicht wird dies durch den Einbau von elektrischen Filtern, die nach TGL-Vorschriften in drei Ausführungsformen eingeführt sind. Für Lärmmessungen am besten geeignet ist die sogenannte *A-Frequenzbewertung*. Weiter hat sich international die *Impuls-Zeitbewertung* durchgesetzt. Schallimpulse von 35 ms Dauer rufen dieselbe Anzeige hervor wie Dauerschall gleicher Energie. Derartig gemessenen Lärm kennzeichnet man, indem man entweder an das Formelzeichen den Index AI (A-Frequenzbewertung; Impuls-Zeitbewertung) anhängt oder hinter das Kennwort Dezibel diese Buchstaben schreibt: dB (AI). Einige Beispiele für zulässigen

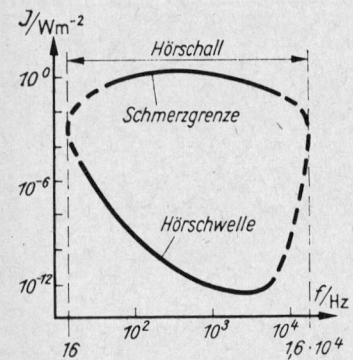

Bild 11.28 Grenzen des menschlichen Hörvermögens. Die Hörschwelle ist in starkem Maße frequenzabhängig. Insbesondere ist bei $f < 1000$ Hz größere Schallstärke als bei $f = 1000$ Hz erforderlich, damit wir Schall wahrnehmen. Dagegen ist die Schmerzgrenze viel weniger frequenzabhängig. Die gestrichelten Teile deuten an, daß untere und obere Frequenzgrenze, bei der wir den Schall gerade noch wahrnehmen, individuell verschieden sind

Lärm nach TGL 10687, Blatt 2 vom Juli 1970 finden Sie in der Beilage (→ B 7.19.).

● **Beispiel 11.5**

Für den in Beispiel 11.4 untersuchten 1000-Hz-Ton in Luft bei einem effektiven Schalldruck von 1 Pa sind Schallpegel und Lautstärkepegel anzugeben.

Gegeben: $f = 1000\,\text{Hz}$; $\quad p_{\text{eff}} = 1\,\text{Pa}$ $\qquad$ *Gesucht:* L; L_{N}

$$(11.28')\; L_{/\text{dB}} = 20\,\lg \frac{p_{\text{eff}}}{p_{0\text{eff}}}$$

$$L_{/\text{dB}} = 20\,\lg \left(\frac{1\,\text{Pa} \cdot 10^5}{2\,\text{Pa}} \right) = 20 \cdot 4{,}7 = 94; \quad L = \underline{\underline{94\,\text{dB}}}$$

Bei 1000 Hz ist der Lautstärkepegel in Phon gleich dem Schallpegel in Dezibel, somit

$$L_{\text{N}} = \underline{\underline{94\,\text{phon}}}$$ ●

● **Beispiel 11.6**

Neben einer Drehmaschine wird ein effektiver Schalldruck von 4 μbar, neben einem Drucklufthammer 70 μbar gemessen. Berechnen Sie für jeden Fall den Schalldruckpegel.

Gegeben: $p_{\text{effD}} = 4\,\mu\text{bar}$; $\quad p_{\text{effH}} = 70\,\mu\text{bar}$ $\quad$ *Gesucht:* L_{D}; L_{H}

$$(11.28')\; L_{/\text{dB}} = 20\,\lg \frac{p_{\text{eff}}}{p_{0\text{eff}}}$$

$$L_{\text{D}/\text{dB}} = 20\,\lg \frac{4\,\mu\text{bar} \cdot 10^4}{2\,\mu\text{bar}} = 20\,\lg\,(2 \cdot 10^4); \quad L_{\text{D}} = \underline{\underline{86\,\text{dB}}}$$

$$L_{\text{H}/\text{dB}} = 20\,\lg \frac{70\,\mu\text{bar} \cdot 10^4}{2\,\mu\text{bar}} = 20\,\lg\,(3{,}5 \cdot 10^5); \quad L_{\text{H}} = \underline{\underline{111\,\text{dB}}}$$ ●

11.5.5. Ultraschall

Schall mit Frequenzen oberhalb etwa 16 kHz, den der Mensch nicht mehr hört, heißt Ultraschall. Hier sollen nur die wichtigsten physikalischen Eigenschaften des Ultraschalls und die damit zusammenhängenden Anwendungen zusammengestellt werden.

Den hohen Frequenzen des Ultraschalls entsprechen wegen (11.2) $c = \lambda f$ sehr kleine Wellenlängen. Schallsender in diesem Bereich sind stets groß gegenüber der Wellenlänge. Deshalb ist eine Ultraschallwelle meist *scharf gebündelt*. Anwendungen: Echolot (beispielsweise beim Fischfang), zerstörungsfreie Werkstoffprüfung (Bild 11.29).

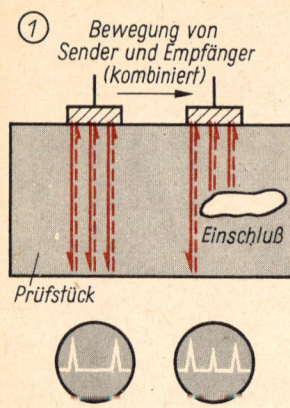

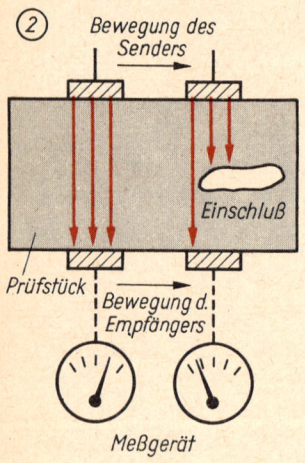

Bild 11.29 Anwendung des Ultraschalls für zerstörungsfreie Werkstoffprüfung (Prinzip):

1. Impuls-Echo-Verfahren (die Intensität der reflektierten Impulse wird registriert), 2. Durchstrahlen des Materials (die Intensität des hindurchgelassenen Strahls wird registriert)

Da die Schallstärke nach (11.26) $J = \frac{1}{2}\varrho c\omega^2 y_\mathrm{m}^2$ proportional dem Quadrat der Frequenz ist, lassen sich leicht sehr *große Schallstärken* erzielen. Folglich können im Ultraschallfeld beachtliche Wärmewirkungen auftreten, wenn die Schallenergie infolge Absorption in Wärmeenergie verwandelt wird. Anwendung z. B. für Heilbehandlung, die aber auch zugleich Mikromassage bedeutet.

Weiter ist nach (10.3'') $a_\mathrm{m} = \omega^2 y_\mathrm{m}$ die Beschleunigung dem Quadrat der Frequenz proportional. Somit wirken auf Körper im Ultraschallfeld *starke periodisch sich ändernde Kräfte*. Dabei können in Flüssigkeiten periodisch Hohlräume aufreißen. Beim Zusammenstürzen dieser Hohlräume treten Drücke bis etwa 10 MPa ($\approx$ 100 at) auf. Diese *Kavitation* genannte Erscheinung bedeutet somit riesige Kraftwirkung. Sie wird genutzt zur Dispergierung (feinste Verteilung eines Stoffes in einer Flüssigkeit), für Ultraschall-Waschverfahren, aber auch zum Löten und Schweißen. Hier wird die Oberfläche der zu verbindenden Werkstoffe in einem Verfahren gereinigt und verbunden. Auch das Ultraschallbohren ist hier einzuordnen.

11.6.   Elektromagnetische Wellen

11.6.1.   Physikalische Größen

In einem Schwingkreis ($\rightarrow$ 10.5.) gibt es sinusförmige Änderungen von Spannung am Kondensator und Stromstärke in der Spule. Entsprechend müssen sich auch die elektrische Feldstärke im Kondensator und die magnetische Feldstärke in der Spule sinusförmig ändern: $E = E_\mathrm{m} \cos \omega t$; $H = H_\mathrm{m} \sin \omega t$. Wie sich im mechanischen Beispiel eine Störung im elastischen Medium als Welle ausbreitet, so breitet sich auch eine im Schwingkreis angeregte periodische Feldänderung als *elektromagnetische Welle* aus. Dann gelten in Sendernähe die Gleichungen

$$E = E_\mathrm{m} \cos \omega \left(t - \frac{x}{c}\right); \quad H = H_\mathrm{m} \sin \omega \left(t - \frac{x}{c}\right)$$

Elektrischer und magnetischer Feldvektor stehen senkrecht aufeinander und senkrecht zur Ausbreitungsrichtung der Welle.

Die Ausbreitungsgeschwindigkeit elektromagnetischer Wellen hängt von elektrischen und magnetischen Eigenschaften des Mediums, in dem sich die Welle ausbreitet, ab.

$$c = \frac{1}{\sqrt{\varepsilon_\mathrm{r}\varepsilon_0\mu_\mathrm{r}\mu_0}} \qquad \text{Ausbreitungsgeschwindigkeit elektromagnetischer Wellen} \qquad (11.30)$$

Darin sind ε_r Dielektrizitätszahl, μ_r Permeabilitätszahl, ε_0 elektrische Feldkonstante und μ_0 magnetische Feldkonstante.

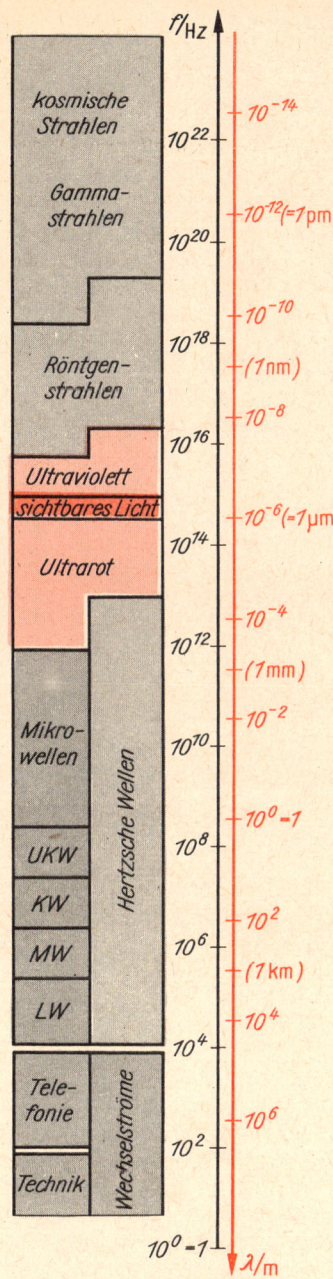

Bild 11.30 1. Zusammenhang zwischen Wellenlänge, Frequenz und Wellenart bei elektromagnetischen Wellen. 2. Bereich des sichtbaren Lichtes (→ Farbtafel)

Im Vakuum ist $\varepsilon_r = \mu_r = 1$, folglich ist mit $c_0 = 2{,}9979 \cdot 10^8$ m s^{-1}

$$c_{Vak} = c_0 = \frac{1}{\sqrt{\varepsilon_0 \mu_0}}$$ Ausbreitungsgeschwindigkeit elektromagnetischer Wellen im Vakuum
(11.31)

Mit (11.31) schreiben wir (11.30) $c = c_0/\sqrt{\varepsilon_r \mu_r}$. Da $\mu_r \approx 1$ für alle Stoffe außer ferromagnetischen (in denen sich elektromagnetische Wellen jedoch nicht ausbreiten können), vereinfachen wir diese Gleichung noch und erhalten

$$c = \frac{c_0}{\sqrt{\varepsilon_r}}$$ **Ausbreitungsgeschwindigkeit elektromagnetischer Wellen**
(11.30′)

Da $\varepsilon_r > 1$ für alle Stoffe, folgt aus (11.30′) $c < c_0$

Im stofferfüllten Raum ist die Ausbreitungsgeschwindigkeit elektromagnetischer Wellen kleiner als im Vakuum.

Für *Lichtwellen* definiert man den *Brechungsindex* oder die *Brechzahl* $n = \sqrt{\mu_r \varepsilon_r} \approx \sqrt{\varepsilon_r}$. Für Vakuum ist $n_0 = 1$, für Luft ist $n_L \approx 1$. Mit (11.30′) erhalten wir:

$$n = \frac{c_0}{c}$$ **Brechzahl** (Brechungsindex)
(11.32)

Für elektromagnetische Wellen gelten im übrigen die Gleichungen des Wellenfeldes (→ 11.4.).

11.6.2. Spektrum elektromagnetischer Wellen

Der Frequenzumfang der elektromagnetischen Wellen ist sehr groß. Die Größenordnungen der heute bekannten elektromagnetischen Wellen sind $10^2 \cdots 10^{24}$ Hz. Bild 11.30.1 zeigt die in der historischen Entwicklung entstandenen Namen für die einzelnen Frequenzbereiche. Dabei gibt es oftmals keine eindeutige Grenze. So kann man heute ultraharte Röntgenstrahlen erzeugen, deren Frequenz schon weit im Frequenzbereich der Gammastrahlen liegt.

Besonders interessieren wir uns für den Bereich des *sichtbaren Lichtes*. Wie bei Schallwellen die Frequenz die Tonhöhe bestimmt, so empfinden wir bei Licht bestimmter Frequenz eine entsprechende *Farbe*. Dem reinen Ton entspricht das *monochromatische Licht*. Es enthält nur Schwingungen einer Frequenz, man spricht dann von einer reinen *Spektralfarbe*. Die Zuordnung Frequenz—Spektralfarbe geschieht, wie Tafel 11.3 zeigt. Auch bei Mischung von Licht mehrerer Spektralfarben empfinden wir einen Farbeindruck (*Mischfarbe*). Mischung aller Spektralfarben ergibt *weißes Licht*.

Tafel 11.3   Zusammenhang zwischen Frequenz, Wellenlänge und Farbeindruck bei Lichtwellen im Vakuum

$f_{/\mathrm{Hz}}$	$7,5 \cdot 10^{14}$	...	$5,4 \cdot 10^{14}$	...	$4,3 \cdot 10^{14}$
$\lambda_{/\mathrm{nm}}$	400	...	560	...	700
Farbe	violett	...	gelbgrün	...	rot

11.6.3.   Besonderheiten bei der Ausbreitung von Lichtwellen

Für Reflexion und Brechung gelten (11.4) und (11.5) sowie Bilder 11.14 und 11.16. Mit (11.32) $n = c_0/c$ folgt nach SNELLIUS

$$\frac{\sin \alpha_1}{\sin \alpha_2} = \frac{n_2}{n_1} = n_{12} \qquad \text{Brechungsgesetz von Snellius} \qquad (11.5')$$

Darin sind n_1 die absolute Brechzahl des Mediums *1*, n_2 die des Mediums *2*, n_{12} die Brechzahl für den Übergang von Medium *1* in Medium *2*.
Falls Medium *1* Vakuum ($n_1 = 1$) oder Luft ($n_1 \approx 1$) ist, folgt aus (11.5′)

$$\frac{\sin \alpha_1}{\sin \alpha_2} = n \qquad \text{Brechungsgesetz für Übergang von Luft (}1\text{) in Stoff (}2\text{)} \qquad (11.5'')$$

Absolute Brechzahlen, oftmals kurz Brechzahl genannt, finden Sie in Tabellen ($\rightarrow$ B 7.21.).
Bisher lernten wir nur Wellen kennen mit einer Ausbreitungsgeschwindigkeit, die unabhängig von der Frequenz der Welle war. Das ist bei Lichtwellen nicht der Fall. Wegen (11.32) $n = c_0/c$ wird deshalb auch die Brechzahl n frequenzabhängig. Diese Erscheinung heißt *Dispersion*. Trifft weißes Licht (Sonnenlicht) auf ein Prisma, wird es in die Spektralfarben zerlegt (Bild 11.31). Es entsteht ein kontinuierliches Spektrum, wie wir es z. B. beim Regenbogen beobachten.
Beim Licht als Wellenvorgang muß es auch *Interferenzerscheinungen* geben. Selten jedoch beobachten wir, daß Licht + Licht Dunkelheit ergibt. Bei zwei Lichtquellen gleicher Frequenz sollten wir dies nach 11.3.2. erwarten können, wenn die Bedingung für Auslöschen $\Delta s = (2n + 1)\, \lambda/2$ erfüllt ist. Die tiefere Einsicht finden wir erst, wenn wir beachten, daß einzelne Punkte (Atome) einer Lichtquelle nur kurzzeitig

Bild 11.31 → Farbtafel

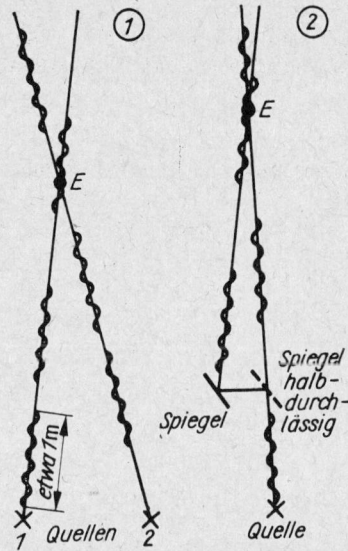

Bild 11.32 1. Inkohärente, von *zwei* punktförmigen Quellen ausgehende Wellen können nicht interferieren, 2. kohärente Wellen sind interferenzfähig

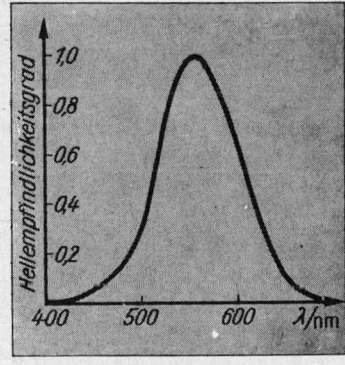

Bild 11.33 Spektraler Hellempfindlichkeitsgrad des menschlichen Auges (Verhältnis von Lichtstrom zu Strahlungsleistung für die verschiedenen Frequenzen des Lichtes, bezogen auf den gleich eins gesetzten Maximalwert dieses Verhältnisses)

dauernde Wellenzüge abgeben. Während der sehr kleinen Zeit 10^{-8} s wird ein Wellenzug von etwa 1 m Länge abgegeben, dem statistisch verteilt weitere gleichartige Wellenzüge folgen. Mit dieser Modellvorstellung, die bereits die Quantennatur des Lichtes (→ 12.3.1.) beachtet, werden wir verstehen, daß Licht zweier verschiedener Quellen nicht interferieren kann. Es kommt nur selten einmal vor, daß am Ort E gerade *zu einem Zeitpunkt* von jeder Quelle ein Wellenzug ankommt (Bild 11.32.1). Und das wiederum würden wir gar nicht registrieren. Lichteindruck nehmen wir erst wahr, wenn sehr viele Wellenzüge zusammenwirken.

Interferenz können wir nur erwarten, wenn nicht nur gleiche Frequenz der sich überlagernden Lichtquellen gegeben ist, sondern auch *ständig* am Ort E *zwei* Wellenzüge vorhanden sind. Nach Bild 11.32.2 wird das von *einer* punktförmigen Lichtquelle ausgehende Licht nach Durchlaufen zweier verschieden langer Wege im Punkt E vereint. Dabei muß nur $\Delta s = s_2 - s_1$ kleiner sein als die Länge eines Wellenzuges. Mit einem Versuchsaufbau nach dem Schema von Bild 11.32.2 können wir somit Interferenzerscheinungen zeigen.

Zwei Wellen, die von *einer* punktförmigen Quelle ausgehen, heißen *kohärent*. Die Länge eines Wellenzuges heißt *Kohärenzlänge*. Wir fassen unter Verwendung dieser Begriffe zusammen:

> Nur kohärente Wellen sind interferenzfähig. Ist der Wegunterschied zweier Strahlen kleiner als die Kohärenzlänge, so beobachten wir Interferenzerscheinungen.

Bei monochromatischem Licht erhalten wir auf diese Weise helle und dunkle Stellen im Wellenfeld. Was aber geschieht bei Mischlicht, z. B. bei weißem Licht, das alle Frequenzen enthält? Dann gibt es Auslöschung für jeweils eine Frequenz bei einem entsprechenden Gangunterschied. Wenn an einem Ort Rot ausgelöscht wird, so wird am benachbarten Ort Gelb und daneben Blau ausgelöscht. Wir beobachten dann beispielsweise die bunten Seifenblasen oder die Farben dünner Ölschichten.

11.6.4. Fotometrische Größen

Wie die Lautstärkeempfindung des Menschen ist auch die Lichtstärkeempfindung nicht proportional der physikalisch bestimmten Strahlenintensität. Das Auge des Menschen zeigt die größte *Empfindlichkeit* gegenüber Lichtwellen der Wellenlänge 555 nm (gelbgrün). Unterhalb etwa 370 nm (violett) und oberhalb etwa 780 nm (rot) wird kein Lichteindruck mehr festgestellt. Bild 11.33 zeigt die wellenlängenabhängige Empfindlichkeit des menschlichen Auges.

Die *spektrale Zusammensetzung* der von uns genutzten *Lichtquellen*, d. h. der Anteil der einzelnen Wellenlängen an der Intensität, ist sehr unterschiedlich. Bei Temperaturstrahlern wie Sonne und Glühlampe hängt sie von der Temperatur ab (→ 12.6.2.). Gasentladungsröhren und insbesondere Leuchtstoffröhren zeigen wiederum eine völlig andere, von der Art der

Gasfüllung und dem verwendeten Leuchtstoff abhängige Zusammensetzung der von ihnen ausgesandten Strahlung.

Bei lichttechnischen Problemen interessiert uns nicht die insgesamt (über alle Wellenlängen) ausgestrahlte Strahlungsleistung, sondern wir beachten nur die Anteile, die vom menschlichen Auge als Licht- oder Helligkeitsempfindung bewertet werden. Das macht erforderlich, entsprechende *fotometrische* oder *lichttechnische Größen* einzuführen, die aus praktischen Gründen gelegentlich anders definiert werden als die physikalischen Größen des Wellenfeldes. Diese Größen können subjektiv (mit dem Auge) beurteilt oder objektiv (mit lichtempfindlichen Geräten) gemessen werden.

Lichtstärke I_v ist Basisgröße.

$[I_v] = $ cd; Candela ist Basiseinheit.

Die Candela ist die in einer Richtung gegebene Lichtstärke einer Strahlungsquelle, die eine Strahlung der Frequenz 540 THz ausstrahlt und deren Strahlstärke in dieser Richtung 1/683 W sr^{-1} beträgt.

Um energetische Größen (→ 11.4.2.) und lichttechnische Größen zu unterscheiden, können letztere den Index v (visuell) erhalten.

Die zweite lichttechnische Größe ist die *Leuchtdichte L* oder L_v einer Lichtquelle, die vom Auge bewertete Strahldichte. Sie charakterisiert insbesondere die durch die Lichtquelle hervorgerufene Blendwirkung

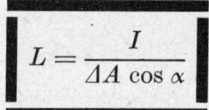

$$L = \frac{I}{\Delta A \cos \alpha}$$ **Leuchtdichte**   (11.33)

$[L] = $ cd m^{-2}

Nicht mehr gültige, SI-fremde Einheit: Stilb (sb); 1 sb $= 10^4$ cd m$^{-2} = 1$ cd cm^{-2}

In (11.33) ist α der Winkel zwischen der Normalen der Senderfläche und der Verbindungslinie Sender/Empfänger (Bild 11.34).

Technische Lichtstrahler unterscheiden sich grundlegend hinsichtlich der *Winkelabhängigkeit* der Leuchtdichte und der Lichtstärke. Bei *ebenen Strahlern* ist meist die Leuchtdichte angenähert unabhängig von der Betrachtungsrichtung. Glühende Flächen erscheinen unabhängig von der Betrachtungsrichtung gleich hell! Nach (11.33) wird dann die Lichtstärke winkelabhängig (Bild 11.35.1).

$I_\alpha = L \, \Delta A \cos \alpha$ Lichtstärke eines ebenen Strahlers (11.34)

Kugelförmige Strahler wie die Sonne erscheinen unabhängig von der Betrachtungsrichtung ebenfalls als *Scheibe* mit gleicher Leuchtdichte. Bei der Berechnung ihrer Leuchtdichte nach

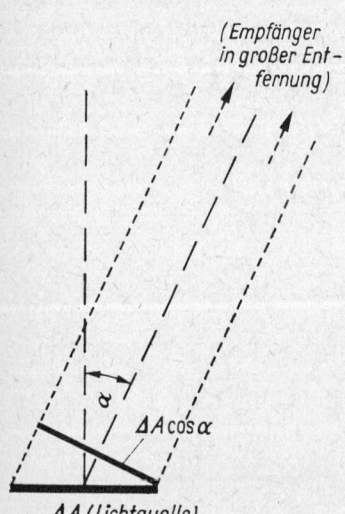

(Empfänger in großer Entfernung)

$\Delta A \cos \alpha$

ΔA (Lichtquelle)

Bild 11.34 Scheinbare Senderfläche $\Delta A \cos \alpha$ einer ebenen Lichtquelle bei schräger Betrachtung

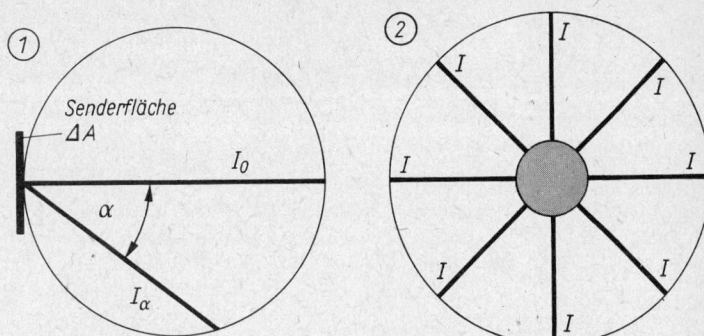

Bild 11.35 1. Lichtstärkeabhängigkeit eines ebenen Strahlers mit winkelunabhängiger Leuchtdichte (Lichtstärkediagramm). Es gilt $I_\alpha = L\Delta A \cos \alpha = I_0 \cos \alpha$. Die Länge der Sekante im Kreis ist ein Maß für I_α. 2. Lichtstärke eines Kugelstrahlers ist für alle Richtungen gleich ($I_\alpha = I_0$)

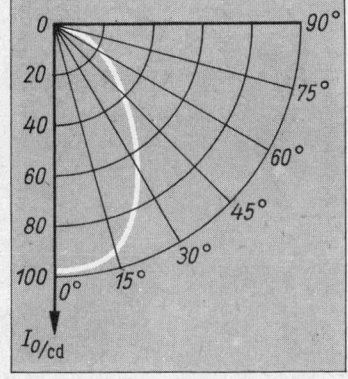

Bild 11.36 Lichtstärkediagramm eines technischen Strahlers mit Reflektor. Aus praktischen Gründen werden Lichtstärkediagramme unabhängig von der Bestückung des Strahlers stets für einen Gesamtlichtstrom $\Phi_0 = 1000$ lm angegeben. Die wirkliche Lichtstärke ergibt sich dann mit dem aus dem Diagramm entnommenen Wert für I_α zu $I = I_\alpha \Phi_{ges}/\Phi_0$

(11.33) ist für die scheinbare Senderfläche $\Delta A \cos \alpha$ die Querschnittsfläche der Kugel einzusetzen. Die Lichtstärke des Kugelstrahlers ist für alle Strahlungsrichtungen gleich (Bild 11.35.2).

Für *technische Strahler* wird meist ein experimentell ermitteltes *Lichtstärkediagramm* $I = I(\alpha)$ angegeben. Insbesondere durch Verwendung von Reflektoren können sich sehr unterschiedliche Winkelabhängigkeiten der Lichtstärke ergeben (Bild 11.36).

Eine Lichtquelle mit der Lichtstärke I strahlt in den Raumwinkel Ω den Lichtstrom Φ, die vom Auge bewertete Strahlungsleistung, aus.

$$\Phi = \int_0^\Omega I \, \mathrm{d}\Omega \qquad \text{Lichtstrom} \tag{11.35}$$

Bei der Integration ist die eventuell vorhandene Winkelabhängigkeit der Lichtstärke nach (11.34) oder nach Diagramm zu beachten. Für winkelunabhängige Lichtstärke vereinfacht sich (11.35). Es gilt

$$\boxed{\Phi = I\Omega} \qquad \begin{array}{l}\text{Lichtstrom bei winkel-}\\\text{unabhängiger Lichtstärke}\end{array} \tag{11.35'}$$

$$[\Phi] = \mathrm{cd} \; \mathrm{sr} = \mathrm{lm} \quad \text{(Lumen)}$$

Nur geringe praktische Bedeutung hat die *Lichtmenge* Q, die vom Auge bewertete Strahlungsenergie.

$$Q = \int_0^t \Phi \, \mathrm{d}t \qquad \text{Lichtmenge} \tag{11.36}$$

$$[Q] = \mathrm{lm} \; \mathrm{s} = \mathrm{cd} \; \mathrm{sr} \; \mathrm{s}$$

Die bisher aufgeführten Größen charakterisieren die Lichtquellen. Die Beleuchtung eines nicht selbst leuchtenden Körpers (Empfängers) wird charakterisiert durch die *Be-*

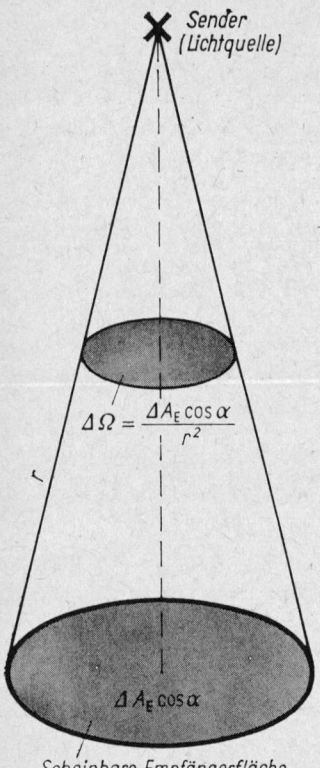

Sender
(Lichtquelle)

$$\Delta\Omega = \frac{\Delta A_E \cos\alpha}{r^2}$$

$\Delta A_E \cos\alpha$

Scheinbare Empfängerfläche

Bild 11.37 Zur Ermittlung der Beleuchtungsstärke eines Lichtempfängers bei schrägem Lichteinfall und weit entferntem Sender. Die wahre Empfängerfläche A, deren Flächennormale *nicht* mit der gestrichelten Verbindungslinie Sender—Empfänger zusammenfällt, ist der besseren Übersicht wegen nicht eingezeichnet

leuchtungsstärke E oder E_v, die vom Auge bewertete Bestrahlungsstärke.

$$E = \frac{\Delta\Phi}{\Delta A_E} \qquad \text{Beleuchtungsstärke} \qquad (11.37)$$

$$[E] = \text{lm m}^{-2} = \text{cd sr m}^{-2} = \text{lx} \quad \text{(Lux)}$$

Für Abstände zwischen Lichtquelle und Empfänger, die groß sind gegen die Abmessungen der Lichtquelle, gilt bei schrägem Lichteinfall nach Bild 11.37 die für praktische Berechnungen wichtige zugeschnittene Größengleichung

$$E_{/\text{lx}} = \frac{I_{/\text{cd}} \cos\alpha}{(r_{/\text{m}})^2} \qquad \begin{array}{l}\textbf{Beleuchtungstärke bei}\\ \textbf{schrägem Lichteinfall}\end{array} \qquad (11.37')$$

Dabei muß wiederum eine eventuelle Richtungsabhängigkeit der Lichtstärke I beachtet werden.

Zur Herleitung von (11.37'): Nach Bild 11.37 ist $\Delta\Omega = \Delta A_E \cos\alpha / r^2$ der räumliche Winkel, unter dem vom Empfänger aus der Sender erscheint. Dabei ist $\Delta A_E \cos\alpha$ die scheinbare Empfängerfläche nach Bild 11.23. Aus (11.35') folgt für kleine Raumwinkel $\Delta\Phi = I\,\Delta\Omega = I\,\Delta A_E \cos\alpha / r^2$. Nun wenden wir (11.37) an:

$$E = \frac{\Delta\Phi}{\Delta A_E} = \frac{I\,\Delta A_E \cos\alpha}{r^2\,\Delta A_E} = \frac{I\cos\alpha}{r^2}$$

Zur Definition der Einheit der Beleuchtungsstärke darf man nur die vorletzte Gleichung benutzen, in der ΔA_E noch enthalten ist. Weil $\Delta A_E / r^2$ einen Raumwinkel darstellt, ist die Einheit dieses Quotienten Steradiant (sr). Deshalb ist

$$[E] = \text{cd sr m}^{-2} = \text{lx}$$

(11.37') wurde darum als zugeschnittene Größengleichung geschrieben.

Eine Zusammenfassung der Aussagen von (11.35) und (11.37) ergibt:

Eine kleine Lichtquelle mit der Lichtstärke 1 cd strahlt in den Raumwinkel 1 sr, der durch eine senkrecht zur Strahlungsrichtung stehende 1 m² große Fläche in 1 m Abstand von der Lichtquelle gegeben ist, einen Lichtstrom von 1 lm. Dieser Lichtstrom ruft auf der Fläche eine Beleuchtungsstärke von 1 lx hervor.

Auf die Berechnung der Beleuchtungsstärke, die von einer ausgedehnten Lichtquelle in geringem Abstand r hervorgerufen wird, kann hier nicht eingegangen werden.

● **Beispiel 11.7**

Eine kugelförmige Glühlampe mit einem Durchmesser von 60 mm, deren Lichtstärke als winkelunabhängig angenommen werden soll (Bild 11.35.2), erzeugt einen Gesamtlichtstrom von 1 200 lm. Berechnen Sie 1. die Lichtstärke und 2. die Leuchtdichte der Glühlampe.

Gegeben: $\Phi = 1\,200\,\text{lm}$; $d = 60\,\text{mm}$ *Gesucht:* 1. I; 2. L

1. Aus (11.35′) folgt $I = \dfrac{\Phi}{\underline{\underline{\Omega}}}$

Der Raumwinkel Ω ist nach Bild 11.22 $\Omega = A/r^2$. Bei Strahlung in den gesamten Raum ist $A = 4\pi r^2$ (Kugeloberfläche) zu setzen. Es **folgt**

$$\Omega = \frac{4\pi r^2}{r^2} = 4\pi\,\text{sr}   \text{und}$$

$$I = \frac{\Phi}{\Omega} = \frac{1\,200\,\text{lm}}{4\pi\,\text{sr}} = \underline{\underline{95{,}5\,\text{cd}}}$$

2. (11.33) $L = \dfrac{I}{\underline{\underline{\Delta A \cos \alpha}}}$

Die Kugel erscheint aus allen Richtungen als Scheibe mit dem Durchmesser d. Deshalb ist $\Delta A \cos \alpha = \pi d^2/4$, und es folgt

$$L = \frac{4 \cdot 95{,}6\,\text{cd}}{\pi \cdot 60^2\,\text{mm}^2} = \underline{\underline{3{,}38 \cdot 10^4\,\text{cd m}^{-2}}} = (3{,}38\,\text{sb})   ●$$

● **Beispiel 11.8**

Eine Lichtquelle mit dem Gesamtlichtstrom 1 200 lm, deren Lichtstärke als winkelunabhängig angenommen werden soll, ist in einer Entfernung von 2,5 m senkrecht über einem Arbeitsplatz angeordnet. Berechnen Sie die Beleuchtungsstärke am Arbeitsplatz.

Gegeben: $\Phi = 1\,200\,\text{lm}$; $\alpha = 0$; $r = 2{,}5\,\text{m}$ *Gesucht:* E

(11.37′) $E_{/\text{lx}} = \dfrac{I_{/\text{cd}} \cos \alpha}{(r_{/\text{m}})^2}$ (1)

(11.35′) $\Phi = I\Omega$ (2)

I aus (2) in (1) eingesetzt, ergibt, wenn wir noch $\Omega = 4\pi\,\text{sr}$ (vgl. Beispiel 11.7) beachten:

$$E_{/\text{lx}} = \underline{\underline{\frac{\Phi_{/\text{lm}} \cos \alpha}{4\pi (r_{/\text{m}})^2}}};   E_{/\text{lx}} = \frac{1\,200 \cdot 1}{4\pi \cdot 2{,}5^2} = 15{,}3;   \underline{\underline{E = 15{,}3\,\text{lx}}}   ●$$

12. Anwendungen der nichtklassischen Physik

12.1. Vorbemerkungen

Voraussetzungen: Mechanik: Energie, Impuls; Elektrik: Elementarladung, Potential, elektrische Leitfähigkeit, elektrisches und magnetisches Feld, Röhrendiode, Röhrentriode; Wellen: Frequenz, Wellenlänge, Beugung, Interferenz, Polarisation, kohärentes und monochromatisches Licht, Spektrum, Strahldichte, Reflexion, Absorption, Transmission; Chemie: Bohrsches Atommodell, Protonen, Neutronen, Massenzahl, Ordnungszahl

Die klassische Physik, mit der wir uns bisher beschäftigt haben, spiegelt im wesentlichen das physikalische Wissen um die Jahrhundertwende vom 19. zum 20. Jahrhundert wider. Sie kann als abgeschlossen gelten. Für die weitere Entwicklung der Physik war das Jahrzehnt von 1895 bis 1905 von entscheidender Bedeutung. Wir nennen die wichtigsten Entdeckungen und Erkenntnisse dieser Zeit:

1895 Entdeckung der Röntgen-Strahlung durch W. C. Röntgen
1896 Entdeckung der Radioaktivität durch H. Becquerel
1898 Entdeckung des Radiums durch M. Curie
1900 Veröffentlichung der Quantenhypothese durch M. Planck
1905 Veröffentlichung der speziellen Relativitätstheorie durch A. Einstein

In diesem letzten Abschnitt des Buches soll zunächst die Frage geklärt werden, inwieweit die klassische Physik heute noch anwendbar ist und in welchen Fällen die Quanten- und die Relativitätstheorie herangezogen werden müssen. Abschließend soll eine Auswahl technischer Anwendungen der modernen Physik beschrieben werden.

12.2. Grenzen der klassischen Physik

12.2.1. Grundvorstellungen der Quantentheorie

In der zweiten Hälfte des vorigen Jahrhunderts beschäftigte man sich mit der Theorie der Temperaturstrahlung (→ 12.6.). Man suchte nach einem Gesetz für die Verteilung der Strahldichte auf die einzelnen Wellenlängenbereiche bei verschiedenen Temperaturen. Es wurden verschiedene Strahlungsgesetze aufgestellt, die aber nur jeweils in bestimmten Temperatur- und Wellenlängenbereichen durch die experimentellen Ergebnisse bestätigt wurden. Erst MAX PLANCK gelang es im Jahre 1900, ein allgemeingültiges Strahlungsgesetz aufzustellen. Er machte dabei die völlig neue Annahme, daß die Strahlungsenergie nicht kontinuierlich abgegeben wird, sondern in kleinen Portionen, den Strahlungsquanten.

Energie wird nur in ganzzahligen Vielfachen bestimmter Energiequanten emittiert und absorbiert.

Dabei hängt die Energie dieser Quanten von der Frequenz der Strahlung ab. Sie ist der Frequenz proportional: $W \sim f$. Der Proportionalitätsfaktor wurde von Planck als elementares Wirkungsquantum eingeführt. Er wird heute meist Plancksche Konstante genannt:

$$h = 6{,}6262 \cdot 10^{-34}\,\text{J s} \quad \text{Plancksche Konstante}$$

Aus der Einheit wird deutlich, daß hier ein Produkt aus Energie und Zeit vorliegt. Diese Größenart wird als *Wirkung* bezeichnet:

Wirkung = Energie mal Zeit

Größen von der Dimension einer Wirkung treten in der Natur als ganzzahlige Vielfache des Wirkungsquantums auf, ähnlich wie jede elektrische Ladung ein ganzzahliges Vielfaches der elektrischen Elementarladung ist.
Aus $W \sim f$ folgt mit dem Proportionalitätsfaktor h

$$W = hf \qquad \text{Energie des Strahlungsquants} \qquad (12.1)$$

Die Plancksche Quantenhypothese hat sich in der Praxis vollauf bestätigt. Nach EINSTEIN gilt (12.1) nicht nur für Temperaturstrahlung, sondern ist allgemeingültig.

Wie die stoffliche Materie in Atome und die elektrische Ladung in Elementarladungen gequantelt ist, so tritt auch Strahlungsenergie in Quanten auf.

Strahlungsquanten heißen auch *Photonen*. Aus (12.1) ergibt sich, daß beispielsweise Photonen der ultravioletten Strahlung energiereicher sind als die des sichtbaren Lichtes.

● **Beispiel 12.1**

Berechnen Sie die Energie eines Photons des sichtbaren Lichtes mit der Wellenlänge 500 nm in Luft oder Vakuum.

Gegeben: $\lambda = 500\,\text{nm}$ \hspace{2cm} *Gesucht:* W

Nach (12.1) gilt mit (11.2) $c = \lambda f$ \quad $W = \dfrac{hc}{\lambda}$

$$W = \frac{6{,}63\,\text{J s} \cdot 10^7 \cdot 3 \cdot 10^8\,\text{m}}{10^{34} \cdot 5\,\text{m} \quad \text{s}} = 3{,}98 \cdot 10^{-19}\,\text{J} = 2{,}49\,\text{eV} \quad ●$$

● **Aufgabe 12.1**

Geben Sie Beispiele dafür, daß die Quanten der UV-Strahlung energiereicher sind als die des sichtbaren Lichtes.   ●

Obwohl Planck durch Einführung des Wirkungsquantums zunächst nur das Problem der Temperaturstrahlung gelöst hatte, erwies sich die Plancksche Konstante später als eine der wichtigsten Naturkonstanten. Die von Max Planck mit seiner Quantenhypothese begründete *Quantentheorie* wurde später von Einstein zur Deutung des lichtelektrischen Effekts und von Niels Bohr und Arnold Sommerfeld als Grundlage für die Theorie des Aufbaus der Atomhülle verwendet. Sie wurde vor allem durch Werner Heisenberg (Quantenmechanik), Erwin Schrödinger (Wellenmechanik), Paul Dirac, Wolfgang Pauli, Max Born und D. I. Blochinzew entwickelt. Nunmehr wollen wir die Frage der Gültigkeit der Gleichungen der klassischen Physik beantworten: So wie man bei großen elektrischen Ladungen von der »Quantelung«, also von der Tatsache, daß jede Ladung ein ganzzahliges Vielfaches der Elementarladung e ist, absehen kann, so spielt die Quantelung der Wirkung keine Rolle, solange die auftretenden Wirkungen groß gegen das Wirkungsquantum h sind. Wir merken uns:

> Die Gleichungen der Quantentheorie beschreiben das Verhalten der Materie in atomaren Größenordnungen. Die Gleichungen der klassischen Physik können angewendet werden, solange Wirkungen auftreten, die groß gegen die Plancksche Konstante sind.

12.2.2.   Grundzüge der Relativitätstheorie

So wie das Wirkungsquantum die charakteristische Konstante der Quantentheorie ist, so ist

$$c = 2{,}997\,925 \cdot 10^8 \text{ m s}^{-1} \quad \text{Lichtgeschwindigkeit}$$
$$\text{im Vakuum}$$

die maßgebende Konstante der Relativitätstheorie. Die Lichtgeschwindigkeit ist die größte Geschwindigkeit, mit der sich Energie ausbreiten kann. Die Relativitätstheorie muß für alle Vorgänge angewendet werden, bei denen Geschwindigkeiten auftreten, die mit der Lichtgeschwindigkeit vergleichbar sind. Derartig hohe Geschwindigkeiten treten beispielsweise in den Teilchenbeschleunigern für Elementarteilchen auf. Mit solchen Teilchenbeschleunigern konnten auch die zunächst auf rein theoretischem Wege gefundenen Aussagen der Relativitätstheorie experimentell bestätigt werden.

Es ergibt sich folgende weitere Einschränkung für die Gültigkeit der klassischen Physik:

> Die Gesetze der klassischen Physik können angewendet werden, solange die auftretenden Geschwindigkeiten klein sind gegen die Lichtgeschwindigkeit.

Wir können in diesem Rahmen nicht ausführlich auf die Relativitätstheorie eingehen, sondern wollen nur einige wichtige Ergebnisse der *speziellen Relativitätstheorie* nennen.
Elektronen können auf Geschwindigkeiten beschleunigt werden, die der Lichtgeschwindigkeit sehr nahe kommen. Dabei stellt man fest:

> Die Masse eines Körpers ist von seiner Geschwindigkeit abhängig.

Einstein gab für diese Abhängigkeit die folgende Gleichung an:

$$m = \frac{m_0}{\sqrt{1 - \left(\dfrac{v}{c}\right)^2}} \qquad \textbf{Relativistische Masse} \qquad (12.2)$$

Für $v \to c$ geht $m \to \infty$; die Teilchen werden so träge, daß sie sich nicht weiter beschleunigen lassen.

Dabei ist m_0 die Ruhmasse, also die Masse, die der Körper im Ruhezustand bzw. bei kleiner Geschwindigkeit hat. Aus (12.2) folgt auch, daß ein Körper mit Ruhmasse ($m_0 \neq 0$) die Lichtgeschwindigkeit nicht erreichen kann.

● **Beispiel 12.2**

Um wieviel Prozent nimmt die Masse eines Körpers zu, der sich mit 80% der Lichtgeschwindigkeit bewegt?

Gegeben: $v = 0.8\,c$ *Gesucht: $\Delta m/m_0$*

Aus $\Delta m = m - m_0$ ergibt sich die relative Massenänderung

$$\frac{\Delta m}{m_0} = \frac{m}{m_0} - 1$$

Mit m/m_0 aus (12.2) folgt

$$\frac{\Delta m}{m_0} = \frac{1}{\sqrt{1 - \left(\dfrac{v}{c}\right)^2}} - 1;$$

$$\frac{\Delta m}{m_0} = \frac{1}{\sqrt{1 - 0.64}} - 1 = 0.67 = \underline{\underline{67\%}}$$

● **Aufgabe 12.2**

Berechnen Sie nach (12.2) die Masse eines Körpers mit der Ruhmasse 1,00 kg bei kleiner Geschwindigkeit ($v \ll c$).

● **Aufgabe 12.3**

Beurteilen Sie, ob die Bewegung eines Raumschiffes, das die Erde umkreist, mit den Gesetzen der klassischen Physik beschrieben werden kann.

Ein weiteres Ergebnis der Relativitätstheorie ist die Äquivalenz zwischen Masse und Energie:

$$W = mc^2$$ **Masse-Energie-Beziehung**   (12.3)

Jeder Körper mit der Masse m hat auch eine Energie vom Betrag mc^2.

Diese Erkenntnis ist von grundlegender Bedeutung besonders für die Kernphysik. Auf der Grundlage dieses Gesetzes arbeiten die Kernreaktoren. Es ist jedoch nicht möglich, die gesamte nach (12.3) zu errechnende Energie bei einem Kernprozeß (etwa einer Kernspaltung) freizusetzen.

● **Aufgabe 12.4**

Welcher Energie ist eine Masse von 1,00 g äquivalent?

12.3. Absorption und Emission elektromagnetischer Wellen

12.3.1. Energieniveaus

In 12.2.1. hatten wir die Quantelung der Strahlungsenergie kennengelernt. Niels Bohr wandte die Quantenhypothese auf die Elektronen in der Atomhülle an. Er ging davon aus, daß die Elektronen in einem Atom nicht beliebige Energiezustände haben können, sondern daß sie sich nur auf bestimmten *Energieniveaus* aufhalten können (Bohrsches Atommodell). Bild 12.1 zeigt die Energieniveaus des Wasserstoffatoms. Aus der Bohrschen Theorie folgt für die Energie des Elektrons

$$W = -\frac{m_e e^4}{8\varepsilon_0^2 n^2 h^2}$$ Energie des Elektrons im Wasserstoffatom auf der n-ten Bahn   (12.4)

Hierin sind m_e die Masse des Elektrons, e die elektrische Elementarladung, ε_0 die elektrische Feldkonstante, h die Plancksche Konstante, n die Hauptquantenzahl ($n = 1, 2, 3, \ldots$).
Die Hauptquantenzahl n »numeriert« die möglichen Energieniveaus vom kernnächsten ($n = 1$) bis $n \to \infty$. Das Nullniveau der potentiellen Energie kann wie in der klassischen Physik beliebig gewählt werden. Wir haben hier das Nullniveau dem Zustand zugeordnet, in dem sich das Elektron vom Kern löst ($n \to \infty$). Der Zustand $n = 1$ erhält damit negative Energie und

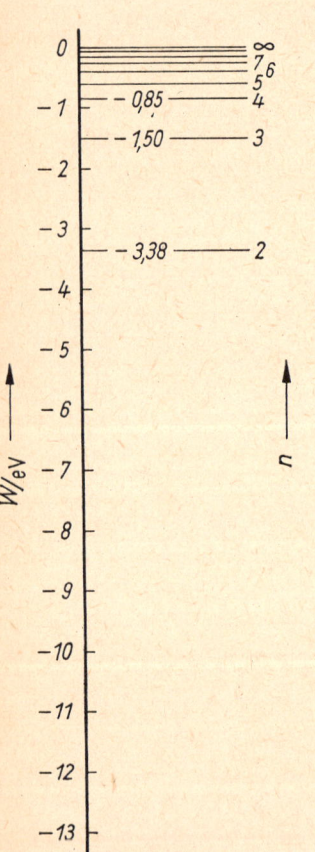

Bild 12.1 Energieniveaus des Wasserstoffatoms (Niveau bedeutet hier soviel wie Stufe)

heißt *Grundzustand*. Aus Bild 12.1 ist ersichtlich, daß dem Elektron vom Grundzustand an eine Energie von 13,53 eV zugeführt werden muß, wenn es vom Kern getrennt, das Wasserstoffatom also ionisiert werden soll. Das soll im folgenden nachgerechnet werden.

● **Aufgabe 12.5**

Welche Energie hat das Elektron des Wasserstoffatoms im Zustand $n = 1$?   ●

● **Aufgabe 12.6**

Berechnen Sie die erforderliche Energie, um das Elektron im Wasserstoffatom vom Grundzustand in den Zustand $n = 2$ zu bringen.   ●

12.3.2.   Absorption elektromagnetischer Wellen

In 12.3.1. wurde am Beispiel des Wasserstoffatoms gezeigt, daß sich die Elektronen auf verschiedenen Energiestufen befinden können. Wie uns bereits aus der Mechanik bekannt, strebt jedes System dem energieärmsten Zustand (hier also dem Grundzustand, $n = 1$) zu. Soll ein höherer, *angeregter Zustand* erreicht werden, so muß Energie aufgewendet werden. Diese Energie kann in Form von Licht oder anderer elektromagnetischer Strahlung zugeführt werden. Das Licht wird hier in Form von Lichtquanten wirksam, die ihre gesamte Energie verlieren, d. h., das Licht wird absorbiert (unelastischer Stoß von Lichtquanten). Der Energiezuwachs ΔW des im Atom gebundenen Elektrons ist dann gleich der Energie des absorbierten Photons:

$$\Delta W = hf \qquad \text{Differenz zweier Energieniveaus} \qquad (12.5)$$

Die Anregung kann auch durch unelastische Stöße freier Elektronen erfolgen, wie J. FRANCK und G. HERTZ 1913 experimentell nachgewiesen haben.

12.3.3.   Emission elektromagnetischer Wellen

12.3.3.1.   Spontane Emission

Die in 12.3.2. behandelten Energiezustände des Atoms sind nicht stabil. Nach im Mittel etwa 10 ns kehren die Elektronen in den *stabilen* Grundzustand zurück. Daher haben die unteren Energieniveaus eine größere Besetzungsdichte als die oberen. Der Übergang erfolgt *ohne* Einwirkung von außen. Deshalb spricht man von *spontaner Emission*. Es gibt jedoch auch *metastabile* Zustände, in denen die Elektronen längere Zeit, d. h. einige Millisekunden, verweilen können.

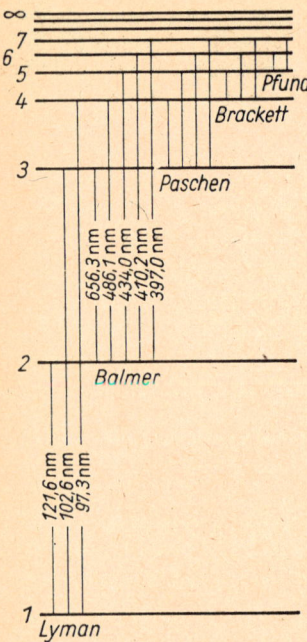

Bild 12.2 1. Spektralserien des Wasserstoffs. Unter einer Spektralserie versteht man alle Spektrallinien, für die das untere Energieniveau W_n gleich ist. So gilt z. B. für die BALMER-Serie $n = 2$, $m = 3, 4, 5, \ldots$ (2. $\to$ Farbtafel)

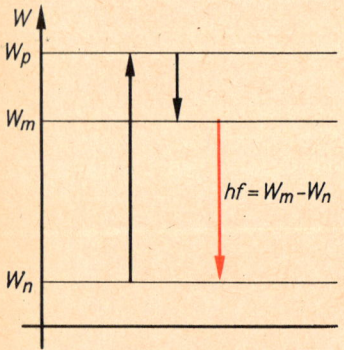

Bild 12.3 Energieniveauschema eines Lasers

metastabile Zustände: relativ langlebige angeregte Zustände von Kernen, Atomen, Molekülen

Beim Übergang eines Elektrons vom Energieniveau W_m auf das Energieniveau W_n wird ein Photon emittiert, für das nach (12.5) gilt: $hf = W_m - W_n$, oder mit (11.2) $c = \lambda f$

$$\lambda = \frac{hc}{W_m - W_n} \qquad \text{Wellenlänge emittierter Strahlung} \qquad (12.6)$$

Das Emissionsspektrum zeigt eine Reihe scharf voneinander getrennter (diskreter) Spektrallinien. In Bild 12.2.1 sehen wir das Energieniveauschema des Wasserstoffs, in das die Wellenlängen der Strahlungen für die verschiedenen Übergänge eingetragen sind. Die Namen weisen auf die Entdecker dieser Linien hin.

● **Aufgabe 12.7**

Welche Werte nehmen n und m für die LYMAN-Serie des Wasserstoffspektrums an? ●

● **Aufgabe 12.8**

Berechnen Sie die Frequenz der Strahlung, die von einem Wasserstoffatom emittiert wird, wenn das Elektron vom Zustand $m = 4$ in den Zustand $n = 3$ übergeht. ●

12.3.3.2. Stimulierte Emission

Im Gegensatz zur spontanen Emission wird die nun zu behandelnde Strahlung durch ein äußeres Strahlungsfeld angeregt, *stimuliert*. Diese Stimulation funktioniert folgendermaßen: Trifft ein Photon des äußeren Strahlungsfeldes auf ein Atom, das mit der gleichen Energie angeregt ist, wie sie das Photon hat, dann sendet das Atom Strahlung dieser Frequenz aus und geht in den Grundzustand über. Es kommt nun darauf an, die entsprechenden Energieniveaus in großer Anzahl besetzt zu haben und genügend Photonen aufzubringen, die die Emission anregen.

Wir hatten festgestellt, daß normalerweise die unteren Energieniveaus, insbesondere der Grundzustand, eine größere Besetzungsdichte haben als die oberen. In Bild 12.3 gilt also $N_n \gg N_m$, N_p. Durch Energiezufuhr sorgt man dafür, daß diese Verhältnisse geändert werden. Man »pumpt« Elektronen durch Einwirkung intensiver Strahlung, die man durch Blitzlichtröhren erzeugt (»optisches Pumpen«), auf das Niveau W_p, auf dem sie sich aber nicht lange halten, sondern sofort spontan auf das Niveau W_m übergehen. Dadurch wird die Besetzungsdichte zugunsten von W_m geändert ($N_m > N_n$). W_m ist ein *metastabiles Niveau*, auf dem die Elektronen relativ lange verbleiben. Die ersten Photonen, die beim Übergang $W_m \to W_n$ frei werden, stimulieren die anderen W_m-Niveaus zur Emission.

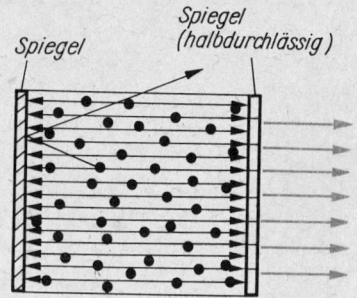

Spiegel

Spiegel
(halbdurchlässig)

Bild 12.4 Resonanzverstärkung
der stimulierten Strahlung
zwischen parallelen Spiegeln

*Divergenz: Auseinanderlaufen;
der Querschnitt des Strahlenbündels
nimmt zu — Gegensatz: Konvergenz*

*Dualismus: »Zweiheit« — Zwei-
seitigkeit.*

Dieser Effekt wird *Laser*-Effekt genannt (Laser: <u>L</u>ight <u>A</u>mplifier
by <u>S</u>timulated <u>E</u>mission of <u>R</u>adiation = Lichtverstärker durch
angeregte Strahlungsemission). Wichtig ist:

**Die stimulierte (induzierte) Strahlung ist monochromatisch
und kohärent.**

Um die Wechselwirkung zwischen der stimulierten Strahlung
und den angeregten Atomen zu intensivieren, d. h. möglichst
alle angeregten Atome zur Emission zu veranlassen, schließt
man die aktive Substanz zwischen parallele Spiegel ein
(Bild 12.4). Dadurch wird die stimulierte Strahlung mehrfach
zwischen den Spiegeln reflektiert, und es kommt zu einer
Resonanzverstärkung des kohärenten Lichtes. Damit wird
aber auch erreicht, daß die Laserlichtquelle *parallel gerichtetes
Licht* erzeugt; denn nur die Lichtwellen werden mehrfach
zwischen den Spiegeln reflektiert, die senkrecht auf die Spiegel
auftreffen. Die anderen Lichtwellen verlassen das aktive
Medium nach der Seite. Der eine der beiden Spiegel ist halbdurchlässig. Durch ihn tritt die monochromatische, kohärente
und scharf gebündelte Lichtwelle aus dem Laser aus.
Wir unterscheiden nach dem Aggregatzustand der verwendeten
aktiven Substanz im wesentlichen Festkörperlaser und Gaslaser.
Der bekannteste Festkörperlaser ist der Rubinlaser (Bild 12.5).
Laser werden vielseitig dort verwendet, wo eine hohe Strahlungsflußdichte (bis 10^{14} W cm^{-2}) erreicht werden soll. Diese
Strahlungsflußdichte ermöglicht, praktisch alle Materialien zu
schmelzen oder sogar zu verdampfen. Es können Löcher bis
etwa 2 mm Tiefe und 50 μm Durchmesser in Stahl, Wolfram
und andere Werkstoffe gebohrt werden. Damit werden Bohrun-
gen geringen Durchmessers für Ziehdüsen, Düsen für Diesel-
motoren usw. hergestellt. Auch in der Medizin sind Laserstrahlen bei Haut-, Augen- und Gehirnoperationen erfolgreich
eingesetzt worden. Andererseits wendet man Laserstrahlen
wegen ihrer geringen Divergenz bei der Entfernungsmessung
(auch im kosmischen Raum) an. Man hat damit Entfernungen
in der Größenordnung von 150000 km mit einem Fehler von
10^{-5} bestimmen können. Weitere nachrichtentechnische,
technologische und militärische Einsatzmöglichkeiten sind gegeben.

12.4.   Dualismus Welle—Teilchen

12.4.1.   Photonen

In 12.2.1. lernten wir die Strahlungsquanten kennen. Diese
Strahlungsquanten haben einige Eigenschaften von Korpuskeln;
sie werden auch als *Photonen* bezeichnet. Für das Photon wird
das Zeichen γ verwendet.

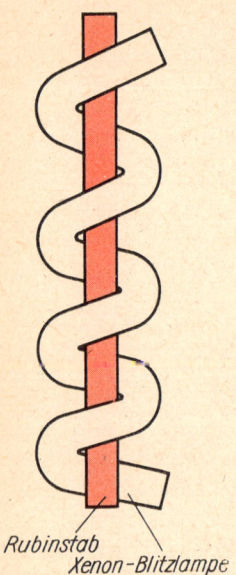

Rubinstab
Xenon-Blitzlampe

Bild 12.5 Prinzipieller Aufbau des Rubinlasers. Er besteht aus einem zylindrischen Rubinstab, dessen Endflächen genau parallel und verspiegelt sind. Die Pumpstrahlung wird durch eine Xenon-Hochleistungs-Blitzlampe erzeugt, die den Laserresonator (Rubinstab) wendelförmig umgibt

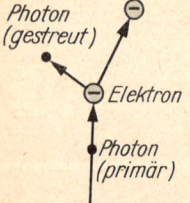

Photon
(gestreut)

Elektron

Photon
(primär)

Bild 12.6 Zum Compton-Effekt

Die Masse des Photons folgt aus (12.1) $W = hf$ und (12.3) $W = mc^2$:

$$m = \frac{hf}{c^2} \qquad \text{Masse eines Photons} \qquad (12.7)$$

Dabei ist unter m die relativistische Masse zu verstehen. Die Ruhmasse m_0 muß Null sein. Wie wir wissen, kann ein Körper mit endlicher Ruhmasse die Lichtgeschwindigkeit nicht erreichen. Da sich aber Photonen als Lichtquanten mit eben dieser Geschwindigkeit bewegen, muß ihre Ruhmasse gleich Null sein.

Photonen haben die Ruhmasse Null. Ihre gesamte Energie ist Bewegungsenergie.

Auf Grund ihrer Masse haben Photonen auch einen Impuls. Aus (3.43) $p = mv$ folgt $p = mc$ und mit (12.7)

$$p = \frac{hf}{c} \qquad \text{Impuls eines Photons} \qquad (12.8)$$

Einen experimentellen Beweis für die korpuskularen Eigenschaften des Photons liefert der *Compton-Effekt* (1925; → COMPTON). Dabei stößt ein Photon auf ein Elektron und überträgt Energie und Impuls auf das Elektron. Photon und Elektron werden aus ihrer ursprünglichen Richtung abgelenkt (Bild 12.6). Die Impulsänderung des Photons kommt in einer Frequenzänderung zum Ausdruck.

Auch der *lichtelektrische Effekt* (Foto-Effekt) läßt sich nur erklären, wenn man die Existenz der Photonen voraussetzt: Elektronen können durch Licht aus Metallen befreit werden (Bild 12.7). Eine Metallplatte, die im Vakuum mit ultraviolettem Licht bestrahlt wird, sendet Elektronen aus, deren Geschwindigkeit man nach verschiedenen Methoden messen kann. Zwei Beobachtungen an diesem Effekt ließen sich auf klassische Weise nicht erklären. Erhöht man erstens die Intensität der Lichtbestrahlung, so stellt man keine Geschwindigkeitserhöhung der emittierten Elektronen fest. Nur ihre Anzahl wird größer. Verwendet man zweitens anstelle des ultravioletten Lichtes rotes, also langwelligeres, so tritt der Effekt auch bei hoher Lichtintensität nicht auf. Der lichtelektrische Effekt hat also eine langwellige Grenze. Alle Beobachtungen werden durch die folgende Energiebilanz von Einstein richtig wiedergegeben:

$$hf = W_\text{A} + \frac{1}{2} m_\text{e} v^2 \qquad \begin{array}{l}\textbf{Energiebilanz} \\ \textbf{beim Foto-Effekt}\end{array} \qquad (12.9)$$

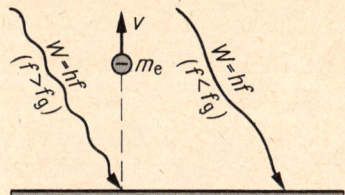

Bild 12.7 Zum Foto-Effekt. Die Elektronenemission erfolgt nur, wenn die Frequenz des eingestrahlten Lichtes größer als die Grenzfrequenz f_g ist

Der lichtelektrische Effekt wird quantenphysikalisch folgendermaßen interpretiert: Ein Photon des eingestrahlten Lichtes wird von einem Elektron aufgenommen und gibt seine Energie an das Elektron ab, das nun die Austrittsarbeit W_A verrichten kann und als freies Elektron die Metalloberfläche verläßt. Die Energie, die nicht zur Ablösung der Elektrons benötigt wird, nimmt das Elektron als kinetische Energie mit. Die Grenzfrequenz f_g, die das Licht mindestens haben muß, damit die Elektronenemission überhaupt erfolgen kann, ergibt sich damit aus (12.9) mit $m_e v^2/2 = 0$ (das Elektron erhält eine solche Energie, daß es gerade aus dem Metall austreten kann; kinetische Energie hat es nicht):

$$f_g = \frac{W_A}{h} \qquad \text{Grenzfrequenz des Foto-Effekts} \qquad (12.10)$$

Aus der relativ leicht meßbaren Grenzfrequenz kann damit die Austrittsarbeit für die verschiedenen metallischen Oberflächen bestimmt werden.

Das Licht zeigt aber außer den Erscheinungen, die zur korpuskularen Erklärung führen, auch solche, die uns von den Wellen her bekannt sind. Hierher gehören Beugung, Polarisation und Interferenz. Wir stellen fest:

Wiederholen Sie die Abschnitte Polarisation, Interferenz, Beugung (11.3.1.···11.3.4.)

Das Licht hat einige Eigenschaften, die bei Wellen, und andere Eigenschaften, die bei Teilchen zu beobachten sind. Es ist weder Teilchen noch Welle, sondern eine dialektische Einheit von beiden. Diese Tatsache wird als Welle—Teilchen-Dualismus des Lichtes bezeichnet.

Aufgabe 12.9

Einer Spektrallinie des Natriums wird die Wellenlänge 589,3 nm zugeordnet. Berechnen Sie Masse und Impuls des Photons dieser Strahlung. Die Photonenmasse ist mit der Ruhmasse des Elektrons zu vergleichen.

Aufgabe 12.10

Berechnen Sie die Grenzwellenlänge für den Foto-Effekt, wenn eine Wolframkatode mit Bariumfilm verwendet wird. Die Austrittsarbeit beträgt 0,30 eV.

12.4.2.　De-Broglie-Wellenlänge

In 12.4.1. haben wir den Dualismus des Lichtes behandelt. Wir haben festgestellt, daß das Licht, das uns bisher nur als elektromagnetische Welle bekannt war, auch einige Eigenschaften von Teilchen hat. Es ergibt sich nun die Frage, ob umgekehrt ein Teilchenstrom, etwa ein Elektronenstrahl, auch Eigenschaften hat, die wir von den Wellen kennen. Diese Frage hat DE BROGLIE im Jahre 1924 bejaht. Er war in der Lage die Wellenlänge eines

Korpuskularstrahls anzugeben. Nach (12.8) ist $p = hf/c$. Führen wir anstelle der Frequenz f nach (11.2) die Wellenlänge ein, so erhalten wir $p = h/\lambda$. Lösen wir diese Gleichung nach λ auf und beachten (3.43) $p = mv$, so ergibt sich

$$\lambda = \frac{h}{mv}$$ de-Broglie-Wellenlänge $\qquad$ (12.11)

Die Bezeichnung »Materiewellenlänge« ist zu einer Zeit entstanden, als der Materiebegriff zu eng gefaßt wurde.

Diese Wellenlänge wird auch als *Materiewellenlänge* bezeichnet. Experimentelle Beweise gelangen 1927, als die Elektronenbeugung (Bild 12.8) durch DAVISSON und GERMER, und 1936, als die Neutronenbeugung beobachtet wurde. Wir wissen, daß die Beugung ein typisches Wellenphänomen ist. Es läßt sich feststellen:

Jedes Korpuskel hat einige Eigenschaften, die auch bei Wellen zu finden sind.

Bild 12.8 Elektronenbeugungsdiagramm. Bei der Durchstrahlung dünner polykristalliner Schichten werden Elektronenstrahlen an den Atomkernen gestreut. Aus der Optik ist eine ähnliche Erscheinung bekannt, wenn Lichtwellen durch eine sehr kleine Öffnung hindurchgehen

Der Unterschied zwischen elektromagnetischen Wellen und Materiewellen besteht in der Ausbreitungsgeschwindigkeit und in der Ruhmasse:

Elektromagnetische Wellen/Photonen: $v = c$; $\qquad m_0 = 0$

Materiewellen/Korpuskeln: $\qquad\qquad v < c$; $\qquad m_0 > 0$

● **Beispiel 12.3**

Berechnen Sie die de-Broglie-Wellenlänge eines Elektronenstrahls bei einer Beschleunigungsspannung von 20 kV. Die relativistische Massenzunahme soll vernachlässigt werden.

Gegeben: $U = 20\,\text{kV}$ $\qquad\qquad\qquad$ *Gesucht:* λ

Für die de-Broglie-Wellenlänge gilt (12.11):

$$\lambda = \frac{h}{mv} \qquad (1)$$

Die Geschwindigkeit der Elektronen folgt aus dem Energiesatz:

$$eU = \frac{1}{2}\,mv^2 \qquad (2)$$

Aus (1) und (2) wird v eliminiert; es folgt

$$\lambda = \frac{h}{\sqrt{2eUm}}$$

$$\lambda = \frac{6{,}63\ \text{kg m}^2}{10^{34} \cdot \text{s}\,\sqrt{2 \cdot 1{,}6 \cdot 10^{-19}\,\text{As} \cdot 2 \cdot 10^4\,\text{V} \cdot 9{,}1 \cdot 10^{-31}\,\text{kg}}}$$

$$= 8{,}7 \cdot 10^{-12}\,\text{m} = \underline{8{,}7\ \text{pm}}$$

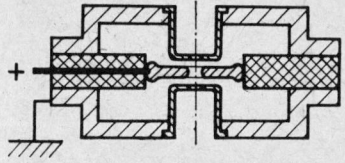

Bild 12.9 Elektrostatische Elektronenlinse. Sie besteht aus drei Elektroden, von denen die mittlere auf positivem Potential (Hochspannung) liegt. Zwischen der Mittelelektrode und den Außenelektroden entstehen starke elektrische Felder, in denen die Elektronen abgelenkt werden. Die Linse wirkt als Sammellinse

12.4.3. Elektronenoptik

HANS BUSCH kam 1926 zu der Erkenntnis, daß Elektronenstrahlen durch rotationssymmetrische magnetische oder elektrische Felder in gleicher Weise fokussiert werden können wie Lichtstrahlen durch Linsen. Zur Erzeugung dieser Felder werden *Elektronenlinsen* verwendet. Elektrostatische Elektronenlinsen bestehen aus meist drei rotationssymmetrischen Lochblenden, die auf verschiedenem Potential liegen (Bild 12.9). Elektromagnetische Linsen sind Spulen, zwischen deren Polschuhen ein Magnetfeld entsteht.

Die Elektronenoptik behandelt die Bewegung freier Elektronen in elektrischen und magnetischen Feldern. Ein wichtiges Teilgebiet der Elektronenoptik ist die Elektronenmikroskopie. Das Auflösungsvermögen (das ist der kleinste Abstand zweier Punkte, die bei der Abbildung gerade noch getrennt werden) eines Mikroskops hängt von der Wellenlänge ab. Es ist um so besser, je kürzer die Wellenlänge des verwendeten Lichtes ist. Daher bringt bereits die Verwendung ultravioletten Lichtes beim Lichtmikroskop eine Verbesserung des Auflösungsvermögens gegenüber dem sichtbaren Licht. Es liegt daher nahe, zu noch kürzeren Wellenlängen überzugehen, die man den Elektronenstrahlen zuordnen kann. Die Elektronenlinsen ermöglichen eine Abbildung, wie sie durch Glaslinsen mit sichtbarem Licht erreicht wird. Der Aufbau eines Elektronenmikroskops (Bild 12.10) entspricht im Prinzip dem eines Lichtmikroskops.

Das Auflösungsvermögen eines Lichtmikroskops liegt bestenfalls bei 0,2 μm. Demgegenüber wird mit den besten Elektronenmikroskopen eine Auflösung von 1 nm erreicht. Während daher bei Lichtmikroskopen Abbildungsmaßstäbe bis 1500 : 1 sinnvoll sind, liegt der Abbildungsmaßstab für Elektronenmikroskope bei Werten bis 500000 : 1. Bild 12.11 zeigt die elektronenmikroskopische Aufnahme einer Aluminiumoberfläche.

Auf die Schwierigkeiten, die sich daraus ergeben, daß das Objekt in das Vakuum eingeschleust werden muß (lebende Objekte vertragen das nicht) und daß Elektronen nur sehr dünne Schichten (< 0,1 μm) zu durchstrahlen vermögen (es müssen Abdrücke der Oberflächen hergestellt werden), kann in diesem Rahmen nicht eingegangen werden.

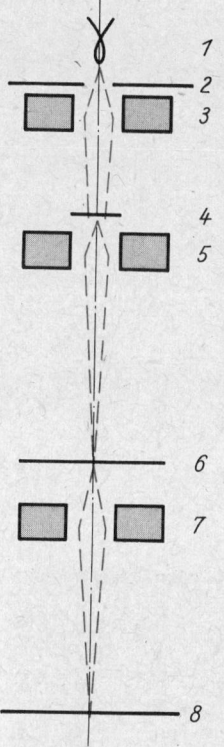

Bild 12.10 Prinzipieller Aufbau eines Elektronenmikroskops. Es bedeuten: *1* Katode, *2* Anode, *3* Kondensor, *4* Objekt, *5* Objektiv, *6* Zwischenbild, *7* Projektiv, *8* Bild (Leuchtschirm, Fotoplatte)

12.4.4. Heisenbergsche Unschärferelation

Wir kommen nun zu einer wichtigen Tatsache der Quantenmechanik, in der der Dualismus Welle—Korpuskel zum Ausdruck kommt. Es geht um die Frage, inwieweit Begriffe der klassischen Physik in der Quantenmechanik verwendet werden dürfen. Die Heisenbergsche Unschärferelation sagt aus, daß gewisse Observable (beobachtbare Größen) nicht gleichzeitig beliebig genau gemessen werden können. Das gilt zunächst

Bild 12.11 Elektronenmikroskopische Aufnahme einer Aluminiumoberfläche (Abbildungsmaßstab 7000 : 1)

für Ort und Impuls. Die Ortskoordinate x beschreibt die Teilcheneigenschaft, während aus dem Impuls $p = mv$ nach (12.11) die Wellenlänge λ folgt, also die Größe, mit der eine Welle beschrieben wird. Für die Unbestimmtheiten Δx und Δp dieser beiden Größen gilt

$$\Delta x \, \Delta p \geqq \frac{h}{4\pi} \qquad \text{Heisenbergsche Unschärferelation} \qquad (12.12)$$

Sollte also beispielsweise ein Teilchen streng lokalisiert werden können ($\Delta x = 0$), dann müßte sein Impuls völlig unbestimmt sein ($\Delta p \to \infty$), es könnte also keine Aussage über die Wellenlänge gemacht werden. Wären umgekehrt die Wellenlänge und damit der Impuls genau bekannt ($\Delta p = 0$), dann müßte der Aufenthaltsort des Teilchens völlig ungewiß sein ($\Delta x \to \infty$).

Man hat früher häufig die Meinung vertreten, daß durch den Meßvorgang, durch den die eine der beiden Größen gemessen wird, die genaue Messung der anderen Größe beeinträchtigt würde. Diese Auffassung ist falsch. Die Heisenbergsche Unschärferelation beschreibt einen objektiven Sachverhalt, der sich aus dem Dualismus Welle—Korpuskel ergibt und der von der Wahl des jeweiligen Meßverfahrens völlig unabhängig ist.

Eine ähnliche Unschärfebeziehung kann man aus (12.12) für Energie und Zeit herleiten:

$$\Delta W \, \Delta t \geqq \frac{h}{4\pi} \qquad \text{Heisenbergsche Unschärferelation} \qquad (12.12\,)$$

12.5.   Elektrische Leitung in Festkörpern

12.5.1.   Elektronengas im Metallgitter

Vom *metallischen Leitungsmechanismus* haben wir schon eine recht klar umrissene *Modellvorstellung* entwickelt, die es nun noch zu vertiefen gilt. Die metallische Leitfähigkeit steht im Zusammenhang mit der metallischen Gitterstruktur.

Dies kann leicht dadurch eingesehen werden, daß Metalldämpfe und Salzkristalle (zum Beispiel NaCl-Kristalle) Isolatoren sind. Es muß also so sein, daß beim Kristallisationsprozeß die zunächst neutralen Atome Elektronen aus ihren Hüllen als frei bewegliche Elektronen an das Gitter abgeben. Gitterverband und Elektronengas führen Wärmebewegungen aus. Die Gitterbausteine schwingen um ihre Nullagen, während die *Leitungselektronen* zwischen jenen (sogar mit unerwartet hohen Geschwindigkeiten) regellos hin- und herschwirren. Eine elektrische Feldstärke in Richtung der Längsachse des Drahtes bringt das Elektronengas in eine zusätzliche Driftbewegung. Verfolgen wir die Bewegung eines einzelnen Elektrons unter der Einwirkung des Feldes. Die Kraft $F = eE$ beschleunigt das Elektron, bis es an einen Gitterbaustein »anstößt«. Beim Stoß wird Energie ausgetauscht. Dabei ist die kinetische Energie, die das Elektron verliert, gleich der Schwingungsenergie, die das Gitterion übernimmt. Die Kraft beschleunigt das Elektron erneut bis zum nächsten Zusammenstoß, und so geht es weiter. Über längere Zeit betrachtet, läuft das Elektron mit einer mittleren *Driftgeschwindigkeit* unter der Feldeinwirkung, wie ein genügend kleines Staubkorn mit konstanter Sinkgeschwindigkeit im Schwerefeld »fällt« und dabei die ungeordnete Wärmebewegung (Brownsche Molekularbewegung) ausführt.

Von der Driftgeschwindigkeit der Elektronen müssen wir die Geschwindigkeit unterscheiden, mit der sich Feldänderungen ausbreiten. Diese hat den Wert $c = 3 \cdot 10^8$ m s^{-1}, während die Driftgeschwindigkeit um viele Zehnerpotenzen kleiner ist. Den Unterschied zwischen beiden Geschwindigkeiten können wir uns wieder am mechanischen Stromkreis klarmachen. Wird ein den Überdruck absperrender Hahn geöffnet, so setzt sich die Druckwelle mit Schallgeschwindigkeit durch das Rohr fort, während die Strömungsgeschwindigkeit viel geringer und von mehreren Einflüssen abhängig ist.

Vergleichen wir die Anzahl der Leitungselektronen mit der Anzahl der Gitterbausteine, so ergibt sich für gut leitende Stoffe wie Kupfer das ungefähre Verhältnis 1 : 1. Dies bedeutet, daß wir auf ein Gitterion ein Leitungselektron rechnen müssen. Weniger gut leitende Stoffe haben ein Verhältnis Leitungselektronen : Gitterbausteinen bis etwa 1 : 10.

Der am besten elektrisch leitende Stoff Silber ist auch der beste Wärmeleiter. Das ist kein Zufall; denn nach dem *Wiedemann-Franzschen Gesetz* ($\rightarrow$ FRANZ; $\rightarrow$ WIEDEMANN) besteht Proportionalität zwischen der elektrischen Leitfähigkeit $\varkappa$ und der Wärmeleitfähigkeit λ (bei konstanter Temperatur T): $\lambda = c\varkappa$. Die Konstante c ist in erster Näherung der Temperatur proportional und für alle Metalle annähernd gleich.

$$\lambda = aT\varkappa$$ **Wiedemann-Franzsches Gesetz** (12.13)

$a \approx 2{,}4 \cdot 10^{-8}$ V^2 K^{-2} für alle Metalle.

Das hat einen tieferen physikalischen Grund, der in den Eigenschaften des Elektronengases liegt. Das Elektronengas übernimmt nicht nur den Ladungstransport, sondern vermittelt auch die Weitergabe von Schwingungsenergie von einer Atomschicht zur nächsten.

Die elektrische Leitfähigkeit und damit auch der spezifische Widerstand ϱ hängen vom Metall und von der Temperatur ab. Die Elektronentheorie liefert auch hier die Erklärung. Die Kristallgitter der einzelnen Metalle haben unterschiedliche Strukturen mit unterschiedlichen Leitungselektronendichten.

Bei höherer Temperatur schwingen die Atome mit größeren
Amplituden und hemmen damit den Elektronenfluß stärker.
Der elektrische Widerstand steigt mit steigender Temperatur.
In erster Näherung gilt die Beziehung

$$\varrho_2 = \varrho_1(1 + \alpha \, \Delta T)$$ **Temperaturabhängigkeit
des spezifischen Widerstandes** (12.14)

Hierin ist α der Temperaturkoeffizient des spezifischen Widerstandes. Für reine Metalle gilt $\alpha \approx 4 \cdot 10^{-3} \, \text{K}^{-1}$.
Die Temperaturabhängigkeit des Widerstands wird in der
Meßtechnik zur Messung der Temperatur (Widerstandsthermo-
meter) genutzt.
Bei der sogenannten *Sprungtemperatur*, die zwischen 0,3 K und
ungefähr 20 K liegt, werden einige Metalle und einige Verbindungen *supraleitend*, das heißt, sie verlieren ihren Widerstand. Durch die Abnahme der Amplituden der Gitterschwingungen ist das Phänomen allein nicht erklärbar; denn dann
müßten alle Metalle supraleitend werden. Man hat heraus-
gefunden, daß bei der Sprungtemperatur die abstoßenden
Kräfte zwischen den Elektronen durch eine spezifische Gitter-
Elektron-Gitter-Wechselwirkung durch anziehende Kräfte über-
kompensiert werden.
Die Supraleitfähigkeit wird in prognostischer Sicht eine Rolle
in der technischen Anwendung spielen. In der Energiewirtschaft
sind die Verluste an elektrischer Energie schon bei der Erzeugung im Generator und bei der Übertragung sehr erheblich.
Könnte man diesen Energietransport über Supraleiter ausführen, würde man (bei zweifellos hohen Investitionskosten)
sehr viel Energie sparen.
Schon 1793 wies Volta das Vorhandensein einer elektrischen
Berührungsspannung (Volta-Spannung) mit dem in Bild 12.12
dargestellten Experiment nach. Werden zwei verschiedene
ungeladene Metallplatten fest aufeinandergepreßt und anschließend, ohne zu kippen, ruckartig auseinandergerissen, so
besteht zwischen ihnen eine Spannung. Zur elektronentheoreti-
schen Erklärung ziehen wir das Potentialtopfmodell (Bild 9.3)
heran. Jedes der beiden Metalle, die in Bild 12.13 mit *1* und *2*
bezeichnet sind, hat eine ihm eigentümliche Energieverteilung
seiner Elektronen. Im ersten Metall stehen mehr energiereiche

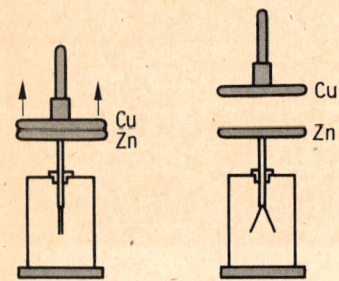

Bild 12.12 Versuch nach Volta
zum Nachweis der Berührungsspannung (Kontaktspannung)

Bild 12.13 Zur Erklärung der
Kontaktspannung mit Hilfe des
Potentialtopfmodells

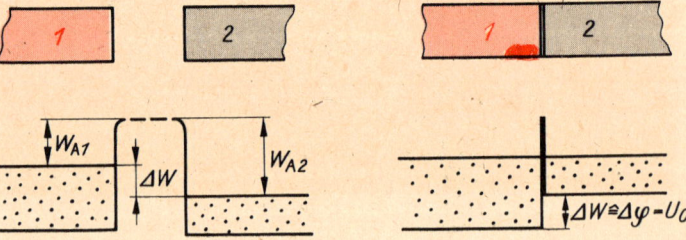

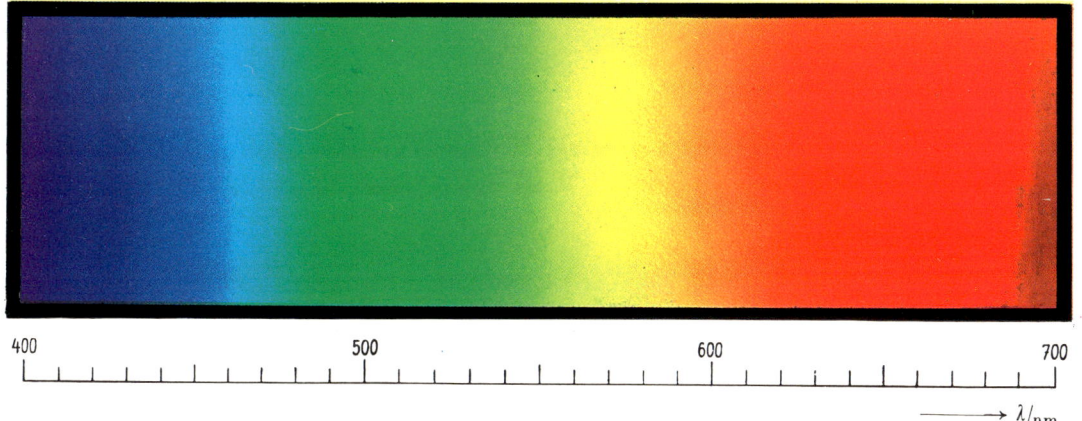

Bild 11.30.2. Zuordnung der Farben zu den Wellenlangen im Bereich des sichtbaren Lichtes

Bild 11.31.
Ein Prisma zerlegt
weißes Licht in die
Spektralfarben
(Dispersion)
(nach Berge, C. C.:
Mehrfarbendrucke.
Leipzig: VEB
Fachbuchverlag 1968)

Bild 12.2.2 Schema eines Linienspektrums (Balmer-Serie des Wasserstoffs)

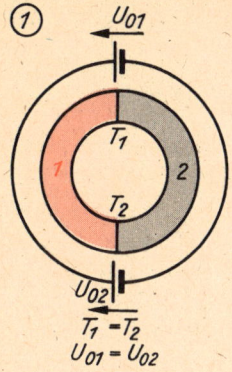

$$T_1 = T_2$$
$$U_{01} = U_{02}$$

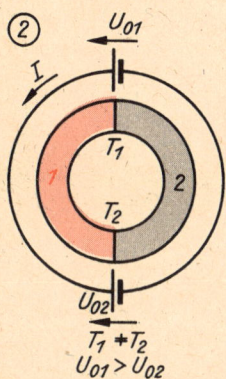

$$T_1 + T_2$$
$$U_{01} > U_{02}$$

Bild 12.14 Zum thermoelektrischen Effekt

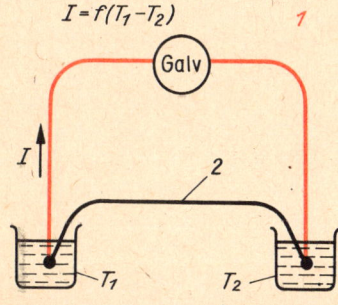

$$I = f(T_1 - T_2)$$

Bild 12.15 Prinzip der elektrischen Temperaturmessung

Leitungselektronen als im zweiten zur Verfügung, und die Ablösearbeit W_{A1} ist deshalb kleiner als die Ablösearbeit W_{A2}. Bringt man nun die beiden Oberflächen in festen Kontakt, ohne daß irgendwelche Fremdatome störend wirken können, so diffundieren einige energiereiche (schnelle) Elektronen aus dem ersten Metallgitter in das zweite. Das bedeutet aber, daß nun in diesem Metall ein Elektronenüberschuß und in jenem ersten Elektronenmangel eintritt. Zwischen beiden Metallen stellt sich als dynamisches Gleichgewicht eine Potentialdifferenz $\Delta\varphi$ ein, die man aus den Ablösearbeiten errechnen kann (Bild 12.13).

$$\Delta W = W_{A2} - W_{A1} = e\,\Delta\varphi$$

$$\Delta\varphi = \frac{W_{A2} - W_{A1}}{e} \qquad \text{Berührungsspannung} \qquad (12.15)$$

Diese Potentialdifferenz ist eine Urspannung und stellt sich allein durch die Berührung der beiden Metalle verschiedener Ablösearbeiten ein. Man kann sie mit einem Elektrometer nachweisen. Einen Strom kann jedoch dieses Kontaktpotential nicht antreiben, weil sich in einem geschlossenen Stromkreis, der mindestens aus zwei verschiedenen Metallen bestehen muß (Bild 12.14), die Potentialdifferenzen genau aufheben. Das ändert sich aber, wenn sich die beiden Kontaktstellen auf verschiedenen Temperaturen befinden. Die Kontaktpotentiale sind deshalb von der Temperatur abhängig, weil sich die Energieverteilung der schnellen Elektronen in beiden Metallen verschieden stark ändert. Somit entsteht in einem solchen *Thermoelement* eine meist kleine Gesamturspannung, die aber bei sehr kleinem Widerstand recht große Stromstärken hervorrufen kann.

Thermoelemente werden häufig zur elektrischen Temperaturmessung (Bild 12.15) verwendet. Die Thermospannung und damit die Thermostromstärke sind von der Temperaturdifferenz $T_1 - T_2$ abhängig. Die Skale des Galvanometers läßt sich in diesen Temperaturdifferenzen eichen. Hält man die eine Temperatur auf der des schmelzenden Eises ($T_2 = 273$ K), so zeigt das Meßgerät die Temperatur der ersten Kontaktstelle direkt in Grad Celsius an. Die Vorteile dieser elektrischen Temperaturmessung sind unter anderem Fernablesung und sehr kleine Temperaturfühler mit geringer Wärmekapazität.

Der *Thermoeffekt*, der nach seinem Entdecker auch *Seebeck-Effekt* (→ Seebeck) genannt wird, läßt sich umkehren. Wird nämlich der Berührungsstelle zweier Metalle der Strom einer äußeren Quelle aufgeprägt, so wird diese Stelle je nach Stromrichtung abgekühlt oder erwärmt (*Peltier-Effekt*; → Peltier), was energetisch leicht verständlich ist. Fließt der aufgeprägte Strom gegen die Berührungsspannung, so werden die Elektronen auf Kosten thermischer Energie auf ein höheres Potential gehoben, das heißt, die Kontaktstelle wird abgekühlt. Bei umgekehrter Stromrichtung verläuft auch die Energieumwandlung in umgekehrter Richtung.

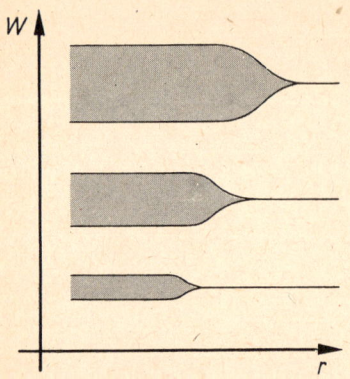

Bild 12.16 Übergang der scharfen Energieniveaus in Energiebänder

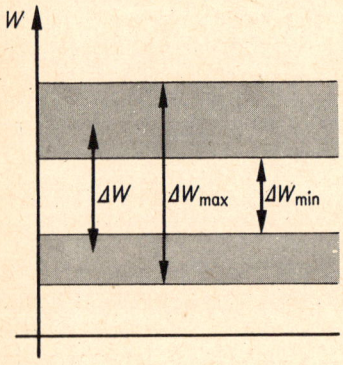

Bild 12.17 Energiedifferenzen zwischen den Energiebändern

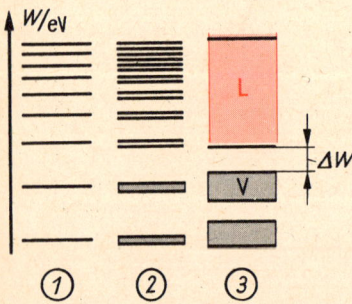

Bild 12.18 Energieniveaus eines Atoms (1), Energiebänder für ein Molekül (2) und einen Kristall (3)

● **Aufgabe 12.11**

Berechnen Sie den spezifischen elektrischen Widerstand des Kupfers bei 20 °C nach dem Wiedemann-Franzschen Gesetz aus der Wärmeleitfähigkeit.

12.5.2.   Bändermodell

In 12.3.1. hatten wir die Energieniveaus des Wasserstoffatoms kennengelernt. Es handelte sich um sehr schmale Energiebereiche, die im Energieniveauschema durch Linien abgebildet wurden. Auch für andere ungebundene Atome, also für Gase, ergeben sich ähnliche Energieniveauschemata.
Wenn sich jedoch der Atomabstand zweier oder mehrerer Atome vermindert, wirkt die Anziehungskraft aller Nachbaratome auf das Elektron. Das Elektron hat dann in bezug auf jedes Nachbaratom eine andere Bindungsenergie. An die Stelle eines einzigen, eng begrenzten Energieniveaus tritt eine ganze Anzahl, die sehr dicht beieinander liegen. In Bild 12.16 wird das als Verbreiterung der Energieniveaus dargestellt. In diesem Bild ist auch zu erkennen, daß diese Verbreiterung bei den höheren Energieniveaus stärker ausgeprägt ist als bei den tieferen, da die Elektronen auf den höheren Niveaus (weiter außen) stärker der Wirkung der Nachbaratome ausgesetzt sind als die inneren. Die Verbreiterung hat zur Folge, daß nicht nur ganz bestimmte Energiedifferenzen auftreten, sondern innerhalb der Grenzen ΔW_{max} und ΔW_{min} die Energiedifferenz jeden Wert annehmen kann, wie das in Bild 12.17 für einen ganz bestimmten Atomabstand dargestellt ist.
Im Kristall sind die Atome allseitig gebunden und haben geringe Abstände. Deshalb ergibt sich für den Kristall kein Energieniveauschema, wie wir es vom Wasserstoff kennen (Bild 12.18.1), sondern ein dem Bild 12.18.3 ähnliches. Wir sprechen hier auch nicht mehr von Energieniveaus, sondern von Energiebändern.
Für die Beurteilung der Leitungsmechanismen brauchen wir nur die beiden oberen Bänder. Das Valenzband V enthält alle Energieniveaus der Valenzelektronen. Das sind die Elektronen, die die Kristallbildung bewirken, also beispielsweise die in Bild 12.20 dargestellten Elektronen. Sie sind an feste Plätze gebunden, können also nicht am Ladungstransport teilnehmen. Die Leitungselektronen befinden sich auf höheren Energieniveaus im Leitfähigkeitsband L. Für den Leitungsmechanismus entscheidend sind die Energiedifferenzen ΔW zwischen den V- und L-Bändern (Bild 12.19). Während bei den Metallen das L-Band direkt an das V-Band anschließt oder dieses sogar teilweise überdeckt, treten bei Halbleitern kleine und bei Isolatoren große Energiedifferenzen auf. In einem Metall befinden sich stets genügend Elektronen im Leitfähigkeitsband. Bei Halbleitern ist ein bestimmter Energie-

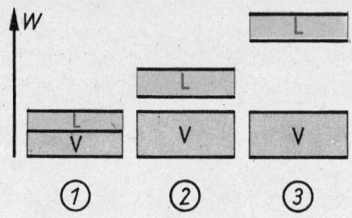

Bild 12.19 Festkörper-Bänder-
modelle für Metalle (1), Halbleiter
(2), Isolatoren (3). (V Valenzband,
L Leitfähigkeitsband)

Bild 12.20 Ideales Germanium-
Kristallgitter (schematisch). Die
Punkte stellen die Elektronen der
äußeren Schale dar

*Ideales Gitter bedeutet, daß das
Germanium keine Verunreinigun-
gen haben darf. Als Voraussetzung
für die Halbleitertechnik hat die
Chemie der Reinstmetalle eine hohe
Bedeutung erlangt.*

betrag erforderlich, um Elektronen in das L-Band zu heben.
Dieser kann als thermische Energie oder als Strahlungsenergie
geliefert werden. Bei Isolatoren ist aber die Differenz so groß,
daß die Lücke nicht übersprungen werden kann.

12.5.3.   Halbleiter

12.5.3.1.   Eigenleitung

Die technisch wichtigsten Halbleiter sind Germanium, Silizium,
Selen, Kupfer(I)-oxid und einige andere. Bei sehr tiefen Temperaturen verhalten sich die Halbleiter wie Isolatoren, im
mittleren Temperaturbereich (etwa bei Zimmertemperatur)
liegt ihre Leitfähigkeit zwischen der der Isolatoren und der der
Metalle (daher Halbleiter); bei höheren Temperaturen tritt
Leitfähigkeit in der Größenordnung wie bei Metallen ein.
Germanium steht als Halbmetall in der IV. Hauptgruppe des
Periodensystems; seine Atome haben in der äußeren Schale
4 Elektronen. Bild 12.20 stellt ein Modell des idealen Germaniumgitters dar. Die Atome sind durch Elektronenpaar-
bildung aneinandergekettet und die Elektronen nicht beweglich, sondern an feste Plätze im Gitter gebunden (Valenzelektronen). Diesem statischen Modell entsprechend ist ein
Germaniumkristall am absoluten Nullpunkt, bei dem keine
Gitterschwingungen ausgeführt werden, ein vollständiger Isolator, weil das L-Band nicht besetzt ist. Die Valenzelektronen
des Germaniumgitters sind relativ locker gebunden und benötigen daher nur etwa 0,1 eV Abtrennarbeit (im Gegensatz
zu 2 eV···10 eV bei Isolatoren). Durch thermische Gitterschwingungen gehen bereits Elektronen in das L-Band über,
so daß mit steigender Temperatur die Leitfähigkeit zunimmt.
Wie immer in der Atomphysik muß man sich derartige Vorgänge als dynamische Gleichgewichte vorstellen. Ein abge-
trenntes Elektron kann einen anderen frei gewordenen Gitter-
platz wieder besetzen. Dieser Leitungsmechanismus heißt
Eigenleitung.

Die Widerstandsabnahme von Halbleitern bei Temperaturerhöhung
nutzt man im *Heißleiter (Thermistor)* aus: Beim Einschalten eines mit
Röhren bestückten Gerätes entsteht infolge des geringen Widerstands
der noch kalten Heizfäden ein starker Stromstoß. Schaltet man aber
einen Heißleiter in den Stromkreis, so verhindert sein großer Anfangs-
widerstand den Stromstoß und läßt den Strom erst mit zunehmender
Erwärmung langsam anwachsen. Ferner werden Heißleiter auch zu
Temperaturmessungen mit Widerstandsthermometern verwendet.

12.5.3.2.   Störstellenleitung

Die Erforschung der Leitungsmechanismen in Halbleitern war
vor allem dadurch erschwert, daß die Anwesenheit fremder
Stoffe die Leitungseigenschaften ganz wesentlich beeinflußt.

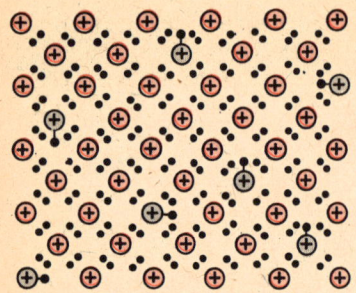

Bild 12.21 Donatoren im
Germaniumkristall (schematisch)

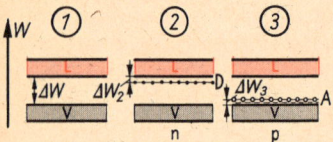

Bild 12.22 Bändermodelle:
1. für den reinen Halbleiterkristall,
2. für den mit Donatoren dotierten
Kristall (D-Zustände), 3. für den
mit Akzeptoren dotierten Kristall
(A-Zustände)

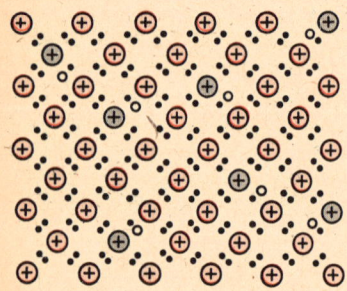

Bild 12.23 Akzeptoren im
Germaniumkristall (schematisch)

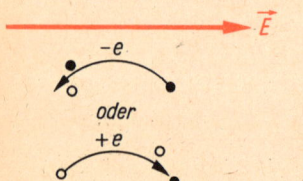

Bild 12.24 Elektronenbewegung
und Löcherwanderung im
elektrischen Feld (schematisch)

Heute weiß man, daß die in ein Kristallgitter eingebauten
Fremdatome oder Gitterunregelmäßigkeiten alle Leitungsvorgänge bestimmen, was wir am Beispiel des Germaniums genauer
betrachten wollen. Im Bild 12.21 ist ein Germaniumkristall
dargestellt, in dem fünfwertige Fremdatome (zum Beispiel
Arsen oder Phosphor) eingebaut sind. Weil die Fremdatome
5 äußere Elektronen haben, zur Bindung im Kristallgitter aber
nur 4 benötigt werden, hängt an jedem Fremdatom ein sehr
locker gebundenes Überschußelektron. Zur Ablösung dieses
Elektrons aus der Gitterbindung ist nur eine geringe Energie
ΔW_2 (ungefähr 0,03 eV) erforderlich, so daß solche Elektronen
schon bei Zimmertemperatur durch die thermische Energie
ins Leitfähigkeitsband übergeführt werden. Die Fremdatome
mit locker gebundenen Elektronen heißen *Donatoren* und die
Energiezustände der noch ortsfesten Elektronen D-Zustände
(Bild 12.22.2). Der mit Donatoren dotierte Halbleiterkristall
heißt *Überschußleiter* oder *n-Leiter*.
Der dritte Halbleitertyp, der *Mangelleiter* oder *p-Leiter*, enthält
Elektronenfehlstellen, Löcher genannt, weil dreiwertige Fremdatome (*Akzeptoren*) nur drei Valenzelektronen an ihren Gitter-
platz mitbringen, an dem vier Elektronen Platz hätten
(Bild 12.23). Um einen A-Zustand (Bild 12.22.3) zu erreichen,
das heißt, um ein Elektron aus dem Valenzband in ein freies
Loch zu setzen, ist eine relativ kleine Energiezufuhr ΔW_3 notwendig, die wiederum als thermische Energie zur Verfügung
steht.
Ein solcher Halbleiterkristall ist also dadurch leitend, daß
Elektronen unter Wirkung einer Feldstärke von einem Loch
ins nächste »springen« (Bild 12.24). Das kann aber auch so
aufgefaßt werden, daß die Löcher in umgekehrter Richtung wie
die Elektronen wandern. Deshalb bezeichnet man die Löcher als
Defektelektronen, denen jeweils eine positive Elementarladung
zuzuordnen ist. Bei allen drei Halbleitertypen muß stets
beachtet werden, daß der Kristall als Ganzes im allgemeinen
ungeladen ist, da er gleich viele positive und negative Ladungen
enthält.

12.5.3.3.   pn-Übergang

Berühren sich Metall- und Halbleiterflächen oder zwei verschiedene Halbleiter, so stellen sich Oberflächeneffekte ein, die
meist Gleichrichterwirkung zur Folge haben. Wir betrachten
hier nur den pn-Übergang (Bild 12.25), der in der Halbleitertechnik größte Bedeutung erlangt hat. Ein p-leitender Germaniumkristall steht in direktem Kontakt mit einem n-leitenden. Die Elektronen des D-Zustandes vom n-Kristall besetzen in
einer schmalen Grenzschicht die A-Zustände, das heißt die
Löcher des p-Kristalls. Daß sich die Elektronenwanderung nicht
über den ganzen Kristall erstreckt, liegt an der elektrostatischen
Aufladung und dem dadurch entstehenden Feld, das ein weiteres

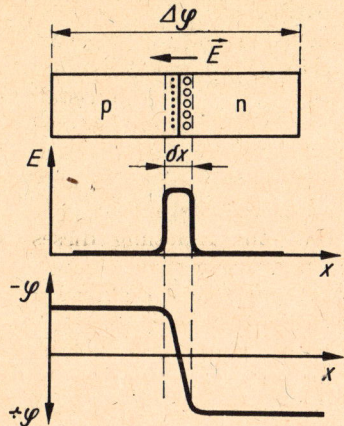

Bild 12.25 Vorgänge am pn-Übergang mit Feldstärke- und Potentialverlauf

Bild 12.26 Bändermodell für den pn-Übergang. 1. Halbleiterdiode mit Schaltsymbol, keine Spannung angelegt; 2. Diode in Durchlaßrichtung gepolt; 3. Diode in Sperrrichtung gepolt (jeweils mit Bändermodell)

Abwandern der Überschußelektronen verhindert. Weil die abgewanderten Elektronen positiv geladene Löcher zurücklassen, entsteht in einem sehr schmalen Bereich eine Art elektrischer Doppelschicht, deren Feldstärke- und Potentialverlauf im Bild 12.25 dargestellt sind. Die Bänder eines solchen pn-Überganges werden im p-Gebiet durch die Potentialänderung angehoben (Bild 12.26.1). Dies haben wir in analoger Weise schon bei der Thermospannung (Bild 12.13) kennengelernt. Ein Schaltelement aus einem p-leitenden und einem n-leitenden Halbleiterkristall heißt Halbleiterdiode und wirkt als Richtleiter. Legen wir nämlich eine äußere Spannung an (Bild 12.26.2), so ist die Diode durch die Polung auf *Durchlaß* geschaltet, während bei der Polung nach Bild 12.26.3 die Diode *sperrt*. Die Erklärung für diesen Effekt gibt das Energiebändermodell. Die angelegte Spannung ändert die Höhe der Energiestufe am pn-Übergang. Erhält der p-Leiter die positive Spannung, dann verkleinert sich die Energiestufe, die Dicke der Sperrschicht nimmt ab, und die D-Elektronen springen in die Löcher der Akzeptoren. Es fließt ein Strom, den man innerhalb der Diode auch als Löcherstrom I_A im p-Leiter und als Elektronenstrom I_D im n-Leiter auffassen kann. Sowohl die Defektelektronen als auch die Elektronen bewegen sich zum pn-Übergang, an dem sie rekombinieren.

Eine Diode, deren p-Gebiet am negativen Pol liegt, ist in *Sperrichtung* geschaltet. Die Energiestufe ist höher und die Sperrschicht breiter geworden. Die D-Elektronen haben nicht genügend Energie, um in die freien Löcher der Akzeptoren zu gelangen. Es fließt nur ein sehr kleiner Sperrstrom (einige Mikroampere), der durch die Eigenleitung im L-Band und den

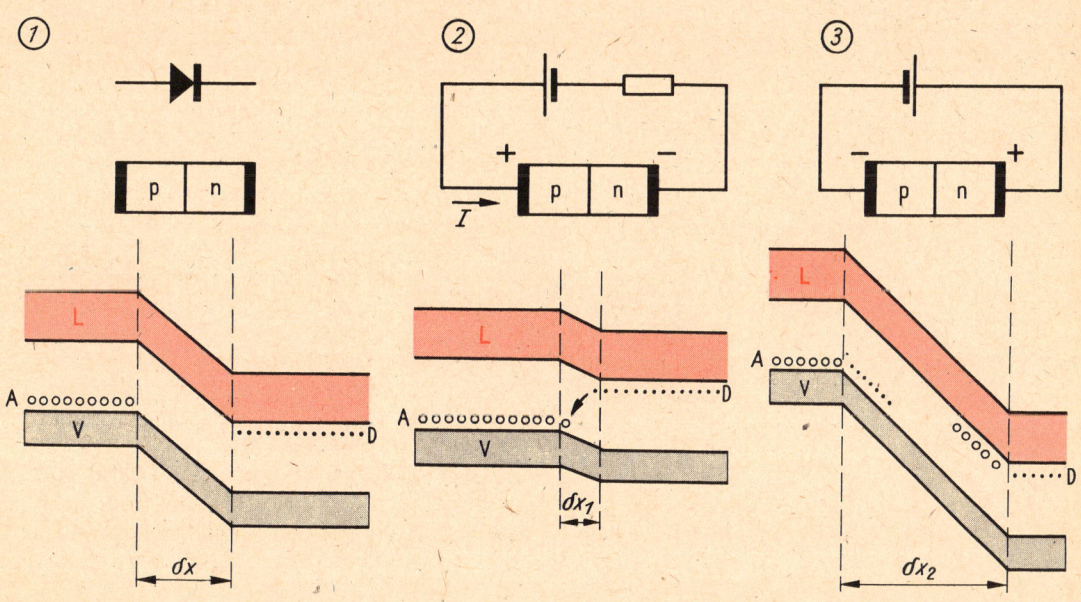

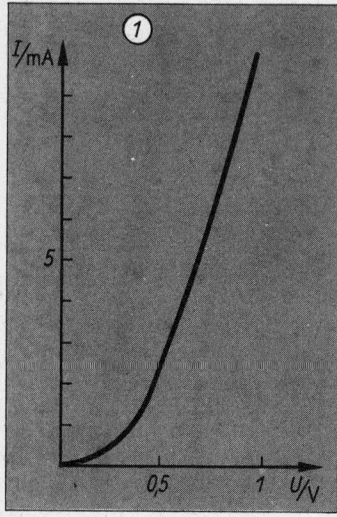

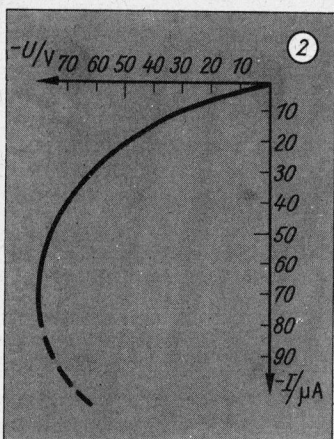

Bild 12.27 *I, U*-Kennlinien einer Germaniumdiode in 1. Durchlaßrichtung, 2. Sperrichtung

Strom der sogenannten Minoritätsträger zustande kommt. Es gibt nämlich keine *reinen* p- oder n-Leiter. Das bedeutet, daß zum Beispiel in einem p-Leiter neben den überwiegenden Akzeptoren (Majoritätsträgern) auch Donatoren vorhanden sind.

Im Bild 12.27 ist die Kennlinie einer Germaniumdiode dargestellt. Bei zu hohen Stromstärken tritt eine starke örtliche Erwärmung am pn-Übergang ein, die den D-Elektronen die zur Überwindung des Energiesprunges (Bild 12.26.3) notwendige thermische Energie zuführt. Der nun verstärkt einsetzende Strom führt zu so starker Aufheizung, daß der pn-Übergang zerstört wird (Wärmedurchbruch).

12.5.3.4.　Transistor

Ein Halbleiterschaltelement mit zwei pn-Übergängen heißt Transistor. Wir wollen uns hier nur mit der Wirkungsweise des pnp-Flächentransistors (Bild 12.28) befassen. In anderen Typen, zum Beispiel npn-Flächentransistoren oder Spitzentransistoren, spielen sich prinzipiell gleichartige Vorgänge ab. Die n-leitende Schicht, die sich zwischen den beiden p-leitenden befindet, ist nur schwach dotiert. Der Anschluß an den n-leitenden Halbleiter heißt *Basis*. Die Energiebänder bilden nach Bild 12.26 eine Mulde, deren Seiten durch Anlegen der Spannungen U_e und U_k nach der Schaltung, die in Bild 12.29 dargestellt ist, deformiert werden. Wären die beiden pn-Übergänge weit genug voneinander entfernt, so könnten sie sich gegenseitig nicht beeinflussen. Im linken Kreis flösse der Durchlaßstrom des linken und im rechten der Sperrstrom des rechten np-Überganges. Weil aber die mittlere n-Schicht nur sehr dünn (1 μm bis 50 μm) ist, rutschen gewissermaßen einige Defektelektronen aus dem linken Kreis, dem Emitterkreis, durch die rechte Sperrschicht. Etwa 95···99% der Defektelektronen aus dem Emitterkreis werden in den Kollektorkreis injiziert. Im rechten p-Kristall herrscht relativ hohe Feldstärke, die die Defektelektronen antreibt. Da die Spannung U_k höher als die Spannung U_e gewählt wird, fällt auch über dem äußeren Widerstand R_k eine Spannung ab, die wesentlich höher ist als die im Emitterkreis vorhandenen Spannungen.

Der Transistor wirkt als stromgesteuerter Verstärker und kann in elektronischen Schaltungen alle Funktionen der Triode übernehmen.

12.5.3.5.　Vor- und Nachteile von Halbleiterbauelementen

Halbleiterdioden und Transistoren haben gegenüber Glühdioden und -trioden mehrere wesentliche Vorteile, die ihre schnelle Verbreitung in der Elektronik erklären.

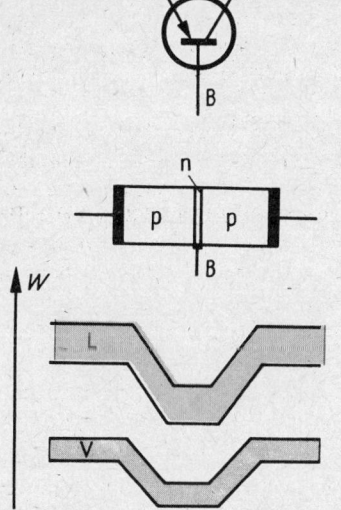

Bild 12.28 pnp-Transistor:
Schaltsymbol, schematischer
Aufbau, Bändermodell

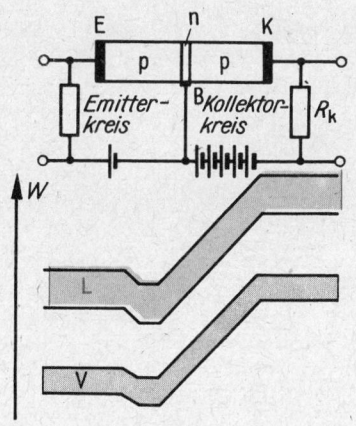

Bild 12.29 Transistor im Stromkreis mit Bändermodell. Links liegt die Spannung U_e an, rechts U_k

Über Reflexion, Absorption und Transmission lesen Sie nochmals 11.3.5.

Vorteile:

Halbleiterelemente sind kleiner und leichter.
Sie benötigen keine Heizung.
Sie kommen mit kleineren Spannungen aus (ca. 6 V gegenüber 200 V bei Röhren).
Sie haben praktisch unbegrenzte Lebensdauer.
Sie sind stoßfest.

Diese Vorteile gestatten es, mehrkreisige Rundfunkempfänger im Handtaschenformat zu bauen; transistorierte Rechenanlagen beanspruchen nur einen Bruchteil des Raumes, den eine vergleichbare mit Röhren bestückte Anlage einnimmt.

Nachteile:

Halbleiterelemente sind temperaturempfindlich. Sie dürfen daher nie überlastet werden und arbeiten nicht bei Temperaturen, die die Zimmertemperatur wesentlich überschreiten.
Die technologischen Produktionsmethoden sind recht kompliziert und werfen im allgemeinen eine hohe Verlustrate nicht (oder nicht voll) brauchbarer Schaltelemente ab.
Man kann noch nicht alle Forderungen hinsichtlich höchster Frequenzen und hoher Leistungen erfüllen.

Um möglichst viele Bauelemente auf kleinem Raum vereinigen zu können, wendet man die Mikroelektronik an. Dabei werden elektronische Schaltelemente besonders in zwei Techniken hergestellt: In der *Dünnschichttechnik* ersetzt man die passiven Bauelemente (Widerstände, Kondensatoren, Induktivitäten) durch Bauelemente, die auf eine Trägerplatte (Substrat) aufgedampft werden. Die aktiven Bauelemente (Transistoren, Halbleiterdioden) werden meist nachträglich aufgebracht. In der *Halbleiterblocktechnik* verwendet man einen Siliziumkristall als Träger, in den durch Diffusion die erforderlichen Schaltelemente eingebracht werden. Kombinationen beider Verfahren werden als integrierte Hybridtechnik bezeichnet. Man vereinigt damit die Vorteile beider genannter Verfahren. In einem Würfel von 1 cm Kantenlänge hat man bereits 10^5 Bauelemente untergebracht. Großcomputer werden in Zukunft wesentlich weniger Platz beanspruchen.
Die Halbleiter spielen auch als Fotowiderstände und Fotoelemente sowie als Kühlelemente und Thermoelemente eine große Rolle. Auch hier wächst ihre Bedeutung ständig weiter an.

12.6. Temperaturstrahlung

12.6.1. Schwarzer Körper

Wir wollen nun die Gesetze kennenlernen, die für die Temperaturstrahlung, die auch als Wärmestrahlung bezeichnet wird, gelten. Jeder Körper sendet Temperaturstrahlung aus, deren Intensität von der Temperatur des Körpers sowie von seiner Oberflächenbeschaffenheit abhängt.

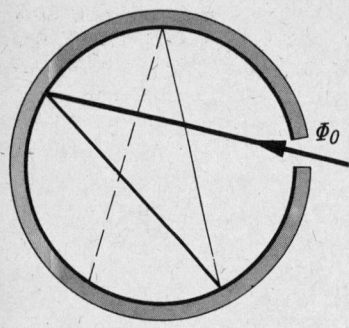

Bild 12.30 Schwarzer Körper.
Die Innenwände sind geschwärzt,
strahlungsundurchlässig und befinden sich auf konstanter Temperatur. Der Hauptteil der einfallenden
Strahlung wird von der Innenwand
sofort absorbiert. Der kleine Anteil
reflektierter Strahlung wird nach
wenigen Reflexionen ebenfalls absorbiert

Für die Theorie der Temperaturstrahlung ist der *Schwarze
Körper* von besonderer Bedeutung. Wir verstehen darunter
einen Körper, der alle auftreffende Strahlung absorbiert. Es ist
also

$$\varrho = \tau = 0 \quad \text{und} \quad \alpha = 1.$$

Einen idealen Schwarzen Körper gibt es in der Natur nicht.
Auch ein Körper, der dem Auge schwarz erscheint, reflektiert
noch einen Teil der auftreffenden Strahlung.
Man kann den Schwarzen Körper nahezu realisieren durch einen
Hohlraum (etwa eine Hohlkugel) mit einer kleinen Öffnung
(Bild 12.30). Die Strahlung des Schwarzen Körpers wird als
schwarze Strahlung oder als *Hohlraumstrahlung* bezeichnet.

12.6.2.   Strahlungsgesetze

Das KIRCHHOFFsche Strahlungsgesetz behandelt den Zusammenhang zwischen der Strahlungsabsorption und der
Strahlungsemission eines Körpers.
Von einem einfachen Versuch wollen wir ausgehen. Wir über-
ziehen die Hälfte einer Rasierklinge mit einer Rußschicht und
halten sie in eine Gasflamme. Es zeigt sich, daß der berußte
Teil der Klinge sehr viel heller strahlt als der blanke Teil,
obwohl beide Teile die gleiche Temperatur haben. Offensichtlich hat der berußte Teil mit dem größeren Absorptionsgrad
auch den größeren *Emissionsgrad*. Das Kirchhoffsche Strahlungsgesetz sagt hierüber aus:
Für jeden Körper ist bei gegebener Temperatur und gegebener
Wellenlänge der Emissionsgrad gleich dem Absorptionsgrad:

$$\varepsilon(\lambda, T) = \alpha(\lambda, T) \qquad \text{Kirchhoffsches Strahlungsgesetz} \qquad (12.16)$$

Für den Schwarzen Körper gilt definitionsgemäß $\alpha(\lambda, T) = 1$;
deshalb muß für ihn auch gelten

$$\varepsilon_s(\lambda, T) = 1$$

Der Schwarze Körper hat von allen Körpern den größten
Emissionsgrad.

In der zweiten Hälfte des 19. Jahrhunderts wurde an der Theorie
der Hohlraumstrahlung, der Strahlung des Schwarzen Körpers,
gearbeitet. Es ging um die Frage, in welcher Weise die Strahldichte ($\rightarrow$ 11.4.2.) von der Temperatur und von der Wellenlänge
der ausgesandten Strahlung abhängt. 1896 hatte W. WIEN ein
Strahlungsgesetz für kurze Wellenlängen und niedrige Temperaturen aufgefunden, RAYLEIGH etwas später ein solches

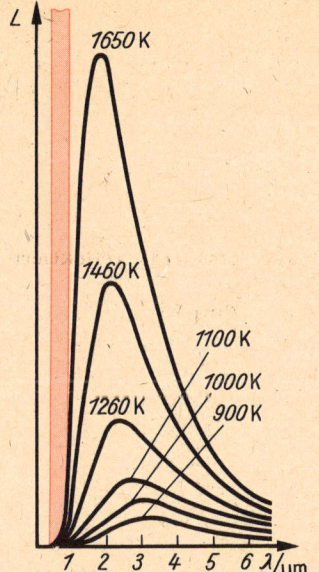

Bild 12.31 Zum Planckschen Strahlungsgesetz. Die Strahldichte ist in Abhängigkeit von der Wellenlänge für sechs verschiedene Temperaturen dargestellt. Die Kurven sind Isothermen. Das Maximum der Isothermen verschiebt sich mit steigender Temperatur nach kürzeren Wellenlängen (höheren Frequenzen) hin. Das Gebiet der sichtbaren Strahlung ist rot gekennzeichnet. Mit steigender Temperatur wächst der Anteil der sichtbaren Strahlung. Daher ist die Lichtausbeute der Temperaturstrahler um so besser, je höher die Temperatur ist

Bei der Untersuchung einer Funktion auf Extremwerte können konstante Faktoren vor der Differentiation weggelassen werden.

für lange Wellen und hohe Temperaturen. Mit dem von Max Planck im Jahre 1900 aufgestellten Strahlungsgesetz wurde das Problem gelöst. Planck gab den Grundsatz der Gleichverteilung der Energie, wie er aus der kinetischen Wärmetheorie bekannt ist, auf und führte die uns schon bekannte Quantenhypothese (→ 12.2.1.) ein: Energie wird nur in ganzzahligen Vielfachen bestimmter Energiequanten emittiert und absorbiert. Für diese Quanten (Photonen) gilt (12.1) $W = hf$, und mit (11.2) $c = \lambda f$ gilt für die Energie eines Quants $W = hc/\lambda$.

Wir können das Plancksche Strahlungsgesetz in diesem Rahmen nicht herleiten; es lautet

$$\frac{\mathrm{d}L}{\mathrm{d}\lambda} = \frac{2hc^2}{\lambda^5}\frac{1}{\mathrm{e}^{\frac{hc}{k\lambda T}} - 1}$$

Plancksches Strahlungsgesetz (12.17)

Eine grafische Darstellung des Planckschen Strahlungsgesetzes zeigt Bild 12.31.

● **Aufgabe 12.12**

Wie vereinfacht sich das Plancksche Strahlungsgesetz für den Fall, daß hf/kT groß gegen 1 ist? Sie erhalten das Wiensche Strahlungsgesetz. ●

Das Wiensche Verschiebungsgesetz gestattet, die Lage der Maxima der Isothermen im Planckschen Strahlungsgesetz zu berechnen. Wir finden sie, indem wir (12.17) nach λ differenzieren und den 1. Differentialquotienten gleich Null setzen:

$$\frac{\mathrm{d}}{\mathrm{d}\lambda}\left(\frac{1}{\lambda^5\left(\mathrm{e}^{\frac{hc}{k\lambda T}} - 1\right)}\right) = 0$$

Die Differentiation ergibt nach Zusammenfassung

$$\frac{hc}{k\lambda T}\,\mathrm{e}^{\frac{hc}{k\lambda T}} - 5\,\mathrm{e}^{\frac{hc}{k\lambda T}} + 5 = 0. \quad \text{Zur Abkürzung setzen wir}$$

$$\frac{hc}{k\lambda T} = x \tag{*}$$

und erhalten $x\,\mathrm{e}^x - 5\,\mathrm{e}^x + 5 = 0$. Division durch $5\,\mathrm{e}^x$ ergibt

$$\mathrm{e}^{-x} + \frac{x}{5} = 1$$

Diese transzendente Gleichung hat eine Wurzel $x \approx 5$. Durch Näherungsverfahren finden wir $x = 4{,}9651$.

Aus (*) folgt $\lambda T = \dfrac{hc}{kx} = K$. Mit den Werten für h, c, k und x, die zu

$$K = 2{,}8978 \text{ K mm} \quad \text{Wiensche Konstante}$$

zusammengefaßt werden, lautet das Wiensche Verschiebungsgesetz

$$\boxed{\lambda_{\max} T = K} \qquad \textbf{Wiensches Verschiebungsgesetz} \qquad (12.18)$$

Das Maximum der Strahldichte verschiebt sich mit steigender Temperatur so nach kürzeren Wellenlängen hin, daß das Produkt aus Wellenlänge und Temperatur konstant bleibt.

● **Aufgabe 12.13**

Bei welcher Wellenlänge liegt das Strahlungsmaximum, wenn der Strahler Zimmertemperatur (20 °C) hat?

Der gesamte Strahlungsfluß Φ, der von der Fläche A in den Halbraum ($\Omega = 2\pi$) gestrahlt wird, ergibt sich aus (11.11) $I = \dfrac{d\Phi}{d\Omega}$ und (11.13) $L = \dfrac{dI}{dA}$ zu $\Phi = \int\limits_{0}^{2\pi} \int\limits_{0}^{A} L \, dA \, d\Omega$.

Die Strahldichte folgt aus dem Planckschen Strahlungsgesetz (12.17) durch Integration über alle Wellenlängen. Man gelangt, wie hier nicht im einzelnen vorgerechnet werden soll, zu dem Ergebnis

$$\Phi = \frac{2\pi^5 k^4}{15 c^2 h^3} A T^4$$

Die Konstanten können zusammengefaßt werden:

$$\sigma = 5{,}6703 \cdot 10^{-8} \text{ W m}^{-2} \text{ K}^{-4} \quad \text{Stefan-Boltzmann-} \atop \text{Konstante}$$

($\rightarrow$ BOLTZMANN; $\rightarrow$ STEFAN).

Damit lautet das Stefan-Boltzmannsche Strahlungsgesetz für den Schwarzen Körper

$$\Phi = \sigma A T^4 \qquad \begin{array}{l}\text{Stefan-Boltzmannsches} \\ \text{Strahlungsgesetz} \\ \text{für den Schwarzen Körper}\end{array} \qquad (12.19)$$

Der Strahlungsfluß eines Temperaturstrahlers ist der 4. Potenz der thermodynamischen Temperatur proportional.

Für einen nichtschwarzen Körper muß der Emissionsgrad (Oberflächenbeschaffenheit!) berücksichtigt werden. Dann gilt

$$\Phi = \varepsilon\sigma A T^4 \qquad \text{Stefan-Boltzmannsches} \qquad (12.19')$$
Strefan-Boltzmannsches
Strahlungsgesetz

Berücksichtigt man ferner noch die Tatsache, daß dem Strahler der Temperatur T auch von der Umgebung (Temperatur T') Energie zugestrahlt wird, so ergibt sich

$$\Phi = \varepsilon\sigma A(T^4 - T'^4) \qquad (12.19'')$$

● **Aufgabe 12.14**

Berechnen Sie den Strahlungsfluß, den ein Körper auf einer Fläche von 100 cm² emittiert, wenn seine Temperatur 1050 K und sein Emissionsgrad 0,80 beträgt. Die Temperatur der Umgebung liegt bei 300 K.

12.6.3. Messung der Temperaturstrahlung

Geräte zur Strahlungsmessung werden als *Pyrometer* bezeichnet. Sie dienen dazu, aus der emittierten Strahlung die Temperatur der Strahlungsquelle zu ermitteln. Sie sind bis zu beliebig hohen Temperaturen verwendbar. Man unterscheidet Gesamtstrahlungs- und Teilstrahlungspyrometer.

Das *Gesamtstrahlungspyrometer* arbeitet auf der Grundlage des Stefan-Boltzmannschen Strahlungsgesetzes. Es konzentriert die einfallende Strahlung über eine Optik auf einen Strahlungsempfänger, meist ein Thermoelement. Die entstehende Thermospannung (→ 12.5.1.) wird gemessen, wobei das Meßgerät direkt in Temperatureinheiten geeicht wird. Gesamtstrahlungspyrometer werden häufig zur kontinuierlichen Temperaturmessung in Industrieöfen eingesetzt.

Teilstrahlungspyrometer arbeiten in einem sehr engen Spektralbereich. Man vergleicht die Helligkeit des Strahlers mit der Helligkeit einer Vergleichslampe (Pyrometerlampe), die durch einen Vorschaltwiderstand verändert werden kann. Die Stromstärke durch die Pyrometerlampe bei gleicher Strahlungshelligkeit ist ein Maß für die Temperatur des Strahlers.

● **Beispiel 12.4**

Ionentriebwerke für Raumsonden benutzen als Treibstoff Natrium. Das Metall wird verdampft, die Atome des Dampfes werden ionisiert, die Ionen werden durch eine Ringelektrode beschleunigt und verlassen durch eine Düse das Triebwerk. Stellen Sie eine Energiebilanz dieses Vorgangs auf.

Es treten folgende Energieformen auf: 1. Zunahme der inneren Energie bei Erwärmung bis zum Schmelzpunkt und vom

Schmelzpunkt zum Siedepunkt, 2. Umwandlungsenergie beim Schmelzen und Verdampfen, 3. Ionisierungsenergie, 4. kinetische Energie. Energieverluste, beispielsweise durch Reibung oder Wärmeabstrahlung, sind ebenfalls zu berücksichtigen.
Der Reaktor, der die Antriebsenergie liefert, muß die Summe dieser Energien abgeben. ●

12.7. Röntgenstrahlung

12.7.1. Erzeugung von Röntgenstrahlung

Bisher haben wir uns mit Erscheinungen befaßt, die ihre Ursache in Quantensprüngen im *äußeren* Teil der Elektronenhülle haben. Es ging um Anregungsenergien der Valenz- bzw. Leuchtelektronen, die in der Größenordnung bis zu einigen Elektronenvolt liegen.
Wir kommen nun zu Strahlungen, die im Innern der Atomhülle entstehen. Um die inneren Elektronen zu erreichen, setzt man Atome hoher Kernladungszahl (Schwermetalle) einem Beschuß mit freien Elektronen hoher kinetischer Energie aus. Es entsteht eine energiereiche Strahlung, die von W. C. RÖNTGEN entdeckt wurde.
Zunächst soll die Wirkungsweise einer Röntgenröhre beschrieben werden (Bild 12.32). Sie besteht aus einem evakuierten Glaskolben (Druck etwa $10\ \mu\mathrm{Pa} \approx 10^{-7}$ Torr). Durch eine Glühkatode werden freie Elektronen erzeugt. Die Anode besteht aus einem Material mit hoher Kernladungszahl und hoher Schmelztemperatur (Wolfram, Nickel, Chrom, Kobalt, Molybdän). Zwischen Katode und Anode liegt eine Spannung bis zu einigen hundert Kilovolt, so daß die Elektronen hochbeschleunigt werden. Die Geschwindigkeit der Elektronen ergibt sich aus

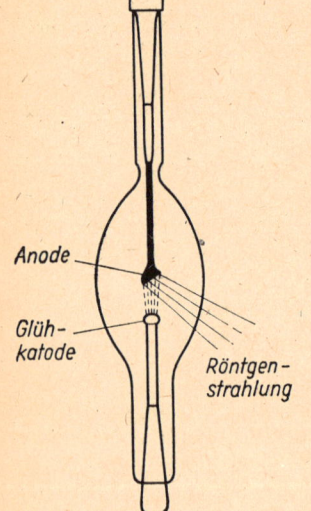

Anode —

Glüh-
katode —

Röntgen-
strahlung

Bild 12.32 Aufbau einer Röntgenröhre (schematisch)

$$\frac{1}{2}\,mv^2 = eU \qquad \text{Energiebilanz bei Röntgenstrahlung} \qquad (12.20)$$

Die Elektronen schlagen auf die Anode auf und lösen die Röntgenstrahlung aus.
Zum *Nachweis* der Röntgenstrahlung gibt es im wesentlichen drei Methoden: den Nachweis mit dem Fluoreszenzschirm, wie er von der Röntgendiagnostik her bekannt ist, die Schwärzung der Fotoplatte bzw. des Röntgenfilms und den Nachweis mit der Ionisationskammer (→ 9.4.1.).

● **Aufgabe 12.15**

Kann bei einer Beschleunigungsspannung von 250 kV in (12.20) die Ruhmasse des Elektrons eingesetzt werden?

12.7.2. Charakteristische Röntgenstrahlung

Die Elektronen dringen auf Grund ihrer hohen Energie in das Anodenmaterial ein und schlagen Elektronen der inneren Bahnen heraus, die je nach der Größe der übertragenen Energie auf ein unbesetztes Energieniveau der äußeren Schale gehoben oder ganz aus dem Atom gelöst werden. Die Fehlstelle im Inneren wird nun durch Elektronen äußerer Bahnen wieder besetzt, die ihrerseits »Löcher« hinterlassen, so daß eine ganze Reihe von Elektronenübergängen die Folge ist. Da die Energieniveaus sehr weit auseinander liegen, sind die Übergänge mit hoher Energieabgabe verbunden, die nach (12.5) $\Delta W = hf$ in Form elektromagnetischer Strahlung hoher Frequenz erfolgt. Die Energieniveaus der inneren Bahnen sind noch recht scharf, so daß im Röntgenspektrum für die einzelnen Übergänge ganz bestimmte Frequenzen auftreten, die für das jeweilige Anodenmaterial charakteristisch sind.

Die charakteristische Röntgenstrahlung entsteht durch Quantensprünge gebundener Elektronen, die durch freie Elektronen hoher Energie angeregt worden sind. Das charakteristische Röntgenspektrum ist ein Linienspektrum.

12.7.3. Röntgenbremsstrahlung

Neben diesen charakteristischen Linien weist jedes Röntgenspektrum einen kontinuierlichen Untergrund auf, der jedoch bei einer bestimmten Frequenz abbricht. Diese Frequenz hängt von der Beschleunigungsspannung ab und heißt *Grenzfrequenz*. Diese Strahlung entsteht dadurch, daß die freien Elektronen beim Eindringen in das Anodenmaterial gebremst werden und ihre kinetische Energie in Strahlungsenergie und Wärmeenergie umgesetzt wird. Es ergibt sich

$$\frac{1}{2} mv^2 = hf + Q$$
Energiebilanz bei der Röntgenbremsstrahlung (12.21)

Die höchstmögliche Frequenz ist die Grenzfrequenz f_g, die sich ergibt, wenn die gesamte kinetische Energie eines Elektrons in elektromagnetische Strahlung umgesetzt wird. Dann gilt $hf_g - \frac{1}{2} mv^2$. Mit (12.20) ergibt sich

$$f_g = \frac{eU}{h}$$
Grenzfrequenz bei der Röntgenbremsstrahlung (12.22)

> Die Röntgenbremsstrahlung entsteht durch Bremsung der in das Anodenmaterial eingedrungenen freien Elektronen. Sie liefert ein kontinuierliches Spektrum. Die Grenzfrequenz hängt allein von der Beschleunigungsspannung ab. Röntgenstrahlung hoher Frequenz wird als *harte* Röntgenstrahlung bezeichnet.

● **Aufgabe 12.16**

Berechnen Sie die Grenzfrequenz der Röntgenbremsstrahlung bei einer Beschleunigungsspannung von 100 kV. ●

12.7.4.   Anwendungen der Röntgenstrahlung

Die Anwendungen der Röntgenstrahlung in der Technik lassen sich im wesentlichen in drei Gebiete gliedern: Röntgen-Grobstrukturanalyse, Röntgen-Feinstrukturanalyse und Röntgen-Spektralanalyse.

Die *Grobstrukturanalyse* wird in der zerstörungsfreien Werkstoffprüfung angewandt. Sie beruht darauf, daß die Röntgenstrahlung das Material durchdringt und sowohl von verschiedenen Stoffen als auch bei verschiedenen Materialdicken in verschiedenem Maße absorbiert wird. So lassen sich z. B. Schweißnähte prüfen, Bruchstellen in Drahtseilen feststellen, Nietlochrisse nachweisen und Lagerschalen auf Schrumpfrisse prüfen. Die Anwendung der Röntgenstrahlung auf medizinischem Gebiet in der *Röntgendiagnostik* beruht auf dem gleichen Prinzip.

Die *Feinstrukturanalyse* beruht auf der Röntgen-Interferenzoptik. Anwendungsgebiete sind z. B. die Erforschung der Kristallstruktur und die Prüfung auf elastische Spannungen in Werkstoffen.

Die *Röntgen-Spektralanalyse* kann sowohl qualitativ als auch quantitativ durchgeführt werden. Sie findet besonders in der chemischen und metallurgischen Großindustrie Anwendung, wenn Proben in kurzer Zeit untersucht werden sollen.

12.8.   Radioaktivität

12.8.1.   Radioaktive Strahlung

Die 1896 von Becquerel entdeckte radioaktive Strahlung zeigt einige Eigenschaften, die denen der Röntgenstrahlung gleichen. Hierzu gehören vor allem das große Durchdringungsvermögen und die Fähigkeit, Ionisation und chemische Veränderungen hervorzurufen. Der wichtigste Unterschied zur Röntgenstrahlung zeigt sich aber, wenn man die radioaktiven Strahlen magnetisch oder elektrisch ablenkt (Bild 12.33). Die drei Komponenten der Strahlung, α-, β- und γ-Strahlung, werden im Magnetfeld verschieden abgelenkt. α-Strahlung besteht aus

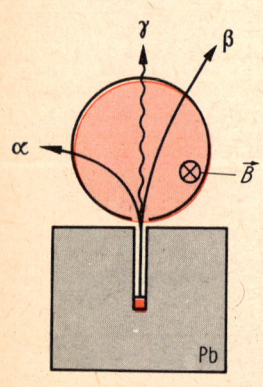

Bild 12.33 Ablenkung radioaktiver Strahlung im Magnetfeld. Die magnetische Induktion ist in die Zeichenebene hinein gerichtet

zweifach positiv geladenen Heliumionen. β-Strahlung besteht aus energiereichen (sehr schnellen) Elektronen. γ-Strahlung ist elektromagnetische Strahlung. Nur diese letztgenannte Komponente ist eng mit den Röntgenstrahlen verwandt. Beides sind elektromagnetische Wellen unterschiedlicher Wellenlänge (Bild 11.30.1).

Mißt man die Energien der Strahlungsteilchen, so findet man bei allen drei Strahlungskomponenten Werte, die bei einigen Millionen Elektronenvolt liegen. Beispielsweise haben die α-Teilchen des Radiums 4,8 MeV Energie. Allein dieser Energie wegen und natürlich auch wegen der Masse und der positiven Ladung der α-Teilchen muß die Strahlung aus dem Kern stammen.

12.8.2. Tröpfchenmodell

Beobachtungen der Radioaktivität haben die eigentliche Kernphysik eingeleitet. Es wurden Kernmodelle ersonnen, die die verschiedensten Effekte anschaulich erklären sollten. Wir betrachten hier nur das einfachste Modell, das man sich vom Kern machen kann, das *Tröpfchenmodell*. Das »Tröpfchen« besteht aus einer Zusammenballung von *Nukleonen*, das heißt aus *Protonen* und *Neutronen*. Die Protonen (p) sind einfach positiv geladene Elementarteilchen von 1 836facher Elektronenmasse. Die Neutronen (n) haben fast die gleiche Masse wie die Protonen, aber keine Ladung. Die Zahl der Nukleonen heißt *Massenzahl A*, die der Protonen *Kernladungszahl* oder *Ordnungszahl Z*. Mit der *Neutronenzahl N* gilt

$$A = Z + N \qquad \text{Massenzahl} \qquad (12.23)$$

Man setzt symbolisch vor das Symbol eines Kerns K unten die Ordnungszahl Z und oben die Massenzahl A des betreffenden Elements $_Z^A$K; Beispiele: $_1^1$H; $_{27}^{59}$Co; $_{92}^{238}$U.

Dabei kann man die Ordnungszahl Z weglassen, da sie durch das Symbol für das Element schon ausgedrückt ist.

Kerne gleicher Ordnungszahl, aber unterschiedlicher Neutronenzahl und damit unterschiedlicher Massenzahl heißen *isotope Kerne*. Isotope zeigen gleiches chemisches Verhalten, denn ihre Atome haben ja gleiche Elektronenhüllen, in deren äußersten Schalen sich die chemischen Bindungen vollziehen. Die relative *Atommasse A_r* ist im allgemeinen nicht ganzzahlig wie die Massenzahl, weil die meisten der natürlich vorkommenden Elemente Isotopengemische sind.

Betrachten wir den Kerntropfen in Analogie zu einem Flüssigkeitstropfen, so werden weitere kernphysikalische Beobachtungen verständlich. Der Kerntropfen kann nicht beliebig groß werden. Je größer der Durchmesser wird, um so wirksamer werden die elektrostatischen Abstoßungskräfte (Bild 12.34)

Bild 12.34 Zum Tröpfchenmodell

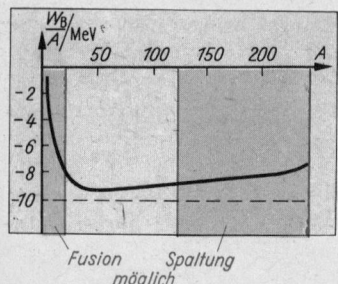

Bild 12.35 Bindungsenergie je Nukleon in Abhängigkeit von der Massenzahl. Bei der Spaltung schwerer Kerne wie auch bei der Fusion leichter Kerne wird Energie frei

gegenüber den nur über sehr geringe Reichweite wirksamen Kernkräften. Bekanntlich ist das Uran $(Z = 92)$ mit den beiden isotopen Kernen U 235 und U 238 im Periodensystem das letzte der natürlich vorkommenden Elemente. Darüber hinaus gibt es nur noch künstlich erzeugte Transurane mit höheren Massenzahlen.

Für das Verständnis der weiter unten zu behandelnden Kernumwandlungen ist die Darstellung der Bindungsenergie je Nukleon in Abhängigkeit von der Massenzahl sehr wichtig (Bild 12.35). Experimente zeigen, daß die Gesamtmasse m eines Kerns nicht gleich der Summe der Massen seiner Neutronen und Protonen, sondern vielmehr um den *Massendefekt* Δm kleiner ist:

$$m_{\text{exp}} = Zm_{\text{p}} + Nm_{\text{n}} - \Delta m \tag{*}$$

Mit Hilfe der Einsteinschen Gleichung (12.3) $W = mc^2$ können wir den Massendefekt als Bindungsenergie deuten: $\Delta m = W_{\text{B}}/c^2$. Damit folgt aus (*)

$$\boxed{m = Zm_{\text{p}} + Nm_{\text{n}} - \frac{W_{\text{B}}}{c^2}} \qquad \textbf{Masse des Kerns} \qquad (12.24)$$

Die Kurve der spezifischen Bindungsenergie (Bild 12.35) hat für den Bereich der mittleren Kerne eine Mulde bei etwa $-8,4$ MeV. Nehmen wir jetzt an, daß ein U-235-Kern auseinanderbricht und in zwei Kerne mittlerer Größe zerfällt, so wird je Nukleon etwa 0,9 MeV Energie frei. Insgesamt werden bei dieser *Kernspaltung* $235 \cdot 0,9$ MeV ≈ 200 MeV Energie je Kern frei. Auch wenn leichte Kerne zu schwereren verschmolzen werden — *Kernfusion* —, wird Energie frei, wie die Auswertung von Bild 12.35 zeigt.

12.8.3.   Zerfallsgesetz

Die Radioaktivität stellt sich bei näherer Untersuchung als ein sehr komplexer Vorgang heraus. Es sind nämlich immer sehr viele Stoffe beteiligt, die sogenannte Stoffamilien bilden. In Bild 12.36 ist die Uran-Radium-Familie als Zerfallsreihe dargestellt. Sendet ein Kern ein α-Teilchen aus, so erniedrigt sich die Ordnungszahl um zwei und die Massenzahl um vier. Bei einem β-Zerfall wandelt sich ein Neutron in ein Proton und ein Elektron um, das als β-Teilchen emittiert wird. Das heißt, beim β-Zerfall eines Kerns erhöht sich bei konstanter Massenzahl die Ordnungszahl um eins. Die Abstrahlung eines γ-Quants ändert nur den energetischen Zustand des Kerns ohne Kernumwandlung.

Nehmen wir einmal an, was in Wirklichkeit unmöglich ist, wir

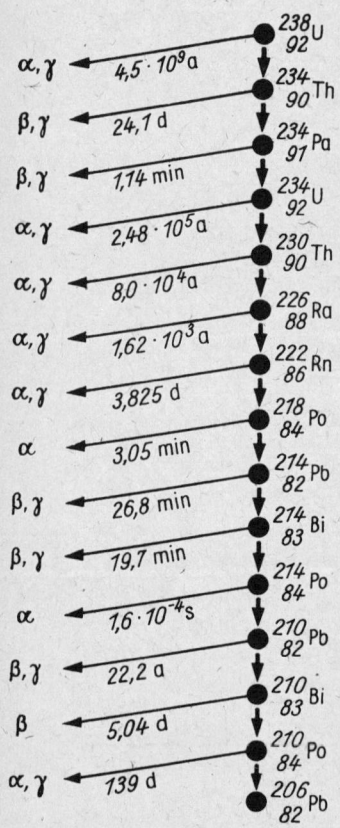

Bild 12.36 Uran-Radium-Zerfallsreihe mit Halbwertzeiten

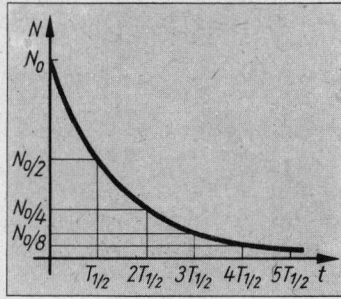

Bild 12.37 Zum Zerfallsgesetz.
Während der Halbwertzeit $T_{1/2}$
zerfällt die Hälfte der jeweils zu
Beginn vorhandenen Kerne

*Über die Lösung der Differential-
gleichung können Sie sich im
Lehrbuch »Mathematik für Inge-
nieur- und Fachschulen« Bd. II,
Abschn. 24. informieren. N_0 ist
die Anzahl der aktiven Kerne zur
Zeit $t = 0$.*

könnten einen einzelnen aktiven Kern beobachten, so könnten
wir über den Zeitpunkt seines Zerfalls nur Wahrscheinlichkeits-
aussagen machen ($\rightarrow$ 5.2.2.2.). Es müßte dann beispielsweise
heißen: Dieser Ra-226-Kern zerfällt mit 50%iger Wahrscheinlichkeit in den nächsten 1590 Jahren! Damit können wir nicht
viel anfangen. Viel aussagekräftiger ist: In 1590 Jahren zerfällt die Hälfte von N Ra-226-Kernen! Das heißt, von einer
sehr großen Anzahl N aktiver Kerne zerfällt in der *Halbwertzeit* $T_{1/2}$ (in unserem Beispiel 1620 Jahren) die Hälfte
(Bild 12.37).

Wir leiten nun das Zerfallsgesetz ab. In der Zeit dt zerfallen
dN Kerne. Die Anzahl dN ist proportional dem momentanen
Bestand $N(t)$ aktiver Kerne. Der Proportionalitätsfaktor heißt
Zerfallskonstante λ:

$$dN = -\lambda N(t)\, dt \qquad\qquad (*)$$

Die Lösung dieser Differentialgleichung lautet

$$N = N(t) = N_0\, e^{-\lambda t} \qquad \text{Zerfallsgesetz} \qquad (12.25)$$

Der Zusammenhang mit der Halbwertzeit ist

$$T_{1/2} = \frac{\ln 2}{\lambda} = \frac{0{,}693}{\lambda} \qquad \text{Halbwertzeit} \qquad (12.26)$$

Je kürzer die Halbwertzeit ist, um so intensiver strahlt eine
Menge radioaktiver Kerne. Man definiert die *Aktivität A* einer
Substanzmenge durch folgende Gleichung:

$$A = \frac{dN}{dt} = \frac{\text{Zahl der Zerfälle}}{\text{Zeit}} \qquad\qquad (**)$$

Mit (*) und (12.26) ergibt sich

$$A = \lambda N = \frac{N}{T_{1/2}} \ln 2 \qquad \text{Aktivität} \qquad (12.27)$$

$[A] = \text{s}^{-1} = \text{Bq (Becquerel)}$

Gebräuchlich ist noch die SI-fremde Einheit Curie
($1\ \text{Ci} = 3{,}700 \cdot 10^{10}\ \text{Bq}$; $\rightarrow$ CURIE). eine recht große Einheit,
die etwa der Aktivität von 1 g Radium entspricht.

● **Aufgabe 12.17**

Kobalt 60, ein im Reaktor künstlich hergestelltes Radionuklid,
hat eine Halbwertzeit von 5,3 Jahren. Berechnen Sie 1. die
Aktivität von 1,0 mg Co 60, 2. die Aktivität nach 20 Jahren. ●

● **Aufgabe 12.18**

Nach wieviel Tagen nimmt die Aktivität des Radons (Halbwertzeit 3,8 d) auf den achten Teil ab? ●

12.9.   Kernspaltung

12.9.1.   Spaltprozesse

Nachdem bereits im Jahre 1919 RUTHERFORD die erste künstliche Kernumwandlung durch Bestrahlen von Stickstoff mit α-Strahlen gelang, leitete die Entdeckung des Neutrons durch CHADWICK 1932 eine neue Epoche der Kernprozeßforschung ein. Man hatte mit dem Neutron ein Elementarteilchen zur Verfügung, das auch in schweren Kernen Prozesse auslösen konnte. Da es keiner elektromagnetischen Wechselwirkung unterliegt, dringt es in den Kern ungestört ein. Der deutsche Kernchemiker OTTO HAHN war 1938 mit der Erforschung der Transurane beschäftigt, als er eine überraschende Entdeckung machte. Er bestrahlte Uran, um es mit (n,β)-Reaktionen (Beschießen mit Neutronen n; Emission eines β-Teilchens) in Kerne höherer Ordnungszahlen zu verwandeln. Tatsächlich waren schon die folgenden Reaktionen der Bildung von Neptunium Np und Plutonium Pu gelungen:

Die in der Kernphysik übliche Schreibweise (n, β) bedeutet, daß eine Kernreaktion durch den Beschuß mit Neutronen zustandekommt und β-Strahlung bei der Reaktion emittiert wird.

$$^{38}_{92}U + n \rightarrow {}^{239}_{92}U + \gamma$$

$$^{239}_{92}U \rightarrow {}^{239}_{93}Np + \beta \tag{12.28}$$

$$^{239}_{93}Np \rightarrow {}^{239}_{94}Pu + \beta$$

Nun stellten HAHN und seine Mitarbeiter STRASSMANN und LISE MEITNER bei solchen Versuchen fest, daß Barium entstanden war. Zunächst hielt man dies für unmöglich, weil Barium ein Element mit der Ordnungszahl 56 ist. Man nahm an, daß es sich um irgendeine Verunreinigung handelte. Aber die Wiederholung bestätigte das Ergebnis. Als man noch Krypton (Ordnungszahl 36) fand, gab es den ersten Hinweis für die Klärung der Beobachtung: die Summe der Ordnungszahlen $56 + 36 = 92$. Offenbar war der Urankern in zwei Teile *gespalten* worden. Wann aber tritt diese Spaltung ein, und wann tritt die Kernreaktion (12.28) ein? Es zeigt sich, daß der Spaltprozeß nur mit dem Uranisotop U 235 ablief, das im natürlichen Uran nur zu 0,7% enthalten ist. Mit dem viel häufigeren Uran 238 lief unter den gegebenen Voraussetzungen kein Spaltprozeß ab.

Nach dem von Hahn gefundenen Spaltprozeß

$$^{235}_{92}U + n \rightarrow {}^{145}_{56}Ba + {}^{88}_{36}Kr + 3n \tag{12.28'}$$

wurden weitere Kernspaltungsprozesse gefunden, beispielsweise

$$^{235}_{92}U + n \rightarrow {}^{94}_{40}Zr + {}^{140}_{58}Ce + 2n + 6\beta \tag{12.28''}$$

$$^{235}_{92}U + n \rightarrow {}^{140}_{55}Cs + {}^{94}_{37}Rb + 2n \tag{12.28'''}$$

Alle entstehenden Spaltprodukte sind radioaktiv und wandeln sich durch β-Prozesse unter begleitender γ-Strahlung schließlich in stabile Elemente um.

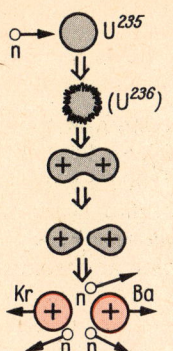

Bild 12.38 Spaltprozeß, dargestellt am Tröpfchenmodell

Für das Verständnis der Anwendung der Kernspaltung ist vor allem die Energiebilanz wichtig. Wie wir schon in 12.8.2. abgeschätzt haben, entstehen bei jedem Spaltprozeß etwa 200 MeV Energie, die sich in folgender Weise aufgliedern:

Kinetische Energie der zwei gespalteten Kerne	168 MeV
Kinetische Energie der Spaltneutronen	5 MeV
γ-Strahlung	5 MeV
γ- und β-Strahlung der Spaltprodukte	13 MeV
Energie der Neutrinos (Elementarteilchen)	9 MeV

Nach dem Tröpfchenmodell muß man sich den Spaltprozeß vorstellen, wie es Bild 12.38 zeigt. Der U-235-Kern nimmt ein Neutron auf. Der U-236-Kern ist hoch angeregt, gerät in Schwingungen, bildet zwei Ladungsschwerpunkte und wird dadurch von den abstoßenden elektrischen Kräften auseinandergetrieben. Die entstehenden Spaltneutronen, im Mittel sind es 2,5 Neutronen je Spaltvorgang, sind für die Energiegewinnung durch Kernspaltung sehr wichtig, weil man mit ihrer Hilfe eine Kettenreaktion auslösen kann.

● **Aufgabe 12.19**

Berechnen Sie die Energie, die als Wärme frei würde, wenn man 1,0 kg Uran 235 vollständig spalten könnte.

12.9.2. Kettenreaktionen

Wie das Ergebnis der Aufgabe 12.19 zeigt, stecken im Atomkern gewaltige Energiemengen, die durch Kernspaltung nutzbar gemacht werden können. Bereits ein halbes Jahr nach der Entdeckung der Kernspaltung hat FLÜGGE erkannt, daß man die beteiligten Stoffe so anordnen muß, daß die bei einer Spaltung entstehenden Neutronen wieder Spaltungen auslösen. Solche Reaktionen heißen *Kettenreaktionen*. Es gibt zwei Arten: Bei der *ungesteuerten* Kettenreaktion (Bild 12.39.1) wächst die Zahl der Spaltungen lawinenartig an, bei der *gesteuerten* Kettenreaktion (Bild 12.39.2) wird durch Wegfangen von Spaltneutronen die Zahl der Spaltungen zeitlich konstant gehalten. Die erste Art ist in der Kernspaltungsbombe, die zweite im Kernreaktor verwirklicht.

Man definiert den Multiplikationsfaktor $k_{\text{eff}} = Z_{n+1}/Z_n$. Darin ist Z_n die Zahl der absorbierten Neutronen der n-ten Generation, die eine Spaltung verursacht haben, und Z_{n+1} die Zahl der Neutronen der $(n+1)$-ten Generation, die wieder Spaltungen auslösen. Folglich gelten:

Bedingung für *ungesteuerte* Kettenreaktion:　$k_{\text{eff}} > 1$,
Bedingung für *gesteuerte* Kettenreaktion:　$k_{\text{eff}} = 1$.

Wir befassen uns hier nur mit der friedlichen Anwendung der Kernenergiegewinnung.

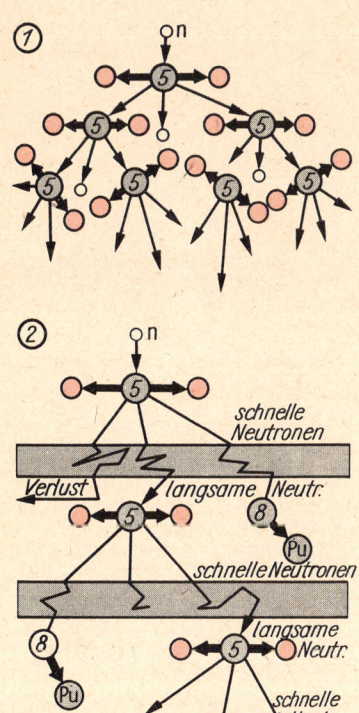

Bild 12.39 Kettenreaktion, 1. ungesteuert, 2. gesteuert

12.9.3.   Kernreaktoren

Am 2. Dezember 1942 wurde unter Leitung von E. FERMI die
erste stationäre Kettenreaktion in einem provisorisch auf-
gebauten Reaktor im Sportstadion von Chikago realisiert.
Welche, wissenschaftliche Vorarbeit ist dazu geleistet worden?
Vor allem kommt es darauf an, in geeigneter Weise die Spaltneutronen wirksam werden zu lassen. »Reaktorphysik ist
Neutronenökonomie«, sagt man schlagwortartig. Dies trifft den
Kern der Sache. Man muß zunächst studieren, wie die Kerne
der Stoffe, die in der aktiven Zone des Reaktors vorhanden sein
müssen, auf Neutronen reagieren. Manche Kerne reflektieren
(besser streuen) die Neutronen mehr oder weniger elastisch.
Andere fangen Neutronen ein und führen $(n.\gamma)$-Prozesse aus.
Ferner entweichen stets Neutronen aus der aktiven Zone und
sind damit für die Kettenreaktion verloren. Wie bei allen
atomphysikalischen Vorgängen kann man nur Wahrscheinlich-
keitsaussagen treffen. Zur quantitativen Erfassung benutzt
man entweder die mittlere freie Weglänge oder den *Wirkungs-*
querschnitt. Das ist ein fiktiver (nur gedachter) Querschnitt
(Einheit: barn $= 10^{-24}$ cm²), der einen Eindruck über das
Zustandekommen der Wechselwirkung mit dem Kern vermittelt. Wir erläutern die Vorstellung, die mit diesem Begriff
zu verbinden ist, an einem Beispiel:
Die Wirkungsquerschnitte für Neutronen der Energie 0,025 eV
betragen bei einem U-235-Kern 590 barn und bei einem U-238-
Kern 0 barn. Das bedeutet: Bewegt sich ein Neutron der kinetischen Energie 0,025 eV (Geschwindigkeit etwa 2000 m s⁻¹)
in dem Wirkungsbereich von $590 \cdot 10^{-24}$ cm² eines U-235-Kerns,
so wird es von diesem aufgenommen, und die Spaltung wird ausgelöst. Ein U-238-Kern kann von einem solchen Neutron nicht
gespalten werden. Jedoch können schnelle Neutronen mit
Energien, die größer als 1,1 MeV sind, auch U-238-Kerne
spalten. Darauf kommen wir noch zurück. Langsame Neutronen
mit einer Energie von etwa 0,025 eV heißen auch *thermische*
Neutronen.
Die zwei oder drei je Spaltung entstehenden Neutronen sind
schnelle Neutronen, aber *langsame Neutronen* spalten U-235-
Kerne mit viel größerer Wahrscheinlichkeit. Dies weist der
große Wirkungsquerschnitt von 590 barn aus. Deshalb werden
die schnellen Neutronen in *Bremssubstanzen* oder *Moderatoren*
(beispielsweise Graphit, schweres oder leichtes Wasser) auf
thermische Geschwindigkeit abgebremst. Die Wirkungsquerschnitte für Spaltung, Streuung und Einfang aller in der Kerntechnik wichtigen Materialien sind gemessen worden. Der
Reaktorphysiker hat nun die Aufgabe, eine regelbare aktive
Zone zu konstruieren. Bild 12.40 zeigt schematisch die wichtigsten Teile. In den Brennstäben (*1*) ist das Uran in gasdichten
Hüllen aus Zirkonlegierung untergebracht. Die Brennstäbe
sind vom Moderator (*2*) umgeben, und dieses System wird vom
Kühlmittel durchströmt, das die Wärme abführt. Die Regelung

Das Barn darf nur in der Kern-
technik noch befristet verwendet
werden.

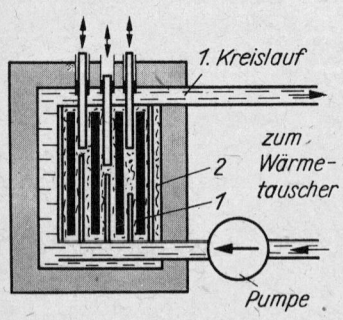

Bild 12.40 Kernreaktor
(schematisch). *1* Brennstäbe,
2 Moderatoren

erfolgt durch Regelstäbe aus Material von möglichst großem Einfangquerschnitt (beispielsweise Kadmium oder Bor). Es gibt sehr viele Möglichkeiten, verschiedene Stoffe als Moderatoren und Kühlmittel so anzuordnen, daß eine sich selbst tragende Kettenreaktion entsteht. Aber nur einige dieser Möglichkeiten sind zu wirtschaftlich und technisch günstigen Lösungen durchkonstruiert worden. Am häufigsten ist in den bisher gebauten Kernkraftwerken der Druckwasserreaktor zum Einsatz gekommen. Bei diesem ist leichtes Wasser (H_2O) Moderator und Kühlmittel zugleich. Es steht unter einem Druck von 10···15 MPa (100···150 at) und einer Reaktoraustrittstemperatur von etwa 300 °C.

12.10.   Energiewirtschaft der Zukunft

Seit einigen Jahren sind die Kosten für die Erzeugung von Elektroenergie in Kernkraftwerken erstmalig unter die Werte gesunken, die man in konventionellen Wärmekraftwerken einsetzen muß. Selbstverständlich sind solche ökonomischen Berechnungen von der speziellen Rohstoffbasis des betreffenden Landes abhängig. Aber es steht fest, daß der ständig steigende Energiebedarf in allen Ländern in Zukunft nur durch die Kernenergie gedeckt werden kann. Eine rasante technische Entwicklung erlebten wir in den letzten 20 Jahren. 1954 wurde das erste Kernkraftwerk der Welt in der UdSSR in Betrieb genommen. Heute werden Kernkraftwerke mit Reaktoren, die 3 000 MW thermische Leistung und damit 1 000 MW elektrische Leistung liefern, projektiert und gebaut. Somit ist der Menschheit eine neue Energiequelle erschlossen worden, die die fossilen Brennstoffe Kohle und Erdöl sparen hilft.

Jedoch sind auch Quellen für Kernbrennstoffe nicht unerschöpflich, zumal man in den jetzt betriebenen thermischen Reaktoren in überwiegendem Maße nur das Uran 235 »verheizt«. Das Uran 238, das mit einer Häufigkeit von über 99 % im natürlichen Uran enthalten ist, ist für thermische Reaktoren energetisch wertlos. Es gibt aber eine Möglichkeit, auch das Uran 238 zu nutzen. Durch schnelle Neutronen läßt sich auch Uran 238 spalten. Weiter kann man durch den Kernprozeß (12.28) Uran 238 in Plutonium verwandeln. Dieses Plutonium ist wie das Uran 235 ein Spaltstoff, der sich durch thermische Neutronen spalten läßt. Zur Zeit wird in allen Ländern, die intensiv an der Entwicklung der Kernenergetik arbeiten, der *schnelle Brutreaktor* projektiert und in Versuchsanlagen erprobt. In diesem Reaktortyp werden die beiden genannten Prozesse genutzt (Bild 12.41). Dieser Reaktor leistet also zweierlei: Er liefert Wärmeenergie, die wie beim thermischen Reaktor genutzt wird, und er »brütet« das bisher nutzlose Uran 238 in Spaltstoff um. Man hat errechnet, daß beim Betrieb des Reaktors mehr Spaltstoff entsteht, als im Innern verbraucht wird. Das entstandene Plutonium muß in chemischen Aufbereitungs-

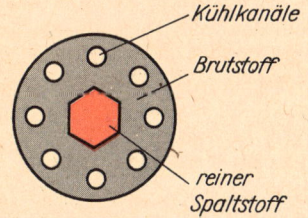

Bild 12.41 Anordnung der »Brennstoffe« im schnellen Brutreaktor. Brutstoff ist natürliches Uran, Kühlmittel Natrium. Der Reaktor hat keine Bremssubstanz

Kühlkanäle

Brutstoff

reiner Spaltstoff

anlagen abgetrennt werden. Die Investitionskosten der Gesamtanlage sind sehr hoch. Prognostische Ermittlungen haben ergeben, daß ab 1980 der schnelle Brutreaktor in der Energiewirtschaft eingesetzt werden kann.

Eine weitere Möglichkeit, durch Kernprozesse Energie zu gewinnen, bietet der Fusionsprozeß. Im *Fusionsreaktor* sollen die thermonuklearen Prozesse, die sich einerseits in der Sonne und andererseits in ungesteuerter Weise bei der Detonation einer Wasserstoffbombe abspielen, steuerbar ablaufen. Gelänge es, einen solchen Fusionsreaktor zu betreiben, wäre der Energievorrat der Erde für die Menschheit praktisch unerschöpflich. Während sich aber der schnelle Brutreaktor **bereits** im Stadium der technischen Entwicklung befindet, ist **der** Fusionsprozeß zur Zeit noch nicht ausreichend erforscht. Deshalb ist eine technische Nutzung des Fusionsprozesses in nächster Zeit noch nicht zu erwarten.

Antworten
und Ergebnisse

2.1

	v_A	v_B	v_C	v_D
C	60	— 20	0	160
D	—100	—180	—160	0

2.2 $v = (v_{S1} - v_{F1}) - (-v_{S2} - v_{F2}) = 25 \text{ m s}^{-1}$

2.3   Die Beschleunigung hat in beiden Fällen positive Richtung.

2.4   1. Je steiler die $v(t)$-Kurve, um so größer ist der Betrag der Beschleunigung.

     2. Die Fläche gibt den Betrag der Geschwindigkeitsänderung in der betreffenden Zeitspanne an: hier 90 km h^{-1} in 3 min. (Die gekennzeichnete Flächeneinheit entspricht 0,1 m s^{-2} · 1 min = 6 m s^{-1}. Auszählen ergibt 4,2 FE $\triangle$ 25.2 m s^{-1} = 90,7 km h^{-1})

2.5   1. Bewegung in negativer Richtung mit konstanter Geschwindigkeit

     2. Bremsbewegung mit konstanter Verzögerung

     3. und 4. Gerade parallel zur Abszisse im negativen Bereich

     5. Bild E 1

2.6   1. Kraftfahrzeug, 100-m-Läufer und Fußgänger befinden sich zum Zeitpunkt $t = 0$ im Punkt $s = 0$. Sie bewegen sich mit verschiedenen (jeweils konstanten) Geschwindigkeiten in gleicher Richtung. Der Radfahrer ist bei $t = 0$ 15 m vom Nullpunkt entfernt und bewegt sich mit konstanter Geschwindigkeit auf den Nullpunkt zu, den er nach 3 s erreicht. Dabei begegnet er dem Kraftfahrzeug, dem Läufer und dem Fußgänger.

     2. Die Kurvenschnittpunkte geben Ort und Zeit der Begegnungen an.

2.7 $v = 47$ km h^{-1}

2.8   1. Das Fahrzeug bewegt sich 1,5 h mit der Geschwindigkeit 60 km h^{-1}, dann 1 h mit 30 km h^{-1}, bleibt 0,5 h

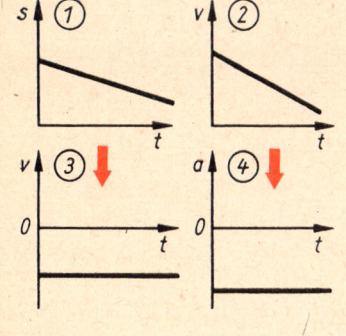

Bild E 1

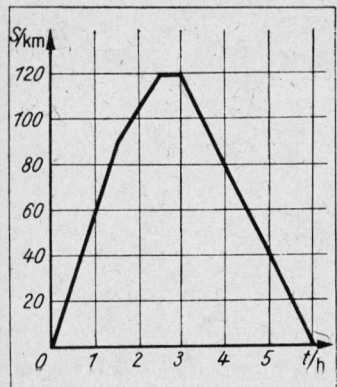

Bild E 2

stehen und fährt dann in entgegengesetzter Richtung 3 h mit der Geschwindigkeit 40 km h^{-1}.

2. $A = B$, d. h. Hinweg = Rückweg; das Fahrzeug ist am Ende wieder am Ausgangspunkt.

3. Bild E 2

2.9 Wagen A (Anfahrbewegung) steht am Punkt $s = 0$, Wagen B fährt auf die Linie $s = 0$ zu, hat dort die Geschwindigkeit $v_{B0} = 4$ m s^{-1} und bremst dann mit der konstanten Beschleunigung $a_B = -1,0$ m s^{-2}. In diesem Augenblick startet A mit der konstanten Beschleunigung $a_A = 2,5$ m s^{-2}. Nach etwa 1,2 s haben beide Fahrzeuge gleiche Geschwindigkeit $v_{A\,1,2} = v_{B\,1,2} \approx 3$ m s^{-1}, doch befindet sich B noch etwa 2 m vor A. Nach etwa 2,5 s befinden sich A und B nebeneinander bei $s \approx 7$ m. A fährt mit gleichmäßig wachsender Geschwindigkeit an B vorbei. B kommt nach 4 s in etwa 8 m Entfernung vom Nullpunkt zum Stillstand. Bild E 3.

2.10 1. Gleichmäßig beschleunigte Bewegung mit $a = 0,6$ m s^{-2}, $v_0 = 10$ km h^{-1} vom Punkt $s_0 = 0$ aus.

2. Aus (2.7) folgt $s = 57,8$ m für $t = 10$ s und $s = 176$ m für $t = 20$ s in Übereinstimmung mit dem Diagramm.

2.11 Bild E 4

2.12 1. $v_0 = {}^1/_2\, gt = 31,4$ m s^{-1}

2. $s = {}^1/_2\, g(t/2)^2 = 50,2$ m

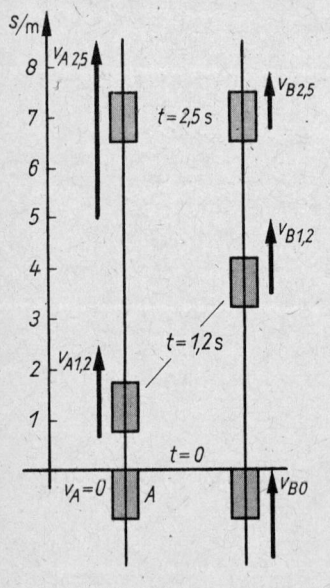

Bild E 3

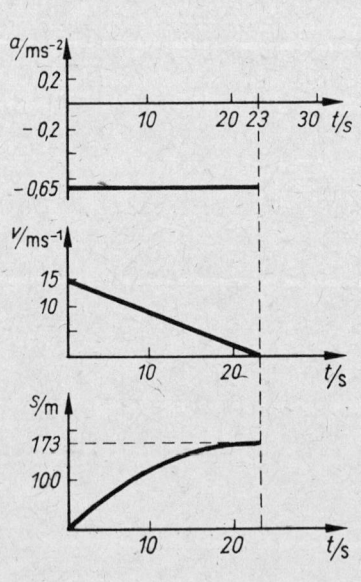

Bild E 4

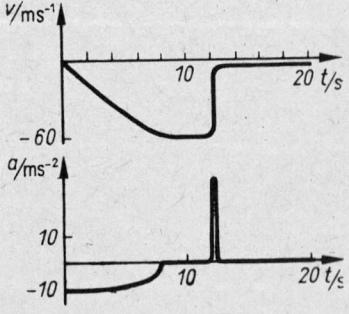

Bild E 5

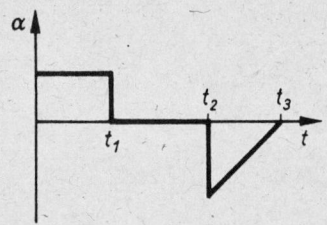

Bild E 6

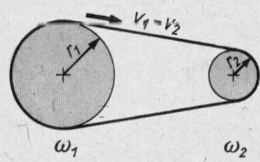

Bild E 7

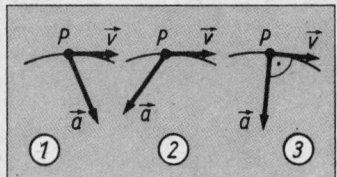

Bild E 8

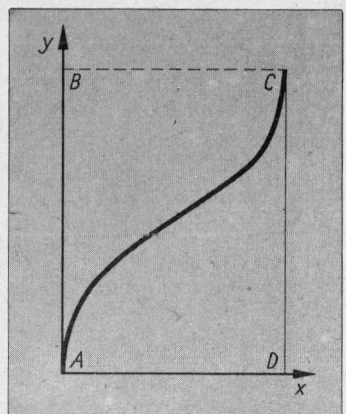

Bild E 9

2.13 Absprung aus 1000 m Höhe. Etwa 250 m beschleunigte Fallbewegung bis zur 8. Sekunde. 250 m Fallbewegung mit konstanter Geschwindigkeit bis zur 12. Sekunde ($v_F \approx 60$ m s^{-1}). Öffnen des Fallschirms: Abbremsen der Bewegung auf konstante Sinkgeschwindigkeit ($v_S \approx 5$ m s^{-1}). Bild E 5.

2.14 1. $s = \dfrac{2\pi t}{T}\,(r_E + h) = 6{,}75 \cdot 10^5$ km

2. $\varphi = \dfrac{s}{r_E + h} = 102{,}4$ rad $= 5900°$

3. $f = \dfrac{1}{T} = 1{,}89 \cdot 10^{-4}$ s^{-1}

2.15 $\omega_E = 2\pi f_E = 7{,}27 \cdot 10^{-5}$ s^{-1}

2.16 Die Drehzahl des Motors nimmt bis zum Zeitpunkt t_1 gleichmäßig zu (konstante Winkelbeschleunigung α), bleibt konstant bis zum Zeitpunkt t_2 ($\alpha = 0$) und nimmt dann ungleichmäßig ab (negative Winkelbeschleunigung mit abnehmendem Betrag). Bild E 6.

2.17 $v_1 = r_1\omega_1$; $v_2 = r_2\omega_2$; $v_1 = v_2$; $r_1\omega_1 = r_2\omega_2$. Bild E 7.

2.18 Bild E 8

2.19

Wenn als konstant vorgegeben ist	dann ist die Radialbeschleunigung proportional
der Bahnradius des umlaufenden Punktes	dem Quadrat der Drehzahl bzw. dem Quadrat der Bahngeschwindigkeit
die Drehzahl	dem Bahnradius des umlaufenden Punktes
die Bahngeschwindigkeit	dem Kehrwert des Bahnradius

2.20 1. $a_r = 4\pi^2 n^2 r = 2{,}2 \cdot 10^4$ m s^{-2}

2. $v_B = 2\pi n r = 21$ m s^{-1}

2.21 Bild E 9

2.22 Wurf ist beendet, wenn $s_y = 0$; aus Gleichung (****), Abschnitt 2.5., folgt somit: $v_0\, t \sin \alpha = {}^1/_2\, g t^2$ und daraus

$$t = \frac{2v_0 \sin \alpha}{g}$$

3.1 $v_B = \dfrac{n_A}{n_B}\, v_A = 1{,}2$ m s^{-1}

3.2   Es muß Kraft aufgewendet werden,

1. um den Sack in horizontaler Richtung in Bewegung zu setzen (Ursache: Trägheit),

2. um den Sack mit konstanter Geschwindigkeit hochzuheben (Ursache: Schwere).

3.3 $\varrho_{Pt} : \varrho_{H_2} = 2{,}38 \cdot 10^5$

3.4   1. Bei allmählichem Vergrößern der Zugkraft wirkt auf Faden *1* die Summe aus Zugkraft und Gewicht, auf Faden *2* allein die Zugkraft.

2. Bei plötzlich wirkender Kraft wird die Zerreißgrenze von Faden *2* infolge der Trägheit der Körper schon erreicht, bevor sich der Körper merklich nach unten bewegt hat und dadurch Faden *1* zusätzlich belastet wird.

3.5 $F = m \dfrac{\Delta v}{\Delta t} = 4{,}2 \text{ kN}$

3.6   Erde und fallender Körper ziehen sich mit entgegengesetzt gerichteten, dem Betrag nach gleichen Kräften an. Da $m_E \gg m_K$, ist $a_E \ll a_K$. Die Beschleunigung der Erde ist so klein, daß sie nicht registriert werden kann.

3.7 $F = \gamma \dfrac{m_1 m_2}{r^2}; \qquad \begin{aligned} F_1 &= 6{,}67 \cdot 10^{-11} \text{ N} \\ F_2 &= 3{,}55 \cdot 10^{22} \text{ N} \end{aligned}$

3.8   Bessere Bedingungen auf dem afrikanischen Sportplatz, weil dort die Erdanziehung geringer ist als in Finnland und somit eine größere Wurfweite erzielt werden kann. Beachten Sie auch Gleichung (2.27).

3.9 $G = m g_{100} = 950 \text{ N} = (97 \text{ kp})$

3.10 $G_1 : G_2 : G_3 = 9 : 2{,}25 : 1$

3.11   1. $k = \left| \dfrac{F}{\Delta s} \right| = 1{,}8 \cdot 10^3 \text{ N cm}^{-1};$

2. $E = k \dfrac{4 s_0}{\pi d^2} = 1{,}2 \cdot 10^{11} \text{ N m}^{-2}$

3.12 F ist die Summe aus der mit wachsendem Winkel α größer werdenden Hangabtriebskraft $F_H = G \sin \alpha$ und der mit wachsendem Winkel α abnehmenden Reibungskraft $F_{RG} = \mu_G G \cos \alpha$. Bei $\alpha = 0$ ist nur die Reibungskraft, bei $\alpha = 90°$ ist nur das Gewicht wirksam. Wie Bild 3.20 zeigt, ist bei großer Reibungszahl μ_G und großem Winkel die aufzuwendende Kraft F größer oder nur wenig geringer als das Gewicht des Körpers. Die Verwendung der geneigten Ebene zum Heben des Körpers bringt dann keinen oder nur geringen Nutzen.

3.13 $F_{\mathrm{RF}} = \mu_{\mathrm{F}} mg = 4 \cdot 10^2\,\mathrm{N}$

$F_{\mathrm{RG}} = \mu_{\mathrm{G}} mg = 1,2 \cdot 10^4\,\mathrm{N}$

3.14 Der Fahrwiderstand setzt sich hier zusammen aus: Rollreibung — Kraft zur Verformung der Reifen — Reibung der Kette an den Zahnkränzen — Reibung der Kettenglieder untereinander — Reibung in den Radlagern.

3.15

	Außenstehender Beobachter	Mitbewegter Beobachter
Phase 4	Die Kraft F_{W4} bewirkt negative Beschleunigung des Wagens; dessen Geschwindigkeit nimmt ab. Die Kugel behält ihre Geschwindigkeit bei, bewegt sich, relativ zum Wagen, also nach rechts.	Die Kugel bewegt sich beschleunigt nach rechts. Ursache: Trägheitskraft F_{T4}, die aus der nach links gerichteten Beschleunigung des Bezugssystems folgt.
Phase 5	Die Bewegung der Kugel wird durch die Federkraft so verzögert, daß Wagen und Kugel gleiche Geschwindigkeit und gleiche Beschleunigung haben.	Die Kugel wird durch die Federkraft so abgebremst, daß sie zur Ruhe kommt, sobald Kräftegleichgewicht zwischen F_{F5} und F_{T5} besteht.

3.16 Mit der Kraft F_{B}, die den Hammer abbremst, gilt $\sum F = -F_{\mathrm{B}} + G + F_{\mathrm{T}} = 0$. Daraus folgt mit $F_{\mathrm{T}} = -ma$ und $a = -v_0/t$

$$F_{\mathrm{B}} - mg - m\,\frac{v_0}{t} = 0$$

3.17 $F_{\mathrm{T}} = \dfrac{mv^2}{2s} = 5,2 \cdot 10^3\,\mathrm{N}\ (\approx 530\,\mathrm{kp})$

Beim Einwirken der Trägheitskraft tritt durch Spannen des Sicherheitsgurts eine elastische Gegenkraft auf, deren zeitlicher Verlauf und Angriffspunkt so gewählt sind, daß Verletzungen weitgehend verhindert werden.

3.18 Abgesehen von der Gefahr des Kippens infolge der starken Schräglage würde das Fahrzeug beim Anhalten nach unten rutschen. Die Überhöhung muß also unter dem errechneten Wert bleiben. Bei höheren Geschwindigkeiten muß ein Teil der Radialkraft durch die Haftreibung aufgebracht werden.

3.19 Das Gewicht G eine Körpers ist auf der Erde die Summe aus Gravitationskraft F_{Gr} und Zentrifugalkraft F_{Z}, die infolge der Erdrotation auftritt. Die Zentrifugalkraft ist

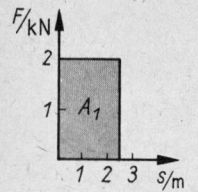

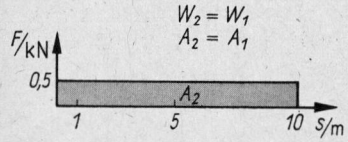

Bild E 10

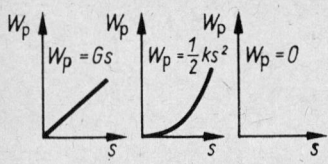

Bild E 11

infolge der Abhängigkeit vom Radius der Kreisbahn am Äquator am größten, am Pol gleich Null. Sie beträgt maximal 0,3% der Gravitationskraft.

3.20 $v = \sqrt{gr} = 7,9 \text{ km s}^{-1}$

3.21 1. Bahn des fallenden Körpers weicht in Ostrichtung von der Vertikalen ab.
2. Keine Abweichung der Bahn von der Vertikalen.
3. Abweichung in Ostrichtung ist geringer als bei 1.

3.22 Bild E 10: verschiedene Rechtecke gleicher Fläche

3.23 Bild E 11

3.24 $W_\mathrm{p} = abc\varrho_\mathrm{W} g \left(h - \dfrac{c}{2} \right) = 1{,}5 \cdot 10^4 \text{ kW h}$

3.25 Mit (3.9) $\ g = \gamma \dfrac{m_\mathrm{E}}{r^2}\ $ folgt $\ W_\mathrm{H} = m(g_2 r_2 - g_1 r_1)$. Für kleine Höhenunterschiede $\Delta r = h$ gilt $g_1 \approx g_2 = g$ und somit $W_\mathrm{H} = mg(r_2 - r_1) = mgh$

3.26 $W_\mathrm{R1} = 4{,}0 \text{ kJ}; \quad W_\mathrm{M1} = 8{,}0 \text{ kJ}; \quad W_\mathrm{K1} = \ \ 40 \text{ kJ}$
$W_\mathrm{R2} = 16 \text{ kJ}; \quad W_\mathrm{M2} = 32 \text{ kJ}; \quad W_\mathrm{K2} = 160 \text{ kJ}$
Doppelte Geschwindigkeit → 4fache Energie!

3.27 Aus $\ W_\mathrm{k\,Boden} = W_\mathrm{p\,Gipfel}\ $ (Energieerhaltungssatz) folgt $\dfrac{mv^2}{2} = mgh$ und $h = \dfrac{v^2}{2g}$, d. h., h ist unabhängig von m.

3.28 $v = \sqrt{2gh} = 3{,}1 \text{ m s}^{-1}$ (wie Endgeschwindigkeit beim freien Fall aus gleicher Höhe)

3.29 $W_1 = W_2 = mgh = 7{,}35 \text{ kJ}$
$P_1 = W_1/t_1 = 123 \text{ W}; \quad P_2 = W_2/t_2 = 735 \text{ W}$

3.30 $F = \dfrac{P_\mathrm{max}}{v_\mathrm{max}} = 1{,}5 \text{ kN}$

3.31 $\eta = \dfrac{h_2}{h_1} = 0{,}99$
$Q = (1 - \eta)\, mgh_1 = 9{,}8 \cdot 10^{-4} \text{ J}$

3.32 $p_A = -2{,}2 \text{ kg m s}^{-1}; \quad p_B = 2{,}2 \text{ kg m s}^{-1}$

3.33 $v_2 = \dfrac{F\,\Delta t}{m} + v_1 = 160 \text{ m s}^{-1}$

3.34 Durch Auszählen ist die Fläche A zu bestimmen. Sodann ist ein Rechteck mit gleichem Inhalt über der Grundlinie $\overline{t_1 t_2}$ zu zeichnen (Bild E 12). Ergebnis: $F \approx 3{,}4 \text{ N}$.

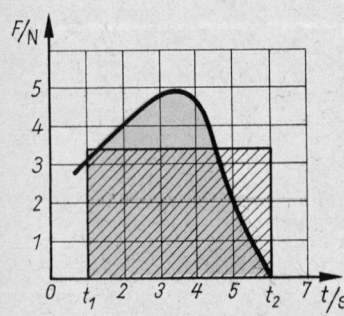

Bild E 12

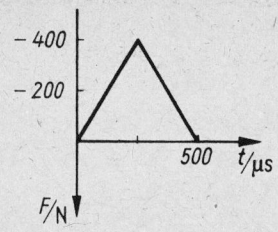

Bild E 13

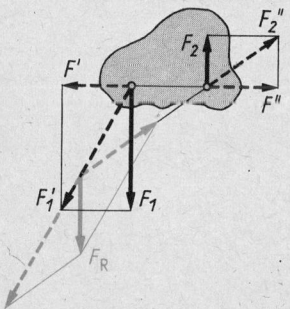

Bild E 14

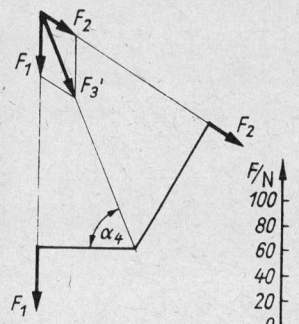

Bild E 15

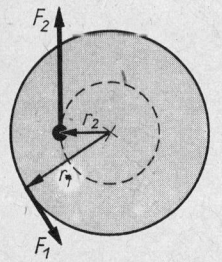

Bild E 16

3.35 Bild E 13

3.36 $x_\mathrm{M} = \dfrac{\dfrac{a}{2}\,m + am}{3m} = \dfrac{a}{2}; \quad y_\mathrm{M} = \dfrac{hm}{3m} = \dfrac{h}{3}$

3.37 Zur Bewegung der Tür um einen Winkel φ wird eine bestimmte Energie $W = M\varphi$ benötigt. Um das Drehmoment $M = Fr$ bei kleinem Radius r zu erzeugen, ist eine große Kraft F notwendig.

3.38 Bild E 14

3.39 Bild E 15 (in Übereinstimmung mit den Ergebnissen von Beispiel 3.19.2)

3.40 Bei Wahl von B als Bezugspunkt folgen nach gleichartiger Rechnung die Ergebnisse von Beispiel 3.21.

3.41 $F_2 = \dfrac{r_1}{r_2}\,F_1 = 800\ \mathrm{N}$ (s. Bild E 16)

3.42 $s = \dfrac{d}{4}\sqrt{2}$

3.43 1. Vergrößerung der Masse des rotierenden Körpers
2. Verlagerung der Masse der Scheibe in den Radkranz

3.44 Mit Index 1 für gleitenden, Index 2 für rollenden Körper gilt zu Beginn der Bewegung: $W_{\mathrm{p}1} = W_{\mathrm{p}2}$, am Fußpunkt: $W_{\mathrm{k}1} = W_{\mathrm{k}2}$. Für die kinetischen Energien der beiden Körper gilt: $W_{\mathrm{k}1} = W_{\mathrm{trans}\,1}$; $W_{\mathrm{k}2} = W_{\mathrm{trans}\,2} + W_{\mathrm{rot}\,2}$. Somit ist $W_{\mathrm{trans}\,1} > W_{\mathrm{trans}\,2}$ und $v_1 > v_2$.

3.45 $n = \dfrac{\eta P}{2\pi M} = 406\ \mathrm{min}^{-1}$

3.46 $L_\mathrm{E} = \dfrac{4\pi m_\mathrm{E} r_\mathrm{E}^{\,2}}{5 T_\mathrm{E}} = 7{,}1 \cdot 10^{33}\ \mathrm{N\,m\,s}$

3.47 Höhere Drehzahl $\to$ größere Zentrifugalkraft $\to$ höhere Lage der umlaufenden Massestücke $\to$ Schließen des Ventils $\to$ Verringerung der Dampfmenge $\to$ Abnahme der Drehzahl

4.1 Luft läßt sich komprimieren. Die relativ kleinen Wege des Druckkolbens einer hydraulischen Bremsanlage würden nach (4.4) $p_1 V_1 = p_2 V_2$ wegen geringer Volumenänderung nur einen geringfügig größeren Druck am Arbeitskolben und damit nicht ausreichende Bremskraft hervorrufen. — Bei einer mit Druckluft betriebenen Brems-

anlage dagegen wird aus einem Speicher (z. B. Druckluftflasche) die benötigte Menge Druckluft entnommen
und damit der erforderliche Druck gewährleistet.

4.2 $F = \varrho g h_1 A_1 = 2,9 \,\text{N}$ ist gegenüber dem Gewicht des
      Wassers $G \approx 40 \,\text{N}$ wesentlich kleiner. Das »überschüssige«
      Wasser wird vom festen Teil des Gefäßbodens getragen.

4.3 $\dfrac{\Delta p}{\Delta h} = \varrho g = 12,7 \,\text{Pa}\,\text{m}^{-1} = 0,127 \,\text{mbar}\,\text{m}^{-1} \,(\approx 0,1 \,\text{Torr}\,\text{m}^{-1})$

      Dies bedeutet: In der Nähe der Erdoberfläche ändert sich
      der Luftdruck bei einer Änderung der Höhe um 8 m um
      etwa 1 mbar.

4.4   Am Karton ist unten der Luftdruck etwa 1 013 mbar
      ($= 1,033 \cdot 10^4$ mm WS) und oben der durch das Gewicht
      des Wassers hervorgerufene Druck. Die auf den Karton
      wirkenden Kräfte sind diesen Drücken proportional.
      Weil der Luftdruck aber sehr viel größer ist als der
      Schweredruck des Wassers bei geringer Wasserhöhe, ist
      auch die von unten auf den Karton wirkende Kraft
      sehr viel größer als das Gewicht des Wassers. Erst
      bei einer Wassersäule von mehr als 10,33 m Höhe würde
      das Wasser ausfließen.

4.5   1. $p_{\text{Ü}} = p_{\text{S}} = \varrho g h = 37,9 \,\text{kPa} = 379 \,\text{mbar}$
      2. $p_{\text{Gas}} = p_{\text{Ü}} + p_{\text{L}} = 137,4 \,\text{kPa} = 1\,374 \,\text{mbar}$

4.6   1. Nach (4.11) $F_{\text{A}} = \varrho_{\text{F}} g V_{\text{F}}$ ist die Auftriebskraft nicht
      von der Eintauchtiefe abhängig, soweit die Dichte der
      Flüssigkeit als konstant angesehen werden kann. Das ist
      bei Wasser, wenn wir Rechenstabgenauigkeit voraus-
      setzen, bis etwa 100 m der Fall ($\rightarrow$ 4.2.). 2. Für alle Orte
      mit gleicher Fallbeschleunigung ist nach (4.11) auch die
      Auftriebskraft für einen Körper gleich. Ändert sich
      jedoch die Fallbeschleunigung g ($\rightarrow$ 3.2.2.4.), so ändert
      sich auch die Auftriebskraft. Im schwerefreien Raum
      ($g = 0$) gibt es keine Auftriebskraft.

4.7   Nach Bild 4.16.2 entsteht für den Körper ein rück-
      treibendes Drehmoment, wenn der Quader mit seiner
      größten Fläche parallel zur Wasseroberfläche liegt.
      Nach Bild 5.16.4 entsteht dagegen ein Drehmoment, das
      den Körper in die stabile Lage (Bild 4.16.1) kippt.

4.8 $h = \dfrac{m}{\varrho A} = 89 \,\text{mm}$

4.9   Die Waage zeigt ein größeres Gewicht an, da auf den
      Finger eine Auftriebskraft wirkt und die entsprechende
      Wechselwirkungskraft die Waage zusätzlich belastet.

4.10 $I = Av = 8{,}5 \, \mathrm{l \, s^{-1}}$

4.11 $p_{\mathrm{stat}\,2} = p_{\mathrm{L}} + \dfrac{1}{2}\, \varrho(v_1{}^2 - v_2{}^2)$

$p_{\mathrm{U}2} = p_{\mathrm{stat}\,2} - p_{\mathrm{L}} = \dfrac{1}{2}\, \varrho(v_1{}^2 - v_2{}^2) = -375 \, \mathrm{mbar}$

$\qquad = -37{,}5 \, \mathrm{kPa}$

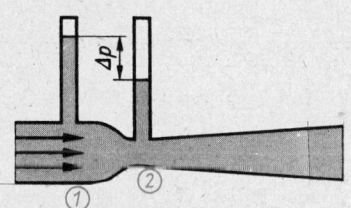

Bild E 17

4.12 Messung nach Bild 4.26 setzt voraus, daß die Dichte der Flüssigkeit im U-Rohr wesentlich größer ist als die Dichte des strömenden Mediums. Bei Flüssigkeitsströmungen kann nach Bild E 17 die strömende Flüssigkeit für die Druckanzeige verwendet werden.

4.13 An der Querschnittsverkleinerung (1 in Bild 4.27) entsteht nach (4.15) im Wasserstrom ein statischer Unterdruck gegenüber dem in der Umgebung der Wasserstrahlpumpe vorhandenen Luftdruck. Deshalb wird bei 2 Luft angesaugt, die mit dem Wasser bei 3 ausströmt.

4.14 Wir wenden (4.13) und (4.16) an. Aus dem Stromlinienbild (Bild 4.28) erkennen wir: Oberhalb der Tragfläche ist kleinerer Abstand der Stromlinien, entsprechend größere Relativgeschwindigkeit und kleinerer statischer Druck; unterhalb der Tragfläche dagegen größerer Abstand der Stromlinien, d. h. kleinere Relativgeschwindigkeit und größerer statischer Druck.
Die wirksame Fläche (vgl. Bild 4.3) ist oben und unten gleich, deshalb wirkt eine der Differenz der statischen Drücke proportionale Kraft auf die Tragfläche nach oben, der dynamische Auftrieb.

5.1 $M_{\mathrm{rCO_2}} = M_{\mathrm{rC}} + 2M_{\mathrm{rO}} = 44; \quad M = 44 \, \mathrm{g \, mol^{-1}}$

5.2 $N = nN_{\mathrm{A}} = 9 \cdot 10^{22}$

5.3 $N_{\mathrm{L}} = \dfrac{N_{\mathrm{A}}}{V_{\mathrm{m0}}} = 2{,}69 \cdot 10^{25} \, \mathrm{m^{-3}}$

5.4 $V = \dfrac{V_{\mathrm{m0}}m}{M} = 21{,}7 \, \mathrm{l}$

5.5 $N = VN_{\mathrm{L}} = 3{,}5 \cdot 10^{25}$

5.6 $\mu = \dfrac{M}{N_{\mathrm{A}}} = 6{,}6 \cdot 10^{-27} \, \mathrm{kg}$

5.7 $w = \left(\dfrac{V}{\Delta V}\right)^{N} = 10^{3 \cdot 10^6} \quad (= 10^{3\,000\,000})$

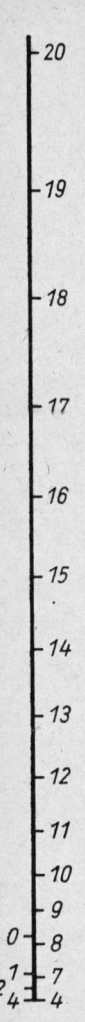

Bild E 18

5.8 Druck und Temperatur steigen auf das Neunfache an.

5.9 $R^* = \dfrac{R}{M} = 286{,}7 \text{ J kg}^{-1} \text{ K}^{-1}$

5.10 Intensitätsgrößen: Dichte, spezifische Wärmekapazität, spezifischer elektrischer Widerstand

Quantitätsgrößen: Wärmeenergie, Wärmekapazität, Gewicht, elektrischer Widerstand

6.1 Der Nullpunkt der Kelvinskale liegt bei der tiefstmöglichen Temperatur, so daß keine negativen Werte auftreten. Der Nullpunkt der Celsiusskale hat physikalisch keine allgemeine Bedeutung.

6.2 Bei Brückenträgern, Dampfleitungsrohren, elektrischen Freileitungen, Eisenbahnschienen usw.

6.3 Bild E 18. Wegen der Anomalie des Wassers ist im Temperaturbereich 0°C···8°C keine eindeutige Ablesung möglich; jedem Flüssigkeitsstand sind in diesem Bereich *zwei* Temperaturen zugeordnet.

6.4 $t_{\mathrm{m}} = \dfrac{\sum\limits_{\nu=1}^{n} c_\nu m_\nu t_\nu}{\sum\limits_{\nu=1}^{n} c_\nu m_\nu}$

6.5 Das Wasser benötigt zu seiner Erwärmung mehr Wärmeenergie als andere Stoffe. Im Sommer ist das Wasser kühl, während der Sand am Strand hohe Temperaturen annimmt. Das Wasser kann große Wärmemengen binden. Seeklima: kühle Sommer — milde Winter. Technische Nutzung: Heißwasserheizung, Kühlmittel

6.6 $P = \dfrac{\eta m H}{t} = 24 \text{ kW}$

6.7 Da bei isentroper Kompression keine Wärmeenergie nach außen abgegeben wird wie bei der isothermen Kompression, steigt der Druck stärker an:

$$\left(\frac{V_2}{V_1}\right)^{\varkappa} > \frac{V_2}{V_1}, \quad \text{da} \quad \varkappa > 1$$

6.8 Bei isothermer Entspannung wird Wärme aus der Umgebung aufgenommen, die zusätzlich in mechanische Arbeit umgewandelt wird. Deshalb ist die mechanische Arbeit bei isothermer Entspannung größer als bei isentroper.

6.9 Für die polytrope Zustandsänderung gelten

$$(1)\ \frac{p_1}{p_2} = \left(\frac{V_2}{V_1}\right)^k; \quad (2)\ \frac{T_1}{T_2} = \left(\frac{V_2}{V_1}\right)^{k-1}; \quad (3)\ \frac{T_1}{T_2} = \left(\frac{p_1}{p_2}\right)^{\frac{k-1}{k}}$$

Isotherme Zustandsänderung: $k = 1$

$$(1) \longrightarrow \frac{p_1}{p_2} = \frac{V_2}{V_1}; \quad (2) \longrightarrow \frac{T_1}{T_2} = 1 \longrightarrow T_1 = T_2$$

Isochore Zustandsänderung: $k \longrightarrow \infty$

$$(1) \longrightarrow \frac{V_2}{V_1} = \left(\frac{p_1}{p_2}\right)^{\frac{1}{\infty}} = 1 \longrightarrow V_2 = V_1$$

$$(3) \longrightarrow \frac{T_1}{T_2} = \left(\frac{p_1}{p_2}\right)^{1-\frac{1}{\infty}} \longrightarrow \frac{T_1}{T_2} = \frac{p_1}{p_2}$$

Isobare Zustandsänderung: $k = 0$

$$(1) \longrightarrow \frac{p_1}{p_2} = 1 \longrightarrow p_1 = p_2$$

$$(2) \longrightarrow \frac{T_1}{T_2} = \left(\frac{V_2}{V_1}\right)^{-1} \longrightarrow \frac{T_1}{T_2} = \frac{V_1}{V_2}$$

Isentrope Zustandsänderung: $k = \varkappa$

$$(1) \longrightarrow (6.32); \quad (2) \longrightarrow (6.30); \quad (3) \longrightarrow (6.31)$$

6.10 $T_2 - T_2' = T_1(\eta_2 - \eta_1) = 25\ \text{K}$

6.11 $\varepsilon = \dfrac{T_2}{T_1 - T_2} = 14$

6.12 Die Wärmeenergien Q_2 bzw. Q_1 entstehen nicht durch Energieumwandlung aus der aufgewendeten mechanischen Energie W. Die Leistungszahl ist daher auch kein Wirkungsgrad.

6.13 Wärmepumpen sind vorteilhaft für Länder, in denen Elektroenergie billig zur Verfügung steht (Wasserkraftwerke) und die Kohle, Erdgas oder Heizöl importieren müssen.

6.14 Für $p = \text{const}$ gilt $\mathrm{d}p = 0$ und $\mathrm{d}Q = c_p m\, \mathrm{d}T$. Damit wird aus (6.44) $\mathrm{d}Q = \mathrm{d}H$, und es folgt $\mathrm{d}H = c_p m\, \mathrm{d}T$

6.15 1. $0\,°\text{C}$; 2. $m_\text{W} = \dfrac{q m_\text{E}}{c\,\varDelta t} = 281\ \text{g}$

6.16 $m = V(f_{\text{max}1} - f_{\text{max}2}) = 173\ \text{g}$

6.17 Durch Erhöhung der absoluten Luftfeuchtigkeit oder durch Abkühlung

6.18 Die kalte Winterluft kann nur wenig Wasserdampf aufnehmen. Bei Erwärmung auf Zimmertemperatur sinkt die relative Leuftfeuchte.

6.19 Wärmestrom Φ Elektrische Stromstärke I

Temperaturdifferenz ΔT Potentialdifferenz (Spannung) U

Wärmeleitwiderstand R_λ elektrischer Widerstand R

6.20 $Q = \alpha A t\, \Delta T = 1{,}28\ \mathrm{MW\,h}$

7.1 $\varphi_A = 3\,\mathrm{V}; \quad \varphi_B = 0; \quad \varphi_C = -3\,\mathrm{V}; \quad \varphi_D = -6\,\mathrm{V}$

$U_{BC} = \varphi_B - \varphi_C = 3\,\mathrm{V}; \quad U_{AC} = \varphi_A - \varphi_C = 6\,\mathrm{V}$

Beachten Sie: Alle Spannungen ergeben sich wie in Beispiel 7.1. Der Spannungsabfall an einem Widerstand ist als Potential*differenz* unabhängig von dem für die Erdung ausgewählten Punkt.

7.2 $W = Pt = 7{,}5\ \mathrm{kW\,h}$

7.3 $I = 0; \quad I_1 = 1\,\mathrm{A}; \quad I_2 = -1\,\mathrm{A}$

Dies bedeutet: Die eine Spannungsquelle wird durch die andere aufgeladen.

8.1 $F_{\mathrm{Gr}} = 3{,}56 \cdot 10^{-47}\ \mathrm{N}; \quad F_{\mathrm{el}}/F_{\mathrm{Gr}} = 2{,}3 \cdot 10^{39}$

Laut Tafel 3.1 beträgt dieses Verhältnis 10^{36}. Der Unterschied um den Faktor 10^3 entstand dadurch, daß die beiden Kräfte für Körper mit gleichen Ladungen, aber unterschiedlichen Massen berechnet wurden. Nimmt man das Teilchenpaar Proton—Antiproton, dann ergibt sich das in der Tafel 3.1 angegebene Verhältnis.

8.2 Die Feldliniendichte ist ein Maß für den Betrag der Feldstärke. Große Abstände zwischen den Feldlinien weisen auf geringe Feldstärke hin.

8.3 $C = \varepsilon_0 \dfrac{A}{d} = 8{,}85 \cdot 10^{-10}\ \mathrm{F} = 0{,}885\ \mathrm{nF}$

8.4 $W = \dfrac{1}{2} C U^2 = 1{,}21\ \mathrm{J}$

8.5 Die Kapazität der technisch realisierbaren Kondensatoren ist zu gering, um einen über längere Zeit gleichbleibenden Stromfluß zu ermöglichen.

8.6 $T_{1/2} = RC \ln 2 = 0{,}346 \text{ s}$

8.7 1. $U = U_0;$ $\qquad Q = C_1 U_0;$ $\quad C = C_1$

2. $U = \dfrac{U_0 C_1}{C_1 + C_2};$ $\quad Q = C_1 U_0;$ $\quad C = C_1 + C_2$

8.8 $v = \sqrt{\dfrac{2W}{m_p}} = 1{,}5 \cdot 10^7 \text{ m s}^{-1} \approx \dfrac{1}{20} c$

8.9 $H = N \dfrac{I}{l} = 1\,125 \text{ A m}^{-1}$

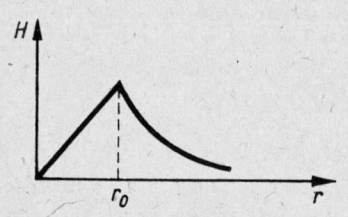

Bild E 19

8.10 $H_i(r) = \dfrac{Ir}{2\pi r_0{}^2}$ $\quad$ für $0 \leqq r \leqq r_0$ $\quad$ (innerhalb des Drahtes)

Bild E 19

$H_a(r) = \dfrac{I}{2\pi r}$ $\quad$ für $r \geqq r_0$ $\quad$ (außerhalb des Drahtes)

8.11 $\displaystyle\int_{t_1}^{t_2} U_i \, dt = N\Phi = NAB = 5 \text{ mV s}$

8.12 $\Delta t = L \left| \dfrac{\Delta I}{U_i} \right| = 10 \text{ ms}$

8.13 Ein Permanentmagnet aus Stahl wird hergestellt, indem man das Stahlstück in ein starkes Magnetfeld bringt. Das Umwickeln mit einer Spule, durch die dann Gleichstrom geschickt wird, ist das gängigste Verfahren. Entmagnetisieren geschieht durch Erhitzen über den Curie-Punkt.

8.14 $v = \dfrac{rQB}{m} = 2{,}3 \cdot 10^7 \text{ m s}^{-1}$

8.15 Der Wirkungsgrad von Dampfturbinen ist nach Carnot von den Betriebstemperaturen abhängig und wesentlich kleiner als der von Wasserturbinen. Eine Dampfspeicheranlage hätte deshalb größere Energieverluste als das Pumpspeicherwerk.

9.1 $P = \eta U_a I = 13{,}8 \text{ W}$

9.2 Die Anodenspannungsquelle wird belastet, weil der vollständige Stromkreis über die Antikatode zur Quelle zurückführt und die aufgefangenen Elektronen zurückleitet. Antikatode und Anode müssen auf gleiches Potential geschaltet werden. Andernfalls würden die Elektronen gegen ein Bremsfeld anlaufen, Energie verlieren und möglicherweise die Antikatode gar nicht erreichen.

9.3   Infolge der Zusammenstöße mit Molekülen und Ionen werden die Ionen immer wieder gebremst. so daß sie sich mit der konstanten Driftgeschwindigkeit bewegen.

9.4   Im Metall sind die Elektronen die Träger des elektrischen Stromes, im Elektrolyten sind es die Ionen. Die Metalle werden bei Stromdurchgang chemisch nicht verändert; bei Elektrolyten findet Stoffabscheidung an den Elektroden statt.

10.1   Wegen der 6 Teilspiegel gilt mit dem Index S für den Drehspiegel und B für die Blattfeder, wenn eine Periode aufgezeichnet werden soll, $T_S = 6T_B$. Für z Perioden ist $T_S = 6zT_B$. Deshalb $f_S : f_B = 1 : 6z$ mit $z = 1, 2, \ldots$

10.2   Wegen (10.5) $k = m\omega^2$ sowie (2.16) $\omega = 2\pi f$ ist die Schwingungsenergie nach (10.11) $W = {}^1\!/_2 k y_m^2$ proportional dem Quadrat der Frequenz, sofern die Größen m und y_m konstant gehalten werden.

10.3   Weitgehend gleichmäßige Masseverteilung hat geringe Unwucht zur Folge ($\rightarrow$ 3.3.8.). Bei Rotation werden durch Unwucht die Lager periodisch beansprucht. Dies bedeutet: Es erfolgen periodisch Anstöße, eine erzwungene Schwingung ist die Folge. Je geringer die Erregung, um so geringer ist aber auch die Amplitude der Schwingung beim Durchfahren der Resonanzdrehzahl.

10.4   Während des An- und Auslaufens wird auch die kritische Drehzahl 900 min⁻¹ (= 15 Hz) erreicht. Diese Drehzahl darf nur sehr kurzzeitig bestehen. Dann können sich an der Resonanzstelle große Amplituden nicht ausbilden.

10.5 $W = {}^1\!/_2 k y_m^2 \longrightarrow W = {}^1\!/_2 k' \varepsilon_m^2$

$$[W] = \frac{N\,m}{rad}\,rad^2 = N\,m\,rad = N\,m = J$$

$$\left(rad = \frac{m}{m} = 1\right)$$

10.6   1. $f = \dfrac{1}{2\pi}\sqrt{\dfrac{k'}{J_A}} = 0{,}88\ Hz;$ 2. $W = \dfrac{1}{2}k'\varepsilon_m^2 = 6{,}9\ J$

10.7   Nein. (10.15') gilt nur für kleine Winkel und somit nicht mehr für große Amplitude.

10.8   Nach (10.15) gilt $f_1 : f_2 = \sqrt{m_1 s_1/J_1} : \sqrt{m_2 s_2/J_2}$. Darin sind laut Aufgabe $s_1 = s_2$ und bei gleichmäßiger Verteilung der Masse $J \sim m$, d. h., die beiden Wurzelausdrücke sind gleich, und es gilt $f_1 : f_2 = 1 : 1$. Die beiden Frequenzen sind gleich.

10.9 Im Zeigerdiagramm rotieren die Zeiger entgegen dem Uhrzeigersinn. Wir erkennen: Zeiger U_m im Drehsinn vor Zeiger I_m. Die Spannung eilt der Stromstärke voraus, oder, anders gesagt, die Stromstärke eilt der Spannung nach.

10.10 Je größer die Kapazität, um so mehr Ladung ist je Periode zu transportieren, um so größer ist somit die Stromstärke, um so kleiner aber der Widerstand. Höhere Frequenz bedeutet: je Zeiteinheit mehr Perioden, mehr Umladungen des Kondensators und somit größere Stromstärke, d. h. kleinerer Widerstand.

10.11 Aus (**) folgt für $f \to 0\ I_m = 2\pi f C U_m \to 0$. Bei gegebener Spannung kann nach (7.7) $I = U/R$ die Stromstärke nur gegen Null gehen für $R \to \infty$. Aus (****) folgt für $f \to 0$ $I \to \infty$ und damit $R \to 0$. Praktisch ergibt sich für die Stromstärke ein endliches Maximum, da jede Spule einen ohmschen Widerstand hat, den wir bei der Herleitung unserer Gleichungen vernachlässigten.

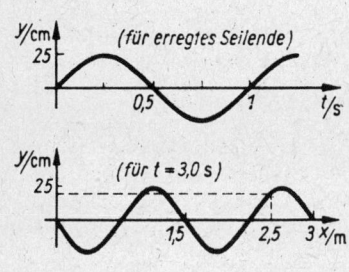

Bild E 20

11.1 Bild E 20

11.2 Für den Empfang einiger Sender ist der Dipol vertikal, für den Empfang anderer Sender horizontal anzubringen. Anders ist kein Empfang möglich. Das ist ein Beweis für die Polarisation der Wellen. Bereits am Sender sind die Antennen entsprechend angeordnet. Dadurch wird eine polarisierte elektromagnetische Welle abgestrahlt.

11.3 Der Schallstrahl muß vom dichteren ins dünnere Medium übergehen, beispielsweise von Luft in Wasser.

11.4 $\varrho = 0{,}32$; $\alpha = 0{,}29$; $\tau = 0{,}39$; *Probe:* $\varrho + \alpha + \tau = 1{,}00$

11.5 Die Strahlstärke eines Richtfunksenders ist viel größer, da die gegebene Strahlungsleistung Φ durch einen viel kleineren Raumwinkel Ω zu dividieren ist.

11.6 Bei ungedämpfter Schwingung gibt es keinen Verlust an Energie. Für linienhafte Ausbreitung ist deshalb an jedem Ort die Energie gleich der an der Quelle zugeführten. Während die Gesamtenergie bei Ausbreitung einer Kugelwelle für *alle* Orte auf einer Kugelschale ebenfalls konstant ist, wird die Energiedichte w an *einem* Ort kleiner mit zunehmendem Abstand r von der Quelle. Nach (11.20) ist die Energiedichte in 10 m Abstand nur noch 1/100 der Energiedichte in 1 m Abstand von der Quelle.

11.7 $x_m = \dfrac{\sqrt{2}\, v_{\text{eff}}}{2\pi f} = 0{,}54\ \mu\text{m}$. Das ist weniger als 1/1000 mm!

12.1 Sonnenbrand auf der Haut tritt überall dort auf, wo die UV-Strahlung wenig absorbiert wird, also an der See und im Hochgebirge. Für Lichtpausen wird UV-Licht verwendet. Mit UV-Strahlung kann Wasser oder Luft keimfrei gemacht werden; die Energie der Photonen des sichtbaren Lichtes reicht dazu nicht aus.

12.2 $m = m_0 = 1,00$ kg, weil $(v/c)^2 \to 0$

12.3 Da die Geschwindigkeit in der Größenordnung 10 km s⁻¹ liegt, ist sie klein gegen die Lichtgeschwindigkeit c. Die Gesetze der klassischen Physik können angewendet werden.

12.4 $W = mc^2 = 9 \cdot 10^{13}$ J $= 25 \cdot 10^6$ kW h

12.5 $W_1 = -\dfrac{m_e e^4}{8\varepsilon_0{}^2 h^2} = -13,53$ eV

12.6 $W_2 = \dfrac{W_1}{4}$; $\Delta W = W_2 - W_1 = -\dfrac{3}{4} W_1 = 10,15$ eV

12.7 $n = 1$; $m = 2, 3, 4, \ldots$

12.8 $f = \dfrac{\Delta W}{h} = 1,57 \cdot 10^{14}$ Hz

12.9 1. $m = \dfrac{h}{\lambda c} = 3,74 \cdot 10^{-36}$ kg; $\dfrac{m}{m_e} = \dfrac{1}{2,4 \cdot 10^5}$

Etwa $^1/_4$ Million dieser Quanten haben die gleiche Masse, wie ein Elektron Ruhmasse hat.

2. $p = \dfrac{h}{\lambda} = 1,12 \cdot 10^{-27}$ kg m s⁻¹

12.10 $\lambda_g = \dfrac{hc}{W_A} = 4,13$ μm

12.11 $\varrho = \dfrac{aT}{\lambda} = 0,018$ μΩ m

12.12 Im Nenner kann 1 vernachlässigt werden:

$$\frac{dL}{d\lambda} = \frac{2hc^2}{\lambda^5} \exp\left(-\frac{hc}{\lambda kT}\right)$$

12.13 $\lambda_{max} = \dfrac{K}{T} = 10$ μm

12.14 $\Phi = \varepsilon\sigma A(T^4 - T'^4) = 0,55$ kW

12.15 Nein; ein Überschlag mit Verwendung der Ruhmasse ergibt $v \approx 3 \cdot 10^8$ m s^{-1}

12.16 $f_\mathrm{g} = \dfrac{eU}{h} = 2{,}4 \cdot 10^{19}$ Hz

12.17 1. $A_0 = \dfrac{N_\mathrm{A}\, m}{M T_{1/2}} \ln 2 = 42$ GBq $(= 1{,}1$ Ci$)$

2. $A_1 = A_0 \exp\left(-\ln 2 \dfrac{t_1}{T_{1/2}}\right) = 3{,}0$ GBq $(= 80$ mCi$)$

12.18 $t = \dfrac{\ln 8}{\ln 2}\, T_{1/2} = 11{,}4$ d

12.19 Wärmeenergie ist kinetische Energie von Elementarteilchen; nach der Aufgliederung in 12.9.1. je Uranatom $\Delta W = 173$ MeV. Damit wird $W = \dfrac{m}{M} N_\mathrm{A}\, \Delta W = 7{,}1 \cdot 10^{13}$ J $= 2 \cdot 10^7$ kW h. Diese Energie entspricht dem Jahresenergiebedarf einer mittleren Stadt.

Literaturverzeichnis

Allgemeine Darstellungen, Nachschlagewerke

Philosophische Probleme der Physik / Hörz, H.; Pöltz, H.-D. — 2. Aufl. — Berlin: Dt. Verl. d. Wiss., 1980

Philosophie und Physik: Atomismus in drei Jahrtausenden / Röseberg, U. — Leipzig: Teubner, 1982

Physik — Technik — Laboratorium: Einführende Darstellung zur Überleitung physikalischer Erkenntnisse / Moenke, H. — Leipzig: Teubner, 1980

Effekte der Physik und ihre Anwendungen. — Berlin: Dt. Verl. d. Wiss., 1986

Gleichungen in Naturwissenschaft und Technik / Reichardt, W. — Leipzig: Fachbuchverl., 1983

Einheiten, Maßsysteme, SI / Bender, D.; Pippig, E.-E. — 5. Aufl. — Berlin: Akademie-Verl., 1986

Größen und Einheiten in Physik und Technik / Fischer, R.; Vogelsang, K. — 4. Aufl. — Berlin: Verl. Technik, 1986

Leitfaden der Physik. — 8. Aufl. — Leipzig: Fachbuchverl., 1986

Wir wiederholen Physik. Bd. 1—7 / Mende, D. [Hrsg.]. — Leipzig: Fachbuchverl., 1985; 1986; 1987

Physik für Ingenieure. Bd. 1. Mechanik — Wärme — Elektrizität und Magnetismus / Schneider, H. A.; Zimmer, H. — Leipzig: Fachbuchverl., 1987

Physik: für Studenten der Natur- und Technikwissenschaften / Stroppe, H. — 6. Aufl. — Leipzig: Fachbuchverl., 1986

Physik / Orear, J. — München: Hanser, 1987

Lehrbuch der Physik. Bd. 1—3 / Grimsehl, E. — Leipzig: Teubner, 1980—1982

Wie löse ich eine physikalische Aufgabe? / Körner, W.; Kießling, G. — Leipzig: Fachbuchverl., 1985

Übungen zur Physik. — 5. Aufl. — Leipzig: Fachbuchverl., 1986

Physikalische Aufgaben / Lindner, H. — 26. Aufl. — Leipzig: Fachbuchverl., 1986

Fragen und Aufgaben zur Physik / Gladkowa, R. A. — 2. Aufl. — Leipzig: Fachbuchverl., 1982

Aufgaben zur Physik / Wolkenstein, W. S. — 2. Aufl. — Moskau: Verl. MIR; Leipzig: Fachbuchverl., 1986

Physik — Verstehen durch Üben. — 6. Aufl. — Leipzig: Fachbuchverl., 1987

Physik — kurz gefaßt / Körner, W. — 2. Aufl. — Leipzig: Fachbuchverl., 1986

Physik: Gleichungen und Tabellen / Mende, D.; Simon, G. — 9. Aufl. — Leipzig: Fachbuchverl., 1986

Physik / Kuchling, H. — 17. Aufl. — Leipzig: Fachbuchverl., 1985
(Nachschlagebücher für Grundlagenfächer)
Taschenbuch der Physik / Jaworski, B. M.; Detlaf, A. A. — Moskau:
Verl. MIR; Berlin: Akademie-Verl., 1985
Kleine Enzyklopädie Physik. — Leipzig: Bibliogr. Institut, 1986
Unterhaltsame Physik / Perelman, Ja. I. — Moskau: Verl. MIR; Leipzig:
Fachbuchverl., 1985
Physikpraktikum / Mende, D.; Kretschmar, W.; Wollmann, H. — Leip-
zig: Fachbuchverl., 1987

Mechanik   Bewegungen / Scholz, W. — Leipzig: Fachbuchverl., 1985
(Wir wiederholen Physik; Bd. 1)
Kräfte / Mehnert, K. — Leipzig: Fachbuchverl., 1985
(Wir wiederholen Physik; Bd. 2)
Physik: Mechanik/Recknagel, A. — 15. Aufl. — Berlin: Verl. Technik, 1983
Prinzipien und Methoden der Dynamik / Fischer, U., Stephan, W. —
Leipzig: Fachbuchverl., 1972
Mechanik der Kontinua / Heinrich, M.; Ulbricht, H. — Berlin: Akademie-
Verl., 1984
Technische Mechanik / Winkler, J.; Aurich, H. — 3. Aufl. — Leipzig:
Fachbuchverl., 1985
(Nachschlagebücher für Grundlagenfächer)

Mechanik der Flüssigkeiten   Flüssigkeiten und Gase / Mende, D. — Leipzig: Fachbuchverl., 1985
und Gase   (Wir wiederholen Physik; Bd. 3)
Technische Strömungslehre / Bohl, W. — Leipzig: Fachbuchverl., 1984
Einführung in die Hydraulik und Pneumatik / Will, D.; Ströhl, H. —
3. Aufl. — Berlin: Verl. Technik, 1985

Thermodynamik   Wärme / Mende, D. — Leipzig: Fachbuchverl., 1986
(Wir wiederholen Physik; Bd. 4)
Physik: Schwingungen und Wellen. Wärmelehre / Recknagel, A. —
14. Aufl. — Berlin: Verl. Technik, 1986
Thermodynamik / Basarow, I. P. — 3. Aufl. — Berlin: Dt. Verl. d.
Wiss., 1974

Elektrik   Elektrische Ströme / Hausmann, E. — Leipzig: Fachbuchverl., 1986
(Wir wiederholen Physik; Bd. 5)
Felder / Mehnert, K. — Leipzig: Fachbuchverl., 1987
(Wir wiederholen Physik; Bd. 7)
Physik: Elektrizität und Magnetismus / Recknagel, A. — 14. Aufl. —
Berlin: Verl. Technik, 1986
Elektrotechnik — Elektronik / Lindner, H.; Brauer, H.; Lehmann, C.
— 2. Aufl. — Leipzig: Fachbuchverl., 1983
(Nachschlagebücher für Grundlagenfächer)

Schwingungen und Wellen   Schwingungen / Scholz, W. — Leipzig: Fachbuchverl., 1986
(Wir wiederholen Physik; Bd. 6)
Wellen und Strahlen / Scholz, W. — Leipzig: Fachbuchverl., 1987
(Wir wiederholen Physik; Bd. 8)
Physik: Schwingungen und Wellen. Wärmelehre / Recknagel, A. —
14. Aufl. — Berlin: Verl. Technik, 1986
Wissensspeicher Ultraschalltechnik. — Leipzig: Fachbuchverl., 1987
Physik: Optik / Recknagel, A. — 11. Aufl. — Berlin: Verl. Technik,
1982
Optik: Physikalisch-technische Grundlagen und Anwendungen / Hafer-
korn, H. — 2. Aufl. — Berlin: Dt. Verl. d. Wissensch., 1984

Physiker-Daten

Auf den unter dem Namen angegebenen Seiten wird der Wissenschaftler erwähnt.

Brown, Robert
169

1773 bis 1858, englischer Botaniker, entdeckte 1827 die nach ihm benannte Bewegung an lebenden Pflanzenzellen.

Busch, Hans
381

1884 bis 1973, Physiker, arbeitete auf dem Gebiet der Elektronenoptik.

Carnot, Sadi
204

1796 bis 1832, französischer Physiker und Ingenieur.

Cavendish, Henry
79, 245

1731 bis 1810, englischer Physiker und Chemiker, entdeckte u. a. die Bildung von Wasser durch die Knallgasreaktion, bestimmte die Gravitationskonstante.

Celsius, Anders
184

1701 bis 1744, schwedischer Astronom.

Chadwick, James
402

1891 bis 1974, englischer Physiker, Nobelpreis 1935 für die Entdeckung des Neutrons.

Clausius, Rudolf
210

1822 bis 1888, Physiker, führte die Entropie ein.

Compton, Arthur Holly
378

1892 bis 1962, amerikanischer Physiker, Nobelpreis 1927 für den experimentellen Nachweis von Lichtquanten, entdeckte 1922 den nach ihm benannten Effekt.

Coriolis, Gustave Gaspard
98

1792 bis 1843, französischer Naturwissenschaftler und Ingenieur.

Coulomb, Charles Augustin de
86, 229, 245

1736 bis 1806, französischer Physiker und Ingenieur.

Curie, Pierre
Curie-Sklodowska, Marie
370, 401

1859 bis 1906, französischer Physiker und
1867 bis 1934, polnische Chemikerin und Physikerin, Nobelpreis 1903 für die Aufklärung der Natur der radioaktiven Strahlung (beide zusammen mit Becquerel), Nobelpreis für Chemie 1911 für die Entdeckung und Reindarstellung des Radiums (Marie C.).

Dalton, John
219

1766 bis 1844, englischer Chemiker und Physiker, einer der Begründer der Atomtheorie, fand das Gesetz der konstanten und multiplen Proportionen chemischer Verbindungen.

Davisson, Clinton Joseph
380

1881 bis 1958, amerikanischer Physiker, Nobelpreis 1937 für den experimentellen Nachweis der Beugung von Elektronen an Kristallen (1927).

Dirac, Paul Adrien Maurice
372

geb. 1902, englischer Physiker, Nobelpreis 1933 für die Theorie des Elektrons, in der erstmalig Quanten- und Relativitätstheorie kombiniert wurden. D. schuf gleichzeitig mit Schrödinger die Wellenmechanik.

Einstein, Albert
32, 72, 110, 266, 373, 378

1879 bis 1955, Physiker, Nobelpreis 1921, begründete die Relativitätstheorie (spezielle R. 1905, allgemeine R. 1916). 1933 verließ er Deutschland und emigrierte in die USA, setzte sich immer wieder für das Verbot von Kernwaffen ein.

Faraday, Michael
253, 293

1791 bis 1867, englischer Physiker und Chemiker. Als Physiker führte er den später von Maxwell mathematisch gefaßten Feldbegriff ein, entdeckte die Selbstinduktion, fand den F.-Effekt als ersten Hinweis auf die elektromagnetische Natur des Lichtes.

Fechner, Gustav Theodor
359

1801 bis 1887, Physiker und Philosoph.

Fermat, Pierre de
345

1601 bis 1665, französischer Mathematiker.

Fermi, Enrico
404

1901 bis 1954, italienischer Kernphysiker, Nobelpreis 1938 für die Entdeckung der künstlichen Kernumwandlung durch Neutronenbeschuß. Er wanderte wegen des Faschismus nach den USA aus, schuf dort 1942 den ersten arbeitsfähigen Kernspaltungsreaktor und war maßgeblich an der Entwicklung der Atombombe beteiligt.

geb. 1912, Physiker.

1882 bis 1964, Physiker, Nobelpreis 1925 (gemeinsam mit G. Hertz) für den experimentellen Nachweis der Energieniveaus von Elektronen.

1827 bis 1902, Physiker, fand 1853 gemeinsam mit Wiedemann das W.-F.-Gesetz.

1564 bis 1642, italienischer Physiker und Astronom, fand Pendel- und Fallgesetze, Verfechter des kopernikanischen Weltsystems, wurde deshalb von der Inquisition verfolgt.

1777 bis 1855, Mathematiker, Physiker, Astronom, Geodät. Als Physiker machte er gemeinsam mit W. Weber die grundlegenden magnetischen und elektrischen Beobachtungen zur Aufstellung des absoluten Maßsystems, das er konsequent für alle physikalischen Größen benutzte.

geb. 1896, amerikanischer Physiker, wies gemeinsam mit Davisson die Welleneigenschaften von Elektronen durch Beugung nach.

1602 bis 1686, Naturforscher, Bürgermeister in Magdeburg, erfand Luftpumpe, berühmt durch Versuch „Magdeburger Halbkugeln".

1797 bis 1884, Ingenieur und Physiker, veröffentlichte als Wasserbaumeister bedeutende Arbeiten zur Hydromechanik.

1879 bis 1968, Chemiker, Nobelpreis für Chemie 1944 für die Entdeckung der Kernspaltung, Mitunterzeichner des Göttinger Appells.

1901 bis 1976, Physiker, Nobelpreis 1932 für die Begründung der Quantenmechanik, an deren Entwicklung er wesentlichen Anteil hat. Von ihm stammen u. a. die Unbestimmtheitsrelation und die quantenmechanische Deutung des Ferromagnetismus. In letzter Zeit arbeitete er an einer einheitlichen Theorie aller Elementarteilchen. H. gehörte zu den Unterzeichnern des Göttinger Appells.

1821 bis 1894, Physiker und Physiologe, erfand den Augenspiegel, bahnbrechende physikalische Arbeit: „Über die Erhaltung der Kraft" (1847).

1797 bis 1878, amerikanischer Physiker und Mathematiker.

1887 bis 1975, Physiker, Nobelpreis 1925 (gemeinsam mit Franck) für den experimentellen Nachweis der Energieniveaus von Elektronen, Nationalpreisträger.

1857 bis 1894, Physiker, bestätigte 1888 experimentell die Existenz der von Maxwell theoretisch vorausgesagten elektromagnetischen Wellen.

1897 bis 1955, Kolloidchemiker, Verdienter Erfinder.

1635 bis 1703, englischer Physiker, erfand u. a. 1658 die Federunruh der Taschenuhren.

1629 bis 1695, holländischer Naturforscher, begründete die Wellenlehre des Lichtes, erfand die Pendeluhr und verbesserte das Fernrohr.

1818 bis 1889, englischer Physiker, einer der Entdecker des Energiesatzes.

1824 bis 1907, englischer Physiker, Nobelpreis 1906, hat wesentlich zur Entwicklung der Thermodynamik beigetragen, führte die thermodynamische Temperaturskale in die Physik ein.

1824 bis 1887, Physiker, arbeitete auf dem Gebiet der Elektrik (K.sche Sätze), fand 1859 sein Strahlungsgesetz und gilt mit Bunsen als Begründer der Spektralanalyse.

Leibniz, Gottfried Wilhelm
39

1646 bis 1716, Philosoph, Historiker, Mathematiker, Diplomat, schuf mit der Differentialrechnung und Integralrechnung die Grundlagen der modernen höheren Mathematik.

Lenz, Heinrich Friedrich Emil
269

1804 bis 1865, russischer Physiker.

Lorentz, Hendrik Antoon
266

1853 bis 1928, niederländischer Physiker. Nobelpreis 1902 für die Theorie des Zeeman-Effektes, schuf wesentliche Grundlagen der Relativitätstheorie.

Loschmidt, Joseph
172

1821 bis 1895, österreichischer Chemiker und Physiker.

Lyman, Theodore
376

1874 bis 1954, amerikanischer Physiker.

Mariotte, Edmé
150

1620 bis 1684, französischer Physiker, veröffentlichte 1679 das Boyle-M.sche Gesetz, das bereits 17 Jahre vorher durch Boyle entdeckt worden war.

Maxwell, James Clerk
268

1831 bis 1879, englischer Physiker, baute die kinetische Theorie der Wärme aus. Vor allem aber gab er der Faradayschen Vorstellung des magnetischen Feldes die exakte mathematische Fassung und wurde zum Begründer der elektromagnetischen Lichttheorie.

Mayer, Julius Robert
110, 197

1814 bis 1878, Arzt und Naturforscher, begründete das Prinzip der Äquivalenz von Arbeit und Wärme.

Meitner, Lise
402

1878 bis 1968, österreichische Physikerin.

Millikan, Robert Andrews
258

1868 bis 1953, amerikanischer Physiker. Nobelpreis 1923 für die Bestimmung der Elementarladung.

Newton, Isaac
39, 76, 77, 79

1643 bis 1727, englischer Mathematiker und Naturwissenschaftler, begründete die klassische Physik und die Infinitesimalrechnung, entdeckte das Gravitationsgesetz.

Oersted, Hans Christian
245

1777 bis 1851, dänischer Physiker, entdeckte 1820 die Ablenkung einer Magnetnadel durch den elektrischen Strom und damit das Magnetfeld des elektrischen Stromes.

Ohm, Georg Simon
233

1787 bis 1854, Physiker, Professor an der Universität München, war außer in der Elektrik bei Untersuchungen der Interferenz und in der Akustik (Klangfarben, Oberschwingungen) erfolgreich.

Pascal, Blaise
148

1623 bis 1662, französischer Philosoph und Mathematiker, beschäftigte sich u. a. mit dem Luftdruck, baute 1642 die erste Addiermaschine.

Paschen, Friedrich
376

1865 bis 1947, Physiker.

Pauli, Wolfgang
372

1900 bis 1958, österreichischer Physiker. Nobelpreis 1945 für die Entdeckung des Ausschließungsprinzips.

Peltier, Jean Charles Athanase
385

1785 bis 1845, französischer Naturforscher.

Pitot, Henri
163

1695 bis 1771, französischer Physiker und Ingenieur.

Planck, Max
370, 393

1858 bis 1947, Physiker, Nobelpreis 1918 für die Quantentheorie, arbeitete auf dem Gebiet der Thermodynamik, begründete 1900 mit seinem Strahlungsgesetz die Quantentheorie und damit die moderne Physik.

Poiseuille, Jean-Louis-Marie
166

1799 bis 1869, französischer Arzt und Physiker.

Poisson, Siméon-Denis
200

1781 bis 1840, französischer Mathematiker und Physiker, lieferte wesentliche Beiträge zur Potentialtheorie.

Prandtl, Ludwig
164

1875 bis 1953, Ingenieur und Physiker, begründete die Strömungsforschung.

Prony, Gaspard-Clair-François
142

1755 bis 1839, französischer Physiker und Ingenieur.

Rayleigh, Lord, vorher John William Strutt
392

1842 bis 1919, englischer Physiker, Nobelpreis 1904 für seine Arbeiten über Gase und für die Entdeckung des Argons.

Röntgen, Wilhelm Conrad
370, 396

1845 bis 1923, Physiker, Nobelpreis 1901 für die Entdeckung der Röntgenstrahlen (1895).

Rutherford, Ernest, Lord
402

1871 bis 1937, englischer Physiker, Nobelpreis für Chemie 1908 für seine Arbeiten über Radioaktivität und Atomstruktur.

Schrödinger, Erwin
372

1887 bis 1961, österreichischer Physiker, Nobelpreis 1933 für die Feldtheorie des Elektrons, emigrierte wegen des Faschismus nach Irland. Von ihm und Dirac stammt die Wellenmechanik.

Seebeck, Thomas Johann
385

1770 bis 1831, Arzt und Naturforscher.

Siemens, Werner von
232

1816 bis 1892, Ingenieur, erfand u. a. die Dynamomaschine.

Snell van Rojen, Willebrord, genannt Snellius
364

1581 bis 1626, holländischer Naturforscher, begründete die geometrische Optik.

Sommerfeld, Arnold
372

1868 bis 1951, Physiker, wandte die Quantentheorie auf das Bohrsche Atommodell an und konnte damit viele experimentelle Befunde, z. B. die Feinstruktur von Spektrallinien, erklären. Große Verdienste hat S. als Hochschullehrer.

Stefan, Joseph
394

1835 bis 1893, österreichischer Physiker, entwickelte die Theorie der Gasdiffusion. 1879 folgerte er aus Messungen die Abhängigkeit des Strahlungsflusses von der 4. Potenz der Temperatur. 1884 leitete Boltzmann das entsprechende Gesetz aus der Thermodynamik her.

Steiner, Jakob
136

1796 bis 1863, Schweizer Mathematiker.

Stokes, George Gabriel
166

1819 bis 1903, englischer Mathematiker und Physiker.

Straßmann, Fritz
402

1902 bis 1980, Chemiker, Mitunterzeichner des Göttinger Appells.

Strutt, John William

→ Rayleigh.

Tesla, Nikola
265

1856 bis 1943, kroatischer Physiker, u. a. Initiator der Verwendung des Drehstroms.

Thomson, William

→ Kelvin.

Venturi, Giovanni Battista
164

1746 bis 1822, italienischer Naturwissenschaftler.

Volta, Alessandro, Graf
229, 384

1745 bis 1827, italienischer Physiker, baute galvanische Elemente und stellte die Spannungsreihe auf.

van der Waals, Johannes Diderik
219

1837 bis 1923, niederländischer Physiker, Nobelpreis 1910 für seine Arbeiten über die Zustandsgleichung der Gase und Flüssigkeiten.

Watt, James
111

1736 bis 1819, englischer Ingenieur, Erbauer der Dampfmaschine.

Weber, Ernst Heinrich
359

1795 bis 1878, Physiologe und Anatom, verfaßte mit seinem Bruder Wilhelm eine Wellenlehre und fand mit Fechner das Gesetz der Schallempfindung.